普通高等学校化工类专业系列教材
普通高等教育“十一五”国家级规划教材
科学出版社“十四五”普通高等教育本科规划教材

化 工 原 理

（上册）第四版

何潮洪　刘永忠　吴可君　刘桂莲　主编

科 学 出 版 社
北 京

内 容 简 介

本书由浙江大学、西安交通大学等8所院校的有关教师共同编写，作为浙江大学等院校的专业基础课教材。本书是在《化工原理》(第三版上、下册，科学出版社，2017年)教学实践的基础上修订再版的。本书重视基本概念，阐述力求严谨，且选配了一些典型的工程案例，以强化相关的实际应用与工程观念的培养。在内容上重点论述化学工程中单元操作的基本原理，并简明扼要地介绍了相关的传递过程基础。本书分上、下两册出版，上册包括绪论、流体力学基础、流体输送机械、机械分离与固体流态化、搅拌、热量传递基础、传热过程计算与换热器、蒸发8章；下册包括质量传递基础、气体吸收、蒸馏、气液传质设备、萃取、干燥、吸附与膜分离7章。部分章补充了自测练习题，供巩固练习。

本书可作为高等学校化工原理课程的教材，也可供化工部门从事研究、设计与生产的工程技术人员参考。

图书在版编目（CIP）数据

化工原理. 上册 / 何潮洪等主编. — 4版. — 北京 : 科学出版社，2025. 7. —（普通高等学校化工类专业系列教材）（普通高等教育“十一五”国家级规划教材）（科学出版社“十四五”普通高等教育本科规划教材）. ISBN 978-7-03-083171-2

Ⅰ. TQ02

中国国家版本馆CIP数据核字第2025HZ8129号

责任编辑：陈雅娴　丁　里 / 责任校对：杨　赛
责任印制：张　伟 / 封面设计：黄华斌

科学出版社 出版
北京东黄城根北街16号
邮政编码：100717
http://www.sciencep.com

北京九州迅驰传媒文化有限公司印刷
科学出版社发行　各地新华书店经销

*

2001年9月第 一 版　开本：787×1092　1/16
2007年8月第 二 版　印张：22
2017年8月第 三 版　字数：563 000
2025年7月第 四 版　2025年7月第二十八次印刷

定价：59.00元

（如有印装质量问题，我社负责调换）

总　序

近十几年是国内外工程教育研究与实践的一个快速发展期，尤其是国内工程教育改革，从教育部立项重大专项对工程教育进行专门研究与探索，到开展工程教育认证，再到 2016 年 6 月我国成为《华盛顿协议》正式成员，我国的工程教育正向国际化、多元化、产学研一体化推进。在工程教育改革的浪潮中，我国的化工高等教育取得了一系列显著的成果，从各级教学成果奖中化工类专业的获奖项目占比可见一斑。尽管如此，在当前国家推动创新驱动发展等一系列重大战略背景下，工程学科及相应行业对人才培养又提出更高要求，新一轮的“新工科”研究与实践活动已经启动，在此深化工程教育改革的良好契机下，每位化工人都应积极思考，我们的高等化工工程教育如何顺势推进专业改革，进一步提升人才培养质量。

专业教育改革成果很重要的一部分是要落实到课程教学中，而教材是课程教学的重要载体，因此，建设适应新形势的优秀教材也是教学改革的重要组成部分。为此，科学出版社联合教育部高等学校化工类专业教学指导委员会以及国内部分院校，组建了《普通高等学校化工类专业系列教材》编写委员会(以下简称“编委会”)，共同研讨新形势下专业教材建设改革。编委会成员均参与了所在院校近年来化工类专业的教学改革，对改革动向及发展趋势有很好的把握，同时经过多次编委会会议讨论，大家集各院校改革成果之所长，对建设突出工程案例特色的系列教材达成了共识。在教材中引入工程案例，目的是阐述学科的方法论，训练工程思维，搭建连接理论与实践的桥梁，这与工程教育改革要培养工程师的思想是一致的。

工程素养的培养是一项系统工程，需要学科内外基础知识和专业知识的系统搭建。为此，编委会对国内外高等学校化工类专业的教学体系进行了细致研究，确定了系列教材建设计划，统筹考虑化工类专业基础课程和核心专业课程的覆盖度。对专业基础课教材的确定，基本参照国内多数院校的课程设置，符合当前的教学实际，同时对各教材之间内容衔接的科学性、合理性和可行性进行了整体设计。对核心专业课教材的确定，在立足当前各院校教学实际的基础上，充分考虑了学科发展和国家战略及产业发展对专业人才培养的新需求，以发挥教材内容更新对新时期人才培养质量提升的支撑作用。

将工程案例引入课程和教材，是本系列教材的创新探索。这也是一项系统工程，因为实际工程复杂多变，而教学需要从复杂问题中抽离出其规律及本质，做到举一反三。如何让改编的案例既体现工程复杂性和系统性，又符合认知和教学规律，需要编写者解放思想、改变观念，既要突破已有教材设计思路和模式的束缚，又能谨慎下笔。对此，系列教材的编写者进行了有益的尝试。在不同分册中，读者将看到不同的案例编写模式。学科不断发展，工程案例也不断推陈出新。本系列教材在给任课教师提供课程教学素材的同时，更希望能给任课教师以启发，希望任课教师在组织课程教学过程中，积极尝试新的教学模式，不断积累案例教学经验，把提高化工类专业学生工程素养作为一项长期的使命。

教学改革需要一代代教师坚持不懈地努力，需要不断探索、总结和反思，希望本系列教材能够给各院校教师以借鉴和启迪，切实推动化工高等教育质量不断迈上新台阶。在针对化工类专业构建一套体系、内容和形式较为新颖的教材目标指引下，我们组建了一支强大的编委会队伍，为推进这项工作，大家群策群力，积极分享教育教学改革成功经验和前瞻性思考，在此我代表编委会对各位委员及参与各分册编写的所有教师致以衷心的感谢。同时，也希望以本系列教材建设为契机，以编委会为平台，加强化工类高等学校本科人才培养、师资培训、课程建设、教材及教学资源建设等交流与合作，携手共创化工的美好明天。

王静康

中国工程院院士

2017年7月

第四版前言

《化工原理》(上、下册)第三版在 2017 年出版后经过几年的使用，广大读者在给予肯定的同时，也提出了一些意见和建议，主要是部分例题偏理想化，与实际工程问题有一定的距离，工程案例也不够多，希望再版时能增补较多合适的工程案例，以更有利于学生工程观念的培养。为贯彻落实党的二十大报告的“深入实施人才强国战略”，努力培养造就更多卓越工程师，结合科学出版社“普通高等学校化工类专业系列教材”的建设，编者对第三版进行了修订，修订中突出化工原理在学生的化工业务素质、工程能力及创新思想培养体系中的重要地位，以服务国家高素质复合型工科人才培养需求。

为体现案例特色，第四版中保留了第三版每章开头以“引例”方式简介的典型工程案例，并在后续内容中增补了更多的工程案例(读者可扫描二维码观看)，以突出理论知识和工程实际的联系，更好地培养学生学以致用的能力。同时，为了更好地适应不同院校的教学要求，仍将部分难度较大、要求较高的内容作为选学内容(用小号字体进行编排)。为帮助学生巩固基础，部分章后补充了自测练习题，学生可通过手机自测。

为配合信息化教学，帮助读者更直观、深入地学习，针对案例及部分基础设备，书中配套了讲解动画，读者可扫描二维码观看。书中二维码链接的主要设备及原理素材资源由东方仿真科技(北京)有限公司提供技术支持。

本次修订，上册由何潮洪、刘永忠、吴可君、刘桂莲担任主编，姚克俭、郑育英、魏凤玉、南碎飞担任副主编；下册由吴可君、何潮洪、魏凤玉、姚克俭担任主编，黄国林、王成习、诸爱士、刘永忠、窦梅、伍钦担任副主编，并由浙江大学、西安交通大学、华南理工大学、合肥工业大学、浙江工业大学、浙江科技大学、东华理工大学和广东工业大学 8 所院校的有关教师共同编写。具体修订分工如下：绪论(浙江大学何潮洪)，第 1 章(浙江大学吴可君、窦梅、南碎飞)，第 2 章(浙江大学吴可君、窦梅、南碎飞)，第 3 章(广东工业大学郑育英、方岩雄)，第 4 章(浙江工业大学贠军贤、姚克俭)，第 5 章(西安交通大学刘永忠)，第 6 章(西安交通大学闫孝红、刘永忠)，第 7 章(西安交通大学刘桂莲)，附录(浙江大学窦梅、南碎飞)，第 8 章(浙江大学吴可君、华南理工大学伍钦)，第 9 章(合肥工业大学魏凤玉)，第 10 章(浙江大学王成习)，第 11 章(浙江工业大学姚克俭、沈绍传)，第 12 章(浙江科技大学诸爱士)，第 13 章(浙江大学吴可君、华南理工大学伍钦)，第 14 章(东华理工大学戴荧、邓慧宇、黄国林)。

编者虽尽了很大的努力，书中仍难免有不妥之处，恳请广大读者批评指正。对过去指出教材不足的读者，在此表示深切的谢意！

编　者

2025 年 1 月

第三版前言

《化工原理》(上、下册)第二版在2007年出版后经过十年的使用，广大读者在给予肯定的同时，也提出了一些意见和建议，主要是部分例题偏理想化，与实际工程问题有一定的距离，希望再版时能有合适的工程案例，以更有利于学生工程观念的培养。为此，结合科学出版社“普通高等学校化工类专业系列教材”的建设，编者对第二版进行了修订。

为体现案例特色，第三版中在每章的开头以“引例”的方式简介了该章相关的典型工程案例，并在后续内容中编写了与该案例相关的重要例题，进而对其进行了求解、讨论，以突出理论知识和工程实际的联系，更好地培养学生学以致用的能力。此外，第三版中还新增了一章“搅拌”(第4章)。同时，为了更好地适应不同院校的教学要求，仍将部分难度较大、要求较高的内容作为选学内容(用小号字体编排)。

本次修订，上册由何潮洪、刘永忠、窦梅、冯霄担任主编，姚克俭、郑育英、刘桂莲、伍钦、魏凤玉、南碎飞担任副主编；下册由何潮洪、伍钦、魏凤玉、姚克俭担任主编，黄国林、王成习、诸爱士、刘永忠、窦梅、冯霄担任副主编，并由浙江大学、西安交通大学、华南理工大学、合肥工业大学、浙江工业大学、浙江科技学院、东华理工大学和广东工业大学8所院校的有关教师共同努力完成。具体修订分工如下：绪论(浙江大学何潮洪)，第1章(浙江大学窦梅、南碎飞)，第2章(浙江大学窦梅、南碎飞)，第3章(广东工业大学郑育英、方岩雄)，第4章(浙江工业大学负军贤、姚克俭)，第5章(西安交通大学刘永忠)，第6章(西安交通大学闫孝红、刘永忠)，第7章(西安交通大学刘桂莲)，附录(浙江大学窦梅、南碎飞)，第8章(华南理工大学伍钦)，第9章(合肥工业大学魏凤玉)，第10章(浙江大学王成习)，第11章(浙江工业大学姚克俭、沈绍传)，第12章(浙江科技学院诸爱士)，第13章(华南理工大学伍钦)，第14章(东华理工大学戴荧、邓慧宇、黄国林)。

编者虽尽了很大的努力，书中仍难免有不妥之处，恳请广大读者批评指正。对过去指出教材不足的读者，在此表示深切的谢意！

编　者

2017年4月

第二版前言

本书第一版于 2001 年出版后，经过几年的使用，广大读者给予了肯定的评价，同时也提出了不少的意见和建议，主要是部分章节数学推导过多、难度偏大、内容不够精练，并存在一些印刷错误等。加之近几年的教学情况也有所变化，因此编者对第一版教材进行了修订。修订版被列入“普通高等教育‘十一五’国家级规划教材”建设。

此次修订对第一版发现的错误作了更正，不够确切或严密的提法作了修改，对某些内容尤其是第一、三、五、十三章作了较大的调整。为了更好地适应不同院校的教学要求，将部分难度较大、要求较高的内容调整为选学内容(用小号字体进行编排)，同时将原教材分成上、下两册出版。修订时，上册由何潮洪、冯霄主编，下册由冯霄、何潮洪主编，并由浙江大学、西安交通大学、浙江工业大学、西南石油大学、浙江科技学院和东华理工大学等 6 所院校的有关教师共同努力完成。具体修订分工如下：绪论(浙江大学何潮洪)，第 1 章(浙江大学窦梅、南碎飞)，第 2 章(西安交通大学李云)，第 3 章(浙江大学窦梅、南碎飞)，第 4 章(西安交通大学刘永忠)，第 5 章(西安交通大学冯霄)，第 6 章(西安交通大学王黎)，附录(浙江大学窦梅、南碎飞)，第 7 章(浙江大学何潮洪)，第 8 章(西南石油大学王兵)，第 9 章(浙江大学何潮洪、钱栋英)，第 10 章(填料塔：西南石油大学诸林；板式塔、塔设备的比较和选型：浙江工业大学姚克俭、俞晓梅)，第 11 章(浙江科技学院朱以勤、诸爱士)，第 12 章(浙江大学窦梅、南碎飞)，第 13 章(吸附：东华理工大学刘峙嵘、黄国林、邹丽霞；膜分离：浙江大学陈欢林)。

由于编者学识有限，书中难免有错误不妥之处，恳请广大读者批评指正。并在此对指出第一版教材不足的读者表示深切的谢意！

编　者

2007 年 5 月

第一版前言

本书是根据原化学工业部人事教育司面向21世纪化工原理教材的要求而编写的。

本书重点论述化学工程中单元操作的基本原理，并简明扼要地介绍了相关的动量、热量、质量传递过程基础。之所以这样安排，是考虑到单元操作和传递过程之间的紧密依赖关系，希望以传递机理来深化单元操作，也能使传递理论更好地联系实际。编写过程中，力求阐述清楚基本概念、基本理论和方法，同时注意引导学生从工程角度考虑问题。

本书由浙江大学何潮洪、西安交通大学冯霄主编，由浙江大学、西安交通大学、浙江工业大学、西南石油大学、杭州应用工程技术学院和华东地质学院等6所院校的有关教师共同编写而成。执笔分工如下：绪论(浙江大学何潮洪)，第一章(浙江大学南碎飞、窦梅)，第二章(西安交通大学李云)，第三章(浙江大学南碎飞、窦梅)，第四、五章(西安交通大学刘永忠)，第六章(西安交通大学王黎)，第七章(浙江大学何潮洪、吕秀阳)，第八章(西南石油学院王兵)，第九章(浙江大学钱栋英、施耀)，第十章(填料塔：西南石油学院诸林；板式塔、塔设备的比较和选型：浙江工业大学姚克俭、俞晓梅)，第十一章(浙江科技学院朱以勤、诸爱士)，第十二章(浙江大学南碎飞、窦梅；浙江工业大学田军、姚克俭)，第十三章(吸附：华东地质学院邹丽霞、黄国林；膜分离：浙江大学陈欢林)，附录(浙江大学南碎飞、窦梅)。

本书第一～六章及附录由冯霄、何潮洪统稿，第七～十三章由何潮洪、冯霄统稿。

由于编者学识有限，书中难免有错误和不妥之处，恳请读者批评指正，尽量指出其不足，以助日后之修订。

编　者

2001年5月

目 录

绪论

1. 本课程的性质、地位和内容

化工原理是化工类及其相关专业的一门重要的技术基础课，在化学工程与工艺专业培养过程中有其特殊的地位和作用：

(1) 在教学计划中，这门课程是承前启后、由理及工的桥梁。先行的数学、物理、化学等相关课程主要是了解自然界的普遍规律，属于自然科学的范畴，而化工原理则属于工程技术科学的范畴，是化工专业课程的基础。

(2) 化工原理课程具有显著的工程性。它要解决的问题是多因素、多变量的综合性的工业实际问题，因此分析和处理问题的方法也就与理科课程有较大的不同，这可能会导致部分学生在学习初期有一个不适应期。

(3) 化工原理的内容主要涉及化工单元操作的基本原理及其相关基础。它来自化工实践，又面向化工实践，是化工技术工作者的看家本领所在，可以说“化工原理”四字恰如其分地表达了这门课程的性质与重要性。

2. 化工过程、单元操作与传递基础

化工过程是指化学工业的生产过程，它的特点之一是操作步骤多，原料在各步骤中依次通过若干个或若干组设备，经历各种方式的处理之后才能成为产品。由于不同的化学工业所用的原料与所得的产品不同，因此各种化工过程的差别很大。在中国，化学工业先驱的重要代表人物之一为侯德榜，其牵头研发的侯氏制碱法(即联合制碱法)在化学工业发展史上具有重要的地位。

一个化工过程所包含的操作步骤可分为两大类：一类以进行化学反应为主，通常是在反应器中进行；另一类则为不进行化学反应的物理过程，包括原料预处理过程和反应产物后处理过程。尽管从生产某种产品的意义上说，反应过程是生产过程的核心，但它在工厂的设备投资和操作费用中通常并不占据主要比例，实际上起决定作用的往往是众多的物理过程，它们决定了整个生产的经济效益，这一类重要的物理过程就是单元操作。

单元操作有下列特点：①它们都是物理性操作，即只改变物料的状态或其物理性质，而不改变其化学性质；②它们都是化工过程中共有的操作，但不同的化工过程中所包含的单元操作数目、名称与排列顺序各异；③某单元操作用于不同的化工过程，其基本原理并无不同，进行该操作的设备往往也是通用的。当然，具体运用时也要结合各化工过程的特点来考虑，例如原料与产品的物理、化学性质，生产规模的大小等。

随着化学工业的发展，单元操作也不断发展。目前化工生产中常用的单元操作如表 0-1 所示。

表 0-1 常用单元操作

传递基础	单元操作名称	目的
流体流动(动量传递)	流体输送	以一定流量将流体从一处送到另一处
	沉降	从气体或液体中分离悬浮的固体颗粒、液滴或气泡
	过滤	从气体或液体中分离悬浮的固体颗粒
	搅拌	使物料混合均匀或使过程加速
	流态化	用流体使固体颗粒悬浮并使其具有流体状态的特性
热量传递	换热	使物料升温、降温或改变相态
	蒸发	使溶液中的溶剂受热汽化而与不挥发的溶质分离，达到溶液浓缩目的
质量传递	吸收	用液体吸收剂分离气体混合物
	蒸馏	利用均相液体混合物中各组分挥发度不同使液体混合物分离
	萃取	用液体萃取剂分离均相液体混合物
	浸取	用液体浸渍固体物料，将其中的可溶组分分离出来
	吸附	用固体吸附剂分离气体或液体混合物
	离子交换	用离子交换剂从溶液中提取或除去某些离子
	膜分离	用固体膜或液体膜分离气体、液体混合物
热、质传递	干燥	加热固体使其所含液体汽化而除去
	增(减)湿	调节气体中的水汽含量
	结晶	使溶液中的溶质变成晶体析出

把各种不同的化工过程总结成为由数量不多的单元操作所组成的观点，是人们对化工过程认识的进步，它使人们看到了化工生产中的共性。把这种共性的东西抽象出来进行研究，可以对过程的本质了解得更为透彻。一旦人们对各个单元操作有了较深刻的理解，就会对由这些单元操作所组成的具体的化工过程有更好的掌握，这种认识的循环前进推动了学科的发展。

经过对单元操作的深入研究，人们发现所有单元操作都属于速率过程，而且在大部分情况下，是动量、热量和质量的传递速率控制着过程的进行。换句话说，大部分单元操作中，其最基本的过程是动量、热量和质量的传递(简称三传)。三个传递过程有时单独地起作用，有时则两个或三个同时起作用，如表 0-1 所示。

因此，本书力求按照单元操作和传递过程之间的内在紧密联系，把两者有机地结合在一起进行编写，使学生在重点掌握好单元操作原理和过程特性的同时，能对过程的机理有较深的了解，从而对化工过程有一个较完整的把握。

为学习单元操作而开设的课程，在我国习惯上称为化工原理。

3. 基本研究方法

在单元操作的发展过程中形成了两种基本研究方法，即实验研究法和数学模型法。

1) 实验研究法

化工过程往往十分复杂，涉及的影响因素很多，各种因素的影响有时不能用迄今已掌握的物理、化学和数学等基本原理定量地分析和预测，而必须通过实验来解决，此即所谓实验研究法。它一般以量纲分析法为指导，依靠实验建立过程参数之间的相互关系，而且通常是把各种参数的影响表示成为由若干个有关参数组成的、具有一定物理意义的无量纲数群(也称准数)的影响。化工原理的学习过程中，将经常见到以无量纲数群表示的关系式。

2) 数学模型法

数学模型法首先要对化工实际问题的机理作深入分析，并在抓住过程本质的前提下作出某些合理的简化，得出能基本反映过程机理的物理模型，然后结合传递过程、物理化学的基本原理，得到描述此过程的数学模型，再用适当的数学方法求解。通常，数学模型法所得结果包括反映过程特性的模型参数，它必须通过实验才能确定，因而它是一种半经验、半理论的方法。

随着计算机及计算技术的飞速发展，复杂数学模型的求解已成为可能，所以数学模型法将逐步成为单元操作中的主要研究方法。

在学习化工原理时，应仔细体会不同单元操作中有些采用实验研究法，有些采用数学模型法，有些则同时采用实验研究法和数学模型法的原因所在。掌握这些方法论，将有助于增强分析问题与解决问题的能力。

4. 过程的衡算、平衡与速率

1) 过程衡算

质量衡算、能量衡算是化工原理课程中分析问题的基本手段。质量衡算的依据是质量守恒定律，能量衡算的依据是能量守恒和热力学第一定律。

用衡算的方法来分析时，首先要划定衡算的范围(控制体)。根据范围的大小，衡算分为微分衡算与总衡算两种。微分衡算取设备或管道中的一个微元体为衡算范围，如直角坐标中的 $dxdydz$；总衡算的范围不是微元体，而是设备的一个大的部分或整个设备，也可以是包括几个设备的一段生产流程或整个车间，甚至整个工厂。

对于给定的控制体，质量衡算、能量衡算的方程为

进控制体的量 − 出控制体的量 = 控制体内的积累量

若过程为稳态(稳定)，则控制体内的有关变量均不随时间而变，其积累量为零，所以结果简化为

进控制体的量 = 出控制体的量

2) 过程的平衡与速率

平衡与速率是分析单元操作过程的两个基本方面。

过程的平衡问题说明过程进行的方向和所能达到的极限。化工过程的平衡是化工热力学研究的问题，所以化工热力学是化工原理的一个重要基础。过程的速率是指过程进行的快慢。当过程不是处于平衡态时，则此过程必将以一定的速率进行。例如传热过程，当两物体温度不同时，即温度不平衡，就会有净热量从高温物体向低温物体传递，直到两物体的温度相等为止，此时过程达到平衡，两物体间也就没有净的热量传递。

过程的速率和过程所处的状态与平衡状态的距离及其他很多因素有关。过程所处的状态与平衡状态之间的距离通常称为过程的推动力。例如两物体间的传热过程，其过程的推动力就是两物体的温度差。

通常存在以下关系式：

过程速率 = 过程推动力 / 过程阻力

即过程的速率与推动力成正比，与阻力成反比。显然，过程的阻力是各种因素对过程速率影响的总的体现。

物料衡算、能量衡算、平衡关系和过程速率将反复出现在本书中，它们所形成的各单元操作的相应计算式，就是各单元操作的主要计算依据。抓住这条主线，会给学习化工原理带

来很大的帮助。

丙烯酸甲酯 CG 动画

合成氨装置合成与冷冻工段

5. 工程观点

通过化工原理的学习，要初步掌握化工过程开发、设计与操作的有关方法。这里的开发是指，以已研究出的某化工过程所包括的步骤为基础，把这些步骤连接起来使得生产进行时经济上合理有利，其主要工作是探索最佳的流程与设备，定出最佳的操作条件。设计通常是规定出设备应具有的性能，选出合适的型式并确定其主要尺寸。操作则除了对生产过程(包括正常工况与非正常工况)进行管理并使设备能正常运转以外，更重要的是对现有的生产过程与设备作各种改进以提高其效率。

需要引起充分重视的是，上述问题都具有强烈的工程性，具体表现在以下几个方面。

1) 过程影响因素多

对于每一种单元操作，其影响因素通常包括物性因素(如密度、黏度)、操作因素(如温度、压力、流量)和结构因素(如设备形状、尺寸)三类。

2) 过程制约条件多

在工业上要实现一个具体的生产过程，客观上存在许多制约条件，如原料来源、冷却水来源、可供应的设备及其结构材料的质量和规格、当地的气温和气压变化范围等。同时，单元设备在流程中的位置也会制约设备的进、出口条件。此外，还受安全防火、环境保护、设备加工、安装以及维修等条件的制约。

3) 经验公式与经验数据多

由于工业过程的复杂性，许多情况下，单纯依靠理论分析还解决不了问题，往往还需结合实验(包括工业试验)，因此产生出许多经验公式与经验数据。它们都是在长期的生产实践中总结出来的，熟练地运用这些经验公式与经验数据，做到心中有“数”、“式”，是十分必要的。

4) 效益是评价工程合理性的最终判据

自然科学研究的目的通常是希望发现规律，而工业过程的目的则是为了最大限度地取得经济效益和社会效益，这是工业过程的出发点，也是评价其是否成功的标志。

因此在分析有关过程时，要从工程实际出发，学会从多种角度尤其是经济角度去考虑技术问题，这是化工原理课程教学的一项重要任务，也是学习过程中必须时时注意的关键所在。

参考文献

陈敏恒，丛德滋，方图南，等. 2015. 化工原理. 4 版. 北京：化学工业出版社

陈维杻. 1993. 传递过程与单元操作. 杭州：浙江大学出版社

蒋维钧，戴猷元，顾惠君. 2009. 化工原理(上). 3 版. 北京：清华大学出版社

谭天恩，窦梅，等. 2013. 化工原理. 4 版. 北京：化学工业出版社

Geankoplis C J. 1993. Transport Processes and Unit Operations. 3rd ed. Engelwood Cliffs: Prentice Hall

McCabe W L, Smith J C, Harriott P. 1993. Unit Operations of Chemical Engineering. 5th ed. New York: McGraw-Hill

第 1 章　流体力学基础

引　例

某化工厂所用溶剂为甲苯，在生产过程中会产生大量粗甲苯废液(甲苯质量分数约为 98%，水约为 2%)。为降低成本，该废液需回收再利用，为此需将粗甲苯储罐中的废液用泵经过管路系统送至回收装置，该输送过程的流程图如图 1-1 所示，图 1-2 则为工厂照片。

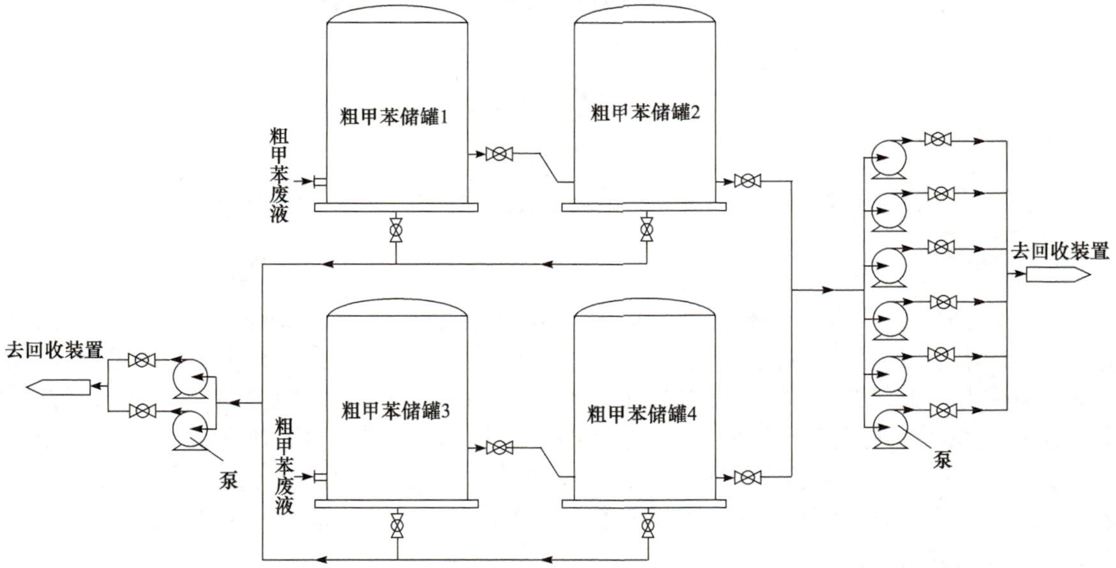

图 1-1　粗甲苯回收装置罐区布置图

在化工生产过程中经常遇到与上述引例类似的流体流动或流体输送问题。要想完成指定的输送任务，需要设计人员确定管道直径、输送机械的功率等物理量。为此，就需要设计人员了解流体在管内或设备中的流动规律。

所谓流体一般指气体或液体，因其具有流动性，故统称为流体。

研究流体流动规律的学科称为流体力学，包括流体静力学和流体动力学两大部分。本章将结合化工过程的特点，对流体静力学原理及其在化工中的应用、流体动力学基本方程及其在化工中的应用进行详细的介绍。

立式拱顶油罐

整体　外观　结构　原理

图 1-2 粗甲苯回收装置工厂实物图

1.1 概 述

在介绍流体流动规律之前，先对有关的概念作些说明。

1. 连续介质模型

流体力学研究的是流体的宏观机械运动，尽管流体是由分子(或原子)所组成，但决定宏观运动性质的不是个别分子(或原子)的行为，而是对大量分子(或原子)统计平均后的总体效果。因此，流体力学研究可以不考虑流体的分子(或原子)结构，而采用连续介质模型，即认为流体由无数个流体微团(或流体质点)所组成，而且这些流体微团连续地分布在它所占有的空间内。

所谓流体微团指的是微观上充分大、宏观上充分小的分子团。一方面，它的尺度和分子运动的尺寸相比应是足够地大，大到其中包含大量的分子，从而能对分子运动作统计平均，以得到表征宏观现象的物理量；另一方面，分子团的尺度和所研究问题的特征尺寸相比要充分小，小到在此微团内，每种物理量都可看成是均匀分布的常量，因而在数学上可以把此微团当作一个点来处理。对微团尺度的这种宏观上小、微观上大的要求，实际上完全可以实现。例如，气体在标准状态下，仅在 $10^{-5}cm^3$ 这样一个宏观上看来非常小的体积里，就包含着 2.7×10^{14} 个分子，这从微观上看又是非常大了。

应当指出，在某些特殊情况下，连续介质假定是不适用的。例如高度真空下，气体稀薄，分子的平均自由程与气体流动通道的直径几乎同量级时，连续介质模型就不适用了。

2. 流体的压缩性

流体体积随压力或温度变化而改变的性质称为可压缩性。实际流体都是可压缩的。液体的压缩性很小，在大多数场合下都视为不可压缩。气体压缩性比液体大得多，一般应视为可压缩。但如果压力变化很小，温度变化也很小，则可近似认为气体也是不可压缩的。

3. 作用在流体上的力

作用在流体上的力可分为两类：体积力和表面力。

1) 体积力

体积力又称质量力，是指作用在所考察对象的每一个质点上的力，属于非接触性的力，例如重力、离心力、惯性力等都是体积力。

2) 表面力

表面力是指作用在所考察对象表面上的力，其可分为法向力(垂直作用于表面上的力，又分为法向拉力和法向压力)和切向力(平行于表面的力，又称剪力)。

1.2　流体静力学及其应用

1.2.1　静止流体所受的力

前已述及，流体所受力有质量力和表面力两种，其中表面力又分为切向力和法向力。那么静止的流体将受到哪些外力呢?

静止流体不能承受切向力。不管多小的切向力，只要持续地施加，都能使流体发生任意大的变形，流体的这个宏观性质称为易流动性。这与大家熟知的静止固体的性质截然不同，当固体受到切向力作用时，将沿切线方向发生微小的变形，而后达到平衡状态。

静止流体也不能承受法向拉力。流体所能承受的法向拉力是不会大于流体分子间的内聚力的，因为内聚力很小，所以工程上认为静止流体不能承受法向拉力。

由此可知，静止流体所受的外力有质量力和法向压力两种。

静止流体单位面积上所受到的法向压力称为压强，但习惯上又多称为(静)压力。因为静止流体中任一点不同方向的压力数值上相等，所以，压力只要说明其大小即可，通常用标量符号 p 表示。

1. 压力单位

在国际单位制(SI 制)中，压力的单位为 N/m^2，称为帕斯卡(Pa)，帕斯卡与其他常用压力单位之间的换算关系为

$$1.013\times10^5\text{Pa}=101.3\text{kPa}=0.1013\text{MPa}=1\text{atm(标准大气压)}$$
$$=1.033\text{at(工程大气压)}=760\text{mmHg}=10.33\text{mH}_2\text{O}$$

2. 压力大小的表征方法

压力大小的一种表征方法是用压力实际数值来表示，称为绝对压力，简称绝压。另外，因为整个地球都处在大气层的压力下，故压力还可以取当地大气压为基准来计量，通常由压力表或真空表测出，称为表压或真空度。表压或真空度与绝压的关系为

$$\text{表压}=\text{绝压}-\text{当地大气压}$$
$$\text{真空度}=\text{当地大气压}-\text{绝压}$$

在同一地理位置，表压越大，绝压也越大；真空度越大，绝压越小，真空程度越高。大气压即大气层压力的大小，与经纬度、海拔高度等因素有关，当地大气压可用气压计测量。

当压力数值用表压或真空度表示时，应分别注明，以免混淆。例如，100kPa(表压)、100mmHg(真空)，未注明时即认为是绝压。记录真空度或表压时，还要注明当地大气压，若没有注明，就认为是 1atm，即 101.3kPa。

1.2.2 流体静力学基本方程

对静止流体作力的平衡方程，可得到静力学方程式。为此，在静止流体中任意选取一流体微团，其形状为六面体，边长分别为 dx、dy、dz，如图 1-3 所示。

作用于该流体微团上的力有质量力和法向压力(图 1-3 中未画出质量力)。设单位质量流体的质量力在 x、y、z 方向的分量大小分别为 g_x、g_y 和 g_z，则该流体微团的质量力在 x、y 和 z 方向的分量分别为 $\rho g_x\mathrm{d}x\mathrm{d}y\mathrm{d}z$、$\rho g_y\mathrm{d}x\mathrm{d}y\mathrm{d}z$ 和 $\rho g_z\mathrm{d}x\mathrm{d}y\mathrm{d}z$。再设六面体的一个顶点 M 处的压力为 p，则过点 M 的三个微元面上受到的压力均为 p，作用在其余三个面上的压力则分别为 $p+(\partial p/\partial x)\mathrm{d}x$、$p+(\partial p/\partial y)\mathrm{d}y$ 和 $p+(\partial p/\partial z)\mathrm{d}z$。

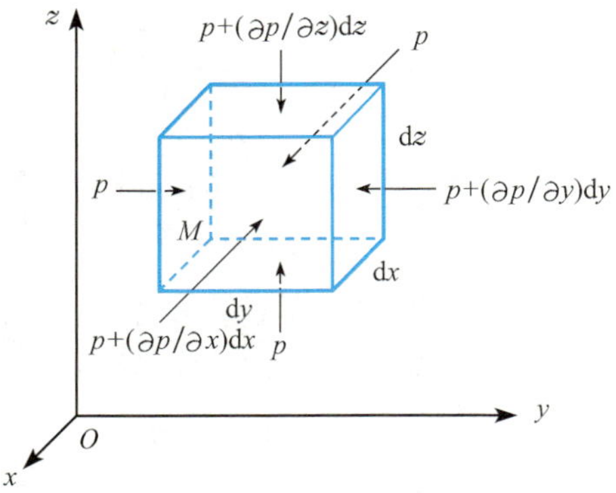

图 1-3 静止流体中的流体微团

对微元体作 x 方向力的平衡，有

$$\rho g_x\mathrm{d}x\mathrm{d}y\mathrm{d}z + p\mathrm{d}y\mathrm{d}z - (p+\frac{\partial p}{\partial x}\mathrm{d}x)\mathrm{d}y\mathrm{d}z = 0$$

化简得
$$\rho g_x - \frac{\partial p}{\partial x} = 0 \tag{1-1a}$$

同理，在 y、z 方向有
$$\rho g_y - \frac{\partial p}{\partial y} = 0 \tag{1-1b}$$

$$\rho g_z - \frac{\partial p}{\partial z} = 0 \tag{1-1c}$$

式(1-1)为流体静力学微分方程式。

若仅考虑重力，在图 1-3 所示的坐标系中，$g_x=g_y=0$，$g_z=-g$，代入式(1-1)中，得

$$\frac{\partial p}{\partial x}=0 \qquad \frac{\partial p}{\partial y}=0 \qquad \rho g+\frac{\partial p}{\partial z}=0$$

可见，p 只是 z 的函数，于是

$$\rho g+\frac{\mathrm{d}p}{\mathrm{d}z}=0$$

对连续、均质且不可压缩流体，ρ=常数，积分上式得

$$\rho gz+p=\text{常数} \tag{1-2}$$

对如图 1-4 所示的静止流体中任意两点 1 和 2 进行积分，则有

$$p_2=p_1+\rho g(z_1-z_2) \tag{1-3}$$

将式(1-3)两边同除以ρg，得

$$\frac{p_2}{\rho g}=\frac{p_1}{\rho g}+(z_1-z_2) \tag{1-4}$$

式中，$p_1/\rho g$、$p_2/\rho g$ 具有高度单位，称为静压头；相应地，z_1、z_2 称为位头。

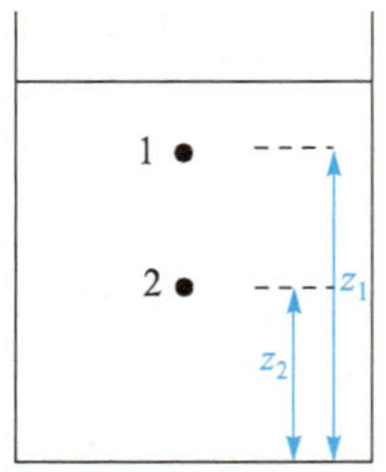

图 1-4 有限空间上的静止流体

式(1-2)～(1-4)是积分形式的静力学方程，适用于重力场中静止、连续且均质的不可压缩流体。从这些式子中可得出如下结论：

(1) 式(1-2)表明，等高面(水平面)就是等压面。

(2) 若记单位体积静止流体的总势能(静压能 p 与位能ρgz 之和)为Γ，又称广义压力，即 $\Gamma = p + \rho gz$ ，则式(1-2)又表明：静止流体中各处的总势能相等。因此，位置越高的流体位能越大，其静压能则越小。

(3) 由式(1-2)可见，若某一平面上压力有任何变化，必将引起流体内部各点发生同样大小的变化，即压力可传递，这就是帕斯卡定律。

例 1-1　静力学方程应用

在前述引例中，四个粗甲苯储罐容积相同，功能也基本相同，均是利用甲苯与水互溶度很小且密度有差异，通过静置，将 80℃的粗甲苯废液(甲苯约为 98%、水约为 2%，均为质量分数，下同)分为甲苯层(上层)和水层(下层)。甲苯层含甲苯约 99.75%，水层含甲苯约 0.52%。以粗甲苯储罐 1 为例(图 1-5)，两层分界面如图中虚线所示，跨分界面安装有玻璃液位计以便观测分界面所在高度。储罐深 10m、直径 10m。为了防止爆燃，罐内液位上方空间充满 1000Pa(表压)的氮气。

(1) 现知罐内有 325t 粗甲苯废液，则两液层分界面距罐底多少厘米?

(2) 若由于储罐的进料、出料不平衡，分界面上升了 5cm，罐底表压增加了 10%，试求罐内液位高度 H(距罐底)。

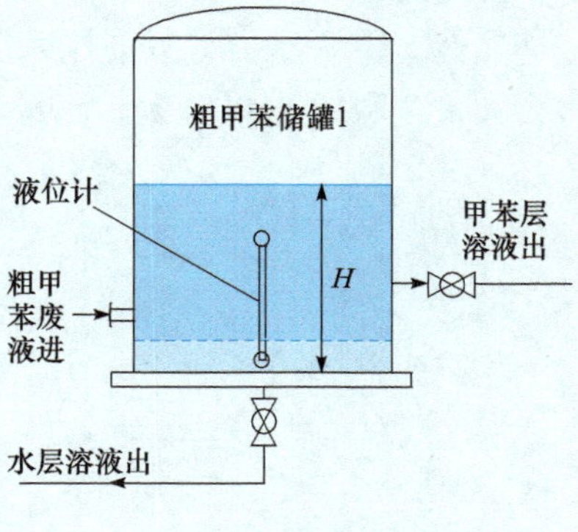

图 1-5　例 1-1 附图

解　(1) 因为甲苯层中的水含量只有 0.25%，故甲苯层的质量、密度可近似按纯甲苯计算。同理，水层的质量、密度也可近似按纯水计算。

查附录六的有机液体密度共线图可得 80℃甲苯的密度为 810kg/m³，查附录三可得 80℃水的密度为 972kg/m³，由此可计算出甲苯层、水层的液体高度分别为

$$H_{甲苯}=\frac{325\times1000\times0.98}{810\times\frac{1}{4}\pi\times10^2}=5.01(\mathrm{m})\qquad H_{水}=\frac{325\times1000\times0.02}{972\times\frac{1}{4}\pi\times10^2}=0.085(\mathrm{m})$$

故两液层分界面距罐底为 8.5cm。

(2) 先求原来的罐底表压 p。根据静力学方程可得

$$\begin{aligned}p&=1000+\rho_{甲苯}gH_{甲苯}+\rho_{水}gH_{水}\\&=1000+810\times9.81\times5.01+972\times9.81\times0.085\\&=41620(\mathrm{Pa})\ (表压)\end{aligned}$$

分界面上升后，罐底表压 p'为

$$p'=p\times(1+0.1)=1000+\rho_{甲苯}gH'_{甲苯}+\rho_{水}gH'_{水}$$

$$41620\times(1+0.1)=1000+810\times9.81\times H'_{甲苯}+972\times9.81\times(0.085+0.05)$$

$$H'_{甲苯}=5.47(\mathrm{m})$$

罐内液位高度

$$H=H'_{甲苯}+H'_{水}=5.47+0.135=5.61(\mathrm{m})$$

1.2.3　静力学原理在压力和压力差测量上的应用

静力学原理在工程实际中应用相当广泛，液柱压差计就是利用流体静力学原理测量流体静压力的仪器，主要形式介绍如下。

1. 压力计

1) 单管压力计

如图 1-6 所示，将一单管与被测压力容器 A 相连通，单管另一端通大气，这就构成了单

管压力计。设单管中液面高度为 R(一般称为读数)，则由静力学方程知测压口 1 处的绝压为

$$p_1 = p_a + \rho g R$$

或表压

$$p_1' = p_1 - p_a = \rho g R$$

式中，p_a为当地大气压。

显然，单管压力计只能用来测量高于大气压的液体压力，不能测气体压力。如果被测压力太大，读数 R 也将很大，测量时显得很不方便，这时可以使用下述 U 形管压力计。

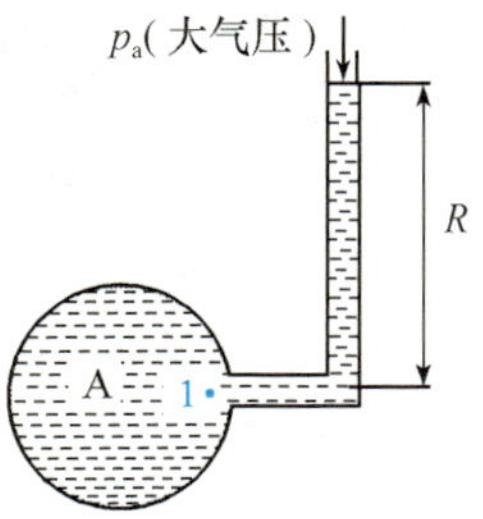

图 1-6 单管压力计

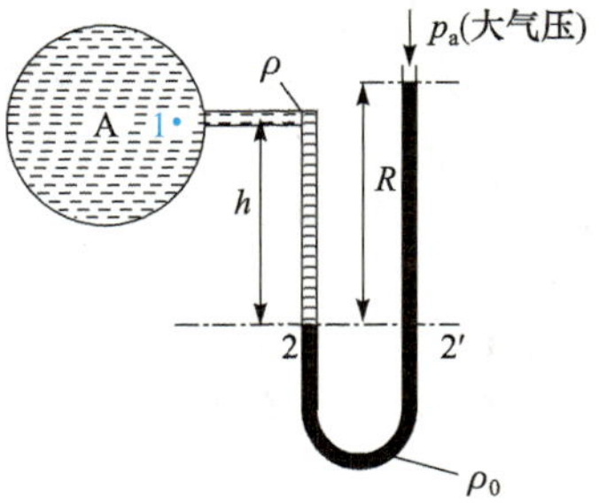

图 1-7 U 形管压力计

2) U 形管压力计

如图 1-7 所示，U 形管一端通大气，另一端与被测压力容器 A 相通。在 U 形管中注入某种液体，称为指示液。指示液密度须大于被测流体的密度，且与被测流体不互溶、不发生化学反应。

设 U 形管中左右指示液液面高度差即读数为 R，指示液密度为ρ_0，被测流体密度为ρ，则由静力学方程可得

$$p_2 = p_1 + \rho g h$$

$$p_2' = p_a + \rho_0 g R$$

又面 2-2′为等压面，即 $p_2 = p_2'$，故有

$$p_1 = p_a + \rho_0 g R - \rho g h$$

若容器 A 内为气体，则$\rho g h$ 项很小可忽略，将上式简化可得点 1 处表压为

$$p_1 - p_a = \rho_0 g R$$

显然，U 形管压力计既可用来测量气体压力，又可用来测量液体压力，而且无论被测流体的压力比大气压大还是小。

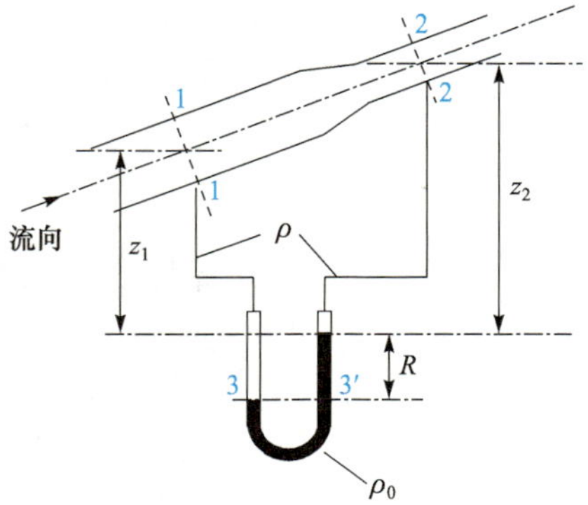

图 1-8 U 形管压差计

2. 压差计

测量两处流体的压力差时，可使用压差计进行测量。

1) U 形管压差计

它的结构如图 1-8 所示，U 形管内装有指示液，指示液必须比被测流体密度大且与之不互溶。将 U 形管两端分别与两测压点相连，若两测压点处压力不等，则 U 形管两侧指示液就显示出高度差。

设 U 形管中指示液液面高度差即读数为 R，指示

液密度为ρ_0，被测流体密度为ρ，则由静力学方程可得

$$p_3 = p_1 + \rho g(z_1 + R) \qquad p_3' = p_2 + \rho g z_2 + \rho_0 g R$$

因面 3-3′为等压面，即 $p_3 = p_3'$，故

$$(p_1 + \rho g z_1) - (p_2 + \rho g z_2) = (\rho_0 - \rho) g R$$

根据广义压力定义，上式又可写成

$$\varGamma_1 - \varGamma_2 = (\rho_0 - \rho) g R \tag{1-5}$$

两边同除以ρg 得

$$\frac{\varGamma_1}{\rho g} - \frac{\varGamma_2}{\rho g} = \frac{\rho_0 - \rho}{\rho} R \tag{1-6}$$

式中，$\dfrac{\varGamma}{\rho g} = \dfrac{p}{\rho g} + z$ 为静压头与位头之和，又称为广义压头，m。

式(1-6)表明，U 形管压差计的读数 R 的大小反映了被测两点间广义压头之差。请思考：这一规律是否具有普遍性？

2) 双液柱压差计

双液柱压差计又称微差压差计。由式(1-6)可见，若所测广义压头之差很小，则 U 形管压差计的读数 R 可能很小，读数的相对误差就会很大，这时若采用如图 1-9 所示的双液柱压差计将会使读数放大几倍或更多。该压差计的特点是在 U 形管两侧增设两个小室，小室的横截面积远大于管的横截面积；在小室和 U 形管中分别装入两种互不相溶而密度又相差不大的指示液，其密度分别为ρ_1、ρ_2，且ρ_1略小于ρ_2。

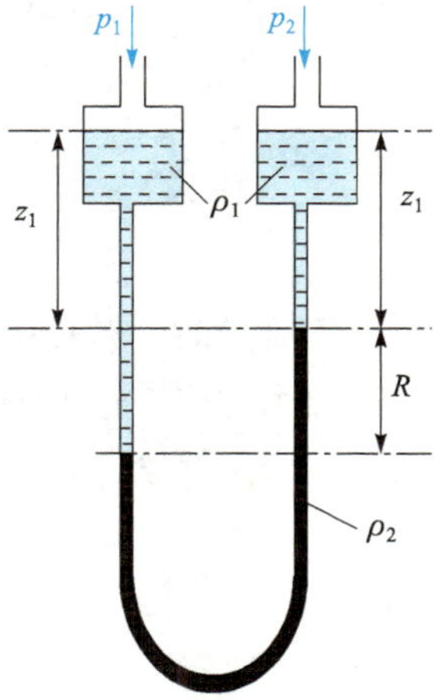

图 1-9　双液柱压差计

将双液柱压差计与两测压点相连，在被测压差作用下，两侧指示液显示出高度差。因为小室截面积足够大，故小室内液面高度变化可忽略不计。由静力学原理可推知

$$p_1 - p_2 = (\rho_2 - \rho_1) g R$$

因为ρ_2与ρ_1相差不大，即$(\rho_2-\rho_1)$很小，这样，即使(p_1-p_2)很小，读数 R 也可能较大。

例 1-2　当被测压差较小时，为使压差计读数较大，以减小测量中人为因素造成的相对误差，也常采用倾斜式压差计，其结构如图 1-10 所示。若被测流体压力 p_1=101.4kPa，p_2端通大气，大气压为 101.3kPa，指示液为乙醇溶液，其密度ρ_0=810kg/m^3，试求：

(1) 管的倾斜角α=10°时，读数 R'为多少(单位：cm)?

(2) 若将右管垂直放置，读数又为多少(单位：cm)?

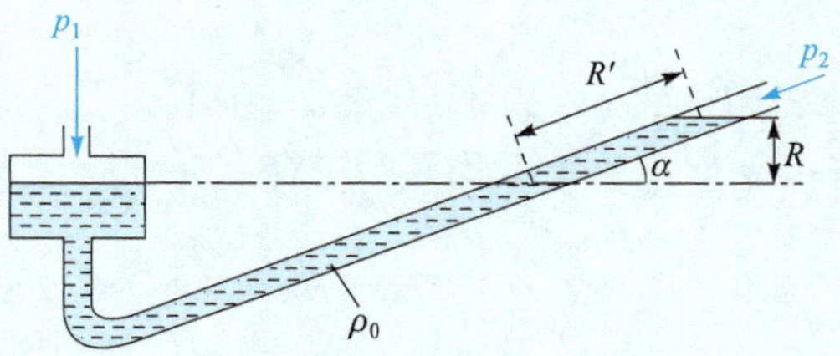

图 1-10　倾斜式压差计

解　(1) 由静力学原理可知

$$p_1 - p_2 = \rho_0 g R = \rho_0 g R' \sin\alpha$$

将p_1=1.014×10^{5}Pa，p_2=1.013×10^{5}Pa，ρ_0=810kg/m^3，α=10°代入得

$$R' = \frac{p_1 - p_2}{\rho_0 g \sin\alpha} = \frac{1.014\times10^5 - 1.013\times10^5}{810\times9.81\times\sin10^\circ} = 0.073(\text{m}) = 7.3(\text{cm})$$

(2) 若将管垂直放置，则读数

$$R' = \frac{p_1 - p_2}{\rho_0 g \sin\alpha} = \frac{1.014\times10^5 - 1.013\times10^5}{810\times9.81\times\sin 90°} = 0.013(\text{m}) = 1.3(\text{cm})$$

可见，倾斜角为 10°时，读数放大了 7.3/1.3=5.6 倍。

1.3 流体流动的基本方程

流体在流动过程中遵循质量守恒定律、动量定理和能量守恒定律，将它们应用在流体流动过程，可以获得流体流动基本方程式，即连续性方程、运动方程和能量方程。通过求解这些基本方程式可以获取流动过程中有关物理量的变化规律。这就是本节要介绍的内容。

对流体流动过程进行质量、动量和能量衡算有两种方法：一种是对有一定宏观大小的对象进行衡算，称为宏观衡算；另一种是对流体中的微元体进行衡算，称为微观衡算。宏观衡算可以解决流动过程中流体与外部环境之间作用的物理量的变化规律，如流量、受力、交换的热、机械能等变化规律；而微观衡算则可以解决流动中流体内部的物理量随时间、空间的变化规律，其方程式通常为微分方程式。本节的微分衡算内容将作为选学内容供读者阅读。

1.3.1 基本概念

1. 稳定流动与不稳定流动

流体流动时，若任一点处的流速、压力、密度等与流动有关的物理参数都不随时间而变化，这种流动称为稳定(或称为稳态、定态)流动。反之，只要有一个物理参数随时间而变化，就属于不稳定流动。

2. 流量和流速

1) 流量

流体在单位时间内通过流通截面的体积量，称为体积流量，又称体积流率，用 V 表示，单位为 m^3/s；流体在单位时间内通过流通截面的质量，称为质量流量，又称质量流率，用 m 表示，单位为 kg/s。二者的关系为

$$m = \rho V \tag{1-7}$$

式中，ρ 为流体密度，kg/m^3。

2) 流速

体积流量 V 与流通截面积 A 之比称为平均流速，用 u 表示，单位为 m/s，在不会引起混淆的情况下，简称为流速。质量流量 m 与流通截面积 A 之比称为平均质量流速，又称质量通量，用 G 表示，单位为 $kg/(m^2 \cdot s)$，即

$$u = \frac{V}{A} \qquad G = \frac{m}{A} \tag{1-8}$$

式中，A 为流通截面积，m^2。

注意，u 或 G 与流通截面是相互垂直的。显然 u 与 G 之间存在如下关系：

$$G = \rho u \tag{1-9}$$

3) 点速度

一般地，流体在流通截面上各点的速度不相等，即速度有分布，其中壁面处速度与壁面

的速度相等，若壁面静止，则速度为零。通常将流体在某点上的流速称为点速度，用 v 表示，单位为 m/s。点速度 v 与平均流速 u 的关系为

$$u=\frac{V}{A}=\frac{1}{A}\iint_A v\mathrm{d}A \tag{1-10}$$

3. 黏性及牛顿黏性定律

1) 黏性

众所周知，在水中或空气中运动的物体都会受到阻力，这些阻力产生的根本原因就是流体的黏性。下面通过如图 1-11 所示的假想实验来详细阐述黏性及其产生的原因。

设想两个面积无限大的平行平板之间充满了静止液体。若将下板固定，对上板施加一恒定外力，使上板以速度 v 沿 x 方向做匀速运动。可以想象，紧靠上板的液体将黏附在其表面上而以与之相同的速度 v 向前运动；紧靠下板的液体也因黏附作用而与下板一起保持不动，而两板之间的液体则由于黏滞作用，从上到下速度逐渐由大变小，直至为零，如图 1-11 所示。

为什么两板间的流体会做如上的运动呢？这是因为流体有黏性。

对气体，黏性产生的原因可以用分子运动论作如下解释。图 1-12 所示为相邻的两薄层气体层 A-A 和 B-B。其中分子除了向右以速度 v_A、v_B 做定向运动外，还有无规则的热运动，后者使得分子在两薄层之间相互交换。速度较慢的薄层 A-A 的分子进入速度较快的薄层 B-B 后，会被加速而动量增大；同时产生一与 v_B 方向相反的阻滞力 f_B。另一方面，速度较快的薄层 B-B 的分子进入速度较慢的薄层 A-A，会被减速而动量减小；同时产生一与 v_A 方向相同的推动力 f_A。以上由动量传递产生的一对力 f_A 与 f_B 大小相等、方向相反，这一对力就是黏性力或内摩擦力，属于表面力。这种动量传递一层一层进行，直至固体壁面。综上所述，气体的黏性力或内摩擦力的产生是速度不等的流体层之间的动量传递的结果。流体所具有的这种阻碍流体相对运动的性质称为黏性。

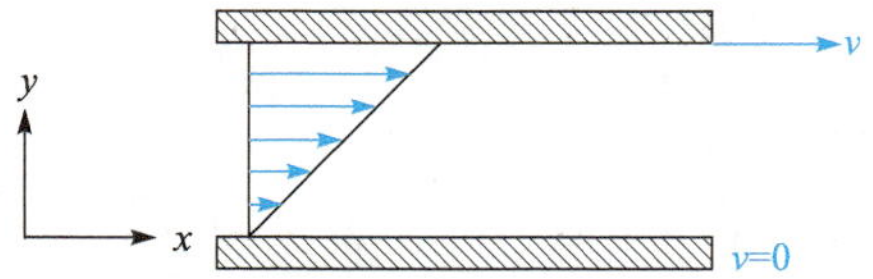

图 1-11　平板间黏性流体分层运动及速度分布

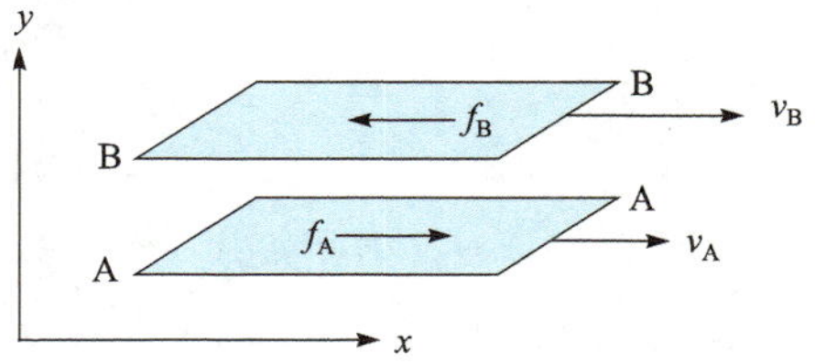

图 1-12　气体的内摩擦力

至于液体，由于液体分子间平均距离比气体要小得多，黏性力主要由分子间的吸引力所产生。

2) 牛顿黏性定律

大量实验证明，在上述这种一维分层流动中，两相邻流体层之间单位面积上的内摩擦力(又称剪应力，实际上是表面力中的切应力，用 τ_{yx} 表示)与两流体层间的速度梯度 $\mathrm{d}v/\mathrm{d}y$ 成正比，即

$$\tau_{yx}=\mu\frac{\mathrm{d}v}{\mathrm{d}y} \tag{1-11}$$

式(1-11)称为牛顿黏性定律。服从此定律的流体称为牛顿型流体。所有的气体和大部分相对分子质量低于 5000 的液体均属于牛顿型流体。

3) 黏度

式(1-11)中的比例系数μ称为动力黏度，简称黏度。其物理意义为速度梯度为1时，单位受力面积上流体层之间内摩擦力的大小。显然，流体黏度是衡量流体黏性大小的一个物理量。

黏度的单位可由式(1-11)确定

$$[\mu]=\left[\frac{\tau}{\mathrm{d}v/\mathrm{d}y}\right]=\frac{\mathrm{N/m^2}}{(\mathrm{m/s})/\mathrm{m}}=\mathrm{Pa\cdot s}$$

在cgs制中，μ的常用单位有泊(P)即dyn·s/cm^2，以及厘泊(cP)即mPa·s，它们与国际单位Pa·s的换算关系如下：

$$1\mathrm{Pa\cdot s}=10\mathrm{P}=1000\mathrm{cP}$$

黏度作为流体的物性之一，可以从有关手册或资料中查取；当缺乏实验数据时，也可用经验公式计算。本书附录中列出了一些常见气体和液体的黏度，从中可以看出，气体黏度远小于液体黏度，且大多数气体常温下的黏度值在0.005～0.02cP，相比之下，液体的黏度值变化范围则大得多。

流体黏度随温度而变。一般地，对于牛顿型流体，温度升高，气体黏度增大，液体黏度减小。这是因为，温度升高时气体分子运动的平均速度增大，两相邻气体层间分子交换速度加快，因而内摩擦力和黏度随之增大；对于液体，温度升高时液体体积膨胀，分子间距离增大，吸引力迅速减小，因而其黏度随之下降。

温度对某些气体黏度的影响可用下述经验公式估算(McCabe W L et al, 2001)：

$$\frac{\mu}{\mu_0}=\left(\frac{T}{273}\right)^n \tag{1-12}$$

式中，T为温度，K；μ_0、μ分别为0℃(273K)和T温度下的气体黏度；n为常数，与气体种类有关，如空气的$n\approx0.65$，CO_2的$n\approx0.9$，水蒸气的$n\approx1$。

温度对水的黏度影响则可用下述经验公式估算(张志昌 等，2011)：

$$\mu=\frac{1.79}{1+0.0357T+0.00018T^2} \tag{1-13}$$

式中，T为温度，℃；μ为T温度下水的黏度，mPa·s。

压力在相当宽的范围内对流体黏度的影响都不大，如处在40atm以下的液体、在理想气体状态方程适用的压力范围内的气体，其黏度受压力的影响几乎可以忽略不计。只有在很高压力下，如接近临界点的气体、40atm以上的液体，其黏度才随压力升高而增大。

液体黏度一般随摩尔质量增加而变大，而气体黏度与摩尔质量的关系则没有明显的规律。

应该注意的是，气体或液体混合物的黏度不能简单地按各组分的浓度进行加和，具体计算公式请参考相关手册或资料。

在实际应用中还会经常用到运动黏度(kinematic viscosity)v，其单位为m^2/s，运动黏度与黏度的关系为

$$v=\mu/\rho \tag{1-14}$$

4. 非牛顿型流体

凡是剪应力与速度梯度不符合牛顿黏性定律的流体均称为非牛顿型流体。一般地，浓稠

的悬浮液、淤浆、乳浊液、长链聚合物溶液、生物流体、液体食品、涂料、黏土悬浮液以及混凝土混合物等均为非牛顿型流体。常见的非牛顿型流体的剪应力与速度梯度的关系曲线如图 1-13 所示。

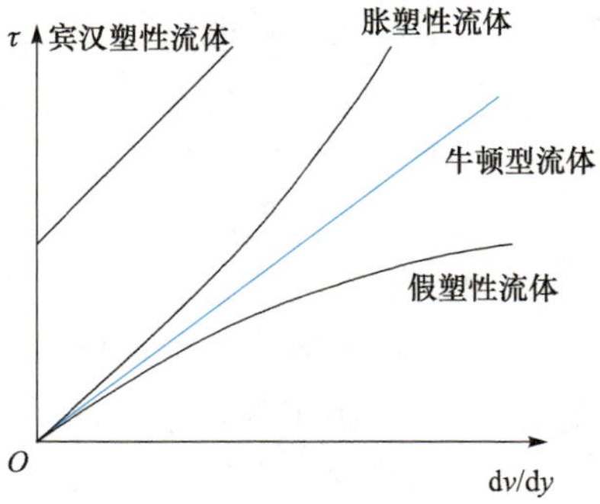

图 1-13　剪应力与速度梯度关系

非牛顿型流体可以分为三大类：第一类是流体的剪应力与速度梯度间的关系不随时间而变，图 1-13 所示的均属于此类。第二类是流体的剪应力与速度梯度间的关系与时间有关，但为非弹性的，这类流体的现时性质与它最近受过什么样的作用有关，例如番茄酱放着不动会倒不出来，然而一瓶刚刚摇过的番茄酱就容易倒出来。第三类是黏弹性非牛顿型流体，这类流体兼有固体的弹性与流体的流动特性，应力除去后其变形能够部分地恢复，例如，面团受挤压通过小孔而成条状后，每条的截面积略大于孔面积。

目前在工程应用上对非牛顿型流体的研究主要集中在第一类，本节仅对这类非牛顿型流体作一简单介绍。

1) 宾汉塑性流体

宾汉塑性流体(Bingham plastic fluid)的剪应力与速度梯度呈线性关系，但直线不过原点(图 1-13)，即

$$\tau = \tau_0 + \mu \frac{\mathrm{d}v}{\mathrm{d}y} \tag{1-15}$$

这个关系表示剪应力超过一定值后流体才开始流动，其解释是此种流体在静止时具有三维结构，其刚度足以抵抗一定的剪应力。当剪应力超过该数值后，三维结构被破坏，于是流体就显示出与牛顿型流体一样的行为。属于此类的流体有纸浆、牙膏、岩粒的悬浮液、污泥浆等。

2) 假塑性流体和胀塑性流体

假塑性流体(pseudo plastic fluid)和胀塑性流体(dilatant fluid)的剪应力与速度梯度符合指数规律，即

$$\tau = K\left(\frac{\mathrm{d}v}{\mathrm{d}y}\right)^n \tag{1-16}$$

式中，n 为流变指数(flow behavior index)，无量纲；K 为稠度指数(consistency index)，$\mathrm{N \cdot s}^n/\mathrm{m}^2$。

n、k 均需实验确定。假塑性流体 $n<1$，胀塑性流体 $n>1$，牛顿型流体 $n=1$。对照牛顿黏性定律，将式(1-16)改写为

$$\tau = K\left(\frac{\mathrm{d}v}{\mathrm{d}y}\right)^{n-1}\left(\frac{\mathrm{d}v}{\mathrm{d}y}\right) = \mu_a \frac{\mathrm{d}v}{\mathrm{d}y} \tag{1-17}$$

式中，$\mu_a = K\left(\frac{\mathrm{d}v}{\mathrm{d}y}\right)^{n-1}$ 称为表观黏度，Pa · s。

式(1-17)表明，表观黏度随速度梯度 $\mathrm{d}v/\mathrm{d}y$ 而变，故对于非牛顿型流体的表观黏度，必须指明是在某一速度梯度下的数值，否则是没有意义的。

假塑性流体是非牛顿型流体中最重要的一类，大多数非牛顿型流体都属于这一类，例如聚合物溶液、熔融体、油脂、油漆等。

属于胀塑性流体的有淀粉、硅酸钾、阿拉伯树胶等的水溶液。

非牛顿型流体与牛顿型流体的流动特性有本质的区别，因此在流体阻力、传热、传质等方面也会表现出明显的差异，有关这方面的问题可查看有关的书籍。

5. 流动形态和雷诺数

当流体流动时，在不同条件下，可以观察到两种截然不同的流动形态。这现象是由雷诺(Reynolds)于 1883 年首先发现的。在如图 1-14 所示的实验装置中，水以一定的平均速度 u 在

稳定状态下通过一透明的管道，水流速度可由管出口处阀门来调节。在水槽上部放置一个有色液体贮器，下接一细的导管及细嘴将有色液体引入透明管内。通过观察有色液体的流动状况即可类推出管内水的质点的运动状况。

当水流速度较低时，可观察到有色液体呈一根细线状，如图 1-15(a)所示，这表明水的质点也做直线运动，此时，圆管内流体好像分成了无数个同心圆筒，各层圆筒上的流体质点互不混杂，这种流态称为层流(laminar flow)或滞流。将出口阀门开度逐渐调大时，可观察到有色液体细线开始出现波动而成为波浪形；继续调大阀门开度，波动将加剧，细线断裂。当水流速度达到某一数值后，有色液体分散开来，使整个玻璃管都呈现出有色液体的颜色，如图 1-15(b)所示。这表明，此时水的质点的速度在大小和方向上时时刻刻都在发生变化，这种流态称为湍流(turbulent flow)或紊流。在实验中可以观察到，湍流发生时不断有旋涡生成、移动、扩大、分裂和消失。

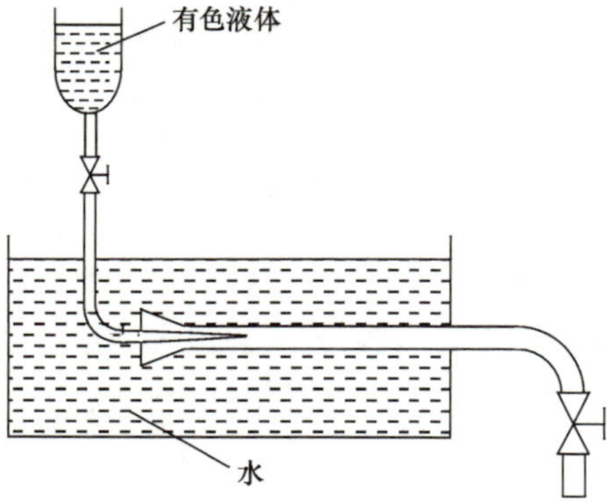

图 1-14　雷诺实验装置

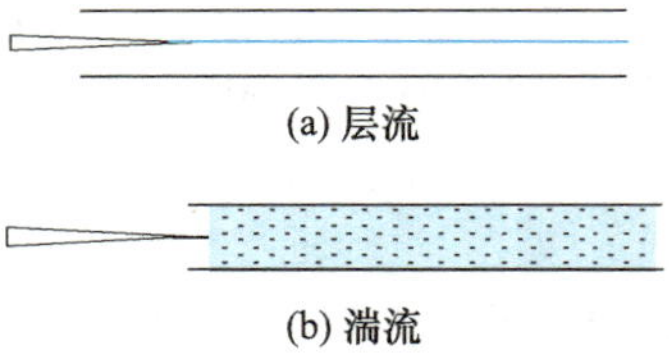

图 1-15　两种流动形态

实验研究发现，圆管内流态由层流向湍流的转变不仅与流速 u 有关，还与流体的密度ρ、黏度μ 以及流动管道的直径 d 有关。将这些变量组合成一个无量纲数群 $du\rho/\mu$，根据该数群数值大小可以判断流动形态。这个数群称为雷诺准数(简称雷诺数)，用符号 Re 表示，即

$$Re = du\rho / \mu \tag{1-18}$$

其量纲为

$$[Re]=\left[\frac{du\rho}{\mu}\right]=\frac{\mathrm{m}\cdot(\mathrm{m/s})\cdot(\mathrm{kg/m^3})}{\mathrm{N\cdot s/m^2}}=\mathrm{m^0kg^0s^0}$$

上式表明，雷诺数是一个无量纲准数，故其值不会因采用不同的单位制而不同。但应当注意，数群中各物理量必须采用同一单位制。

层流转变为湍流时的雷诺数称为临界雷诺数，用 Re_c 表示。流体在圆形直管内流动时 Re_c 的下限是比较明确的，只要降到 2000(有的资料为 2100)以下，流动形态一定为层流。但如果尽可能减小进口处的扰动，Re_c 的上限可以达到很高的数值，例如对于非常光滑的管道，在 10^5 下仍能保持层流。工程上一般认为，对于圆形直管内的流体流动，当 $Re \leqslant 2000$ 时为层流；当 $Re > 4000$ 时为湍流；当 Re 的值在 2000～4000 时，流动处于一种过渡状态，可能是层流也可能是湍流，或是二者交替出现，这要视外界干扰而定，一般称这一雷诺数范围为过渡区。注意，过渡状态并不是新的流动形态。

准数都有其物理意义，雷诺数也一样。若将雷诺数形式变为

$$Re = \frac{du\rho}{\mu} = \frac{\rho u^2}{\mu u/d} \tag{1-19}$$

式中，ρu^2 与惯性力成正比，$\mu u/d$ 与黏性力成正比，由此可见，雷诺数的物理意义是惯性力与黏性力之比。惯性力加剧湍动，黏性力抑制湍动。若流体的速度大或黏度小，Re 便大，此时惯性力占主导地位，湍动程度也剧烈。若流体的速度小或黏度大，Re 便小，小到临界值以下，则黏性力占主导地位。

例 1-3　在本章开始的引例中，80℃的粗甲苯废液(甲苯约为 98%、水约为 2%，均为质量分数，下同)经内径 200mm 的圆管流入粗甲苯储罐，质量流量为 65t/h，试计算：

(1) 雷诺数 Re，并判断流动形态。

(2) 使管内保持湍流的最小体积流量。

解　(1) 因为粗甲苯废液中水含量只有 2%，故其物性(如密度、黏度)可近似按纯甲苯计算。查附录六的液体黏度共线图可得 80℃甲苯的黏度 μ=0.32mPa · s，又由例 1-1 可知 80℃甲苯的密度 ρ=810kg/m³。于是

流速
$$u = \frac{V}{\frac{1}{4}\pi d^2} = \frac{m/\rho}{\frac{1}{4}\pi d^2} = \frac{65\times10^3/(3600\times810)}{\frac{1}{4}\pi\times0.2^2} = 0.710\ (\text{m/s})$$

$$Re = \frac{du\rho}{\mu} = \frac{0.2\times0.710\times810}{0.32\times10^{-3}} = 3.59\times10^5 > 4000$$

雷诺数 Re 也可直接计算如下，以便减小计算过程中的舍入误差：

$$Re = \frac{du\rho}{\mu} = \frac{u\rho\pi d^2/4}{\mu\pi d/4} = \frac{m}{\mu\pi d/4}$$
$$= \frac{65\times1000/3600}{0.32\times10^{-3}\times\pi\times0.2/4} = 3.59\times10^5 > 4000$$

可见流动属湍流。

(2) 因 Re>4000 时属湍流，故使管内保持湍流的最小体积流量由下式计算

$$Re = \frac{du_{\min}\rho}{\mu} = \frac{\rho V_{\min}}{\mu\pi d/4} = \frac{810\times V_{\min}}{0.32\times10^{-3}\times\pi\times0.2/4} > 4000$$

$$V_{\min} > 0.248\times10^{-3}\ \text{m}^3/\text{s} = 0.893\text{m}^3/\text{h}$$

即管内保持湍流的最小体积流量为 0.893m³/h。

6. 三种时间导数

1) 偏导数 $\frac{\partial}{\partial t}$

偏导数又称局部导数，表示在某一固定空间点上的流动参数，如密度、压力、速度、温度、组分浓度等随时间的变化率。

以人们观察河流中鱼群浓度 c 随时间的变化为例。观察者站在岸边观察河流中某一固定位置处鱼群浓度随时间的变化率即为偏导数 $\partial/\partial t$。

2) 全导数 $\frac{\mathrm{d}}{\mathrm{d}t}$

如果观察者在流体中以任意速度运动(注意，这一任意速度并不一定等于流体的运动速度)，设该速度在 x、y、z 方向上的分量分别为 $\mathrm{d}x/\mathrm{d}t$、$\mathrm{d}y/\mathrm{d}t$、$\mathrm{d}z/\mathrm{d}t$，此时观察者观测到的流动参数随时间的变化率称为全导数，可表示为

$$\frac{\mathrm{d}}{\mathrm{d}t}=\frac{\partial}{\partial t}+\frac{\mathrm{d}x}{\mathrm{d}t}\frac{\partial}{\partial x}+\frac{\mathrm{d}y}{\mathrm{d}t}\frac{\partial}{\partial y}+\frac{\mathrm{d}z}{\mathrm{d}t}\frac{\partial}{\partial z} \tag{1-20}$$

仍以观察河流中鱼群浓度变化为例。当观察者驾着船时，在船上所观察到的水中鱼群浓度随时间的变化率就是全导数，它等于岸边观察的结果($\partial/\partial t$)再叠加因船的运动而导致的鱼群浓度变化[式(1-20)中的后三项]。

3) 随体导数 $\dfrac{\mathrm{D}}{\mathrm{D}t}$

随体导数又称物质导数、拉格朗日导数，表示当观察者在流体中以与流体完全相同的速度运动时观测到的流动参数随时间的变化率。此时式(1-20)中的 $\mathrm{d}x/\mathrm{d}t$、$\mathrm{d}y/\mathrm{d}t$、$\mathrm{d}z/\mathrm{d}t$ 分别为流体流速 v 在 x、y、z 方向上的分量 v_x、v_y、v_z。于是，随体导数可表示为

$$\frac{\mathrm{D}}{\mathrm{D}t}=\frac{\partial}{\partial t}+v_x\frac{\partial}{\partial x}+v_y\frac{\partial}{\partial y}+v_z\frac{\partial}{\partial z} \tag{1-21}$$

由上述随体导数的概念可知，随体导数是全导数的特例，为了区别于全导数，故常用算符 $\mathrm{D}/\mathrm{D}t$ 表示。式(1-21)中等号右边的($v_x\partial/\partial x+v_y\partial/\partial y+v_z\partial/\partial z$)项称为对流导数，表示因流体流动而导致的流动参数随时间的变化率。

当船不加动力而让它跟随着流体一起漂流运动时，观察者在船上所观察到的水中鱼群浓度随时间的变化率就是随体导数。此时观察者的速度显然就是河流的速度。

1.3.2 质量衡算方程——连续性方程

化工生产中大量遇到的是流体在管内或设备内的流动，因此，本节以管内流动为主进行讨论。

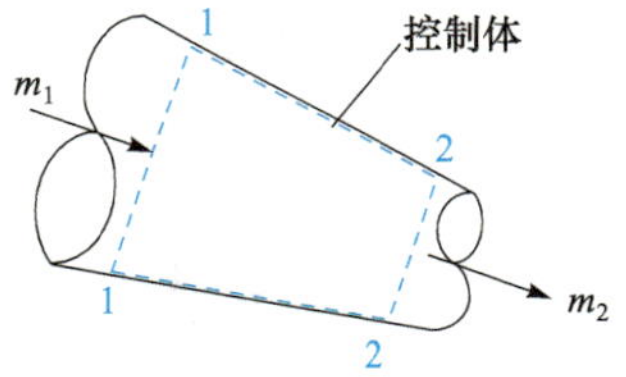

图 1-16 管道或设备内的流动

1. 连续性方程的积分式——宏观质量衡算

图 1-16 为管内流动示意图。选取如图虚线所示的体积为控制体①，设其体积为 $\tilde{V}$。控制面由壁面和两个与流体流动方向相垂直的流通截面 1-1、2-2 所组成。对该控制体而言，质量守恒定律可以表述成以下形式：

$$\begin{pmatrix}\text{输出控制体}\\ \text{的质量流量}\end{pmatrix}-\begin{pmatrix}\text{输入控制体}\\ \text{的质量流量}\end{pmatrix}+\begin{pmatrix}\text{控制体内的质量}\\ \text{随时间的变化率}\end{pmatrix}=0 \tag{1-22}$$

即

$$m_2-m_1+\frac{\partial}{\partial t}\iiint_V \rho\,\mathrm{d}\tilde{V}=0 \tag{1-23}$$

式(1-23)即为管内流动的连续性方程。对于稳定流动，$\partial/\partial t=0$，式(1-23)变为

$$m_1=m_2$$

或写成

$$\rho_1 u_1 A_1=\rho_2 u_2 A_2 \tag{1-24}$$

式(1-24)即为管内稳定流动时的连续性方程积分形式。

① 所谓控制体是指流体流动空间中任一固定不变的体积，流体可以自由地流经它，控制体的边界面称为控制面，控制面是封闭的表面。控制体通过控制面与外界可以进行质量、能量交换，还可以受到控制体以外的物质施加的力。如果选取控制体来研究流体流动过程，就是将着眼点放在某一固定空间，从而可以了解流体流经空间每一点时的流体力学性质，进而掌握整个流体的运动状况。这种研究方法是由欧拉提出的，称为欧拉法。

对均质、不可压缩流体，$\rho_1=\rho_2=$常数，于是式(1-24)变为

$$u_1A_1=u_2A_2 \tag{1-25}$$

可见，对均质、不可压缩流体，平均流速与流通截面的面积成反比，即面积越大，流速越小；反之，面积越小，流速越大。

对圆管，$A=\pi d^2/4$，d为直径，于是

$$u_1d_1^2=u_2d_2^2 \tag{1-26}$$

如果管道有分支，如图1-17所示，则稳定流动时总管中的质量流量应为各支管质量流量之和，故管内连续性方程为

$$m=m_1+m_2 \tag{1-27}$$

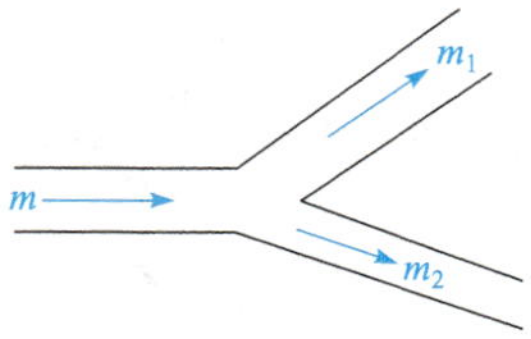

图1-17　分支管路

例1-4　用如图1-18所示的分支管路将20℃、1kPa(表压)的氮气送至粗甲苯储罐顶部作为保护气用。已知总管中氮气流量为90m³/h(标准状况)，两支管尺寸相同。为保证总管与两支管流速一样，则两支管内的体积流量为多少？总管内径是支管的几倍？

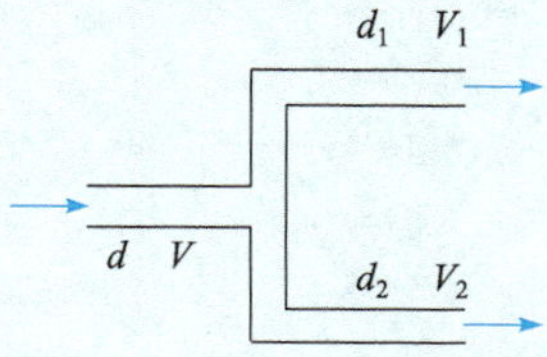

图1-18　例1-4附图

解　首先将标准状况(0℃、101.3kPa)下总管中氮气的体积流量转变为实际工作状态(20℃、1kPa)下的值。由理想气体状态方程知

$$\frac{V}{V_0}=\frac{T}{T_0}\cdot\frac{p_0}{p}$$

$$V=\frac{T}{T_0}\cdot\frac{p_0}{p}\cdot V_0=\frac{293}{273}\times\frac{101.3}{101.3+1}\times 90=95.6(\mathrm{m^3/h})$$

由题意可知两支管尺寸、流速相同，故其体积流量也相同，即$V_1=V_2$；总管与两支管内氮气的密度可认为近似相等，再根据分支管路的连续性方程可得

$$V_1+V_2=V$$

于是

$$V_1=V_2=\frac{1}{2}V=\frac{1}{2}\times 95.6=47.8(\mathrm{m^3/h})$$

即

$$u_1d_1^2=u_2d_2^2=\frac{1}{2}ud^2$$

又$d_1=d_2$，$u_1=u_2=u$，代入上式得

$$d_1^2=\frac{1}{2}d^2$$

$$\frac{d}{d_1}=\sqrt{2}=1.4$$

即总管内径是支管的1.4倍。

2. 连续性方程的微分式——微观质量衡算

连续性方程的微分式可由微元体的质量衡算推得。如图1-19所示，在流体中取过任一点$M(x, y, z)$的微元六面体作为控制体，其边长分别为$\mathrm{d}x$、$\mathrm{d}y$、$\mathrm{d}z$。设点M处的速度矢量$\boldsymbol{v}$沿x、y、z分量分别为v_x、v_y、v_z，流体密度为ρ。v_x、v_y、v_z和ρ均为空间坐标和时间的函数。将式(1-22)改写为

$$\begin{pmatrix}\text{净输出控制体}\\\text{的质量流量}\end{pmatrix}+\begin{pmatrix}\text{控制体内的质量}\\\text{随时间的变化率}\end{pmatrix}=0 \tag{1-28}$$

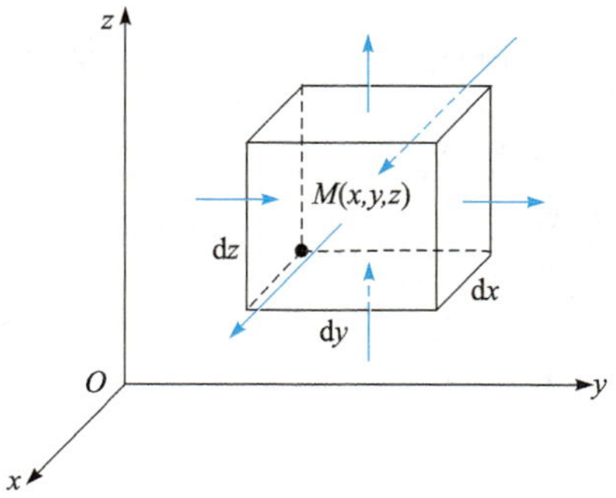

图1-19　微元控制体

式中

$$\begin{pmatrix}\text{净输出控制体}\\ \text{的质量流量}\end{pmatrix}=\begin{pmatrix}x\text{方向净输出控}\\ \text{制体的质量流量}\end{pmatrix}+\begin{pmatrix}y\text{方向净输出控}\\ \text{制体的质量流量}\end{pmatrix}+\begin{pmatrix}z\text{方向净输出控}\\ \text{制体的质量流量}\end{pmatrix}$$

x 方向：输入微元体的质量流速为ρv_x，则质量流量为$\rho v_x\mathrm{d}y\mathrm{d}z$；输出微元体的质量流速为$\left[\rho v_x+\dfrac{\partial(\rho v_x)}{\partial x}\mathrm{d}x\right]$，质量流量为$\left[\rho v_x+\dfrac{\partial(\rho v_x)}{\partial x}\mathrm{d}x\right]\mathrm{d}y\mathrm{d}z$，故

$$\begin{pmatrix}x\text{方向净输出控}\\ \text{制体的质量流量}\end{pmatrix}=\left[\rho v_x+\frac{\partial(\rho v_x)}{\partial x}\mathrm{d}x\right]\mathrm{d}y\mathrm{d}z-\rho v_x\mathrm{d}y\mathrm{d}z=\frac{\partial(\rho v_x)}{\partial x}\mathrm{d}x\mathrm{d}y\mathrm{d}z$$

同理可得 y、z 方向净输出的质量流量分别为$\dfrac{\partial(\rho v_y)}{\partial y}\mathrm{d}x\mathrm{d}y\mathrm{d}z$ 和$\dfrac{\partial(\rho v_z)}{\partial z}\mathrm{d}x\mathrm{d}y\mathrm{d}z$，于是

$$\begin{pmatrix}\text{净输出控制体}\\ \text{的质量流量}\end{pmatrix}=\left[\frac{\partial(\rho v_x)}{\partial x}+\frac{\partial(\rho v_y)}{\partial y}+\frac{\partial(\rho v_z)}{\partial z}\right]\mathrm{d}x\mathrm{d}y\mathrm{d}z \tag{1-29}$$

在某一时刻 t，微元体内的质量为$\rho\mathrm{d}x\mathrm{d}y\mathrm{d}z$，故

$$\begin{pmatrix}\text{控制体内的质量}\\ \text{随时间的变化率}\end{pmatrix}=\frac{\partial(\rho\mathrm{d}x\mathrm{d}y\mathrm{d}z)}{\partial t}=\frac{\partial\rho}{\partial t}\mathrm{d}x\mathrm{d}y\mathrm{d}z \tag{1-30}$$

将式(1-29)、(1-30)代入式(1-28)中，并在两边同除以 $\mathrm{d}x\mathrm{d}y\mathrm{d}z$ 得

$$\frac{\partial\rho}{\partial t}+\frac{\partial(\rho v_x)}{\partial x}+\frac{\partial(\rho v_y)}{\partial y}+\frac{\partial(\rho v_z)}{\partial z}=0 \tag{1-31}$$

将式(1-31)展开得

$$\frac{\partial\rho}{\partial t}+v_x\frac{\partial\rho}{\partial x}+v_y\frac{\partial\rho}{\partial y}+v_z\frac{\partial\rho}{\partial z}+\rho\left(\frac{\partial v_x}{\partial x}+\frac{\partial v_y}{\partial y}+\frac{\partial v_z}{\partial z}\right)=0$$

根据随体导数的概念，上式又可以写成

$$\frac{\mathrm{D}\rho}{\mathrm{D}t}+\rho\left(\frac{\partial v_x}{\partial x}+\frac{\partial v_y}{\partial y}+\frac{\partial v_z}{\partial z}\right)=0 \tag{1-32}$$

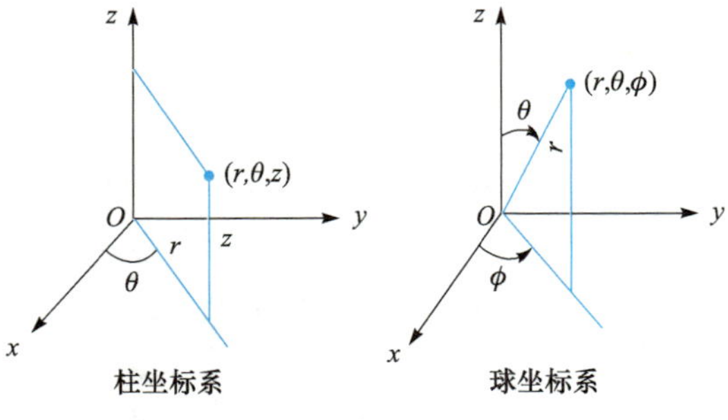

图 1-20 柱坐标系与球坐标系

式(1-32)即为连续性方程的微分形式，它是研究动量、热量、质量传递过程的最基本也是最重要的方程之一。

若流体不可压缩，则 $\mathrm{D}\rho/\mathrm{D}t=0$(这是因为随流体同速运动的微元体质量和体积均不变)，于是式(1-32)变为

$$\frac{\partial v_x}{\partial x}+\frac{\partial v_y}{\partial y}+\frac{\partial v_z}{\partial z}=0 \tag{1-33}$$

在某些场合下可能更需要柱坐标系和球坐标系中的连续性方程。这两种坐标系(图 1-20)下的连续性方程可以像前述直角坐标系下的类似推导获得，表达式如下

柱坐标系
$$\frac{\mathrm{D}\rho}{\mathrm{D}t}+\rho\left[\frac{1}{r}\frac{\partial(rv_r)}{\partial r}+\frac{1}{r}\frac{\partial v_\theta}{\partial\theta}+\frac{\partial v_z}{\partial z}\right]=0 \tag{1-34}$$

球坐标系
$$\frac{\mathrm{D}\rho}{\mathrm{D}t}+\rho\left[\frac{1}{r^2}\frac{\partial(r^2v_r)}{\partial r}+\frac{1}{r\sin\theta}\frac{\partial(v_\theta\sin\theta)}{\partial\theta}+\frac{1}{r\sin\theta}\frac{\partial v_\phi}{\partial\phi}\right]=0 \tag{1-35}$$

1.3.3　运动方程

1. 运动方程的推导

如图 1-21 所示，在流场中任取一微元六面体作为流动系统①，其质量为$\delta m=\rho\mathrm{d}x\mathrm{d}y\mathrm{d}z$，运动速度为 $\boldsymbol{v}$。该微元系统与固体一样仍遵循动量守恒定律即牛顿第二定律，即微元系统的动量随时间的变化率等于作用在该微元系统上所有外力之和，表达式如下：

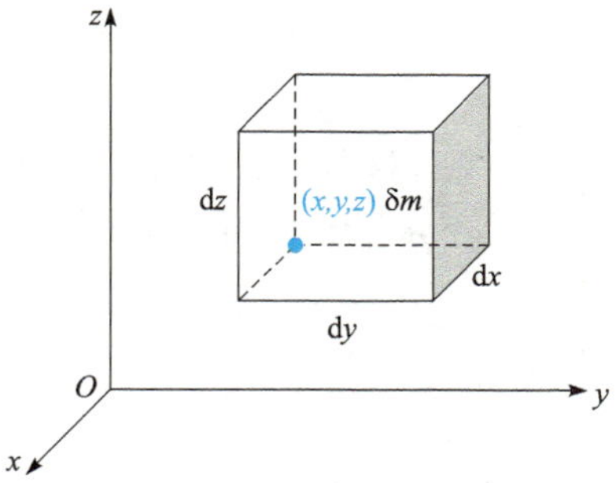

图 1-21　微元系统

$$\sum\delta\boldsymbol{F}=\frac{\mathrm{D}(\delta m\boldsymbol{v})}{\mathrm{D}t} \tag{1-36}$$

即

$$\sum\delta\boldsymbol{F}=(\delta m)\frac{\mathrm{D}\boldsymbol{v}}{\mathrm{D}t}+\boldsymbol{v}\frac{\mathrm{D}(\delta m)}{\mathrm{D}t}$$

又微元系统内流体的质量不随时间而变，即 $\mathrm{D}(\delta m)/\mathrm{D}t=0$，于是

$$\sum\delta\boldsymbol{F}=(\delta m)\frac{\mathrm{D}\boldsymbol{v}}{\mathrm{D}t}=\rho\mathrm{d}x\mathrm{d}y\mathrm{d}z\frac{\mathrm{D}\boldsymbol{v}}{\mathrm{D}t} \tag{1-37}$$

式(1-37)在直角坐标系下的三个分量式分别为

$$\left.\begin{aligned}\sum\delta F_x&=\rho\mathrm{d}x\mathrm{d}y\mathrm{d}z\left(\frac{\partial v_x}{\partial t}+v_x\frac{\partial v_x}{\partial x}+v_y\frac{\partial v_x}{\partial y}+v_z\frac{\partial v_x}{\partial z}\right)\\\sum\delta F_y&=\rho\mathrm{d}x\mathrm{d}y\mathrm{d}z\left(\frac{\partial v_y}{\partial t}+v_x\frac{\partial v_y}{\partial x}+v_y\frac{\partial v_y}{\partial y}+v_z\frac{\partial v_y}{\partial z}\right)\\\sum\delta F_z&=\rho\mathrm{d}x\mathrm{d}y\mathrm{d}z\left(\frac{\partial v_z}{\partial t}+v_x\frac{\partial v_z}{\partial x}+v_y\frac{\partial v_z}{\partial y}+v_z\frac{\partial v_z}{\partial z}\right)\end{aligned}\right\} \tag{1-38}$$

1) 作用在微元体上的力

在 1.1 节中已讲到，作用在流体上的所有外力可以分为质量力和表面力两种，分别用 $\boldsymbol{F}_{\mathrm{B}}$ 和 $\boldsymbol{F}_{\mathrm{S}}$ 表示，于是，对微元体有

$$\sum\delta\boldsymbol{F}=\delta\boldsymbol{F}_{\mathrm{B}}+\delta\boldsymbol{F}_{\mathrm{S}} \tag{1-39}$$

或写成

$$\left.\begin{aligned}\sum\delta F_x&=\delta F_{\mathrm{B}x}+\delta F_{\mathrm{S}x}\\\sum\delta F_y&=\delta F_{\mathrm{B}y}+\delta F_{\mathrm{S}y}\\\sum\delta F_z&=\delta F_{\mathrm{B}z}+\delta F_{\mathrm{S}z}\end{aligned}\right. \tag{1-40}$$

(1) 微元体上的质量力$\delta\boldsymbol{F}_{\mathrm{B}}$。设单位质量流体的质量力为 $\boldsymbol{F}_{\mathrm{BM}}=g_x\boldsymbol{i}+g_y\boldsymbol{j}+g_z\boldsymbol{k}$，则

$$\delta\boldsymbol{F}_{\mathrm{B}}=\boldsymbol{F}_{\mathrm{BM}}\rho\mathrm{d}x\mathrm{d}y\mathrm{d}z \tag{1-41}$$

或写成

---

① 所谓系统是指包含着固定不变物质的集合。系统以外的一切则称为环境，二者的分界称为边界。通过边界，系统可以与环境进行能量交换，也可以受到系统以外物质施加的力，但没有质量交换。如果选取系统来研究流体流动过程，就是将着眼点放在每个流体微团上，即追随着流体微团来研究流体流动规律，这样可以了解每一个流体微团的位置变化和力学关系，从而由流体微团组成的流体的运动状况也就都清楚了。这种研究方法称为拉格朗日法。拉格朗日法与前述的以控制体为对象的欧拉法是两种不同的研究方法。确切地说，质量守恒定律、动量定理和能量守恒定律等在“系统”中才成立。对控制体，应当分别称为质量衡算、动量衡算和能量衡算。

$$\left.\begin{aligned}\delta F_{Bx} &= g_x \rho \mathrm{d}x\mathrm{d}y\mathrm{d}z\\ \delta F_{By} &= g_y \rho \mathrm{d}x\mathrm{d}y\mathrm{d}z\\ \delta F_{Bz} &= g_z \rho \mathrm{d}x\mathrm{d}y\mathrm{d}z\end{aligned}\right. \tag{1-42}$$

(2) 微元体上的表面力$\delta \boldsymbol{F}_S$。表面力是指作用在所考察对象表面上的力。单位面积上所受到的表面力称为应力，一般记作τ_{ij}，第一个下标 i 表示该应力作用面的法线方向，第二个下标 j 表示该应力的方向。

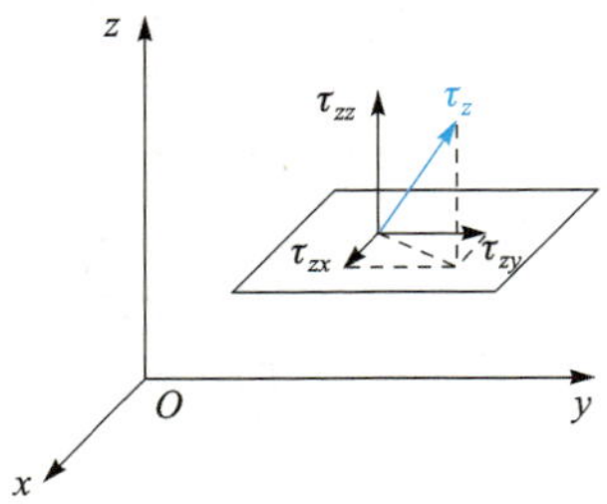

图 1-22 任一面上所受到的应力

任一面所受到的应力均可分解为一个法向应力和两个切向应力(剪应力)。例如，图 1-22 中与 z 轴相垂直的面受到的应力 $\boldsymbol{\tau}_z$ 可分解为法应力τ_{zz}、切应力τ_{zx}和τ_{zy}，它们的矢量和为

$$\boldsymbol{\tau}_z = \tau_{zx}\boldsymbol{i} + \tau_{zy}\boldsymbol{j} + \tau_{zz}\boldsymbol{k} \tag{1-43}$$

类似地，与 x 轴、y 轴相垂直的面[参见图 1-23(a)]上受到的应力分别为

$$\boldsymbol{\tau}_x = \tau_{xx}\boldsymbol{i} + \tau_{xy}\boldsymbol{j} + \tau_{xz}\boldsymbol{k} \qquad \boldsymbol{\tau}_y = \tau_{yx}\boldsymbol{i} + \tau_{yy}\boldsymbol{j} + \tau_{yz}\boldsymbol{k} \tag{1-44}$$

微元体各个面上的表面力如图 1-23(a)和(b)所示。每个面上均有三个应力分量(一个法向应力和两个切向应力)，六个面共计十八个应力。

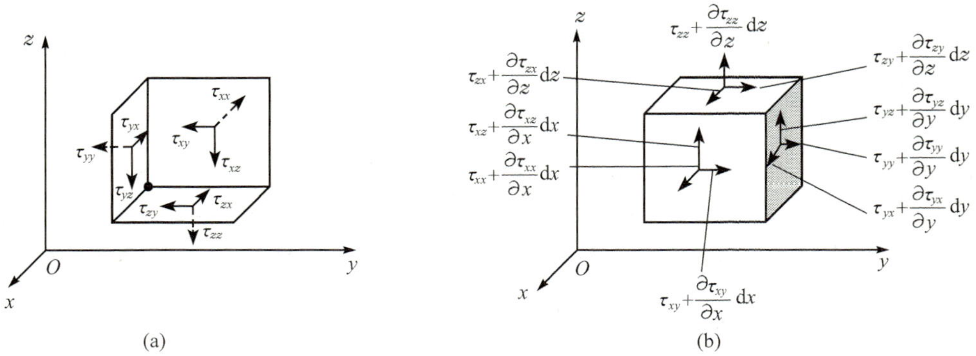

图 1-23 微元六面体的受力图

于是，x 方向上的所有表面力之和为

$$\begin{aligned}\delta F_{Sx} &= \left(\tau_{xx} + \frac{\partial \tau_{xx}}{\partial x}\mathrm{d}x - \tau_{xx}\right)\mathrm{d}y\mathrm{d}z + \left(\tau_{yx} + \frac{\partial \tau_{yx}}{\partial y}\mathrm{d}y - \tau_{yx}\right)\mathrm{d}x\mathrm{d}z + \left(\tau_{zx} + \frac{\partial \tau_{zx}}{\partial z}\mathrm{d}z - \tau_{zx}\right)\mathrm{d}x\mathrm{d}y\\ &= \left(\frac{\partial \tau_{xx}}{\partial x} + \frac{\partial \tau_{yx}}{\partial y} + \frac{\partial \tau_{zx}}{\partial z}\right)\mathrm{d}x\mathrm{d}y\mathrm{d}z\end{aligned} \tag{1-45a}$$

类似地，y、z 方向上所有表面力之和分别为

$$\delta F_{Sy} = \left(\frac{\partial \tau_{xy}}{\partial x} + \frac{\partial \tau_{yy}}{\partial y} + \frac{\partial \tau_{zy}}{\partial z}\right)\mathrm{d}x\mathrm{d}y\mathrm{d}z \tag{1-45b}$$

$$\delta F_{Sz} = \left(\frac{\partial \tau_{xz}}{\partial x} + \frac{\partial \tau_{yz}}{\partial y} + \frac{\partial \tau_{zz}}{\partial z}\right)\mathrm{d}x\mathrm{d}y\mathrm{d}z \tag{1-45c}$$

将式(1-42)和(1-45)代入式(1-40)中得

$$\left.\begin{aligned}\sum \delta F_x &= \delta F_{Bx} + \delta F_{Sx} = \left(\rho g_x + \frac{\partial \tau_{xx}}{\partial x} + \frac{\partial \tau_{yx}}{\partial y} + \frac{\partial \tau_{zx}}{\partial z}\right)\mathrm{d}x\mathrm{d}y\mathrm{d}z\\ \sum \delta F_y &= \delta F_{By} + \delta F_{Sy} = \left(\rho g_y + \frac{\partial \tau_{xy}}{\partial x} + \frac{\partial \tau_{yy}}{\partial y} + \frac{\partial \tau_{zy}}{\partial z}\right)\mathrm{d}x\mathrm{d}y\mathrm{d}z\\ \sum \delta F_z &= \delta F_{Bz} + \delta F_{Sz} = \left(\rho g_z + \frac{\partial \tau_{xz}}{\partial x} + \frac{\partial \tau_{yz}}{\partial y} + \frac{\partial \tau_{zz}}{\partial z}\right)\mathrm{d}x\mathrm{d}y\mathrm{d}z\end{aligned}\right\} \tag{1-46}$$

2) 运动方程

将式(1-46)代入式(1-38)中，并除以 dxdydz 得

$$\left.\begin{aligned}
\rho\left(\frac{\partial v_x}{\partial t}+v_x\frac{\partial v_x}{\partial x}+v_y\frac{\partial v_x}{\partial y}+v_z\frac{\partial v_x}{\partial z}\right)&=\rho g_x+\frac{\partial \tau_{xx}}{\partial x}+\frac{\partial \tau_{yx}}{\partial y}+\frac{\partial \tau_{zx}}{\partial z}\\
\rho\left(\frac{\partial v_y}{\partial t}+v_x\frac{\partial v_y}{\partial x}+v_y\frac{\partial v_y}{\partial y}+v_z\frac{\partial v_y}{\partial z}\right)&=\rho g_y+\frac{\partial \tau_{xy}}{\partial x}+\frac{\partial \tau_{yy}}{\partial y}+\frac{\partial \tau_{zy}}{\partial z}\\
\rho\left(\frac{\partial v_z}{\partial t}+v_x\frac{\partial v_z}{\partial x}+v_y\frac{\partial v_z}{\partial y}+v_z\frac{\partial v_z}{\partial z}\right)&=\rho g_z+\frac{\partial \tau_{xz}}{\partial x}+\frac{\partial \tau_{yz}}{\partial y}+\frac{\partial \tau_{zz}}{\partial z}
\end{aligned}\right\}\tag{1-47}$$

这就是以应力形式表示的流体微分动量衡算方程，也称为运动方程。

若将式(1-47)中的应力用速度梯度代替，这种形式的运动方程就是著名的奈维-斯托克斯方程(因 1821 年由 Navier 和 1845 年由 Stokes 分别导出而得名)。

3) 奈维-斯托克斯(N-S)方程

(1) 应力与速度梯度之间的关系——本构方程。前已述及，对一维层流流动的牛顿型流体，牛顿黏性定律成立，即

$$\tau_{yx}=\mu\frac{\mathrm{d}v_x}{\mathrm{d}y}$$

上式即为一维层流流动时的剪应力 τ_{yx} 与速度梯度 $\mathrm{d}v_x/\mathrm{d}y$ 之间的关系。对于三维层流流动，剪应力与速度梯度之间的关系较为复杂，本书不作推导，感兴趣的读者可参阅有关流体力学专著，下面只将最后结果列出：

$$\left.\begin{aligned}
\tau_{xy}&=\tau_{yx}=\mu\left(\frac{\partial v_x}{\partial y}+\frac{\partial v_y}{\partial x}\right)\\
\tau_{yz}&=\tau_{zy}=\mu\left(\frac{\partial v_y}{\partial z}+\frac{\partial v_z}{\partial y}\right)\\
\tau_{zx}&=\tau_{xz}=\mu\left(\frac{\partial v_x}{\partial z}+\frac{\partial v_z}{\partial x}\right)\\
\tau_{xx}&=-p+2\mu\left(\frac{\partial v_x}{\partial x}\right)-\frac{2}{3}\mu\left(\frac{\partial v_x}{\partial x}+\frac{\partial v_y}{\partial y}+\frac{\partial v_z}{\partial z}\right)\\
\tau_{yy}&=-p+2\mu\left(\frac{\partial v_y}{\partial y}\right)-\frac{2}{3}\mu\left(\frac{\partial v_x}{\partial x}+\frac{\partial v_y}{\partial y}+\frac{\partial v_z}{\partial z}\right)\\
\tau_{zz}&=-p+2\mu\left(\frac{\partial v_z}{\partial z}\right)-\frac{2}{3}\mu\left(\frac{\partial v_x}{\partial x}+\frac{\partial v_y}{\partial y}+\frac{\partial v_z}{\partial z}\right)
\end{aligned}\right\}\tag{1-48}$$

式(1-48)称为牛顿型流体的本构方程，不适用于非牛顿型流体。式中 p 就是热力学中的压强。

(2) 奈维-斯托克斯方程。将本构方程式(1-48)代入式(1-47)中并整理得

$$\rho\left(\frac{\partial v_x}{\partial t}+v_x\frac{\partial v_x}{\partial x}+v_y\frac{\partial v_x}{\partial y}+v_z\frac{\partial v_x}{\partial z}\right)=\rho g_x-\frac{\partial p}{\partial x}+\mu\left(\frac{\partial^2 v_x}{\partial x^2}+\frac{\partial^2 v_x}{\partial y^2}+\frac{\partial^2 v_x}{\partial z^2}\right)+\frac{1}{3}\mu\frac{\partial}{\partial x}\left(\frac{\partial v_x}{\partial x}+\frac{\partial v_y}{\partial y}+\frac{\partial v_z}{\partial z}\right)\tag{1-49a}$$

$$\rho\left(\frac{\partial v_y}{\partial t}+v_x\frac{\partial v_y}{\partial x}+v_y\frac{\partial v_y}{\partial y}+v_z\frac{\partial v_y}{\partial z}\right)=\rho g_y-\frac{\partial p}{\partial y}+\mu\left(\frac{\partial^2 v_y}{\partial x^2}+\frac{\partial^2 v_y}{\partial y^2}+\frac{\partial^2 v_y}{\partial z^2}\right)+\frac{1}{3}\mu\frac{\partial}{\partial y}\left(\frac{\partial v_x}{\partial x}+\frac{\partial v_y}{\partial y}+\frac{\partial v_z}{\partial z}\right)\tag{1-49b}$$

$$\rho\left(\frac{\partial v_z}{\partial t}+v_x\frac{\partial v_z}{\partial x}+v_y\frac{\partial v_z}{\partial y}+v_z\frac{\partial v_z}{\partial z}\right)=\rho g_z-\frac{\partial p}{\partial z}+\mu\left(\frac{\partial^2 v_z}{\partial x^2}+\frac{\partial^2 v_z}{\partial y^2}+\frac{\partial^2 v_z}{\partial z^2}\right)+\frac{1}{3}\mu\frac{\partial}{\partial z}\left(\frac{\partial v_x}{\partial x}+\frac{\partial v_y}{\partial y}+\frac{\partial v_z}{\partial z}\right)\tag{1-49c}$$

式(1-49)即为直角坐标系下牛顿型黏性流体的奈维-斯托克斯方程，简称 N-S 方程。

前已叙及，对不可压缩流体，连续性方程为

$$\frac{\partial v_x}{\partial x}+\frac{\partial v_y}{\partial y}+\frac{\partial v_z}{\partial z}=0$$

代入式(1-49)中得

$$\left.\begin{aligned}
\rho\left(\frac{\partial v_x}{\partial t}+v_x\frac{\partial v_x}{\partial x}+v_y\frac{\partial v_x}{\partial y}+v_z\frac{\partial v_x}{\partial z}\right)&=\rho g_x-\frac{\partial p}{\partial x}+\mu\left(\frac{\partial^2 v_x}{\partial x^2}+\frac{\partial^2 v_x}{\partial y^2}+\frac{\partial^2 v_x}{\partial z^2}\right)\\
\rho\left(\frac{\partial v_y}{\partial t}+v_x\frac{\partial v_y}{\partial x}+v_y\frac{\partial v_y}{\partial y}+v_z\frac{\partial v_y}{\partial z}\right)&=\rho g_y-\frac{\partial p}{\partial y}+\mu\left(\frac{\partial^2 v_y}{\partial x^2}+\frac{\partial^2 v_y}{\partial y^2}+\frac{\partial^2 v_y}{\partial z^2}\right)\\
\rho\left(\frac{\partial v_z}{\partial t}+v_x\frac{\partial v_z}{\partial x}+v_y\frac{\partial v_z}{\partial y}+v_z\frac{\partial v_z}{\partial z}\right)&=\rho g_z-\frac{\partial p}{\partial z}+\mu\left(\frac{\partial^2 v_z}{\partial x^2}+\frac{\partial^2 v_z}{\partial y^2}+\frac{\partial^2 v_z}{\partial z^2}\right)
\end{aligned}\right\} \tag{1-50}$$

式(1-50)是不可压缩黏性流体的 N-S 方程。等式左边四项代表惯性力，右边第三项代表黏性力。右边第一项和第二项分别与质量力和压力有关，下面以 z 方向为例证明这两项之差等于广义压力梯度。

在 1.2.2 节已提及，质量力与压力之和为广义压力，如图 1-3 所示，与 z 轴相垂直的两个平行面上的广义压力分别可表示为

$$\Gamma\big|_z=p+\rho gz=p-\rho g_z z \qquad \Gamma\big|_{z+\mathrm{d}z}=\left(p+\frac{\partial p}{\partial z}\mathrm{d}z\right)-\rho g_z(z+\mathrm{d}z)$$

以上两式相减，并除以 dz 得

$$\frac{\Gamma\big|_{z+\mathrm{d}z}-\Gamma\big|_z}{\mathrm{d}z}=\frac{\partial p}{\partial z}-\rho g_z$$

或写成

$$-\frac{\partial \Gamma}{\partial z}=\rho g_z-\frac{\partial p}{\partial z}$$

同理可得

$$-\frac{\partial \Gamma}{\partial x}=\rho g_x-\frac{\partial p}{\partial x}$$

$$-\frac{\partial \Gamma}{\partial y}=\rho g_y-\frac{\partial p}{\partial y}$$

代入式(1-50)中，则 N-S 方程变为

$$\left.\begin{aligned}
\rho\left(\frac{\partial v_x}{\partial t}+v_x\frac{\partial v_x}{\partial x}+v_y\frac{\partial v_x}{\partial y}+v_z\frac{\partial v_x}{\partial z}\right)&=-\frac{\partial \Gamma}{\partial x}+\mu\left(\frac{\partial^2 v_x}{\partial x^2}+\frac{\partial^2 v_x}{\partial y^2}+\frac{\partial^2 v_x}{\partial z^2}\right)\\
\rho\left(\frac{\partial v_y}{\partial t}+v_x\frac{\partial v_y}{\partial x}+v_y\frac{\partial v_y}{\partial y}+v_z\frac{\partial v_y}{\partial z}\right)&=-\frac{\partial \Gamma}{\partial y}+\mu\left(\frac{\partial^2 v_y}{\partial x^2}+\frac{\partial^2 v_y}{\partial y^2}+\frac{\partial^2 v_y}{\partial z^2}\right)\\
\rho\left(\frac{\partial v_z}{\partial t}+v_x\frac{\partial v_z}{\partial x}+v_y\frac{\partial v_z}{\partial y}+v_z\frac{\partial v_z}{\partial z}\right)&=-\frac{\partial \Gamma}{\partial z}+\mu\left(\frac{\partial^2 v_z}{\partial x^2}+\frac{\partial^2 v_z}{\partial y^2}+\frac{\partial^2 v_z}{\partial z^2}\right)
\end{aligned}\right\} \tag{1-51}$$

可见式(1-51)中未出现质量力项，这在某些场合下较为方便。

柱坐标系和球坐标系(参见图 1-20)下的不可压缩流体的 N-S 方程表达式如下：

(Ⅰ) 柱坐标系

$$\left.\begin{aligned}
&r\text{分量：}\ \rho\left(\frac{\partial v_r}{\partial t}+v_r\frac{\partial v_r}{\partial r}+\frac{v_\theta}{r}\frac{\partial v_r}{\partial \theta}-\frac{v_\theta^{\ 2}}{r}+v_z\frac{\partial v_r}{\partial z}\right)=-\frac{\partial \Gamma}{\partial r}+\mu\left\{\frac{\partial}{\partial r}\left[\frac{1}{r}\frac{\partial}{\partial r}(rv_r)\right]+\frac{1}{r^2}\frac{\partial^2 v_r}{\partial \theta^2}-\frac{2}{r^2}\frac{\partial v_\theta}{\partial \theta}+\frac{\partial^2 v_r}{\partial z^2}\right\}\\
&\theta\text{分量：}\ \rho\left(\frac{\partial v_\theta}{\partial t}+v_r\frac{\partial v_\theta}{\partial r}+\frac{v_\theta}{r}\frac{\partial v_\theta}{\partial \theta}+\frac{v_r v_\theta}{r}+v_z\frac{\partial v_\theta}{\partial z}\right)=-\frac{1}{r}\frac{\partial \Gamma}{\partial \theta}+\mu\left\{\frac{\partial}{\partial r}\left[\frac{1}{r}\frac{\partial}{\partial r}(rv_\theta)\right]+\frac{1}{r^2}\frac{\partial^2 v_\theta}{\partial \theta^2}+\frac{2}{r^2}\frac{\partial v_r}{\partial \theta}+\frac{\partial^2 v_\theta}{\partial z^2}\right\}\\
&z\text{分量：}\ \rho\left(\frac{\partial v_z}{\partial t}+v_r\frac{\partial v_z}{\partial r}+\frac{v_\theta}{r}\frac{\partial v_z}{\partial \theta}+v_z\frac{\partial v_z}{\partial z}\right)=-\frac{\partial \Gamma}{\partial z}+\mu\left[\frac{1}{r}\frac{\partial}{\partial r}\left(r\frac{\partial v_z}{\partial r}\right)+\frac{1}{r^2}\frac{\partial^2 v_z}{\partial \theta^2}+\frac{\partial^2 v_z}{\partial z^2}\right]
\end{aligned}\right\} \tag{1-52}$$

式中，$\dfrac{\partial \Gamma}{\partial r}=\dfrac{\partial p}{\partial r}-\rho g_r$，$\dfrac{1}{r}\dfrac{\partial \Gamma}{\partial \theta}=\dfrac{1}{r}\dfrac{\partial p}{\partial \theta}-\rho g_\theta$，$\dfrac{\partial \Gamma}{\partial z}=\dfrac{\partial p}{\partial z}-\rho g_z$。

应力与速度梯度的关系为

$$\left.\begin{aligned}&\tau_{r\theta}=\tau_{\theta r}=\mu\left[r\frac{\partial}{\partial r}\left(\frac{v_\theta}{r}\right)+\frac{1}{r}\frac{\partial v_r}{\partial\theta}\right] && \tau_{rr}=-p+2\mu\frac{\partial v_r}{\partial r}\\&\tau_{zr}=\tau_{rz}=\mu\left[\frac{\partial v_z}{\partial r}+\frac{\partial v_r}{\partial z}\right] && \tau_{\theta\theta}=-p+2\mu\left(\frac{1}{r}\frac{\partial v_\theta}{\partial\theta}+\frac{v_r}{r}\right)\\&\tau_{\theta z}=\tau_{z\theta}=\mu\left[\frac{\partial v_\theta}{\partial z}+\frac{1}{r}\frac{\partial v_z}{\partial\theta}\right] && \tau_{zz}=-p+2\mu\frac{\partial v_z}{\partial z}\end{aligned}\right\}\tag{1-53}$$

(Ⅱ) 球坐标系

$$\left.\begin{aligned}&r\text{分量：}\ \rho\left(\frac{\partial v_r}{\partial t}+v_r\frac{\partial v_r}{\partial r}+\frac{v_\theta}{r}\frac{\partial v_r}{\partial\theta}+\frac{v_\phi}{r\sin\theta}\frac{\partial v_r}{\partial\phi}-\frac{v_\theta^2+v_\phi^2}{r}\right)\\&\quad=-\frac{\partial\Gamma}{\partial r}+\mu\left[\frac{1}{r^2}\frac{\partial}{\partial r}\left(r^2\frac{\partial v_r}{\partial r}\right)+\frac{1}{r^2\sin\theta}\frac{\partial}{\partial\theta}\left(\sin\theta\frac{\partial v_r}{\partial\theta}\right)\right.\\&\quad\quad\left.+\frac{1}{r^2\sin^2\theta}\frac{\partial^2 v_r}{\partial\phi^2}-\frac{2}{r^2}v_r-\frac{2}{r^2}\frac{\partial v_\theta}{\partial\theta}-\frac{2}{r^2}v_\theta\cot\theta-\frac{2}{r^2\sin\theta}\frac{\partial v_\phi}{\partial\phi}\right]\\&\theta\text{分量：}\ \rho\left(\frac{\partial v_\theta}{\partial t}+v_r\frac{\partial v_\theta}{\partial r}+\frac{v_\theta}{r}\frac{\partial v_\theta}{\partial\theta}+\frac{v_\phi}{r\sin\theta}\frac{\partial v_\theta}{\partial\phi}+\frac{v_r v_\theta}{r}-\frac{v_\phi^2\cot\theta}{r}\right)\\&\quad=-\frac{1}{r}\frac{\partial\Gamma}{\partial\theta}+\mu\left[\frac{1}{r^2}\frac{\partial}{\partial r}\left(r^2\frac{\partial v_\theta}{\partial r}\right)+\frac{1}{r^2\sin\theta}\frac{\partial}{\partial\theta}\left(\sin\theta\frac{\partial v_\theta}{\partial\theta}\right)\right.\\&\quad\quad\left.+\frac{1}{r^2\sin^2\theta}\frac{\partial^2 v_\theta}{\partial\phi^2}+\frac{2}{r^2}\frac{\partial v_r}{\partial\theta}-\frac{v_\theta}{r^2\sin^2\theta}-\frac{2\cos\theta}{r^2\sin^2\theta}\frac{\partial v_\phi}{\partial\phi}\right]\\&\phi\text{分量：}\ \rho\left(\frac{\partial v_\phi}{\partial t}+v_r\frac{\partial v_\phi}{\partial r}+\frac{v_\theta}{r}\frac{\partial v_\phi}{\partial\theta}+\frac{v_\phi}{r\sin\theta}\frac{\partial v_\phi}{\partial\phi}+\frac{v_\phi v_r}{r}+\frac{v_\theta v_\phi}{r}\cot\theta\right)\\&\quad=-\frac{1}{r\sin\theta}\frac{\partial\Gamma}{\partial\phi}+\mu\left[\frac{1}{r^2}\frac{\partial}{\partial r}\left(r^2\frac{\partial v_\phi}{\partial r}\right)+\frac{1}{r^2\sin\theta}\frac{\partial}{\partial\theta}\left(\sin\theta\frac{\partial v_\phi}{\partial\theta}\right)\right.\\&\quad\quad\left.+\frac{1}{r^2\sin^2\theta}\frac{\partial^2 v_\phi}{\partial\phi^2}-\frac{v_\phi}{r^2\sin^2\theta}+\frac{2}{r^2\sin\theta}\frac{\partial v_r}{\partial\phi}+\frac{2\cos\theta}{r^2\sin^2\theta}\frac{\partial v_\theta}{\partial\phi}\right]\end{aligned}\right\}\tag{1-54}$$

式中，$\frac{\partial\Gamma}{\partial r}=\frac{\partial p}{\partial r}-\rho g_r$，$\frac{1}{r}\frac{\partial\Gamma}{\partial\theta}=\frac{1}{r}\frac{\partial p}{\partial\theta}-\rho g_\theta$，$\frac{1}{r\sin\theta}\frac{\partial\Gamma}{\partial\phi}=\frac{1}{r\sin\theta}\frac{\partial p}{\partial\phi}-\rho g_\phi$。

应力与速度梯度的关系为

$$\left.\begin{aligned}&\tau_{r\theta}=\tau_{\theta r}=\mu\left(\frac{1}{r}\frac{\partial v_r}{\partial\theta}+\frac{\partial v_\theta}{\partial r}-\frac{v_\theta}{r}\right) && \tau_{rr}=-p+2\mu\frac{\partial v_r}{\partial r}\\&\tau_{\theta\phi}=\tau_{\phi\theta}=\mu\left(\frac{1}{r\sin\theta}\frac{\partial v_\theta}{\partial\phi}+\frac{1}{r}\frac{\partial v_\phi}{\partial\theta}-\frac{v_\phi\cot\theta}{r}\right) && \tau_{\theta\theta}=-p+2\mu\left(\frac{1}{r}\frac{\partial v_\theta}{\partial\theta}+\frac{v_r}{r}\right)\\&\tau_{\phi r}=\tau_{r\phi}=\mu\left(\frac{\partial v_\phi}{\partial r}+\frac{1}{r\sin\theta}\frac{\partial v_r}{\partial\phi}-\frac{v_\phi}{r}\right) && \tau_{\phi\phi}=-p+2\mu\left(\frac{1}{r\sin\theta}\frac{\partial v_\phi}{\partial\phi}+\frac{v_r}{r}+\frac{v_\theta\cot\theta}{r}\right)\end{aligned}\right\}\tag{1-55}$$

4) 欧拉方程

对于黏度为零的流体(称为理想流体)，其运动方程则可简化为

$$\left.\begin{aligned}&\rho\left(\frac{\partial v_x}{\partial t}+v_x\frac{\partial v_x}{\partial x}+v_y\frac{\partial v_x}{\partial y}+v_z\frac{\partial v_x}{\partial z}\right)=\rho g_x-\frac{\partial p}{\partial x}\\&\rho\left(\frac{\partial v_y}{\partial t}+v_x\frac{\partial v_y}{\partial x}+v_y\frac{\partial v_y}{\partial y}+v_z\frac{\partial v_y}{\partial z}\right)=\rho g_y-\frac{\partial p}{\partial y}\\&\rho\left(\frac{\partial v_z}{\partial t}+v_x\frac{\partial v_z}{\partial x}+v_y\frac{\partial v_z}{\partial y}+v_z\frac{\partial v_z}{\partial z}\right)=\rho g_z-\frac{\partial p}{\partial z}\end{aligned}\right\}\tag{1-56}$$

式(1-56)称为欧拉(Euler)方程，是理想流体力学的基本方程。

2. N-S 方程的若干解

目前，求解上述连续性方程、运动方程以及流体状态方程 $f(\rho, p, T)=0$ 等 5 个方程组成的偏微分方程组主要采用的是计算机数值求解方法(属于计算流体力学，computational fluid dynamics，简称为 CFD)，再结合具体问题的初始条件和边界条件，可获得速度场、压力场和密度场，现已成功解决了许多湍流问题。读者可参阅有关专著。不过，由于方程组中含有非线性项，如 $v_x(\partial v_x/\partial x)$、$\rho(\partial v_x/\partial t)$等，求解过程十分困难。

至于上述方程组的解析解，到目前为止，只在极少数的几个简单问题中才获得。例如：

(1) 在某些特定的流动问题中，N-S 方程中若干项等于零，从而使方程大大简化，偏微分方程组转化为一个常微分方程。典型的例子是圆管内的层流流动问题、环隙内流体层流流动问题等，此时可得到其精确解。

(2) 当方程中的某些项相对于其他项可以略去不计时，也可使 N-S 方程简化而求出其近似解。例如，对于 $Re<1$ 的极慢流动(又称爬流)，惯性力相对于黏性力来说可以略去不计，此时方程的求解就简单很多。

(3) 对于雷诺数很大的实际流体绕物体的流动，可以将流体分为两个区域，一个是靠近壁面的边界层区域(指壁面附近速度变化较大的区域，详见 1.5 节)，另一个是边界层以外的外流区域(指速度变化很小的区域)。外流区域的流体可以看作理想流体，而用欧拉方程来计算。至于边界层内的流动，则可根据边界层理论对 N-S 方程进行若干简化而求出其近似解。

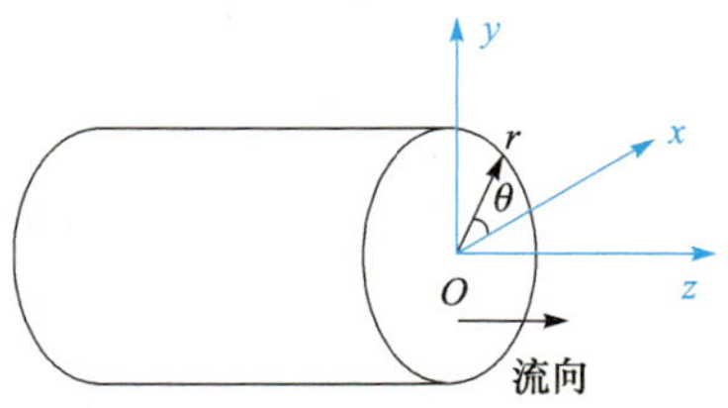

图 1-24 圆管内的稳定层流流动

下面我们将就第(1)种情况举例介绍 N-S 方程的解析过程。

1) 圆管内的稳定层流

在化工生产中经常遇到不可压缩流体在圆管内的稳定层流流动，如图 1-24 所示。对圆管内的流动，采用柱坐标系下的方程最为方便。

流体不可压缩，$D\rho/Dt=0$；流动稳定，$\partial/\partial t=0$；流动属于一维，$v_r=v_\theta=0$；且流动轴向对称，$\partial/\partial\theta=0$。将以上条件代入不可压缩流体柱坐标系下的连续性方程[式(1-34)]和 N-S 方程[式(1-52)]中化简得

$$\frac{\partial v_z}{\partial z}=0,\quad \frac{\partial \Gamma}{\partial r}=0,\quad \frac{\partial \Gamma}{\partial \theta}=0,\quad \frac{\partial \Gamma}{\partial z}=\mu\frac{1}{r}\frac{\partial}{\partial r}\left(r\frac{\partial v_z}{\partial r}\right) \tag{1-57}$$

由$\partial/\partial\theta=0$ 和式(1-57)可知 v_z 只是 r 的函数，Γ 只是 z 的函数，因此可将式(1-57)中最后一个表达式中的偏微分改写成常微分，并将 v_z 用 v 替换，即

$$\frac{d\Gamma}{dz}=\mu\frac{1}{r}\frac{d}{dr}\left(r\frac{dv}{dr}\right) \tag{1-58}$$

经过上述简化，非线性的 N-S 方程转化成了常微分方程。式的左边是 z 的函数，而右边是 r 的函数，根据数理方程的基本知识，只有两侧同时等于一常数时该式才成立，即

$$\frac{d\Gamma}{dz}=\mu\frac{1}{r}\frac{d}{dr}\left(r\frac{dv}{dr}\right)=\text{常数}$$

设在管长 L 内的广义压力降为$\Delta\Gamma=\Gamma_1-\Gamma_2$，则

$$\frac{d\Gamma}{dz}=\mu\frac{1}{r}\frac{d}{dr}\left(r\frac{dv}{dr}\right)=-\frac{\Delta\Gamma}{L}$$

对上式进行两次积分可得通解为

$$v=-\frac{\Delta\Gamma}{4\mu L}r^2+c_1\ln r+c_2$$

边界条件：$r=R$(圆管半径)时，$v=0$；$r=0$ 时，$dv/dr=0$ 或 v 为有限值。将边界条件代入得积分常数为

$$c_1=0,\quad c_2=\frac{\Delta\Gamma}{4\mu L}R^2$$

于是，不可压缩流体在圆管内稳定层流时的速度分布方程为

$$v=\frac{\Delta\Gamma}{4\mu L}R^2\left[1-\left(\frac{r}{R}\right)^2\right] \tag{1-59}$$

可见，速度分布为抛物线，如图 1-25 所示。当 $r=0$ 时，即管中心处，v 达到最大，由式(1-59)得

$$v_{\max}=\frac{\Delta\Gamma}{4\mu L}R^2 \tag{1-60}$$

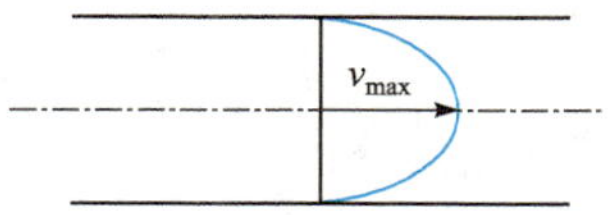

图 1-25　管内层流时的速度分布

对比式(1-59)和式(1-60)可得 v 与 $v_{\max}$ 之间的关系为

$$\frac{v}{v_{\max}}=1-\left(\frac{r}{R}\right)^2 \tag{1-61}$$

平均流速

$$u=\frac{1}{\pi R^2}\int_0^R v\cdot 2\pi r\mathrm{d}r=\frac{1}{\pi R^2}\int_0^R 2\pi v_{\max}\left[1-\left(\frac{r}{R}\right)^2\right]r\mathrm{d}r=\frac{v_{\max}}{2} \tag{1-62}$$

通过以上推导得到了圆管内层流时的速度分布，由此可以进一步求算出工程上有着十分重要意义的阻力系数。阻力系数又称范宁因子，用 f 表示，其定义为

$$f=\frac{2|\tau_{\mathrm{w}}|}{\rho u^2} \tag{1-63}$$

式中，τ_{w} 为壁应力，$\mathrm{N/m^2}$。τ_{w} 就是式(1-53)中的 τ_{rz}。再结合式(1-61)和式(1-62)得

$$\tau_{\mathrm{w}}=\mu\left.\frac{\mathrm{d}v}{\mathrm{d}r}\right|_{r=R}=-\frac{2}{R}\mu v_{\max}=-\frac{4}{R}\mu u \tag{1-64}$$

代入式(1-63)中化简得

$$f=\frac{16\mu}{\rho ud}=\frac{16}{Re} \tag{1-65}$$

式中，d 为管内径，$Re=du\rho/\mu$。

对管道流动问题，工程上也常用摩擦系数 λ 表示阻力系数，$\lambda=4f$，于是

$$\lambda=4f=\frac{64}{Re} \tag{1-66}$$

式(1-65)和式(1-66)的适用范围为 $Re=du\rho/\mu\leqslant 2000$。

上述 N-S 方程求解结果，无论在速度分布，还是平均流速、阻力系数等方面均与实验结果十分吻合。

以上推导采用了广义压力概念，故管子无论倾斜放置还是水平放置，上述结果均适用。

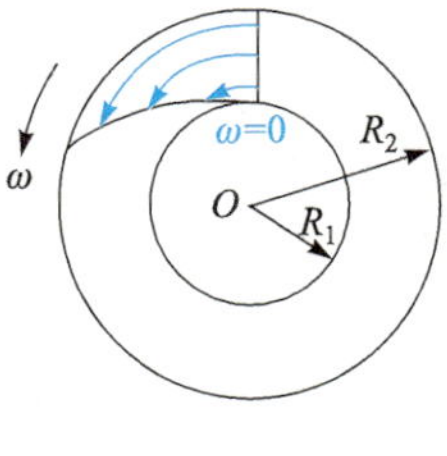

图 1-26　环隙内流体的周向流动

2) 环隙内流体的周向运动

如图 1-26 所示，两同心套管内充满不可压缩流体，内管静止，外管以恒定角速度 ω 旋转，则套管环隙间的流体将在圆环内做稳定周向流动。设外管内径为 R_2，内管外径为 R_1。

下面将不可压缩流体柱坐标系下的连续性方程[式(1-34)]和 N-S 方程[式(1-52)]化简。化简条件如下：

流体不可压缩，$\mathrm{D}\rho/\mathrm{D}t=0$；流动属一维，$v_z=0$，$v_r=0$；设圆筒很长，忽略端面效应，则 $\partial/\partial z=0$；流动周向对称，$\partial/\partial\theta=0$；流动稳定，$\partial/\partial t=0$。

将 $\mathrm{D}\rho/\mathrm{D}t=0$、$v_r=0$、$v_z=0$ 代入式(1-34)得 $\partial v_\theta/\partial\theta=0$；又因 $\partial/\partial z=0$，可见 v_θ 只是 r 的函数。

将 $\partial/\partial t=0$、$v_r=0$、$\partial v_\theta/\partial\theta=0$、$\partial/\partial z=0$、$\partial/\partial\theta=0$ 代入式(1-52)中的 θ 分量式，并考虑到 v_θ 只是 r 的函数，将式中的偏微分写成全微分，得

$$\frac{\mathrm{d}}{\mathrm{d}r}\left[\frac{1}{r}\frac{\mathrm{d}}{\mathrm{d}r}(rv_\theta)\right]=0$$

对上式积分两次，得

$$v_\theta = C_1 r + \frac{C_2}{r}$$

边界条件：$r = R_1$时，$v_\theta = 0$；$r = R_2$时，$v_\theta = \omega R_2$。将边界条件代入上式得积分常数为

$$C_1 = \frac{\omega R_2^2}{R_2^2 - R_1^2}, \quad C_2 = -\frac{\omega R_2^2 R_1^2}{R_2^2 - R_1^2}$$

于是，速度分布方程为

$$v_\theta = \frac{\omega R_2^2 R_1}{R_2^2 - R_1^2}\left(\frac{r}{R_1} - \frac{R_1}{r}\right)$$

有了速度分布方程则可以计算出长度为 L 的外圆筒内壁所受到的扭矩 M

$$M = \tau_{r\theta}\big|_{R_2} 2\pi R_2 L R_2$$

式中，$\tau_{r\theta}$为外圆筒内壁所受到的剪应力，N/m^2；M 为扭矩，J。

将化简条件代入式(1-53)中的$\tau_{r\theta}$表达式，再结合速度分布方程得

$$\tau_{r\theta}\big|_{R_2} = \mu r \frac{d}{dr}\left(\frac{v_\theta}{r}\right)\bigg|_{R_2} = \frac{2\mu\omega R_1^2}{R_2^2 - R_1^2}$$

于是

$$M = \frac{4\pi L R_1^2 R_2^2}{R_2^2 - R_1^2}\mu\omega = K\mu\omega \tag{1-67}$$

式中，$K = \frac{4\pi L R_1^2 R_2^2}{R_2^2 - R_1^2}$，$m^3$。在圆筒尺寸一定条件下，$K$ 为常数。

由此可见，扭矩 M 与角速度ω、流体黏度μ成正比。若已知套管的几何尺寸，再通过实验测出扭矩 M、角速度ω，则由式(1-67)可计算得到被测流体黏度μ。这就是双圆筒黏度计(又称旋转黏度计)的测量原理。

例 1-5 20℃水以 0.1m/s 的平均速度流过内径 d=0.01m 的圆管，试求 1m 长的管壁上所受到的黏性力大小。

解 首先确定流态。查附录得 20℃水的物性为ρ=998.2kg/m^3，μ=1.005cP=1.005×10^{-3}Pa · s，于是

$$Re = \frac{du\rho}{\mu} = \frac{0.01\times0.1\times998.2}{1.005\times10^{-3}} = 993.2 < 2000$$

可见属层流流动。由式(1-64)得

$$\tau_w = -\frac{4\mu u}{R} = -\frac{8\mu u}{d} = -\frac{8\times1.005\times10^{-3}\times0.1}{0.01} = -0.0804\ (N/m^2)$$

1m 管子所受黏性力为

$$F = -\tau_w \pi dL = 0.0804\times3.14\times0.01\times1 = 0.0025\ (N)$$

1.3.4 总能量衡算和机械能衡算方程

运动的流体除了遵循质量守恒定律、动量定理以外，还满足能量守恒定律，依此可以得到十分重要的机械能衡算方程。

首先导出理想流体(黏度为零)的机械能衡算方程，然后再给出实际流体的机械能衡算方程。

1. 理想流体的机械能衡算方程

假设理想流体在如图 1-27 所示的管路系统中做连续、稳定流动，在此过程中，理想

流体满足能量守恒定律。取与流动方向垂直的流通截面 1-1、2-2 及壁面所围成空间为控制体，对该控制体中理想流体做总能量衡算如下：

$$\begin{pmatrix}\text{输入控制体}\\\text{的能量速率}\end{pmatrix}=\begin{pmatrix}\text{输出控制体}\\\text{的能量速率}\end{pmatrix} \tag{1-68}$$

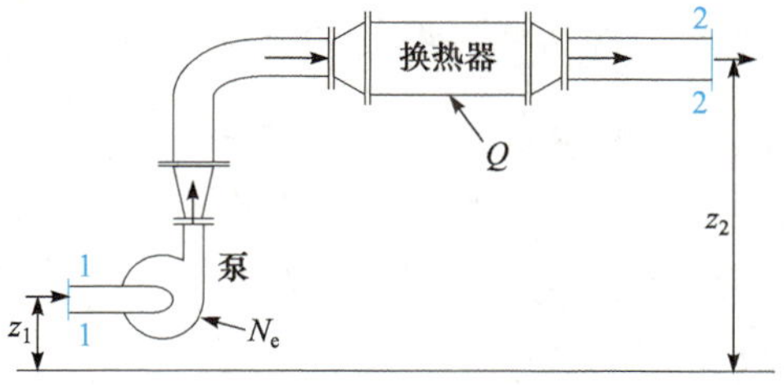

图 1-27 管路系统

运动着的流体涉及多种能量形式，分别有：

1) 内能、动能、位能

内能(又称热力学能)是贮存在流体内部的能量，它主要取决于流体温度，压力的影响一般可忽略。单位质量流体的内能用 U 表示，单位为 J/kg。

动能是指流体因宏观运动而具有的能量。单位质量流体的动能用 $v^2/2$ 表示，单位为 J/kg。

位能是指流体因处在重力场中而具有的能量。单位质量流体的位能用 gz 表示，单位为 J/kg。

内能、动能和位能都是流体本身所具有的能量。通过控制面 1-1 输入控制体的该能量速率和通过控制面 2-2 输出控制体的该能量速率可分别表示为 $\iint\limits_{A_1}\left(U+gz+\dfrac{v^2}{2}\right)\rho v\mathrm{d}A$ 和 $\iint\limits_{A_2}\left(U+gz+\dfrac{v^2}{2}\right)\rho v\mathrm{d}A$，单位为 J/s。

2) 热

若控制体中有加热装置、冷却装置或内热源(由电或化学反应等原因引起)，流体通过时便会吸热或放热。与内能、动能和位能不同的是，热不是流体本身所具有的能量，而是外界与控制体内流体之间所交换的能量。单位时间吸收或放出的热量称为传热速率，用 Q 表示，单位为 J/s。这里规定，吸热时 Q 为正，放热时 Q 为负。

3) 功

功是外界与控制体内流体之间交换能量的“桥梁”。运动着的流体涉及的功有两种：有效轴功和表面力所做的功。单位时间内外界与控制体内流体之间所产生的功，称为功率，单位为 J/s 或 W，它包括有效轴功率和表面力所做的功率。

(1) 有效轴功率。有效轴功率(又称有效功率)是流体通过输送机械与外界交换的功率，例如泵、风机在输送流体时对流体所加的功率，流体对水轮机、汽轮机所做的功率等。用 N_e 表示，单位为 W。这里规定，外界提供给流体轴功时，N_e 为正，流体传递给外界轴功时，N_e 为负。

(2) 表面力对流体所做功率。表面力对流体所做功率是指流体流经管路系统时管壁或器壁处的表面力所做功率。通过此功率使流体与外界进行能量交换，单位为 W。

对理想流体，因其黏度为零，表面力中只有法向压力有数值，切向力均为零[见式(1-48)]，再根据“功率=力×速度”可知，压力在所有控制面上所做的功率可表示为 $-\oiint\limits_{A} p\boldsymbol{v}\cdot\mathrm{d}\boldsymbol{A}$，式中

v 和 **A** 均为矢量，将其改写为标量式 $-\oiint\limits_A pv\cos\theta \mathrm{d}A$，其中 θ 为速度方向与控制面的法向之间的夹角。如图 1-27 所示，管路系统的所有控制面由管壁或器壁、流体输入面 1-1 和流体输出面 2-2 这三部分组成。由于流速与管壁处处相切(θ=90°)，故在管壁处该项积分值为零，而在截面 1-1 上速度与其法线方向相反(θ=180°)、在截面 2-2 上速度与其法线方向相同(θ=0°)，故该项积分分别为 $\iint\limits_{A_1} pv\mathrm{d}A$ 和 $-\iint\limits_{A_2} pv\mathrm{d}A$ 。

由以上分析可得

$$\begin{pmatrix}\text{输入控制体}\\\text{的能量速率}\end{pmatrix}=Q+N_\mathrm{e}+\iint\limits_{A_1} pv\mathrm{d}A-\iint\limits_{A_2} pv\mathrm{d}A+\iint\limits_{A_1}\left(U+gz+\frac{v^2}{2}\right)\rho v\mathrm{d}A$$

$$\begin{pmatrix}\text{输出控制体}\\\text{的能量速率}\end{pmatrix}=\iint\limits_{A_2}\left(U+gz+\frac{v^2}{2}\right)\rho v\mathrm{d}A$$

代入式(1-68)得

$$Q+N_\mathrm{e}+\iint\limits_{A_1}\left(U+gz+\frac{v^2}{2}+\frac{p}{\rho}\right)\rho v\mathrm{d}A-\iint\limits_{A_2}\left(U+gz+\frac{v^2}{2}+\frac{p}{\rho}\right)\rho v\mathrm{d}A=0 \tag{1-69}$$

式(1-69)即为理想流体稳定流动时的总能量衡算式。

式中所包括的能量可分为两类，一类是机械能，包括位能 gz、动能 $v^2/2$、静压能 p/ρ，有效轴功也可以归入在内。此类能量可直接用于输送流体，且在流体流动过程中既可以相互转变，也可以转变为热或流体的内能。另一类包括内能和热，此类能量在流体流动过程中不能直接转变为用于输送流体的机械能。

可以证明，对不可压缩的理想流体，若将式(1-69)中的内能和热等非机械能项去掉，而只考虑机械能之间的相互转化关系，该式仍然成立，即为

$$N_\mathrm{e}+\iint\limits_{A_1}\left(gz+\frac{v^2}{2}+\frac{p}{\rho}\right)\rho v\mathrm{d}A-\iint\limits_{A_2}\left(gz+\frac{v^2}{2}+\frac{p}{\rho}\right)\rho v\mathrm{d}A=0 \tag{1-70}$$

可以证明，式(1-70)中位能与静压能之和为常数，可提到积分号外面。为简单起见，常按流通截面中心处的值计算，即

$$\iint\limits_{A_1}\left(gz+\frac{p}{\rho}\right)\rho v\mathrm{d}A=\left(gz_1+\frac{p_1}{\rho_1}\right)\iint\limits_{A_1}\rho v\mathrm{d}A=m_1\left(gz_1+\frac{p_1}{\rho_1}\right)$$

$$\iint\limits_{A_2}\left(gz+\frac{p}{\rho}\right)\rho v\mathrm{d}A=\left(gz_2+\frac{p_2}{\rho_2}\right)\iint\limits_{A_2}\rho v\mathrm{d}A=m_2\left(gz_2+\frac{p_2}{\rho_2}\right)$$

式中，z_1、p_1、ρ_1，z_2、p_2、ρ_2 分别为截面 1-1、2-2 的中心处的值；$m_1=m_2=m$。

至于式(1-70)中的动能项，可引入平均动能以便计算。平均动能的定义如下

$$\left(\frac{v^2}{2}\right)_\mathrm{av}=\frac{\iint\limits_A\frac{v^2}{2}\rho v\mathrm{d}A}{\iint\limits_A\rho v\mathrm{d}A}=\frac{\iint\limits_A\frac{v^2}{2}\rho v\mathrm{d}A}{m} \tag{1-71}$$

于是式(1-70)变为

$$N_e = m\left[gz_2 - gz_1 + \left(\frac{v^2}{2}\right)_{2av} - \left(\frac{v^2}{2}\right)_{1av} + \frac{p_2}{\rho_2} - \frac{p_1}{\rho_1}\right]$$

两边同除以 m，得

$$w_e = g(z_2 - z_1) + \left(\frac{v^2}{2}\right)_{2av} - \left(\frac{v^2}{2}\right)_{1av} + \left(\frac{p_2}{\rho_2} - \frac{p_1}{\rho_1}\right) \tag{1-72}$$

式中，$w_e=N_e/m$ 是以单位质量计的有效轴功，J/kg。

对管内层流，速度分布方程为 $v = v_{max}[1-(r/R)^2]$，且 $u=0.5v_{max}$(详见 1.3.3 节)，代入式(1-71)中解得

$$\left(\frac{v^2}{2}\right)_{av} = u^2$$

对管内湍流，其速度分布图如图 1-28 所示。与管内层流的抛物线形状相比，在管中心附近更平坦些、壁面附近则更陡些，这是大量的流体微团做无规则运动导致的。研究表明，当 $10^4<Re<10^5$ 时，管内湍流速度分布方程可近似表示为 $v = v_{max}(1-r/R)^{\frac{1}{7}}$ (称为 1/7 次方律)，由此可得 $u=0.817v_{max}$，代入式(1-71)中解得

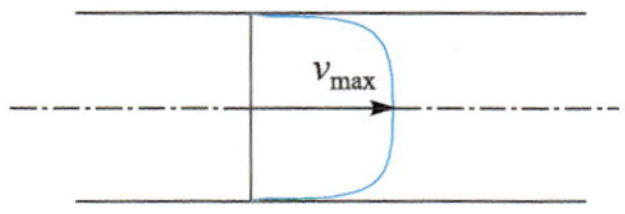

图 1-28　管内湍流时的速度分布

$$\left(\frac{v^2}{2}\right)_{av} = 0.529u^2 \approx 0.5u^2$$

可见，无论层流还是湍流，平均动能都正比于 u^2，可统一表示为$(v^2/2)_{av}= u^2/(2\alpha)$。层流时，取$\alpha=0.5$；湍流时，$\alpha\approx1$。但是考虑到在实际工程中，式(1-72)中的平均动能项的数值与其他项相比往往很小，且工程上的流动大多为湍流，故为简单起见，不论层流还是湍流均取$\alpha=1$，即$(v^2/2)_{av}= u^2/2$，此种取法所引起的误差一般可忽略。于是式(1-72)可写为

$$w_e = g(z_2 - z_1) + \left(\frac{u_2^2}{2} - \frac{u_1^2}{2}\right) + \left(\frac{p_2}{\rho_2} - \frac{p_1}{\rho_1}\right) \tag{1-73}$$

对均质、不可压缩流体，$\rho_1=\rho_2=\rho$；又若无外加有效轴功，$w_e=0$，式(1-73)可写成

$$gz_1 + \frac{u_1^2}{2} + \frac{p_1}{\rho} = gz_2 + \frac{u_2^2}{2} + \frac{p_2}{\rho} \tag{1-74}$$

式(1-74)就是均质、不可压缩理想流体在管道内稳定流动时的机械能衡算方程(以单位质量流体为基准)，又称伯努利(Bernoulli)方程。

2. 实际流体的机械能衡算方程

若图 1-27 所示管路系统中流动的是实际流体，与前述理想流体相比，因实际流体都有黏性，则流动时就会消耗机械能以克服流体的黏性力。被消耗的机械能将转化为热，此热不能自动变回机械能，而是有可能通过管壁或器壁散失到外界，又或者被流体获得而使流体温度升高，即增加了流体的内能。显然，这部分被消耗的机械能项属于流体机械能的损耗，应

作为输出项列入式(1-74)的右边，记作 w_f，单位为 J/kg，代表单位质量流体通过管路系统的机械能损失，简称摩擦损失或阻力损失。式(1-74)中若再计入外加有效轴功 w_e，则有

$$gz_1+\frac{u_1^2}{2}+\frac{p_1}{\rho}+w_e=gz_2+\frac{u_2^2}{2}+\frac{p_2}{\rho}+w_f \tag{1-75}$$

式(1-75)就是均质、不可压缩实际流体在管道内等温或不等温稳定流动时的机械能衡算方程。

上述实际流体机械能衡算方程的推导是粗略的，较严格的推导请见参考文献(博德　等，2004)。

若记

$$E_t=gz+\frac{u^2}{2}+\frac{p}{\rho} \tag{1-76}$$

式中，E_t 代表某一流通截面上单位质量流体的总机械能，J/kg。式(1-75)又可写成

$$E_{t1}+w_e=E_{t2}+w_f \tag{1-77}$$

将式(1-75)两边同除以重力加速度 g，且令 $w_e/g=h_e$，$w_f/g=h_f$，则可得到以单位重量流体为基准的机械能衡算方程：

$$z_1+\frac{u_1^2}{2g}+\frac{p_1}{\rho g}+h_e=z_2+\frac{u_2^2}{2g}+\frac{p_2}{\rho g}+h_f \tag{1-78a}$$

显然，式(1-78a)中各项均具有高度的量纲，z 称为位头，$u^2/2g$ 称为动压头(速度头)，$p/\rho g$ 称为静压头(压力头)，h_e 称为外加压头，h_f 称为压头损失。

将式(1-75)两边同乘以流体密度ρ，且令 $\rho w_e=p_e$，$\rho w_f=\Delta p_f$，则可得到以单位体积流体为基准的机械能衡算方程：

$$\rho gz_1+\frac{u_1^2}{2}\rho+p_1+p_e=\rho gz_2+\frac{u_2^2}{2}\rho+p_2+\Delta p_f \tag{1-78b}$$

式中，Δp_f称为阻力降，Pa。

关于机械能衡算方程的讨论：

(1) 若流体静止，则 u=0，w_e=0，w_f=0，于是式(1-75)变为

$$gz_1+\frac{p_1}{\rho}=gz_2+\frac{p_2}{\rho}$$

此即为流体静力学方程，可见流体静止状态是流体流动的一种特殊形式。

(2) 若流动系统无外加有效轴功，即 w_e=0，则式(1-77)变为

$$E_{t1}=E_{t2}+w_f$$

由于 w_f> 0，故 $E_{t1}>E_{t2}$，这表明，在无外加有效轴功的情况下，流体将自动从高(机械能)能位流向低(机械能)能位，据此可以判定流体的流向。

(3) 使用机械能衡算方程时，应注意以下几点：

(Ⅰ) 作示意图。为了有助于正确解题，在计算前可先根据题意画出流程示意图。

(Ⅱ) 控制面的选取。控制面之间的流体必须是连续、均质、不可压缩；有流体进、出的那些控制面(流通截面)应与流动方向相垂直；所选的控制面已知条件应最多，并包含要求的未知数在内。通常选取管路系统的进、出口处截面作为流通截面。

(Ⅲ) 基准水平面的选取。由于等号两边都有位能，故基准水平面可以任意选取而不影响计算结果，但为了计算方便，一般可将基准面定在某一流通截面的中心上，这样，该流通

截面的位能就为零。

(Ⅳ) 压力。由于等号两边都有压力项，故可用绝压或表压，但等号两边必须统一。

例 1-6　关于能头转化

如图 1-29 所示，将高位槽中的理想液体经变径管路系统输送。高位槽的液面高度为 H，且恒定不变。在管路上的 2、3 和 4 处都接有两个垂直细管，一个是直的，用来测静压；一个有弯头，用来测动压头与静压头之和，因为流体流到弯头前时，速度变为零，动能全部转化为静压能，使得该处的静压头增大为 $(p/\rho g+u^2/2g)$。现已知 2 点处直的细管内液柱高度如图所示，2、3 处为等径管。试定性画出其余 5 根细管中的液柱高度。

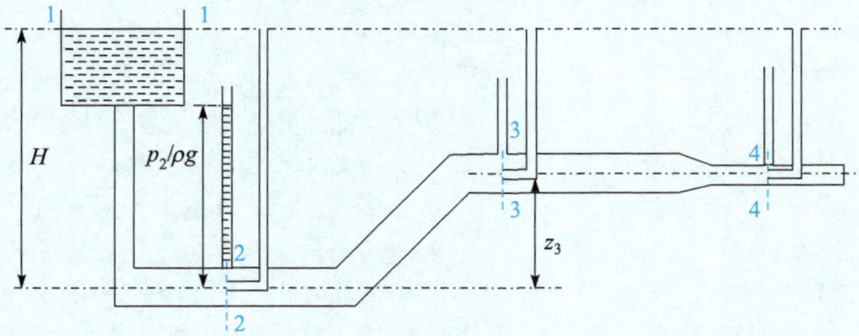

图 1-29　例 1-6 附图 1

解　在图 1-29 中的面 1-1 和面 2-2 间列理想流体的伯努利方程

$$H+\frac{u_1^2}{2g}+\frac{p_1}{\rho g}=z_2+\frac{u_2^2}{2g}+\frac{p_2}{\rho g}$$

式中，$u_1=0$，$p_1=0$(表压)，$z_2=0$(取为基准面)。于是，上式变为

$$H=\frac{u_2^2}{2g}+\frac{p_2}{\rho g} \tag{i}$$

可见 2 点处有弯头的细管中液柱高度(代表该处的静压头，其值表示为 $p_2/\rho g+u_2^2/2g$)与槽中液面高度 H 等高，见图 1-30，其中比左边垂直管高出的部分显然代表动压头大小($u_2^2/2g$)。

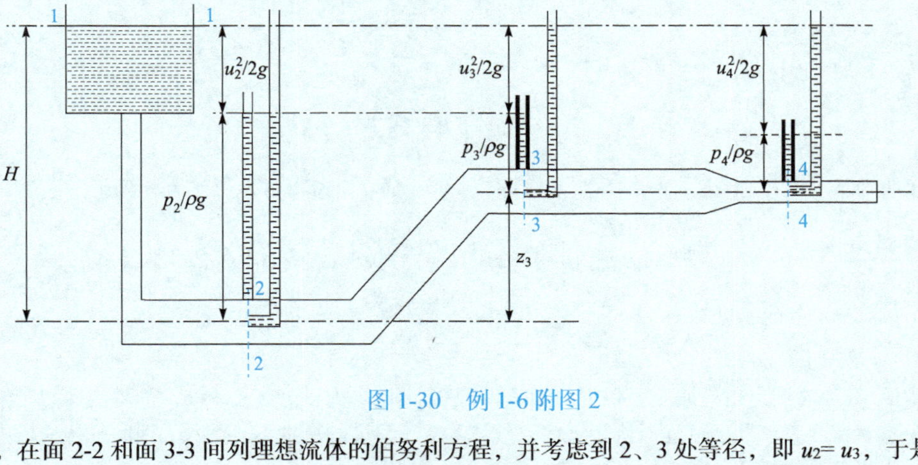

图 1-30　例 1-6 附图 2

同理，在面 2-2 和面 3-3 间列理想流体的伯努利方程，并考虑到 2、3 处等径，即 $u_2=u_3$，于是

$$\frac{p_2}{\rho g}=z_3+\frac{p_3}{\rho g} \tag{ii}$$

可见 3 点处垂直管中的液面距基准面高度(其值表示为 $z_3+p_3/\rho g$)与 2 点处垂直管中的液柱高度($p_2/\rho g$)等高。

同理，在 1-1 面和 3-3 面间列理想流体的伯努利方程，得

$$H=z_3+\frac{u_3^2}{2g}+\frac{p_3}{\rho g} \tag{iii}$$

式中，$p_3/\rho g+u_3^2/2g$ 项代表 3 点处有弯头的细管的液柱高度。式(iii)表明 3 点处有弯头的细管的液柱高度与高度 z_3 之和等于槽中液面高度 H，即 3 点处有弯头的细管中液柱高度与槽中液面高度 H 等高。

在面 1-1 和面 4-4 间列伯努利方程有

$$H=z_4+\frac{u_4^2}{2g}+\frac{p_4}{\rho g} \tag{iv}$$

可见，4 点处有弯头的细管中的液柱高度(其值表示为 $z_4+u_4^2/2g+p_4/\rho g$)与槽中液面等高。至于 4 点处垂直细管的液柱高度可判断如下：因 $u_4>u_3$，故 4 点处垂直细管的液柱高度 $p_4/\rho g$ 要低于 3 点处的液柱高度 $p_3/\rho g$(图 1-30)。

思考：若本题中的管路系统输送的是非理想液体，这 5 根细管中的液柱高度又如何？试定性画出。

例 1-7 有效功率的计算

如图 1-31 所示为某水洗塔的工艺流程图，目的是用水在洗涤塔中洗去混合气体中可溶的有害组分。因为气体相对于水较轻，故气体从塔底进，洗后的干净气体从塔顶排出。洗涤水则用泵从水池抽至洗涤塔顶、经喷嘴喷淋下来。为了增加洗涤效果，水以雾状或细小液滴状喷出。喷淋下来的水滴经洗涤塔底部汇集，自动排入废水池中，再经过处理，送入水池循环使用。已知管道尺寸为 ϕ114mm×4mm(其中 114mm 代表管外径，4mm 代表管壁厚度)，流量为 85m³/h，有关部位的标高如图所示，水流经水池到喷嘴这段管路时的总摩擦损失为 10J/kg，喷嘴出口处压力比塔内压力高 20kPa，水从塔底流入废水池的摩擦损失可忽略不计。求泵的有效功率。

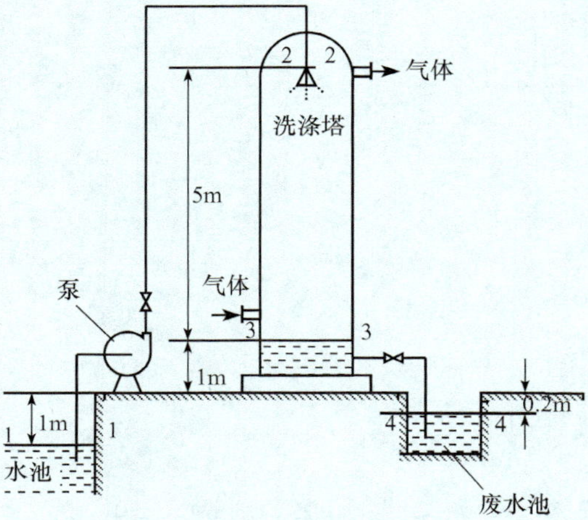

图 1-31 例 1-7 附图

解 取水池液面为面 1-1，喷嘴出口处流通截面为面 2-2，洗涤塔底部的水面为面 3-3，废水池的水面为面 4-4。

由题意可知，水在流经整个输送系统时(从水池至废水池)，水并不都是连续的，这是因为水在洗涤塔内呈雾状或小液滴状，故水在面 2-2 与面 3-3 之间是间断的，所以，机械能衡算方程在面 1-2 或面 3-4 成立，但在面 1-3(或 2-4)间不成立。

在面 1-1 和面 2-2 间列机械能衡算方程

$$gz_1+\frac{u_1^2}{2}+\frac{p_1}{\rho}+w_e=gz_2+\frac{u_2^2}{2}+\frac{p_2}{\rho}+w_f$$

式中，z_1=0(取为基准面)，z_2=7m，又 $u_1\approx0$(水池液面较管道截面大得多，可近似认为其流速为零)，$u_2=\dfrac{V}{\pi d^2/4}$
$=\dfrac{85/3600}{3.14\times(114-2\times4)^2\times10^{-6}/4}=2.68$ (m/s)，p_1=0(表压)，w_f=10J/kg。将以上各值代入上式，得

$$w_e=7\times9.81+\frac{2.68^2}{2}+\frac{p_2}{\rho}+10=82.26+\frac{p_2}{\rho} \tag{i}$$

式(i)中的 p_2 为喷嘴出口处表压，根据已知条件可知 p_2 比塔内压力高 20kPa，而塔内压力未知。但考虑到塔内水呈雾状或小液滴状，可近似认为塔内以气体为主，且塔的高度不算太大，因此可认为塔内压力处处相同，当然也可认为塔内压力等于面 3-3 上的压力 p_3，于是

$$\frac{p_2}{\rho}=\frac{p_3}{\rho}+\frac{20\times10^3}{\rho}=\frac{p_3}{\rho}+\frac{20\times10^3}{1000}=\frac{p_3}{\rho}+20$$

代入式(i)得

$$w_e=102.26+\frac{p_3}{\rho}$$

式中的 p_3 可由面 3-3 与面 4-4 间的机械能衡算求取，考虑到流体在面 3、4 间的摩擦损失不计，有

$$gz_3+\frac{u_3^2}{2}+\frac{p_3}{\rho}=gz_4+\frac{u_4^2}{2}+\frac{p_4}{\rho}$$

式中，$z_4=0$(取为基准面)，$z_3=1.2\text{m}$，又 $u_3 \approx u_4 \approx 0$，$p_4=0$(表压)，代入上式得

$$\frac{p_3}{\rho}=-1.2\times 9.81=-11.77\ (\text{J/kg})$$

于是

$$w_e=102.26-11.77=90.49\ (\text{J/kg})$$

故泵的有效功率为

$$N_e=mw_e=\rho V w_e=1000\times 85\times 90.49/3600=2137(\text{W})\text{或 } 2.14(\text{kW})$$

3. 摩擦损失 w_f 的计算

考虑到工程上的管路输送系统主要由两类部件组成：一是等径直管，二是弯头、三通、阀门等各种管件和阀件(图 1-32)，因此，流体流经管路系统时产生的摩擦损失也分为两种：直管摩擦损失和局部摩擦损失。

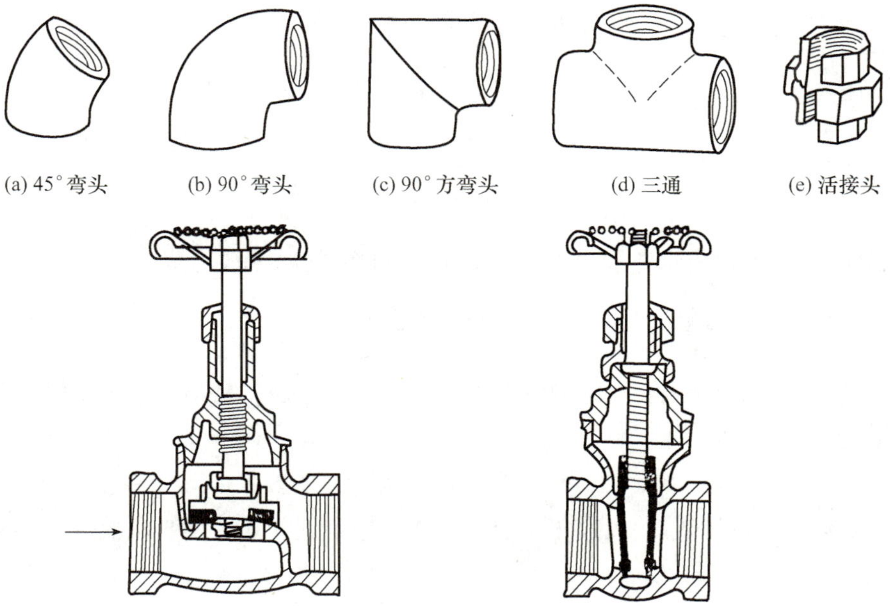

(a) 45°弯头　(b) 90°弯头　(c) 90°方弯头　(d) 三通　(e) 活接头

(f) 截止阀　(g) 闸阀

图 1-32　几种管件和阀件

流体流经直管时的机械能损失称为直管摩擦损失(又称沿程摩擦损失)。此项摩擦损失的特点是沿管长均匀分布，故直管摩擦损失与管长成正比。

流体流经各种管件和阀件时，由于流速大小或方向突然改变，从而产生大量旋涡，导致很大的机械能损失，其值要比该过程中的沿程摩擦损失大得多。因该项摩擦损失只发生在管件等局部部位，且与管件等的结构、形状有关，故称为局部摩擦损失(又称为形体阻力损失)。

无论是直管摩擦损失还是局部摩擦损失，其本质都是相同的，其产生的根本原因是流体内部及流体与固体壁面之间的黏性摩擦作用。

下面分别介绍这两种摩擦损失的计算公式。

1) 直管摩擦损失计算通式

对圆形等径直管内的流动，如图 1-33 所示，根据机械能衡算方程可知长度 l 管段内的摩擦损失为

$$w_f = \frac{p_1 - p_2}{\rho} + g(z_1 - z_2) = \frac{\Delta p}{\rho} - gh \tag{1-79}$$

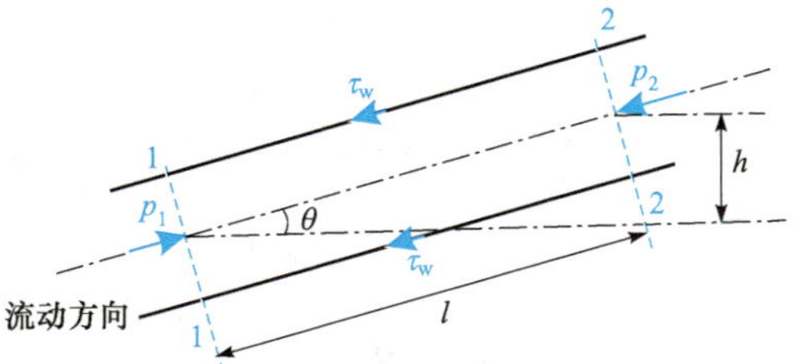

图 1-33 圆形等径直管内的流动

再对整个管内的流体柱做受力分析。如图 1-33 所示，上游截面 1-1 处的流体所受总压力为 $\pi R^2 p_1$，下游截面 2-2 处的流体所受总压力为 $\pi R^2 p_2$，流体柱四周的表面所受壁面剪力为 $2\pi R l \tau_w$，此外还有流体柱所受的重力，其管轴方向的分量为 $\pi R^2 l\rho g sin\theta$ 即 $\pi R^2 \rho gh$，其中，$R=d/2$ 为管半径。

因流体匀速运动，故上述四个力达到平衡，即

$$\pi R^2 (p_1 - p_2) = 2\pi R l \tau_w + \pi R^2 \rho gh$$

$$\frac{\Delta p}{\rho} = \frac{4\tau_w l}{\rho d} + gh \tag{1-80}$$

由式(1-79)和式(1-80)得

$$w_f = \frac{4\tau_w l}{\rho d} \tag{1-81}$$

通常将摩擦损失 w_f 表达成动能 $u^2/2$ 的某个倍数，而将式(1-81)改写成

$$w_f = 8\frac{\tau_w}{\rho u^2}\frac{l}{d}\frac{u^2}{2} \tag{1-82}$$

式中，l/d 为长径比，无量纲，由圆形直管的几何尺寸所组成；$\tau_w/\rho u^2$ 为壁面剪应力与单位体积流体的动能之比，无量纲。令

$$\lambda = 8\tau_w / \rho u^2 \tag{1-83}$$

λ 称为摩擦系数或摩擦因数[注：式(1-83)与 1.3.3 节中的式(1-63)一致]。于是式(1-82)改写为

$$w_f = \lambda \frac{l}{d}\frac{u^2}{2} \tag{1-84}$$

式(1-84)为直管摩擦损失的计算通式，对层流和湍流均适用。要想由式(1-84)计算出 w_f，关键是 λ 的获取。层流和湍流时的 λ 求法不尽相同，下面分别讨论。

(1) 层流时的 λ。在 1.3.3 节中已经从理论上推得圆管内层流时($Re \leqslant 2000$)摩擦系数 λ 的计算式[式(1-66)]

$$\lambda = \frac{64}{Re}$$

式中，$Re = du\rho/\mu$。

由此可见，层流时摩擦系数只是雷诺数 Re 的函数。

(2) 湍流时的 λ。由于湍流的复杂性，到目前为止还不能像层流那样直接解析求解得到 λ，而

是要依靠实验方法或用半理论半经验的方法建立经验关联式。

在进行实验时，通常是每一次改变一个变量而将其他变量固定，若涉及的变量很多，工作量必然很大，而且将实验结果关联成便于应用的表达式也较困难。因此，为解决以上问题，工程上常采用下面的量纲分析法。

量纲分析法的依据是白金汉(Buckingham)的 π 定理，其内容如下：一个含有 n 个物理量的方程式通常可以转换成包含$(n-r)$个独立的无量纲准数间的关系式；r 为 n 个物理量所涉及的基本量纲的数目。

由 π 定理可知，无量纲准数的数量总是比变量的数量少，这样实验与关联工作都能够得到简化。量纲分析法在工程实验研究中的应用非常广泛，下面通过湍流直管摩擦损失的量纲分析过程介绍量纲分析法的内容及步骤。

(Ⅰ) 根据实验结果及对摩擦损失的内因分析，找到影响摩擦损失的主要因素。

实验中发现，影响湍流摩擦损失的主要因素有管径 d、管长 l、平均速度 u、流体密度ρ、黏度μ及管壁绝对粗糙度ε，即

$$w_{\mathrm{f}} = f(d,l,u,\rho,\mu,\varepsilon) \tag{1-85}$$

管壁凹凸部分的平均高度为管壁的绝对粗糙度，简称粗糙度，用ε表示。ε与管直径 d 之比ε/d 称为相对粗糙度。

绝对粗糙度ε值只能凭经验获取，可查相关资料。表 1-1 给出了某些工业管材的绝对粗糙度ε的约值。从表中可见，管的材质越粗糙、管子使用时间越长，或有腐蚀、结垢等现象，ε值就越大。

表 1-1　某些工业管材的绝对粗糙度ε 约值

金属管	ε/mm	非金属管	ε/mm
基本无腐蚀的无缝钢管	0.05～0.1	清洁的玻璃管	0.0015～0.1
有轻度腐蚀的无缝钢管	0.1～0.2	橡皮软管	0.01～0.03
有显著腐蚀的无缝钢管	0.2～0.5	很好拉紧的内涂橡胶的帆布管	0.02～0.05
腐蚀较重或污垢较重的无缝钢管	0.5～0.6	陶土排水管	0.45～6.0
无缝黄铜、铜、铅管	0.005～0.01	陶瓷排水管	0.25～6.0
铸铁管	0.5～0.85	混凝土管	0.33～3.0
钢板卷管	0.33	石棉水泥管	0.03～0.8

资料来源：王怀义，张德姜. 2014. 石油化工管道设计便查手册. 4 版. 北京：中国石化出版社.

(Ⅱ) 找出各物理量所涉及的基本量纲数目 r。

用符号[X]表示物理量 X 的量纲，则式(1-85)中各物理量的量纲表示如下：

$[w_f]$= J/kg= m^2/s^2　　$[d]$=$[l]$= m　　$[u]$=m/s

$[\rho]$= kg/m^3　　$[\mu]$= Pa · s= kg/(m · s)　　$[\varepsilon]$= m

可见所涉及的基本量纲数目 r=3。根据 π 定理可知，无量纲准数的数目为 7−3 = 4 个。下面就具体找出这 4 个无量纲准数。

(Ⅲ) 选择 r 个物理量作为基本物理量(要求该 r 个物理量的量纲中必须涉及上述 3 个基本量纲)。

这里 r =3，所以，应在本问题的所有 7 个物理量中选择 3 个物理量作为基本物理量，例如选 d、u 及 ρ。值得指出的是，所得的无量纲准数的形式与选取的基本物理量有关，这就是说，若不选取 d、u、ρ 而选取其他三个物理量作为基本物理量，可能会得到与之不完全相同的四个无量纲准数，但不管怎样，最后所得的经验式本质上是相同的。

(Ⅳ) 将其余$(n-r)$个物理量逐一与基本物理量组成无量纲准数。

这里 $n-r$ = 4，这四个物理量分别为管长 l、黏度μ、管壁绝对粗糙度ε 和湍流直管摩擦损失 w_f。将它们逐一与基本物理量 d、u、ρ 组合成无量纲准数，组合过程常用幂指数形式表示，具体如下：

$$\pi_1 = l\times\left(d^{a_1}u^{b_1}\rho^{c_1}\right) \tag{1-86}$$

$$\pi_2 = \mu\times\left(d^{a_2}u^{b_2}\rho^{c_2}\right) \tag{1-87}$$

$$\pi_3 = \varepsilon \times \left(d^{a_3} u^{b_3} \rho^{c_3}\right) \tag{1-88}$$

$$\pi_4 = w_f \times \left(d^{a_4} u^{b_4} \rho^{c_4}\right) \tag{1-89}$$

式中，π 代表无量纲准数，a、b、c 各指数值待定。

(Ⅴ) 根据量纲一致性原则确定上述待定指数。

量纲一致性原则是指每一个物理方程中的各项一定具有相同的量纲。下面以 π_2 为例，将 μ、d、u、ρ 的量纲代入式(1-87)得

$$[\pi_2] = \left(\mathrm{kg \cdot m^{-1} \cdot s^{-1}}\right) \mathrm{m}^{a_2} \left(\mathrm{m \cdot s^{-1}}\right)^{b_2} \left(\mathrm{kg \cdot m^{-3}}\right)^{c_2} = \mathrm{m}^{-1+a_2+b_2-3c_2} \mathrm{s}^{-1-b_2} \mathrm{kg}^{1+c_2}$$

根据量纲一致性原则，等号右边各量纲的指数必为零，即

$$\begin{cases} -1 + a_2 + b_2 - 3c_2 = 0 \\ -1 - b_2 = 0 \\ 1 + c_2 = 0 \end{cases}$$

解得

$$a_2 = -1 \qquad b_2 = -1 \qquad c_2 = -1$$

将上述 a_2、b_2、c_2 值代入式(1-87)得

$$\pi_2 = \mu\left(d^{-1} u^{-1} \rho^{-1}\right) = \left(\frac{du\rho}{\mu}\right)^{-1} = Re^{-1}$$

类似可得

$$\pi_1 = l/d \qquad \pi_3 = \varepsilon/d \qquad \pi_4 = w_f/u^2$$

至此，找到 4 个无量纲准数，分别为长径比 l/d、雷诺数 Re、相对粗糙度 ε/d 和欧拉数 $Eu=w_f/u^2$。欧拉数的物理意义是阻力损失与动能之比。于是式(1-85)变为

$$\frac{w_f}{u^2} = F\left(Re, \frac{\varepsilon}{d}, \frac{l}{d}\right) \tag{1-90}$$

考虑到直管摩擦损失与管长成正比，将式(1-90)改写成

$$w_f = \phi\left(Re, \frac{\varepsilon}{d}\right)\frac{l}{d}\frac{u^2}{2}$$

将上式与式(1-84)对照，可知

$$\lambda = \phi\left(Re, \varepsilon/d\right) \tag{1-91}$$

可见，通过上述量纲分析过程，将原来含有 7 个物理量的式(1-85)转变成了只含有 4 个无量纲准数的式(1-90)。如果以无量纲准数为变量进行实验，显然实验工作量将大大减少。综上所述，量纲分析法只是一种数学方法，可以减少实验变量个数，但并不能代替实验。

由式(1-91)可见，摩擦系数λ是雷诺数 Re 和相对粗糙度ε/d 的函数。实验研究表明，不同流态、管壁状况下，Re 和ε/d 对λ的影响作用不同。若以 Re 为横坐标，λ为纵坐标，ε/d 为参变量，将实验结果标绘在双对数坐标系中，得到如图 1-34 所示的一簇曲线。该图称为莫狄(Moody)图。

明显可见图 1-34 中有三个不同特征的区域，分别讨论如下：

(Ⅰ) 层流区，$Re \leqslant 2000$。

由图 1-34 可见，当 $Re \leqslant 2000$ 时，$\lg\lambda$与 $\lg Re$ 为直线关系，而与ε/d 无关，这也与 1.3.3 节的式(1-66)这个理论推导结果相一致。这是因为，当流体层流流动时，由于近壁面处的流速较慢，流体层缓慢滑过管壁上的凹凸不平的粗糙峰[图 1-35(a)]，如同流过光滑管一样，因此，λ 只是 Re 的函数。

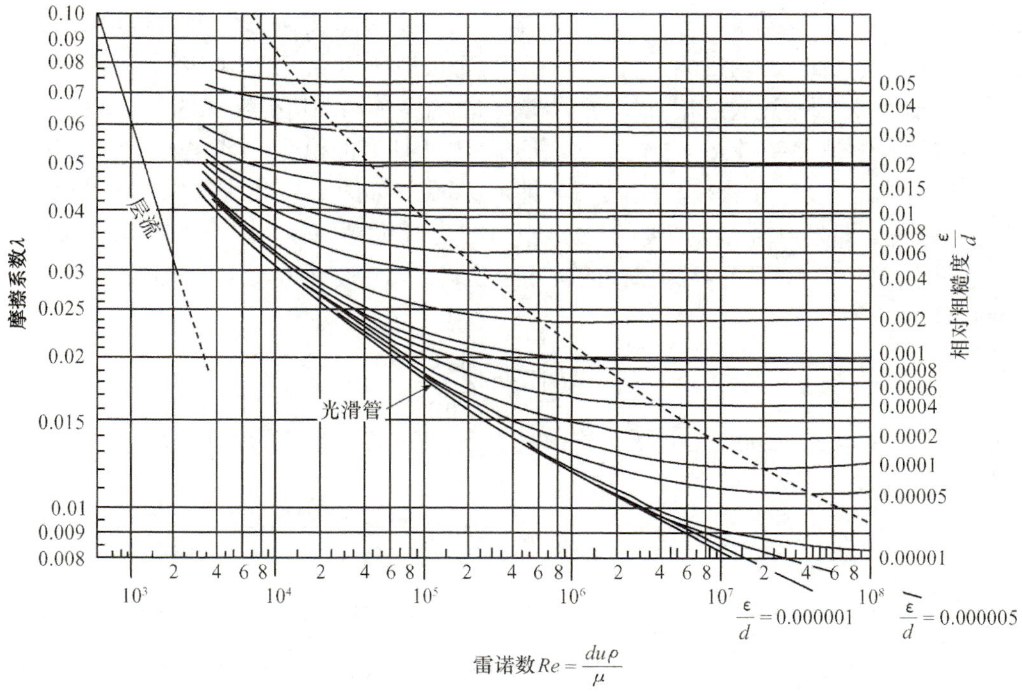

图 1-34　摩擦系数λ与 Re、ε/d 的关系曲线

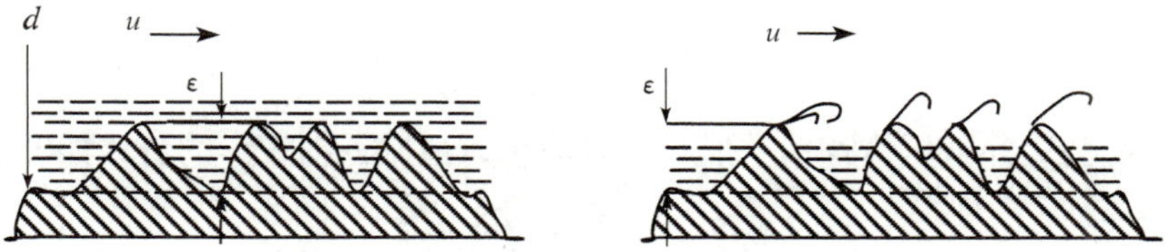

(a) 层流　　(b) 湍流

图 1-35　粗糙管内流动情况

(Ⅱ) 湍流区，$Re>4000$。

光滑管　图 1-34 中湍流区($Re>4000$)的曲线族里最下面一条没有标注ε/d值的线就是光滑管(或水力光滑管)的。当流体湍流流过光滑管时，因为管的粗糙峰很小或近似为零，粗糙峰都处在湍流的层流底层之下，如图 1-35(a)所示，故ε/d 对其阻力损失不产生任何影响，这时λ只是 Re 的函数。下面再给出几个光滑管内湍流时λ的常用经验式，从中也可看出此规律。

柏拉修斯(Blasius)式

$$\lambda = \frac{0.3164}{Re^{0.25}} \qquad (2100<Re<10^5) \tag{1-92}$$

普朗特(Prandtl)式

$$1/\sqrt{\lambda} = 2.0\lg\left(Re\sqrt{\lambda}\right) - 0.8 \qquad (2100<Re<4\times10^6) \tag{1-93}$$

顾毓珍等公式

$$\lambda = 0.0056 + \frac{0.500}{Re^{0.32}} \qquad (3000<Re<3\times10^6) \tag{1-94}$$

粗糙管　图 1-34 中湍流区($Re>4000$)的曲线族里除光滑管那条线以外的都是粗糙管的。由图可见，此区域中的每条曲线都随 Re 增大先是下降而后基本不变，这表明，流体在粗糙管内湍流流动时，Re、ε/d对λ均有影响，且随着Re的增大，其对λ的影响却越来越弱，直至最后没有影响；而ε/d对λ的影响一直都存在，直至最后成为唯一的影响因素。这是因为，ε/d一定时，Re越大，则层流底层相对越薄，暴露在湍流主体区的粗糙峰就越多，如图1-35(b)所示，ε/d对λ的影响越大；当Re增大到一定值后，几乎所有的粗糙峰均暴露在湍流主体区内，此时若再增大Re，ε/d对λ的影响也不变了，即λ为常数，如图1-34中虚线以上区域所示，此时阻力损失$w_f \propto u^2$，即阻力损失与速度的平方成正比，故将此区域称为阻力平方区(又称完全湍流区)。下面再给出几个粗糙管内湍流时λ的常用经验式，从中也可看出上述规律。

顾毓珍等公式

$$\lambda = 0.01227 + \frac{0.7543}{Re^{0.38}} \tag{1-95}$$

式(1-95)适用范围为$Re=3000\sim3\times10^6$，管内径50～200mm的新钢管、铁管。

科尔布鲁克(Colebrook)公式

$$\frac{1}{\sqrt{\lambda}} = 1.14 - 2\lg\left(\frac{\varepsilon}{d} + \frac{9.35}{Re\sqrt{\lambda}}\right) \tag{1-96}$$

式(1-96)适用范围为$Re=4000\sim10^8$，$\varepsilon/d=10^{-6}\sim0.05$(从水力学光滑管至完全粗糙管)。

特别地，在阻力平方区，因Re很大，科尔布鲁克式中$\dfrac{9.35}{Re\sqrt{\lambda}}$项数值很小，可忽略，于是该式变为

$$\frac{1}{\sqrt{\lambda}} = 1.14 - 2\lg\frac{\varepsilon}{d} \tag{1-97}$$

除以上传统公式外，再推荐一个形式比较简单、适用范围较广的公式如下：

$$\lambda = 0.100\left(\frac{\varepsilon}{d} + \frac{68}{Re}\right)^{0.23} \tag{1-98}$$

式(1-98)适用范围为$Re \geqslant 4000$，$\varepsilon/d \leqslant 0.005$。

(Ⅲ) 过渡区，$2000<Re<4000$。

前已叙及，过渡区流动形态不固定，有可能是层流，也有可能是湍流。工程上计算阻力损失时为了保险起见，一般按给定的粗糙度将图1-34中湍流区的曲线延伸出去或按湍流公式计算此区域的λ值。

(3) 非圆管内的摩擦损失。前面所讨论的都是流体在圆管内的流动。在化工生产中常常会遇到非圆形管道，例如，输送气体时经常用矩形、方形等非圆形管道，再如，换热设备中经常遇到流体在套管环隙中的流动等(详见第6章)。对于非圆形直管内的流体流动，其摩擦损失或摩擦系数的计算一般仍用圆管公式，但需将公式中的直径用下面定义的当量直径d_e替换

$$d_e = \frac{4\times\text{流通截面积}}{\text{润湿周边}} = 4\times\text{水力半径} \tag{1-99}$$

式中，润湿周边指流体与管壁接触的周边长度。例如流体在圆管内流动时，其流通截面积为$\pi d^2/4$，润湿周边为πd，代入式(1-99)得$d_e=d$。再如，流体在两个同心套管组成的环隙中沿轴向流动，外管内径为D、内管外径为d，则其流通截面积为$\pi(D^2-d^2)/4$，润湿周边为$\pi(D+d)$，代入式(1-99)得$d_e=D-d$。

当量直径的定义是经验性的，并无理论根据。研究结果表明，当量直径方法用于湍流情况的阻力计算才比较可靠，而且若为矩形管，其长、宽之比不得超过3∶1，而对于截面为环

形的管道，其可靠性就较差。对于层流的阻力计算则应将式(1-66)修正为

$$\lambda = C/Re \tag{1-100}$$

式中，C 为常数，无量纲。对于正方形和等边三角形，C 分别取 57 和 53。对流体在复杂通道内做层流流动时的摩擦损失计算可参考文献(陈维杻，1993)。

(4) 微管内的摩擦损失。微管通常是指管径小于 1000 μm 的管子，常见的有矩形微管和圆形微管。随着科技的发展，部分高端或敏感化学品的生产在很小的设备中完成，此时会涉及微管中的流动。

微管中流体的流动特性与常规管中的有部分差异。常规管中偏离层流的临界雷诺数 Re_c 为 2000，而在微管中，Re_c 为(Chen et al, 2015)

$$Re_c = \begin{cases} 2000, 1000\ \mu m \leqslant d \\ 2000 - 2000 \times 0.46 B_{micro}, 188\ \mu m \leqslant d < 1000\ \mu m \\ 2000 - 2000 \times (3.33 B_{micro} - 2.33), 44.5\ \mu m \leqslant d < 188\ \mu m \end{cases}$$

式中，B_{micro} 为微管直径 d 与 1000 μm 的相对偏离度的绝对值。若取 d 的单位为 m，则

$$B_{micro} = \frac{0.001 - d}{0.001}$$

研究表明，层流时微管中的摩擦系数计算公式与常规管的相同。在湍流时，光滑管的摩擦系数计算仍可采用柏拉修斯式，即式(1-92)；但对粗糙微管则与常规管的不同(往往要比按常规管计算的值更大)，如下(Chen et al, 2015)：

$$\lambda = 0.0055\left[1 + \left((1 - B_{micro})\left(2000(1 + 70 B_{micro})\frac{\varepsilon}{d} + \frac{10^6}{Re}\right)\right)^{1/3}\right]$$

上式的适用条件为：雷诺数范围为 2933～11644，微管管径范围为 255～776μm，微管粗糙度的范围为 1.8～3.0μm(注意：粗糙度不能采用表 1-1 的数据，需另查或另测)，相对粗糙度的范围为 0.0023~0.0115。

2) 局部摩擦损失的计算

前面已提及，当流体流经弯头、阀门、三通、管进出口等处时，流体的流速或流动方向会突然发生变化，从而产生大量旋涡，导致局部摩擦损失(形体阻力损失)。由于这一过程的复杂性，只有少数情况可对局部摩擦损失进行理论分析，多数情况需要用实验方法确定。

(1) 局部摩擦损失的两种近似算法。

(Ⅰ) 当量长度法。

此法将局部摩擦损失近似看作与某一长度为 l_e 的直管摩擦损失相当，此折合出来的管道长度 l_e 称为当量长度。于是局部摩擦损失计算式为

$$w_f = \lambda \frac{l_e}{d}\frac{u^2}{2} \tag{1-101}$$

l_e 或 l_e/d 值需由实验确定，使用者可查阅相关资料获取其值，图 1-36 中列出了某些常用管件和阀件的 l_e 值。注意，如果与管件或阀件相连接的管道直径大小不一时，式(1-101)中流速要用较小管道中的值。

(Ⅱ) 局部阻力系数法。

此法近似认为局部摩擦损失是平均动能的某一个倍数，即

$$w_f = \zeta \frac{u^2}{2} \tag{1-102}$$

式中，ζ是局部阻力系数，由实验测定。常用管件和阀件的ζ值列于表 1-2。注意，计算时式(1-102)中流速要用较小管道中的值。

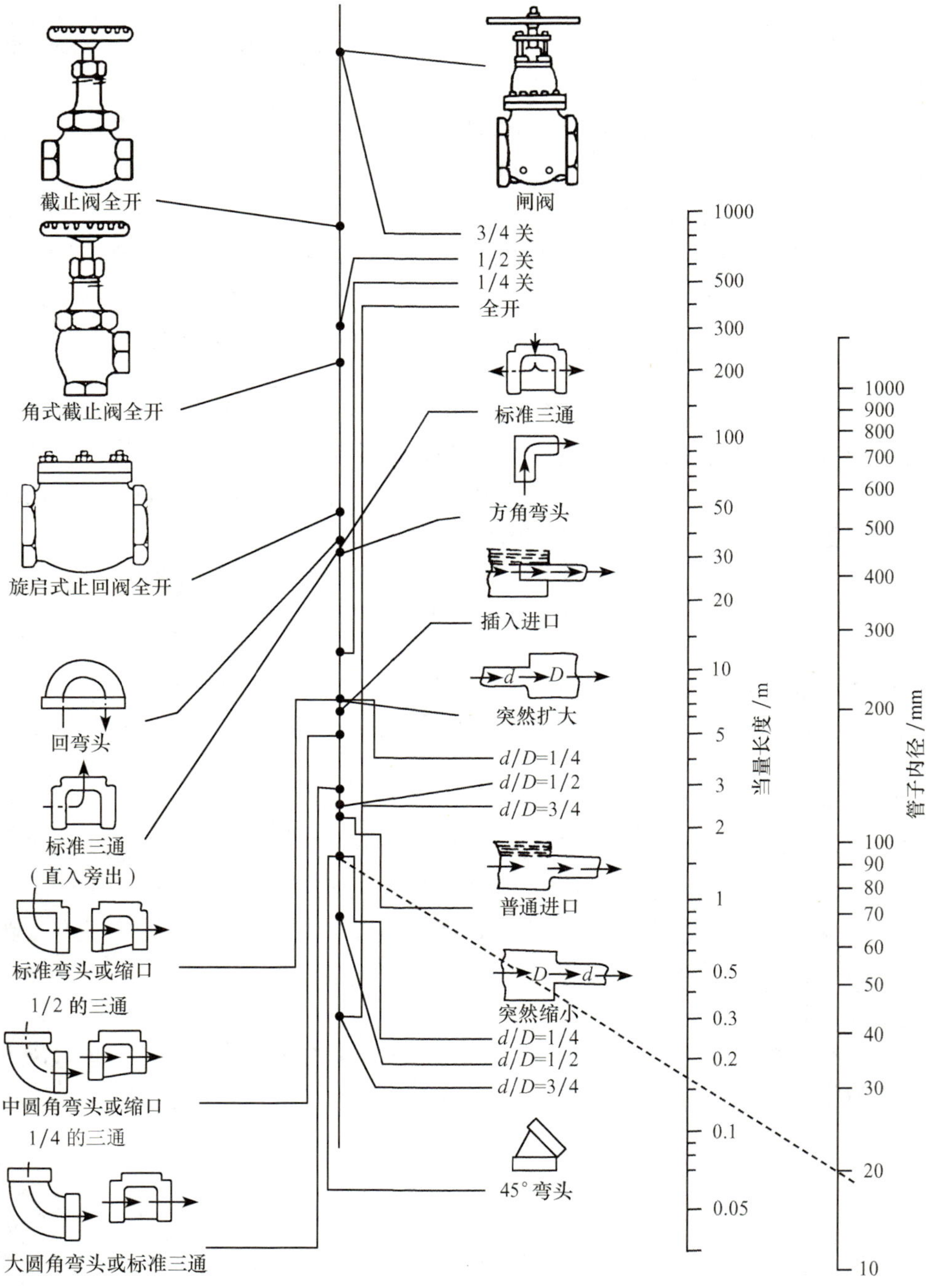

图 1-36 管件和阀件的当量长度共线图

本图的使用方法如图中虚线所示，根据管件或阀件的种类，在最左边一列找到相应的点，再根据管内径大小在最右边一列找到相应的点。连接以上两点，与中间一列相交，可读出当量长度值

资料来源：陈维杻. 1993. 传递过程与单元操作(上册). 杭州：浙江大学出版社

表 1-2　管件和阀件的局部阻力系数ζ值

管件和阀件名称	ζ值	
标准弯头	45°，ζ=0.35	90°，ζ=0.75
90°方形弯头	1.3	
180°回弯头	1.5	
活接管接头	0.04	

弯管

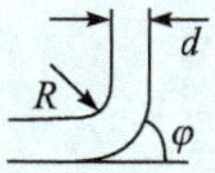

R/d \ φ	30°	45°	60°	75°	90°	105°	120°
1.5	0.08	0.11	0.14	0.16	0.175	0.19	0.20
2.0	0.07	0.10	0.12	0.14	0.15	0.16	0.17

突然扩大

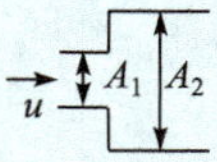

A_1/A_2	0	0.1	0.2	0.3	0.4	0.5	0.6	0.7	0.8	0.9	1
ζ	1	0.81	0.64	0.49	0.36	0.25	0.16	0.09	0.04	0.01	0

突然缩小

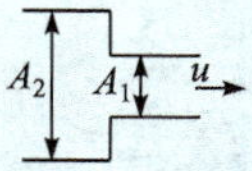

A_1/A_2	0	0.1	0.2	0.3	0.4	0.5	0.6	0.7	0.8	0.9	1
ζ	0.5	0.47	0.45	0.38	0.34	0.3	0.25	0.20	0.15	0.09	0

管出口

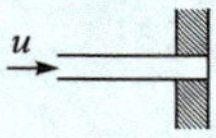

ζ=1

管入口

锐缘进口　圆角进口　流线形进口　管道伸入进口

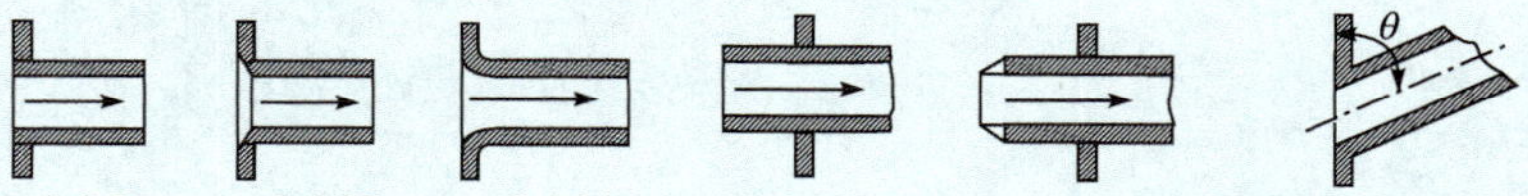

ζ=0.5　ζ=0.25　ζ=0.04　ζ=0.56　ζ=3～1.3　$\zeta=0.5+0.5\cos\theta+0.2\cos^2\theta$

标准三通管

ζ=0.4　ζ=1.5 当弯头用　ζ=1.3 当弯头用　ζ=1

闸阀	全开	3/4 开	1/2 开	1/4 开
ζ	0.17	0.9	4.5	24

截止阀	全开　ζ=6.0	$\frac{1}{2}$开　ζ=9.5

蝶阀

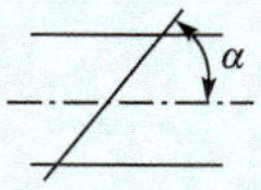

α	5°	10°	20°	30°	40°	45°	50°	60°	70°
ζ	0.24	0.52	1.54	3.91	10.8	18.7	30.6	118	751

旋塞

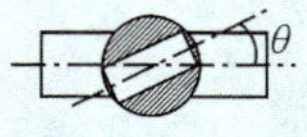

θ	5°	10°	20°	40°	60°
ζ	0.05	0.29	1.56	17.3	206

管件和阀件名称	ζ值	
单向阀(止回阀)	摇板式ζ=2	球形式ζ=70
角阀(90°)	全开 2.0	
底阀	1.5	
滤水器(或滤水网)	2	
水表(盘形)	7	

资料来源：陈维杻. 1993. 传递过程与单元操作(上册). 杭州：浙江大学出版社.

管件或阀件的规格、结构形式很多，制造水平、加工精度往往也差别很大，所以当量长度 l_e 与局部阻力系数 ζ 的变动范围也是很大的。图 1-36 与表 1-2 中的数值只是约略值，仅作参考。至于其他管件或阀件的 l_e 或 ζ 值，可参考相关资料。

当量长度法和局部阻力系数法均为近似估算法，而且两种方法计算结果不会完全一致，但从工程角度看，使用哪种方法均可。

对管路输送系统，直管摩擦损失与局部摩擦损失之和等于总摩擦损失，对等径管，则

$$\sum w_f = \lambda\left(\frac{l+\sum l_e}{d}\right)\frac{u^2}{2} = \left(\lambda\frac{l}{d}+\sum\zeta\right)\frac{u^2}{2} \tag{1-103}$$

长距离输送时以直管摩擦损失为主，短程输送时则以局部摩擦损失为主。

(2) 突然扩大和突然缩小。

在尺寸不同的两个管子连接处或管子与管件、阀件等连接处常会遇到管径突然扩大或突然缩小的问题，如图 1-37 所示。

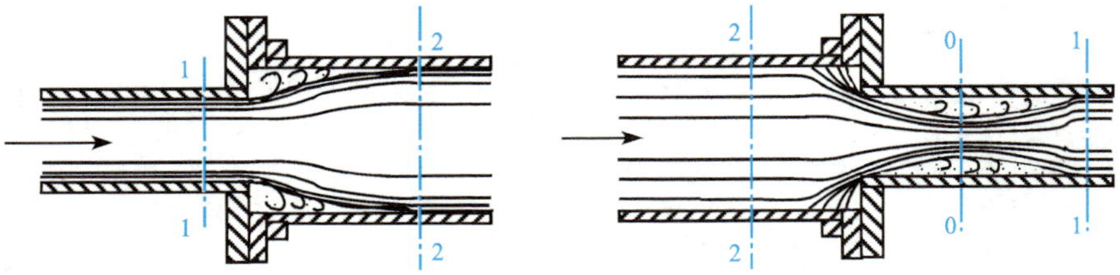

(a) 突然扩大　　(b) 突然缩小

图 1-37　突然扩大与突然缩小

(Ⅰ) 突然扩大。

如图 1-37(a)所示，当流体从流通截面小的管道或设备流入另一个流通截面大的管道或设备时，由于流道突然扩大，流速减小，压力相应增大，流体在这种逆压流动过程中极易发生边界层分离现象(详见 1.5 节)，产生旋涡。由边界层分离所造成的机械能损失要远大于此过程中流体与壁面间的摩擦损失。通过理论分析可以证明，突然扩大时摩擦损失的计算式为

$$w_f = \left(1-\frac{A_1}{A_2}\right)^2\frac{u_1^2}{2} \tag{1-104}$$

故其局部阻力系数

$$\zeta = \left(1-\frac{A_1}{A_2}\right)^2 \tag{1-105}$$

式中，A_1、A_2 分别为小管、大管的横截面积；u_1 为小管中的平均流速。

不同 A_1/A_2 下的 ζ 值如表 1-2 所示。管出口情形，即流体从管流入容器，是突然扩大中的一种特殊情况，此时 $A_1 \ll A_2$，$A_1/A_2 \approx 0$，由式(1-105)可得管出口的局部阻力系数 ζ_o=1。

(Ⅱ) 突然缩小。

如图 1-37(b)所示，当流体从流通截面大的管道或设备流入另一个流通截面小的管道或设备时，流股突然缩小，此后，由于流动惯性，流股将继续缩小，直到 0-0 面时，流股截面缩到最小，此处称为缩脉。经过缩脉后，流股开始逐渐扩大，直至在 1-1 面处重新充满整个管截面。流体在缩脉之前是顺压流动的，而在缩脉之后则和突然扩大情形类似为逆压流动，因而在缩脉之后会产生边界层分离和涡流，可见，突然缩小的机械能损失主要还在于突然扩大。

突然缩小时的摩擦损失计算式为

$$w_f = 0.5\left(1-\frac{A_1}{A_2}\right)\frac{u_1^2}{2} \tag{1-106}$$

故其局部阻力系数

$$\zeta = 0.5\left(1-\frac{A_1}{A_2}\right) \tag{1-107}$$

式中各物理量的含义和单位同式(1-105)。

不同 A_1/A_2 下的ζ值见表 1-2。管入口情形，即流体由容器流入管道，是突然缩小中的一种特殊情况，此时 $A_1/A_2 \approx 0$，由式(1-107)可得管入口的局部阻力系数$\zeta_i = 0.5$。

例 1-8 如图 1-38 所示，将敞口高位槽中密度 870kg/m³、黏度 0.8cP 的溶液送入某一设备 B 中。设备 B 的表压为 10kPa，输送管道为ϕ38mm×2.5mm 无缝钢管，其直管段部分总长为 10m，管路上有一个 90°标准弯头、一个球心阀(全开)。为使溶液能以 4m³/h 的流量流入设备 B 中，高位槽应高出设备多少(单位：m)?

解 选取高位槽液面为面 1-1、管出口截面(内侧)为面 2-2，并取面 2-2 为位能基准面。在面 1-1 与面 2-2 间列机械能衡算式

$$gz + 0 + \frac{p_1}{\rho} = 0 + \frac{u_2^2}{2} + \frac{p_2}{\rho} + w_f \tag{i}$$

式中，p_1=0(表压)，p_2=1.0×10⁴Pa(表压)，ρ=870kg/m³，

$u_2 = \dfrac{V}{\pi d^2/4} = \dfrac{4/3600}{\pi \times 0.033^2/4} = 1.30$ m/s，$Re = \dfrac{du\rho}{\mu} = \dfrac{0.033\times1.30\times870}{0.8\times10^{-3}} = 4.665\times10^4$，可见属湍流流动，查表 1-1 并取无缝钢管管壁绝对粗糙度ε=0.1mm，则ε/d=0.1/33=0.00303，查图 1-34 或按式(1-98)计算得λ=0.029。

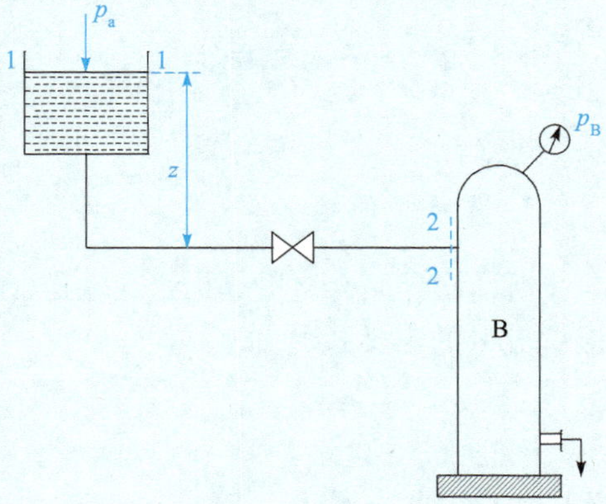

图 1-38 例 1-8 附图

查表 1-2 得有关的各管件局部阻力系数分别为：突然缩小，ζ_1=0.5；90°标准弯头，ζ_2=0.75；球心阀(全开)，ζ_3=6.0。于是

$$\sum\zeta = 0.5 + 0.75 + 6.0 = 7.25$$

$$w_f = \left(\lambda\frac{l}{d} + \sum\zeta\right)\frac{u_2^2}{2} = \left(0.029\times\frac{10}{0.033} + 7.25\right)\times\frac{1.30^2}{2} = 13.55(\text{J/kg})$$

将以上各数据代入式(i)中，得

$$z = \frac{u_2^2}{2g} + \frac{p_2}{\rho g} + \frac{w_f}{g} = \frac{1.30^2}{2\times9.81} + \frac{1.0\times10^4}{870\times9.81} + \frac{13.55}{9.81} = 0.086 + 1.172 + 1.381 = 2.64(\text{m})$$

讨论 本题也可将面 2-2 取在管出口截面的外侧，此时，u_2=0，而 w_f 中则要多一项突然扩大局部损失项，其值恰好为 $u_2^2/2$，故管出口截面的两种取法不影响最终计算结果。

另外，由本题最后的数据代入计算过程可见，动能项的数值(0.086)远小于其他项的数值，在实际工程中这个规律是普遍存在的。

1.4 管路计算

前面已导出了连续性方程、机械能衡算方程以及摩擦损失的计算式，据此，可以进行不可压缩流体输送管路的计算。但对于可压缩流体，还需要表征过程性质的状态方程式。

管路按其布设方式，可分为简单管路和复杂管路(包括管网)两类，下面分别加以介绍。

1.4.1 简单管路

简单管路是单一管路，即没有分支和汇合的管路，如图 1-39 所示为一典型的简单管路系统。简单管路的特点有：

(1) 通过各管段的质量流量不变，对不可压缩流体，则体积流量不变，即

$$V_1 = V_2 = \cdots$$

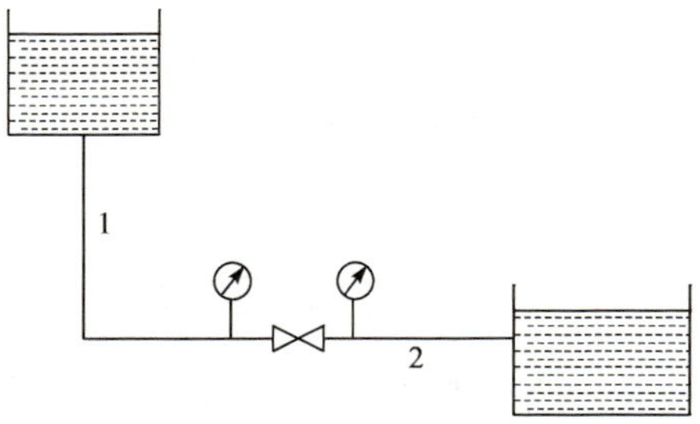

图 1-39 简单管路

(2) 整个管路的总摩擦损失为各管段摩擦损失之和，即

$$\sum w_f = w_{f1} + w_{f2} + \cdots$$

简单管路计算按其目的不同可分为设计型和操作型两类。这两类问题计算方法都是联立求解连续性方程、机械能衡算方程、摩擦损失计算式(或再加上状态方程)，但由于这两类问题已知量不同，计算过程也不相同。

1. 设计型问题

所谓设计型，这里是指给定输送任务如体积流量 V，设计出经济、合理的管径 d 的大小。根据流量的定义式可知

$$d = \sqrt{\frac{4V}{\pi u}} \tag{1-108}$$

式中，u 为平均流速。

由式(1-108)可知，若体积流量 V 一定， u 越大，则 d 越小，相应地，设备费用就越小；但流体流动过程中的摩擦损失却随 u 增大而变大，因而，输送流体所需的有效轴功也就越大，这意味着操作费用增加。由此可见，u 的大小直接关系到管路输送系统的总经济费用大小(包括每年的操作费和按使用年限的设备折旧费)。u 与总费用之间的关系可用图 1-40 定性表示，图中操作费主要包括能耗及每年的大修费，大修费是设备费的某一百分数，故流速过小时，操作费反而会升高。使总费用最小的平均流速称为最适宜流速 u_{opt}，理论上其值须通过优化计算确定，但工程上常根据经验确定其常用范围，如表 1-3 所示(更详细的常用流速范围详见附录七)。所谓“经验”有很多，下面列举几个常用的：如黏度较大的液体(如油类)，适宜流速应较低；含有固体悬浮物的液体，为防止管路的堵塞，流速则不能取得太低，但也不应太高，以免引起管道的磨损或冲蚀；液体流速一般不宜超过 4m/s，气体流速则一般比液体的大得多；气体输送中，容易获得压强的气体(如饱和水蒸气)，流速可高些；允许阻力损失较小的管道，其流速不宜取得太高；对于真空管路，流速的选择必须保证产生的阻力降小于允许值。

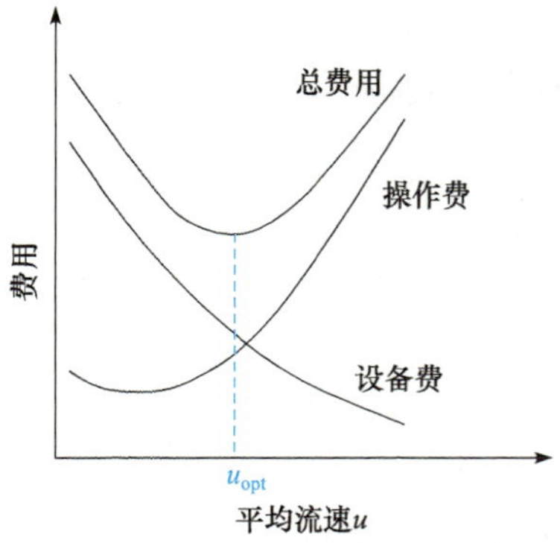

图 1-40 流速与费用关系

表 1-3 某些流体在管内的常用流速范围

流体类别	常用流速范围/(m/s)	流体类别	常用流速范围/(m/s)
水及黏度相近液体		低压蒸气(<1MPa)	15～20
p=0.1～0.3MPa	0.5～2	中压蒸气(1～4MPa)	20～40
p≤1～8MPa	2～3	高压蒸气(4～12MPa)	40～60
油及黏度大的液体		气体(<0.3MPa)	8～12
50mPa·s	0.5～1.6	气体(0.3～0.6MPa)	10～20
100mPa·s	0.1～0.35	氢、氧气	≤8
乙醚、苯、二硫化碳	<1		

资料来源：时钧，汪家鼎，余国琮，等. 1996. 化学工程手册(上、下卷). 2版. 北京：化学工业出版社.

一般设计型问题的步骤为：根据管内常用流速范围选定一流速，然后按正常生产条件下的流体最大流量代入式(1-108)算出管径 d，再根据管道标准规格进行圆整，管道标准规格如附录八所示。以上选定的流速和管径应使管道内的流体阻力降不超过工艺要求的最大阻力降值，若超过，应调整流速或管径，直至满足要求为止。有时最小管径要受到结构上的限制，如支撑在跨距5m以上的普通钢管，管径不应小于40mm；有时最小管径还要受到流体性质的限制，如易堵塞的流体不宜采用公称直径小于25mm的管道。更详细的设计规范和要求请参见相关资料。

例 1-9 设计型问题

在本章开始的引例中，要求将80℃的粗甲苯储罐中的上层液(甲苯层，甲苯质量分数约为99.75%)用泵以80m^3/h的流量排出到甲苯回收装置中进行回收处理。泵前吸入管中直管段长度为55m，管路上有过滤器(l_e/d=888)一个、变径管(l_e/d=10)一个、闸阀(全开，l_e/d=40)一个、90°弯头(l_e/d=40)3个、等径三通(l_e/d=40)3个。可近似认为甲苯层的物性与纯甲苯相近，80℃甲苯的黏度μ=0.32mPa·s，密度ρ=810kg/m^3。要求管长100m的阻力降不得超过10kPa，试在附录八中的不锈钢无缝钢管系列中为吸入管选择一合适管子。

解 (1) 初选管径。考虑80℃甲苯的黏度不大，根据表1-3可初选其经济流速为1m/s。于是

$$d=\sqrt{\frac{4V}{\pi u}}=\sqrt{\frac{4\times 80/3600}{\pi\times 1}}=0.168\ (\text{m})$$

查附录八，可选公称直径DN200无缝钢管(外径219mm、壁厚4.0mm)，其内径为219−2×4.0= 211(mm)。这里需要说明的是，管的壁厚需要根据设计温度和设计压力来确定，本题做了简化处理。

(2) 管长100m的阻力降校核。公称直径DN200的管内流速

$$u=\frac{4V}{\pi d^2}=\frac{4\times 80/3600}{\pi\times 0.211^2}=0.636\ (\text{m/s})$$

$$Re=\frac{\rho ud}{\mu}=\frac{810\times 0.636\times 0.211}{0.32\times 10^{-3}}=3.397\times 10^5$$

属于湍流。取不锈钢管绝对粗糙度ε= 0.1mm，则

$$\lambda=0.100\left(\frac{\varepsilon}{d}+\frac{68}{Re}\right)^{0.23}=0.100\left(\frac{0.1}{211}+\frac{68}{339700}\right)^{0.23}=0.0186$$

吸入管路的阻力降

$$\Delta p_f=\left(\lambda\frac{l+\sum l_e}{d}+\zeta_{入口}\right)\frac{u^2}{2}\rho$$

式中，λ=0.0186，l=55m，d=0.211m，$\sum l_e/d$ = 888+10+40+40×3+40×3=1178，$\zeta_{入口}$=0.5，ρ=810kg/m^3，u=0.636m/s。于是

$$\Delta p_f=\left[0.0186\times\left(\frac{55}{0.211}+1178\right)+0.5\right]\frac{0.636^2}{2}\times 810=4466\ (\text{Pa})$$

管长 100m 的阻力降则为

$$\frac{100}{55} \times 4466 = 8120\,(\text{Pa})\text{或 } 8.12(\text{kPa})<10(\text{kPa})$$

可见，所选的管子满足阻力降要求。

2. 操作型问题的分析与计算

这里的操作型问题是指管路系统已定，当某些操作条件如阀门开度、上游液位高度等发生变化时，定性分析或核算该管路系统的输送能力等的变化。

下面以简单管路为例介绍操作型问题的分析方法。

例 1-10 操作型问题分析

如图 1-41 所示，通过一高位槽将液体沿等径管输送至某一车间，高位槽内液面保持恒定。现将管路上的阀门开度减小，试定性分析管内流量、阀门前后压力表读数 p_A、p_B 如何变化。

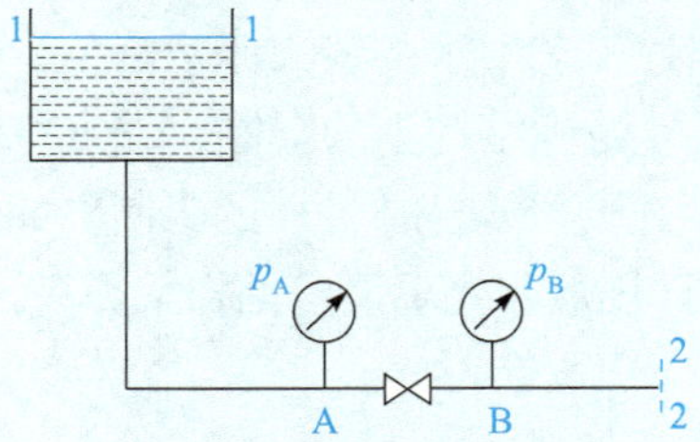

图 1-41 例 1-10 附图

解 (1) 管内流量变化分析。

我们知道，将阀门关小后，管内流量必定减小。下面为了展示对这类问题的分析方法，还是对这一结果加以证明，以供读者在分析同类问题时参考。

将阀门关小后，Et_1(高位槽液面 1-1 的机械能)和 Et_2(管出口外侧截面 2-2 的机械能)均不变。根据机械能衡算可知，面 1-1 与面 2-2 间的摩擦损失 w_f 必然不变。而由 w_f 计算式可知，其值与 $\lambda\frac{l}{d}$、$\sum\zeta$ 和速度 u 有关。将阀门关小后，阀门的阻力系数变大，$\lambda\frac{l}{d}$ 不变(注：λ 一般变化很小，可近似认为是常数)，故由此可推断，u 必减小，即管内流量减小。

(2) 阀门前后压力表读数 p_A、p_B 变化分析。

取压力表 p_A 所在管截面为 A-A 面。将阀门关小后，Et_1 不变，$w_{f1\text{-}A}$ 随 u 变小而减小，根据面 1-1 与面 A-A 间的机械能衡算可知，Et_A 必然变大。Et_A 包含动能、位能和静压能，其中动能减小、位能不变，故静压能即 p_A 必然增大。

类似地，p_B 的变化可由面 B-B 与面 2-2(管出口内侧)间的机械能衡算分析得到：将阀门关小后，面 2-2 上不含动能的机械能之和 Et_2 不变，$w_{f2\text{-}B}$ 随 u 变小而减小，故面 B-B 上不含动能的机械能之和 Et_B 必然变小，其中位能不变，故静压能即 p_B 必然变小。

讨论 由本题可引出如下结论：简单管路中局部阻力系数变大，如阀门关小，将导致管内流量减小，阀门上游压力上升，下游压力下降。这个规律具有普遍性。

下面介绍操作型问题计算。在这类问题中，因输送能力未知，即平均流速 u 未知，而 λ 又是 u 的复杂函数，因此，在联立求解连续性方程、机械能衡算方程和摩擦损失计算式输送能力时就需要试差(或迭代)。因为相对于 u 而言，λ 的变化范围不大，试差计算时通常选 λ 作为试差变量，其初始值可取阻力平方区的值，也可以在其常见值 0.02～0.03 内取值。

例 1-11 操作型问题计算

如图 1-42 所示，用水塔给水槽供水，水塔和水槽均为敞口，水塔水面高出管出口 12m，输水管为 ϕ114mm×4mm。现将阀门全开以便使管路的输水能力达到 95m^3/h 以上，试通过计算核算这种方法是否可行。已知阀门全开时管路总长 100m(包括所有局部损失的当量长度在内)，管的绝对粗糙度 ε=0.3mm，水温 20℃。

解 由题意可知，管出口局部摩擦损失已计入总损失中，故面 2-2 取在管出口截面外侧，此时 $u_2=0$。在水塔水面 1-1 与面 2-2 间列机械能衡算方程，得

$$gz_1 = \lambda \frac{l+\sum l_e}{d}\frac{u^2}{2}$$

将 z_1=12m，$l+\sum l_e = 100\text{m}$，d=114−2×4=106(mm)或 0.106m 代入并化简得

$$\lambda u^2 = 0.250 \tag{i}$$

由式(i)求 u 需试差(或迭代)，试差(或迭代)过程如下：

选λ作为试差变量，其初始值可取阻力平方区的值，也可以在其常见值 0.02～0.03 内取值。下面的解算过程采用后者，假设λ=0.025，代入式(i)得 u=3.16m/s，近似取 20℃水的ρ=1000kg/m³，μ=1×10⁻³Pa·s，于是

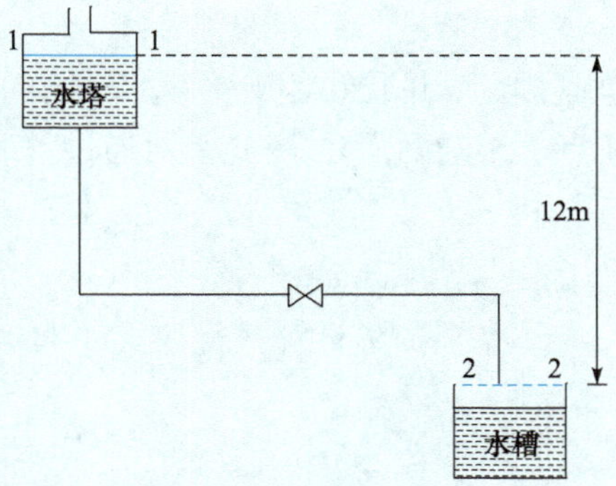

图 1-42　例 1-11 附图

$$Re = \frac{du\rho}{\mu} = \frac{0.106\times 3.16\times 1000}{1\times 10^{-3}} = 3.350\times 10^5$$

由 Re 值和ε/d=0.3/106=0.00283 查图或由式(1-98)计算得

$$\lambda = 0.100\left(\frac{\varepsilon}{d}+\frac{68}{Re}\right)^{0.23} = 0.100\times\left(\frac{0.3}{106}+\frac{68}{3.350\times 10^5}\right)^{0.23} = 0.0264$$

可见与假设值略有不同，继续试差(或迭代)，即重复上述过程：将λ'=0.0264 代入式(i)得 u'=3.08m/s

$$Re' = \frac{du'\rho}{\mu} = \frac{0.106\times 3.08\times 1000}{1\times 10^{-3}} = 3.265\times 10^5$$

$$\lambda'' = 0.100\times\left(\frac{0.3}{106}+\frac{68}{3.265\times 10^5}\right)^{0.23} = 0.0264$$

可见与λ'值相同，试差结束。

流量计算

$$V = \frac{\pi}{4}d^2u = \frac{\pi}{4}\times 0.106^2\times 3.08 = 0.0272\ (\text{m}^3/\text{s})\text{或}\ 97.9(\text{m}^3/\text{h})$$

故可通过阀门全开的方法使管路的输水能力达到 95m³/h 以上。

1.4.2　复杂管路

复杂管路指有分支(或汇合)的管路，包括并联管路[图 1-43(a)]、分支(或汇合)管路[图 1-43(b)]。

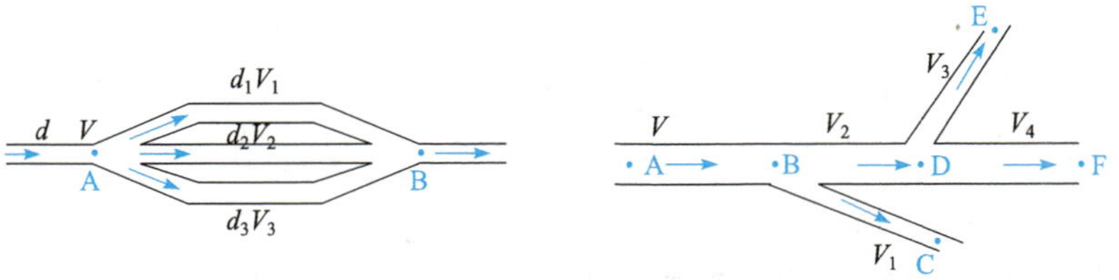

(a) 并联管路　　(b) 分支管路(若所有流动反向，则为汇合管路)

图 1-43　复杂管路

1. 并联管路

并联管路的特点如下：

(1) 总管流量等于并联各支路流量之和，对不可压缩流体，则有

$$V = V_1 + V_2 + V_3 \tag{1-109}$$

(2) 就单位质量流体而言，并联的各支路摩擦损失相等，即

$$w_{f1} = w_{f2} = w_{f3} = w_f \tag{1-110}$$

这是因为，并联的各支路起始于同一分流点 A、终结于同一汇合点 B(严格讲应为 A 点上游和 B 点下游的两点)，因此，对通过各并联支路的单位质量流体而言均有

$$Et_A = Et_B + w_{f1}, \quad Et_A = Et_B + w_{f2}, \quad Et_A = Et_B + w_{f3}$$

故 w_{f1}、w_{f2}、w_{f3} 均相等。

将摩擦损失计算式代入式(1-110)，可将其改写成

$$\lambda_1 \frac{l_1}{d_1}\frac{u_1^2}{2} = \lambda_2 \frac{l_2}{d_2}\frac{u_2^2}{2} = \lambda_3 \frac{l_3}{d_3}\frac{u_3^2}{2}$$

将 $u = \dfrac{4V}{\pi d^2}$ 代入得

$$V_1 : V_2 : V_3 = \sqrt{\frac{d_1^5}{\lambda_1 l_1}} : \sqrt{\frac{d_2^5}{\lambda_2 l_2}} : \sqrt{\frac{d_3^5}{\lambda_3 l_3}} \tag{1-111}$$

式(1-111)表明，长而细的支路通过的流量小，短而粗的支路则流量大。

如果管路系统由总管和并联支路串联而成，则在计算总摩擦损失 w_f 时，只要考虑并联部分中的任一支路即可，绝不能将并联的各支路的摩擦损失加在一起作为并联部分的摩擦损失。

2. 分支(或汇合)管路

分支管路的特点如下：

(1) 总管流量等于各支路流量之和，对如图 1-43(b)所示的不可压缩流体，则有

$$V = V_1 + V_2, \quad V_2 = V_3 + V_4$$

即

$$V = V_1 + V_3 + V_4 \tag{1-112}$$

(2) 对单位质量流体而言，无论分支(或汇合)管路多么复杂，均可沿流体流向将其分为若干个简单管路，对每一段简单管路，仍然满足单位质量流体的机械能衡算方程，以 ABC 段为例，有

$$Et_A = Et_B + w_{fA-B} \quad 及 \quad Et_B = Et_C + w_{fB-C}$$

因此

$$Et_A = Et_C + w_{fA-B} + w_{fB-C} = Et_C + w_{fA-C} \tag{1-113}$$

应当指出，当流体流过分支点(或汇合点)时有动量交换，动量交换的结果一方面造成局部机械能损失，另一方面在各流股之间产生机械能转移，通常把这种转移所引起的机械能变化也归并在局部摩擦损失中。若能确定因动量交换所引起的机械能损失和转移的大小，则 w_{fA-B}、w_{fB-C} 也就可以确定了。

工程上通常将分支处(或汇合处)视为三通管件，由实验测定不同情况下三通的局部阻力系数ζ。当单位质量流体流过三通时若机械能有所增加，则ζ值为负，若能量减小则为正。若管子很长或其他局部损失较大，则分支点(或汇合处)的能量变化可忽略不计。

复杂管路问题也可分为两类：设计型问题和操作型问题。

例 1-12　设计型问题

在本章开始的引例中，要求将粗甲苯储罐 2 和储罐 4 中的甲苯层(80℃、含甲苯约 99.75%)分别经支管 14 和 23(图 1-44)排入总管 36 中，再经同一台泵排出到常压回收装置中进行回收处理(图中回收装置未画出)。要求两个储罐的排出量均为 50m³/h，两储罐内液位高均为 5m，其中甲苯层(上层)高 4.5m，水层(下层)高 0.5m，且均恒定，回收装置液位比储罐液位高 10m。吸入管路情况如下：支管 14、23 管子尺寸均为ϕ219mm×3.76mm，长均为 1395m(包括所有局部损失当量长度在内，下同)；总管 34 段 l_{34}=19.1m，总管 45 段 l_{45}=64.2m，管子尺寸均为ϕ323.8mm×4.57mm；总管 56 段 l_{56}=2.8m，管子内径为 190mm。泵排出管路情况：管子内径 190mm 的一段管长为 37.4m；管子尺寸为ϕ323.8mm×4.57mm 的一段管长为 3580m。摩擦系数λ可取为 0.02。储罐中的压力近似为常压，甲苯层的物性与纯甲苯相近，80℃甲苯的密度ρ=810 kg/m³。求所需泵的有效功率 N_e。

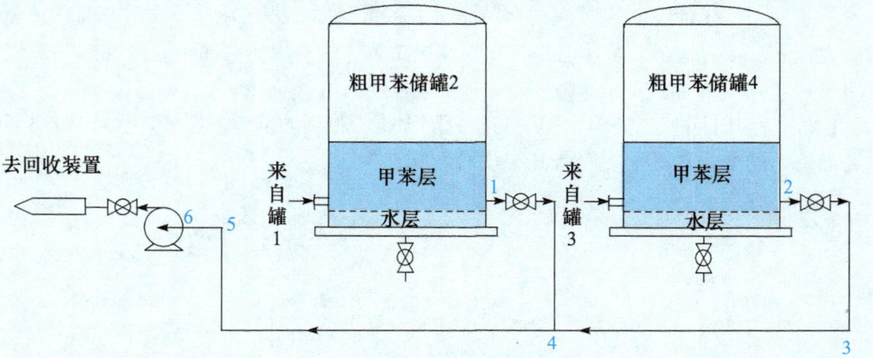

图 1-44　例 1-12 附图

解　这是一个汇合管路的设计型问题。显然，贮罐 4 的吸入管更长，其阻力损失更大，选泵时应按罐 4 设计。在储罐 4 的甲苯层液面与回收装置液位之间列机械能衡算方程

$$w_e = gh + w_{f23} + w_{f34} + w_{f45} + w_{f56} + w_{f排出1} + w_{f排出2}$$

$$= gh + \lambda\frac{l_{23}}{d_{23}}\frac{u_{23}^2}{2} + \lambda\frac{l_{34}}{d_{34}}\frac{u_{34}^2}{2} + \lambda\frac{l_{45}}{d_{45}}\frac{u_{45}^2}{2} + \lambda\frac{l_{56}}{d_{56}}\frac{u_{56}^2}{2} + \lambda\frac{l_{排出1}}{d_{56}}\frac{u_{56}^2}{2} + \lambda\frac{l_{排出2}}{d_{45}}\frac{u_{45}^2}{2}$$

式中，h=10m，λ=0.02，l_{23}=1395m，d_{23}=0.211m，$u_{23} = \dfrac{4V}{\pi d_{23}^2} = \dfrac{4\times 50/3600}{\pi\times 0.211^2} = 0.397$ m/s，l_{34}=19.1m，d_{34}=0.3147m，

$u_{34} = \dfrac{4\times 50/3600}{\pi\times 0.3147^2} = 0.179$ m/s，l_{45}=64.2m，d_{45}=0.3147m，　$u_{45} = \dfrac{4\times 2\times 50/3600}{\pi\times 0.3147^2} = 0.357$ m/s，l_{56}=2.8m，d_{56}=0.190m，

$u_{56} = \dfrac{4\times 2\times 50/3600}{\pi\times 0.190^2} = 0.980$ m/s，　$l_{排出1}$ =37.4m，　$l_{排出2}$ =3580m，将数值代入上式得

$$\begin{aligned} w_e &= gh + \lambda\frac{l_{23}}{d_{23}}\frac{u_{23}^2}{2} + \lambda\frac{l_{34}}{d_{34}}\frac{u_{34}^2}{2} + \lambda\frac{l_{45}}{d_{45}}\frac{u_{45}^2}{2} + \lambda\frac{l_{56}}{d_{56}}\frac{u_{56}^2}{2} + \lambda\frac{l_{排出1}}{d_{56}}\frac{u_{56}^2}{2} + \lambda\frac{l_{排出2}}{d_{45}}\frac{u_{45}^2}{2} \\ &= 9.81\times 10 + 0.023\times\frac{1395}{0.211}\times\frac{0.397^2}{2} + 0.023\times\frac{19.1}{0.3147}\times\frac{0.179^2}{2} + 0.023\times\frac{64.2}{0.3147}\times\frac{0.357^2}{2} \\ &\quad + 0.023\times\frac{2.8}{0.190}\times\frac{0.980^2}{2} + 0.023\times\frac{37.4}{0.190}\times\frac{0.980^2}{2} + 0.023\times\frac{3580}{0.3147}\times\frac{0.357^2}{2} \\ &= 98.1 + 11.98 + 0.022 + 0.299 + 0.163 + 2.174 + 16.67 \\ &= 129.4(\text{J/kg}) \end{aligned}$$

所需泵的有效功率

$$N_e = \rho V w_e = 810\times 50\times 2\times 129.4/3600 = 2912\,(\text{W})或\ 2.91(\text{kW})$$

例 1-13　操作型问题分析

如图 1-45 所示为含有并联支路的管路输送系统，现将支路 1 上的阀门 k_1 关小，则下列流动参数将如何变化？

(1) 总管流量 V 及支管 1、2、3 的流量 V_1、V_2、V_3；

(2) 并联管路的分叉点 A 处和汇合点 B 处的压力表读数 p_A、p_B。

解 (1) 总管及各支管流量分析。显然，当阀门 k_1 关小时，支管 1 的流量 V_1 必然减小。

k_1 的关小将导致支管 1 的阻力损失增大，根据并联管路特点可知，这必然导致 A-B 间的阻力损失 w_{fAB} 增大，而根据面 1-1 与面 2-2 间的机械能衡算可知总阻力损失 w_{f12} 一定，故 $w_{f1A}+w_{fB2}$ 必减小，即总管流量 V 变小。

由 A-B 间的阻力损失 w_{fAB} 增大，即支管 2、3 的阻力损失增大，可知 V_2、V_3 必增大。

(2) 压力表读数 p_A、p_B 的变化分析。由面 1-A 间的机械能衡算可知 E_{tA} 因 w_{f1A} 变小而变大，而 E_{tA} 中位能不变、动能减小，故静压能必增大，即 p_A 增大。

由面 B-2 间的机械能衡算可知 E_{tB}(只考虑位能和静压能，其动能可认为与出口阻力损失抵消了)因 w_{fB2} 变小而变小，故 p_B 必减小。

讨论 本例表明，并联管路上的任一支管局部阻力系数变大，必然导致该支管和总管流量减小，该支管的上游压力增大、下游压力减小，而其他并联支管流量增大。这一规律与简单管路在同样变化条件下所遵循的规律一致(见例 1-10)。

注意：以上规律适用于并联支路阻力损失与总管阻力损失相当的情形，若总管阻力损失很小，可忽略，则任一支管的局部阻力的变化对其他支管就几乎没有影响。

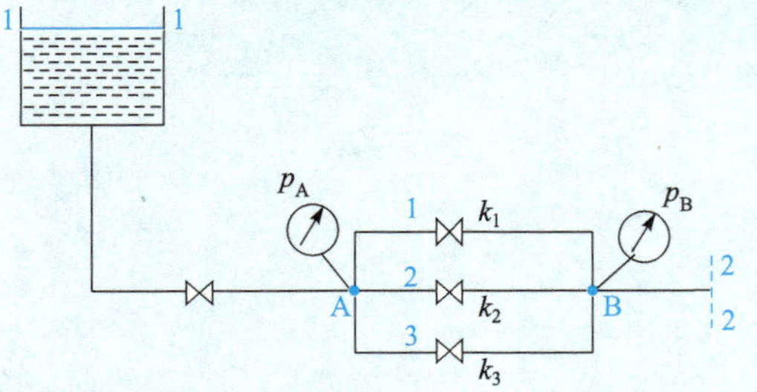

图 1-45 例 1-13 附图

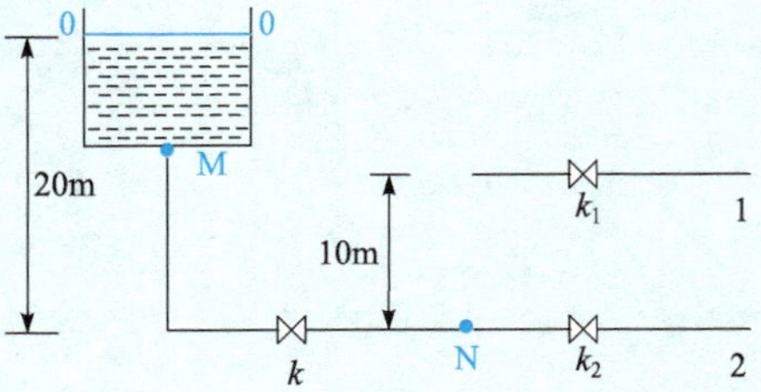

图 1-46 例 1-14 附图

例 1-14 操作型问题计算

如图 1-46 所示，高位槽中水经总管流入两支管 1、2，然后排入大气。已知总管内径为 30.1mm，支管 1 和 2 的内径均为 23.4mm，支管 1 比支管 2 高 10m，MN 段、N1 段和 N2 段直管长分别为 50m、15m 和 5m，当管路上所有阀门均处在全开状态时，总管、支管 1 和 2 的所有局部阻力当量长度分别为 $\sum l_e = 11\text{m}$、$\sum l_{e1} = 12\text{m}$ 和 $\sum l_{e2} = 10\text{m}$，管内摩擦系数λ可取为 0.025。测得当阀门 k、k_1 处在全开状态、k_2 处在某一较小开度时，支管 1 的流量为 0.5m³/h，求此时支管 2 的流量。

若将阀门 k_2 全开，则支管 1 中是否有水流出?

解 (1) 支管 2 的流量。支管 1 的流速

$$u_1 = \frac{V_1}{\pi d_1^2/4} = \frac{0.5/3600}{3.14\times0.0234^2/4} = 0.323\ (\text{m/s})$$

在面 0-0 与面 1-1 间沿支管 1 列机械能衡算方程

$$gz_0 = gz_1 + \lambda\frac{l+\sum l_e}{d}\frac{u^2}{2} + \lambda\frac{l_1+\sum l_{e1}}{d_1}\frac{u_1^2}{2}$$

$$9.81\times20 = 9.81\times10 + 0.025\times\frac{50+11}{0.0301}\times\frac{u^2}{2} + 0.025\times\frac{15+12}{0.0234}\times\frac{0.323^2}{2}$$

$$u = 1.95(\text{m/s})$$

总管流量

$$V = \frac{\pi}{4}d^2u = \frac{3.14}{4}\times0.0301^2\times1.95 = 0.00139\ (\text{m}^3/\text{s})\text{或 } 4.99(\text{m}^3/\text{h})$$

故支管 2 的流量

$$V_2 = V - V_1 = 4.99 - 0.5 = 4.49\ (\text{m}^3/\text{h})$$

(2) 阀门 k_2 全开时。支管 2 上的阀门 k_2 全开后，支管 2 的阻力损失下降，而根据面 0-0 与面 2-2 间列机

械能衡算可知总阻力损失 w_{f02} 不变，故 MN 管段的阻力损失 w_{fMN} 将变大，因而总管流量 V 将增大。再在面 0-0 与面 N-N 间列机械能衡算，不难得知 N 处的压力变小，所以支管 1 的流量 V_1 将减小。由上述计算可知，当 k_2 处在某一较小开度时，V_1 数值就已经比较小了，现将支管 2 上的阀门 k_2 开大至全开，V_1 有可能降为 0，即无水流出。因此，以下暂按支管 1 中无水流出求解。

假设支管 1 中无水流出，此时管路系统属于简单管路，故

$$\frac{u'}{u_2'}=\left(\frac{d_2}{d}\right)^2$$

由面 0-0 与面 2-2 间的机械能衡算可知

$$gz_0=\lambda\frac{l+\sum l_e}{d}\frac{u'^2}{2}+\lambda\frac{l_2+\sum l_{e2}}{d_2}\frac{u_2'^2}{2}$$

$$gz_0=\lambda\frac{l+\sum l_e}{d}\left(\frac{d_2}{d}\right)^4\frac{u_2'^2}{2}+\lambda\frac{l_2+\sum l_{e2}}{d_2}\frac{u_2'^2}{2}$$

$$9.81\times20=\left[0.025\times\frac{50+11}{0.0301}\times\left(\frac{23.4}{30.1}\right)^4+0.025\times\frac{5+10}{0.0234}\right]\frac{u_2'^2}{2}$$

$$u_2'=3.37\ (\text{m/s})$$

设 N 点的位能与静压能之和为 Et_N，由 N 处与面 2-2(管出口外侧)间的机械能衡算可知

$$Et_N+\frac{u_2'^2}{2}=gz_2+\frac{p_2}{\rho}+w_{fN2}$$

$$Et_N+\frac{3.37^2}{2}=0+0+0.025\times\frac{5+10}{0.0234}\times\frac{3.37^2}{2}$$

$$Et_N=85.3\ (\text{J/kg})$$

而面 1-1 在无水流出时的机械能为

$$Et_1=gz_1=9.81\times10=98.1\ (\text{J/kg})$$

可见，$Et_N<Et_1$，支管 1 中无水流出，假设正确。

1.4.3　管网简介

管网是由简单管路组成的网络系统，其中包含并联、分支或汇合等管路组合形式。如图 1-47 所示是一简单的管网。

管网的计算原则：

(1) 管网中任一单根管路都是简单管路，其计算与前述的简单管路计算遵循同样的定律。

(2) 在管网的每一结点上，输入流量与输出流量相等。

(3) 若无外功输入，则在管网的每一个封闭的回路上压头损失的代数和等于零。

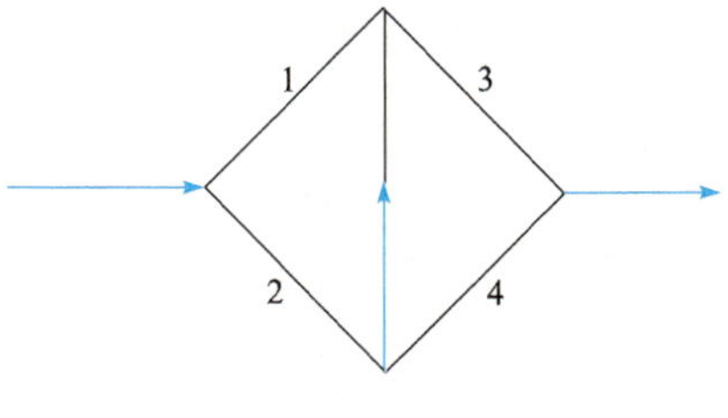

图 1-47　简单的管网

管网计算就是解结点上的质量守恒方程和回路上的机械能衡算方程等组成的方程组。对于层流，可用矩阵求解；对于湍流，则需用多变量迭代法求解，较为复杂，这里不作介绍。

1.4.4　可压缩流体的管路计算

前面介绍的管路计算主要是针对不可压缩流体的。对可压缩流体(主要指气体)，由于流动过程中压力改变会导致密度、速度等变化，因此，前述不可压缩流体的连续性方程式(1-25)、

式(1-26)及机械能衡算方程式(1-75)不能直接用于可压缩流体，但可压缩流体的流动过程仍然遵循质量守恒定律和机械能衡算关系，下面具体推导可压缩流体管路计算的一般式。

由前面的介绍可知，均质、不可压缩流体在管路系统中流动且无外加功时的机械能衡算方程为

$$g\Delta z+\Delta\left(\frac{u^2}{2}\right)+\frac{\Delta p}{\rho}+w_f=0 \tag{1-114}$$

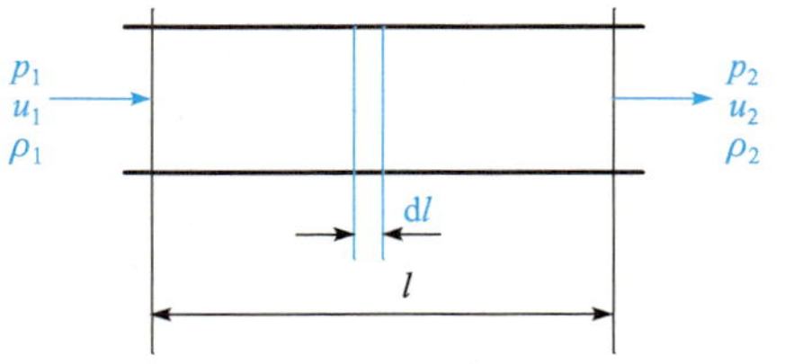

图 1-48　可压缩流体在等径管中的稳定流动

在如图 1-48 所示的可压缩流体做稳定流动(无外加有效轴功)的等径管中任取一微元段 dl，在该微元段中，流体可视为不可压缩，因此式(1-114)仍然适用。对该微元段，该式可改写为

$$g\mathrm{d}z+\mathrm{d}\left(\frac{u^2}{2}\right)+\frac{\mathrm{d}p}{\rho}+\mathrm{d}w_f=0$$

对于气体而言，密度很小，位能项常可忽略。于是

$$\mathrm{d}\left(\frac{u^2}{2}\right)+\frac{\mathrm{d}p}{\rho}+\mathrm{d}w_f=0 \tag{1-115}$$

其中摩擦损失项可用下式进行计算

$$\mathrm{d}w_f=\lambda\frac{\mathrm{d}l}{d}\frac{u^2}{2} \tag{1-116}$$

将式(1-116)代入式(1-115)中，得

$$\mathrm{d}\left(\frac{u^2}{2}\right)+\frac{\mathrm{d}p}{\rho}+\lambda\frac{\mathrm{d}l}{d}\frac{u^2}{2}=0 \tag{1-117}$$

或

$$\mathrm{d}\left(\frac{u^2}{2}\right)+\upsilon\mathrm{d}p+\lambda\frac{\mathrm{d}l}{d}\frac{u^2}{2}=0 \tag{1-118}$$

式中，$\upsilon=1/\rho$，为比容①。考虑到气体流动时虽然平均流速 u 沿管长变化但质量流速 G 却不变，将 $G=\rho u$ 关系代入式(1-118)，使 u 均被 G 所代替。经转化得

$$G^2\upsilon\mathrm{d}\upsilon+\upsilon\mathrm{d}p+\frac{G^2\lambda\upsilon^2}{2d}\mathrm{d}l=0$$

两边同除以 υ^2 得

$$G^2\frac{\mathrm{d}\upsilon}{\upsilon}+\frac{\mathrm{d}p}{\upsilon}+\frac{G^2\lambda}{2d}\mathrm{d}l=0$$

沿管长进行积分得

$$G^2\ln\frac{\upsilon_2}{\upsilon_1}+\int_{p_1}^{p_2}\frac{\mathrm{d}p}{\upsilon}+\frac{G^2}{2d}\int_0^l\lambda\mathrm{d}l=0 \tag{1-119}$$

这就是可压缩流体等径管内流动时的机械能衡算方程。若找到 υ 与 p 的关系，代入式(1-119)可得到各种情况下的机械能衡算方程形式，例如等温流动、绝热流动等。

① 比容为旧称，按《中华人民共和国法定计量单位使用方法》规定，应为质量浓度。本书考虑到行业习惯和教学要求，故仍沿用比容。

1. 等温流动

等温流动时，温度 T 为常数，μ 和 $Re=du\rho/\mu=Gd/\mu$ 都基本不变，因而λ可视为常数。又由等温时气体状态方程可知

$$pv = p_1v_1 = p_2v_2 = RT/M = \text{常数}$$

式中，M 为气体的摩尔质量。将上式代入式(1-119)积分得

$$G^2\ln\frac{v_2}{v_1} + \frac{M}{2RT}\left(p_2^2 - p_1^2\right) + \frac{G^2\lambda l}{2d} = 0$$

为了使用方便，将上式改写成

$$p_1^2 - p_2^2 = \frac{2RTG^2}{M}\left(\ln\frac{p_1}{p_2} + \frac{\lambda l}{2d}\right) \tag{1-120}$$

式(1-120)为可压缩流体等径管内等温流动时的机械能衡算方程。注意，式中 p 应该用绝压。等号右边包括两项，从推导过程可知，第一项反映了动能的变化，第二项反映了摩擦损失的大小。

若管道很长或 p_1、p_2 相差不大[一般指$(p_1-p_2)/p_1<20\%$]，第一项比第二项小得多，可略去，于是式(1-120)变为

$$p_1^2 - p_2^2 = \lambda\frac{l}{d}\frac{RT}{M}G^2 \tag{1-121}$$

由于整个管长内的平均密度

$$\rho_m = \frac{p_m M}{RT} = \frac{(p_1 + p_2)M}{2RT}$$

则式(1-121)变为

$$\frac{p_1 - p_2}{\rho_m} = \lambda\frac{l}{d}\frac{G^2}{2\rho_m^2} = \lambda\frac{l}{d}\frac{u_m^2}{2} \tag{1-122}$$

式中，$u_m=G/\rho_m$。可见，式(1-122)形式上与不可压缩流体水平等径管的机械能衡算式完全相同。

2. 绝热过程

气体在管道内流动时，由于压力降低、体积膨胀，温度往往要下降。

对理想气体在等径管内的水平绝热流动，由总能量衡算式和热力学方程可推知，其压力与比容的关系为(博德 等，2004)

$$\frac{p_2}{p_1} = \frac{v_1}{v_2}\left[1 + \frac{\gamma - 1}{2\gamma}\frac{v_1}{p_1}G^2\left(1 - \frac{v_2^2}{v_1^2}\right)\right] \tag{1-123}$$

式中，γ为绝热指数，且$\gamma = \dfrac{c_p}{c_V}$。对于单原子气体$\gamma=1.667$；双原子气体$\gamma=1.4$；多原子气体$\gamma=1.33$。

再由式(1-119)(假设λ基本不变)可推得(博德 等，2004)

$$G^2\frac{\gamma + 1}{\gamma}\ln\frac{v_2}{v_1} + \left(\frac{p_1}{v_1}\right)\left[\left(\frac{v_1}{v_2}\right)^2 - 1\right] + G^2\frac{\gamma - 1}{2\gamma}\left[\left(\frac{v_1}{v_2}\right)^2 - 1\right] + \lambda\frac{l}{d}G^2 = 0 \tag{1-124}$$

例 1-15　气体输送计算

如图 1-49 所示，用通风机将 25℃常压甲烷气体输送至 1km 远的某常压设备中(包括所有局部阻力当量长度在内)，所用的输送管为内径 0.3m 的钢管，绝对粗糙度 ε=0.3mm，要求送气量为 5000kg/h，求：

(1) 风机出口处气压至少为多少(单位：kPa)?

(2) 若将风机置于输送目的地，如图 1-50 所示，管长、管路布置均不变，则此时风机进口处的气压为多大？假定输送过程为等温过程。

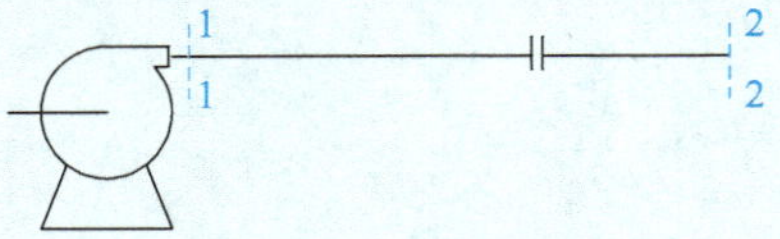

图 1-49　例 1-15 附图 1

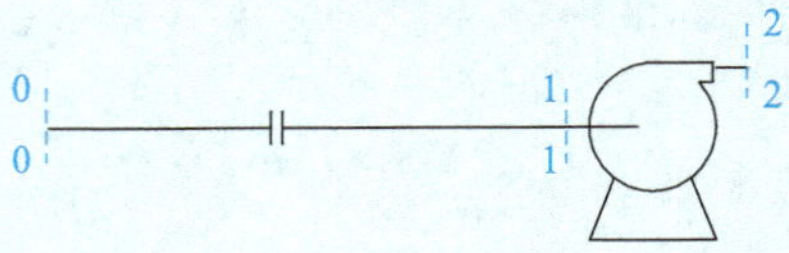

图 1-50　例 1-15 附图 2

解　(1) 风机置于系统前端时(图 1-49)。这是一个长距离等温输送问题，可用式(1-121)计算

$$p_1^2 - p_2^2 = \lambda \frac{l}{d}\frac{RT}{M}G^2 \tag{i}$$

式中，p_2=1.013×10^{5}Pa，l=1000m，d=0.3m，M=16kg/kmol，R=8314J/(kmol · K)，T=273+25=298(K)，$G=\dfrac{5000/3600}{\pi\times 0.3^2/4}=19.66\ [\mathrm{kg/(m^2\cdot s)}]$。

查附录五可得常压、25℃下甲烷的黏度 $\mu=1.1\times10^{-5}\ \mathrm{Pa\cdot s}$，则 $Re=\dfrac{du\rho}{\mu}=\dfrac{Gd}{\mu}=\dfrac{19.66\times0.3}{1.1\times10^{-5}}=5.362\times10^5$，$\dfrac{\varepsilon}{d}=\dfrac{0.3}{300}=0.001$，查图 1-34 得 $\lambda=0.0208$。将以上数据代入式(i)，得

$$p_1 = 1.200\times10^5\ \text{(Pa)或 120(kPa)}$$

(2) 风机置于系统末端时(图 1-50)。面 0-0 与面 1-1 间仍满足式(i)

$$p_0^2 - p_1^2 = \lambda \frac{l}{d}\frac{RT}{M}G^2$$

式中，$p_0=1.013\times10^5$ Pa，λ、l、d、R、T、M、G 数值同上述(1)，于是得

$$p_1 = 0.782\times10^5\ \text{(Pa)或 78.2(kPa)}$$

由本题计算结果可见，当风机置于系统前端时，气体以正压(>1atm)状态在管道内流动；当风机置于系统末端时，气体则以负压(<1atm)状态在管道内流动。

案例　西气东输工程——管道减阻技术

1.5　边界层及边界层方程

1.5.1　普朗特边界层理论

1. 普朗特边界层理论

18～19 世纪，流体力学中存在两个学派：一是经验地处理工程实际问题，积累了大量经验数据，建立了许多经验方程，繁琐但实用，称为水力学派；二是忽略流体黏性，从理论上研究理想流体并进行数学计算，有完整的理论体系，称为水动力学派。运用理想流体

流动的数学模型虽然有许多可取之处，但在处理流动阻力这一最基本的流动问题上却陷入了困境，出现了“流体对潜流物体的运动不产生阻力”这样显然是违背实际情况的结论，因而理想流体的处理方法难以为工程界所接受。两种学派也可以说两种观点的争论持续多年，“水动力学家计算的，不能为实验所证实；水力学所观察到的，不能作计算”。理论与实际之间存在矛盾，成了边界层理论产生的客观背景。1904 年普朗特提出了“边界层”概念，虽然在他之前也曾有一些学者提出过此概念，但是普朗特及其学生给予了其完整的表述，建立了严谨的数学方程，并进行了求解。经过后来许多科学家的努力，边界层理论现已成为黏性流体力学的基础，它的应用遍及航空、造船、气象以及包括化工在内的许多工业技术领域。

普朗特边界层理论认为，当实际流体沿固体壁面流动时，整个流体区域可分成流动性质很不相同的两个区域：

(1) 紧贴壁面非常薄的一区域，这一区域的流体速度变化比较大，这一薄层称为边界层。

以流体流过平板为例。如图 1-51 所示，流体以均匀速度流向平板，流体一进入平板就开始受到板面的影响，紧贴板面的流体速度降为零，而与此同时与其相邻的流体层因受到黏性应力(剪应力)作用，流速也减慢，从而在垂直于流动方向上形成了速度梯度。随着流体的向前流动，这种剪应力的作用逐渐深入到流体内部，从而形成了如图 1-51 所示的速度分布。存在着速度梯度的区域(虚线以下)紧靠壁面，厚度很小，这一区域即为边界层区。由于边界层内存在着很大的速度梯度，即使流体μ很小，其黏性应力$\mu(\partial v_x/\partial_y)$仍然可能很大，因此该区域内不能忽略黏性力的作用。

(2) 边界层以外的流动区域，称为主体区或外流区。

图 1-51 中，虚线以外的区域即为主体区，该区域内流体速度变化很小，几乎为零，因此黏性应力也很小，与惯性力相比可略去，故这一区域的流体流动可近似视为理想流体流动，满足前述的欧拉方程。

根据上述普朗特边界层理论，研究流体摩擦阻力时，只要集中研究边界层即可。

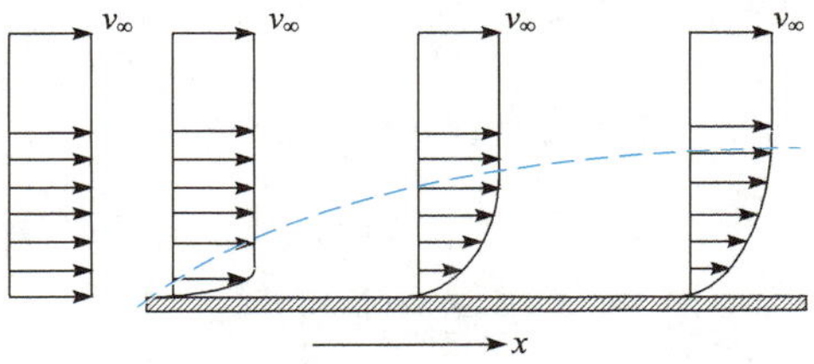

图 1-51　平板上的流动边界层

2. 边界层厚度

如何确定边界层厚度呢？由于流体速度由壁面处的零增大到主体区速度是渐变的，因此，通常人为地约定，将流体速度达到主体速度的 99%处(v_x=0.99v_∞处)的流体层厚度称为边界层厚度，图 1-51 中的虚线即为边界层的外边界线。

3. 边界层的形成和发展

如图 1-52 所示，流体流经固体壁前缘时，因为速度较小，边界层内的流动一般为层流，称为层流边界层。随着沿 x 方向的流动距离的增大，$Re_x=\rho v_\infty x/\mu$ 数值变大，边界层内流动将会逐渐紊乱，并过渡为湍流，此后的边界层称为湍流边界层。即使在湍流边界层中，紧靠壁面仍然存在一个非常薄的层流流体层，称为层流底层。层流底层内的速度梯度很大。

对于从层流边界层过渡到湍流边界层的雷诺数(称为临界雷诺数 Re_c)大小，目前从理论

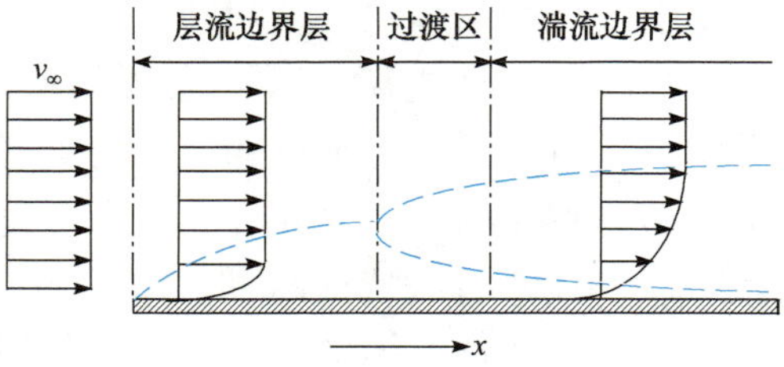

图 1-52 边界层的发展

上还不能完全解决，尚须靠实验来确定。例如，经实验测得，流体流过光滑平板时，$Re_c \approx 2\times10^5$，即当 $Re=xu_\infty\rho/\mu < 2\times10^5$ 时，边界层内为层流。$Re>3\times10^6$ 时边界层内为湍流，Re 在两者之间时为过渡流。流体绕过圆柱体流动时 $Re_c=5\times10^5$，绕过圆球流动时 $Re_c=3\times10^5$。

在化学工业中，较多的遇到流体在圆管内流动的情况。圆管内的流动边界层是如何发展的呢？如图 1-53 所示，流体以均匀流速进入有光滑入口的圆管，在管内壁形成边界层，且逐渐加厚。流经一段距离后，边界层将会在管中心处汇合，之后，边界层便占据管的全部截面，厚度不再增加，速度分布也不再发生改变，称此时的流动为充分发展流动。若边界层汇合时流体流动形态为层流，则其后的流动将一直保持为层流，如图 1-53(a)所示；反之，若边界层汇合时流动形态已是湍流，则其后的流动就将保持为湍流，如图 1-53(b)所示。

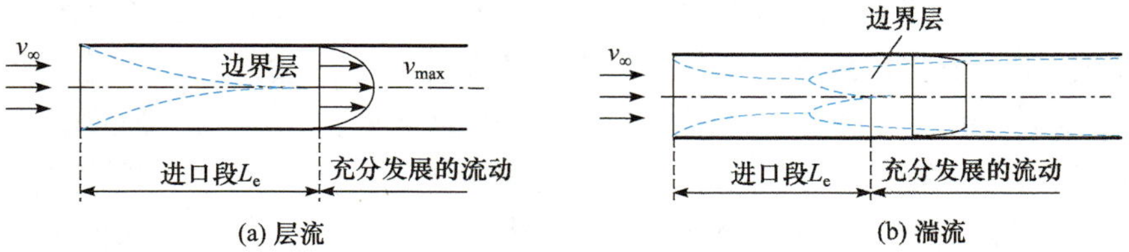

图 1-53 圆管内边界层的发展

管内流动达到充分发展时所需的管长称为进口段长度，并用 L_e 表示。层流时，$L_e/d\approx 0.05Re$；湍流时 $L_e/d\approx 40\sim50$，这里雷诺数 $Re=\rho ud/\mu$。

1.5.2 边界层方程及其应用简介

1. 普朗特边界层方程及其应用简介

现以均质、不可压缩黏性流体在平板上做二维层流流动为例，如图 1-54 所示，假设流体来流均匀。对边界层区域，其连续性方程和 N-S 方程为

$$\left.\begin{aligned}&\frac{\partial v_x}{\partial x}+\frac{\partial v_y}{\partial y}=0\\&v_x\frac{\partial v_x}{\partial x}+v_y\frac{\partial v_x}{\partial y}=-\frac{1}{\rho}\frac{\partial p}{\partial x}+v\left(\frac{\partial^2 v_x}{\partial x^2}+\frac{\partial^2 v_x}{\partial y^2}\right)\\&v_x\frac{\partial v_y}{\partial x}+v_y\frac{\partial v_y}{\partial y}=-\frac{1}{\rho}\frac{\partial p}{\partial y}+v\left(\frac{\partial^2 v_y}{\partial x^2}+\frac{\partial^2 v_y}{\partial y^2}\right)\end{aligned}\right\}\tag{1-125}$$

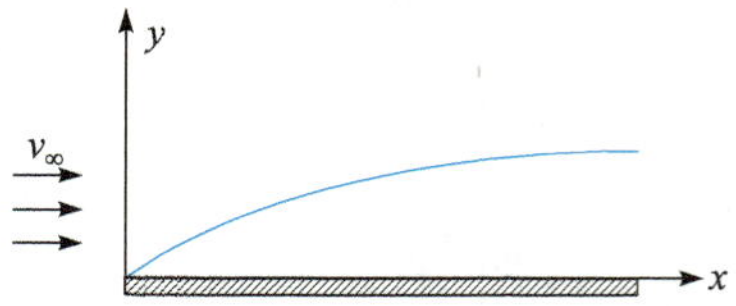

图 1-54 平板上的层流边界层

注意，式(1-125)忽略了质量力项。

以平板长度 L、外流速度 v_∞为长度、速度大小的估级标准，根据普朗特边界层理论，式(1-125)中的某些项可以通过数量级大小的比较消去。具体估级过程请见参考文献(陈维杻，1993；戴干策 等，1996)，这里不详述。最后结果为

$$\left.\begin{aligned}&\frac{\partial v_x}{\partial x}+\frac{\partial v_y}{\partial y}=0\\&v_x\frac{\partial v_x}{\partial x}+v_y\frac{\partial v_x}{\partial y}=-\frac{1}{\rho}\frac{\partial p}{\partial x}+v\frac{\partial^2 v_x}{\partial y^2}\end{aligned}\right\}\tag{1-126}$$

式(1-126)称为普朗特边界层方程。可以证明，式中压力 $p(x)$等于主体区的理想流体的压力，而主体区内 p=常数，即 $\mathrm{d}p/\mathrm{d}x=0$。于是，普朗特边界层方程简化为

$$\left.\begin{aligned}&\frac{\partial v_x}{\partial x}+\frac{\partial v_y}{\partial y}=0\\&v_x\frac{\partial v_x}{\partial x}+v_y\frac{\partial v_x}{\partial y}=\upsilon\frac{\partial^2 v_x}{\partial y^2}\end{aligned}\right\}\tag{1-127}$$

边界条件：

(1) 在平板壁处，$y=0$，$v_x=v_y=0$。

(2) 在边界层外缘处，$y=\delta$，$v_x=v_\infty$，δ 为边界层厚度。

应用变量替换，可将式(1-127)转化为常微分方程，再结合边界条件可求出边界层内速度 v_x 和 v_y。柏拉修斯等解得无限大平板层流边界层厚度δ的表达式为

$$\delta=5.0\sqrt{\upsilon x/v_\infty}\tag{1-128}$$

式中，υ 为运动黏度，m^2/s；x 为平板前端的距离，m；v_∞ 为流体主体速度，m/s。以上结果适用范围为 $Re_x<2\times10^5\sim3\times10^6$。

由式(1-128)可知δ与 x 关系为抛物线，这与实验结果符合得很好。

2. 边界层积分动量方程及其应用简介

获得普朗特边界层方程的解析解通常非常困难，只有在少数几种情形，例如平板、楔形物体情形等才能得到，而工程上遇到的实际问题大多是任意形状物体的绕流问题，往往得不到精确解。为此，人们不得不采用各种近似方法求解。下面介绍其中最为简单的一种近似求解方法——边界层积分动量方程方法。此法避开直接求解复杂的 N-S 方程而对边界层进行动量衡算，再利用边界层理论导出积分形式的动量方程，然后再求解。这个方法由冯 · 卡门(von Kármán)在 1921 年首先提出。

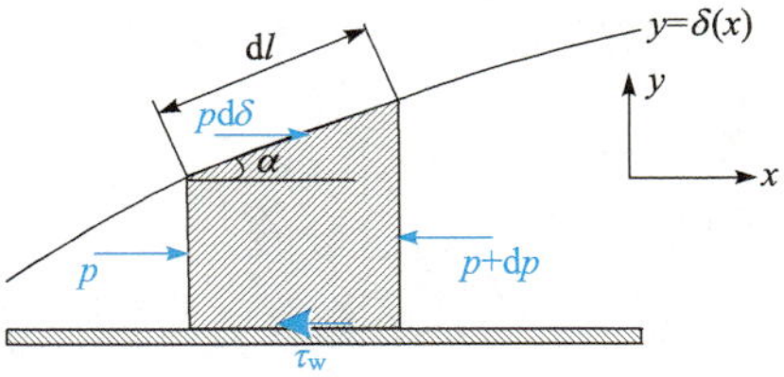

图 1-55　微元控制体受力情况

仍以均质、不可压缩黏性流体在平板上做二维层流流动为例(图 1-54)，现在边界层内任取一微元体作为控制体，如图 1-55 所示，在 x、y 方向对该微元控制体进行动量衡算：

$$\begin{pmatrix}x\text{或}y\text{方向上净输出控}\\\text{制体的动量速率}\end{pmatrix}=\begin{pmatrix}\text{控制体在}x\text{或}y\text{方向上}\\\text{所受外力之和}\end{pmatrix}\tag{1-129}$$

具体衡算过程请见参考文献(何潮洪 等，2001)，这里不详述。再结合边界层的特征，最后结果为

$$\frac{\partial}{\partial x}\int_0^\delta \rho v_x(v_\infty-v_x)\mathrm{d}y+\frac{\mathrm{d}v_\infty}{\mathrm{d}x}\int_0^\delta\rho(v_\infty-v_x)\mathrm{d}y=\tau_\mathrm{w}\big|_x\tag{1-130}$$

式(1-130)为卡门边界层积分动量方程。解此方程需预先假设速度分布方程，故通常称边界层积分动量方程的解为近似解，其近似程度在于假设的 v_x 与 y 的函数关系与真实速度分布的接近程度。

对于无限大平板，流体均匀来流，v_∞为常数，故卡门边界层积分动量方程变为

$$\frac{\partial}{\partial x}\int_0^\delta \rho v_x(v_\infty-v_x)\mathrm{d}y=\tau_\mathrm{w}\big|_x\tag{1-131}$$

假定速度分布方程可表示为 y 的三次多项式，即

$$v_x=a+by+cy^2+dy^3\tag{1-132}$$

式中，a、b、c 和 d 为待定系数，可以通过 4 个边界条件来确定。

条件(a)：$y=0$ 处，$v_x=0$，$v_y=0$(黏附条件)。

条件(b)：$y=0$ 处，$\partial^2v_x/\partial y^2=0$。将 $v_x=v_y=0$、$\partial p/\partial x=0$ 代入式(1-126)中第二式即可得此条件。

条件(c)：$y=\delta$ 处，$v_x=v_\infty$。

条件(d)：$y=\delta$ 处，$\partial v_x/\partial y=0$，$\partial^2v_x/\partial y^2=0$，$\partial^3v_x/\partial y^3=0$，…。这就是说，黏性流体的速度分量在边界层的

外边界上应当和外流的速度 v_∞相衔接。

将条件(a)～(d)代入式(1-132)中解得

$$a=0,\ c=0,\ b=\frac{3v_\infty}{2\delta},\ d=-\frac{v_\infty}{2\delta^3}$$

于是速度分布方程为

$$\frac{v_x}{v_\infty}=\frac{3}{2}\left(\frac{y}{\delta}\right)-\frac{1}{2}\left(\frac{y}{\delta}\right)^3 \tag{1-133}$$

将式(1-133)代入式(1-131)中并结合牛顿黏性定律积分得边界层厚度δ和板面上任一 x 处的壁应力分别为

$$\delta=4.64\sqrt{\frac{\upsilon x}{v_\infty}} \tag{1-134}$$

$$\tau_w\big|_x=0.323\sqrt{\frac{\rho\mu v_\infty^3}{x}}=\frac{0.323\rho v_\infty^2}{\sqrt{Re_x}}$$

式(1-134)中各物理量含义与式(1-128)相同。对比式(1-134)与式(1-128)可知，积分动量法的近似解与普朗特边界层方程的解析解非常接近。

因此，x 处的阻力系数

$$f_x=\frac{\tau_w\big|_x}{\rho u^2/2}=\frac{0.646}{\sqrt{Re_x}} \tag{1-135}$$

式中，$Re_x=xv_\infty/\upsilon$。

对长为 L 的平板而言，其平均阻力系数为

$$f=\frac{1}{L}\int_0^L f_x\mathrm{d}x=\frac{1.292}{\sqrt{v_\infty L/\upsilon}}=\frac{1.292}{\sqrt{Re_L}} \tag{1-136}$$

式中，$Re_L=Lv_\infty/\upsilon$。

例 1-16 20℃空气在常压下以 5m/s 的均一速度流过一块光滑平板，板宽 B=1m，试求：

(1) 距平板前缘 0.5m 处的边界层厚度；

(2) 这一段平板的平均阻力系数和摩擦阻力。

已知层流边界层过渡到湍流边界层的临界雷诺数 $Re_c=2\times10^5$。

解 (1) 距平板前缘 0.5m 处的边界层厚度。由附录查得 20℃、常压空气的物性如下：

$$\rho=1.205\text{kg/m}^3,\ \mu=1.81\times10^{-5}\text{Pa}\cdot\text{s},\ \upsilon=1.502\times10^{-5}\text{m}^2/\text{s}$$

于是，x=0.5m 处的雷诺数

$$Re_x=\frac{xv_\infty\rho}{\mu}=\frac{0.5\times5\times1.205}{1.81\times10^{-5}}=1.664\times10^5<2\times10^5$$

故此时的边界层为层流边界层。由式(1-128)可知

$$\delta=5.0\sqrt{\frac{\upsilon x}{v_\infty}}=5.0\sqrt{\frac{1.502\times10^{-5}\times0.5}{5}}=0.0061\ (\text{m})\text{或 }6.1(\text{mm})$$

或由式(1-134)计算得

$$\delta=4.64\sqrt{\frac{\upsilon x}{v_\infty}}=4.64\sqrt{\frac{1.502\times10^{-5}\times0.5}{5}}=0.0057\ (\text{m})\text{或 }5.7(\text{mm})$$

(2) 平均阻力系数和摩擦阻力。由式(1-136)得

$$f=\frac{1.292}{\sqrt{Re_L}}=\frac{1.292}{\sqrt{v_\infty L/\upsilon}}=\frac{1.292}{\sqrt{5\times0.5/1.502\times10^{-5}}}=0.00317$$

摩擦阻力

$$F=f\frac{\rho v_\infty^2}{2}xB=0.00317\times\frac{1.205\times5^2}{2}\times0.5\times1=0.0239(\text{N})$$

1.5.3　边界层分离

实验告诉我们，当流体流过非流线型物体时会发生边界层脱离壁面的现象，称为边界层分离。当边界层分离现象发生时，在分离点后面会形成尾涡区，从而造成很大的阻力损失，消耗流体大量的机械能。

下面以流体绕过圆柱体为例来定性说明边界层分离现象产生的原因。如图 1-56 所示，流体以均匀来流速度绕过圆柱体，在上游迎流区(图 1-56 中垂直虚线以左)，由于流体加速，压力沿程降低，具正压梯度，推动边界层内流体微团向下游流动；而在下游背流区(图 1-56 中垂直虚线以右)，流体减速，压力沿程升高，具逆压梯度。这时，边界层内壁面附近速度较慢的流体质点既要克服黏性摩擦，又要承受逆压的作用，因此，流体质点在圆柱后半周很快地减速，当其动能逐渐消耗，不能克服逆压作用时，于 S 点处“失速”停滞，外流区流体则因动能较大，继续向下游流动。边界层内被阻滞的流体不断堆积，继而在逆压作用下向相反方向即逆流方向流动，出现了回流．并以旋涡形式离开物体壁面。这旋涡像楔子一样将边界层与物面分离开来，这一现象称为边界层分离(或脱体)，S 点称为分离点。在旋涡区内部，流体质点进行着强烈的湍流互混，消耗机械能，这部分机械能的损耗又称为形体阻力损失。一般地，当雷诺数较大时，圆柱形的物体的形体阻力损失要比沿程摩擦损失大得多。因此，若将圆柱体改为流线型，如图 1-57 所示，使边界层不发生分离，虽然接触面积增加了不少，但总摩擦损失却因形体阻力损失的大大减小而降低。

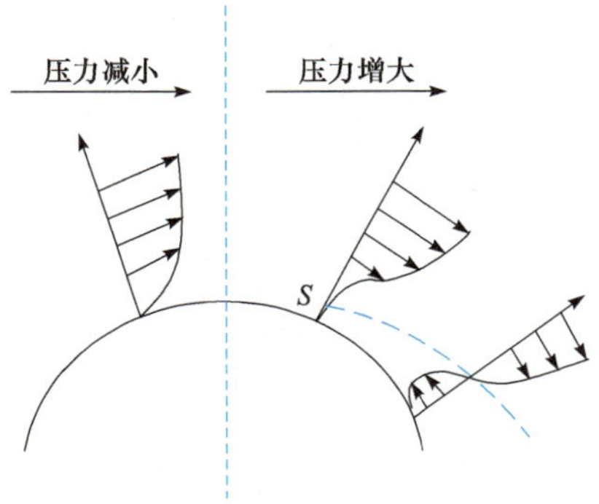

图 1-56　圆柱体绕流时边界层分离

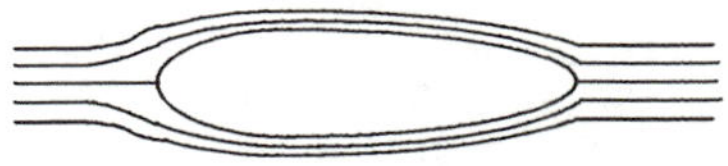
图 1-57　流线型对称体

从上面的分析可知，边界层分离的必要条件是逆压和流体具有黏性。这两个因素缺一不可。

1.6　湍　　流

在 1.3.1 节中已经提及湍流现象，但考虑到在工程中湍流流动非常普遍，因此，有必要更加详细地了解湍流运动的细节。

由于湍流是一种复杂、极不稳定的随机流动，到目前为止，人们对湍流的本质还不很清楚，因此还没有一个完整的理论能够满意地解决湍流运动中的所有问题。但对这一物理现象，研究者们还是取得了不少有意义的成果。

1.6.1　湍流的发生与发展

层流是如何变成湍流的呢？这与旋涡的产生有关。图 1-58 示出了旋涡产生的过程。假设流体原来在直管内做层流流动，其流线必为直线。由于某种原因的干扰作用，流线发生了波动，如图 1-58(a)所示。对波峰而言，其上方与下方相比，流通截面积变小、流速增大、压力降低，于是波峰处产生一个向上的压差。同理，波谷处产生一个向下的压差。这一对力会导致流线的波动进一步加剧，若黏性力不足以抑制上述趋势，流动将逐步发展成图 1-58(b)、(c)所示的形态，最终形成旋涡[图 1-58(d)]，流动形态转变成为湍流。图示的旋涡产生后，旋转方向为顺时针方向，因此，旋涡上方流体速度较下方的大，压力相应的就较小，于是旋涡受到一个向上的压差作用，将向上移动，导致流体质点随之运动，造成流体质点之间相互碰撞、混杂，这种湍流流体内部的相对运动的强化，会使得机械能的损耗比层流显著增大。

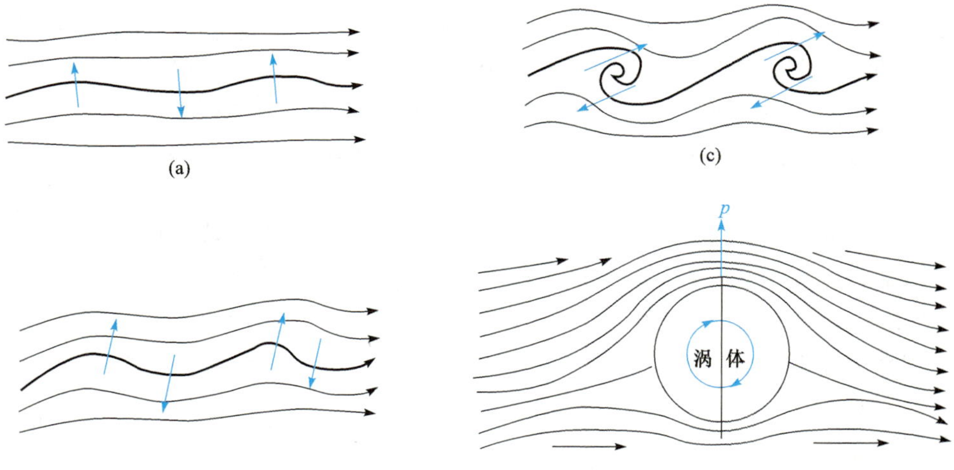

图 1-58　层流到湍流的转变过程

1.6.2　湍流特点及其研究方法

1. 湍流特点

在旋涡的产生、移动、消失的影响下，湍流中流体质点的运动是杂乱无章的，即湍流中任一空间点上流体速度在大小和方向上随时间随机地变化。图 1-59 示出了湍流流场中某一空间点的 x 方向速度大小随时间变化情况的测量结果。由图可见，x 方向瞬时速度的大小变化极不规则、极不稳定，但又围绕着某一平均值(图中水平线)而上下波动，这种现象称为脉动(fluctuation)。除速度外，湍流流场中其他物理量，如压力、温度、浓度等也都是脉动的。

不同的湍流情形，其脉动强度有很大差别。例如，流体在圆管内湍流时，脉动强度的数值范围为 1%～10%，而对于尾流、自由喷射流这样的湍流流动，脉动强度的数值可达 40%。

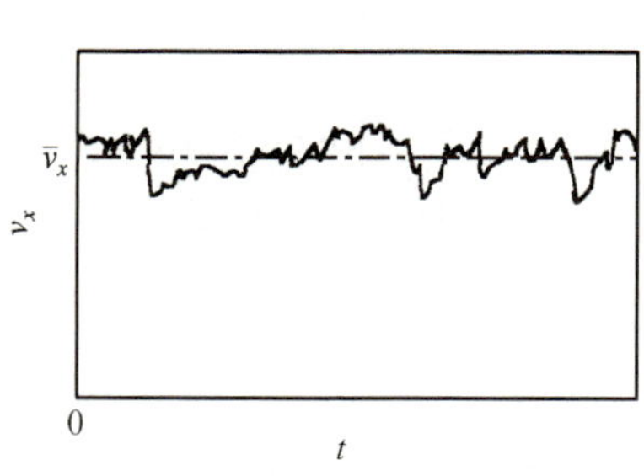

图 1-59　湍流中的脉动

脉动强度的大小决定了湍流混合的程度，脉动强度越大，混合越迅速，越能有效地促进湍流传热和湍流扩散。

湍流流场测量由传感器和数据处理部分组成。传感器主要有热丝和热膜、激光束等。

1) 热丝(膜)流速仪

热丝(膜)流速仪的原理是将通电加热的金属丝(膜)置于流场中作为传感元件，流体绕过时带走热量，金属丝(膜)温度下降，其电阻值随之改变。由于散热量随流体速度而变化，因此，金属丝(膜)

的电阻与流体速度间也具有一一对应关系。热丝用于测量气速，热膜用于测定液速。

热丝(膜)测速仪的响应时间很短，可测量高频的气流脉动。其灵敏度很高，可测量很低流速，但探针的插入对流场产生干扰。

2) 激光测速仪

当光接受器与激光源之间具有相对运动时，所接收到的发射光频率将发生变化，变化量与相对运动速度的大小、方向和激光波长有关。当两者距离减小，频率增高，反之频率减小。这个现象称为光学多普勒效应。

应用上述光学多普勒效应，在运动的流体中加入极细小的示踪微粒。当跟随流体运动的微粒被激光束照射后，形成的散射光频率与照射光的频率发生差异，此差值称为多普勒频移，其与粒子的运动速度成正比。若粒子在流体中具有良好的跟随性，通过适当的多普勒频移检测方法和处理，则可得到示踪粒子亦即流体的瞬时速度。

这种方法的特点是，流场中没有设置干扰元件，是一种非接触式的测量，加之响应快，测速范围宽，目前已广泛应用于湍流流场的测试。然而选用的散射粒子对于流体必须具有良好的跟随性。

2. 湍流的研究方法——时均化

就工程而言，人们对湍流中每一空间点的瞬时物理量并不感兴趣，而且工程上和实验中测出的物理量也都是平均意义下的数值，因此，统计平均方法在湍流问题的研究中具有重要的意义。统计平均方法有多种，可以按时间平均，按体积平均，或两者一起平均。按时间平均容易进行实验测量，因此，湍流研究常用时均法。

雷诺提出，湍流瞬时速度 v 可分解为时均速度 $\bar{v}$ 和脉动速度 v'，如图 1-59 所示。显然，时均速度是瞬时速度对时间平均值，脉动速度是瞬时速度对时均速度的偏离值，即

$$v = \bar{v} + v' \tag{1-137}$$

$$\bar{v} = \frac{1}{T}\int_0^T v\mathrm{d}t \tag{1-138}$$

式中，T 称为平均周期，是一个常数。T 相对于脉动周期而言应足够长，以便得到稳定的平均值。显然

$$\frac{1}{T}\int_0^T v'\mathrm{d}t = 0 \tag{1-139}$$

即脉动量的时均值为零，也就是说，在平均周期 T 内，正脉动和负脉动相互抵消。

1.6.3 湍流应力

在 1.3.1 节中已述及，层流时两相邻流体层间的剪应力 τ 是由分子热运动或分子间吸引力所引起的。而湍流中两相邻流体层间的剪应力(记作 τ_t)，除了由上述分子原因所引起的黏性应力 τ 以外，还有质点脉动所引起的剪应力(记作 τ'，称为雷诺应力或湍流应力)，例如 $\tau'_{xx} = \rho\overline{v_x'^2}$ 称为法向雷诺应力，$\tau'_{yx} = \rho\overline{v'_x v'_y}$、$\tau'_{zx} = \rho\overline{v'_x v'_z}$ 称为切向雷诺应力。于是

$$\tau_t = \tau + \tau'$$

由于质点是众多分子的集合，质量和动量比分子大得多，故湍流中 $\tau' \gg \tau$。参照牛顿黏性定律，上式可变为

$$\tau_t = (\mu + \varepsilon)\frac{\mathrm{d}\bar{v}}{\mathrm{d}y} \tag{1-140}$$

式中，ε 称为湍流黏度，用来表征脉动的强弱，它取决于管内的雷诺数及离壁的距离。ε 与

黏度μ不同，已不再是流体的物性，其值难于直接测定，故式(1-140)并不能用于湍流剪应力的计算。

为了解决湍流流动问题，必须在雷诺应力与时均速度之间建立起关系式。这方面的理论工作主要沿着两个方向进行，一个方向是湍流的统计理论，试图利用统计数学的方法来描绘流场，探讨脉动元的变化规律，研究湍流内部的结构从而建立湍流运动的封闭方程组，迄今为止，只是在均向同性湍流理论方面获得了一些比较令人满意的结果，但距实际应用还相差甚远。另一个方向是湍流的半经验理论，是根据一些假设及实验结果建立雷诺应力和时均速度之间的关系，从而建立起封闭方程组，也就是“模化”这些未知量，模化的方式多种多样，于是构成了各种“模型”，如 Boussinesq 的湍流黏性系数模型、普朗特混合长模型、湍动能模型、k-ε 双方程模型等。半经验理论虽然在理论上有很大的局限性和缺陷，但在一定条件下往往能够得出与实际相符合的结果，因此在工程技术中得到广泛的应用。有兴趣的读者可参阅有关专著。

1.7 流速、流量测量

前述的流体流动问题的设计型和操作型问题中需要流体的流量或流速值，而流量或流速作为操作参数之一是可以测量的。测量流速、流量的方法很多，下面仅介绍以流体机械能相互转化原理为基础的测量仪器。

1.7.1 变压头流量计

1. 测速管

1) 测速管结构及测速原理

测速管又称皮托(Pitot)管，其构造如图 1-60 所示，由两根同心套管组成，内管前端敞开，正对着迎面而来的被测流体；外管前端封闭，近端点处的侧壁上开有若干个小孔。内、外管的另一端各与压差计的接口相连。

当内管端口 A 点上游的流体以流速 v 流向测速管的 A 处时，速度降为 0，根据机械能衡算方程可知：

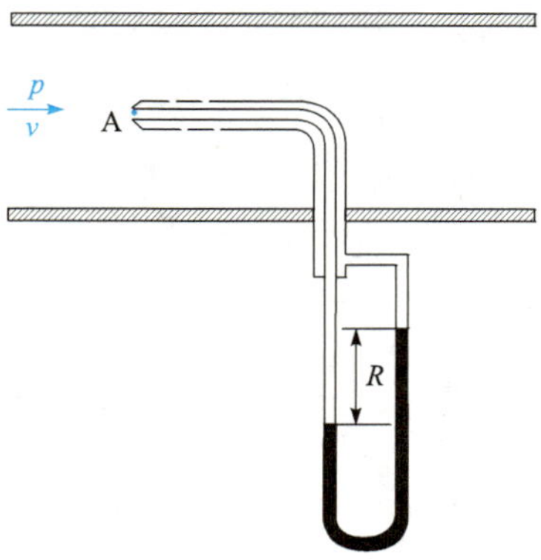

图 1-60 测速管

$$\frac{p_A}{\rho g}=\frac{p}{\rho g}+\frac{v^2}{2g}$$

即与内管相连的压差计一端测的是流体的静压头和动压头之和，称为冲压头。而与外管相连的压差计一端显然测的是流体的静压头。若 U 形管压差计内指示液密度为ρ_0，则由静力学原理可得

$$p_A-p=R(\rho_0-\rho)g$$

$$\rho\frac{v^2}{2}=R(\rho_0-\rho)g$$

$$v=\sqrt{\frac{2gR(\rho_0-\rho)}{\rho}} \tag{1-141}$$

若被测流体为气体，则 $\rho_0 \gg \rho$，式(1-141)可简化为

$$v = \sqrt{\frac{2gR\rho_0}{\rho}} \tag{1-142}$$

由于测速管测的是流通截面上某一点的速度，故用测速管可测量整个流通截面上的速度分布。若要获知流量，可通过测出管轴心处的最大点速度 v_{max}，然后根据 v_{max} 与平均速度 u 的关系，如图 1-61 所示，查图得到平均速度，由此再算出流量。

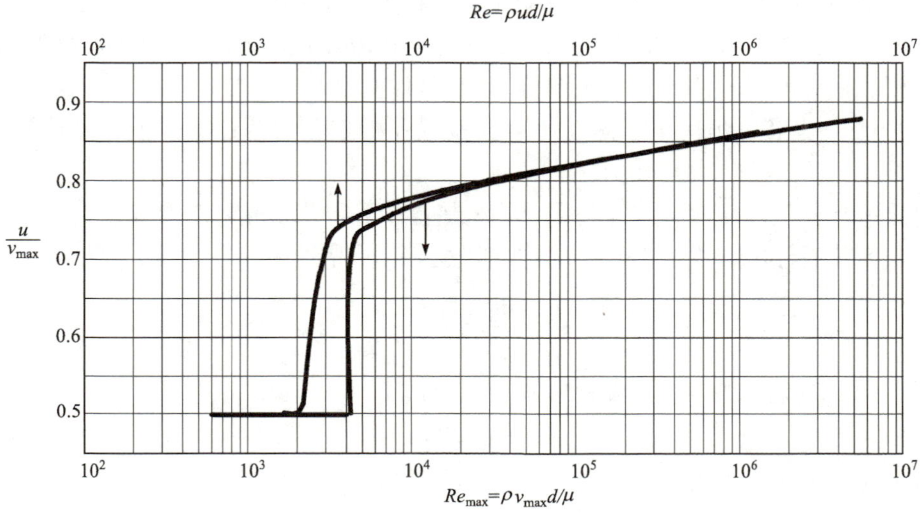

图 1-61　u/v_{max} 与 Re_{max} 或 Re 的关系

2) 测速管加工及使用注意事项

使用测速管测量时，测速管必须探入流场中，因此，测速管的尺寸不可过大，否则将干扰流场，使速度分布发生改变。一般测速管直径不应超过管道直径的 1/50。

测速管安装时，必须保证安装点位于充分发展流段，一般测量点的上、下游最好各有 50d 以上的直管段作为稳定段。另外，测速管管口截面要严格垂直于流动方向，否则会造成测量结果的负偏差。

测速管的优点是结构简单、阻力小、使用方便，尤其适用于测量气体管道内的流速。缺点是不能直接测出平均速度，且压差计读数小，常需放大才能读得准确。

2. 孔板流量计

1) 孔板流量计结构及测量原理

在管道内垂直于流动方向上插入一片中央开有较小圆孔的薄金属板，如图 1-62 所示，就构成了孔板流量计。板上孔口经精致加工，一般呈

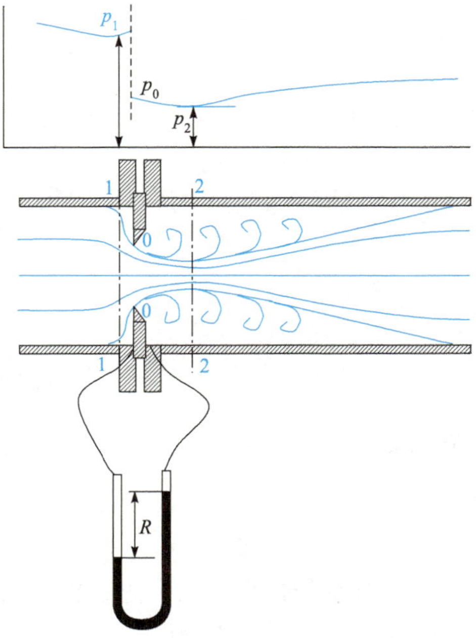

图 1-62　孔板流量计

45°倒锐角。

当流体流过孔板的孔口时，流道突然收缩，类似于前述的突然缩小情形，流股通过孔口后将继续收缩，流至一定距离($d/3$～$2d/3$)时达到最小，称为“缩脉”，此处流速最大。而后，流股再转而逐渐扩大，直至又充满整个管道。孔板前后动能的变化和机械能损失必引起静压的变化，图 1-62 示出了孔板前后的静压变化情况。在流股扩大过程中(面 2-2 之后)，由于逆压流动，导致边界层分离，产生大量旋涡，消耗大量机械能。显然流速越大，该机械能损失越大。由孔板前后机械能衡算可知，机械能损失越大，压力降也越大，因此，若在孔板前后各设一个取压点，则在孔板结构一定条件下，这两个取压点间的压差与流速之间必存在一定关系。孔板流量计就是利用这一原理测流速或流量的。

取压方法一般采用角接法，即取压口在安置孔板的前后两片法兰上，其位置尽量靠近孔板。

管内流速与孔板前、后压差的关系可用机械能衡算导出。先忽略摩擦损失，对图 1-62 中的孔板前截面 1-1 与孔口截面 0-0 列机械能衡算式，可得

$$\frac{p_1}{\rho}+\frac{u_1^2}{2}=\frac{p_0}{\rho}+\frac{u_0^2}{2} \tag{1-143}$$

根据不可压缩流体的连续性方程可知

$$A_1u_1 = A_0u_0 \tag{1-144}$$

将式(1-144)代入式(1-143)得

$$u_0=\frac{1}{\sqrt{1-\left(A_0/A_1\right)^2}}\sqrt{\frac{2\left(p_1-p_0\right)}{\rho}}$$

考虑到流体在两取压口间有机械能损失，故将上式右边加一校正系数 C_D，从而改写为

$$u_0=\frac{C_D}{\sqrt{1-\left(A_0/A_1\right)^2}}\sqrt{\frac{2\left(p_1-p_0\right)}{\rho}}=C_0\sqrt{\frac{2\left(p_1-p_0\right)}{\rho}} \tag{1-145}$$

式中，$C_0=\dfrac{C_D}{\sqrt{1-\left(A_0/A_1\right)^2}}$，称为孔流系数。

设 U 形管压差计中的指示液密度为 ρ_0，压差计读数为 R。根据静力学原理，有

$$p_1-p_0=R\left(\rho_0-\rho\right)g$$

代入式(1-145)得

$$u_0=C_0\sqrt{\frac{2gR\left(\rho_0-\rho\right)}{\rho}} \tag{1-146}$$

体积流量

$$V=u_0A_0=C_0A_0\sqrt{\frac{2gR\left(\rho_0-\rho\right)}{\rho}} \tag{1-147}$$

由上述推导过程可知，孔流系数 C_0 与截面积比 A_0/A_1、管道雷诺数 $Re_1=du_1\rho/\mu$、取压位置、孔口的形状及加工精度等有关，关系比较复杂，需由实验确定。对于测压方式、结构尺寸、加工状况等均已规定的标准孔板，孔流系数 C_0 可以表示为

$$C_0 = f\left(Re_1, \frac{A_0}{A_1}\right)$$

图 1-63 给出了标准孔板的 C_0 值。由图可见，当 Re_1 增大到一定值后，C_0 不再随 Re_1 而变，成为一个仅与 A_0/A_1 有关的常数，在孔板流量计的设计和使用中应尽量落在该范围内。设计合适的孔板流量计的 C_0 值多在 0.6～0.7。

2) 孔板流量计的安装

孔板流量计安装时应在其上、下游各有一段直管段作为稳定段，上游长度至少应为 $10d_1$，下游为 $5d_1$。

孔板流量计的优点是构造简单、制造和安装都很方便，主要缺点是机械能损失大。由于机械能损失，下游速度复原后，压力不能恢复到孔板前的值，称为永久损失。d_0/d_1 的值越小，永久损失越大。

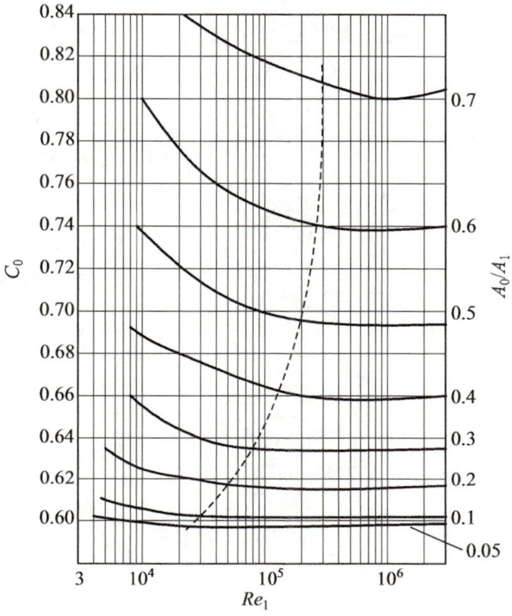

图 1-63　孔流系数 C_0 与 Re_1 及 A_0/A_1 的关系

3. 文丘里流量计

孔板流量计的主要缺点是机械能损失很大，为了克服这一缺点，可采用一渐缩渐扩管，如图 1-64 所示，当流体流过这样的变径管时，不会出现严重的边界层分离现象及大量的旋涡，从而大大降低了机械能损失。这种管称为文丘里(Venturi)管。

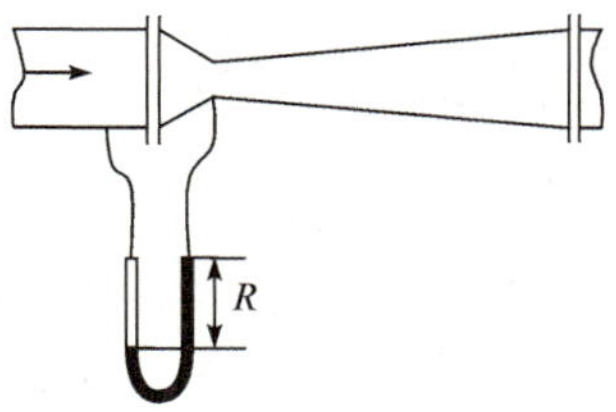

图 1-64　文丘里流量计

文丘里管收缩段锥角通常取 15°～25°，扩大段锥角要取得小些，一般为 5°～7°，使流速改变平缓，因为机械能损失主要发生在突然扩大处。

文丘里流量计测量原理与孔板完全相同，只不过永久损失要小很多。流速、流量计算仍可用式(1-146)和式(1-147)，式中 u_0 仍代表最小截面处(称为文氏喉)的流速。文丘里管的孔流系数 C_0 值一般为 0.98～0.99。机械能损失约为

$$w_f = 0.1u_0^2 \tag{1-148}$$

文丘里流量计的缺点是加工比孔板复杂，因而造价高，且安装时需占据一定长度，但其永久损失小，故尤其适用于低压气体的流量测量。

1.7.2 变截面流量计

测速管、孔板流量计和文丘里流量计的引压点所在的流通截面积是固定的，而两个引压点间的压差则随流量大小而变，因此，称它们为变压头流量计。此外，还有另一类流量计，当流体通过时，压差不变，流通截面积却随流量而改变，故称这类流量计为变截面流量计，其典型代表是转子流量计。

1. 转子流量计

1) 转子流量计构造及测量原理

转子流量计的构造如图 1-65 所示，其主体是一上大下小的微锥形玻璃管，锥角约为 4°。管内装有一个直径略小于玻璃管内径的转子(或称浮子)。转子形状各异，一般用金属或塑料等材料制成，转子密度须大于被测的流体密度。转子平时沉在管底部，当被测流体自下而上通过流量计时，转子将上浮，最后稳定地停留在某一位置。流量不同，转子停留的位置高度也不同，如果在每一高度刻上体积流量数值，那么由转子的停留位置可直接读出体积流量。下面通过转子的受力和流体的机械能转化关系推导转子流量计的测量公式。

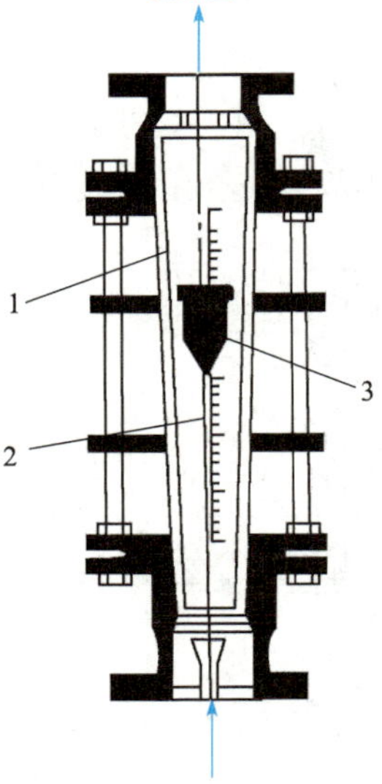

图 1-65 转子流量计
1. 玻璃管；2. 刻度；3. 转子

先假设流体为理想流体、转子为一圆柱体。转子在理想流体中只受到两种力的作用：重力($=V_f\rho_f g$，方向向下)和压差[$=(p_1-p_0)A_f$，方向向上]，当转子处在某一平衡位置时，这两个力应相等，即

$$(p_1-p_0)A_f=V_f\rho_f g \tag{1-149}$$

式中，p_0、p_1 分别为转子上、下两端面上的压强；A_f、V_f 和ρ_f 分别为转子的截面积、体积和密度。

再取图 1-66 中转子上端所在的环隙截面为面 0-0，下端所在截面为面 1-1，在两面间列理想流体的伯努利方程，则

$$p_1-p_0=\rho g(z_0-z_1)+\frac{\rho}{2}\left(u_0^2-u_1^2\right)$$

在上式两边同乘以转子的横截面积 A_f，并考虑到圆柱体体积 $V_f=(z_0-z_1)A_f$，得

$$(p_1-p_0)A_f=V_f\rho g+\frac{\rho}{2}\left(u_0^2-u_1^2\right)A_f \tag{1-150}$$

由式(1-150)可见，转子所受到的压差由两个原因所引起：一是转子受到的浮力，即式(1-150)等号右边第一项，该项实际上就是位能的提高，即$\rho g(z_0-z_1)A_f=V_f\rho g$，方向向上；二是动能变化引起的压力降，即式(1-150)等号右边第二项，由于 $u_0>u_1$，故这部分力的方向也向上，这里称为升力。

将式(1-150)代入式(1-149)中得

$$\frac{\rho}{2}\left(u_0^2-u_1^2\right)A_f=V_f(\rho_f-\rho)g \tag{1-151}$$

当被测流体流量增大时，升力即上式等号左边项将随速度增大而变大，而转子的净重力(重力–浮力)即上式等号右边项却保持不变，因此，转子的受力平衡被打破，转子上浮。随着转子的上浮，环隙面积逐渐增大，环隙内流速 u_0 将变小，于是升力也随之减小。当转子上浮至某一高度时，转子所受升力又与净重力相等，转子受力重新达到平衡，并停留在这一高度上。转子流量计就是依据这一原理，

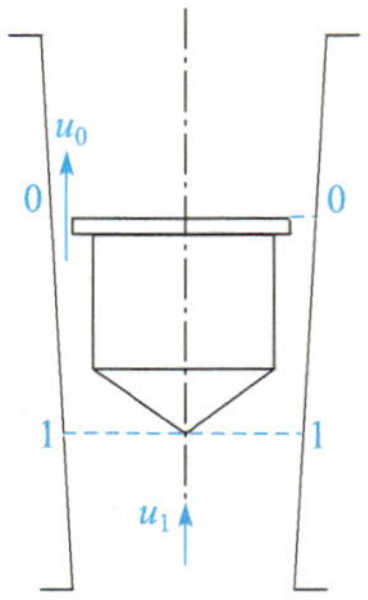

图 1-66 转子的受力平衡

用转子的位置来指示流量大小的。

将 $u_0A_0=u_1A_1$ 代入式(1-151)中得

$$\frac{\rho}{2}u_0^2\left[1-\left(\frac{A_0}{A_1}\right)^2\right]A_f=V_f(\rho_f-\rho)g$$

于是

$$u_0=\frac{1}{\sqrt{1-(A_0/A_1)^2}}\sqrt{\frac{2V_f(\rho_f-\rho)g}{\rho A_f}}$$

考虑到实际转子的形状不一定为圆柱体，流体也不是理想流体，在上式中引入校正系数，并将此校正系数与 $\frac{1}{\sqrt{1-(A_0/A_1)^2}}$ 项合写为系数 C_R(称为流量系数)，于是上式变为

$$u_0=C_R\sqrt{\frac{2V_f(\rho_f-\rho)g}{\rho A_f}} \tag{1-152}$$

流量

$$V=u_0A_0=C_RA_0\sqrt{\frac{2V_f(\rho_f-\rho)g}{\rho A_f}} \tag{1-153}$$

流量系数 C_R 与转子形状、环隙雷诺数 Re_0 有关，其值可由实验测定，如图 1-67 所示。由图可见，当雷诺数超过一定值后，C_R 为常数。

由式(1-153)可见，当流量改变时，转子的净重力不变，即 $\sqrt{\frac{2V_f(\rho_f-\rho)g}{\rho A_f}}$ 值一定，而环隙面积 A_0 却随流量而变，因此，转子流量计具有恒压差、变截面的特点。

2) 转子流量计安装及使用注意事项

转子流量计安装时必须垂直，流体自下向上流过流量计，且应安装旁路以便于检修，如图 1-68 所示。

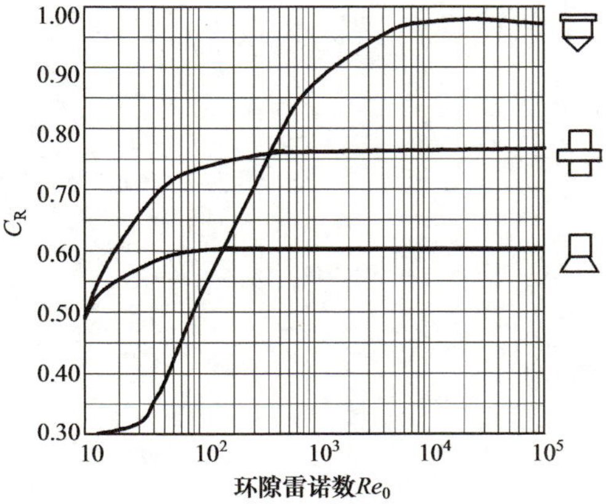

图 1-67　转子流量计的流量系数

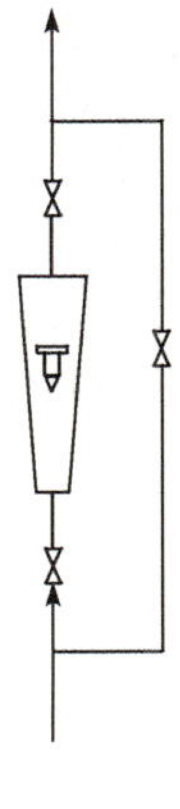

图 1-68　转子流量计安装图

与孔板流量计不同的是，转子流量计出厂前不提供流量系数，而是用 20℃水或 20℃、1atm 空气标定流量值并刻于玻璃管上，如果使用时被测流体物性(ρ、μ)与上述标定用流体不同，

则流量计刻度必须加以换算。在流量系数 C_R 不变条件下，由式(1-153)可知换算公式为

$$\frac{V'}{V}=\sqrt{\frac{\rho(\rho_f-\rho')}{\rho'(\rho_f-\rho)}} \tag{1-154}$$

式中，V'、ρ'分别为实际被测流体的流量、密度；V、ρ分别为标定用流体的流量、密度。

转子流量计的优点是读取流量方便，流体阻力小，测量精确度较高，能用于腐蚀性流体的测量，流量计前后无需保留稳定段。缺点是玻璃管易碎，且不耐高温、高压。

本章主要符号说明

符　号	意　义	单　位
A	流通截面积	m^2
d	管内径	m
d_e	当量直径	m
E_t	以单位质量流体计的总机械能	J/kg
f	范宁因子	—
$\boldsymbol{F}$	力	N
$\boldsymbol{F}_B$	质量力	N
$\boldsymbol{F}_S$	表面力	N
$\boldsymbol{F}_{BM}$	单位质量流体的质量力	N/kg
g	重力加速度	m/s^2
G	平均质量流速	$kg/(m^2 \cdot s)$
h_f	压头损失	m
l	长度	m
l_e	当量长度	m
m	质量流量	kg/s
M	扭矩	$N \cdot m$
P	压力	Pa
r	径向距离	m
R	半径	m
Re	雷诺数	—
t	时间	s
T	平均周期	s
u	平均速度	m/s
v	点速度	m/s
v'	脉动速度	m/s
V	体积流量	m^3/s

$\tilde{V}$	体积	m^3
w_e	单位质量流体的有效轴功率	J/kg
w_f	单位质量流体的阻力损失	J/kg
z	位头	m
ε	粗糙度	m
λ	摩擦系数	—
μ	黏度	Pa · s
v	运动黏度	m^2/s
ρ	密度	kg/m^3
τ_{ij}	剪应力	N/m^2
τ_w	壁应力	N/m^2
τ'_{ij}	雷诺应力	N/m^2
υ	比容	m^3/kg
ζ	阻力系数	—
Γ	广义压力	Pa

参 考 文 献

博德，斯图沃特，莱特富特. 2004. 传递现象. 戴干策，戎顺熙，石炎福，译. 北京：化学工业出版社

陈维杻. 1993. 传递过程与单元操作(上册). 杭州：浙江大学出版社

戴干策，任德呈，范自晖. 1996. 传递现象导论. 北京：化学工业出版社

何潮洪，冯霄. 2001. 化工原理. 北京：科学出版社

时钧，汪家鼎，余国琮，等. 1996. 化学工程手册(上、下卷). 2 版. 北京：化学工业出版社

谭天恩，窦梅，等. 2013. 化工原理(上册). 4 版. 北京：化学工业出版社

王怀义，张德姜. 2014. 石油化工管道安装设计便查手册. 4 版. 北京：中国石化出版社

张志昌. 2012. 水力学(上册). 北京：中国水利水电出版社

Chen Q L, Wu K J, He C H. 2015. Investigation on liquid flow characteristics in microtubes. AIChE J, 61(2): 718-735

McCabe W L, Smith J C, Harriott P. 2001. Unit Operations of Chemical Engineering. 6th ed. New York: McGraw-Hill (英文影印版：化学工程单元操作. 北京：化学工业出版社，2003)

习 题

习题答案

1. 如附图所示，用一 U 形管压差计测量某密闭气罐中压力，指示液为水，密度ρ_0=1000kg/m³，当地大气压 p_0=101.3kPa。因气体易溶于水，故在水与气体之间用惰性溶剂(密度ρ_0'=890kg/m³)将二者隔开。现已知 h=10cm，R=24cm，求气罐内绝对压力、表压(分别用 Pa 和 mmH_2O 表示)。

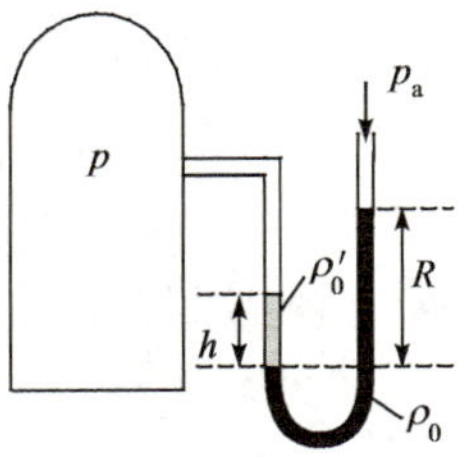

习题 1 附图

2. 如附图所示，用一复式 U 形管压差计和倒 U 形管压差计同时测量水管中 A、B 两点间的压差，复式压差计的指示液为汞，两段汞柱之间为空气。倒 U 形管压差计指示剂为空气。今若测得 h_1=1.2m，h_2=0.6m，R_1=0.10m，R_2=0.07m，A、B 两点间的压差为多少(单位：kPa)？倒 U 形管压差计读数 R_3 为多少(单位：m)？

3. 如附图所示，用双液柱压差计测定气体管路上两点间的压差，管与杯的直径之比为 d/D。

(1) 若测量时考虑小杯液面间的高度差 Δh，试证明实际压差为

$$p_1 - p_2 = (\rho_2 - \rho_1)gR + \rho_1(d^2/D^2)gR$$

(2) 今测得压差计读数 R=320mm，且已知两种指示剂的密度分别为ρ_1=910kg/m^3 和ρ_2=1000kg/m^3，D=60mm，d=6mm，求高度差 Δh、不考虑 Δh 所造成的压差测量的相对误差。

(3) 与用普通 U 形管压差计(指示剂为ρ_1)测定相比，则后者读数为多少(单位：mm)？读数放大了几倍？

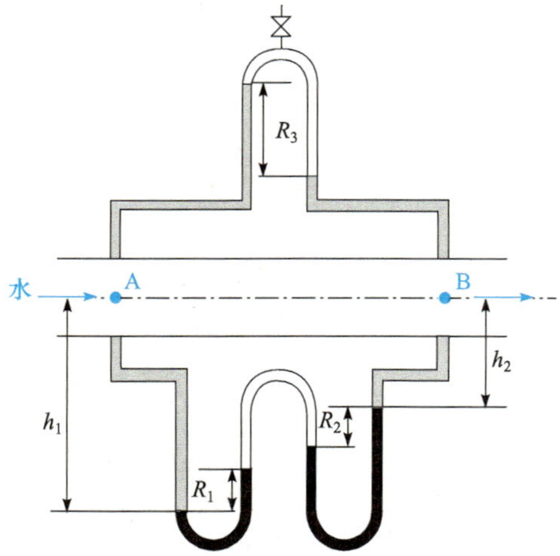

习题 2 附图

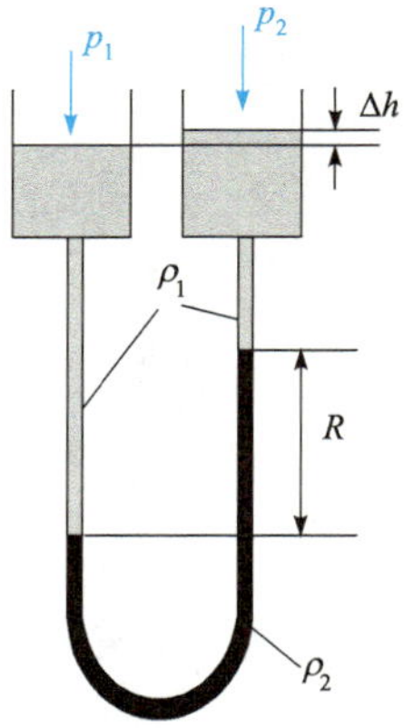

习题 3 附图

*4. 有一敞口容器盛有 90℃水，水深 2m，大气压为 101.3kPa。若使容器向下做加速运动，则：

(1) 当加速度 a=4.9m/s^2 时，容器底部的压力为多少(单位：kPa)？

(2) 要想使容器底部产生气泡，则加速度至少为多大才行？

5. 密度为 1200kg/m^3 的某液体在ϕ 76mm×4mm 的管道内流动，体积流量为 19m^3/h，试求液体在管道中的流速、质量流量和质量流速。

6. 一车间要求将 20℃水以 15kg/s 的流量送入某设备中，试确定一个合适的无缝钢管的规格(公称直径)。若在原水管上再接出一根公称直径 DN 100mm(ϕ114mm×5mm)的无缝钢管支管，以便将水流量的一半改送至另一车间，求当总水流量不变时此支管内的水流速度。

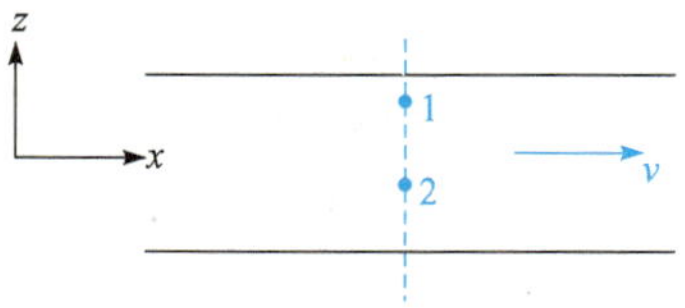

习题 7 附图

*7. 证明流体在等径管内流动时，与流动方向相垂直的截面上任两点间满足静力学方程式：

$$p_1 = p_2 + \rho g(z_2 - z_1)$$

*8. 如附图所示，不可压缩流体在两无限大平行平板间做稳定层流流动，两平板间的距离为 2b。试从 N-S 方程导出流体在 y 方向上的速度分布，以及平均流速 u 与中心最大流速 v_{max} 间的关系。

*9. 试推证，不可压缩流体在两根同心套管环隙间沿轴向做稳定层流流动(如附图所示)时的径向上的速度 v_z 沿径向上的分布方程为

$$v_z = \frac{1}{2\mu}\frac{d\Gamma}{dz}\left(\frac{r^2 - r_1^2}{2} - r_{max}^2 \ln\frac{r}{r_1}\right)$$

最大流速处距管中心距离为

$$r_{max} = \sqrt{r_m \bar{r}}$$

* 注：带*的题涉及选学内容，可选做，下同。

式中，r_m 为对数平均半径，$r_m=\dfrac{r_2-r_1}{\ln(r_2/r_1)}$；$\bar{r}$ 为算术平均半径，$\bar{r}=\dfrac{r_2+r_1}{2}$。

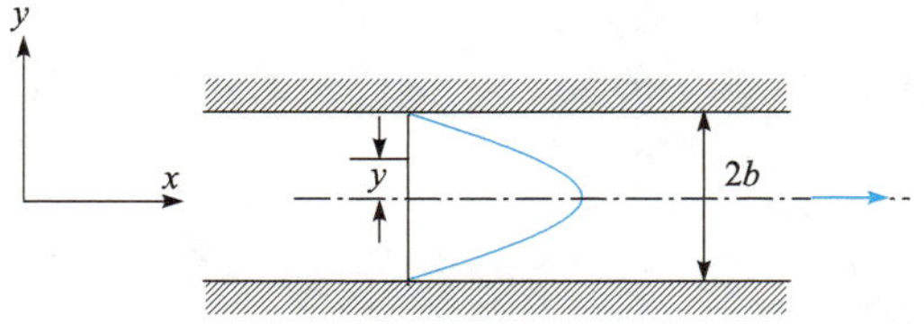

习题 8 附图

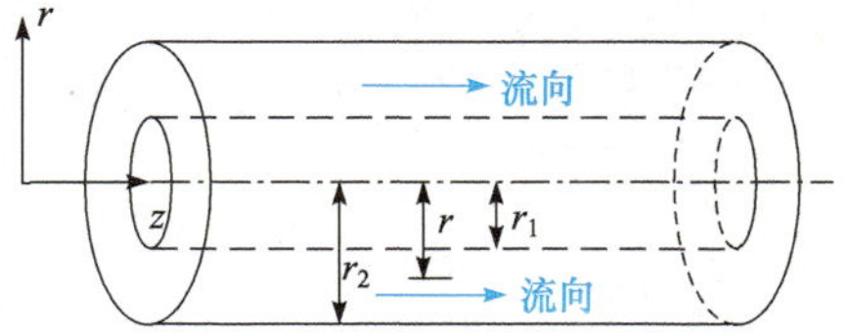

习题 9 附图

*10. 黏度μ、密度ρ的液体依靠重力作用沿垂直平壁以膜状形式自上而下做匀速层流流动，如附图所示，已知液膜厚度为δ。证明：

(1) 速度分布为 $v_x=\dfrac{\rho g}{\mu}(\delta y-\dfrac{1}{2}y^2)$；

(2) 平均速度 $u=\dfrac{2}{3}v_{\max}=\dfrac{\rho g\delta^2}{3\mu}$。

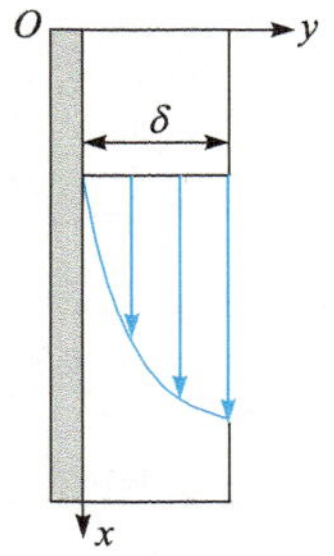

习题 10 附图

11. 如附图所示，20℃水由高位水箱经管道从喷嘴流向大气，水箱水位恒定，d_1=125mm，d_2=100mm，喷嘴内径 d_3=75mm，U 形管压差计读数 R=80mmHg，若忽略摩擦损失(不包括出口)，求水箱高度 H 及喷嘴前的 A 处压力表读数 p_A。

12. 用泵将容器 A 中的液体连续稳定地送入塔 B 中，容器内及塔内的表压如附图所示。已知输送量 10kg/s，液体密度 ρ=890kg/m³，液体流经管路的总摩擦损失为 124J/kg(包括所有局部阻力损失在内)，求泵的有效功率。

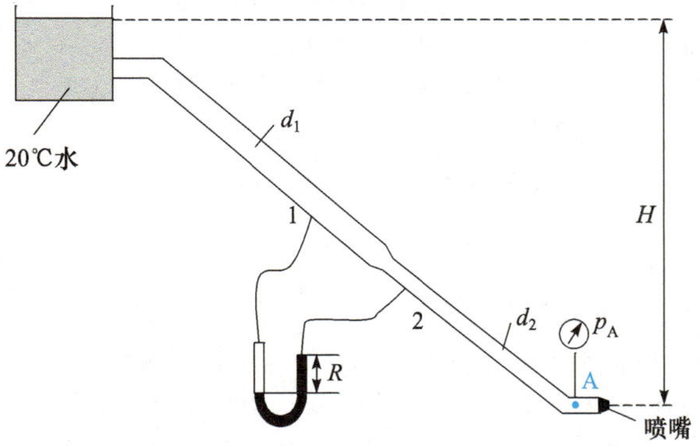

习题 11 附图

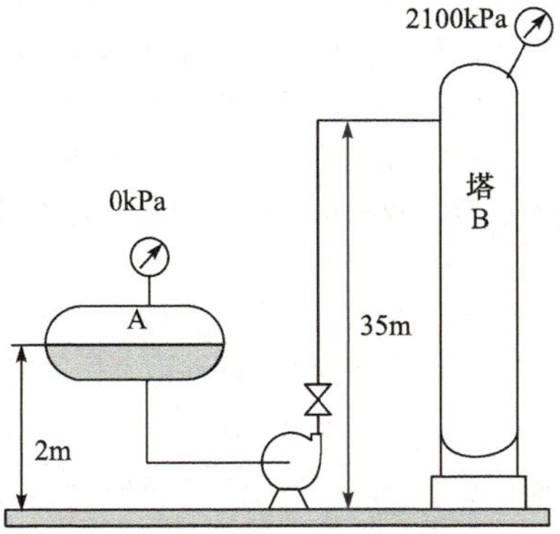

习题 12 附图

13. 用泵将 20℃的苯液从贮槽(贮槽上方维持 1atm)连续稳定地送到反应器，途经 30m 长的ϕ60mm×4.0mm 钢管，管路上有 2 个 90°标准弯头，1 个截止阀(半开)，管路出口在贮槽液面以上 12m，反应器操作压力为 500kPa(表压)。若要维持 5m³/h 的体积流量，求所需泵的有效功率。

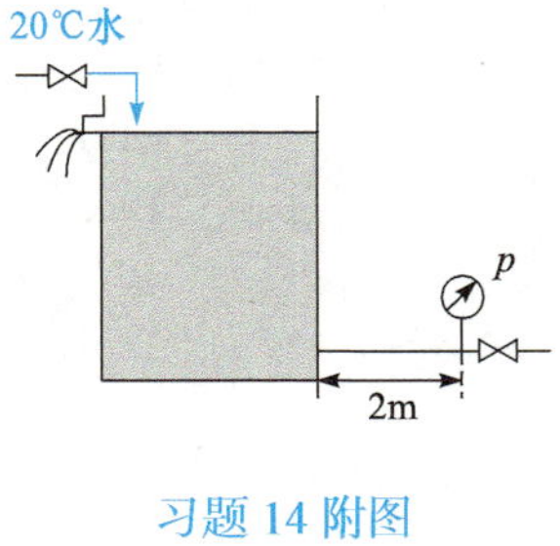

习题 14 附图

14. 在附图所示装置中，水槽液位恒定，下面的排水管管径为ϕ60mm×3.5mm，压力表之前的直管长 2m。当阀门全闭时，压力表读数为 0.3atm；当阀门开启后，压力表读数降为 0.1atm，求此时水流量为多少(单位：m³/h)? 假设管子为光滑管，水温为 20℃。

15. 其他条件不变，若管内流速越大，则湍动程度越大，其摩擦损失越大，然而雷诺数增大时，摩擦系数却变小，两者是否矛盾，应如何解释?

16. 如附图所示，敞口高位槽中 40℃水经一垂直管道连续稳定地排到大气中，管内径 d=0.1m，管子摩擦系数 λ=0.02，闸阀阻力系数为 30，问管内最低压强在何处？其值为多少？管内流量为多少(单位：m^3/h)？已知 40℃水的饱和蒸气压 p_s=7373.6Pa。

17. 如附图所示，槽 A 中的液体经管道送入槽 B 中，已知槽 A 与槽 B 的直径都为 2m，管道尺寸为 ϕ34mm×3.5mm，摩擦系数可取 0.03，管子总长 20m(包括所有局部阻力的当量长度在内)。槽 A 内液面降至 0.3m 高时需要多少时间？

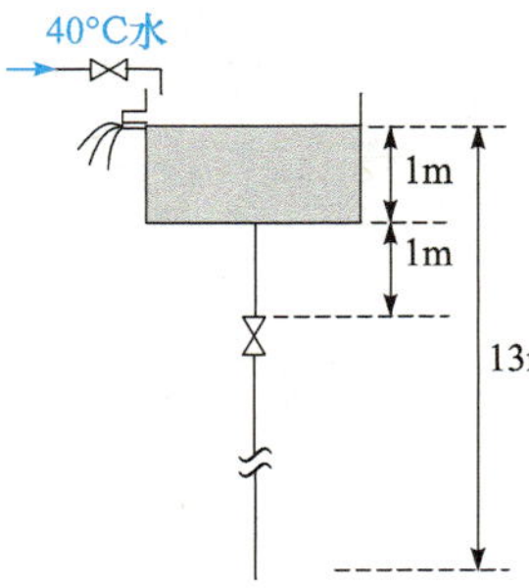

习题 16 附图

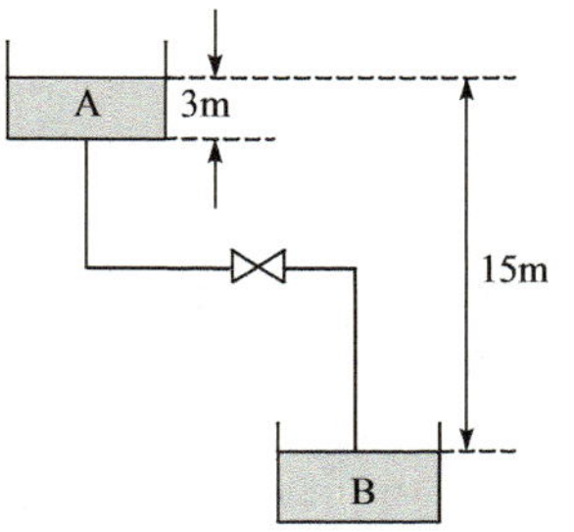

习题 17 附图

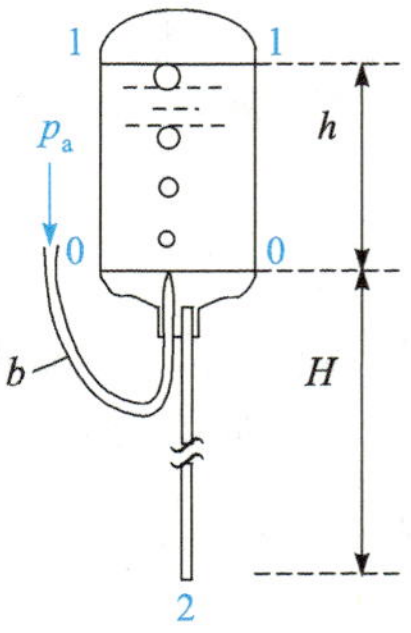

习题 18 附图

18. 如附图所示为一医用输液装置示意图，当药液从点 2 处流出时，瓶内上方形成负压，于是外界空气由细管 b 自动鼓入。试证明：当液位在 0-0 面以上时该装置能稳定输液。

现设 H=1.2m，输液管长 l=2m(不包括进、出口局部阻力在内)，h=0.14m，药水瓶直径 70mm，输液管直径 2mm，p_2=12kPa(表压)，药液密度 ρ=1100kg/m^3，黏度 μ=2cP。求液面降到 0-0 面时所需的时间。

19. 由山上的湖泊引水至贮水池，要求流量为 300m^3/h。湖面与池面的高度差恒为 45m，管道长度为 4km(包括所有局部阻力损失在内)，湖水温度可取为 10℃。若采用新的无缝不锈钢管，壁厚 6.5mm，试选出一合适规格。如经长期锈蚀，不锈钢管的绝对粗糙度变为 1.4mm，是否还能满足输送要求？

20. 密度为 900kg/m^3、黏度为 30cP 的某液体经图示中的管路系统从高位槽连续稳定地输送到低位槽中，已知管路总长 50m(包括除 AB 段以外的所有局部阻力的当量长度在内)，管径 d=53mm，复式 U 形管压差计指示液为水银，两指示液间的流体与管内液体相同，U 形管压差计读数 R_1=7cm，R_2=14cm，试求：

(1) 管内流速；

(2) 当阀关闭时，读数 R_1、R_2 变为多少？

21. 如附图所示，20℃软水由高位槽分别流入反应器 B 和吸收塔 C 中，器 B 内压力为 50.7kPa(表压)，塔 C 中真空度为 10.1kPa，总管为长(20+z_A)m、规格 ϕ60mm×3.5mm 的管子，通向器 B 的管道为长 15m 的 ϕ27mm×2.5mm 管子，通向塔 C 的管道为长 20m 的 ϕ27mm×2.5mm 管子，以上各管长均包括全部局部阻力的当量长度在内。所有管的绝对粗糙度均可取为 0.15mm。如果要求向反应器 B 恒定供应 0.31kg/s 的水，向吸收塔 C 恒定供应 0.47kg/s 的水，高位槽液面至少高于地面多少米？

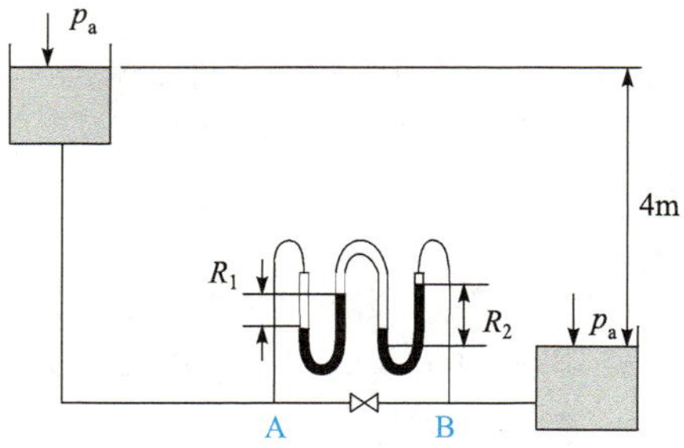

习题 20 附图

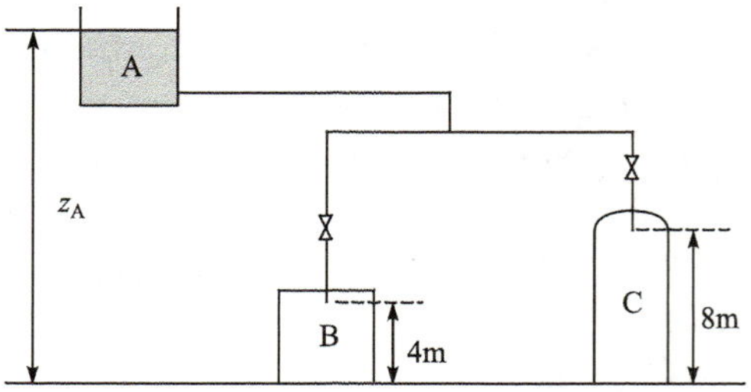

习题 21 附图

22. 对附图所示的分支管路系统，试分析当支管 1 上的阀门 k_1 关小后，总管流量、支管 1、2、3 内流量及压力表读数 p_A 如何变化。

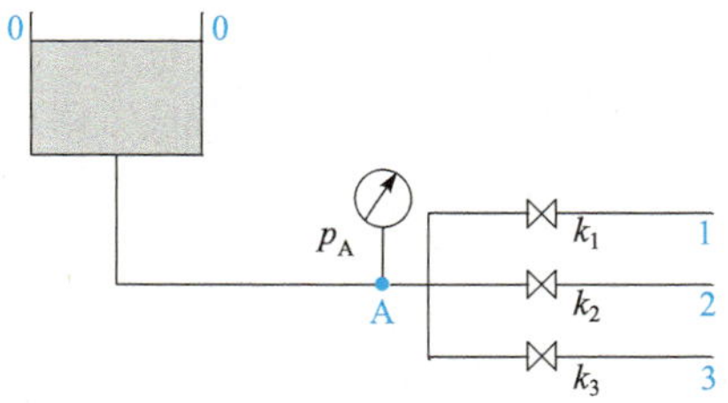

习题 22 附图

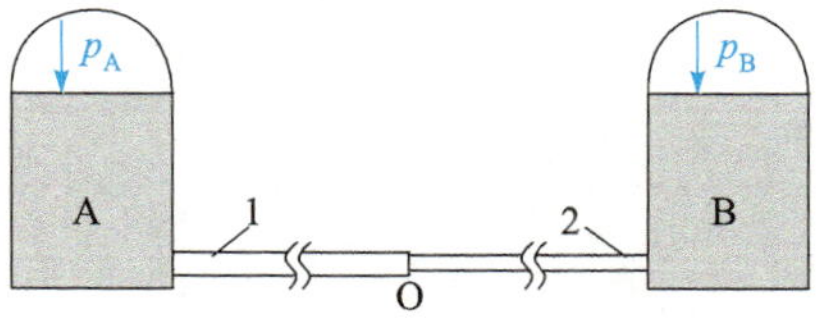

习题 23 附图

23. 如附图所示，某化工厂用管路 1 和管路 2 串联将容器 A 中的盐酸连续稳定地输送到容器 B 内，容器 A、B 液面恒定，上方表压分别为 0.5MPa、0.1MPa，管路 1 长 50m、管子尺寸ϕ60mm×3.5mm；管路 2 长 200m、管子尺寸ϕ48mm×3.0mm，以上长度均包括所有局部阻力的当量长度在内。两容器的液面高度差可忽略，摩擦系数均可取为 0.03。已知盐酸的密度 1150kg/m^3。求：

(1) 该串联管路的输送能力；

(2) 由于生产急需，管路的输送能力要求增加 50%。现库存仅有 9 根ϕ48mm×3.0mm、长 6m 的管子，于是有人提出在管路 1 上并联一长 50m 的管线，另一些人提出应在管路 2 上并联一长 50m 的管线。试通过计算论述这两种方案的可行性。

24. 如附图所示，从高位水塔引水至车间，水塔的水位可视为不变，水管内径为 d，管路总长为 L(阀门前后各 $L/2$)，送水量为 V。现要求送水量增加 50%，故需将管路改装。已知库存有内径 $d/2$、d、$1.25d$ 三种管子，试分析下述各方案的可行性。

(1) 将原管路换成内径 $1.25d$ 的管子；

(2) 从水塔到阀门这一段管路上，并联一根长 $L/2$、内径 $1.25d$ 的管子；

(3) 增设一条与原管平行的、长为 L、内径为 $d/2$ 的管路；

(4) 增设一条与原管平行的、长为 L、内径为 d 的管路。

假设摩擦系数变化不大，局部阻力可以忽略。

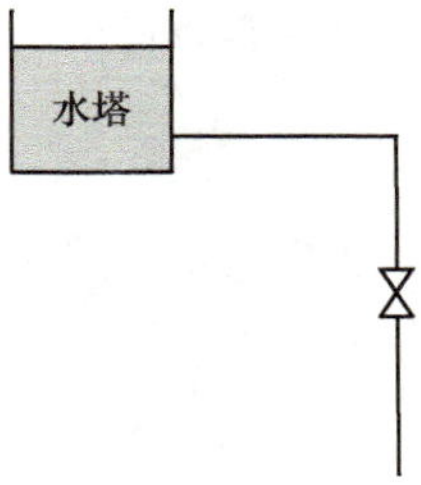

习题 24 附图

25. 将两根长度和内径均相等的管路并联，测得某流量下，管内雷诺数 Re 为 500，流体流经并联管路的阻力损失为 10J/kg。试分析将两根管路串联，总流量不变条件下，流体流经串联管路的阻力损失。

26. 如附图所示，两贮罐 A、B 内石油产品各通过一条内径 0.3m、长 1.5km 的管道，排放到联结点 D，再由 D 经一直径 0.5m、长 0.8km 的管道流到贮罐 C 中。各贮罐液位均恒定，已知罐 A 内液面比 C 的高 10m，而罐 B 内液面比罐 A 的高 7m，管壁绝对粗糙度 ε=0.2mm，石油产品的密度 ρ=870kg/m^3、黏度 μ=0.7mPa · s，试计算流入罐 C 的液体流量，kg/s。

27. 如附图所示，用三条管道将水槽 A、B、C 连接起来，管长分别为 OA=6m，OB=3m，OC=5m，水槽液面均恒定，管径均为ϕ34mm×3.5mm。支路 OC 上有一闸阀 K，其全开及半开时阻力系数分别为 0.17 和 4.5，管进出口和三通处的局部摩擦损失可忽略不计，管的摩擦系数估计为 0.02。试判断当闸阀全开、半开时流体流向，并计算各支管内的体积流量。

28. 欲将 20℃煤气以 5000kg/h 的流量输送到 100km 处，管内径 300mm，管路末端压力为 0.5atm(表压)，试求管路起点需要多大的压力。设流动为等温流动，摩擦系数λ=0.02，标准状态下煤气的密度为 0.85kg/m^3。

*29. 常压、20℃空气以 10m/s 的速度平行流过一无限大平板，试求在距前缘 100mm 处的边界层厚度、该处距壁面 2.1mm 的地方的空气流速以及在宽 0.3m 区域内平板所受的总摩擦阻力。已知临界雷诺数 $Re_c=2\times10^5$。

30. 在管径为ϕ325mm×8.5mm 的管道中心装一皮托管以测定空气流量，其压差大小用斜管压差计测定，指示液为水。已知空气温度 40℃、压力 101.3kPa。现测得斜管压差计倾斜角 20°时读数为 200mm，求空气质量流量。

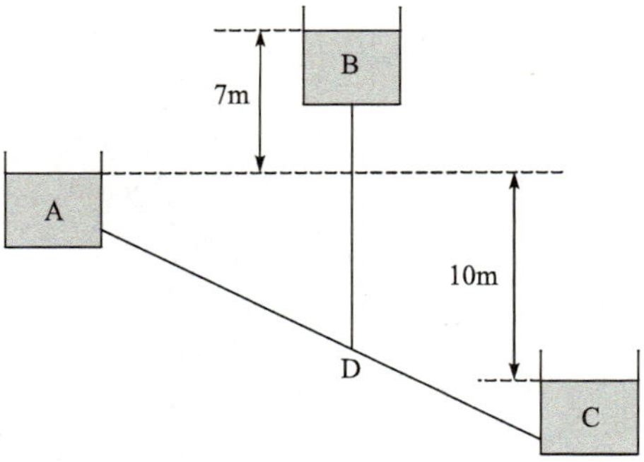

习题 26 附图

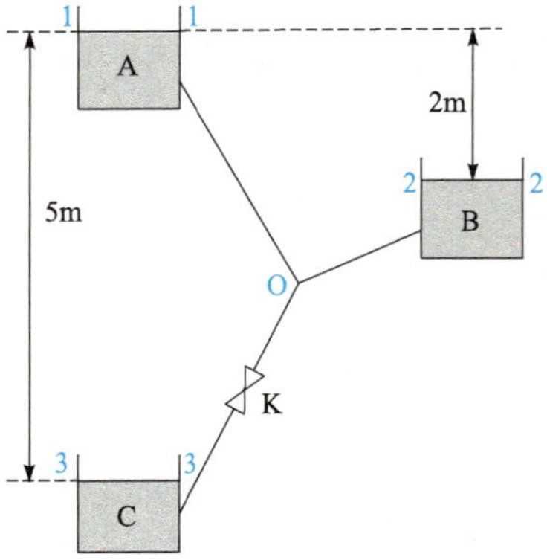

习题 27 附图

31. 在ϕ 76mm×3mm 的管道上装有一孔径为 25mm 的标准孔板来测量液体流量。若 U 形管汞压差计读数为 200mmHg，则流经管道的液体质量流量为多少(单位：kg/s)？已知液体密度 1100kg/m^3、黏度 1.2cP。

32. 用 20℃水标定的某转子流量计，其转子为硬铅(ρ_f=11000kg/m^3)，现用此流量计测量 20℃、1atm 下的空气流量，为此将转子换成形状相同、密度为ρ_f'=1150kg/m^3 的胶质转子，设其流量系数 C_R 不变，则该流量计刻度如何校正？

自测练习题

第 2 章　流体输送机械

引　例

在第 1 章提及的引例中，为了将某化工厂生产过程中产生的大量粗甲苯废液进行回收再利用，需用若干台相同泵组成的泵组将粗甲苯储罐中的上层废液(甲苯层)送至回收装置，该输送过程的泵区布置流程图如图 2-1 所示，图 2-2 为现场照片。

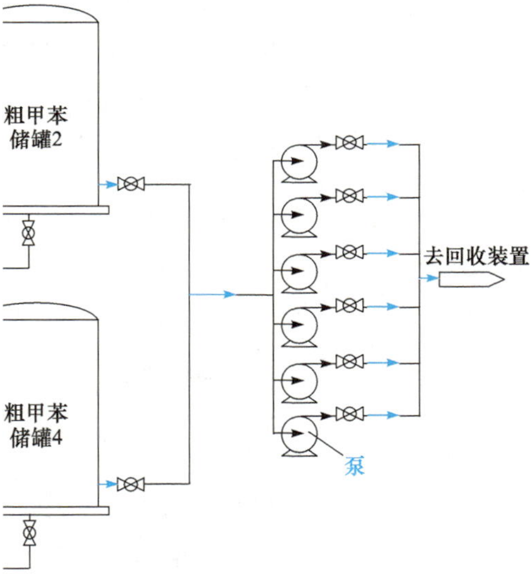

图 2-1　粗甲苯回收装置泵区布置流程图

图 2-2　粗甲苯回收装置泵区现场照片

在化工生产过程或其他过程工业生产中经常遇到与上述引例类似的流体输送问题，也就是说，工业生产中经常要用流体输送机械将流体(气体或液体)从近处送至远处，从低处送至高处，从低压设备送至高压设备等，在此输送过程中，流体输送机械向流体提供机械能，以便克服沿途管路的阻力损失，提高流体位置、升高流体压力等。

输送液体的机械统称为泵，输送(或压缩)气体的机械有风机、压缩机、真空泵等。

本章重点讨论工业生产中应用最广的、产品系列化、通用化、标准化最高的离心泵，对其他类型的泵和气体压送机械则作简要介绍。

2.1 概　　述

流体输送机械按工作原理可分为速度式(又称叶片式)、容积式(又称正位移式)和其他形式。

速度式是依靠旋转的叶片向流体传送机械能，常用的有离心式、轴流式、混流式等。

容积式是利用工作室容积周期性的变化，传递给流体机械能，使流体的压力增加。常用的有往复式(如活塞泵)、回转式(如齿轮泵、罗茨鼓风机)。

其他形式的流体输送机械为工作原理无法归属到上述范畴的，如射流泵、旋涡泵、真空泵等。

2.2 离　心　泵

离心泵结构简单、流量易于调节、适用范围广(流量 5～2000m^3/h、压头 10～1000m)，因而在工业生产中被广泛使用。

2.2.1 离心泵的构造和工作原理

离心泵(单吸)　整体浏览　外观展示　结构展示

1. 离心泵的构造

图 2-3 为离心泵的结构剖视图。离心泵的构件主要包括泵壳、叶轮、泵轴和轴的密封装置。泵壳呈蜗壳状(阿基米德螺线状)，包围着带有一定数量叶片的叶轮，叶轮装在泵轴上，泵轴与电机相连。在电机带动下，泵轴与叶轮同步旋转。在旋转的泵轴与静止不动泵壳之间须装有密封装置。

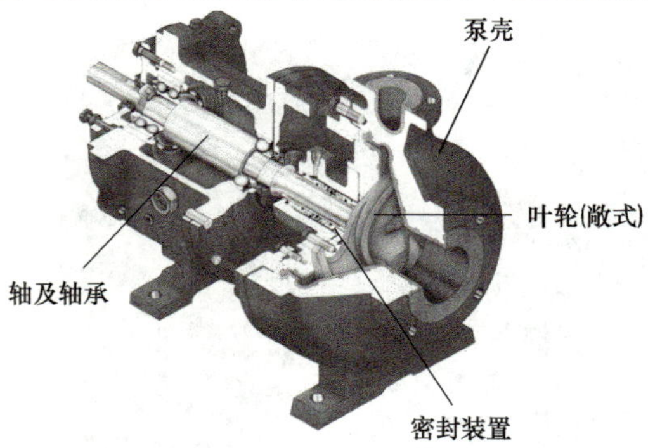

图 2-3　离心泵的结构剖视图

2. 离心泵的工作原理

如图 2-4 所示为离心泵的工作原理示意图。开动前将泵内先灌满所输送的液体，然后启动电机，叶轮便顺着蜗壳形通道逐渐扩大的方向高速旋转(按叶轮旋转的方向来说叶片是向后弯的)，叶片间的液体也随之高速旋转，于是液体便获得了动能。同时，液体因旋转而产生离心力，会从叶轮中部抛向叶轮外周，故液体压力增高。液体以很高的速度(15～25m/s)流入泵壳，因泵壳呈蜗壳状，越接近泵的出口，壳内流动通道截面积越大，于是液体在壳内减速，其大部分动能转化为静压能，待到达泵出口处时液体速度降到经济流速大小，然后从出口进入排出管路。

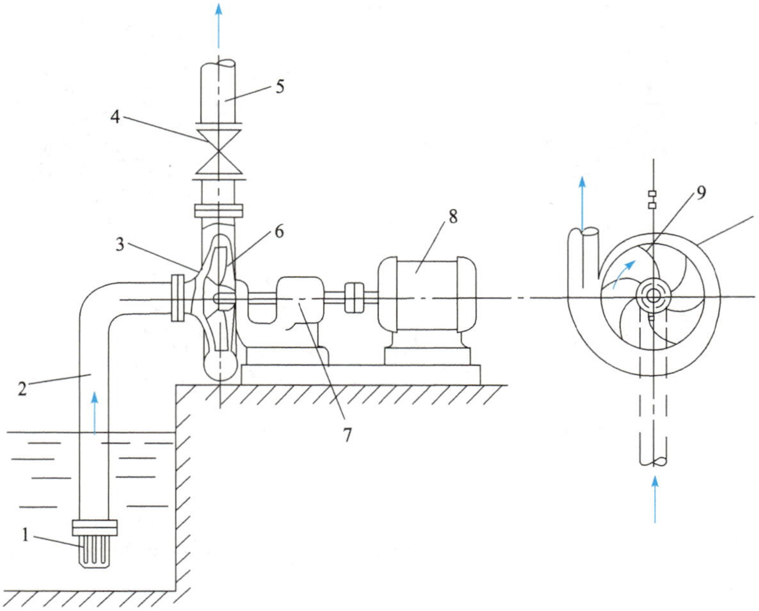

离心泵(单吸)
原理展示

图 2-4　离心泵工作原理示意图

1. 底阀；2. 吸入管路；3. 泵壳；4. 出口阀门；5. 排出管路；6. 叶轮；7. 泵轴；8. 电机；9. 后弯叶片

叶轮内的液体被抛出的同时，叶轮中部形成真空，于是液体在液面压力与叶轮中心处压力(比液面压力小，通常为负压)的差值作用下，经吸入管路吸入泵内，填补了被排出液体的位置。只要叶轮不停地转动，离心泵便不断地吸入和排出液体。由此可见，离心泵之所以能输送液体，主要是依靠高速旋转的叶轮所产生的离心力，故名离心泵。

离心泵启动前如果未先灌满所输送的液体，叶轮在空气中转动，甩出空气，因空气的密度比液体小得多，叶轮旋转所产生的离心力又与密度成正比，从而造成叶轮吸入端的真空度不足以吸上液体现象。推而广之，由于各种原因导致泵壳内存在气体而吸不上液体的现象，称为气缚。为使启动前泵内充满液体，在图 2-4 所示的情况下(泵轴高于吸液方液位)，吸入管路的底部通常装有底阀(具有止逆功能的阀门)。

2.2.2　离心泵主要构件的结构及功能

前已叙及，离心泵的主要构件有叶轮、泵壳和密封装置。

1. 叶轮

叶轮是离心泵的心脏部件，一般有 2～6 片弯曲的叶片。按结构不同可分为闭式、开式与半开式三种(图 2-5)。图 2-5(a)所示为闭式叶轮，前后两侧均有盖板，液体从叶轮中央吸入后，经过叶片间的通道流向叶轮的周边，闭式叶轮叶片间的通道很狭窄，故主要用于输送较为洁净的液体。图 2-5(b)所示为开式叶轮，叶轮两侧均不设盖板，叶片完全外露，叶片间的通道不易堵塞，但液体在叶片间运动时易发生倒流(称为内漏)，效率太低，很少采用。图 2-5(c)所示为半开式叶轮，只有后盖板，与开式叶轮类似，适用于输送浆料、黏性大或有固体颗粒悬浮物的液体，不易堵塞，易内漏，但效率比开式叶轮好些，工业上有一定的使用面。

(a) 闭式　　(b) 开式　　(c) 半开式

图 2-5　离心泵的叶轮型式

有些叶轮的后盖板上钻有小孔，以便把后盖板前后的空间连通起来，称为平衡孔。因为叶轮在工作时，离开叶轮周边的液体压力已增大，有一部分会渗到叶轮后侧，而叶轮前侧液体入口处为低压，因而产生了轴向推力，将叶轮推向泵入口一侧，引起叶轮与泵壳接触处的磨损，严重时还会发生振动。平衡孔能使一部分高压液体泄漏到低压区，减小叶轮两侧的压力差，从而起到减轻轴向推力的作用，但也会降低泵的效率。

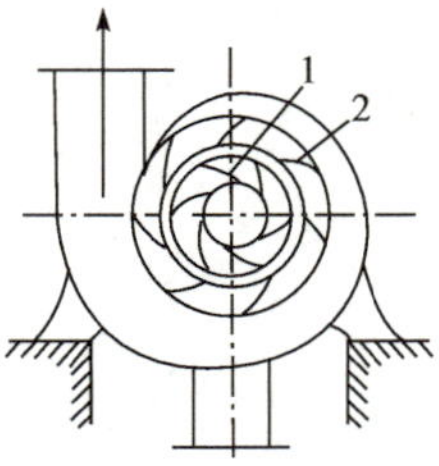

图 2-6　有导轮的离心泵

1. 叶轮；2. 导轮

有些泵(一般为多级泵)在叶轮外周还装一个固定的带叶片的环，称为导轮(图 2-6)。导轮上叶片的弯曲方向与叶轮上叶片的弯曲方向相反，其弯曲角度正好与液体从叶轮流出的方向相适应，从而引导液体在泵壳的通道内平缓地改变流动方向和降低流速，使机械能损耗减小，提高动压头转变为静压头的效率。

2. 泵壳

泵壳是泵体的外壳，包围着旋转的叶轮，起到约束和收集液体的作用。另外，泵壳不做成圆形而是呈蜗壳状，在前面泵的工作原理中已叙及，其目的是使叶轮四周抛出的高速液体在流通截面积逐渐增大的蜗壳形通道内逐渐降低速度，使液体的大部分动能转变为静压能，以便减少因液体流速过大而引起的大量机械能损耗。所以，泵壳既有汇集液体功能，同时是个能量转换装置。

3. 密封装置

由于泵轴转动而泵壳不动，其间必有缝隙，为避免泵内高压液体经缝隙漏出，或防止外部空气渗入泵内，必须设置密封装置。常用的密封装置有填料密封和机械密封。

填料密封是将轴穿过泵壳处的环隙作成密封圈(图 2-7)，其中填入柔性的填料，参见图注 13(如浸油或渗涂石墨的石棉带、碳纤维和膨胀石墨等)，将泵壳内、外隔开，而轴仍能自由转动，此种密封圈又称填料函。填料不能压得过紧，也不能压得过松，应以压盖调节到有液体成滴状向外渗透。

机械密封是由两个光滑而密切贴合的金属环形面构成(图 2-8 中的图注 6、7)，动环随轴转动，静环装在泵壳上固定不动，二者在泵运转时保持紧贴状态以防止渗漏。对于输送酸、碱的离心泵，密封要求比较严，多用机械密封。

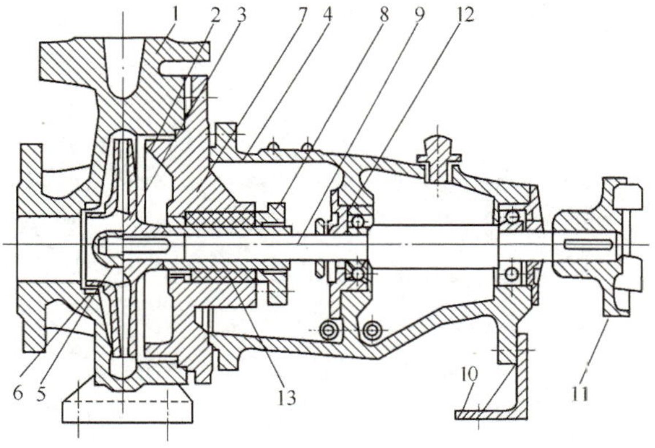

图 2-7　IS 型离心泵结构(填料密封)

1. 泵体；2. 泵盖；3. 叶轮；4. 悬架；5. 叶轮螺母；6. 密封环；7. 护轴套；8. 填料压盖；9. 泵轴；10. 支架；11. 联轴器；12. 轴承；13. 填料

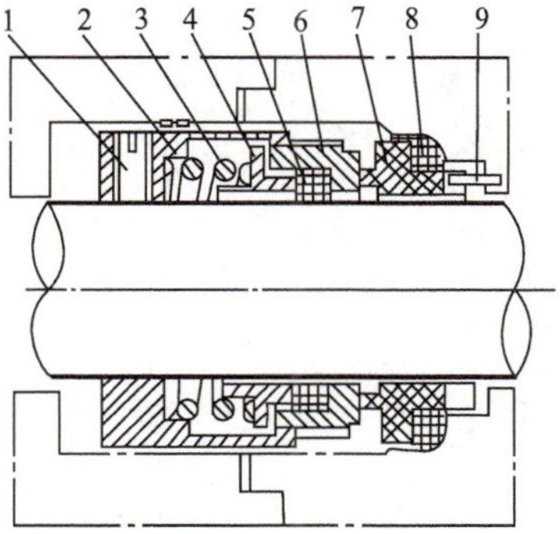

图 2-8　机械密封装置

1. 螺钉；2. 传动座；3. 弹簧；4. 锥环；5. 动环密封圈；6. 动环；7. 静环；8. 静环密封圈；9. 防转销

2.2.3　离心泵的主要性能参数

每个离心泵的铭牌上一般列有下述参数：转速 n、流量 Q、压头(或称为扬程)H、轴功率 N、效率η，有些还包括气蚀余量，这些就是离心泵的主要性能参数。铭牌上所列的数字，是指泵在最高效率下的值，即设计值。下面逐一介绍这些主要性能参数。

1. 流量

这里的流量就是第 1 章提及的体积流量，即单位时间内泵输送的液体量，本章习惯用符号 Q 表示，单位 m^3/s。

流量的测量方法也与第 1 章一样，在排出管路安装一流量计即可。

2. 压头

泵向单位重量液体提供的机械能，称为泵的压头(或扬程)，用符号 H 表示，单位为 m。当泵在管路输送系统中正常工作时，H 应与第 1 章提及的外加压头 h_e 相等，即泵的压头与液体经过泵后获得的压头(又可称为管路所需压头)相等。

离心泵的压头 H 受哪些因素影响？这些因素与 H 的关系如何？这些问题至今仍未从理论推导上得到可靠的结论，必须依靠实验测定。但是在下述理想情况下，离心泵的压头与其影响因素之间的关系还是可以从理论上推证出来的，故在介绍压头 H 实验测定方法和结果之前先给读者推导理想情况下离心泵压头与其影响因素之间的关系式，这一关系式还有助于读者理解实验测定结果。

1) 理论压头 H_∞

所谓理想情况是指：① 叶轮内叶片的数目无限多(当然，叶片的厚度为无限薄)，液体完全沿着叶片的弯曲表面流动；② 液体为黏度等于零的理想液体，即流动时没有阻力损失。

离心泵在上述理想情况下向单位重量液体提供的机械能称为理论压头，用符号 H_∞表示。H_∞与哪些因素有关，可依据上述两个假定以及质量衡算、伯努利方程推导出来。

如图 2-9 所示，在叶轮进口 1 与叶轮出口 2 之间沿两个叶片之间的通道(形状即为叶片的弯曲表面)列伯努利方程得

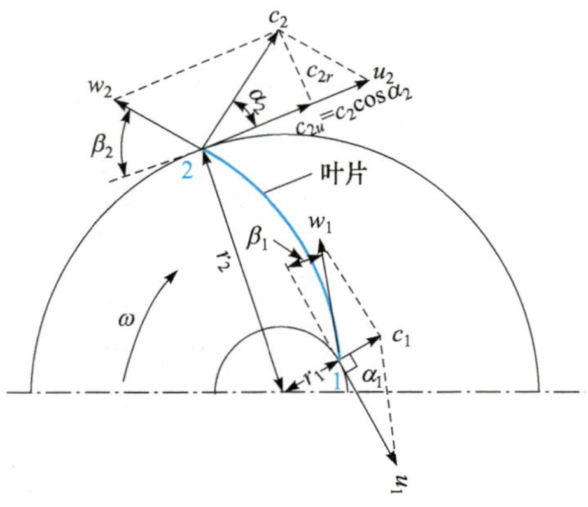

图 2-9 液体进、出叶轮的速度三角形

$$H_\infty = \frac{p_2 - p_1}{\rho g} + \frac{c_2^2 - c_1^2}{2g} \tag{2-1}$$

式中，H_∞为理论压头，m；p_1、p_2为液体在 1、2 处的静压，Pa；c_1、c_2为液体在 1、2 处的绝对速度，m/s；ρ为液体的密度，kg/m^3；g 为重力加速度，9.81m/s^2。

上式没有考虑 1、2 两处的高度差，这是因为叶轮每转一周，1、2 两处的高低互换两次，按时均计此高差可视为零。

由前述的离心泵工作原理可知，液体沿两个叶片之间的通道从叶轮进口 1 流向叶轮出口 2 时，其运动速度 c_1 或 c_2 是由两个分速度构成的，一是方向从里向外的、相对于叶片的相对运动速度 w_1 或 w_2，根据假定 1，该速度应与叶片处处相切，而且因越往外流动通道越宽，w_1 要比 w_2 大；二是液体被叶轮带动旋转产生的圆周速度 u_1 或 u_2，此速度应与圆周处处相切。根据余弦定律，以上各速度之间有如下关系：

$$w_1^2 = c_1^2 + u_1^2 - 2c_1u_1\cos\alpha_1\text{，即}\quad c_1^2 = w_1^2 - u_1^2 + 2c_1u_1\cos\alpha_1 \tag{2-2}$$

$$w_2^2 = c_2^2 + u_2^2 - 2c_2u_2\cos\alpha_2\text{，即}\quad c_2^2 = w_2^2 - u_2^2 + 2c_2u_2\cos\alpha_2 \tag{2-3}$$

代入式(2-1)得

$$H_\infty = \frac{p_2 - p_1}{\rho g} + \frac{w_2^2 - u_2^2 - w_1^2 + u_1^2 + 2c_2u_2\cos\alpha_2 - 2c_1u_1\cos\alpha_1}{2g} \tag{2-4}$$

由前述的离心泵工作原理可知，上式中的$(p_2-p_1)/\rho g$ 项，即液体从叶轮进口 1 流到出口 2 时的静压头增加项产生的原因有两个。

原因一：液体因在叶轮内接受了离心力所做的功而导致静压能的增加，设其大小为$\left(\frac{p_2 - p_1}{\rho}\right)_1$，单位 J/kg。离心力对 1kg 液体所做的功为$\int_{r_1}^{r_2} F_c \mathrm{d}r$，式中的 F_c 为 1kg 液体在旋转时受到的离心力，$F_c = \omega^2 r$，单位 N/kg；ω为旋转角速度，1/s；r 为旋转半径，m。于是

$$\left(\frac{p_2 - p_1}{\rho}\right)_1 = \int_{r_1}^{r_2} F_c \mathrm{d}r = \int_{r_1}^{r_2} \omega^2 r \mathrm{d}r = \frac{\omega^2}{2}\left(r_2^2 - r_1^2\right) = \frac{u_2^2 - u_1^2}{2}$$

原因二：液体沿两个叶片之间的通道自内而外流动时，其流通截面积逐渐扩大，液体通过时会减速，因此，一部分动能转变为静压能。设这个原因导致的每 kg 液体静压能的增加量的大小为$\left(\frac{p_2 - p_1}{\rho}\right)_2$，则其必然等于动能的减小量，即

$$\left(\frac{p_2 - p_1}{\rho}\right)_2 = \frac{w_1^2 - w_2^2}{2}$$

于是，1kg 的液体通过叶轮后其静压能的总增量应为上述两项之和，即

$$\frac{p_2-p_1}{\rho}=\left(\frac{p_2-p_1}{\rho}\right)_1+\left(\frac{p_2-p_1}{\rho}\right)_2=\frac{u_2^2-u_1^2}{2}+\frac{w_1^2-w_2^2}{2} \tag{2-5}$$

将上式各项除以 g 并代入式(2-4)，得

$$H_\infty=\frac{c_2u_2\cos\alpha_2-c_1u_1\cos\alpha_1}{g}$$

离心泵设计中，为了在叶轮进口处少产生旋涡，一般都使设计流量下的α_1=90°，此时，$\cos\alpha_1$=0。上式变为

$$H_\infty=\frac{c_2u_2\cos\alpha_2}{g}=\frac{u_2c_{2u}}{g} \tag{2-6}$$

式中，c_{2u}为速度 c_2 在圆周切线方向上的分量(图 2-9)，m/s。

式(2-6)即为离心泵理论压头的表达式，称为离心泵基本方程。为将其变成理论压头 H_∞与流量 Q 的关系式，先将流量 Q 用 c_2 在径向上的分量 c_{2r} 表示

$$Q=2\pi r_2b_2c_{2r} \tag{2-7}$$

由图 2-9 中的叶轮出口 2 处的速度三角形可知

$$u_2-c_{2u}=c_{2r}\cot\beta_2 \tag{2-8}$$

式中，Q 为泵的流量，m^3/s；r_2 为叶轮半径，m；b_2 为叶轮外缘宽度，m；c_{2r} 为速度 c_2 在径向上的分量，m/s；β_2 为叶片的装置角(图 2-9)。

由式(2-6)～(2-8)整理得

$$H_\infty=\frac{u_2\left(u_2-c_{2r}\cot\beta_2\right)}{g}=\frac{1}{g}\left(u_2^2-\frac{u_2Q\cot\beta_2}{2\pi r_2b_2}\right) \tag{2-9}$$

将 $u_2=\omega r_2$ 代入上式化简得

$$H_\infty=\frac{1}{g}\left[\left(\omega r_2\right)^2-\frac{Q\omega\cot\beta_2}{2\pi b_2}\right] \tag{2-10}$$

式(2-10)表明，离心泵理论压头 H_∞与流量 Q、角速度ω 、叶轮尺寸和构造(β_2、r_2、b_2)有关。

由此式可以看出：叶轮直径越大、转速越大，则 H_∞越大，这就是说，泵越大、转得越快，单位重量液体获得的机械能越多，以此作为依据，可用来直观判断离心泵的功率大小。

由此式还可以看出：对于现成的离心泵，其理论压头 H_∞与流量 Q 呈线性关系，其斜率的正负取决于装置角β_2的大小。当β_2<90°时，叶片为后弯，由式(2-10)可知，H_∞随 Q 的增大而减小，如图 2-10(a)所示；当β_2=90°时，叶片为径向，H_∞不随 Q 而变化；当β_2>90°时，叶片为前弯，H_∞随 Q 的增大而变大。

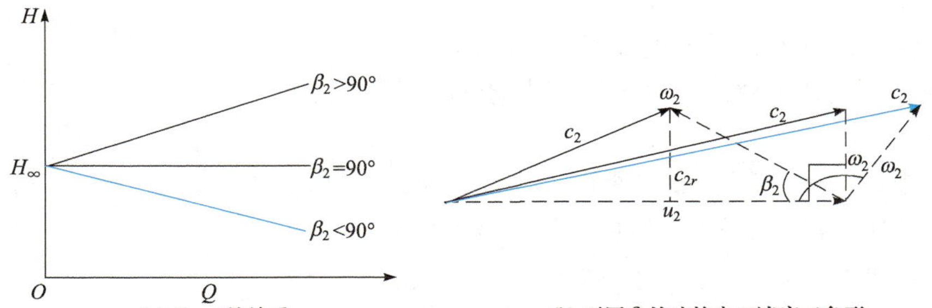

(a) H_∞-Q的关系　　(b) 不同β_2的叶轮出口速度三角形

图 2-10　前弯、径向、后弯叶片比较

由图 2-10(a)显见，前弯叶片的 H_∞为最高，似乎泵设计时应取前弯叶片，但是，实际上离心泵都采用后弯叶片。这是因为：由图 2-10(b)显见，同一台泵在相同流量 Q(c_{2r}相同)和转速(u_2 相同)下，前弯叶片的 c_2 是三者中最大的，即动能最大，因此在泵内流动过程中机械能损失也最大，泵的效率最低。因此，考虑到泵的效率问题，一般泵的设计都采用后弯叶片($\beta_2 \approx 25° \sim 30°$)。

2) 实际压头 H

考虑到离心泵内的实际情况不同于上述的理想情况，即叶片数目并非无限多、液体均有黏性，因而液体通过泵的过程中将存在如下几类压头损失，致使泵的实际压头要小于理论压头。

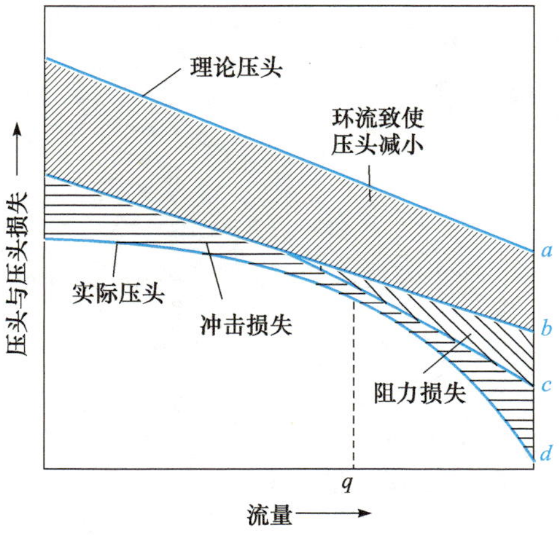

图 2-11　离心泵的理论压头和实际压头

(1) 叶片间的环流。由于叶片数目并非无限多，液体不是严格沿叶片的表面流动，而是在两个叶片之间有环流运动(环流方向与叶轮旋转方向相反)出现，从而产生机械能头损失，此损失应与叶片数、液体黏度等有关，与流量几乎无关。考虑这一因素后，图 2-11 中理论压头线 a 变为直线 b。

(2) 阻力损失。实际流体从泵的进口到出口都有沿程阻力损失，其大小约与流速的平方成正比，即约与流量的平方成正比。考虑到这项损失后，压头线 b 变为曲线 c。

(3) 冲击损失。冲击损失主要是指叶轮入口处和出口处。例如，在叶轮出口处，液体以绝对速度 c_2 离开叶轮周边冲入蜗壳内的液流中，产生边界层分离现象，导致机械能损失，这部分损失应属于局部阻力损失。叶片的装置角β_2 是根据额定的流量设计的(图 2-11 中点 q 所示)，以使所造成的冲击为最小。若操作时的流量偏离设计值，冲击便加剧；实际流量与设计值的偏离越远，冲击损失便越大，c_1 与 u_1 之间的夹角α_1 亦会偏离 90°加大冲击。再考虑到这项损失后，压头线 c 变为曲线 d。此即实际压头与流量之间的大致关系。注意，这里未考虑叶轮的内漏对压头线的影响。

3) H 的测定

可见，离心泵的实际压头与泵的构造、尺寸、叶轮的构造和转速、液体流量、液体的性质等诸多因素有关，非常复杂，尚无类似于式(2-10)的可靠的理论表达式可用，目前工业上主要采用生产厂家提供的实验测定结果。

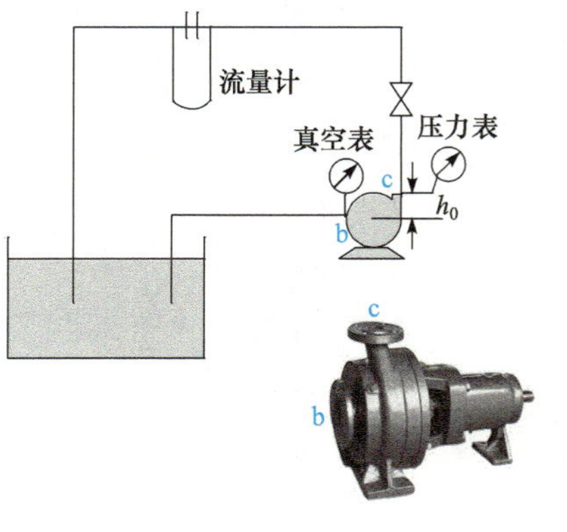

图 2-12　离心泵主要性能参数的测量装置

离心泵出厂前生产厂家如何测量不同流量下的压头呢？一般利用如图 2-12 所示的装置，即在泵入口法兰处 b(参见图 2-12 中右下角泵的照片)安装真空表、泵出口法兰处 c 安装压力表，在排出管路上安装调节阀和流量计，在电机上安装功率表，利用这样一套装置就可很方便地测出离心泵压头与流量关系，同时还可测出其他性能参数与流量关系。

以测量离心泵的压头与流量关系为例，操作过程如下：将泵灌满液体后，在某个固定的转速 n 下，先在出口阀关闭时启动泵，然后开启出口阀，维持某一流量 Q，读取泵入口处真空表和泵出口处压力表的读数，使用下述测量公式即可计算出扬程 H。

设泵进口 b 与出口 c 间的垂直距离为 h_0，根据 b、c 两截面间的机械能衡算得

$$H = h_0 + \frac{p_c(表) - p_b(表)}{\rho g} + \frac{u_c^2 - u_b^2}{2g} + h_{fbc} \tag{2-11}$$

由于 b、c 两截面间就是泵，没有直管段，故阻力损失 h_{fbc} 项数值为零，两截面间的动压头之差和高度差一般很小，暂且略去。于是式(2-11)化简为

$$H \approx \frac{p_c(表) - p_b(表)}{\rho g} = \frac{p_c(表) + p_b'(真)}{\rho g} \tag{2-12}$$

利用图 2-12 所示装置同时还可以测得泵的输入功率 N。改变流量进行多次测定即可得到转速 n 下一系列 Q、H 与 N 值。

3. 轴功率和效率

电机通过泵轴供给泵的输入功率称为轴功率，用 N 表示，单位 W 或 kW。在电机上安装功率表就可以测得 N。相对应地，根据泵的压头 H 和流量 Q 按式 $N_e=HQ\rho g$ 算出的功率(就是第 1 章提及的外加有效功率)可认为是泵的输出功率，称为泵的有效功率。

由于泵内有各种机械能损耗，泵的有效功率 N_e 必然小于泵的轴功率 N，为了表征泵内的机械能被利用程度，定义泵的效率如下

$$\eta = \frac{N_e}{N} = \frac{HQ\rho g}{N} \tag{2-13}$$

式中，η为泵的效率；N 为泵的轴功率，W；N_e 为泵的有效功率，W；H 为泵的压头，m；Q 为泵的流量，m^3/s；ρ为液体密度，kg/m^3；g 为重力加速度，$9.81m/s^2$。

影响η的因素主要有以下三类泵内的机械能损耗：

(1) 水力损失。泵内的水力损失包括前述的环流损失、阻力损失和冲击损失。

(2) 容积损失。从叶轮四周送出的压力较高的液体会有少量漏回到压力较低的叶轮的中央入口，这部分液体已获得的能量化为无用，从而造成容积损失。采用闭式叶轮的泵，其内漏量一般都很少，但在磨损后渗漏便趋严重。

(3) 机械损失。轴承、密封圈(填料函)等机械部件的摩擦，以及叶轮盖板外表面与液体之间的摩擦造成机械损失，直接增大泵的轴功率。

上述三项机械能损失引起的效率分别称为水力效率η_H、容积效率η_v和机械效率η_m。

$$\eta = \eta_v \cdot \eta_H \cdot \eta_m \tag{2-14}$$

一般，小型水泵的效率为 50%～70%，大型泵可达 90%。油泵、耐腐蚀泵的效率比水泵低，杂质泵的效率更低。

例 2-1　用 20℃清水对引例中所用的离心泵性能进行测定，在某一次实验中测得：流量 $50m^3/h$ 时，泵出口的压力表读数 0.29MPa，泵入口的真空表读数 0.02MPa，电功率 6kW，电机效率为 99.5%，泵轴传动效率 100%，真空表与压力表两测压截面的垂直距离为 0.18m。试计算泵的扬程及效率。

解　略去泵入口、出口截面之间的管路阻力损失、动压头之差，应用式(2-11)得压头

$$H = h_0 + \frac{p_c(\text{表}) + p_b'(\text{真})}{\rho g}$$

$$= 0.18 + \frac{0.29\times10^6 + 0.02\times10^6}{1000\times9.81} = 31.8(\text{m})$$

代入式(2-13)得

$$\eta = \frac{HQ\rho g}{N} = \frac{31.8\times50\times1000\times9.81}{3600\times5.97\times1000} = 0.726\ (\text{或}\ 72.6\%)$$

2.2.4 离心泵的特性曲线及其影响因素

1. 离心泵的特性曲线

离心泵的转速 n、流量 Q、压头 H、轴功率 N、效率 η 等主要性能参数之间相互有关联，若将这些关联式用曲线表示出来更便于使用者选泵、操作泵时用，这些曲线被称为离心泵的特性曲线。

离心泵的特性曲线由离心泵的生产厂家用 20°C 清水作为工质、在某恒定转速下测得，测定结果通常附在泵的样本或产品说明书中。常用的离心泵的特性曲线有 H-Q 曲线、N-Q 曲线、η-Q 曲线、$(\text{NPSH})_r$ 线等。

各种型号的离心泵特性曲线虽然各不相同，但形状上基本相似。如图 2-13 所示为型号 IS 125-100-250*的单级单吸清水离心泵在转速为 1450r/min 下的特性曲线图，由图可见各曲线的特点是：

(1) H-Q 曲线。大多数离心泵随流量的增加压头下降。但有的曲线比较平坦，适用于流量变化较大而压头变化不大的场合；而比较陡降的则适合流量变化不大而压头变化较大的场合。

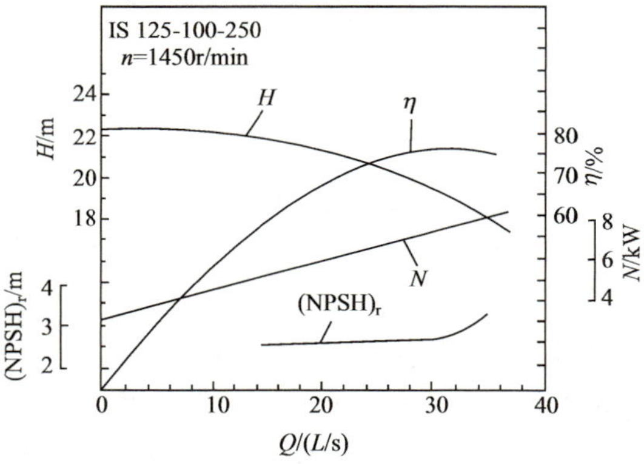

图 2-13 IS 125-100-250 型离心泵的特性曲线

(2) N-Q 曲线。轴功率 N 随流量 Q 的增大而上升，故离心泵在启动前应关闭出口阀，使泵在所需功率最小的条件下启动，以减小电动机的启动电流，同时也避免出口管线的水力冲击。

(3) η-Q 曲线。效率 η 先随流量 Q 的增大而上升，达到最大值后再下降。这一最高点即为设计点，就是离心泵铭牌上所标的数值。根据生产任务选用离心泵时，应使泵在最高效率点附近的高效区内操作。泵铭牌上的额定流量值的±15%区域为泵的高效区。

(4) $(\text{NPSH})_r$ 线，见 2.2.5 节。

2. 离心泵特性曲线的影响因素

由前述知，离心泵的特性曲线是用 20℃清水在固定转速下、针对某一特定型号的泵测

---

*型号意义：IS 表示采用 ISO 国际标准的单级单吸清水离心泵，125 表示泵入口直径，mm；100 表示泵出口直径，mm；250 表示叶轮外径，mm。IS 型单级单吸清水离心泵是我国现在标准化程度高、应用最广的离心泵系列之一。流量范围为 6.3～400m³/h，扬程范围为 5～125m。主要用于输送温度不超过 80℃的清水或物性类似清水的液体。

得的，若更换被输送的液体、改变转速或不更换泵的型号前提下改变叶轮的尺寸，已测得的离心泵特性参数或曲线是否还能用呢？为了解决这个问题，下面讨论离心泵特性曲线的影响因素。

1) 液体性质对离心泵特性曲线的影响

若离心泵使用时所输送的液体不是 20℃清水，其物性(主要指密度和黏度)与水的差异又较大，则密度和黏度对离心泵特性曲线的影响结果如下。

(1) 密度对离心泵特性曲线的影响。由式(2-7)可知，离心泵的流量与液体密度无关，故输送不同密度的液体，泵的流量不发生改变。再由理论压头 H_∞与流量 Q 关系式(2-10)和图 2-11 可知，离心泵的压头与所输送液体的密度亦无关。所以，H-Q 曲线不因所输送的液体密度不同而不同。

再由前述影响泵效率的诸因素分析可知，泵的效率也与液体密度无关。由式(2-13)可知，轴功率与液体密度成正比。

(2) 黏度对离心泵特性曲线的影响。实验结果表明，若液体的运动黏度小于 20℃水的 20 倍(约为 $2\times10^{-5}\text{m}^2/\text{s}$)，如汽油、煤油、轻柴油等，则黏度对离心泵特性曲线的影响可不予考虑。当黏度超过上述值时，需对离心泵的特性曲线进行修正，然后再选泵。

黏度对离心泵性能的影响甚为复杂，难以用理论方法推算，但有经验算图可查取修正系数。许多关于离心泵的专著及国产油泵的说明书上均载有该类算图。

2) 转速对离心泵特性曲线的影响

若离心泵的转速可调节，由泵的工作原理可知，其流量与压头必相应发生改变。转速越大，流量和压头也越大，具体关系式一般根据叶轮的相似定律得到，读者可参见相关专业书籍，这里仅就泵的转速变化不大这一特殊情况作介绍。

前已得出理论压头式(2-6)，即 $H_\infty=\dfrac{c_2u_2\cos\alpha_2}{g}$ 及流量的表达式(2-7)，即 $Q=2\pi r_2b_2c_2\sin\alpha_2$ 。若转速由 n 变为 n'的变化幅度不大(小于 20%)，可以近似认为液体离开叶轮的速度三角形相似，即α_2和 c_2/u_2 可视为不变，效率η亦可认为不变，而有如下比例定律

$$\frac{Q'}{Q}=\frac{r_2b_2c_2'\sin\alpha_2}{r_2b_2c_2\sin\alpha_2}=\frac{u_2'}{u_2}=\frac{n'}{n} \tag{2-15a}$$

$$\frac{H'}{H}=\frac{c_2'u_2'\cos\alpha_2}{c_2u_2\cos\alpha_2}=\left(\frac{u_2'}{u_2}\right)^2=\left(\frac{n'}{n}\right)^2 \tag{2-15b}$$

$$\frac{N'}{N}=\frac{H'Q'\rho g}{HQ\rho g}=\left(\frac{n'}{n}\right)^3 \tag{2-15c}$$

3) 叶轮尺寸对离心泵特性曲线的影响

若将泵的叶轮略加切削而使直径变小，根据泵的工作原理可知，其流量与压头必相应变小。切削量越大，流量和压头减小的也越多。实验结果表明，若切削的幅度不大(小于 20%)，泵效率可视为不变，Q、H、N、与叶轮直径 D 之间近似满足如下切削定律。

$$\frac{Q'}{Q}=\frac{D'}{D} \tag{2-16a}$$

$$\frac{H'}{H}=\left(\frac{D'}{D}\right)^2 \tag{2-16b}$$

$$\frac{N'}{N}=\left(\frac{D'}{D}\right)^3 \tag{2-16c}$$

例 2-2 若在原转速 n 下泵的特性曲线方程为 $H=A-BQ^2$，试用常数 A、B 表示新转速 n'下泵的特性曲线方程。假设转速变化幅度不大，满足比例定律。

解 根据比例定律，有

$$Q=\frac{n}{n'}Q' \qquad H=\left(\frac{n}{n'}\right)^2 H'$$

代入原转速 n 下泵的特性曲线方程中得

$$\left(\frac{n}{n'}\right)^2 H'=A-B\left(\frac{n}{n'}\right)^2 Q'^2$$

化简得

$$H'=A\left(\frac{n'}{n}\right)^2-BQ'^2$$

这就是新转速 n'下泵的特性曲线方程，可见，与原转速下的特性曲线方程相比，曲率不变，截距变化，即转速变化，泵的特性曲线将平行上移或下移。

2.2.5 离心泵的安装高度及气蚀余量

1. 气蚀

用户在使用离心泵之前需考虑离心泵安放位置是否合适的问题，即泵轴与吸液方液面的垂直高度(称为安装高度)是否合适。如果安装高度过大，会导致泵的严重损害。下面根据泵的工作原理和机械能衡算加以分析。

安装高度的数值可正可负，如图 2-14 所示为安装高度是正值的情形，以此为例，随着泵的安装高度 z_s 的提高，根据机械能衡算原理可知泵内压力将降低(暂按吸入管路长度不变计)。泵内最低压力点通常位于叶片进口稍后的 K 点附近。当 p_K 降至被输送液体的饱和蒸气压时，液体将发生沸腾现象，同时，原先溶解在液体里的气体(一般为空气)也自动逸出，所生成的气泡和蒸气泡在随液体向外周流动中，又因压力迅速加大而突然破裂或急剧冷凝，形成空穴，周围液体以很大的速度向空穴补充，产生瞬时压力很大的冲击，可以达到几百个大气压，仿佛是液体做的锤子在定向敲击叶片。因为气泡和蒸气泡产生、消失的频率很高，液体锤子的敲击频率也很高，可达 20000～30000 次/s。在这样的高压力、高频率的持续作用下，叶片的金属会产生疲劳，变脆，出现裂缝。与此同时，伴随着液体的高频冲刷，液体中微量溶解的氧对金属的化学腐蚀作用大大加速，经过一段时间后，可使叶轮入口端表面出现蜂窝状腐蚀(图 2-15)。在上述两种因素双重作用下，叶片断裂甚至呈海绵状逐步脱落，这种现象称为气蚀。发生气蚀时，气泡被压破时炸裂而使

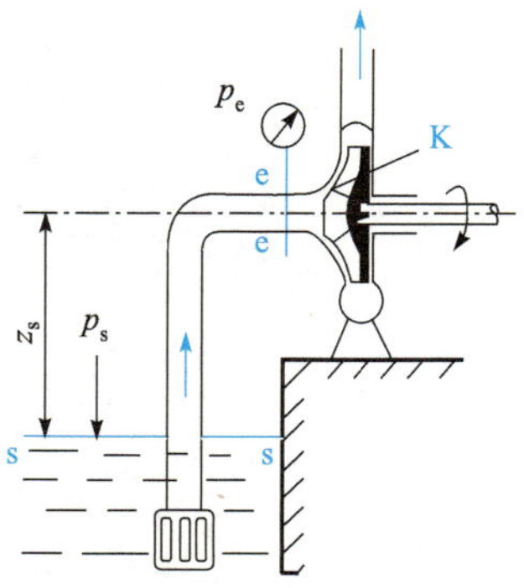

图 2-14 离心泵的安装高度

泵发出噪声，液体锤击作用而使泵体产生震动，蒸气产生而使液体的表观密度减小，从而导致液体实际流量、出口压力和效率都下降，严重时可导致完全不能输出液体。

图 2-15　叶片的气蚀

气蚀的产生、发展和破坏过程非常迅速，在很短的时间内就会达到完全损坏叶片的程度，因此，为了避免发生气蚀，泵的安装高度不能超过某一定值。我国的离心泵样本中，采用气蚀余量，又称净正吸上高度(NPSH，net positive suction head)来表示泵的这一性能，下面简述其意义，并说明如何用它确定泵的安装高度。

2. 气蚀余量和安装高度

刚好发生气蚀时，在吸液方液面 s-s 与 K 点间列机械能衡算式可得到泵的最大安装高度，其中 p_K 等于液体的饱和蒸气压 p_v，但 K 点的速度很难测定，而相对来说泵入口法兰 e 处的压力、速度等参数易于测定(图 2-14)，因此，用截面 e-e 替代面 K-K 列机械能衡算方程。当泵刚发生气蚀时，$p_e>p_K$ 且达到最小值 $p_{e,min}$，此时

$$\frac{p_s}{\rho g}=z_{s,max}+\frac{p_{e,min}}{\rho g}+\frac{u_e^2}{2g}+\sum h_{fs\text{-}e}$$

或

$$z_{s,max}=\frac{p_s}{\rho g}-\left(\frac{p_{e,min}}{\rho g}+\frac{u_e^2}{2g}\right)-\sum h_{fs\text{-}e} \tag{2-17}$$

式中，$z_{s,max}$ 为最大安装高度，m；p_s 为吸液方液面处的压力，通常为大气压 p_a，即 $p_s=p_a$；$p_{e,min}$ 为泵入口处的最小压力，Pa；u_e 为泵入口处的液体流速，m/s；$\sum h_{fs\text{-}e}$ 为吸入管线(从液面 s 至截面 e)的压头损失，m。

显见，式(2-17)右边每一项都与用户条件(包括用户所在的大气压、用户吸入管路铺设情况、被输送的液体、流量等)有关，当然 $\left(\frac{p_{e,min}}{\rho g}+\frac{u_e^2}{2g}\right)$ 项也与用户条件有关，因此，厂家直接提供给用户最大安装高度是没有意义的。但是，若将 $\left(\frac{p_{e,min}}{\rho g}+\frac{u_e^2}{2g}\right)$ 项变为 $\left(\frac{p_{e,min}}{\rho g}+\frac{u_e^2}{2g}-\frac{p_v}{\rho g}\right)$，在工作流量一定条件下，其值则与用户条件基本无关而变成了常数，这是因为，根据 e-K 间的机械能衡算有 $\left(\frac{p_{e,min}}{\rho g}+\frac{u_e^2}{2g}-\frac{p_v}{\rho g}\right)=\frac{u_K^2}{2g}+\sum h_{fe\text{-}K}$，可见其只与流量有关。因此，厂家只要将该项数值测出提供给用户，用户再依据式(2-17)就可以很方便地计算出自己使用条件下的最大安装高度值。

$\left(\frac{p_{e,\min}}{\rho g}+\frac{u_e^2}{2g}-\frac{p_v}{\rho g}\right)$代表泵进口处液体的总压头$\left(\frac{p_{e,\min}}{\rho g}+\frac{u_e^2}{2g}\right)$比液体的饱和蒸气压对应的静压头$\frac{p_v}{\rho g}$的高出值，故称之为最小气蚀余量$\Delta h_{\min}$，单位 m，即

$$\Delta h_{\min}=\left(\frac{p_{e\min}}{\rho g}+\frac{u_e^2}{2g}\right)-\frac{p_v}{\rho g} \tag{2-18}$$

$\Delta h_{\min}$可通过实验测定，以泵的扬程较正常值下降 3%为准。

为了确保泵能正常运行，通常规定允许气蚀余量(又称必需气蚀余量)$\Delta h_{允许}=\Delta h_{\min}+0.3(\mathrm{m})$，其值可从泵的样本中查得(见附录九)，于是泵的允许安装高度为

$$z_{s,允许}=\frac{p_s}{\rho g}-\frac{p_v}{\rho g}-\sum h_{fs\text{-}e}-\Delta h_{允许} \tag{2-19}$$

实际的安装高度还应比允许值低 0.4～0.6m。

注意，离心泵性能表中所列出的$\Delta h_{允许}$值是在液面压力 p_s 为 101.3kPa、20℃水测得的(p_v=2350Pa，即 0.24mH_2O)。若离心泵输送的是与水不同的液体，比如油，则要根据油的密度、蒸气压对所规定的$\Delta h_{允许}$值进行校正。求校正系数的曲线载于泵的说明书中。因校正系数常小于 1，故为简便计，也可不校正，而将其视为外加的安全因数。

由式(2-19)可知，在输送饱和蒸气压高的液体时，允许安装高度往往很小；有时还会出现负值，对此，应将泵安装在液面以下，使液体自灌入泵。

由式(2-19)还可知，为了尽量增大允许安装高度，应尽可能减小吸入管道的压头损失$\sum h_{fs\text{-}e}$。例如，吸入管直径可比排出管直径适当大些；泵的位置应靠近液源以缩短吸入管长度；吸入管应少拐弯，省去不必要的管件；调节阀应安装在排出管路上。

例 2-3 在本章开始的引例中，生产要求将储罐中的上层液用离心泵排出到回收装置中进行回收处理，储罐中上层液面上方充有氮气作为保护气，并维持绝压为 p_s=102kPa。输送到最后，液面有可能降到泵入口以上 0.1m。上层液为 80℃的粗甲苯，甲苯质量分数约为 99.75%，可近似认为其物性与纯甲苯相近，80℃纯甲苯的密度ρ=810kg/m^3，饱和蒸气压 p_v=38.8kPa，吸入管路的压头损失估计为 0.75m 液柱，所选用的泵的气蚀余量为 2.5m。问此泵能否正常操作？

解 要判断泵能否正常操作，需核算此泵的安装高度是否合理，故应先算出允许安装高度，以便与题中所给的实际安装高度−0.1m 相比较。

将 p_s、ρ、p_v、$\sum h_{fs\text{-}e}$、$\Delta h_{允许}$等值代入式(2-19)得到允许安装高度为

$$z_{s,允许}=\frac{p_s}{\rho g}-\frac{p_v}{\rho g}-\sum h_{fs\text{-}e}-\Delta h_{允许}=\frac{102000-38800}{810\times 9.81}-0.75-2.5$$
$$=4.7(\mathrm{m})$$

显然，允许安装高度 4.7m 远大于实际安装高度−0.1m，可见该泵不会出现气蚀现象，能正常操作。

2.2.6 离心泵的工作点与流量调节

将选好的离心泵安装在输送管路上，其能提供的压头 H 和流量 Q 应是 H-Q 特性曲线上的某一点，至于如何确定该点，则还需要考虑泵前后所连接的管路情况。也就是说，装在某特定管路中的泵，其压头和实际输送量要由泵的特性与管路的特性共同决定，泵提供的流量

应正好是管路所需的流量，泵提供的压头应正好是管路所需要的压头。离心泵的特性前面已经介绍了，下面对管路特性问题进行讨论。

1. 管路特性曲线方程

管路所需流量与所需压头之间的关系式，称为管路特性曲线方程。其实，管路特性曲线方程就是第 1 章的单位重量流体为基准的机械能衡算方程式(1-78a)，将其改写为

$$h_e = \Delta z + \frac{\Delta p}{\rho g} + \frac{\Delta u^2}{2g} + \sum h_f \tag{2-20}$$

式中，h_e为管路所需压头；Δz 为升举高度；$\Delta p/\rho g$ 为液体静压头的增量；$\Delta u^2/2g$ 为动压头的增量，与其他项相比，一般可以忽略不计；$\sum h_f$ 为全管路(包括吸入管路和排出管路)的压头损失。

因此，泵提供的压头用于使液体位置升高、静压头增大以及克服流动过程中的压头损失。

令式(2-20)中 $A=\Delta z+\Delta p/\rho g$，显然 A 与流量无关，且一般在实际操作中为常数。$\Delta u^2/2g+\sum h_f$ 则是流量 Q 的函数，记作 $f(Q)$，于是式(2-20)可改写为

$$h_e = A + f(Q)$$

若在阻力平方区，λ 为常数

$$\sum h_f = \lambda \frac{\sum (l + l_e)}{d} \frac{u^2}{2g} = \left(\frac{8\lambda}{\pi^2 g}\right) \frac{\sum (l + l_e)}{d^5} Q^2 \propto Q^2$$

于是可将$\Delta u^2/2g+\sum h_f$ 写成

$$\frac{\Delta u^2}{2g} + \sum h_f = BQ^2$$

代入式(2-20)得

$$h_e = A + BQ^2 \tag{2-21}$$

将式(2-21)标绘在图中，如图 2-16 所示。

2. 工作点

将离心泵的特性曲线也绘在图 2-16 中，与管路特性曲线方程相交，交点就代表泵提供的流量、压头恰好等于管路所需的流量、压头，故称该点为泵的工作点。它表示一个特定的泵安装在一条特定的管路上的工作状态。

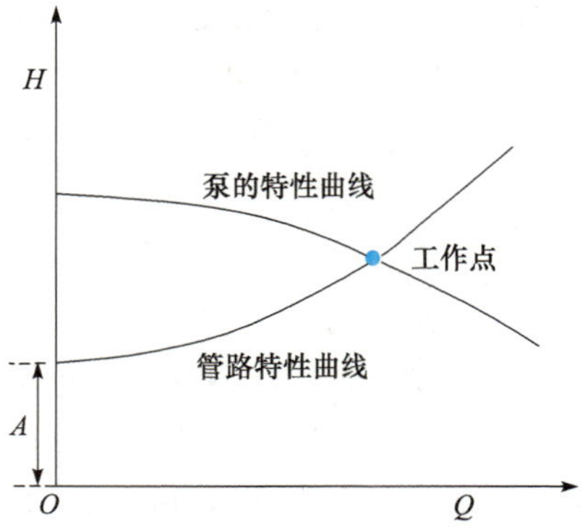

图 2-16　泵的工作点

3. 流量调节

在工业生产中经常需要改变输送管路的流量，为调节流量即改变工作点，显然可采用两类方法，一类是改变管路特性曲线，另一类是改变泵的特性曲线，具体操作如下。

1) 调节阀门

调节阀门以改变工作点的方法属于改变管路特性曲线这类方法，也是所有流量调节方法中最简单的。在离心泵出口处都装有调节流量用的阀门，阀门开大或关小，就改变了阀门的局部阻力系数，式(2-21)中的系数 B 将相应变小或

变大，因而管路特性曲线的弯曲程度也就随着改变，如图 2-17 所示为阀门关小前后的管路特性曲线，工作点左移，流量变小，扬程变大。根据轴功率曲线的特点，泵所耗动力也相应下降。

用关小阀门的方法来调小流量，实质上是人为地增大了阀门上的阻力损失，而管路上其他部件上的阻力损失因流量减小反而是减小的。因关小阀门而多消耗在阀门上的机械能又称节流损失，其大小显然就是图 2-17 中所示的($H_{\text{II}}-h_{e\text{II}}$)。

用关小阀门的方法来调小流量，优点是方便、迅速，可以在某一最大流量与零之间随意调节，缺点是有可能使泵在离设计点较远处工作而降低泵的效率，因此，这种方法特别适用于经常调流量的场合。

2) 改变泵的转速或切削叶轮

改变泵的转速或切割叶轮以便改变工作点的方法属于改变泵特性曲线这类方法。如图 2-18 所示为满足比例定律或切削定律条件下，泵的转速变小或切削叶轮时泵的工作点的变化情况，可见泵的特性曲线平行下移，工作点左移，流量和扬程均变小。

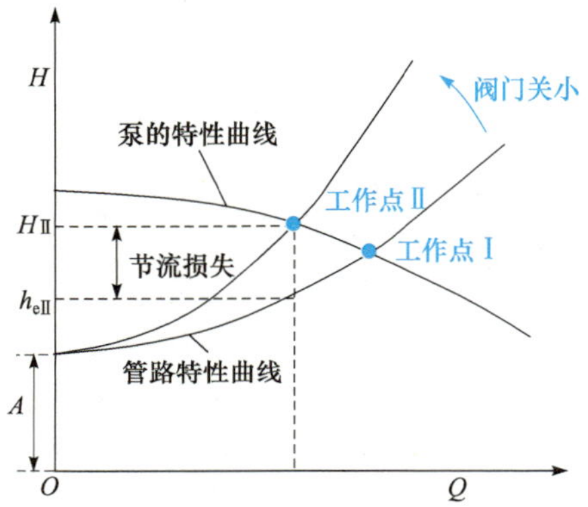

图 2-17 调节阀门改变泵的工作点

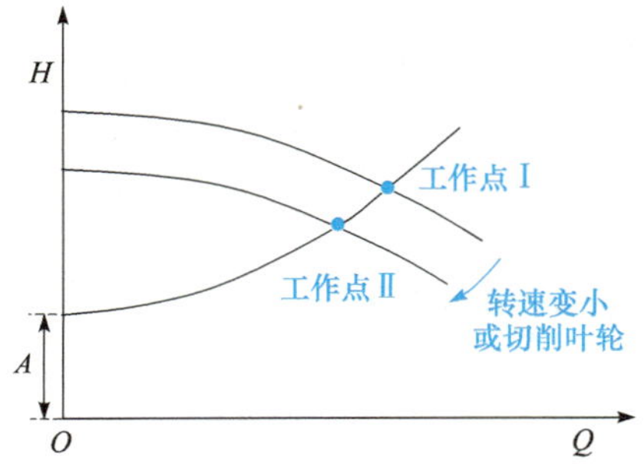

图 2-18 改变泵的转速或切割叶轮改变泵的工作点

近二十多年来，由于交流电动机变频调速技术的进展及推广使用，改变泵的转速调节流量的方法在节能、减少机械磨损及故障率、降低噪音等方面取得了显著的效果，又便于自动控制，是大中型泵的首选。

目前，叶轮切削一般用于清水泵中，水泵厂常给同一台泵配上 2～3 个外径不一样的叶轮(属于切削关系)以便用户根据需要使用。切削叶轮的泵的特性曲线一般由生产厂家提供。当切削率为 7%～10%时，在泵规格号之后加字母 A(如 100-80-125A)；当切削率为 13%～15%时，则在泵规格号之后加字母 B。

3) 泵的串、并联

在本章开头的引例中，设置了 6 台相同型号的泵并联工作输送甲苯废液，当 6 台泵都工作时，可以达到 300m^3/h，当只开 1 台泵时，甲苯废液输送量是 300m^3/h 的 1/6，以此类推。显然，这样的操作方式比只配备一台泵要灵活和高效得多，可以通过开停泵的台数来调节泵站的输送量和扬程，特别适用于所需流量、扬程不时变化下的场合。

将多台相同的泵串联或并联起来而组成泵组联合工作，也属于改变泵特性曲线来调节流量的方法。由于不同型号的泵串、并联操作时很难同时使两台泵都处在高效区内工作，因此，当需要泵组操作时通常采用相同的泵。

(1) 泵的并联。如图 2-19(a)所示，将两台相同泵并联后，从泵本身的输送特性角度来看(不是工作点)，与单台泵相比，压头 H 不变、流量 Q 增大为两倍。按此规律，可将单台泵的特性曲线在纵坐标不变的情况下，横坐标均向右延长一倍得到并联泵组的特性曲线，如图 2-19(b)所示。显然，并联泵组安装在管路上工作时，工作点右移，由 D 变为 D′，流量变大，扬程变大，可以认为并联泵组相当于一台大型的泵。但是，需说明的是，并联泵组工作时的流量 $Q_{D'}$ 不会是单台泵工作时的流量 Q_D 的两倍，这是因为管路永远都会有阻力损失，管路特性曲线永远是向上凹的曲线。

(2) 泵的串联。如图 2-20(a)所示，将两台相同泵串联后，从泵本身的输送特性角度来看(不是工作点)，与单台泵相比，流量不变，扬程增大为两倍。按此规律，可将单台泵的特性曲线在横坐标不变的情况下，纵坐标均向上延长一倍得到串联泵组的特性曲线，如图 2-20(b)所示。显然，串联泵组安装在管路上工作时，工作点右移，由 D 变为 D′，流量变大，压头变大，可以认为串联泵组相当于一台多级泵。随着泵制造工艺的提高，各种型号的泵非常齐全，目前工业上很少采用泵的串联工作方式。需说明的是，串联泵组工作时的压头 $H_{D'}$ 不会是单台泵工作时的压头 H_D 的两倍，这是因为管路特性曲线不可能是垂直线。

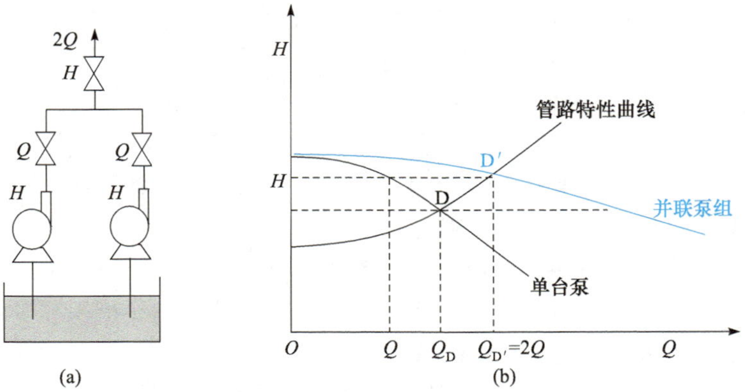

图 2-19　离心泵的并联操作

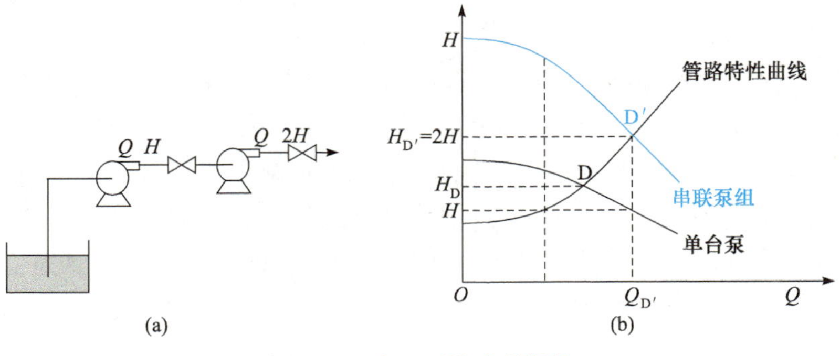

图 2-20　离心泵的串联操作

例 2-4　在本章开始的引例中，将储罐中的上层液排出到回收装置所用的离心泵的特性曲线方程为 $H=37-0.0022Q_{单}^2$ (H，m；Q，m³/h)，若将两台这样的泵并联起来使用，试推出并联泵组的特性曲线方程表达式。若两台泵串联呢?

解　根据泵并联的特点，有

$$H_{单}=H_{并}，\ Q_{单}=Q_{并}/2$$

代入单台泵的特性曲线方程 $H=37-0.0022Q_{单}^2$ 中得

$$H_{并}=37-0.0022\left(\frac{Q_{并}}{2}\right)^2$$

可见，并联泵组的特性曲线与单台泵的相比，截距不变，曲率变为四分之一，曲线更加平坦，参见图 2-19。

同理，将 $H_{单}=H_{串}/2$，$Q_{单}=Q_{串}$ 代入单台泵的特性曲线方程 $H=37-0.0022Q_{单}^2$ 中得

$$H_{串}=74-0.0044Q_{串}^2$$

可见，串联泵组的特性曲线与单台泵的相比，截距、曲率均增大一倍，曲线变得陡峭，参见图 2-20。

2.2.7 离心泵的类型、选用、安装与运转

1. 离心泵的类型

离心泵种类繁多，分类方法也多种多样。通常按输送液体的性质分，化工生产中常用的离心泵有水泵、油泵、耐腐蚀泵、杂质泵、锅炉给水泵、冷凝水泵等类别。每类又按吸入口的多少又有单吸泵、双吸泵之分；按叶轮个数多少有单级泵、多级泵之分；按泵轴方位有立式泵、卧式泵之分。每种型式的泵又按流量、压头的不同组成多种规格大小的系列产品。

(1) 水泵。凡是输送清水和物性与水相近、无腐蚀性且杂质很少的液体的泵都称水泵，前述的 IS 型泵即为其中的一种，特点是结构简单，易于操作。

(2) 油泵。输送石油产品的泵称为油泵。油品的一个重要特点是易燃、易爆，因而对油泵的重要要求是密封完善。采用填料函进行密封时，要从泵外边连续地向填料函的密封圈注入冷的封油，封油的压力稍高于填料函内侧的压力，以防泵内的油从填料函溢出。封油从密封圈的另一个孔引出。油泵亦可按需要采用机械密封。

热油(200℃以上)泵的密封圈、轴承、支座等都装有水夹套，用冷却水冷却，以防其受热膨胀。泵的吸入口与排出口均向上，以便从液体中分离出的气体不致积存于泵内。热油泵的主要部件都用合金钢制造，冷油泵可用铸铁。

(3) 耐腐蚀泵。主要特点是接触液体的部件(叶轮、泵体)用耐腐蚀材料制造，因而要求结构简单，零件容易更换，维修方便，密封可靠。用于耐腐蚀泵的材料有高硅铸铁、不锈钢、各种合金钢、塑料、陶瓷、玻璃等。

(4) 杂质泵。输送含有固体颗粒的悬浮液、稠厚的浆液等的泵称为杂质泵，它又细分为污水泵、砂泵、泥浆泵等。对这种泵的要求是不易堵塞、易拆卸、耐磨。它在构造上的特点是叶轮流道宽，叶片数少(一般 2～5 片)，有些泵壳内还衬以耐磨又可更换的钢护板。

同一类型的离心泵自成一个系列，将这些泵在适宜工作范围的 H-Q 特性曲线绘于一张坐标图上，称为系列特性曲线或型谱，如图 2-21 所示为 IS 型泵的型谱。有了型谱图，便于用户选泵，也便于为新产品的开发确定方向。

2. 离心泵的选用

选择离心泵时，通常可按照下列原则进行：

(1) 先根据输送要求及操作条件确定泵的类型。根据所输送液体决定选用水泵、油泵等；根据现场安装条件决定选用卧式泵、立式泵等；根据扬程大小选单级泵、多级泵等；对单级泵，根据流量大小选用单吸泵、双吸泵等。

(2) 再根据所要求的流量与压头确定泵的型号。在工业生产中，所要求的流量和压头往往在一定范围内变动，一般应以最大流量作为所选泵的额定流量，如缺少最大流量值时，可取正常流量的 1.05～1.1 倍作为额定流量。对于压头，则也应以输送系统在最大流量下的压

头的 1.05～1.1 倍作为所选泵的额定压头。按上述额定流量及压头，利用系列型谱图就可以选择泵的型号了。若是没有一个型号的 H 和 Q 与所要求的刚好相符，则在邻近型号中选用 H 和 Q 都稍大的一个。若是有几个型号都能满足要求，则除了考虑哪一个型号的 H 和 Q 比较接近于所需的数值以外，还应考虑哪一个型号的效率在此条件下比较高。

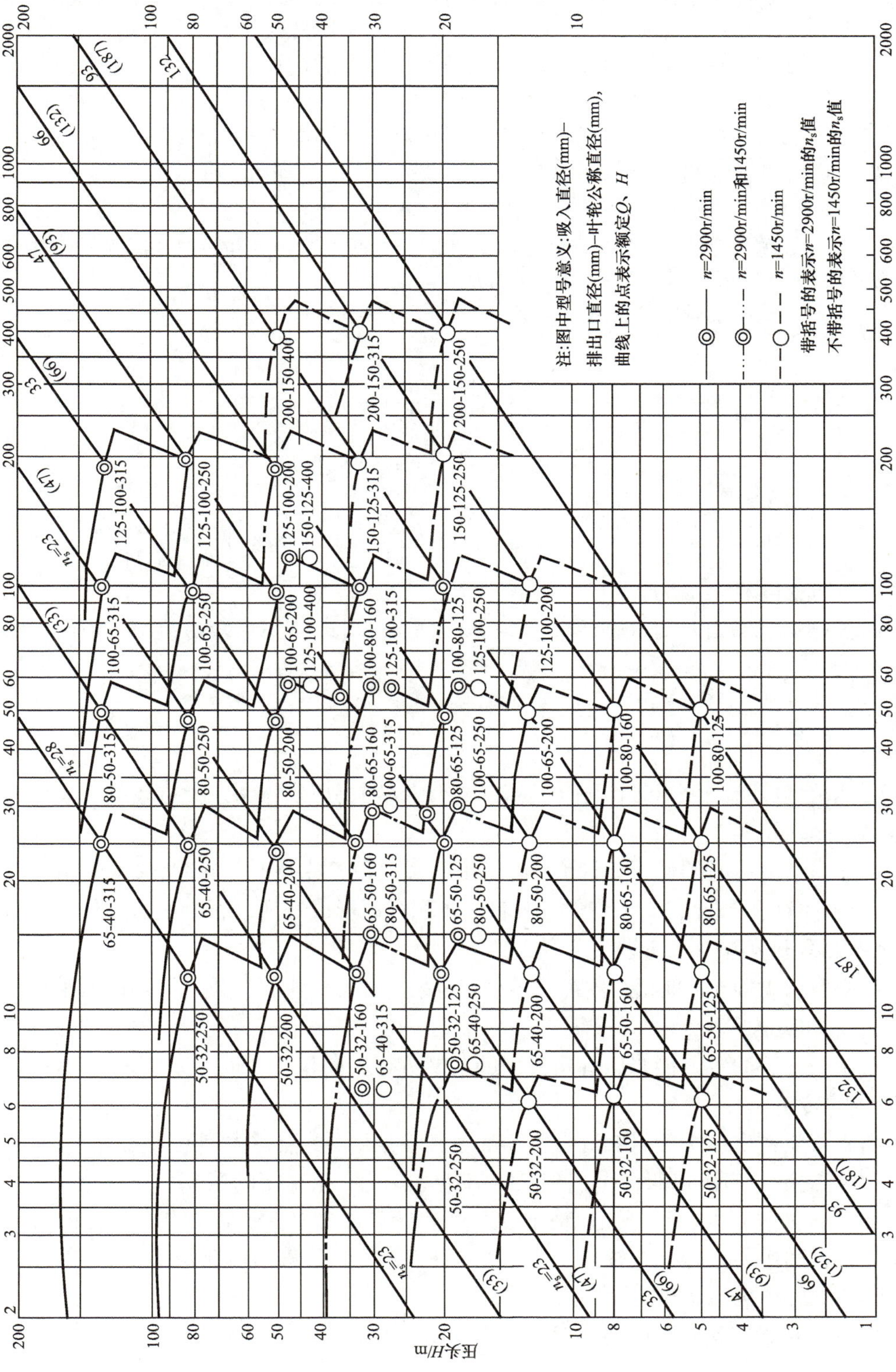

图2-21 IS型离心泵的型谱

$n_s=\dfrac{n\sqrt{Q}}{16.44H^{0.75}}$ 称为泵的比转数；n_s 较大，表示泵额定的 H 较低，而 Q 较大

例 2-5 在本章开始的引例中，生产要求将储罐中的上层液(80℃的粗甲苯，甲苯质量分数约为 99.75%)用泵以 $50m^3/h$ 的流量排出到甲苯回收装置中进行回收处理。可近似认为上层液的物性与纯甲苯相近，已知 80℃纯甲苯的黏度μ=0.32mPa · s，密度ρ=810kg/m³。回收装置中粗甲苯流出管管口比泵上游储罐液面高 14.2m，回收装置的操作压力与储罐液面上方压力相同。管道均为公称直径 $DN125$ 的无缝钢管(外径 141.3mm、壁厚 3.49mm)。吸入管路的直管长 56.4m、所有管件和阀门的 l_e/d 总和为 1178(不包括管入口)。排出管路的直管长 153m、所有管件和阀门的 l_e/d 总和为 888(不包括管出口)，另外排出管路上还有 1 个流量计，流量计的阻力降为 10m 液柱，管路摩擦系数可取为 0.02。试在 IS 型泵中选定合用的一个。

解 管内径

$$d=141.3-2\times3.49=134(\text{mm})或\ 0.134(\text{m})$$

取所需流量的 1.05～1.1 倍作为额定流量

$$Q=(1.05\sim1.1)Q=52.5\sim55\ (\text{m}^3/\text{h})$$

取面 1-1 为泵上游储罐液面，面 2-2 为粗甲苯流出管管口外侧，故Δz=14.2m，Δp=0，Δu^2=0，代入管路特性曲线方程式(2-20)得上述流量下对应的管路所需的压头。

$$\begin{aligned}
h_e &= \Delta z+\frac{\Delta p}{\rho g}+\frac{\Delta u^2}{2g}+\sum h_f+h_{流量计}\\
&=\Delta z+\left[\left(\lambda\frac{l+l_e}{d}+\sum\zeta\right)_{吸入}+\left(\lambda\frac{l+l_e}{d}+\sum\zeta\right)_{排出}\right]\frac{u^2}{2g}+h_{流量计}\\
&=\Delta z+\left[\left(\lambda\frac{l+l_e}{d}+\sum\zeta\right)_{吸入}+\left(\lambda\frac{l+l_e}{d}+\sum\zeta\right)_{排出}\right]\frac{8(Q/3600)^2}{\pi^2d^4g}+h_{流量计}\\
&=14.2+\left(0.02\times\frac{56.4}{0.134}+0.02\times1178+0.5+0.02\times\frac{153}{0.134}+0.02\times888+1\right)\frac{8(Q/3600)^2}{\pi^2\times0.134^4g}+10\\
&=24.2+1.466\times10^{-3}Q^2
\end{aligned}$$

在 Q=52.5～55m³/h 范围内，由上式计算得 h_e=28.2～28.6m，据此查附录可知 IS 80-65-160 (n=2900r/min) 泵适用。

3. 离心泵的安装与运转

各种类型的泵都有生产部门提供的安装与使用说明书可供参考。此处仅指出若干应注意之处，并加以解释。

(1) 泵的安装高度必须低于允许值，以免出现气蚀现象或吸不上液体。要尽量降低吸入管路的阻力，要注意不能因泵入口处变径引起气体积存而形成气囊，否则大量气体一旦吸入泵内，便导致吸不上液体——气缚。

(2) 离心泵启动前，必须将泵内灌满液体，至泵壳顶部的小排气旋塞开启时有液体冒出为止，以保证泵和吸入管内无空气积存。

(3) 对于新安装的泵或检修后首次启动的泵要进行转向检查，即开动电机，观察叶轮转向与泵厂规定的转向是否一致。

(4) 离心泵应在出口阀关闭即流量为零的条件下启动，此点对大型的泵尤其重要。电机运转正常后，再逐渐开启出口阀，至达到所需流量。注意，泵在闭阀情况下运行时间一般不应超过 2～3min，如时间太长，泵壳、轴承会发热，严重时可能导致泵壳的热力变形。

(5) 运转过程中要定时检查轴承发热情况，注意润滑。若采用填料函密封，应注意其泄漏和发热情况，填料的松紧程度要适当。

(6) 停泵前亦应先关闭出口阀，以免压出管路内的液体倒流入泵内使叶轮受冲击而损坏。

离心泵在运转中的故障形式多样、原因各异，不同类型的泵容易发生的故障也不尽相同。比较常遇到的故障之一是吸不上液，如在启动时发生，可能是由于注入的液体量不足或液体从底阀漏走，亦可能是吸入管或底阀、叶轮堵塞。在运转过程中停止吸液，常是由于泵内吸入空气，造成气缚现象，应检查吸入管路的连接处及填料函等处漏气情况。至于具体问题如何具体解决，则可参阅各类型泵的安装使用说明书。

2.2.8　离心泵的操作型问题定性分析及计算

离心泵的操作型问题是指泵已经在运行中，某些操作条件变了，如电机转速、吸液方液面高度等，从而引起泵的输液量、扬程、管内压力等发生变化。离心泵的操作型问题分为定性分析和定量计算两种类型。下面以简单管路为例介绍这类问题的分析和计算方法。

例 2-6　操作型问题定性分析

在引例中，用离心泵将储罐中的 80℃的粗甲苯废液经过管路系统送至回收装置。若只开一台泵，管路条件不变，试定性分析下列参数随储罐中废液液面下降如何变化。假设液面下降过程中泵仍能正常工作，不会出现气蚀。

(1) 流量、扬程、轴功率；

(2) 管路总阻力损失；

(3) 泵出口处压力表读数；

(4) 泵入口处真空表读数。

解　操作型问题定性分析这类问题解决基本思路是：根据前述介绍的泵及管路特性曲线的影响因素知识，画出泵的新、旧工作点，于是流量、扬程的变化情况就确定了，而轴功率、管路总阻力损失、压力表(或真空表)读数等物理量的变化情况则因此会迎刃而解，具体推证如下。

(1) 流量、压头、轴功率的变化分析。随着储罐中废液液面下降，泵的特性曲线显然不受影响因而不变。而管路特性曲线则因吸液方液面下降，其截距 A 变大；其曲率 B 因管路条件不变而不变，故管路特性曲线将平行上移，如图 2-22 虚线所示，故工作点左移，流量变小、扬程变大。

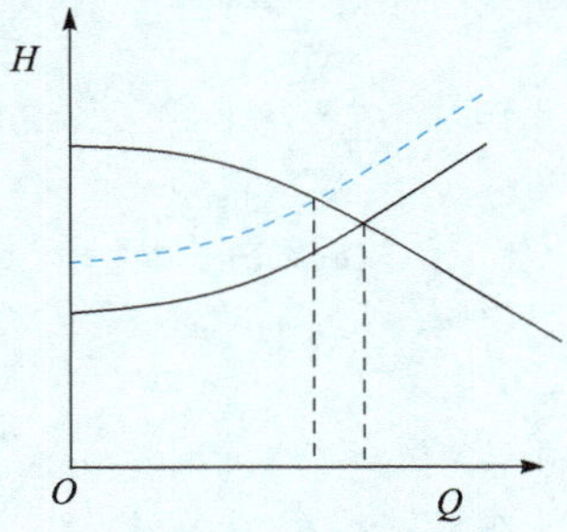

图 2-22　例 2-6 附图

至于泵的轴功率变化，可根据泵的轴功率特性曲线规律知，流量减小时轴功率将变小。

(2) 管路总阻力损失的变化分析。根据管路特性曲线方程可知，BQ^2 就是管路总阻力损失，其值应该随流量 Q 的减小而变小。

(3) 泵出口处压力表读数的变化分析。分析方法类似例 1-10，流量 Q 变小后，压力表至管出口这段压出管路的总阻力损失将变小，管出口截面的静压能和位能之和不变，根据机械能衡算可知，压力表所在截面上的静压能和位能之和将变小(说明：动能与出口损失抵消)，而其中位能不变，故静压能将变小，即泵出口处压力表读数变小。

(4) 泵入口处真空表读数的变化分析。根据泵的进、出口的机械能衡算方程式(2-12)可知，在 H 变大、泵出口处压力表读数变小的情况下，泵入口处真空表读数必然变大。

例 2-7　操作型问题定量计算

在本章开始的引例中，用离心泵将储罐中的上层液(80℃的粗甲苯，甲苯质量分数约为 99.75%)输送到甲苯回收装置中进行回收处理，可近似认为上层液的物性与纯甲苯相近，已知 80℃纯甲苯的黏度 μ=0.32mPa · s，密度 ρ=810kg/m^3。回收装置中粗甲苯流出管管口比泵上游储罐液面高 14.2m，回收装置的操作压力与储罐液面上方压力相同。管道均为公称直径 DN125 的无缝钢管(外径 141.3mm、壁厚 3.49mm)。吸入管路的直管长 56.4m，阀门全开时所有管件和阀门的 l_e/d 总和为 1178(不包括管入口)。排出管路的直管长 153m，阀门全开时所有管件和阀门的 l_e/d 总和为 10992(不包括管出口)，管路摩擦系数可取为 0.02。所用的离心泵的特性曲线方程为 H=37−0.0022Q^2(H，m；Q，m^3/h)，试求：

(1) 阀门全开时，管路中实际流量为多少？

(2) 为使流量达到 50m³/h，现采用调节阀门开度的方法，应如何调节？求此时的管路特性方程和节流损失。

(3) 此泵的原转速为 2900r/min，若采用调节转速的方法使流量变为 50m³/h，则新的转速应为多少？

解 (1) 在储罐液面与粗甲苯流出管出口截面(外侧)间列机械能衡算得管路特性方程为

$$h_e=\left(\Delta z+\frac{\Delta p}{\rho g}\right)+\frac{\Delta u^2}{2g}+h_f \tag{i}$$

其中，$\Delta z=14.2\text{m}$，$\Delta p=0$，$\dfrac{\Delta u^2}{2g}=0$

$$h_f=\left[\left(\lambda\frac{l+l_e}{d}+\sum\zeta\right)_{\text{吸入}}+\left(\lambda\frac{l+l_e}{d}+\sum\zeta\right)_{\text{排出}}\right]\frac{u^2}{2g}$$

$$=\left(0.02\times\frac{56.4}{0.134}+0.02\times1178+0.5+0.02\times\frac{153}{0.134}+0.02\times10992+1\right)\frac{u^2}{2g}$$

$$=276.2\times\frac{u^2}{2g}$$

$$u=\frac{4}{\pi d^2}\frac{Q}{3600}\qquad (Q\text{以m}^3/\text{h计})$$

代入式(i)得

$$h_e=14.2+276.2\times\frac{8}{\pi^2 d^4 g}\left(\frac{Q}{3600}\right)^2$$

$$=14.2+276.2\times\frac{8}{\pi^2\times0.134^4\times9.81\times3600^2}Q^2$$

$$=14.2+5.47\times10^{-3}Q^2 \tag{ii}$$

而泵的特性方程为

$$H=37-2.2\times10^{-3}Q^2 \tag{iii}$$

泵工作时，$h_e=H$。联立求解式(ii)、式(iii)得

$$Q=54.5(\text{m}^3/\text{h})\qquad h_e=H=30.4(\text{m})$$

(2) 为使流量由 Q=54.5m³/h 变为 50m³/h，需关小阀门。

设阀门关小后的管路特性方程为

$$h_e'=A+B'Q'^2 \tag{iv}$$

其中，A 仍为 14.2m(因为$\Delta z+\Delta p/\rho g$不变)，B'按如下方法求取。

阀门关小后，泵特性方程式不变，故将 Q'=50m³/h 代入式(iii)可以求出新的工作点的纵坐标

$$H'=37-2.2\times10^{-3}\times50^2=31.5\,(\text{m})$$

Q'=50m³/h，H'=31.5m 就是阀门关小后新工作点的横、纵坐标(图 2-23 中点 M')。Q'、H'也应满足阀门关小后的管路特性方程，于是，将 Q'、H'(即 h_e')代入式(iv)得

$$31.5=14.2+B'\times50^2$$

$$B'=6.92\times10^{-3}$$

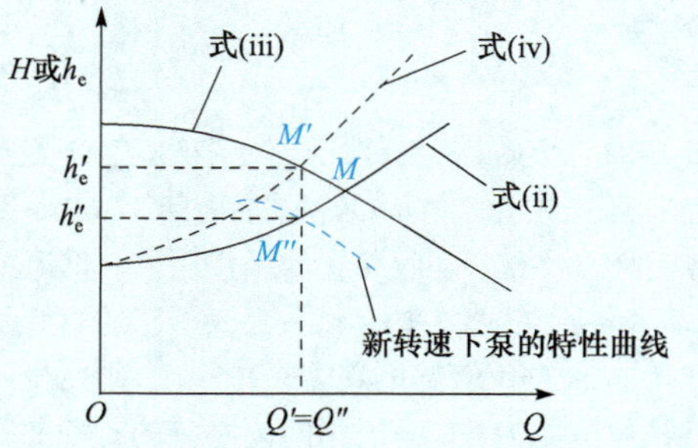

图 2-23 例 2-7 题解附图

于是，阀门关小后的管路特性方程为

$$h_e'=14.2+6.92\times10^{-3}Q'^2$$

因关小阀门导致的节流损失为图 2-23 中的($h_e'-h_e''$)，其中 h_e'=31.5m。将 Q'=50m³/h 代入原管路特性曲线方程式(ii)中得 h_e''如下：

$$h_e''=14.2+5.47\times10^{-3}Q'^2=14.2+5.47\times10^{-3}\times50^2=27.9\,(\text{m})$$

节流损失

$$h_e'-h_e''=31.5-27.9=3.6(\text{m})$$

(3) 若采用调节转速的方法使流量变为 $50m^3/h$，则应将转速变小，即工作点下移至点 M''处。根据式(ii)可知点 M''的横、纵坐标分别为

$$Q''=50(m^3/h) \qquad h_e''=14.2+5.47\times10^{-3}\times50^2=27.9\ (m)$$

Q''、H''应满足新转速下泵的特性方程。根据例 2-2 可得新转速下泵的特性方程为

$$H''=37\left(\frac{n'}{n}\right)^2-2.2\times10^{-3}\left(Q''\right)^2 \tag{v}$$

点 M''的横、纵坐标 $Q''=50m^3/h$、$h_e''=H''=27.9m$ 应满足新转速下泵的特性方程式(v)，再将 $n=2900r/min$ 代入得

$$n'=2900\times\sqrt{\frac{27.9+2.2\times10^{-3}\times50^2}{37}}=2900\times0.95=2755\ (r/min)$$

思考：用下述方法求解本例中的第(3)问对吗？

$$n'=n\frac{Q''}{Q}=2900\times\frac{50}{54.5}=2900\times0.917=2659\ (r/min)$$

或

$$n'=n\sqrt{\frac{H''}{H}}=2900\times\sqrt{\frac{27.9}{30.4}}=2900\times0.958=2778\ (r/min)$$

提示：比例定律不适用于转速变化前后的两个工作点 M、M''，但如果管路特性曲线过坐标原点时比例定律可用。

2.3　其他类型泵

2.3.1　其他速度式泵

速度式泵中除了离心泵外，还有轴流泵和混流泵。三者的区别在于叶轮出水的水流方向。其中，离心泵属径向流，液体在叶轮中受离心力作用而沿径向流动；轴流泵属轴向流，液体在叶轮中主要受到轴向推力作用而沿叶轮轴向流动；混流泵属斜向流，液体在叶轮中受到离心力和轴向推力共同作用而沿斜向流动。

轴流泵和混流泵的特点都是中、大流量，中、低压头，特别是轴流泵，压头一般仅为 4～15m。下面着重介绍轴流泵的结构及特点。

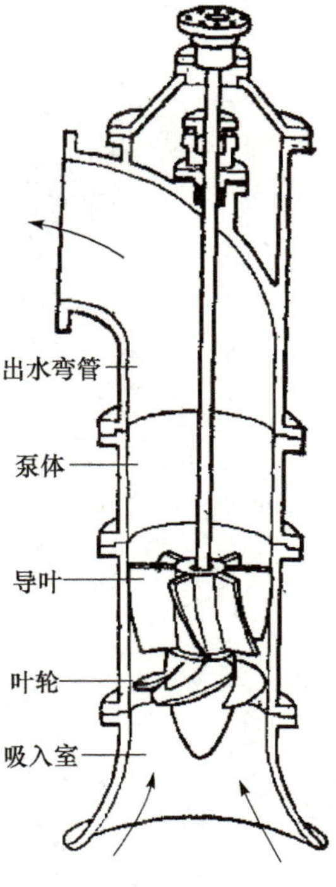

图 2-24　轴流泵

轴流泵的工作原理类似电风扇，其外形很像一段圆管，泵壳直径与吸液口直径相近。其结构如图 2-24 所示。叶轮上装有 2～7 个叶片，在圆管形泵壳内旋转。叶轮上部装有 6～12 片固定导叶，以使液体的旋转运动变为轴向运动，并把旋转运动的动能转变为静压能。因此，在轴流泵内，液体不是通过离心力获得能量，而是通过液体对叶片作绕流运动后在叶轮两侧所形成的压差获得能量，故轴流泵提供给液体的压头较小，但输送量却很大，特别适用于大流量和低压头的液体输送情况。

随流量的减小，轴流泵的压头增大较快的，轴功率也增大。这是因为流量较小时，在叶片的进口和出口处产生液体回流，液体多次重复被加能，类似于多级加压，使压头较快增大。而回

流使阻力损失增大，从而导致轴功率变大，在 $Q=0$ 时轴功率最大。因此轴流泵应在管路中所有阀门全部打开的情况下启动。轴流泵的 Q-η曲线上的高效区范围很窄。根据上述特点，调节流量不宜用出口阀门调节流量，而是改变叶片装置角，大、中型泵则首选调转速。

2.3.2 容积式泵

容积式泵靠泵体工作室容积的改变对液体进行压送，其改变方式有往复运动和旋转运动两种。

1. 往复泵

1) 往复泵的结构和工作原理

往复泵主要是由泵缸、活塞(或柱塞)、阀门(吸入阀、压出阀)和传动机构构成，如图 2-25 所示为单缸单动式往复泵的结构示意图。

往复泵的工作原理主要是依靠活塞(或柱塞)的往复运动使泵缸内的工作室容积忽大忽小，从而实现对液体的抽吸和压送。具体就是：启动电机，柱塞 8 在连杆 9 和曲柄 10 等组成的传动机构带动下，将电机的旋转运动转化为柱塞的直线式往复运动，而且该往复运动速度按正弦曲线规律变化。当柱塞从右向左移动时，液体受压，因液体不可压缩，泵缸内压力便增高，使吸入阀 5 因受压而关闭，同时推开泵缸内的排出阀 3，将液体压入排出管路 1。像吸入阀 5 和排出阀 3 这样只允许液体向一个方向流动的阀门均为单向阀。当柱塞移到最左端时，排液完毕，工作室的容积达到最小。然后活塞开始移向右端，工作室内的容积随之增大，形成低压，吸液方的液体在外界与工作室之间的压差作用下，顶开吸入阀 5 而进入泵缸，这时排出阀 3 因受排出管中高压液体的压力而关闭。当柱塞移到最右端时，工作室的容积达到最大，吸入的液体量也达到最大。至此，往复泵完成吸液-排液这样一个工作循环。柱塞往复运动的最大距离称为冲程。

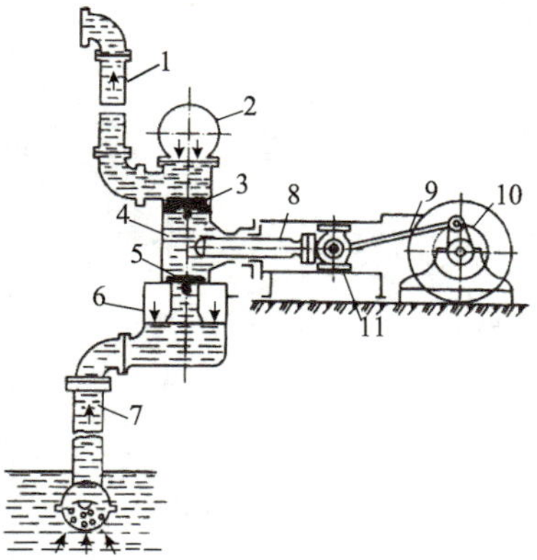

图 2-25 单缸单动式往复泵示意图

1. 排出管路；2. 排出空气室；3. 排出阀；4. 泵缸；5. 吸入阀；6. 吸入空气室；7. 吸入管路；8. 柱塞；9. 连杆；10. 曲柄；11. 滑块

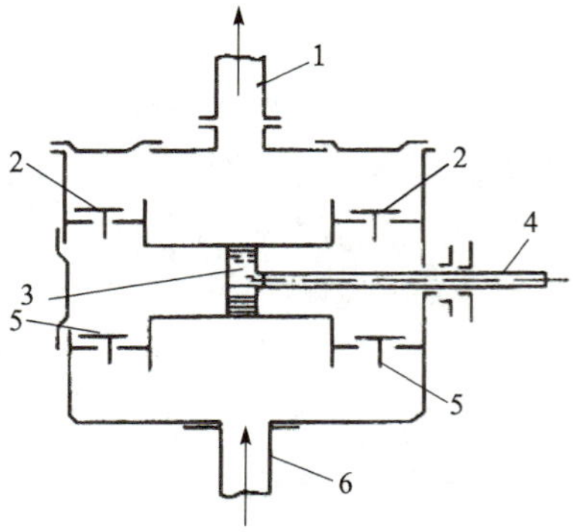

图 2-26 双动式往复泵示意图

1. 排出管路；2. 排出阀；3. 活塞；4. 活塞杆；5. 吸入阀；6. 吸入管路

上述往复泵在柱塞往复一次的过程中，吸液和排液各一次，交替进行，称为单动泵。若在活塞左右两侧各有一个工作室，都装有吸入阀和排出阀，如图 2-26 所示，则可使吸液与排液同时进行，采用这种结构的泵称为双动泵。图 2-26 所示的双动泵没有采用柱塞而用的是活塞。柱塞为长的圆柱而活塞为扁的圆盘，柱塞可以比活塞承受更大的轴向力，适用于较高的操作压力场合。当活塞向右移动时，左侧的工作室容积变大、压力变小，右侧的工作室容积变小、压力变大，左侧的吸入阀 5 开启，右侧的吸入阀 5 关闭，液体经左侧的吸入阀进入左侧的工作室。同时，左侧的排出阀 2 关闭，右侧的排出阀 2 开启，液体从右侧的工作室排出。当活塞向左移动时，情况就反过来。所以，双动泵活塞的每一个工作循环中，吸液和排液同时进行，在“往”或“复”中都有液体吸入和排出。

例 2-8　拟用单动往复泵向某一设备输送液体。液体密度 ρ 为 1000kg/m^3，往复泵的活塞直径 D 为 125mm，往返次数 n 为 200r/min，冲程 S 为 220mm，容积效率 η_v 为 0.95，总效率 η 为 0.85。流体输送管路方程为 $h_e=50+180Q^2$。试比较流体全部流经主管路和利用旁路调节减少主管路流量 1/3 情况下，往复泵的轴功率大小。假设改变流量不影响管路特征方程。

解　全部流经主管路情况下，泵工作时的总流量为

$$Q=\eta_v ASn=0.95\times0.25\times\pi\times0.125^2\times0.22\times200=0.513(\mathrm{m^3/min})$$

泵工作时，$H=h_e$。将流量带入管路方程可得

$$H=h_e=50+180Q^2=50+180\times0.513^2=97.4(\mathrm{m})$$

则此时的往复泵轴功率为

$$N=\frac{QH\rho g}{1000\eta}=\frac{0.513\times97.4\times1000\times9.8}{1000\times60\times0.85}=9.6(\mathrm{kW})$$

利用旁路调节减少主管路流量 1/3 情况下，泵工作时的总流量不变，主管路流量变小，管路所需扬程减小，泵提供的扬程也变小。

$$H'=h_e'=50+180Q^2=50+180\times\left(0.513\times\frac{2}{3}\right)^2=71.1(\mathrm{m})$$

则此时的往复泵轴功率为

$$N'=\frac{QH'\rho g}{1000\eta}=\frac{0.513\times71.1\times1000\times9.8}{1000\times60\times0.85}=7.0(\mathrm{kW})$$

2) 往复泵的特点

与离心泵相比，往复泵具有以下异同点：

(1) 与离心泵不同的是，液体经往复泵时，直接得到的是静压能，并没有像离心泵那样经历动能向静压能的转化，因此，其效率都比较高，一般都在 70%以上，最高可超过 90%。

(2) 与离心泵不同的是，往复泵启动前不需要灌满液体，具有自吸作用。这是因为不管泵内有没有空气，泵的工作室在扩张时都会产生同样的真空度。为了避免在启动时活塞(或柱塞)与泵缸干磨，也为了缩短启动时间和启动方便，有时往复泵也装设底阀。

(3) 往复泵也和离心泵一样，均借助于泵外与泵内压差而吸入液体，所以安装高度也有一定的限制。安装高度过高时，往复泵也会吸不上来液体，但是没有气蚀现象。

(4) 与离心泵不同的是，往复泵的流量与扬程几乎无关，其 H-Q 特性曲线理论上是一条垂直线，如图 2-27 中虚线所示，但实际上随着泵内压力越大，由吸入阀和排出阀的开关动作延迟以及活塞(或柱塞)、填料盒等处的不紧密而导致的泵内泄漏量也越多，因而，流量随压头增大而略有减小(图 2-27 中实线)。

往复泵的流量就是单位时间内活塞(或柱塞)扫过的体积，它取决于活塞(或柱塞)的面积、冲程和冲数(单位时间的往复次数)，这些量通常是固定的，因此，流量也固定不变，这与离心泵的流量是个变量的特点不同。而且受泵缸容积的限制，往复泵与离心泵相比流量偏小，一般不超过 200～300m^3/h。

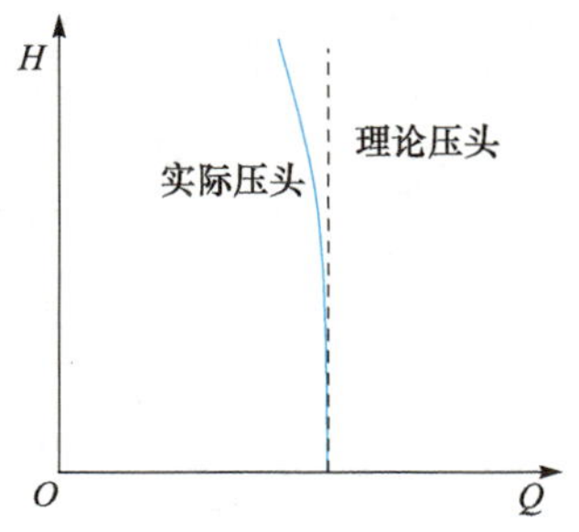

图 2-27　往复泵 H-Q 特性曲线

往复泵的扬程则是由活塞(或柱塞)施加给液体的静压所决定，与流量无关。理论上，只要原动机的功率足够高，泵缸、阀门等处的机械强度足够大，往复泵的扬程可以达到任意的高度。

因此，与离心泵相比，往复泵的性能特点是高扬程、小流量，并且适用于输送黏度很大的液体。

(5) 与离心泵不同的是，往复泵须在出口阀打开下启动，一旦关闭，而活塞仍继续运动，将在工作室内造成极高的压力，由此可导致电机、或传动机构、或泵体、或管路之一超负荷而损坏；对蒸汽机或内燃机带动的泵，则会停止运转。

(6) 流量调节方法上，与离心泵相同的是，仍可采取改变泵特性曲线的方法来调节流量，如改变冲程、冲数，如图 2-28 所示。但是不能像离心泵那样通过调节出口阀来改变流量，原因同(5)。排出管路上的阀门(一般为闸阀)只作检修时的隔离之用。

虽然不能通过调节出口阀来调节流量，但可以在排出管上安装旁路来调节流量，如图 2-29 所示，由泵排出的液体，一部分经旁路阀 3 流回吸入管路。若出口压力超过一定限度，则自动开启安全阀 4，泄回一部分液体，避免损坏事故。

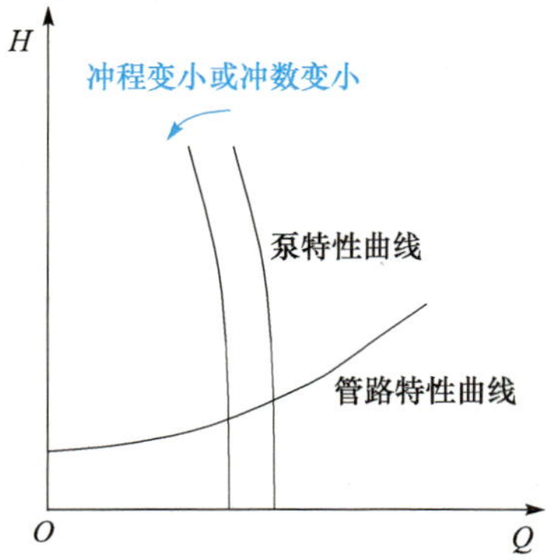

图 2-28 往复泵的流量调节

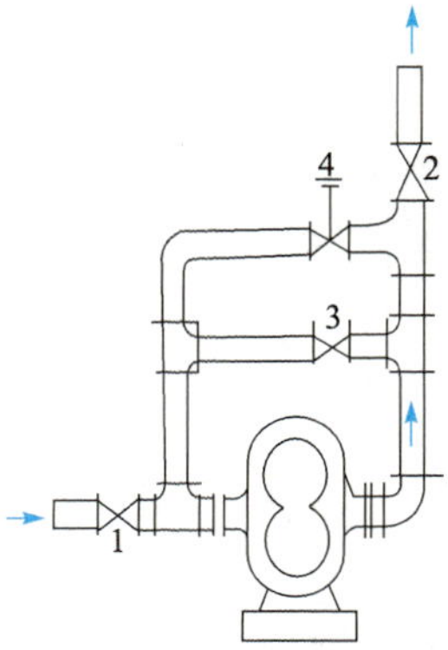

图 2-29 容积式泵的旁路调节

1. 吸入管路上的阀；2. 排出管路上的阀；3. 旁路阀；4. 安全阀

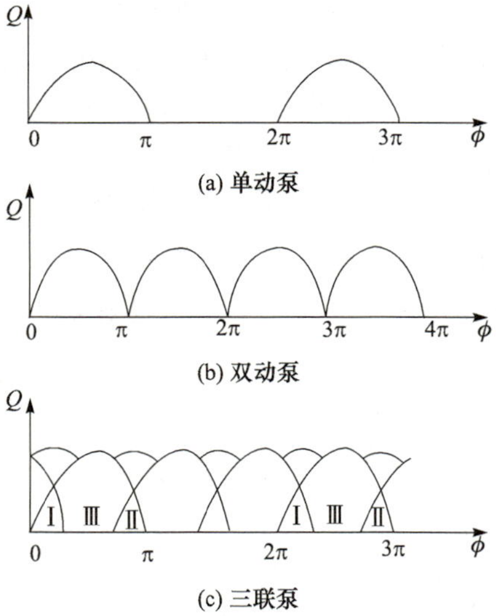

图 2-30 往复泵流量变化曲线

(7) 与离心泵不同的是，单动往复泵在排液过程中既不连续，也不均匀，如图 2-30(a)所示，这是因为活塞(或柱塞)的运动速度按正弦曲线变化，因此排液量也按正弦曲线而不均匀。双动往复泵在排液过程中虽然连续，但不均匀，如图 2-30(b)所示。

为了对液流的这种波动进行缓冲，如图 2-25 所示，可以在吸入、排出管路各设一个密闭的空气室。在一个循环中，当排液时，一部分高压液体便被压入排出空气室；当吸液时，这部分高压液体又压到泵的排出口；使得液体输送的连续性和均匀性得到一些改善。吸入空气室的作用与此相同，也可以改善吸入液量的均匀性。此外，还可以将三个单动泵曲柄杆初始相位相差 120°(三联泵)同时工作，如图 2-30(c)所示，这样，三台泵的总排液量就既均匀又连续了。

与离心泵相比，往复泵还具有以下特点：往复泵不宜直接用来输送腐蚀性液体和有固体颗粒的悬浮液，因泵内阀门、活塞受腐蚀或被颗粒磨损、卡住，都会导致严重的泄漏。此时可考虑用下述隔膜泵。

总之，往复泵结构比离心泵的复杂、零件多、体积大、重量大、操作管理不方便、造价高。

2. 隔膜泵

隔膜泵与往复泵属于同一类，如图 2-31 所示，用一弹性薄膜(橡胶，皮革或塑料制成)将柱塞与被输送液体隔开，这样当输送腐蚀性液体或含有悬浮物的液体时，柱塞和改侧泵缸避免了受腐蚀或被磨损。柱塞侧泵缸内充有工作介质(油或水)，柱塞的往复运动产生的作用力通过工作介质传递到隔膜上，隔膜同步做往复运动，使另一侧的被输送液体经球形活门被吸入或排出。泵内与腐蚀性液体或悬浮物接触的唯一活动部件是活门，它易于设计成不受这种液体所侵害。

隔膜泵的隔膜除了用活塞(或柱塞)带动，也可以用压缩空气带动。

3. 计量泵

利用往复泵流量固定这个特点，发展出了计量泵(比例泵)，可以实现精确定量输送液体。若用一个电动机同时带动两个或更多的计量泵，不但可达到每股流体的流量固定，还能达到各股流体流量的比例也固定。图 2-32 所示的是柱塞式计量泵，由转速稳定的电动机通过偏心轮来带动柱塞做往复运动，改变偏心轮的偏心程度，便可改变柱塞的冲程，从而达到精确调节流量的目的。计量泵通常流量较小。

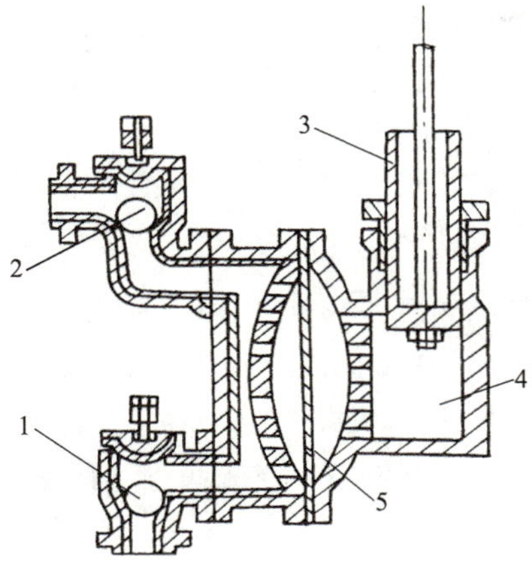

图 2-31　隔膜泵

1. 吸入活门；2. 压出活门；3. 柱塞；4. 水(或油)；5. 隔膜

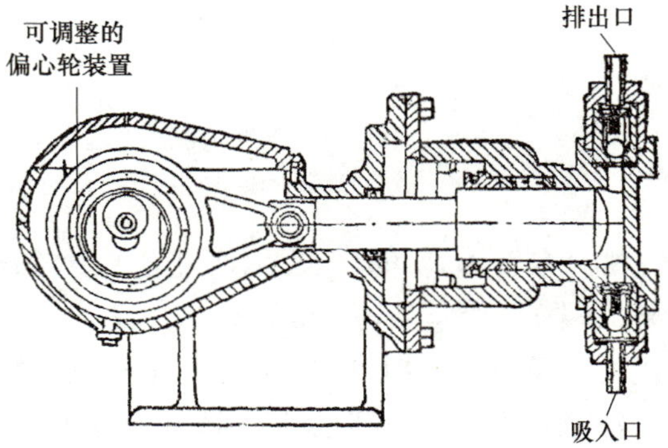

图 2-32　计量泵

4. 齿轮泵

齿轮泵虽然有转动的齿轮，但其属于容积式泵，其构造如图 2-33 所示，泵壳内有两个齿轮，一个为主动轮，用电动机带动旋转，另一个为从动轮，与主动轮啮合着向相反的方向旋转。吸入腔内两轮的齿互相拨开，使吸入腔容积变大，于是形成低压而吸入液体。被吸入的液体再被齿嵌住，随齿轮转动而被强行带入排出腔，在这一过程中液体被逐渐加压。排出腔内两轮的齿互相合拢，使排出腔容积变小，于是形成高压而排出液体。出口压力可略高于 1MPa(约 10atm)。

齿轮泵与往复泵一样，具有流量小、压力高，适合输送黏稠液体以至膏状物料，但不宜输

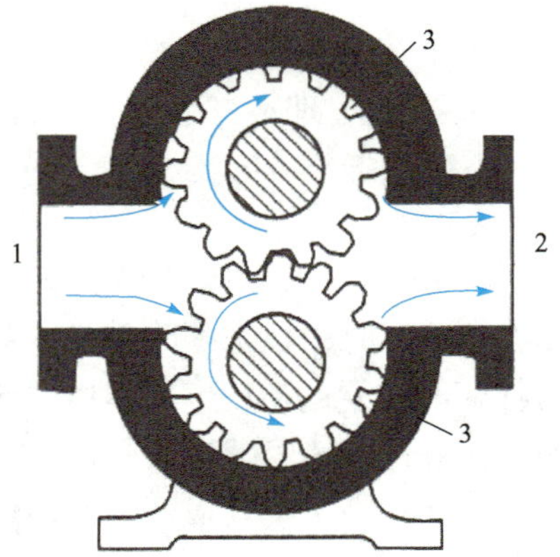

图 2-33 齿轮泵

1. 吸入口；2. 排出口；3. 齿轮

送含有固体颗粒的悬浮液的特点。此外，还具有以下优点：流量均匀，尺寸小而轻便，结构简单紧凑(因无需设置吸入、排出阀)，坚固耐用，维修保养方便。

5. 螺杆泵

螺杆泵也属容积式泵，按螺杆数目的多少，有单螺杆泵、双螺杆泵、三螺杆泵和五螺杆泵等多种形式。如图 2-34(a)所示为单螺杆泵，螺杆在壳内转动，使液体沿轴向推进，挤压到排出口。图 2-34(b)为双螺杆泵，两根螺杆像一对齿轮那样啮合转动，上面的为主动螺杆，下面的为从动螺杆。转动时，两个螺杆的螺纹互相啮合，将吸入腔的液体沿螺杆的凹槽从两端强行送往中央，并进入排出腔而排出。

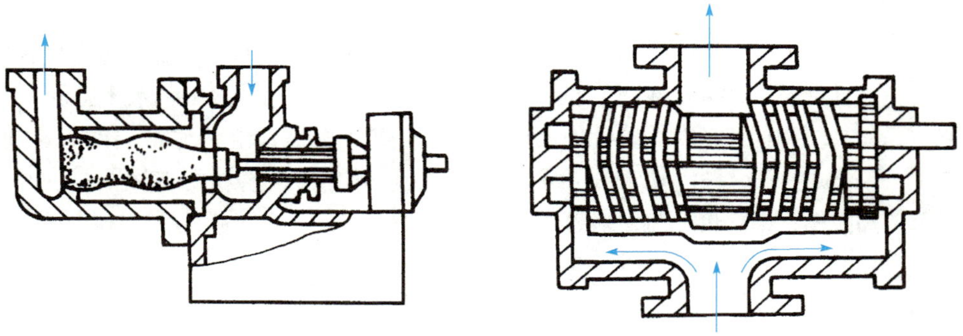

(a) 单螺杆泵　　(b) 双螺杆泵

图 2-34 螺杆泵

螺杆泵转速大，螺杆长，因而可达到很高的出口压力，三螺杆泵的输出压力可达到 100MPa。此外，螺杆泵流量均匀，效率高，噪音小，适于在高压下输送黏稠性液体。若在单螺杆泵的壳室内衬硬橡胶，可用以输送带少量颗粒的悬浮液，输出压力在 1MPa 以内。

注意：旋转泵(齿轮泵和螺杆泵的合称)的流量调节，也需采用旁路法或改变转速。

6. 注射泵

注射泵由步进电机及其驱动器、丝杆和支架等构成，通常需要和注射器配合使用，流体不与注射泵的部件直接接触，而是储存在注射器内，避免腐蚀性流体对泵的腐蚀(图 2-35)。工作时，单片机系统发出控制脉冲使步进电机旋转，而步进电机带动丝杆将旋转运动变成直线运动，推动注射器的活塞进行流体输送。

注射泵的主要特点包括无脉动输送、无需清洗和流量精准：注射泵工作时全程匀速运动，平稳无脉动，流量范围宽，可以在几皮升每分钟到几十毫升每分钟流量范围内工作，并实现±0.5%的稳定精度和±0.1%的可重复性精度。注射泵输送不同特性的流体只需更换注射器。根据注射泵型号，一般支持使用几微升到百毫升容量的注射器，高压注射泵的平均线性推力可以达到几十公斤，满足不同流量和流体的需求。

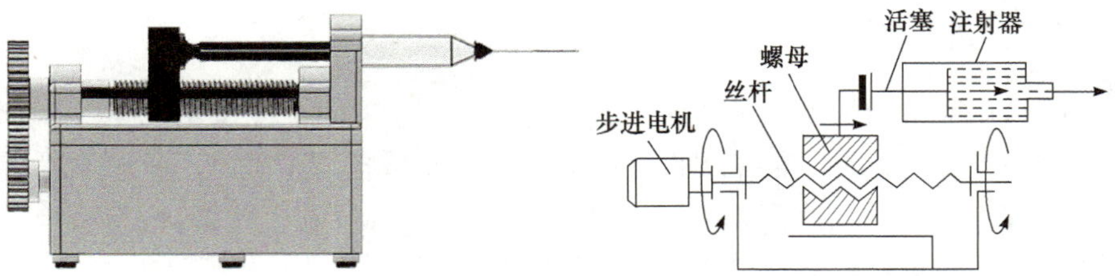

(a) 注射泵外观　　(b) 注射泵内部结构示意图

图 2-35　注射泵

2.3.3　其他形式泵

凡是工作原理无法归属到速度式和容积式泵范畴的都属于其他形式泵，如射流泵、旋涡泵等。下面介绍旋涡泵。

旋涡泵工作原理上既有速度式泵的特征，又有容积式泵的特征，如图 2-36(a)所示，泵壳呈正圆形，吸入口不在泵盖的正中而是在泵壳顶部与排出口相对。它的叶轮 1 是一个圆盘，四周铣有凹槽而构成叶片 2，呈辐射状排列[图 2-36(b)]。叶轮在泵壳 3 内高速转动，两者之间的空间称为引水道 4。吸入管接头和排出管接头之间为隔舌 5，隔舌与叶轮只有很小的缝隙，用以分隔吸入腔与排出腔。泵内液体在随叶轮旋转的同时，又在引水道与各叶片之间反复迂回，这样液体既靠离心力获得静压能，又在反复迂回中获得静压能。旋涡泵在开动前也要灌液。

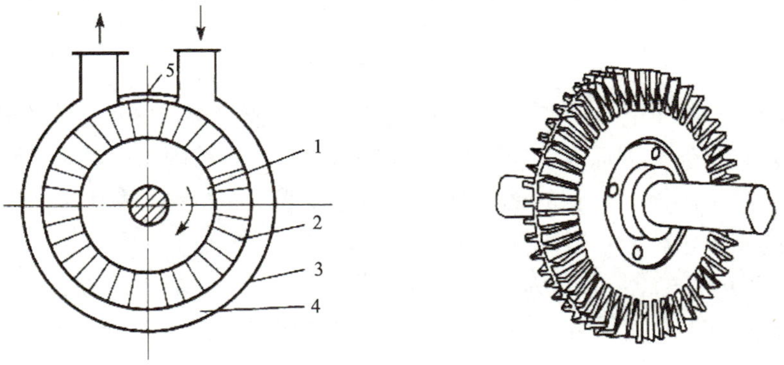

(a) 内部示意图　　(b) 叶轮形状

图 2-36　旋涡泵

1. 叶轮；2. 叶片；3. 泵壳；4. 引水道；5. 吸入口与排出口的隔舌

旋涡泵的压头和轴功率随流量增大迅速下降，这与离心泵不同而与容积式泵相似。这是因为液体流量越大，引水道内液体流速越大，在引水道与各叶片之间反复迂回的次数就越少，压头就越小。因此，根据轴功率的这一特点，旋涡泵应像容积式泵一样在出口阀开启的条件下启动，而且用旁路调节的方法调节流量比用出口阀调节更加经济合理。

旋涡泵属于流量小、压头大的泵，在叶轮直径、转速相同的条件下，旋涡泵产生的压头比离心泵的高 2～4 倍。

与离心泵相比，由于液体在旋涡泵内剧烈旋涡运动，引起大量的附加冲击损失，故其效率比离心泵低，一般仅为 20%～50%。虽然效率较低，但由于体积小，结构简单(与多级离心泵或往复泵相比)，故在化学工业中的应用亦多。但旋涡泵不适用于有悬浮物的液体的输送，否则隔舌稍有磨损，压头、流量、效率均会显著下降，也不宜于黏度很大的液体。

2.3.4 各类泵的适用范围

图 2-37 示出几种常用类型泵的流量、扬程适用范围。由图可见，往复泵、旋转泵的适用范围侧重于高扬程、小流量；轴流泵的适用范围侧重于低扬程、大流量；而离心泵的适用范围则介于二者之间，而且工作区间最广。

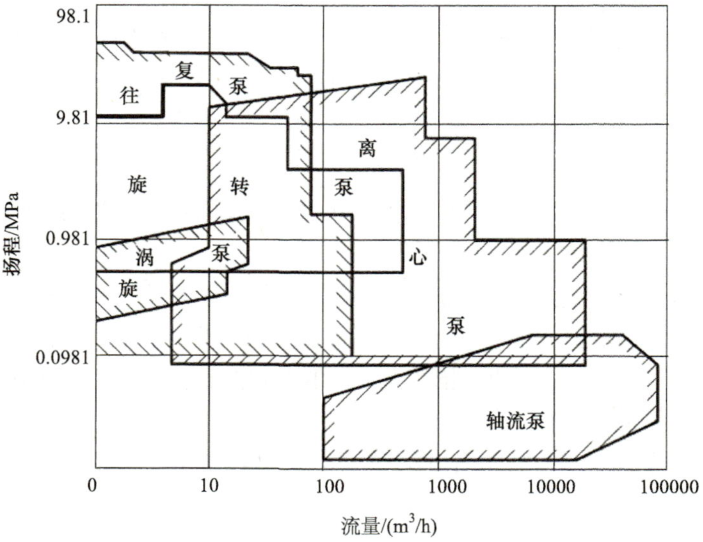

图 2-37　各类泵的适用范围

离心泵品种、系列和规格最多，结构简单、紧凑，又能直接用电动机或汽轮机带动；对地基的要求比往复泵要低，因而安装及使用都较简便。它的流量均匀而且易于调节，又能输送有腐蚀性、含悬浮物的液体。它的缺点是压头相对较低，一般没有自吸能力，效率只是在较窄的流量范围内才比较高，一般来说要比往复泵低些。

旋转泵(齿轮泵和螺杆泵的合称)一般用于小流量、高压头的场合。用于高黏度液体(如合成橡胶、树脂、纤维的聚合液)时，可于外壳装夹套加热以降低黏度而节省动力。旋转泵的效率介乎往复泵与离心泵之间，输出压力很高时效率有所下降。

往复泵的优点是压头高，送液量固定，有自吸作用，效率较高；但其结构比较复杂，用电动机带动时还需要一套曲柄连杆机构。所以，往复泵只宜在压头高、流量又较小的情况下使用。若所需压头不很高，它可用离心泵代替；若所需压头较高而流量不大，它可用旋转泵代替。

2.4　气体压送机械

因为气体可压缩而液体不可压缩，故与泵只是用来输送液体这个唯一的用途相比，气体压送机械在工业生产中的用途要复杂些，因此其名称也多种多样些。按照气体压送机械的用途来分，主要有三类：风机(包括通风机和鼓风机)、压缩机和真空泵。其中，风机是用来输送气体用的，压缩机是用来将气体压缩产生高压气体用的，真空泵则是用来抽真空用的。这三类气体压送机械的排气压力或压缩比(排气绝压与进气绝压之比)具有以下特征：

通风机——排气压力不大于 15kPa(表压)，压缩比为 1～1.15，通常为单级。

鼓风机——排气压力为 15～300kPa(表压)，压缩比小于 4，有单级亦有多级。

压缩机——排气压力在 300kPa(表压)以上，压缩比大于 4，都是多级的。

真空泵——最低可使设备减压至 1Pa(绝压)，排气压力为大气压(绝压)，可见压缩比范围很大。

与泵相似，气体压送机械按工作原理分，又可分为速度式、容积式和其他式等。

2.4.1　风机

风机的用途是气体输送，具体又可分为通风机和鼓风机两种。

通风机主要用来通风换气用，气体压力提高的一般不大，最多提高 15%，因此，通风机的特点是气体输送量大，但压头不高，不能远距离输送，风机内一般只有一个叶轮。按照工作原理分，通风机主要有离心式和轴流式这两种速度式通风机。

鼓风机主要用来远距离输送气体用，气体压力最大可以提高到原来的 4 倍，风机内一般有一个或多个叶轮。按照工作原理分，鼓风机主要有离心式、容积式(如罗茨鼓风机)。

风机的构造和工作原理与同类型的泵基本相同，但因气体与液体的性质不同，二者又有些差异，下面以离心式通风机为例详细介绍这些异同，关于其他的风机只作简单介绍，不展开叙述。

1. 离心通风机

1) 结构、原理和类型

离心通风机的结构和单级离心泵相似，它的机壳也是蜗壳形，见图 2-38，但壳内逐渐扩大的气体通道及风机出口截面常不为圆弧形而为矩形，这是因为气体的密度远比液体小，故风机的体积要比输送同样质量流量的泵大得多，为了加工方便起见，壳内通道及风机出口截面常做成矩形。此外，与泵相比，离心通风机叶轮上的叶片数目比较多，叶片比较短；叶片有平直的、后弯的，亦有前弯的，一般大型风机中，为了使效率较高及降低噪声，几乎都采用后弯叶片。但对中小型风机来说，当效率不是主要考虑因素时，也有采用前弯的或径向的叶片。在相同压头下，前弯叶片的风机形体较小。图 2-38 最右图示出低压离心通风机所用的平直叶片叶轮。

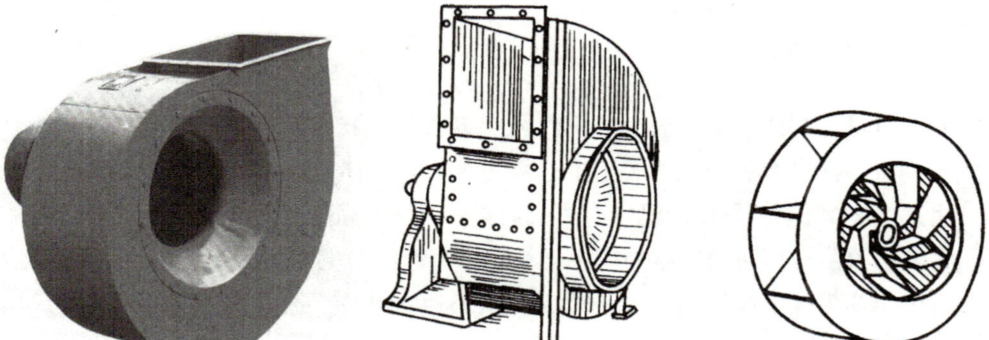

图 2-38　低压离心通风机及叶轮

离心通风机的工作原理和离心泵类似，即依靠叶轮的旋转运动及其产生的离心力给气体加动能和提高气体的压力，但因为气体黏度较液体低得多，允许的经济流速较大，因此，在风机出口处动压头在总压头中仍占有较大比例，这一点与泵是不同的。

离心通风机按排气压力(表压)的不同，又分为低压(1kPa 以下)、中压(1～3kPa)与高压(3～15kPa)三种。低压和中压风机大都用于通风换气、排尘系统和空调系统，高压风机则用于强制通风和气力输送等。

离心通风机按用途的不同，又分为一般通风机、排尘通风机、高温通风机、防腐通风机和防爆通风机等。

2) 主要性能参数和特性曲线

离心通风机的主要性能参数有风量、风压、静风压、轴功率和效率，可见与离心泵稍有不同。

(1) 风量 Q。指气体通过进风口的体积流量，单位为 m^3/h。注意，因风机进出口温度、压力不同，气体体积流量是不同的，为统一和方便起见，风量均按进口状况计(一般为大气压)。

(2) 风压 p_t。对于风机，如果仍然像泵一样用扬程(单位：m 气柱)表示风机给单位重量气体所加的机械能能头，就会因数值太大而导致使用不便，但是，如果换成以 $1m^3$ 气体为基准，则风机给单位体积气体所加的机械能能量，单位就成了 J/m^3 即 Pa，其更大的国际单位还有 kPa 和 MPa，使用不便的问题就解决了。将风机给单位体积气体所加的机械能能量称为全风压，简称风压，用符号 p_t 表示。

显然，风压与扬程之间关系为

$$p_t=\rho g H_t \tag{2-22}$$

在 2.2.4 节已经叙及，扬程与密度无关，故由式(2-22)可知风机的风压与被输送气体的密度成正比。

与离心泵类似，在风机进口 b、出口 c 之间列机械能衡算式，并忽略位头和压头损失项，得

$$p_t=(p_c-p_b)+\frac{u_c^2-u_b^2}{2}\rho \tag{2-23}$$

当风机直接从大气抽入空气时，p_b(表压)=0，u_b=0，式(2-23)化简为

$$p_t=p_c(表)+\frac{u_c^2}{2}\rho$$

式中，p_c(表压)又称为静风压，Pa，用符号 p_{st} 表示；$\frac{u_c^2}{2}\rho$ 则称为动风压，Pa，用符号 p_{dy} 表示。于是上式变为

$$p_t=p_c+\rho u_c^2/2=p_{st}+p_{dy} \tag{2-24}$$

对于风机，与离心泵不同的是出口速度 u_c 较大，因此，全风压中动风压所占比例较大，因此，风机特性参数表中除了要给出全风压外，有时还要给出静风压的大小。

由式(2-24)可见，风压的测定与离心泵的压头测定相似，不过更加方便，只要安装一个出口压力表和流量计即可。测量时所用气体是 $\rho_0=1.2kg/m^3$ 的空气(标准状况即 20℃及 101.3kPa)，测得的风压称为标准风压 p_{t0}，$p_{t0}=1.2gH_t$。在选择风机时，需将管路所需的实际风压 p_t 换算成标准风压 p_{t0}，即

$$\frac{p_{t0}}{p_t}=\frac{1.2}{\rho} \tag{2-25}$$

然后再根据 p_{t0} 查性能图表(参见例 2-8)。

(3) 轴功率 N 和效率 η。通风机的轴功率和效率定义与离心泵的完全相同，即

$$N=\frac{Qp_t}{\eta} \tag{2-26}$$

式中，N 为轴功率，W；Q 为实际风量，m^3/h；η 为全压效率。

因为气体黏度较小，所以离心通风机的效率与离心泵相比都较高，在设计流量下的全压

效率η为70%～90%。此外还有按静风压定出的静压效率η_{st}。显然，η_{st}低于η。

(4) 离心风机的特性曲线。与离心泵类似，一般地，离心通风机的特性曲线有 p_{t0}-Q、N-Q、η-Q 三条，此外有些图中还绘出静风压 p_{st}-Q、静压效率η_{st}-Q 曲线，如图2-39所示。

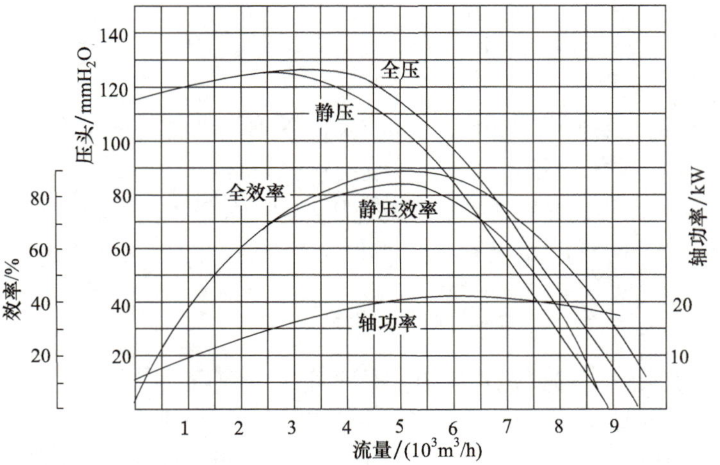

图2-39 离心通风机的特性曲线

(5) 离心风机的综合特性曲线。在风机样本中，常将某一系列、不同型号的风机，在不同转速下的高效区的一段 p_{t0}-Q 曲线绘在同一双对数坐标图上供用户使用，参见附录九。

3) 离心通风机的选用

与选用离心泵类似，选用通风机时，首先根据所输送的气体的种类、性质(如清洁空气，易燃易爆气体，腐蚀性气体、含尘气体、高温气体等)与风压范围，确定风机类型，然后以所需风压的1.05～1.1倍作为额定风压，以所要求的最大风量或正常风量的1.05～1.1倍作为额定风量。按额定风量及额定风压，利用综合特性曲线图就可以选择风机的型号。

我国出产的离心通风机常用的有4-73(4-72)型(中低压)、9-19型和9-26型(高压)等。

例2-9 拟用风机向某一设备输送空气。空气进风机时的温度为40℃，所需风量为18000m³/h。已知：当地大气压为760mmHg，设备压力960mmH₂O(表压)，风机出口至设备的阻力降为144mmH₂O(包括所有局部阻力损失在内)，风机出口处的动压为110mmH₂O，试选用合适的风机。

解 先确定风压。根据风机出口1与设备2之间的机械能衡算可得

$$p_1+\frac{u_1^2}{2}\rho=p_2+\Delta p_f$$

而由式(2-24)得

$$p_t=p_1(表)+\frac{u_1^2}{2}\rho=p_2(表)+\Delta p_f=960+144=1104\ (\text{mmH}_2\text{O})或\ 10826(\text{Pa})$$

该风压要校正为标准状况下的数值才能用于选风机。由式(2-25)得

$$p_{t0}=\frac{1.2}{\rho}p_t=\frac{T}{T_0}p_t=\frac{273+40}{273+20}p_t=1.068\times10826=11562\ (\text{Pa})或\ 11.6(\text{kPa})$$

加10%的安全量后为

$$p_{t0}=11.6\times1.1\approx12.8\ (\text{kPa})$$

可见p_{t0}在3～15kPa，故需用高压离心通风机。

已知进风口处的风量为18000m³/h，加10%的安全量后的风量为

$$Q=18000\times(1+10\%)=19800(\text{m}^3/\text{h})$$

根据风量 19800 m^3/h、风压 12.8kPa 的要求，查附录九可知型号 8-18-101No14 的通风机适用。从图上查得：转数 n=1450r/min，风量 Q=19800m^3/h 时，全压 p_{t0}=12.8kPa。

2. 鼓风机

按照工作原理分，鼓风机主要有离心式、容积式(如罗茨鼓风机)。

1) 离心鼓风机

离心鼓风机又称透平鼓风机，其外形与离心泵相似，蜗壳形通道的截面亦为圆弧形(图 2-40)，但鼓风机的外壳直径与宽度之比较大，叶轮上叶片的数目较多，以适应大的风量；转速亦较高，因为气体密度小，必须高转速才能达到较大的风压。由于叶轮出口处动压所占比例较大，因而鼓风机中固定的导轮是不可少的。单级离心鼓风机的出口表压多在 30kPa 以内，多级离心鼓风机可到 300kPa。

2) 罗茨鼓风机

罗茨鼓风机属于旋转式的容积式风机，其工作原理与齿轮泵类似。如图 2-41 所示，机壳内有两个渐开摆线形的转子，将机壳内空间分隔出吸入腔和排出腔。两转子之间、转子与机壳之间缝隙很小，使转子既能自由运动，又无过多的泄漏。两转子的旋转方向相反，可使气体从机壳一侧吸入，从另一侧排出。若改变两转子的旋转方向，则吸入口和排出口互换。

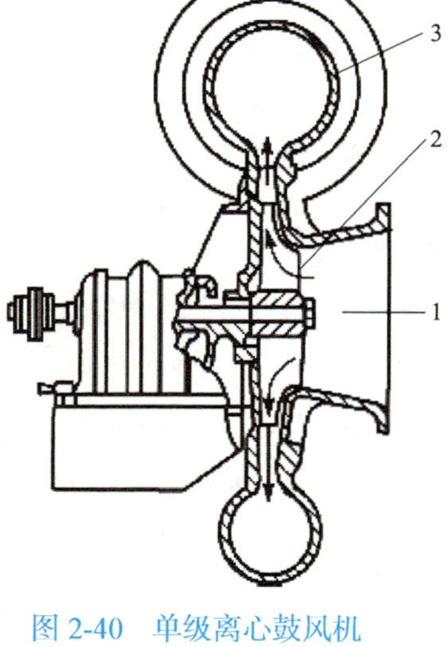

图 2-40 单级离心鼓风机

1. 进口；2. 叶轮；3.蜗壳

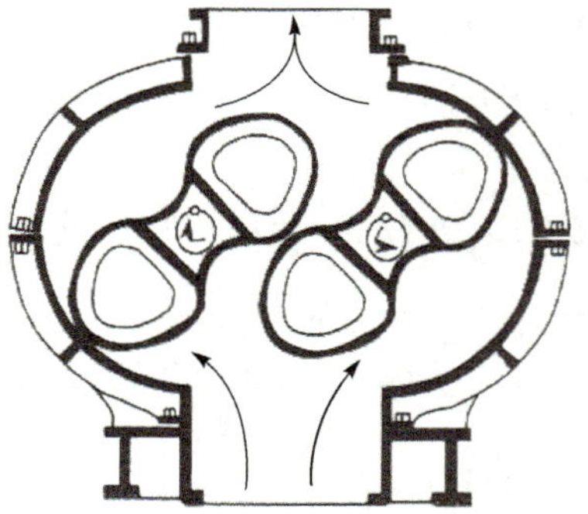

图 2-41 罗茨鼓风机

因为罗茨鼓风机属容积式风机，故其具有与容积式泵(如往复泵)相同的特点，如风量与压头基本无关，而与转速成正比，因此，若转速一定，当出口压力提高时(一定限度内)，则风量仍可保持大体不变，故又名定容式鼓风机。流量调节一般采用旁路或改变转速，出口处应安装气体缓冲罐，并装置安全阀。

罗茨鼓风机的输送能力为 2～500m^3/min，出口压力一般不超过 80kPa(表压)，在 40kPa(表压)附近效率较高。其操作温度不能过高(不超过 80～85℃)，否则引起转子受热膨胀而轧死。

2.4.2 压缩机

压缩机是用来产生高压气体的，一般其排气压力在 300kPa(表压)以上，压缩比大于 4。常用的压缩机中有离心式、容积式(往复式、旋转式、螺杆式)等。

与相同类型的风机相比，压缩机的特点是级数多、转速高。而且，根据热力学原理可知，气体在压缩过程中所接受的能量有一部分转变为热，使气体温度明显升高，故压缩机一般都设置冷却器。

1. 往复压缩机

1) 结构

往复压缩机结构与往复泵类似，但因为气体密度小，故其活动部分如阀门、转子等比较轻巧；气体易泄漏，故各部件之间的缝隙要留得很小；气体体积大，故压缩机尺寸比往复泵的大得多。

2) 操作原理与工作循环

往复压缩机的操作原理和往复泵相似，但因气体的可压缩性，其工作过程与往复泵有所区别，它的一个工作循环包括压缩—排气—膨胀—吸气四个阶段，现以单动往复压缩机对理想气体的可逆压缩过程为例加以说明。

(1) 压缩阶段。如图2-42(a)所示，活塞位于气缸最右端时，缸内气体的体积为V_1、压力为p_1，其状况用图中的点1表示。活塞开始向左推时，位于气缸左端吸入活门S受压关闭，排出活门D则因为缸内气体压力不够大也是关闭的，此时缸内气体受压，体积缩小而压力上升。当压力升到p_2时，排出活门D才被顶开。这一阶段称为压缩阶段，气体状况的变化以图2-42(b)中曲线1-2来表示。

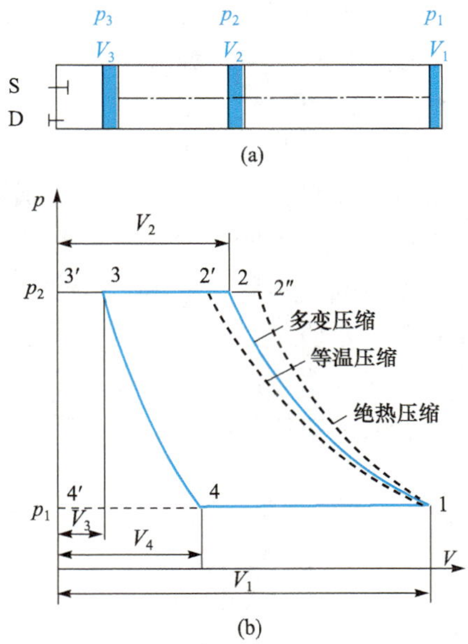

图2-42 有余隙时往复压缩机的工作过程

S. 吸入活门；D. 排出活门

(2) 排气阶段。气体压力达到p_2、排出活门D被推开后，活塞继续向左推进，缸内气体便经活门D压出。气缸内的压力将一直维持在p_2，气体体积逐渐减少，这一阶段称为排气阶段，此段气体状况变化以水平线2-3表示。由于活塞与气缸盖之间必需留出少许空隙(称为余隙)，以免活塞杆受热膨胀后，活塞与气缸盖相撞，因此到了压出阶段之末，缸内气体尚有剩余，其体积为V_3、压力为p_3，$p_3=p_2$。这时气体的状况以点3表示。余隙容积占活塞推进一次所扫过容积的百分率，称为余隙系数ε，$\varepsilon=V_3/(V_1-V_3)$。对于大、中型往复压缩机，低压气缸的余隙系数在8%以下，高压气缸的值可达12%左右。

(3) 膨胀阶段。活塞从气缸最左端退回时，气缸内的压力很快下降到p_1，气体状况沿曲线3-4而变化，这一阶段称为膨胀阶段。

(4) 吸气阶段。当气体开始膨胀后，排出活门D关闭；状况达到点4时，吸入活门S打开，气体被吸入，吸气过程中气缸内压力一直维持为p_1，气体体积则渐增。缸内气体状况沿水平线上4-1变化，至重新回复到点1，完成了一个操作循环。四边形1234所包围的面积即为活塞在一个操作循环中对气体所做的功。

根据气体与外界的换热情况，压缩过程可分为：

(1) 等温压缩——气体因压缩所获得的热量全部自气缸移出，使气体温度保持不变，见图 2-42(b)中曲线 1-2′。

(2) 绝热压缩——压缩阶段中热量完全不移出，见图 2-42(b)中曲线 1-2″。

(3) 多变压缩——气缸外壁上装有水夹套或散热翅片进行冷却，它代表介于上述两者之间的实际压缩过程，见图 2-42(b)中曲线 1-2。

由图 2-42 可以看出，绝热压缩所需外功最大。

3) 余隙的影响

余隙的存在会使每一循环所送出的气体量有所减小，当压缩比 p_2/p_1 很大时，有可能会达到一种极限状态：气缸余隙内的气体从 p_2 膨胀到 p_1 后，将充满整个气缸，而使吸气量降到零。因此，压缩比过大时，如大于 8，应采用下述的多级压缩。

4) 多级压缩

多级压缩就是在一个气缸里压缩了一次的气体，送入中间冷却器冷却，然后再送入次一级气缸进行压缩，经几次压缩达到所需的排气压力。

前已叙及，若所需的压缩比很大，会使每一循环所送出的气体量大为减小。而且气体温度的过度升高会引起气缸内润滑油碳化甚至油雾爆炸等问题。在机械结构上亦造成不合理的现象：为了承受气体很高的排气压力，气缸要做得很厚；为了吸入初压很低因而体积很大的气体，气缸又要做得很大。解决这些问题的方法是进行多级压缩。

在相同的总压缩比下，由于多级压缩采用了中间冷却器，使各级所需外功之和要比单级压缩时少。图 2-43 所示为单级压缩与三级压缩所需外功的比较。为了简化，暂不考虑余隙的影响，并略去气体通过中间冷却器的压力降，压缩比为 p_2/p_1。单级压缩所需外功按等温过程为面积 1-2-3-4，按绝热过程为面积 1-2′-3-4。若分三次压缩完毕，按绝热过程计为折线 1-5-7-8-10-11。在第一级气缸内按绝热过程压缩到 p_{i1}，所需外功为面积 1-5-6-4；从第一级送出的气体状况为点 5，经中间冷却器冷却到压缩前的温度，用等温线上的点 7 代表；第二次压缩到 p_{i2}，所需外功为面积 7-8-9-6；又用中间冷却器从点 8 冷却到点 10；进行第三次压缩到排气压力 p_2，所需外功为面积 10-11-3-9。由此 $p-V$ 图可以清楚地看出，分三级进行绝热压缩所需外功，比只用一级绝热压缩所需外功减少了相当于阴影部分的面积。从图中还可以看出，若级数越多，所需外功便越接近于等温过程所需外功。然而压缩机的级数越多，构造便越复杂，造价也越高，发生故障的可能性也越大，因此常用的多为 2～6 级，每级压缩比为 3～5。

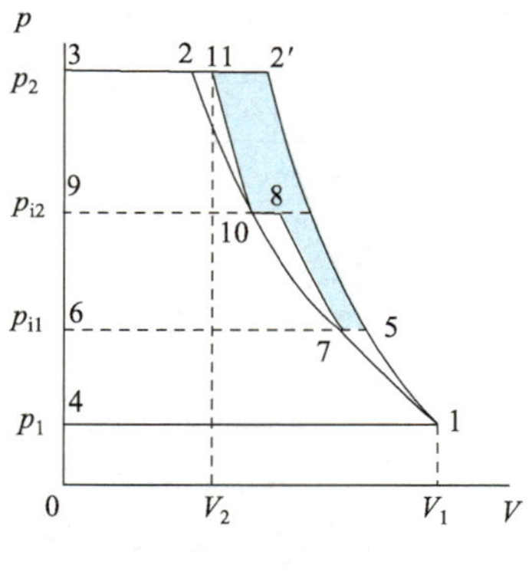

图 2-43 三级压缩与单级压缩对比

2. 离心压缩机

与离心风机相比，离心压缩机又称透平压缩机，其结构、工作原理与离心鼓风机相同，只是叶轮级数更多、叶轮转速更高，一般都在 5000r/min 以上，故能产生高达 1MPa 以上的出口压力(表压)。由于压缩比高，压缩机都分成几段，每段包括若干级，段与段之间设有中间冷却器。因气体体积缩小很多，叶轮的宽度和直径逐段缩小。

与往复压缩机相比，离心式压缩机有下列优点：流量及压缩比相同时，体积与重量都较小，供气均匀、运转平稳、易损部件少、维护方便、使用年限长。因此，除非压力要求很高，离心压缩机已有取代往复压缩机的趋势。而且，由于化工与石油化工生产的需要，离心压缩机已发展成为非常大型的设备，流量达每小时几十万立方米，压力达几十兆帕。

案例　西气东输工程——离心式压缩机

2.4.3　真空泵

真空泵是用来从设备中抽气以产生真空，一些场合也称为抽气机。

真空泵实际上就是压缩机，它从真空容器中抽气，加压后排向大气，若将前述任一种压缩机的进气口与要抽真空的设备接通，即成为真空泵。然而，专为产生真空用的设备在设计时必须考虑到吸入的气体密度小以及压缩比高的特点。吸入的气体密度小要求真空泵的体积足够大，压缩比高则余隙的影响大。真空泵内气体的压缩过程基本上是等温的，因为抽气的质量速率小，设备便相对大到足以使散热充分。

真空泵的主要性能参数有：

(1) 极限真空压力，这是真空泵所能达到的最低绝压。

(2) 抽气速率，这是真空泵在真空压力下单位时间内所吸入的气体体积，亦即真空泵的生产能力，单位为 m^3/h。

真空泵的选用即根据这两个指标。

1. 往复真空泵

往复真空泵的构造与往复压缩机并无显著区别，只是真空泵在低压下操作，气缸内外压差很小，所用的阀门必须更为轻巧；所达到的真空度较高时，压缩比很大，故余隙必须很小。为了降低余隙的影响，还在气缸左右两端之间设置平衡气道，活塞排气阶段终了，平衡气道连通一很短时间，残留于余隙中的气体可从活塞一侧流到另一侧，以减小其影响。

往复真空泵有干式与湿式之分。干式只抽吸气体，可以达到 96%～99.9%的真空；湿式能同时抽吸气体与液体，但只能达到 80%～85%的真空。

2. 水环真空泵

水环真空泵可供抽吸空气，或其他无腐蚀性的、不溶于水、不含固体颗粒的气体，在工业生产中被广泛使用。

水环真空泵简称水环泵，如图 2-44 所示，由圆柱形泵壳、偏心安装的星状叶轮 1、排气口 3、排气口 4 和水环 2 等组成。

水环泵工作前必须向泵内加入适量的清水。当叶轮旋转时，由于离心力的作用将水甩向壳壁，形

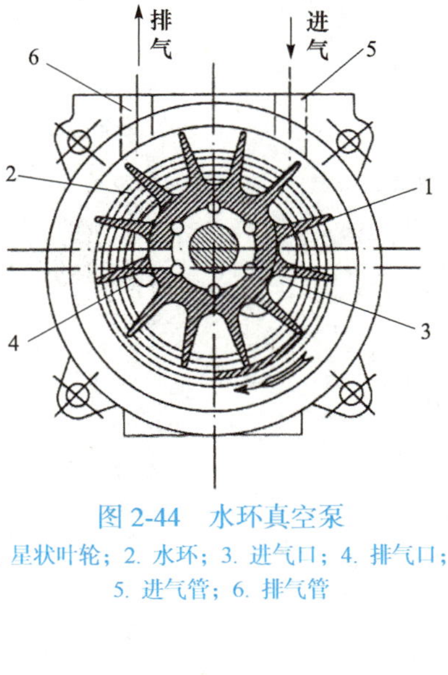

图 2-44　水环真空泵

1. 星状叶轮；2. 水环；3. 进气口；4. 排气口；5. 进气管；6. 排气管

成一个近似等厚的旋转的水环，在水环与叶轮轮毂之间形成一个月牙形工作空间。由于水环的密封作用，该空间被叶片分割成若干个大小不同的密封室。随着叶轮的旋转，叶轮右半侧密封室的容积由小变大形成真空，泵从吸气口吸入气体；而叶轮左半侧密封室的容积由大变小，使气体从排气口排出。水环真空泵工作时应不断补充水，用来保证形成水环和带走摩擦引起的热量。

水环泵的效率比较低，一般为 30%左右，所产生的最大真空度为 83kPa。

本章主要符号说明

符号	意义	单位
b	宽度	m
c	离心泵内液体流动的绝对速度	m/s
D	直径	m
F_c	离心力	N
H	压头	m
H_∞	离心泵的理论压头	m
h	高度	m
h_e	流体流过管路所需的压头	m
h_f	压头损失	m
Δh	气蚀余量（净正吸上高度）	m
$\Delta h_{允许}$	允许气蚀余量	m
l_e	当量长度	m
N	轴功率	W
N_e	有效功率	W
n	转速	r/min
p	压力	Pa
p_a	大气压	Pa
p_s	吸液方液面上的压力	Pa
p_e	泵入口处的压力	Pa
p_{st}	风机的静风压	Pa
p_t	风机的风压	Pa
p_v	饱和蒸气压	Pa
Q	泵的流量、风机的风量	m^3/s
r	半径	m
V	体积	m^3
z_s	泵的安装高度	m
$z_{s,允许}$	泵的允许安装高度	m
α	绝对速度和圆周速度的夹角	rad

β	相对速度和圆周速度的夹角	rad
ρ	密度	kg/m^3
η	效率，通风机的全压效率	—
ω	角速度	rad/s

参 考 文 献

蔡增基，龙天渝. 1999. 流体力学泵与风机. 4 版. 北京：中国建筑工业出版社

陈维杻. 1993. 传递过程与单元操作(上册). 杭州：浙江大学出版社

姜乃昌. 2007. 泵与泵站. 5 版. 北京：中国建筑工业出版社

谭天恩，窦梅，等. 2013. 化工原理(上册). 4 版. 北京：化学工业出版社

习　　题

习题答案

1. 简要回答：流体在离心泵内都获得了哪几种能量，其中哪种能量占主导地位；为什么泵的叶片向后弯曲，泵壳呈蜗壳状；泵壳的主要作用是什么。

2. 简要回答为什么导轮的弯曲方向与叶片弯曲方向相反。

3. 用 20°C 清水对引例中所用的离心泵性能进行测定，现测得排水量为 $12m^3/h$，泵出口的压力表读数 380kPa，泵入口的真空表读数 26kPa，轴功率 2.3kW，压力表比真空表高 0.4m，吸入管和压出管的内径分别为 68mm 和 41mm，试求此泵的扬程及效率。

4. IS65-40-200 型离心水泵叶轮直径为 200mm，在转速为 2900r/min 时，最大效率点处的性能如下：Q=$25m^3/h$，H=50m，N=7.5kW，η=60%。现将其叶轮直径由 200mm 切削至 187.5mm，型号变为 IS65-40-200A。求相同转速下 IS65-40-200A 的最高效率点处的流量、扬程和轴功率值。

5. 用离心泵输送 80℃水，用附图所示的三种安装方式(图中所标注数字的单位都是 mm)，试判断这三种安装方式是否都能将水送到高位槽。

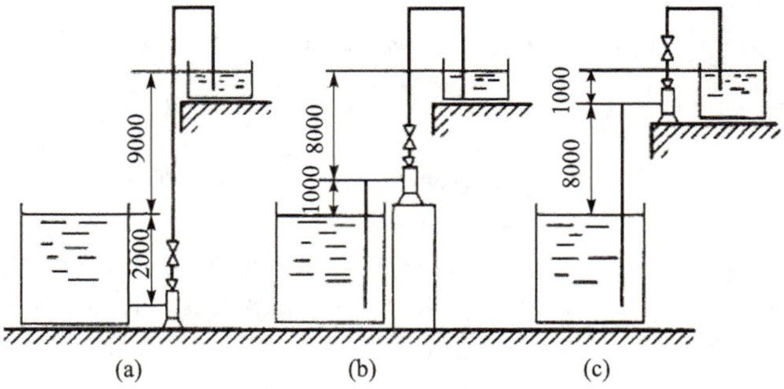

习题 5 附图

6. 用内径 200mm、长 50m 的管路输送液体(密度与水相同)，升举 10m。管路上全部管件的当量长度为 27m，摩擦系数可取为 0.03。作用于上、下游液面的压力相同。试列出管路特性方程，式中的流量 Q 以 m^3/h 计，压头 H 以 m 计。

附图中的实线与虚线分别为 IS250-200-315 型和 IS250-200-315A 型离心泵的特性曲线。若在本题中的管路分别安装这两个泵，试求各自的流量、轴功率及效率。

7. 将密度为 $1500kg/m^3$ 的硝酸从常压贮罐送入反应釜，最大流量为 $6m^3/h$，升举高度为 8m。釜内压力为 300kPa(表压)，管路的阻力降为 30kPa。试在下面的耐腐蚀泵性能表中选定一个型号，并估计泵的轴功率。

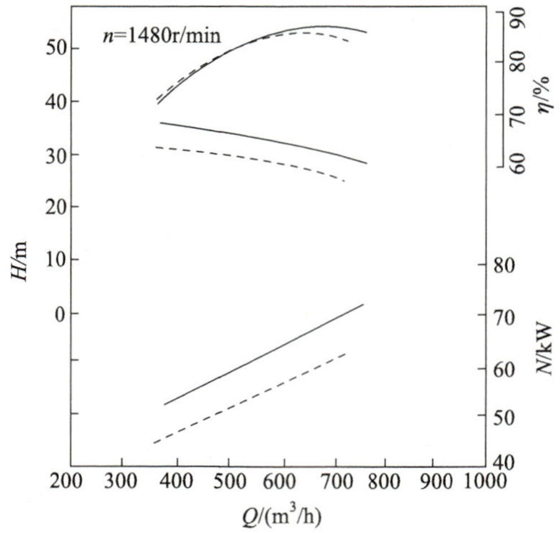

习题 6 附图 IS250-200-315 型离心泵(实线)与 IS250-200-315A 型离心泵(虚线)的特性曲线图

习题 7 附表 IH 型耐腐蚀泵性能参数表

型号	流量/(m^3/h)	扬程/m	转速/(r/min)	效率/%
IH40-20-160	6.3	32	2900	36
IH40-20-200		50		34
IH40-20-250		80		26

注：耐腐蚀泵型号意义，以 IH40-20-160 为例，其中 IH—国际标准化工泵系列产品，40—泵入口直径，mm；32—泵排出口直径，mm；160—叶轮的名义直径，mm。

8. 已知某离心泵的特性曲线方程为 $H=37.2-BQ^2$(Q, m^3/min；H, m)，用该泵将水从水池经ϕ76mm×4mm、长度 335m(包括所有局部阻力当量长度在内)的管道送往敞口高位水箱，水箱比水池高 4.8m，管道摩擦系数为 0.03，输水量为 0.41m^3/min。现拟用两台这样的泵输水，以便将输水量提高 20%以上，两台泵应该串联还是并联？

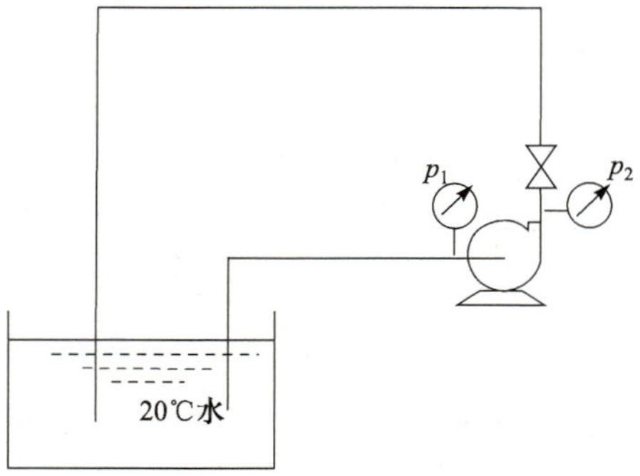

习题 10 附图

9. 操作中的离心泵，若开大出口阀，则管路总阻力损失、泵的轴功率、泵的效率如何变化？

10. 如附图所示的循环输水管路系统，管内径均为 40mm，管路摩擦系数λ=0.02，吸入管路和压出管路总长为 10m(包括所有局部阻力的当量长度在内)。阀门全开时，泵入口处真空表的读数为 40kPa，泵出口处压力表的读数为 108kPa。泵的特性曲线方程可用 $H=22-BQ^2$ 表示，其中 H 以 m 计，Q 以 m^3/h 计；B 为待定常数。试求阀门全开时泵的输水量和扬程。

现需将输水量减小到阀门全开时的 90%，若采用切削叶轮直径的方法，则叶轮直径应切削为原来的百分之几？泵的有效功率为多少 kW？若采用出口阀进行流量调节，则阀门上的节流损失(阀门上多消耗的机械能)为多少 mH_2O？

11. 如图所示，储罐、两塔表压都为零，管道内径均为 40mm，摩擦系数λ=0.02，所有的阀全开时吸入管长为 10m(包括所有局部当量长度在内，下同)，通向设备一、二的压出支管长均为 70m，泵的特性曲线方程 $H=22-7.2\times10^5Q^2$，式中 H 的单位 m，Q 的单位 m^3/s。泵出口至 O 点的管长可忽略。试求：

(1) 通向设备二的阀全关时泵的流量；

(2) 通向设备二的阀全开时泵的流量。

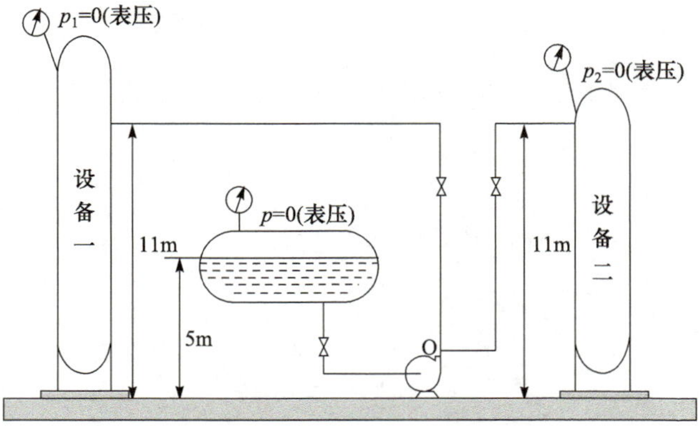

习题 11 附图

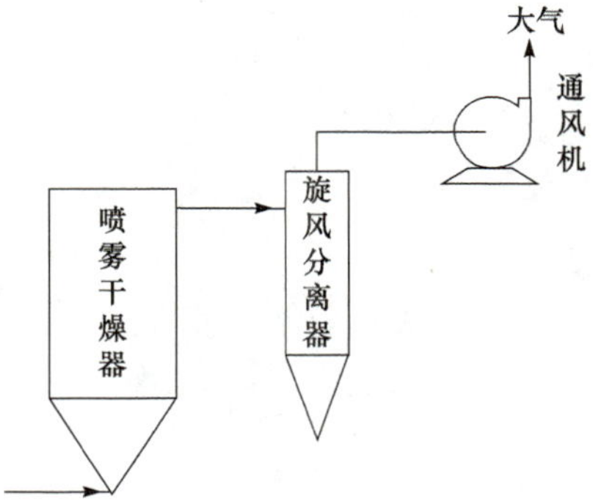

习题 12 附图

12. 如附图所示，要用通风机将喷雾干燥器中的湿空气排到大气中，并使喷雾干燥器内维持 15mmH₂O 的负压，以防粉尘泄漏到大气中。风机入口处的湿空气密度为 1.0kg/m^3。干燥器的气体出口至通风机的入口之间的管路阻力损失(包括旋风分离器)共计 155mmH_2O。通风机出口的动压可取为 15mmH_2O。试计算风机的全风压(折算为“标定状况”后的数值)。

13. 现有一台 4-72No.8 通风机，它在转速 n=1000r/min 时的操作性能如下表所示。此通风机是否能满足习题 12 的需要？如不适用，有无方法改造到能用？已知排出湿空气量为 16000m^3/h(按风机进口计)。

习题 13 附表

序号	全压/mmH_2O	风量/(m^3/h)	轴功率/kW	序号	全压/mmH_2O	风量/(m^3/h)	轴功率/kW
1	98	11200	3.63	5	88	16600	4.38
2	97	12000	3.78	6	81	18000	4.48
3	95	13900	3.96	7	74	19300	4.60
4	92	15300	4.25				

自测练习题

第 3 章　机械分离与固体流态化

引　例

钛白粉 TiO_2 是重要的化工原料，我国钛白粉工业的研究和建厂始于 1955 年，但钛白粉工业实质性的发展始于 1998 年。随着中国钛白粉行业的不断发展，目前我国已经成为世界上最大的钛白粉生产国。我国生产的钛白粉凭借良好的亮度和可吸收紫外线的特性，在化妆品行业具有旺盛的需求量，这成为钛白市场增长的主要推动力。另外，钛白粉在橡胶、塑料、涂料、陶瓷、汽车等行业的应用也占据越来越多的市场份额。目前，钛白粉主要采用水解-煅烧法生产，是以钛源和沉淀剂为原料，水解生成 $Ti(OH)_3$ 沉淀物，经沉降槽增浓、过滤、洗涤、烘干，经煅烧获得粗钛白粉，再经球磨、旋风分离后获得精钛白粉，其生产工艺流程见图 3-1 所示。

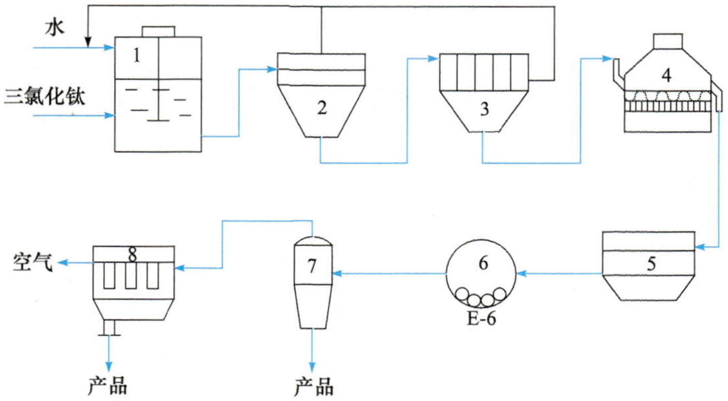

图 3-1　钛白粉生产工艺流程

1. 反应器；2. 沉降槽；3. 板框压滤机；4. 干燥器；5. 煅烧室；6. 球磨机 7. 旋风分离器；8. 除尘器

图 3-1 中采用的沉降设备、过滤设备、旋风分离器等在工业生产中很常见，从事化工生产的技术人员有必要对其进行学习和研究，以熟悉其基本原理和操作方法。图 3-2 和图 3-3 给出了钛白粉生产工艺中板框压滤机和旋风分离器的实物图，它们是化工单元操作中常用的设备，在本章将对其工作原理和结构进行详细的介绍。

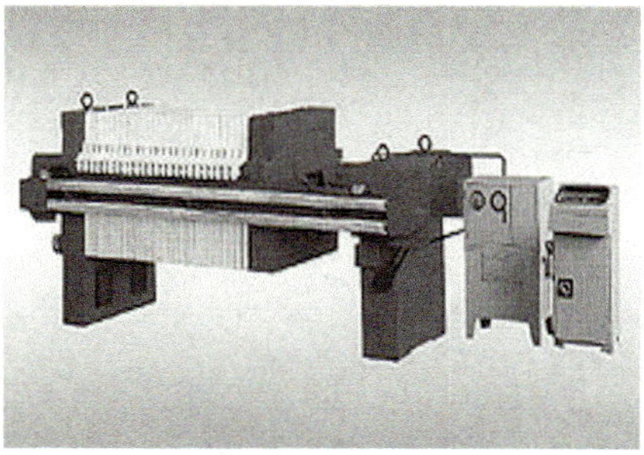

图 3-2　板框压滤机

图 3-3　旋风分离器

3.1 概　　述

化工生产中常常会遇到将混合物加以分离的问题。一般地，化工生产中所遇到的混合物可分为两大类，即均相混合物和非均相混合物。其中非均相混合物包括固-液混合物(如悬浮液)、不互溶液体构成的乳浊液、固(液)-气混合物(如含尘气体、含雾气体)等，这类混合物的特点是体系内具有明显的两相界面，故对这类混合物的分离纯粹就是将不同的相加以分开，一般都可以用机械方法达到。例如，气体中所含的灰尘可以利用重力、离心力或电场将其除去；悬浮液可以用过滤方法分离成液体和固体渣两部分。

所谓固体流态化则是指大量的固体颗粒悬浮于运动的流体中，从而使颗粒具有类似于流体的某些表观特性的一种状态。化工生产中广泛使用固体流态化技术进行流体或固体的物理、化学加工及颗粒的输送。

显然，在上述机械分离过程和固体流态化过程中，都涉及流体与固体颗粒(或液滴)之间的相对运动问题，因此，流体力学是它们的共同理论基础，至于这其中的传热与传质问题将不在本章中讨论。

3.2 颗粒及颗粒群的特性

颗粒与流体之间的相对运动与颗粒本身的特性密切相关，因而有必要对颗粒的有关特性先进行介绍。

3.2.1 单一颗粒的特性

颗粒最基本的特性是其形状和大小。由于形成的方法和原因不同，它们具有不同的尺寸和形状。对于球形颗粒，仅用直径就可以说明颗粒大小；而对于非球形颗粒，难以用单一参数说明，常将它与球形颗粒相对比来表示其特性。

1. 球形颗粒

球形颗粒通常用直径(粒径)d 表示大小。此时

体积
$$V=\frac{\pi}{6}d^3 \tag{3-1}$$

表面积
$$S=\pi d^2 \tag{3-2}$$

比表面积(单位体积颗粒具有的表面积)
$$a=\frac{S}{V}=\frac{6}{d} \tag{3-3}$$

式中，d 为颗粒直径，m；V 为球形颗粒体积，m^3；S 为球形颗粒表面积，m^2；a 为比表面积，m^2/m^3。

2. 非球形颗粒

实际生产中所遇到的颗粒大多为非球形颗粒，工程上为简便计算，常用当量直径和球形度来表示其特性。

(1) 体积当量直径 d_e：假设实际颗粒的体积等于当量球形颗粒的体积

$$d_e = \sqrt[3]{\frac{6V_p}{\pi}} \tag{3-4}$$

式中，d_e为体积当量直径，m；V_p为非球形颗粒的实际体积，m^3。

(2) 球形度(形状系数)ϕ_p

$$\phi_p = \frac{与颗粒体积相等的球的表面积}{颗粒的表面积} = \frac{S}{S_p} \tag{3-5}$$

由于体积相同时球形颗粒的表面积最小，因此，非球形颗粒的球形度总小于 1。颗粒形状与球形颗粒相差越大，ϕ_p越小；对球形颗粒，$\phi_p=1$。

用上述的形状系数及当量直径便可表达非球形颗粒的特性，即

$$V_p = \frac{\pi}{6}d_e^3 \tag{3-6}$$

$$S_p = \pi d_e^2 / \phi_p \tag{3-7}$$

$$a = \frac{6}{\phi_p d_e} \tag{3-8}$$

3.2.2 颗粒群的特性

1. 颗粒分布

工业中遇到的颗粒大多是由大小不同的粒子组成的集合体，称为颗粒群。某一粒径范围的颗粒的质量分数随粒度的变化关系，称为颗粒群的粒径分布。

2. 颗粒的平均直径

颗粒平均直径(平均粒径)的计算方法很多，现将常用的几种简述如下。

(1) 长度平均直径。将全部颗粒的粒径相加，然后除以颗粒的总数就是长度平均直径，记为d_{Lm}。

设样品可按粒径分区为d_1，d_2，d_3，…，d_k共k组，其中一组直径为d_i的颗粒共有n_i个，则长度平均直径为

$$d_{Lm} = \frac{n_1 d_1 + n_2 d_2 + n_3 d_3 + \cdots + n_k d_k}{n_1 + n_2 + n_3 + \cdots + n_k} = \sum_{i=1}^{k} n_i d_i \Big/ \sum_{i=1}^{k} n_i \tag{3-9}$$

设平均粒径为d_i的颗粒所占的质量分数为a_i，则a_i与直径为d_i的颗粒总数n_i、每个颗粒的体积、颗粒密度ρ_p三者之积成正比，即

$$a_i = K_1 n_i d_i^3 \rho_p$$

式中，K_1为比例常数。由上式得

$$n_i = \frac{a_i}{K_1 d_i^3 \rho_p} \tag{3-10}$$

将式(3-10)代入式(3-9)，化简后得

$$d_{Lm} = \sum_{i=1}^{k} \frac{a_i}{d_i^2} \Big/ \sum_{i=1}^{k} \frac{a_i}{d_i^3} \tag{3-11}$$

(2) 表面积平均直径。若颗粒群的主要特性与其表面积有关，则应当用表面积平均直径来表示其粒径大小，用称号 $d_{A\mathrm{m}}$ 表示。表面积 $\pi d_{A\mathrm{m}}^2$ 等于全部颗粒的表面积之和除以颗粒的总数，即

$$\pi d_{A\mathrm{m}}^2 = \sum_{i=1}^{k} n_i \pi d_i^2 \Big/ \sum_{i=1}^{k} n_i \tag{3-12}$$

故

$$d_{A\mathrm{m}} = \sqrt{\sum_{i=1}^{k} n_i d_i^2 \Big/ \sum_{i=1}^{k} n_i} \tag{3-13}$$

将式(3-10)代入式(3-13)，化简后得

$$d_{A\mathrm{m}} = \sqrt{\sum_{i=1}^{k} \frac{a_i}{d_i} \Big/ \sum_{i=1}^{k} \frac{a_i}{d_i^3}} \tag{3-14}$$

(3) 体积平均直径。用符号 $d_{V\mathrm{m}}$ 表示。体积 $\frac{\pi}{6} d_{V\mathrm{m}}^3$ 等于全部颗粒的体积之和除以颗粒的总数，按照与前述相同的方法可得

$$d_{V\mathrm{m}} = \sqrt[3]{\sum_{i=1}^{k} n_i d_i^3 \Big/ \sum_{i=1}^{k} n_i} \tag{3-15}$$

及

$$d_{V\mathrm{m}} = \sqrt[3]{1 \Big/ \sum_{i=1}^{k} \frac{a_i}{d_i^3}} \tag{3-16}$$

(4) 体积表面积平均直径。通过颗粒表面进行传热或传质时，其速率与比表面积成正比，因此需要定义出一种平均直径，按此计算的比表面积等于所有颗粒的比表面积的平均值。这种平均直径称为体积表面积平均直径，又称为邵特(Sauter)直径，记为 $d_{VA\mathrm{m}}$，根据上述定义可列出

$$\frac{\pi d_{VA\mathrm{m}}^2}{\frac{\pi}{6} d_{VA\mathrm{m}}^3} = \frac{\sum_{i=1}^{k} n_i \pi d_i^2}{\sum_{i=1}^{k} n_i \frac{\pi}{6} d_i^3} \tag{3-17}$$

于是

$$d_{VA\mathrm{m}} = \sum_{i=1}^{k} n_i d_i^3 \Big/ \sum_{i=1}^{k} n_i d_i^2 \tag{3-18}$$

将式(3-10)代入式(3-18)，化简后得

$$d_{VA\mathrm{m}} = 1 \Big/ \sum_{i=1}^{k} \frac{a_i}{d_i} \tag{3-19}$$

3. 颗粒的密度

单位体积内颗粒的质量称为密度，其单位为 $\mathrm{kg/m^3}$。若颗粒群的体积不包括颗粒之间的空隙，则为颗粒的真密度。选择分离设备时不仅要考虑颗粒的大小，还要考虑其真密度。

若颗粒群的体积包括颗粒之间的空隙，则得到的密度为表观密度或堆积密度。因此，堆积密度小于真密度。设计颗粒贮存设备及加工设备时，要以堆积密度为准。

3.2.3 筛分

筛分分析在标准筛上进行。标准筛由一系列具有不同大小孔眼的筛组成，筛网用金属丝制成，孔类似正方形。世界各国采用不同的标准筛系列，比较通用的为泰勒标准筛，现以其为例进行说明。其筛孔大小以每英寸(in)长度筛网上的孔数表示，称为“目”。每个筛的网线直径也有规定，因此，一定目数的标准筛其筛孔尺寸一定。例如，100 目的筛即指 1in 筛网上有 100 个筛孔，网线的直径规定为 0.0042in，故筛孔的边长为(1/100−0.0042)=0.0058in 或 0.147mm。筛号越大，筛孔越小。此标准系列中各相邻筛号(按由大到小的次序)的筛孔边长按 $\sqrt{2}$ 倍递增。

对于颗粒直径大于 50 μm 的颗粒群，可用筛分分析法测得各种尺寸颗粒所占的百分率。进行筛分时，将几个标准筛按筛孔尺寸上大下小地叠放在一起，将已称量的一批颗粒放在最上的筛子上，再将整套筛子用振荡器振动过筛，颗粒因粒径不同而分别被截留在各号筛面上。通过筛孔的颗粒量称为筛过量，截留于筛面上的颗粒量称为筛余量。称量各筛面上的颗粒筛余量即得筛分分析的基本数据。表 3-1 所列为泰勒标准筛的目数与对应的孔径。

表 3-1 泰勒标准筛的目数及对应孔径

目数	孔径/mm	目数	孔径/mm
3	6.680	35	0.417
4	4.699	48	0.295
6	3.327	65	0.208
8	2.362	100	0.147
10	1.651	150	0.104
14	1.168	200	0.074
20	0.833	270	0.053
28	0.589	400	0.038

3.3 沉 降

当非均相混合物(如气-固、气-液、液-固、液-液等组成的混合物)处在质量力场中，由于各种物质所受到的质量力不同，从而得到分离，这种现象称为沉降分离。按混合物所处的力场，可分为重力沉降和离心沉降。重力沉降设备有降尘室、增稠器等；离心沉降设备有旋风(液)分离器和各种离心分离机(如碟片式高速离心机、管式超速离心机)等。

3.3.1 重力沉降原理

在重力场中进行的沉降过程称为重力沉降。

1. 自由沉降速度

单个颗粒在流体中的沉降过程称为自由沉降。若颗粒数量较多，相互间距离较近，则颗粒沉降时相互间会干扰，称为干扰沉降。与干扰沉降相比，自由沉降较为简单，下面主要讨论自由沉降。

颗粒在流体中受到三个力的作用，如图 3-4 所示。

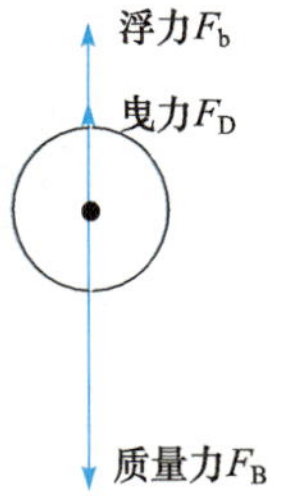

图 3-4 颗粒在流体中沉降时受力分析

质量力 F_B：通常为重力或离心力。若质量力为重力，则 $F_B=mg$，m 为颗粒的质量；若质量力为离心力，则 $F_B=ma_c$，a_c 为离心加速度。

浮力 F_b：方向与质量力相反，数值上等于与颗粒同体积的流体所受的质量力，即 $m\rho g/\rho_p$，ρ、ρ_p 分别为流体和颗粒的密度。

曳力 F_D：颗粒在流体中运动时将受到阻力，称为曳力，其方向与运动方向相反。曳力常写成下面形式：

$$F_D=\zeta_D\frac{\rho u^2}{2}A \tag{3-20}$$

式中，ζ_D 为曳力系数；A 为颗粒在流动方向上的投影面积。

根据牛顿第二定律，作用于颗粒上的合外力使其产生加速运动，即

$$F_B-F_b-F_D=m\frac{\mathrm{d}u}{\mathrm{d}t} \tag{3-21}$$

颗粒刚开始沉降时，速度 u 为零，则曳力也为零，颗粒在净质量力(质量力与浮力之差)作用下沿质量力方向作加速运动，随着运动速度 u 的增加，曳力开始由零不断增大，直至与净质量力相等为止，这时，颗粒加速度减为零，速度 u 达到一恒定值，也是最大值，此后，颗粒等速下降，这一最终的运动速度称为沉降速度。

由此可见，单个颗粒在流体中的沉降过程分为两个阶段：加速段和等速段，对于小颗粒，加速阶段极短，通常可以忽略，于是，整个沉降过程都可认为是匀速沉降。

用 u_t 表示重力沉降速度，将式(3-21)用于球形颗粒的自由沉降，忽略加速段，得在重力场中

$$mg\left(1-\frac{\rho}{\rho_p}\right)-\zeta_D\frac{\rho u_t^2}{2}\frac{\pi}{4}d_p^2=0$$

即

$$\frac{\pi}{6}d_p^3\rho_p g\left(1-\frac{\rho}{\rho_p}\right)-\frac{\pi}{8}d_p^2\zeta_D\rho u_t^2=0$$

整理得

$$u_t=\sqrt{\frac{4d_p\left(\rho_p-\rho\right)g}{3\rho\zeta_D}} \tag{3-22}$$

式中，d_p 为颗粒的当量直径。

2. 曳力系数

在使用式(3-22)计算沉降速度时，须先知道曳力系数。利用量纲分析可知 ζ_D 为雷诺数 $Re_p=d_pu_t\rho/\mu$ 的函数，其中 μ 为流体的黏度。图 3-5 示出了球形颗粒的曳力系数与雷诺数 Re_p 关系的实验结果。

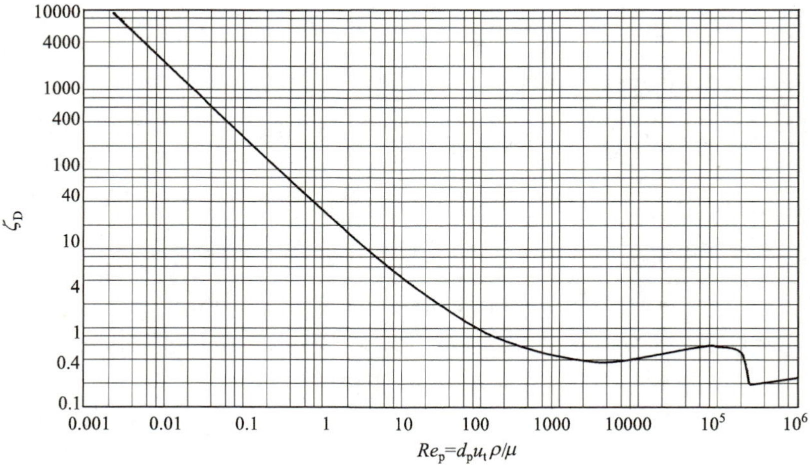

图 3-5 曳力系数与雷诺数关系

此曲线显示出四个不同特征的区域：

(1) $Re_p \leqslant 0.3$(可近似用到 $Re_p=2$)，爬流区，又称斯托克斯(Stokes)区，此时

$$\zeta_D = \frac{24}{Re_p} \tag{3-23}$$

(2) $2<Re_p \leqslant 500$，过渡区，又称阿仑(Allen)区，此时

$$\zeta_D = \frac{18.5}{Re_p^{0.6}} \tag{3-24}$$

(3) $500<Re_p<1\times10^5$，湍流区(除边界层外)，又称牛顿(Newton)区，此时

$$\zeta_D \approx 0.44 \tag{3-25}$$

(4) $Re_p \geqslant 1\times10^5$，边界层内也为湍流，$\zeta_D$ 将突然下降，呈现不规则现象。

将不同 $Re_p(Re_p=d_pu_t\rho/\mu)$ 范围内的 ζ_D 经验式代入式(3-22)，可得重力场中 u_t 的表达式：

(1) $Re_p \leqslant 2$，层流区

$$u_t = \frac{d_p^2(\rho_p-\rho)g}{18\mu} \tag{3-26}$$

(2) $2<Re_p \leqslant 500$，过渡区

$$u_t = 0.27\sqrt{\frac{d_p(\rho_p-\rho)gRe_p^{0.6}}{\rho}} \tag{3-27}$$

(3) $500<Re_p<1\times10^5$，湍流区

$$u_t = 1.74\sqrt{\frac{d_p(\rho_p-\rho)g}{\rho}} \tag{3-28}$$

3. 影响沉降速度的其他因素

以上讨论的是单个颗粒的自由沉降，实际上，颗粒的沉降还需考虑下列因素的影响。

(1) 干扰沉降。在干扰沉降中，由于颗粒之间的距离较小，颗粒在沉降过程中相互影响，

沉降速度要比自由沉降时小。这种相互影响主要表现在以下两个方面：一是颗粒沉降时，流体被置换而向上运动，从而阻滞了邻近颗粒的沉降；二是大量颗粒的存在使流体的表观黏度和密度较纯流体的大。通常，干扰沉降速度可先按自由沉降计算，然后用经验法予以校正。

(2) 非球形颗粒的沉降。颗粒形状偏离球形程度越大，曳力系数越大，相应地，沉降速度越小。

对非球形颗粒，除了颗粒形状偏离球形程度对沉降速度有影响外，颗粒的位向对沉降速度也有影响。例如，针形颗粒直立着沉降与平卧着沉降，其阻力显然大有区别。

(3) 壁面效应。容器的壁面会增大颗粒沉降时的曳力，使颗粒的沉降速度比按自由沉降的计算值小。

3.3.2　重力沉降设备

重力沉降设备主要有降尘室(分离气-固体系)、增稠室(分离液-固体系)等，通常可以除去流体中较大的颗粒，如 $d_p \geqslant 75\mu m$ 的颗粒。

1. 降尘室

从气体中除去固体颗粒的重力沉降设备称为降尘室，其结构如图 3-6 所示。含尘气体进入降尘室后，流通截面积扩大，速度降低，使气体在降尘室内有一定的停留时间。若在这个时间内颗粒沉到了室底，则颗粒就能从气体中除去。

降尘室结构简单，但设备庞大、效率低，只适用于分离粗颗粒(一般指直径 75μm 以上的颗粒)，或作为预分离设备。

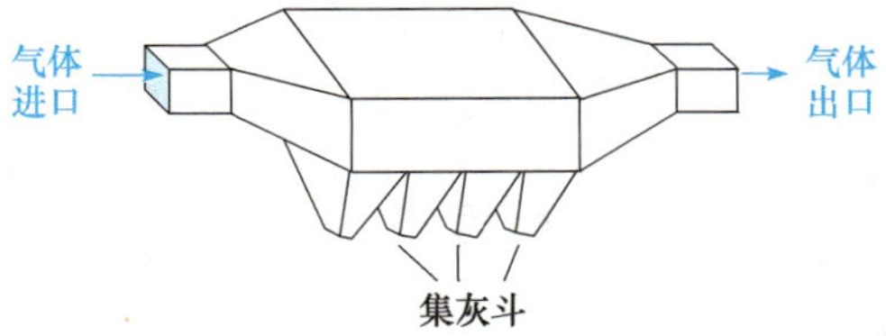

图 3-6　降尘室

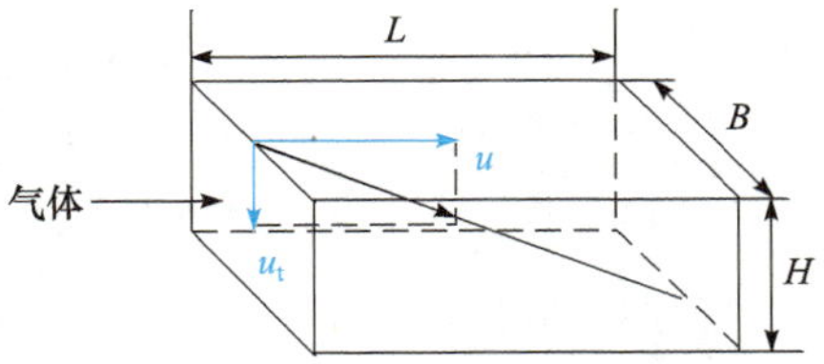

图 3-7　颗粒在降尘室中的运动

图 3-7 为颗粒在降尘室内的运动情况。设气流的速度为 u，颗粒的沉降速度为 u_t，降尘室高度 H、宽度 B、长度 L，则颗粒的停留时间为 $\tau_0=L/u$。而从室顶到室底的沉降时间为 $\tau_t=H/u_t$。故要想使颗粒从降尘室中被除去，必须满足的条件是

$$\tau_0 \geqslant \tau_t \tag{3-29}$$

即

$$\frac{L}{u} \geqslant \frac{H}{u_t} \tag{3-30}$$

能够刚好被 100%除去的最小颗粒，将满足其中的 $\tau_0=\tau_t$ 条件，即

$$\frac{L}{u} = \frac{H}{u_t} \tag{3-31}$$

此时气体体积流量

$$V_s = HBu = LBu_t = Au_t \tag{3-32}$$

式中，A 为降尘室底面积。

式(3-32)表明，降尘室生产能力(用气体体积流量表示)与底面积、沉降速度有关，而与降尘室高度无关，所以降尘室一般采用扁平的几何形状，或在室内加多层隔板，形成多层降尘室。常用的隔板间距为 40～100mm。

假设颗粒沉降服从斯托克斯公式，根据式(3-26)、(3-32)，可得处理量为 V_s时能够被 100%除去的最小颗粒直径(亦称为临界直径)为

$$d_{\mathrm{pmin}}=\sqrt{\frac{18\mu}{g\left(\rho_{\mathrm{p}}-\rho\right)}\cdot\frac{V_{\mathrm{s}}}{A}} \tag{3-33}$$

理论上讲，凡是满足 $\tau_0 \geqslant \tau_t$ 条件的颗粒均能被 100%除去，但实际上，由于降尘室内流速分布不均，部分气体停留时间较短，分离效果不像理论计算的那样理想。因此，气流在降尘室的均匀分布十分重要。另外，降尘室内气体流速不应过高，以免将已沉降下来的颗粒重新扬起。根据经验，多数灰尘的分离可取 u<3m/s，对于较易扬起灰尘的宜取 u<1.5m/s。

例 3-1 降尘室计算

用降尘室除去钛白粉粉尘(密度 4300kg/m³)，操作条件下的气体体积流量为 6m³/s，密度为 0.6kg/m³，黏度为 0.03cP，降尘室高 2m、宽 2m、长 5m。试求能 100%除去的最小尘粒直径。

若将该降尘室用隔板分成 2 层(不计隔板厚度)，而需完全除去的最小颗粒要求不变，则降尘室的气体处理量为多大？若生产能力不变，则能 100%除去的最小尘粒直径为多大？

解 (1) 能 100%除去的最小颗粒直径。

假设沉降服从斯托克斯公式，则

$$d_{\mathrm{pmin}}=\sqrt{\frac{18\mu V_{\mathrm{s}}}{g\left(\rho_{\mathrm{p}}-\rho\right)A}} \tag{i}$$

将μ=0.03cP=3×10⁻⁵Pa · s，V_s=6m³/s，ρ_p=4300kg/m³，ρ=0.6kg/m³，A=2×5=10m² 代入得

$$d_{\mathrm{pmin}}=\sqrt{\frac{18\times3\times10^{-5}\times6}{9.81\times\left(4300-0.6\right)\times10}}=8.76\times10^{-5}\ \text{(m)}=87.6(\mu\text{m})$$

检验雷诺数：根据式(3-32)

$$u_{\mathrm{t}}=\frac{V_{\mathrm{s}}}{A}=\frac{6}{10}=0.6\ (\text{m/s})$$

$$Re_{\mathrm{p}}=\frac{d_{\mathrm{pmin}}u_{\mathrm{t}}\rho}{\mu}=\frac{8.76\times10^{-5}\times0.6\times0.6}{3\times10^{-5}}=1.05<2$$

可见假设正确。

(2) 若将该降尘室用隔板分成 2 层，且需完全除去的最小颗粒要求不变，即 $d_{\mathrm{p\,min}}$不变，则从式(3-26)知 u_t也不变，于是，每一小室的气体处理能力 $V_s=Au_t$不变，仍为 6m³/s，故降尘室总的生产能力为

$$V_{\mathrm{s}}'=2V_{\mathrm{s}}=2\times6=12\ (\text{m}^3/\text{s})$$

(3) 将降尘室用隔板分成 2 层，而生产能力不变，则能 100%除去的最小尘粒直径为

$$d_{\mathrm{pmin}}'=\sqrt{\frac{18\mu V_{\mathrm{s}}'}{g\left(\rho_{\mathrm{p}}-\rho\right)A}} \tag{ii}$$

式中，V_s'为每一小室的气体处理能力，$V_{\mathrm{s}}'=V_{\mathrm{s}}/2=6/2=3\ (\text{m}^3/\text{s})$。

将式(i)与式(ii)相比，得

$$\frac{d_{\min}'}{d_{\min}}=\sqrt{\frac{V_{\mathrm{s}}'}{V_{\mathrm{s}}}}=\sqrt{\frac{3}{6}}=0.707$$

$$d_{\min}'=0.707d_{\min}=0.707\times87.6=61.9(\mu\text{m})$$

由计算可见，将该降尘室用隔板分成 n 层后，若需完全除去的最小颗粒要求不变，则降尘室的气体处理量将变为原来的 n 倍。若生产能力不变，则能 100%除去的最小尘粒直径变为原来的 $\sqrt{1/n}$ 。

2. 沉降槽

沉降槽(增稠器)是利用重力从悬浮液中分离出固体颗粒的设备，这种设备通常以取得稠厚的浆状物料为目的。沉降槽可以连续操作，也可以间歇操作。图 3-8 所示为一连续式沉降槽，它是一个带锥形底的圆池，悬浮液由位于中央的进料口加至液面以下，经一水平挡板折流后沿径向扩展，随着颗粒的沉降，液体缓慢向上流动，经溢流堰流出得到清液，颗粒则下沉至底部形成沉淀层，由缓慢转动的耙将沉渣移至中心，从底部出口排出。

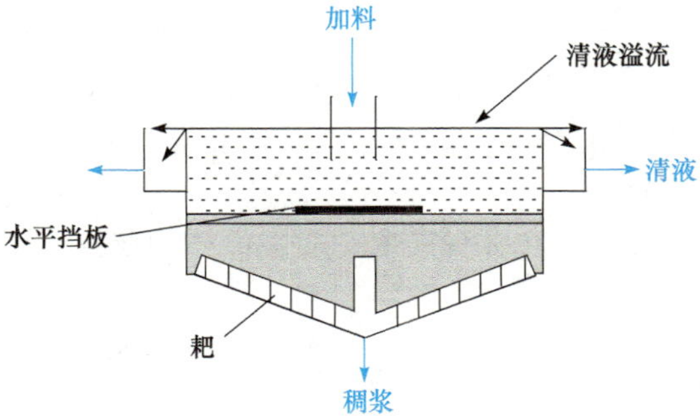

图 3-8　连续式沉降槽

颗粒在沉降槽内的沉降大致分为两个阶段。在加料口以下一段距离内固体颗粒浓度很低，颗粒在这一区间大致作自由沉降。在沉降槽下部，颗粒浓度逐渐增大，颗粒作干扰沉降，沉降速度很慢。

与降尘室类似，沉降槽的生产能力与高度无关，而与底面积成正比，故沉降槽一般均制造成大截面、低高度。大的沉降槽直径可达 10～100m、深 2.5～4m。它一般用于大流量、低浓度悬浮液的处理，常见的污水处理就是一例。经沉降槽处理后沉渣中还含有约 50%的液体，必要时再用过滤机等作进一步处理。

3.3.3　离心沉降原理

在离心力作用下实现的沉降过程称为离心沉降。由于在离心场中颗粒可以获得比重力大得多的离心力，因此，对两相密度相差较小或颗粒粒度较细的非均相物系，可利用离心沉降的方法来分离。

1. 离心沉降速度

当颗粒在离心场中沉降时，其路径成弧形，如图 3-9 中的虚线 ACB 所示。当颗粒位于距旋转中心 O 的距离为 r 的点 C 处，其周向速度为 u_θ，径向速度(离心沉降速度)为 u_r，绝对速度为二者的合速度 u，其方向为点 C 处弧线形的切线方向。

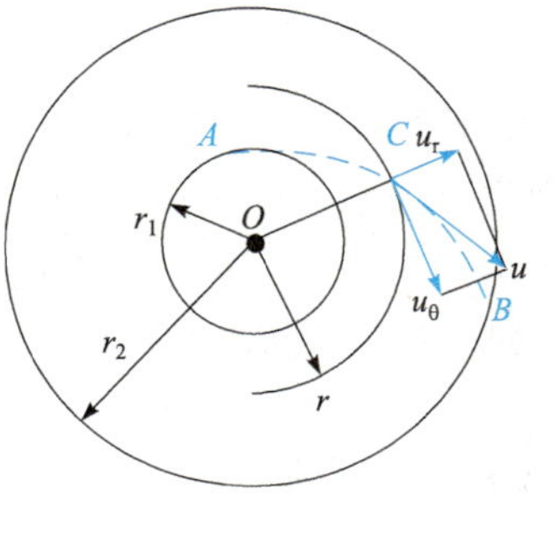

图 3-9　颗粒在旋转流场中的运动

与重力场的自由沉降类似，颗粒在离心力场中自由沉降时共受到三个力的作用：离心力、浮力、阻力，重力相比之下小得可以忽略。

若颗粒为球形，其质量为 m，离心加速度为 a_c，则

离心力　$$F_c = mr\omega^2 = \frac{\pi}{6}d^3\rho_p r\omega^2$$

浮力(向心力) $F_b=\frac{\pi}{6}d^3\rho r\omega^2$

阻力(向中心) $F_d=\xi\frac{\pi d^2}{4}\times\frac{\rho u_r^2}{2}$

若这三个力达到平衡，则有

$$F_c-F_b-F_d=0$$

即

$$\frac{\pi}{6}d^3\rho_p r\omega^2-\frac{\pi}{6}d^3\rho r\omega^2-\xi\frac{\pi d^2}{4}\times\frac{\rho u_r^2}{2}=0$$

此时，颗粒在径向上相对于流体的速度，就是它在这个位置上的离心沉降速度

$$u_r=\sqrt{\frac{4d(\rho_p-\rho)}{3\xi\rho}r\omega^2} \tag{3-34}$$

比较式(3-22)与式(3-34)可知，颗粒的离心沉降速度 u_r 与重力沉降速度 u_t 具有相似的关系式，只是式(3-22)中的重力加速度换为离心加速度而已。离心沉降速度 u_r 是颗粒运动的绝对速度 u 在径向上的分量，方向向外。但在一定的条件下，重力沉降速度 u_t 是一定的，而离心沉降速度 u_r 随着颗粒在半径方向上的位置不同而变化。

2. 离心分离因数

常将离心加速度与重力加速度之比称为离心分离因数，即

$$K_C=\frac{a_c}{g}=\frac{\omega^2 r}{g} \tag{3-35}$$

离心分离因数 K_C 数值一般为几百到几万，因此，同一颗粒在离心场中的沉降速度远远大于其在重力场中的沉降速度，用离心沉降可将更小的颗粒从流体中分离出来。

3.3.4 离心沉降设备

旋风分离器 整体浏览 外观展示 结构展示 原理展示

气-固非均相物质的离心沉降在旋风分离器中进行，液-固悬浮物系的离心沉降可在旋液分离器或离心机中进行。本节重点介绍旋风分离器。

1. 旋风分离器的结构

图 3-10 是旋风分离器的示意图，主体的上部为圆筒形，下部为圆锥形，中央有一升气管。

含尘气体从侧面的矩形进气管切向进入器内，然后在圆筒内作自上而下的圆周运动。颗粒在随气流旋转过程中被抛向器壁，沿器壁落下，自锥底排出。由于操作时旋风分离器底部处于密封状态，所以，被净化的气体到达底部后折向上，沿中心轴旋转着从顶部的中央排气管排出。

旋风分离器构造简单，操作不受温度、压强的限制。旋风分离器的分离因数为 5～2500，一般可分离气体中直径 5μm 以上的粒子。

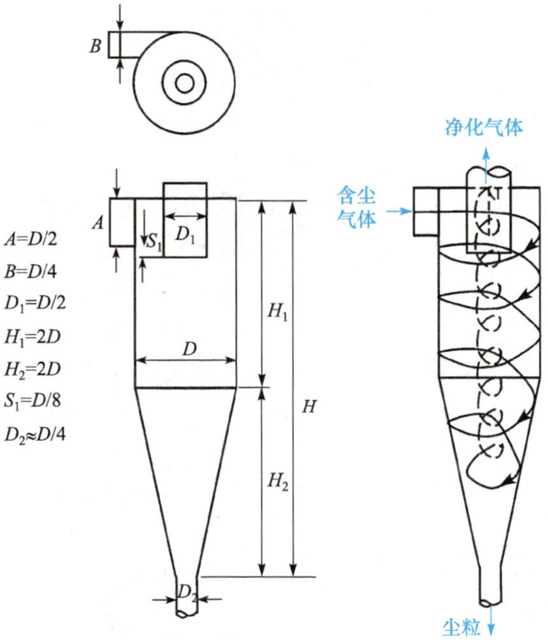

图 3-10　旋风分离器的尺寸及操作原理图

2. 旋风分离器的主要性能

评价旋风分离器性能的主要指标有两个，一是分离性能，二是气体经过旋风分离器的压降。

1) 旋风分离器的分离性能

旋风分离器的分离性能可用临界直径和分离效率来表示。

(1) 临界直径是指能够从分离器内全部分离出来的最小颗粒的直径，用 d_c 表示。临界直径的大小可以根据下列假设推导而得：

(Ⅰ) 颗粒及气体的切线速度恒定，且等于进口气速。

(Ⅱ) 颗粒沉降过程中所穿过的气流的最大厚度等于进气口宽度 B。

(Ⅲ) 颗粒沉降服从斯托克斯公式。

根据假设(Ⅲ)，沉降速度可参照式(3-26)计算(用 a_c 代替 g)，式中 $\rho \ll \rho_p$，故略去；又由假设(Ⅰ)可将 $a_c=\omega^2 r=u_0^2/r$ 中的 u_0 用进口气速 u_i 代替；旋转半径 r 取平均值 r_m，于是

$$u_r = \frac{d_p^2 \rho_p u_i^2}{18\mu r_m}$$

根据假设(Ⅱ)可得最大沉降时间为

$$\tau_r = \frac{B}{u_r} = \frac{18\mu r_m B}{d_p^2 \rho_p u_i^2}$$

若气体进入排气管之前在筒内旋转圈数为 N，则运行的距离为 $2\pi r_m N$，故气体在器内的停留时间为

$$\tau_0 = \frac{2\pi r_m N}{u_i}$$

令 $\tau_r=\tau_0$，解得

$$d_c = \sqrt{\frac{9\mu B}{\pi N u_i \rho_p}} \tag{3-36}$$

式中，气体旋转圈数 N 与进口气速有关，对常用形式的旋风分离器，风速 12～25m/s 范围内，一般可取 N=3～4.5，风速越大，N 也越大。

(2) 分离效率有两种表示方法，一种是总效率，另一种是粒级效率。

总效率是指由分离器分离出来的颗粒量与入口气体中总粒子量之比。总效率并不能准确地代表旋风分离器的分离性能，总效率相同的两台旋风分离器，其分离性能却可能相差很大，这是因为若被分离的尘粒具有不同的粒度分布，则各种颗粒被除去的比例也不相同。

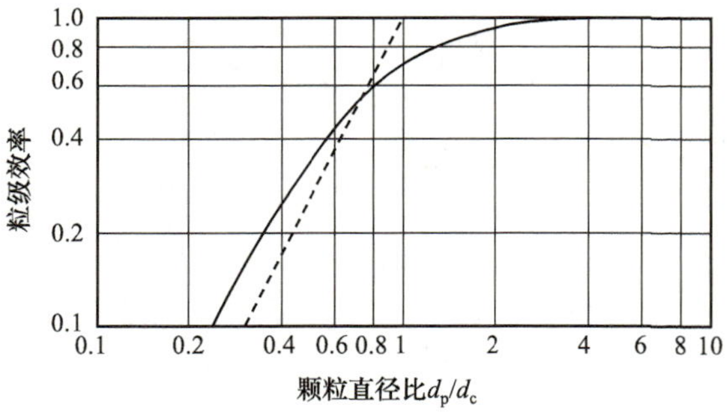

图 3-11 旋风分离器的粒级效率

----- 理论值； —— 实际值

粒级效率可以准确表示旋风分离器的分离性能。粒级效率是指每一种颗粒被分离的质量分数，理论上，直径大于及等于 d_c 的颗粒，粒级效率均为 1，而小于 d_c 的颗粒，其粒级效率不同，数值在 0～100%之间，见图 3-11。实际上，直径大于 d_c 的颗粒中会有一部分由于气体涡流的影响，在没有到达器壁时就被气流带出了器外，或者沉降后又被重新卷起，导致它们的粒级效率小于 1，从图 3-11 的实际曲线可以看出，要在 d_p 大于 d_c 较多时，粒级效率才为 1。

2) 旋风分离器的压降

旋风分离器的压降大小是评价其性能好坏的重要指标。旋风分离器的压降损失包括气流进入旋风分离器时，由于突然扩大引起的损失，与器壁摩擦的损失，气流旋转导致的动能损失，在排气管中的摩擦和旋转运动的损失等，可用下式表示

$$\Delta p = \zeta_c \rho u_i^2 / 2 \tag{3-37}$$

式中，ζ_c 与设备的型式和几何尺寸有关，要通过试验测定。

旋风分离器的压降一般在 500～2000Pa 范围内。

例 3-2 旋风分离器计算

已知某标准型旋风分离器圆筒部分直径 D=400mm，A=D/2，B=D/4，气体在旋风分离器内旋转圈数 N 为 5。用此旋风分离器分离例 3-1 中的含尘气体，气体体积流量为 1000m³/h，求能够从分离器内 100%分离出来的最小颗粒的直径(临界直径)。

解 将 $\mu = 3\times10^{-5}$ Pa · s，$B = \frac{D}{4} = 0.1\,\text{m}$，$N = 5$，$\rho_p = 4300\,\text{kg/m}^3$，$u_i = V_s/(AB) = (1000/3600)/(0.2\times0.1) = 13.9\,\text{m/s}$ 代入式(3-36)中，得

$$d_c = \sqrt{\frac{9\times3\times10^{-5}\times0.1}{\pi\times5\times13.9\times4300}} = 5.4\times10^{-6}\,(\text{m}) = 5.4(\mu\text{m})$$

检验雷诺数，因

$$r_m = \frac{D-B}{2} = \frac{D-D/4}{2} = \frac{3}{8}D = \frac{3}{8}\times0.4 = 0.15\,(\text{m})$$

$$u_r = \frac{d_c^2 \rho_p u_i^2}{18\mu r_m} = \frac{(5.4\times10^{-6})^2 \times 4300\times13.9^2}{18\times3\times10^{-5}\times0.15} = 0.30\ (\text{m/s})$$

$$Re_p = \frac{d_c u_r \rho}{\mu} = \frac{5.4\times10^{-6}\times0.30\times0.6}{3\times10^{-5}} = 0.03 < 2$$

可见颗粒沉降服从斯托克斯公式，上述计算有效。

案例　某化工厂失活废活性炭再生过程中的含尘气体处理

3.4　过　　滤

3.4.1　概述

过滤是属于流体通过颗粒间流动的一个典型的化工单元操作，目前在化工生产中被广泛应用。其基本原理是在外力(重力、压力、离心力)作用下，利用多孔性介质(称为过滤介质)，使液体通过，而固体颗粒被截留，从而使悬浮液中的液、固两相得以分离(图 3-12)。原始的悬浮液称为滤浆，通过多孔介质后的液体称为滤液，被截留住的固体颗粒堆积层称为滤渣或滤饼(其空隙中充满滤液)。

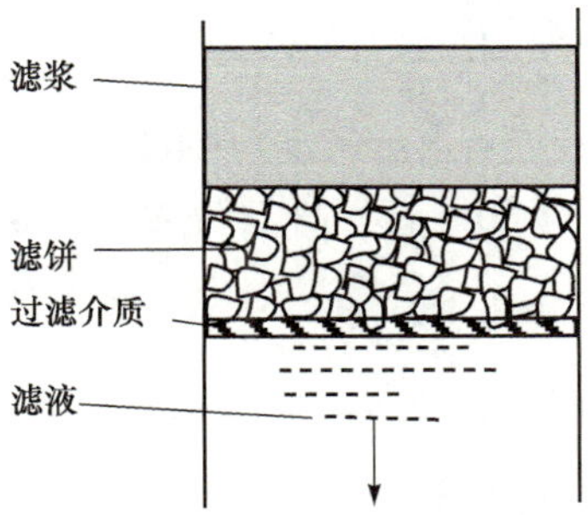

图 3-12　过滤操作示意图

1. 深层过滤和滤饼过滤

工业上的过滤方法主要有以下两种。

(1) 深层过滤。颗粒尺寸比介质的孔道小得多，但孔道弯曲细长，颗粒进入之后仍容易被截住，还由于流体流过时所引起的挤压与冲撞作用，颗粒紧附在孔道的壁面上[图 3-13(a)]。这种过滤是在过滤介质内部进行的，介质表面无滤饼形成。此法适用于从液体中除去很少量(固相体积分数在 0.1%以下)的固体微粒，例如饮用水的净化。

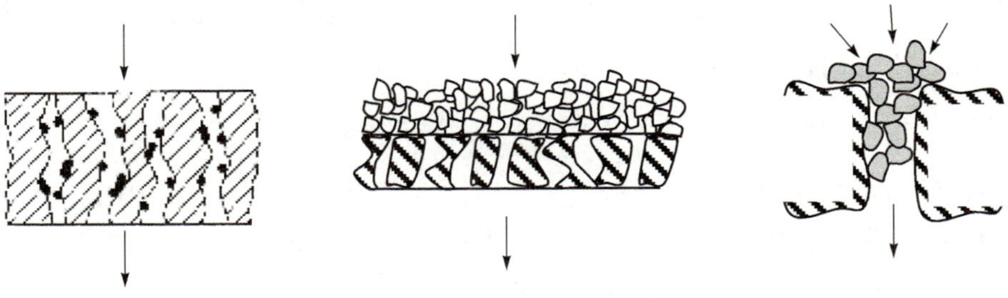

(a)深层过滤　(b) 滤饼过滤　(c) 架桥现象

图 3-13　深层过滤与滤饼过滤

(2) 滤饼过滤。颗粒的尺寸大多数都比过滤介质的孔道大，过滤时固体物积聚于介质表面，形成滤饼[图 3-13(b)]。过滤刚开始时，很小的颗粒也会进入介质的孔道内或通过介质孔道而不被截留，其情况与深层过滤相同，使滤液仍显得浑浊，但随着过滤的继续进行，细小的颗粒便可能在孔道上及孔道中发生架桥现象，从而形成滤饼[图 3-13(c)]。在滤饼形成之后，它便成为对其后颗粒起主要截留作用的介质，滤液因此变清，过滤阻力也将随滤饼厚度的增加而增加，故滤饼积聚到一定厚度后，要将其从介质表面上移去。此法适用于处理固相含量稍高(固相体积分数在1%以上)的悬浮液。化工生产中的过滤多数属于这一种，本节以后讨论的也限于这一种。

2. 过滤介质

过滤过程所用的多孔性介质称为过滤介质，过滤介质应具有下列特性：多孔性、孔径大小适宜、耐腐蚀、耐热并具有足够的机械强度。

(1) 多孔性。使液体通过时阻力小，但为了截留住固体颗粒，孔道又不宜大。

(2) 耐腐蚀性、耐热性。以适应相应要求的悬浮液。

(3) 有足够的机械强度。过滤时要承受一定的压力，且操作中拆装、移动频繁，故应具有这一特点。

过滤介质种类繁多，工业用过滤介质主要有织物介质(如棉、麻、丝、毛、合成纤维、金属丝等编织成的滤布)、多孔性固体介质(如多孔陶瓷、多孔塑料、烧结金属等)。新型过滤介质有聚合物膜和无机膜等。此外，用沙砾、碎石、炭屑等堆积成层，亦可作为过滤介质。

3. 滤饼的压缩性

若形成的滤饼刚性不足，则其内部空隙结构将随着滤饼的增厚或压差的增大而变形，空隙率减小，称这种滤饼为可压缩滤饼。反之，若滤饼内部空隙结构不变形，则称为不可压缩滤饼。

4. 助滤剂

若滤浆中所含固体颗粒很小，这些细小颗粒可能会将过滤介质的孔道堵塞，或者所形成的滤饼孔道很小，使过滤阻力很大而导致过滤困难。又若滤饼可压缩，随着过滤进行，滤饼受压变形，也将导致过滤困难。为防止以上不良现象发生，可采用助滤剂以改善滤饼的结构，增强其刚性。

助滤剂通常是一些不可压缩的粉状或纤维状固体，能形成结构疏松的固体层。常用的助滤剂有硅藻土、纤维粉末、活性炭、石棉等。助滤剂的使用方法通常有两种：一种是将助滤剂预先单独配成悬浮液并先行过滤(预涂)；另一种是助滤剂加到滤浆中一起过滤，若过滤的目的是回收固体物又不允许混入助滤剂，则此法不适用。只有悬浮液中的固体量少又可弃去，而且助滤剂用量不大时，使用此法才比较经济合理。

5. 悬浮液量、固体量、滤液量及滤渣量之间的关系

悬浮液过滤所得的滤液量与悬浮液中所含液体量不相等，因为湿滤渣中含有一部分液体。因此在讨论过滤问题时，需要了解悬浮液量、固体量、滤液量及滤渣量之间的关系。

- 悬浮液
  - 滤液，密度ρ，体积V
  - 湿滤渣，密度ρ_M
    - 液体
    - 干渣，密度ρ_P

(1) 湿滤渣密度 ρ_M 的计算。

M为湿滤渣与其中所含干渣的质量比，即Mkg 湿渣与 1kg 干渣对应。湿滤渣体积M/ρ_M与干渣体积$1/\rho_P$有下列关系

$$\frac{M}{\rho_M}=\frac{1}{\rho_P}+\frac{M-1}{\rho} \tag{3-38}$$

式中，ρ_M 为湿滤渣密度，kg/m^3；ρ_P 为干渣密度，kg/m^3；ρ 为滤液密度，kg/m^3。

用式(3-38)可求出湿滤渣的密度 ρ_M。

(2) 干渣质量与滤液体积的比值 υ。

设悬浮液中固体颗粒的质量分数以 X 表示，单位为 kg 固体/kg 悬浮液；M 与 X 的乘积 MX 为单位质量悬浮液可得湿滤渣的质量，单位为 kg 湿渣/kg 悬浮液；$(1-MX)$为单位质量悬浮液可得滤液的质量，单位为 kg 滤液/kg 悬浮液；$X/(1-MX)$为干渣与滤液的质量比，由 $X/(1-MX)$ 与滤液密度 ρ 可求得干渣质量与滤液体积的比值

$$\upsilon=\frac{X}{(1-MX)/\rho} \quad \text{kg干渣/m}^3\text{滤液} \tag{3-39}$$

υ 也称为单位体积滤液所对应的干渣质量。

(3) 湿滤渣质量与滤液体积的比值为 υM，kg 湿滤渣/m^3 滤液。

(4) 湿滤渣体积与滤液体积的比值 c 为

$$c=\frac{\upsilon M}{\rho_M} \quad \text{m}^3\text{湿滤渣/m}^3\text{滤液} \tag{3-40}$$

例 3-3 已知 1kg 悬浮液中含 0.05kg 固体颗粒，湿滤渣、干渣及滤液的密度分别为 $\rho_M=1400\text{kg/m}^3$，$\rho_P=2600\text{kg/m}^3$，$\rho=100\text{kg/m}^3$。试求：(1)湿滤渣与其中所含干渣的质量比 M；(2)干渣质量与滤液体积的比值 υ；(3)湿滤渣体积与滤液体积的比值 c。

解 已知 $M=0.05$kg 干渣/kg 悬浮液，$\rho_M=1400\text{kg/m}^3$，$\rho_P=2600\text{kg/m}^3$，$\rho=1000\text{kg/m}^3$。

(1) 由式(3-38)得

$$\frac{M}{1400}=\frac{1}{2600}+\frac{M-1}{1000}$$

解得 $M=2.15$kg 湿滤渣/kg 干渣

(2) 由式(3-39)得

$$\upsilon=\frac{X\rho}{(1-MX)}=\frac{0.05\times1000}{1-2.15\times0.05}=56.0(\text{kg干渣/m}^3\text{滤液})$$

(3) 由式(3-40)得

$$c=\frac{\upsilon M}{\rho_M}=\frac{56\times2.15}{1400}=0.086(\text{m}^3\text{湿滤渣/m}^3\text{滤液})$$

3.4.2 过滤基本方程

滤饼过滤过程中，滤饼逐渐增厚，流动阻力也随之逐渐增大，所以过滤属于不稳定的流动过程。过滤基本方程描述了过滤速度与影响因素之间的相互关系。

1. 过滤速度

过滤速度指在单位时间内通过单位过滤面积的滤液体积，用符号 u 表示。实际上，过滤速度 u 就是滤液在空床层中的流速，又称表观速度，如图 3-14 所示。

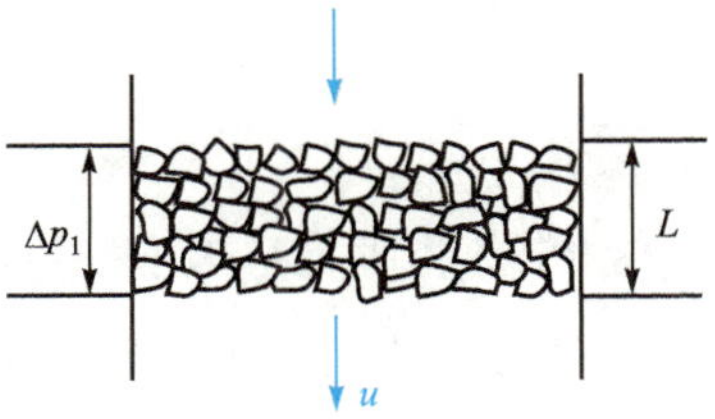

图 3-14 流体在滤饼中流动

由于过滤为不稳定过程，需用微分式表示其瞬时过滤速度

$$u=\frac{\mathrm{d}V}{A\mathrm{d}\tau}=\frac{\mathrm{d}q}{\mathrm{d}\tau} \tag{3-41}$$

式中，u 为瞬时过滤速度，m/s；V 为滤液体积，m^3；A 为过滤面积，m^2；q 为单位过滤面积所得的滤液量，$q=V/A$，m^3/m^2；τ 为过滤时间，s。

2. 过滤基本方程式

在过滤时，滤液在滤饼和过滤介质中的微小通道中流动，多处在层流状态。但由于孔道形状的不规则性，难以对流体在孔道内的流动规律进行理论分析，故常将孔道视为长度均为 l_e 的一组平行细管(图 3-15)，并假定：

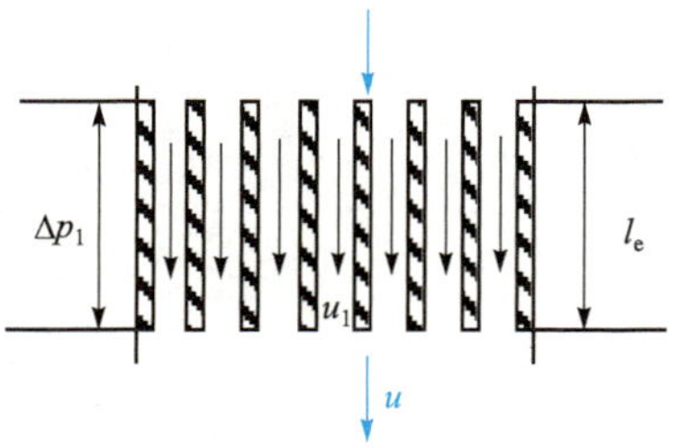

图 3-15 流体在滤饼中流动的简化模型

(1) 细管的内表面积之和等于滤饼内颗粒的全部表面积。

(2) 细管的全部流动空间等于滤饼内的全部空隙体积。

根据上述假定，可求得图中虚拟细管的当量直径 d_e

$$d_e=\frac{4\times\text{流通截面积}}{\text{湿润周边长}}=\frac{4\times\text{细管的流动空间}}{\text{细管的全部内表面积}} \tag{3-42}$$

其中，细管的流动空间等于流通截面积乘以 l_e，细管的全部内表面积等于润湿周边长乘以 l_e。

令滤饼的体积为 V_c，其空隙率为 ε(=空隙体积/滤饼体积)，滤饼的比表面积为 a_B(单位体积的滤饼层所具有的颗粒表面积)，如果忽略颗粒因相互接触而使裸露的表面减少，则 a_B 与颗粒的比表面积 a 的关系为 $a_B=a(1-\varepsilon)$。

根据上述假定可知，细管的流动空间$=\varepsilon V_c$，细管的全部内表面积$=a_BV_c=a(1-\varepsilon)V_c$，故

$$d_e=4\varepsilon/\left[a(1-\varepsilon)\right] \tag{3-43}$$

由于滤饼的孔道直径很小，阻力很大，因而这时液体的流速亦很小，常属于层流。对图 3-15 中的假想细管列机械能衡算方程，同时考虑到滤饼较薄，可以忽略位能差；又层流时，$\lambda=64/Re_1$，$Re_1=\rho u_1 d_e/\mu$。于是有

$$\Delta p_1=\frac{32\mu l_e u_1}{d_e^2} \tag{3-44}$$

式中，Δp_1 为通过滤饼的压力降，N/m^2；u_1 为滤液在虚拟细管中的流速，m/s，根据连续性方程可知 $u_1=u/\varepsilon$；μ 为滤液的黏度，$N\cdot s/m^2$；l_e 为孔道的平均长度，m，与滤饼厚度 L 具有一定的比例关系，令 $l_e=CL$，C 为无量纲的比例常数。

将式(3-43)及 $u_1=u/\varepsilon$ 和 $l_e=CL$ 代入式(3-44)，整理得

$$u=\frac{\mathrm{d}V}{A\mathrm{d}\tau}=\frac{\varepsilon^3}{2Ca^2(1-\varepsilon)^2}\frac{\Delta p_1}{\mu L} \tag{3-45}$$

式(3-45)称为康采尼(Kozeny)式。

令 $r=2Ca^2(1-\varepsilon)^2/\varepsilon^3$，单位为 m^{-2}，称为滤饼的比阻，于是式(3-45)可写为

$$u=\frac{\mathrm{d}V}{A\mathrm{d}\tau}=\frac{\Delta p_1}{\mu rL} \tag{3-46}$$

式中，显然Δp_1代表过滤推动力，而μrL则代表过滤阻力。这是因为滤液的黏度μ越大、滤饼的厚度 L 越厚、滤饼的比阻 r 越大，过滤越困难，阻力越大。

式(3-46)表明，瞬时过滤速度的大小由两个相互抗衡的因素决定，过滤推动力越大，过滤阻力越小，过滤速度越大。于是式(3-46)可改写为

$$u=\frac{\mathrm{d}V}{A\mathrm{d}\tau}=\frac{\Delta p_1}{\mu rL}=\frac{\text{过滤推动力}}{\text{过滤阻力}} \tag{3-47}$$

以上推导过程仅考虑了滤饼层对过滤的影响，而未考虑到过滤介质，若两者都加以考虑，则可将二者加合，视为串联操作。为计算方便，将介质阻力折合成厚度为 L_e 的滤饼阻力(L_e为过滤介质的当量滤饼厚度，或称为虚拟滤饼厚度，m)，式(3-47)成为

$$u=\frac{\mathrm{d}V}{A\mathrm{d}\tau}=\frac{\Delta p_1}{\mu rL}=\frac{\Delta p_2}{\mu rL_e}=\frac{\Delta p}{\mu r\left(L+L_e\right)} \tag{3-48}$$

式中，$\Delta p=\Delta p_1+\Delta p_2$，为通过滤饼和过滤介质的压降，为过滤操作的总压差。

过滤时，滤饼厚度 L 随时间而增加，滤液量亦成比例增多。如果获得单位体积滤液时，在过滤介质上被截留的滤饼体积为 c(m^3 滤饼/m^3 滤液)，则得到滤液体积为 V 时，截留的滤饼体积为 cV，而滤饼层厚度为 L，则滤饼体积

$$AL=cV$$

或

$$L=cV/A \tag{3-49}$$

对于过滤介质

$$L_e=cV_e/A \tag{3-50}$$

式中，V_e为滤出厚度 L_e的一层滤饼所获得的滤液体积，简称虚拟滤液量。V_e实际上并不存在，其值取决于过滤介质与滤饼的性质。

综合上述推理，式(3-48)可写成

$$u=\frac{\mathrm{d}V}{A\mathrm{d}\tau}=\frac{\Delta pA}{\mu rc\left(V+V_e\right)} \tag{3-51}$$

若需要考虑滤饼的可压缩性，应计入比阻 r 随过滤压力的变化。比阻与过滤压力的关系可通过实验求出，其结果多为下面的经验公式

$$r=r_0\Delta p^s \tag{3-52}$$

式中，r_0、s 均为经验常数，其中 s 称为压缩指数。可压缩滤饼的 s 一般为 0.2～0.8，不可压缩滤饼 s=0。表 3-2 列出了几种典型物料的 s 数值以供参考。

表 3-2　典型物料的压缩指数

物料	硅藻土	碳酸钙	钛白(絮凝)	高岭土	滑石	黏土	氢氧化铝
s	0.01	0.19	0.27	0.33	0.51	0.56～0.6	0.9

将式(3-52)代入式(3-51)，并令

$$K=\frac{2\Delta p}{\mu rc}=\frac{2\Delta p^{1-s}}{\mu r_0 c} \tag{3-53}$$

式中，K 的单位为 m^2/s。于是得过滤速率

$$\frac{\mathrm{d}V}{\mathrm{d}\tau}=\frac{KA^2}{2\left(V+V_e\right)} \tag{3-54}$$

或者

$$\frac{\mathrm{d}q}{\mathrm{d}\tau}=\frac{K}{2(q+q_e)} \tag{3-55}$$

式中，$q_e=V_e/A$。

式(3-54)和(3-55)是过滤基本方程的微分式，表示任一瞬间的过滤速率和速度。式中，K、q_e(或 V_e)通常称为过滤常数，其值需由实验测定。

3. 恒压过滤

若过滤过程中保持过滤推动力(压差)不变，则称为恒压过滤。对于给定的悬浮液，μ、r_0、s、c 为常数，故 K 为常数。从过滤开始(τ=0)到过滤结束(τ时刻)，积分式(3-54)和式(3-55)得

$$V^2+2VV_e=KA^2\tau \tag{3-56}$$

或者

$$q^2+2qq_e=K\tau \tag{3-57}$$

若过滤介质阻力可忽略不计，则以上两式简化为

$$V^2=KA^2\tau \tag{3-58}$$

$$q^2=K\tau \tag{3-59}$$

4. 恒速过滤

若过滤时保持过滤速度不变，则过滤过程为恒速过滤。由过滤特点可知，要保持过滤速度恒定，必须持续地提高过滤压力才行。

对恒速过滤，有

$$\frac{\mathrm{d}V}{A\mathrm{d}\tau}=\frac{V}{A\tau}=常数$$

代入式(3-54)中得

$$V^2+VV_e=\frac{K}{2}A^2\tau \tag{3-60}$$

或

$$q^2+qq_e=\frac{K}{2}\tau \tag{3-61}$$

若过滤介质阻力可忽略不计，则式(3-60)和式(3-61)分别简化为

$$V^2=\frac{K}{2}A^2\tau \tag{3-62}$$

$$q^2=\frac{K}{2}\tau \tag{3-63}$$

工业上，若整个过滤过程都在恒压下进行，则在过滤刚开始时，过滤速度太快，滤布表面会因无滤饼层而使较细的颗粒堵塞介质的孔道而增大过滤阻力，而过滤快终了时，过滤速度又会太小。若整个过程均保持恒速，则过程末期的压力势必很高，导致设备泄漏或动力负荷过大。为了克服这一问题，工业上常用的操作方式是在供料泵出口装支线，支线上有泄压阀，开始过滤时有一短的升压阶段，在此期间的过滤既非恒压也非恒速，压力升到一定数值，泄压阀被顶开，从支线泄去一部分悬浮液，此后过滤便大体上在恒压下进行。

3.4.3　过滤常数的测定

过滤计算要有过滤常数 K、q_e或 V_e作依据。由不同物料形成的悬浮液，其过滤常数差别很大。即使是同一种物料，由于操作条件不同、浓度不同，其过滤常数亦不尽相同。过滤常数一般要由实验来测定。

由恒压过滤方程式(3-57)得

$$\frac{\tau}{q}=\frac{1}{K}q+\frac{2}{K}q_e \tag{3-64}$$

式(3-64)表明，τ/q 与 q 之间具有线性关系。因此，实验中只要得到不同过滤时间τ内的单位面积滤液量 q，将τ/q 对 q 作图，便可得一直线，直线的斜率为 $1/K$，截距为 $2q_e/K$，由此可求出 K、q_e。

用上述方法可以测出不同压差条件下的 K 值，再根据 K 与Δp 关系式(3-53)，有

$$\lg K=(1-s)\lg\Delta p+B$$

可见 $\lg K$ 与 $\lg\Delta p$ 成直线关系，由直线的斜率可求出压缩指数 s。

例 3-4　过滤常数测定

$Ti(OH)_3$ 与水的悬浮液在恒定压差 1.17×10^5Pa 及 25℃下进行过滤，试验结果列于表 3-3，过滤面积为 400cm²，求此压差下的过滤常数 K 和 q_e。

表 3-3　恒压过滤试验中的 V-τ 数据

过滤时间 τ/s	6.8	19.0	34.5	53.4	76.0	102.0
滤液体积 V/L	0.5	1.0	1.5	2.0	2.5	3.0

解　根据式(3-64)，利用 $q=V/A$ 将表 3-3 数据整理成表 3-4，如下：

表 3-4　τ/q-q 关系

τ/s	6.8	19.0	34.5	53.4	76.0	102.0
q/(m³/m²)	0.0125	0.025	0.0375	0.05	0.0625	0.075
τ/q/(s/m)	544.0	760.0	920.0	1068.0	1216.0	1360.0

将τ/q 与 q 关系绘于图 3-16，得一直线，从图上读得

斜率：$\frac{1}{K}=12896\text{s/m}^2$　　截距：$\frac{2q_e}{K}=410\text{s/m}$

故

$$K=7.75\times10^{-5}\ \text{m}^2/\text{s}$$

$$q_e=\frac{K}{2}\times410=0.016\ \text{m}^3/\text{m}^2$$

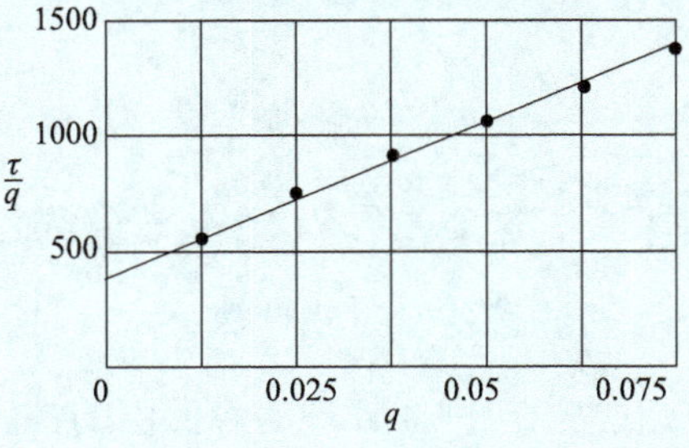

图 3-16　例 3-3 附图

3.4.4 滤饼洗涤

滤饼洗涤时，洗涤液(通常是水)所通过的滤饼厚度不变，因此，洗涤时的流动阻力不变，故恒压下的洗涤过程属于稳态流动过程。

1. 洗涤速度

洗涤速度用$\left(\dfrac{\mathrm{d}V}{A\mathrm{d}\tau}\right)_{\mathrm{w}}$表示。洗涤液在滤饼中的流动过程与过滤过程类似，因此

$$\left(\frac{\mathrm{d}V}{A\mathrm{d}\tau}\right)_{\mathrm{w}}=\frac{\text{洗涤推动力}}{\text{洗涤阻力}} \tag{3-65}$$

类似于过滤阻力，洗涤阻力与滤饼的比阻、洗涤液黏度、滤饼厚度、介质阻力有关。当洗涤压力与过滤终了时的操作压力相同时，则洗涤速度$\left(\dfrac{\mathrm{d}V}{A\mathrm{d}\tau}\right)_{\mathrm{w}}$与过滤终了时速度$\left(\dfrac{\mathrm{d}V}{A\mathrm{d}\tau}\right)_{\mathrm{e}}$之间近似有如下关系：

$$\frac{\left(\dfrac{\mathrm{d}V}{A\mathrm{d}\tau}\right)_{\mathrm{w}}}{\left(\dfrac{\mathrm{d}V}{A\mathrm{d}\tau}\right)_{\mathrm{e}}}=\frac{\mu L}{\mu_{\mathrm{w}}L_{\mathrm{w}}} \tag{3-66}$$

式中，μ、μ_{w}分别为滤液、洗涤液的黏度；L、L_{w}分别为过滤终了时滤饼厚度、洗涤时穿过的滤饼厚度。

由过滤基本方程可知

$$\left(\frac{\mathrm{d}V}{A\mathrm{d}\tau}\right)_{\mathrm{e}}=\frac{KA}{2(V+V_{\mathrm{e}})}$$

注意，式中V是过滤终了时的滤液量。

利用式(3-66)，可由过滤终了时速度求出洗涤速度。实际洗涤操作中可能会因滤饼开裂而发生沟流、短路等现象，使洗涤速度比按式(3-66)计算的值大。

2. 洗涤时间 τ_{w}

设洗涤液用量为V_{w}，则洗涤时间为

$$\tau_{\mathrm{w}}=\frac{V_{\mathrm{w}}}{\left(\dfrac{\mathrm{d}V}{\mathrm{d}\tau}\right)_{\mathrm{w}}} \tag{3-67}$$

式中，$\left(\dfrac{\mathrm{d}V}{\mathrm{d}\tau}\right)_{\mathrm{w}}$常称为洗涤速率，是单位时间内消耗的洗涤水量。洗涤速率与过滤终了时的过滤速率有关，这个关系取决于过滤设备上采用的洗涤方式，在后面过滤计算一节有详细讲解。

3.4.5 过滤设备及过滤计算

工业生产中要处理的悬浮液的性质多种多样、差异很大，长期以来，为适应各种不同物料要求而发展了各种形式的过滤机。这些过滤机可按推动力不同而分成两大类：一类以压力差为推动力，如板框压滤机、叶滤机、回转真空过滤机等；另一类以离心力为推动力，如各种离心机。本节主要介绍以压力差为推动力的板框压滤机、叶滤机、回转真空过滤机等。

1. 过滤设备

1) 板框压滤机

板框压滤机是一种具有较长历史但仍沿用至今的间歇式压滤机，其结构如图 3-17 所示。它由许多交替排列在支架上的滤板和滤框所构成，滤板和滤框可在架上滑动，板和框的个数在机座长度上可进行调节，一般为 10～60 块不等，过滤面积一般为 2～80m^2。

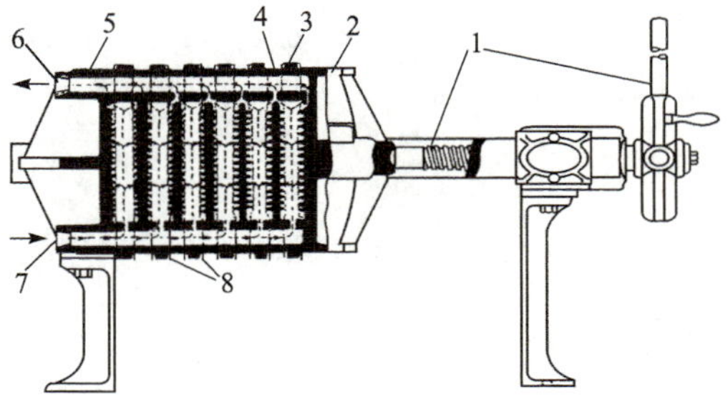

图 3-17 板框压滤机(暗流式)简图

1. 压紧装置；2. 可动头；3. 滤框；4. 滤板；5. 固定头；6. 滤液出口；7. 滤浆出口；8. 滤布

板与框的结构如图 3-18 所示，四角均开有孔，组装叠合后分别构成滤浆通道、滤液通道和洗涤液通道(图 3-19)。

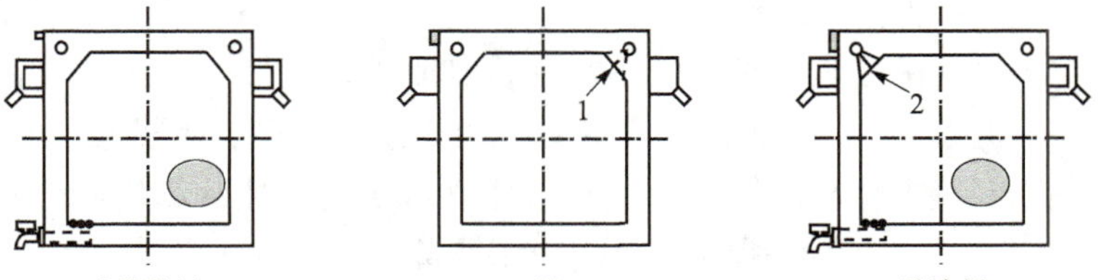

图 3-18 滤板和滤框

1. 滤浆进口；2. 洗水进口

板框压滤机的操作是间歇的，每个操作循环由过滤、洗涤、卸渣、整理组装等阶段组成。开始时将板与框交替置于机架上，板的两侧用滤布包起，然后用手动或机动的压紧装置将板与框压紧。用泵将滤浆压入机内，从小孔道进入框内。滤液穿过滤布到达板侧，经板面沟槽流集下方，经排液孔口排出，而固体物则积存于框内形成滤饼，直至整个框的空间都填满为止，图 3-19(a)示出了板框压滤机的过滤情况。滤饼的洗涤情况如图 3-19(b)所示。洗涤用的清水经洗涤板上角的斜孔进入板侧，穿过滤布到达滤框，然后穿过整个滤饼及另一侧的滤布，再经过非洗板下角的斜孔排出。这种洗涤方式称为横穿洗法。洗涤结束后，松开板框，卸渣并清洗滤布及板、框，准备开始下一循环。

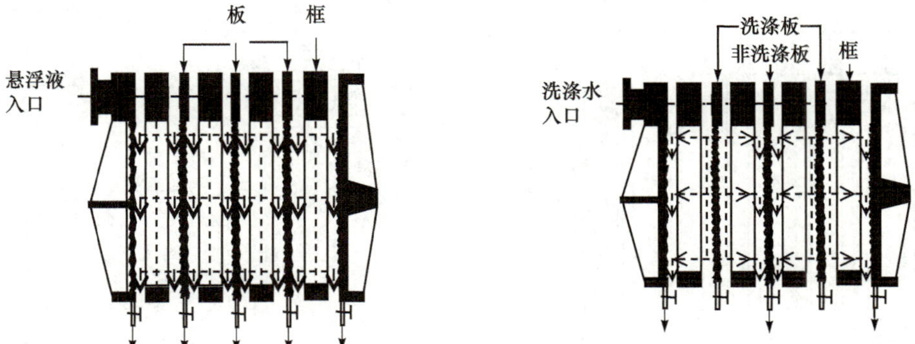

图 3-19 板框压滤机操作简图

板框压滤机的优点是构造简单，过滤面积大而占地省，过滤压力高(可达 1.5MPa 左右)，便于用耐腐蚀性材料制造，所得滤饼水分含量少又能充分地洗涤。它的缺点是装卸、清洗等工序需手工操作，劳动强度较大。近年来各种自动操作的板框压滤机的出现，使这一缺点在一定程度上得到克服。

案例 某食品饮料有限公司废水处理项目——板框压滤机在其中的应用

2) 叶滤机

叶滤机是由许多滤叶组成。滤叶(图 3-20)为内有金属网的扁平框架，外包滤布，将滤叶装在密闭的机壳内(加压式)，如图 3-21，为滤浆所浸没。滤浆中液体在压力差作用下穿过滤布进入滤叶内部，成为滤液从其周边引出。过滤完毕，机壳内改充清水，使水循着与滤液相同的路径通过滤饼，进行置换洗涤。最后，滤饼可用振动器使其脱落，或用压缩空气将其吹下。

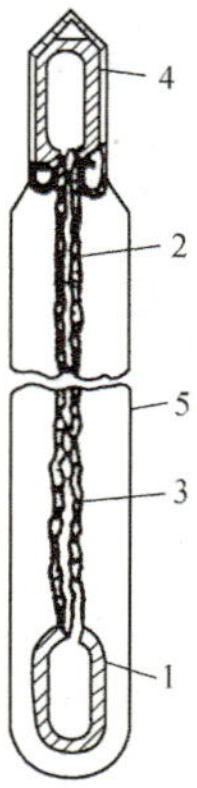

图 3-20 滤叶的构造
1. 空框；2. 金属网；3. 滤布；4. 顶盖；5. 滤饼

滤叶可以垂直放置亦可以水平放置，滤浆可用泵压入亦可用真空泵抽入。图 3-21 为滤叶垂直放置的加压叶滤机简图。

叶滤机也是间歇操作设备，具有过滤推动力大、单位地面所容纳的过滤面积大、滤饼洗涤较充分等优点。其生产能力比板框压滤机大，而且机械化程度高，劳动力较省，密闭过滤，操作环境较好。其缺点是构造较复杂、造价较高。

3) 回转真空过滤机

这是工业上应用很广的一种连续操作的真空过滤机，图 3-22 为其操作流程示意图。它的主要部件为转筒，其长度与直径之比为 1/2～2，在水平安装的中空转筒表面覆以滤布，浸没于滤浆中的过滤面积占全部面积的 30%～40%。转速为 0.1～3r/min。每转一周，过滤表面的任一部分相继经历过滤、洗涤、吸干、吹松、刮渣等操作。而任一瞬间，对整个转筒来说，其各部分表面则分别进行以上各个不同阶段的操作。因此，转筒每转一周就对应着一个操作循环。

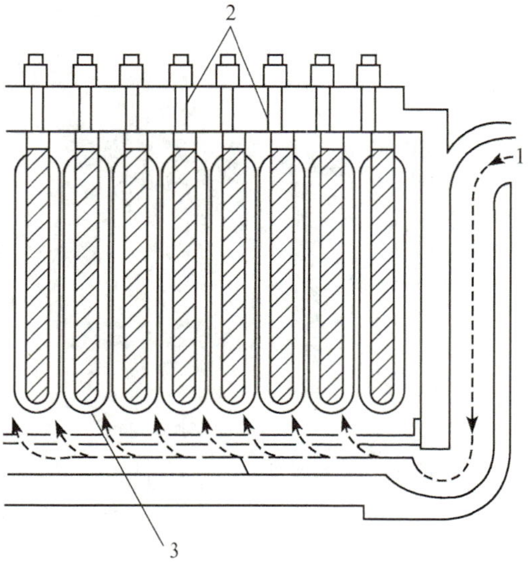

图 3-21 密闭加压叶滤机
1. 滤浆进口；2. 滤液出口；3. 滤饼

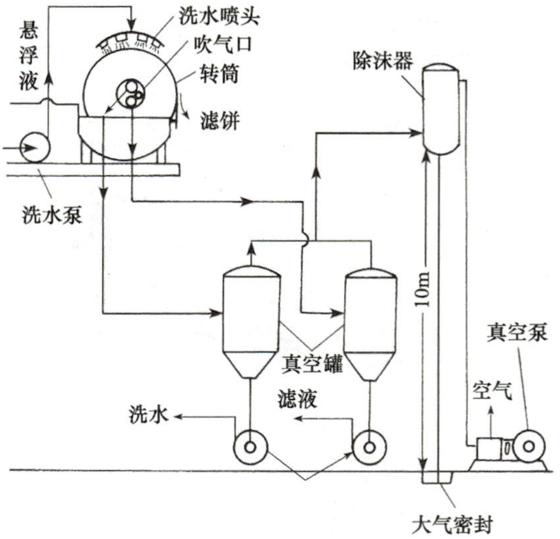

图 3-22 回转真空过滤机的操作流程

转筒的构造如图 3-23 所示。筒壁按周边平分为若干格(图中为 12 格)，各格均有管通至轴心处，但各格在筒内并不相通。

圆筒的一端有分配头装于轴心处，分配头由一个与转筒固定在一起的转动盘和一个装于支架上的固定盘组成，转动盘与固定盘借弹簧压力紧密贴合，如图 3-24 所示。转动盘上的每一孔各与转筒表面的一格相通；固定盘上有三个凹槽，通过管子分别与滤液罐、洗水罐(以上二者处于真空之下)及鼓风机稳定罐(正压下)相连通。当转动盘上某几个孔与固定盘上的和滤液罐相通的凹槽相遇时，则转鼓表面与这些孔相连的几格便与滤液罐接通，滤液可从这几格吸入，同时滤饼即沉积于其上，滤饼厚度一般不超过 40～60mm，对于难过滤的胶质滤浆，厚度可小至 10mm 以下。当转动盘转到使这几个小孔与和洗水罐相通的凹槽相遇时，则相应的几格表面便与洗水罐接通，吸入洗涤液。与接通鼓风机的凹槽相遇时则有空气吹向转鼓的这部分表面，将沉积在其上的滤饼吹松。随着转筒的转动，这些滤饼又与刮刀相碰而被刮下。这部分表面再往前转便重新浸入滤浆中，开始进行下一个操作循环。每当转动盘上的小孔与固定盘两凹槽之间的空白位置(与外界不相通的部分)相遇时，则转鼓表面与之相对应的格就停止操作，以便从一个操作区转向另一操作区时，不致使两区相互串通。

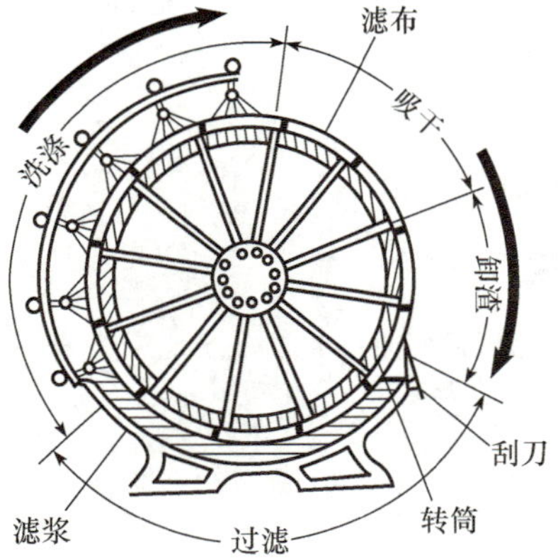

图 3-23 回转真空过滤机上的转筒

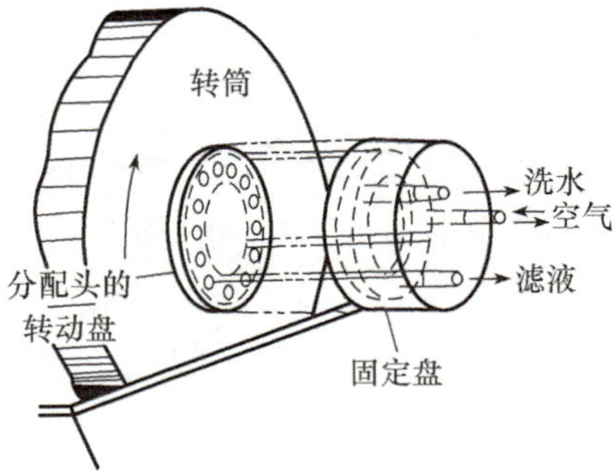

图 3-24 转筒的分配头

回转真空过滤机的过滤面积不大，过滤推动力也不高，此外，回转真空过滤机的滤饼洗涤亦不够充分。但它突出优点是操作自动连续，对大规模处理固体物含量较大的悬浮液很适用。

2. 过滤计算

1) 间歇式过滤机的生产能力及最佳操作周期

生产能力可用单位时间内获得的滤液量或滤饼量表示。对于间歇式设备，其生产能力应以一个操作周期为基准进行计算。操作周期包括过滤时间τ、洗涤时间τ_w和卸渣、整理、重装等辅助时间τ_D。设整个操作周期内获得的滤液量为 V，则生产能力 Q 可表示为

$$Q = \frac{V}{\sum \tau} = \frac{V}{\tau + \tau_w + \tau_D} \tag{3-68}$$

在一个操作循环中，可认为辅助时间τ_D与产量关系不大，为固定值，而过滤时间τ 则随滤液量 V 增大而增加。若过滤时间短，形成的滤饼薄，则过滤过程的平均速度快，但非过滤时间所占比例相对较大，因此，生产能力不一定大。相反，若过滤时间长，滤饼则厚，过滤过程的平均速度小，生产能力也不一定大。所以，一个周期内过滤时间应有一最佳值，使生

产能力最大。

最佳操作周期可将式(3-68)对 V 求导数，并令导数等于零得到。为此需先求出τ、τ_w。

根据恒压过滤方程式(3-56)可知

$$\tau=\frac{V^2+2VV_e}{KA^2}$$

根据式(3-66)及板框压滤机的特点 $L_w=2L$、$A=2A_w$，叶滤机的特点 $L_w=L$，$A=A_w$，以及洗涤液黏度和滤液黏度相近的假定，有

板框压滤机洗涤速率

$$\left(\frac{dV}{d\tau}\right)_w=\frac{1}{4}\left(\frac{dV}{d\tau}\right)_e=\frac{1}{4}\times\frac{KA^2}{2(V+V_e)} \tag{3-69a}$$

叶滤机洗涤速率

$$\left(\frac{dV}{d\tau}\right)_w=\left(\frac{dV}{d\tau}\right)_e=\frac{KA^2}{2(V+V_e)} \tag{3-69b}$$

综合板框压滤机、叶滤机，洗涤速率可统一写成

$$\left(\frac{dV}{d\tau}\right)_w=\frac{KA^2}{\delta(V+V_e)} \tag{3-70}$$

式中，对板框压滤机，$\delta=8$；对叶滤机，$\delta=2$。

将式(3-70)代入式(3-67)，并设洗涤液量 $V_w=bV$，得

$$\tau_w=\frac{V_w}{(dV/d\tau)_w}=\frac{\delta V_w(V+V_e)}{KA^2}=\frac{\delta b(V^2+VV_e)}{KA^2}$$

将τ、τ_w表达式代入式(3-68)得

$$Q=\frac{KA^2V}{(V^2+2VV_e)+\delta b(V^2+VV_e)+\tau_D KA^2}$$

将上式对 V 求导数，并令 $\dfrac{dQ}{dV}=0$，得

$$\tau_D=\frac{V^2}{KA^2}+\frac{\delta bV^2}{KA^2}$$

若介质阻力忽略不计，则 $\dfrac{V^2}{KA^2}=\tau$，$\dfrac{\delta bV^2}{KA^2}=\delta b\tau=\tau_w$，于是有

$$\tau_D=\tau+\tau_w=\tau+\delta b\tau \tag{3-71}$$

当$\tau_D>\tau+\tau_w$时，$dQ/dV>0$；$\tau_D<\tau+\tau_w$时，$dQ/dV<0$。这表明，在过滤介质阻力忽略不计的条件下，当过滤时间与洗涤时间之和等于辅助时间时，板框过滤机生产能力最大，此时的操作周期为最佳操作周期，即

$$\left(\sum\tau\right)_{opt}=2\tau_D \tag{3-72}$$

若滤饼不洗涤，则$\tau_w=0$，达到最大生产能力的条件是

$$\tau_D=\tau \tag{3-73}$$

2) 连续过滤机的生产能力

以回转真空过滤机为例。回转真空过滤机是在恒压差下连续操作的，其操作周期就是转筒旋转一周所经历的时间。设转筒的转速为每秒钟 n 次，则操作周期为

$$\sum\tau = 1/n \tag{3-74}$$

转筒真空过滤机在整个操作周期内都进行过滤，但只有部分面积进行过滤，也可以理解为在部分时间内转筒的全部面积在进行过滤。但须注意，不管为上述两种理解的哪一种，其过滤时间均为

$$\tau = \phi/n \tag{3-75}$$

式中，ϕ 为转筒表面浸入悬浊液中的分数，即转筒浸入面积与全部转筒面积的比值。

根据恒压过滤方程，在忽略过滤介质阻力的情况下，有 $V^2 = KA^2\tau$，即转一圈(一个操作周期)的滤液量为 $V = A\sqrt{K\tau} = A\sqrt{K\phi/n}$，故生产能力为

$$Q = V/\sum\tau = nV = n\sqrt{K\phi/n}A = A\sqrt{K\phi n} \tag{3-76}$$

式(3-76)表明，提高转筒的浸没分数 ϕ 及转速 n 均可提高生产能力，但这类方法受到一定的限制。若转速过大，则每一操作周期内的过滤时间便短，可能导致形成的滤饼太薄，就不易从转筒表面取下；又若浸没分数提高，则洗涤、吸干、吹松等区域的分数便相应减小，可能造成操作上的困难。

例 3-5 板框压滤机计算

现用一板框压滤机过滤含钛白(TiO_2)的水悬浮液，过滤压力为 3×10^5Pa(表压)。已知滤框尺寸为810mm×810mm×45mm，共有 40 个框，已经测得过滤常数 $K=5\times10^{-5}m^2/s$，$q_e=0.01m^3/m^2$，滤饼体积与滤液体积之比 $c=0.08m^3/m^3$。滤框充满后，在同样压力下用清水洗涤滤饼，洗涤水量为滤液体积的 1/10，水与钛白水悬浮液的黏度可认为近似相等。试计算：

(1) 框全部充满时所需过滤时间；

(2) 洗涤时间；

(3) 洗涤后卸渣、清理、重装等共需 40min，求板框压滤机的生产能力；

(4) 这个板框压滤机的最大生产能力及最大生产能力下的滤饼厚度。

解 (1) 框全部充满时。

获得的滤液量
$$V = \frac{\text{框体积}}{c} = \frac{0.81\times0.81\times0.045\times40}{0.08} = 14.76\ (m^3)$$

过滤面积 $A=0.81\times0.81\times2\times40=52.49(m^2)$，故

$$q = \frac{V}{A} = \frac{14.76}{52.49} = 0.281\ (m^3/m^2)$$

由恒压过滤方程得

$$q^2 + 2qq_e = K\tau$$

将有关数据代入

$$\tau = \frac{q^2 + 2qq_e}{K} = \frac{0.281^2 + 2\times0.281\times0.01}{5\times10^{-5}} = 1691.6\ (s) = 0.47(h)$$

(2) 洗涤时间。

洗涤液量
$$V_w = \frac{1}{10}V = 1.476\ m^3$$

洗涤速率 $$\left(\frac{\mathrm{d}V}{\mathrm{d}\tau}\right)_{\mathrm{w}}=\frac{1}{4}\left(\frac{\mathrm{d}V}{\mathrm{d}\tau}\right)_{\mathrm{e}}=\frac{1}{4}\times\frac{KA^2}{2(V+V_{\mathrm{e}})}=\frac{KA}{8(q+q_{\mathrm{e}})}$$

$$=\frac{5\times10^{-5}\times52.49}{8\times(0.281+0.01)}=1.127\times10^{-3}\left(\mathrm{m^3/s}\right)$$

洗涤时间 $$\tau_{\mathrm{w}}=\frac{V_{\mathrm{w}}}{(\mathrm{d}V/\mathrm{d}\tau)_{\mathrm{w}}}=\frac{1.476}{1.127\times10^{-3}}=1309.7\ (\mathrm{s})=0.36(\mathrm{h})$$

(3) 生产能力

$$Q=\frac{V}{\sum\tau}=\frac{V}{\tau+\tau_{\mathrm{w}}+\tau_{\mathrm{D}}}=\frac{14.76}{0.47+0.36+40/60}=9.86\ (\mathrm{m^3/h})$$

(4) 最大生产能力及最大生产能力下的滤饼厚度。

由 q 与 q_{e} 数值的相对大小可近似假定，介质阻力可忽略不计，在此条件下，板框压滤机达到最大生产能力的条件为

$$\tau_{\mathrm{D}}=\tau+\tau_{\mathrm{w}}=(1+8b)\tau$$

式中，$b=\frac{V_{\mathrm{w}}}{V}=\frac{1}{10}=0.1$，代入得

$$\tau=\frac{\tau_{\mathrm{D}}}{1+8b}=\frac{40\times60}{1+8\times0.1}=1333.3\ (\mathrm{s})$$

即当过滤时间 τ=1333.3s 时，板框压滤机生产能力达到最大。由过滤方程可得此时滤液量为

$$V=\sqrt{KA^2\tau}=\sqrt{5\times10^{-5}\times(52.49)^2\times1333.3}=13.55\ (\mathrm{m^3})$$

最大生产能力

$$Q_{\max}=\frac{13.55}{2\tau_{\mathrm{D}}}=\frac{13.55}{2\times40/60}=10.16\ (\mathrm{m^3/h})$$

$$\text{每个框单侧饼厚}=\frac{Vc}{A}=\frac{13.55\times0.08}{52.49}=0.0207\ (\mathrm{m})=20.7(\mathrm{mm})<22.5(\mathrm{mm})$$

可见框未充满。

例 3-6 回转真空过滤机计算

有一浓度为 9%(质量分数)的水悬浮液，固相密度为 3000kg/m³。已经测得滤饼空隙率为 ε=0.4，操作压力 3×10^5Pa(表压)下的过滤常数为 $K=3\times10^{-5}\mathrm{m^2/s}$。现采用一台回转真空过滤机进行过滤，此过滤机的转筒直径为 2.6m，长度为 2.6m，浸入角度为 120°，生产时采用的转速为 0.5r/min，操作真空度为 0.7×10^5Pa。试求此过滤机的生产能力(以滤液计)和滤饼厚度。假设滤饼压缩指数 s=0.3，过滤介质阻力可忽略不计，滤饼空隙内充满液体。

解 (1) 生产能力。当 V_{e}=0 时，以每小时计的回转真空过滤机的生产能力为

$$Q=3600A\sqrt{K'n\phi}$$

将 $A=\pi DL=\pi\times2.6\times2.6=21.2\ (\mathrm{m^2})$，$n=\frac{0.5}{60}\ \mathrm{s^{-1}}$，$\phi=\frac{120}{360}=\frac{1}{3}$，$K'=\left(\frac{\Delta p'}{\Delta p}\right)^{1-s}K=\left(\frac{0.7\times10^5}{3\times10^5}\right)^{1-0.3}\times3\times10^{-5}=1.08\times10^{-5}\ (\mathrm{m^2/s})$代入得

$$Q=3600\times21.2\times\sqrt{1.08\times10^{-5}\times\frac{0.5}{60}\times\frac{1}{3}}=13.2\ (\mathrm{m^3/h})$$

(2) 滤饼厚度。回转一周获得的滤液量

$$V=\frac{Q/3600}{n}=\frac{Q/3600}{0.5/60}=0.44\ (\mathrm{m^3})$$

设滤饼与滤液的体积之比为 c，则过滤得 1m³ 滤液时，获得固相质量为 $3000c(1-\varepsilon)$kg，而残留在滤饼中的水为 $1000c\varepsilon$ kg。可见欲得到 1m³ 滤液，需处理的悬浮液量为

$$1000\times1+3000\times c(1-\varepsilon)+1000\times c\varepsilon=c(1-\varepsilon)\times3000+(1+c\varepsilon)\times1000$$

按题意有

$$\frac{c(1-\varepsilon)\times3000}{c(1-\varepsilon)\times3000+(1+c\varepsilon)\times1000}=9\%$$

将 $\varepsilon=0.4$ 代入，解得

$$c=0.056\ \text{m}^3\ \text{饼/m}^3\ \text{滤液}$$

$$\text{滤饼厚度}=\frac{Vc}{A}=\frac{0.44\times0.056}{21.2}=0.0012\ (\text{m})=1.2(\text{mm})$$

3.5 离心分离

利用离心力分离非均相混合物的过程称为离心分离。离心分离可以对一般沉降或过滤方法不能分离的混合物进行分离，其速率也较大。例如，悬浮液用过滤的方法处理若需 1h，而用离心分离只需几分钟，而且可以得到比较干的固体渣。

离心分离设备除前述的旋风(液)分离器外，更重要的还有离心机。离心机的主要部件是一个载着物料、高速旋转的转鼓。其产生的离心力可将悬浮液中的固体微粒沉降或过滤而除去，或者使乳浊液中的两相密度不同的液体得以分离。

离心机按所产生的离心力和重力之比，即分离因素 $K_C=a_r/g$ 值的大小，有常速离心机($K_C<3000$)、高速离心机($3000\leqslant K_C\leqslant 50000$)与超速离心机($K_C>50000$)之分。

离心机按分离的方式分，则有沉降式离心机、过滤式离心机和分离式离心机。

(1) 沉降式离心机。加料管将含固体微粒的悬浮液(通常含颗粒很小且浓度不大)连续引到转鼓底部，使其在鼓内自下而上流动。转鼓旋转时，液面形成抛物线形，但在 K_C 较大的情况下，液面便可视为与转轴平行(图 3-25)。颗粒在被液体带动自下而上流动的过程中，又受到离心力作用以一径向速度趋向鼓壁，其实际的轨线如图 3-25 中的虚线所示。当悬浮液中某一颗粒沉降到达鼓内壁所需的时间，小于它从底部上升到转鼓顶部所需的时间(它在鼓内的停留时间)，则此颗粒便能从液体中分离出来，否则将随液体溢流而出。当颗粒层于鼓壁上到达一定厚度之后将其取出，清液则从鼓的上方开口溢流而出。

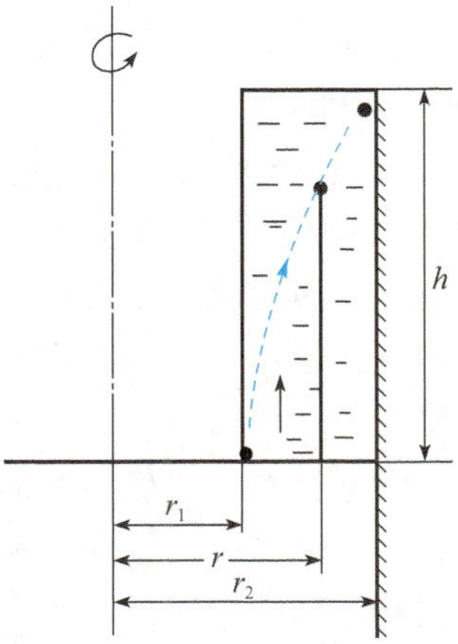

图 3-25　颗粒在离心机的沉降

(2) 过滤式离心机。鼓壁上开孔，覆以滤布，悬浮液注入其中随之旋转。液体受离心力后穿过滤布及壁上的小孔排出，而固体颗粒则截留在滤布上。

(3) 分离式离心机。用于乳浊液的分离。非均相液体混合物被转鼓带动旋转时，密度大的液体趋向器壁运动，密度小的趋向中央，分别从靠近外周的及近中央的溢流口流出。

离心机按结构分，主要有：转鼓式间歇离心机(以三足式离心机为代表)、转鼓式自动卸料连续离心机、碟片式离心机、管式离心机等。

(1) 三足式离心机为间歇操作的转鼓式离心机中最简单的一种，如图 3-26 所示。转鼓又

称滤框，是直立的，开口向上，从底部带动。机的外壳、转鼓和传动装置都悬在三个支柱上，故称三足式离心机。机盖打开后，浆料经加料管送入；机盖关闭后才能运转，从转鼓壁上的小孔甩出的液体集于机壳底部，用管子连续地引出。停止运转后机盖才能打开，滤渣从上方取出。也有转鼓底部可以开启，从下方卸料的设计方案。

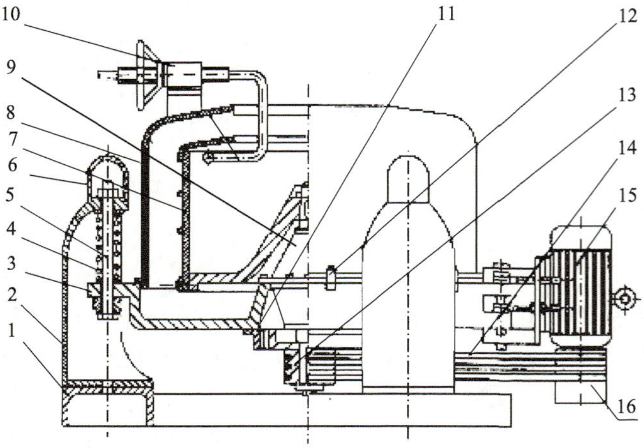

图 3-26　三足式间歇操作离心机

1. 三角底座；2. 机脚；3. 大盘；4. 机脚压簧；5. 吊杆；6. 机脚罩；7. 转鼓总成；8. 机壳；9. 主轴部件；10. 出液管；11. 制动部件；12. 机壳压板 13. 主轴胶带；14. 三角胶带；15. 电动机；16. 离合器

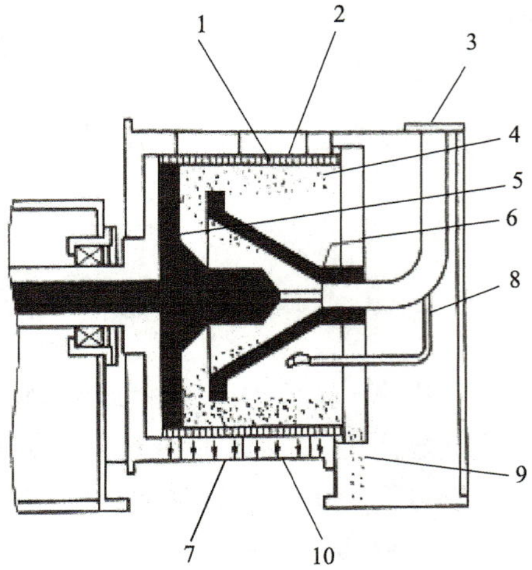

图 3-27　往复式卸料器的连续操作离心机

1. 转鼓；2. 滤网；3. 进料管；4. 滤饼；5. 活塞推进器；6. 进料斗；7. 滤液出口；8. 冲洗管；9. 固体排出；10. 洗水出口

三足式离心机转鼓的直径多约为 1m，转速为每分钟几百至一千多转，分离因数一般为 600～1200。

(2) 活塞推料离心机是一种连续操作的过滤式离心机，如图 3-27 所示。在全速运转的情况下，悬浮液不断由进料管进入，在离心力的作用下沿锥形进料斗的内壁流至转鼓的滤网上。滤液穿过过滤网经滤液出口连续排出，积于滤网面上的滤渣则被往复运动的活塞推送器沿转鼓内壁而推出。滤渣被推至出口的途中，可用由冲洗管出来的水进行喷洗，洗水则由另一出口排出。

活塞推料离心机活塞的行程约为转鼓全长的 1/10，活塞往复次数约为每分钟 30 次，分离因数为 300~700。这种离心机主要用于浓度适中并能很快脱水和失去流动性的悬浮液。活塞推料离心机除单级外，还有双级、四级等各种形式。

(3) 碟片式离心机。此种离心机可用于分离不互溶的液体混合物，或从液体中分离出极细的颗粒。如图 3-28 所示，机的底部做成圆锥形，壳内有几十至一百以上的圆锥形碟片叠置成层，由一垂直轴带动而高速旋转。碟片在中央至周边的半途上开有孔，各孔串联成垂直的通道。要分离的液体混合物从顶部的垂直管送入，直达底部，在经过碟片上的孔上升的同时，分布于两碟片之间的窄缝中，受离心力作用，密度大的液体趋向外周，到达机壳内壁后上升到上方的重液出口流出；轻液则趋向中心而自上方较靠近中央的轻液出口流出。各碟片的作用在于将液体分成许多薄层，缩短液滴沉降距离；液体在狭缝中流动所产生的剪应力亦有助于破坏乳浊液。

若液体中含有少量细颗粒悬浮固体，这些颗粒亦趋向外周运动而到达机壳内壁附近沉积下来，可间隙地加以清除。

碟片式离心机亦简称分离机，碟片直径可达到 1m，转速多在 4000～7000r/min，分离因数为 4000～10000。此种设备广泛用于润滑油脱水、牛奶脱脂、饮料澄清、催化剂分离等。

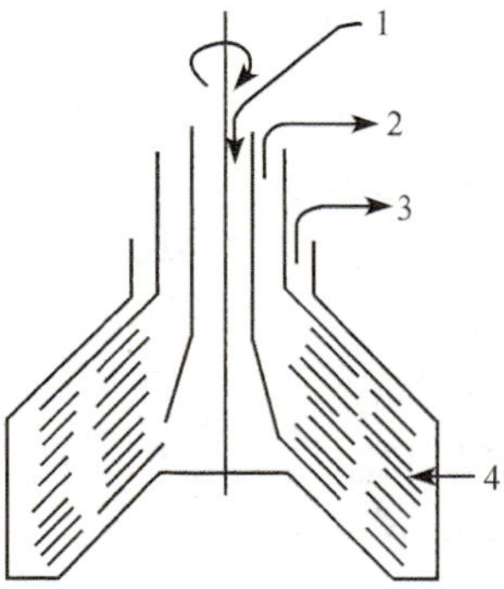

图 3-28 碟片式离心机

1. 加料；2. 轻液出口；3. 重液出口；4. 固体物积存区

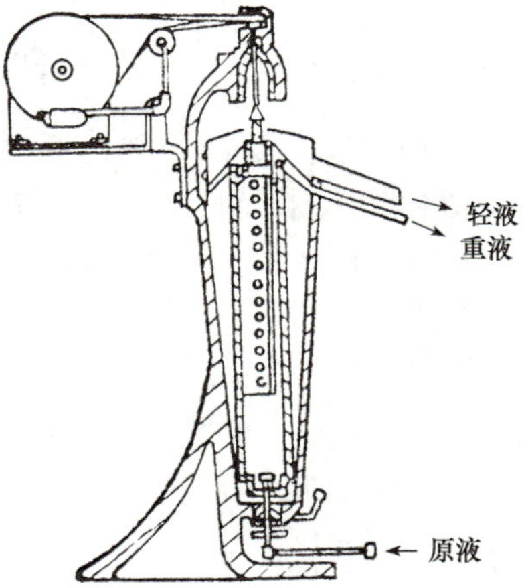

图 3-29 管式超速离心机

(4) 管式离心机。在限定转鼓机械强度的条件下，提高转速，缩小转鼓直径，可以加大离心分离因素 K_C。依此设计成的管式超速(高速)离心机，其直径一般为 100～200mm，高为 0.75～1.5m，如图 3-29 所示。其转速为 8000～50000r/min，K_C 达 15000～60000。乳浊液自底部的进口引入，在管内自下而上运行的过程中，因离心力作用，依密度不同而分成内外两个同心层，到达顶部分别自轻液出口与重液出口送出管外。若用于从液体中分离出少量极细的固体颗粒则关闭重液出口，只留轻液出口。附于管壁上的小颗粒，可间歇地将管取出加以清除。

3.6 固体流态化

流态化是一种使固体颗粒通过与流体接触而转变成类似于流体状态的操作。近年来，这种技术发展很快，许多工业部门在处理粉粒状物料的输送、混合、涂层、换热、干燥、吸附、煅烧和气-固反应等过程中，都广泛地应用了流态化技术。

本节介绍流态化过程的一些基本概念，至于流态化传热与传质问题的详细讨论请参考有关文献。

3.6.1 基本概念

如果流体自下而上地流过颗粒层，则根据流速的不同，会出现三种不同的情况。

1. 固定床阶段

如果流体通过颗粒床层的表观速度(空床速度)u 较低，使颗粒空隙中流体的真实速度 u_1 小于颗粒的沉降速度 u_t，则颗粒基本上保持静止不动，颗粒层为固定床[图 3-30(a)]。

2. 流化床阶段

当流体的表观速度 u 加大到某一数值时，真实速度 u_1 比颗粒的沉降速度 u_t 大了，此时床层内较小的颗粒将松动或“浮起”，颗粒床层高度也有明显增大。但随着床层的膨胀，床内空隙率 ε 也增大，而 $u_1=\dfrac{u}{\varepsilon}$，所以，真实速度 u_1 随后又下降，直至降到沉降速度 u_t 为止。也就是说，在一定的表观速度下，颗粒床层膨胀到一定程度后将不再膨胀，此时颗粒悬浮于流体中，床层有一个明显的上界面，与沸腾水的表面相似，这种床层称为流化床[图 3-30(b)]。因为流化床的空隙率随流体表观速度增大而变大，所以，能够维持流化床状态的表观速度可以有一个较宽的范围。

流态化按其性状的不同可以分成两类，即散式流态化和聚式流态化。

散式流态化现象一般发生在液-固系统。此种床层从开始膨胀直到水力输送，床内颗粒的扰动程度是平缓地加大的，床层的上界面较为清晰，如图 3-30(b)所示。

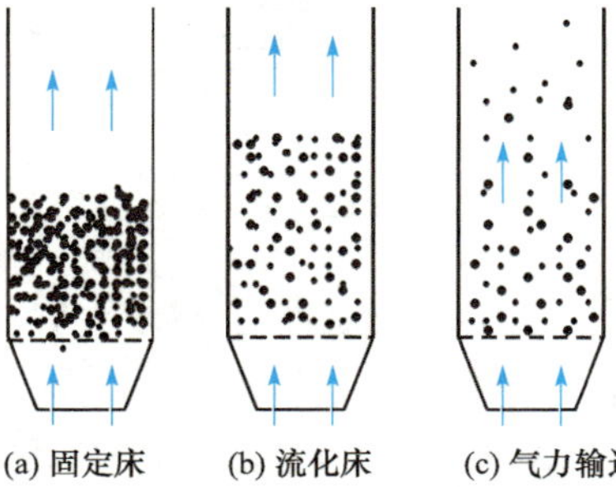

图 3-30　流态化过程的几个阶段

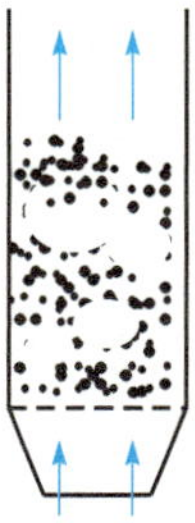

图 3-31　聚式流化床

聚式流态化现象一般发生于气-固系统，这也是目前工业上应用较多的流化床形式，如图 3-31 所示。从起始流态化开始，床层的波动逐渐加剧，但其膨胀程度却不大。因为气体与固体的密度差别很大，气流要将固体颗粒推起比较困难，所以只有小部分气体在颗粒间通过，大部分气体则汇成气泡穿过床层，而气泡穿过床层时造成床层波动，它们在上升过程中逐渐长大和互相合并，到达床层顶部则破裂而将该处的颗粒溅散，使得床层上界面起伏不定。床层内的颗粒则很少分散开来各自运动，而多是聚结成团地运动，成团地被气泡推起或挤开。

聚式流化床中有以下两种不正常现象：

(1) 腾涌现象。如果床层高度与直径的比值过大，气速过高时，就容易产生气泡的相互聚合，而成为大气泡，在气泡直径长大到与床径相等时，就将床层分成几段，床内物料以活塞推进的方式向上运动，在达到上部后气泡破裂，部分颗粒又重新回落，这即是腾涌，亦称节涌。腾涌严重地降低床层的稳定性，使气-固之间的接触状况恶化，并使床层受到冲击，发生震动，损坏内部构件，加剧颗粒的磨损与带出。

(2) 沟流现象。在大直径床层中，由于颗粒堆积不匀或气体初始分布不良，可在床内局部地方形成沟流。此时，大量气体经过局部地区的通道上升，而床层的其余部分仍处于固定床状态而未被流化(死床)。显然，当发生沟流现象时，气体不能与全部颗粒良好接触，将使工艺过程严重恶化。

3. 颗粒输送阶段

如果继续提高流体的表观速度 u，使真实速度 u_1 大于颗粒的沉降速度 u_t，则颗粒将被气流所带走，此时床层上界面消失，这种状态称为气力输送[图 3-30(c)]。

3.6.2　流化床的主要特性

1. 液体样特性

流化床在很多方面都呈现出类似液体的性质。例如，当容器倾斜时，床层上表面将保持水平[图 3-32(a)]；两床层相通，它们的床面将自行调整至同一水平面[图 3-32(b)]；床层中任意两点压力差可以用液柱压差计测量[图 3-32(c)]；流化床层也像液体一样具有流动性，如容器壁面开孔，颗粒将从孔口喷出，并可像液体一样由一个容器流入另一个容器[图 3-32(d)]，这一性质使流化床在操作中能够实现固体的连续加料和卸料。

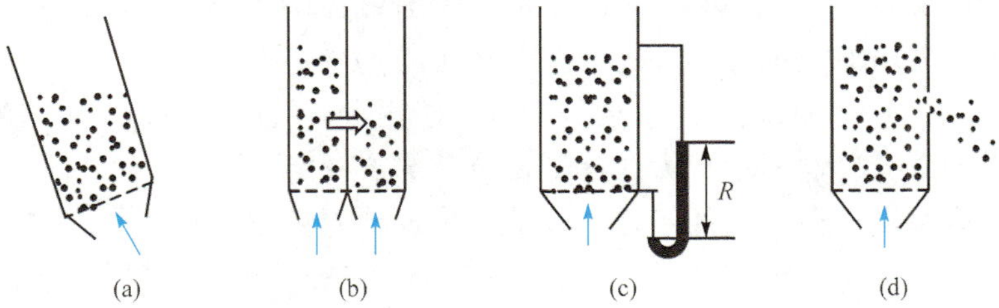

图 3-32　流化床类似于液体的特性

2. 恒定的广义压差

床层一旦流化，全部颗粒处于悬浮状态。现取床层为控制体，并忽略流体与容器壁面间的摩擦力，对控制体作力的衡算，则

$$\Delta pA = m_p g + m_l g \tag{3-77}$$

式中，Δp 为床层的压力差，N/m^2；A 为空床截面积，m^2；m_p 为床层颗粒的总质量，kg；m_l 为床层内流体的质量，kg。而

$$m_l = \left(AL - \frac{m_p}{\rho_p}\right)\rho \tag{3-78}$$

式中，L 为床层高度，m；ρ 为流体密度，kg/m^3；ρ_p 为固体颗粒的密度，kg/m^3。

将式(3-78)代入式(3-77)，并引用广义压差概念，整理得

$$\Delta \varGamma = \Delta p - L\rho g = \frac{m_s}{A\rho_p}(\rho_p - \rho)g \tag{3-79}$$

再由床层中流体的机械能衡算知$\Delta p - L\rho g$ 即为压力损失Δp_f；又式(3-79)右边项即为流化床中全部颗粒的净重力(以单位床层面积计)。由于流化床层中颗粒总量不变，故式(3-79)表明广义压差$\Delta \varGamma$恒定不变，与流体速度无关，在图 3-33 中可用一水平线表示，如 BC 段所示。注意，图中 BC 段略向上倾斜是由于流体与器壁及分布板间的摩擦阻力随气速增大而造成的。

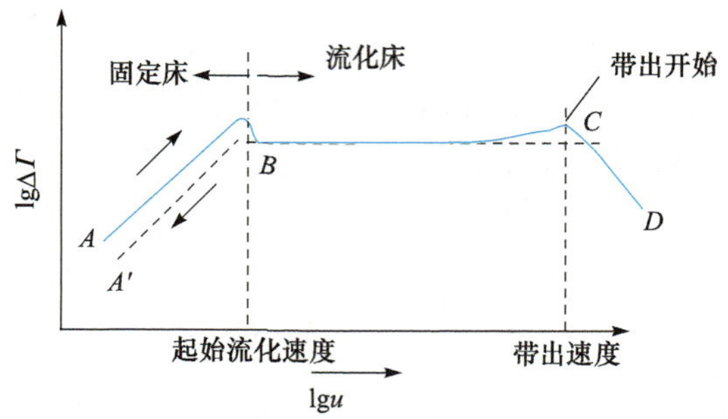

图 3-33 流化床压力降与气速关系

图 3-33 中 AB 段为固定床阶段，由于流体在此阶段流速较低，通常处于层流状态，广义压差与表观速度成正比，因此该段为斜率等于 1 的直线。图 3-33 中 $A'B$ 段表示从流化床回复到固定床时的广义压差变化关系，由于颗粒由上升气流中落下所形成的床层较人工装填的疏松一些，因而广义压差也小一些，故 $A'B$ 线段处在 AB 线段的下方。

CD 段向下倾斜，表示此时由于某些颗粒开始为上升气流所带走，床内颗粒量减少，平衡颗粒重力所需的压力自然不断下降，直至颗粒全部被带走。

根据流化床恒定广义压差的特点，在流化床操作时可以通过测量床层广义压差来判断床层流化的优劣。如果床内出现腾涌，广义压差将有大幅度的起伏波动；若床内发生沟流，则广义压差较正常时为低。

3.6.3 流化床的操作气速范围

床层开始流态化时的流体表观速度称为起始流化速度。当某指定颗粒开始被带出时的流体表观速度称为带出速度。

流化床操作的流体速度原则上要大于起始流化速度，又要小于带出速度。

起始流化速度一般由实验测定。

本章主要符号说明

符 号	意 义	单 位
A	面积	m^2
a	比表面积	m^{-1}
a_c	离心加速度	m/s^2
B	宽度	m
b	洗涤液量与滤液量之比	m^3/m^3
c	滤渣体积与滤液体积之比	m^3/m^3
d	颗粒直径	m
d_e	当量直径	m
l	长度	m
L_e	过滤介质的当量滤饼厚度	m

M	湿滤渣与其中含有固体的质量比	—
p	压力	Pa
Q	过滤生产能力	m^3/s
q	通过单位面积的滤液体积	m^3/m^2
q_e	通过单位面积的当量滤液体积	m^3/m^2
R	半径	m
r	比阻	$1/m^2$
r	半径	m
Re	雷诺数	—
u	过滤速度	m/s
u_r	离心沉降速度	m/s
u_t	重力沉降速度	m/s
V	滤液体积	m^3
V_e	过滤介质的当量滤液体积	m^3
V_s	体积流量	m^3/s
ε	床层空隙率	—
μ	黏度	Pa·s
ρ	滤液密度	kg/m^3
ρ_p	固体颗粒密度、干渣密度	kg/m^3
ρ_M	湿滤渣密度	kg/m^3
ϕ	回转真空过滤机转筒的浸没分数	—
υ	单位体积滤液所对应的干渣质量	kg/m^3
τ	时间	s
ω	角速度	rad/s
ζ_D	阻力系数	—
Γ	广义压差	Pa

参考文献

何潮洪，冯霄. 2007. 化工原理(上册). 2 版. 北京：科学出版社

谭天恩，窦梅，等. 2013. 化工原理(上册). 4 版. 北京：化学工业出版社

夏清，陈常贵. 2007. 化工原理(上册). 修订版. 天津：天津大学出版社

习　题

习题答案

1. 求直径为 50μm 的球形石英颗粒在 20℃水中和 20℃空气中的沉降速度。已知石英密度为 $2600kg/m^3$。

2. 落球黏度计由一钢球及玻璃筒组成，测试时筒内先装入被测液体，若记录下钢球下落一定距离所需时间，则可算出液体黏度。现已知球直径为 10mm，下落距离为 200mm，在某糖浆中下落时间为 9.02s，此糖浆密度为 $1300kg/m^3$，钢的密度为 $7900kg/m^3$，求此糖浆的黏度。

3. 某降尘室长 2m、宽 1.5m，在常压、100℃下处理 $2700m^3/h$ 的含尘气体，气体的物性与空气相同。设尘粒为球形，其密度为 $2400kg/m^3$，求：

(1) 能被 100%除去的最小颗粒直径；

(2) 直径为 0.05mm 的颗粒有百分之几能被除去？

4. 有一降尘室长 4m、宽 2m、高 2.5m，内部用隔板分成 5 层。进入降尘室的炉气密度为 $0.5kg/m^3$，黏度为 0.035cP，尘粒密度为 $4500kg/m^3$。现用此降尘室分离 100μm 以上的颗粒，试求可处理的炉气流量。

5. 用如图 3-10 所示的旋风分离器收集流化床煅烧器出口的碳酸钾粉尘。已知含尘空气温度 200℃、流量 $3800m^3/h$，粉尘密度 $\rho_p=2290kg/m^3$，旋风分离器直径 $D=650mm$。假设气体旋转圈数可取为 5，求此设备能分离的粉尘临界直径 d_{pc}。

6. 原来用一个旋风分离器分离含尘气体中的灰尘，因分离效率不够高，现打算改用三个直径相等的小旋风分离器并联代替，其型号及结构的各部分比例不变，气体进口速度也不变。求每个小旋风分离器的直径应为原来的几倍，可分离的临界粒径为原来的几倍。

7. 在实验室内用一过滤面积为 $0.05m^2$ 的过滤机在 $\Delta p=65kPa$ 条件下进行恒压实验。已知在 300s 内获得 $400cm^3$ 滤液，再过了 600s，又获得 $400cm^3$ 滤液。

(1) 估算该过滤压力下的过滤常数 K、q_e；

(2) 估算再收集 $400cm^3$ 滤液需要多少时间。

8. 某压滤机在 0.5atm 推动力下恒压过滤 1.6h 后得滤液 $25m^3$，滤饼的压缩指数 $s=0.3$，介质阻力可忽略不计。

(1) 如果推动力加倍，则恒压过滤 1.6h 后得滤液多少(m^3)？

(2) 设其他情况不变，将操作时间缩短一半，则所得滤液为多少？

9. 某板框过滤机恒压下过滤 1h 后，获得滤液 $12m^3$，停止过滤后用 $4m^3$ 清水(其黏度与滤液的相同)在同样压力下洗涤滤饼，求洗涤时间。假设滤布阻力可忽略不计。

10. 某板框过滤机有 10 个滤框，框的尺寸为 635mm×635mm×25mm。滤浆为含 15%(质量)的 $CaCO_3$ 悬浮液，滤饼含水 50%(质量)，纯 $CaCO_3$ 固体的密度为 $2710kg/m^3$。操作在 20℃、恒压条件下进行，此时过滤常数 $K=1.57\times10^{-5}m^2/s$，$q_e=0.00378m^3/m^2$。试求：

(1) 框充满所需时间；

(2) 若用清水在同样条件下洗涤滤饼，清水用量为滤液量的 1/10，求洗涤时间。

11. 某工厂用一台板框压滤机过滤某悬浮液，先以等速过滤 16min 得滤液 $2m^3$，达到泵的最大压头，然后再继续进行等压过滤 1h，设介质阻力忽略不计，滤饼不可压缩，不洗涤。问：

(1) 共得滤液多少(m^3)？

(2) 若卸渣、重装等需 20min，此过滤机的生产能力为多少(m^3/h)？

(3) 如果要使生产能力最大，则每个循环应为多少时间？生产能力又为多少(m^3/h)？

自测练习题

第4章 搅　拌

引　例

青霉素是一种临床上广泛应用的重要抗生素药物。在青霉素发酵合成及提取精制过程中，机械搅拌发挥着重要的作用。以青霉素钠或钾盐为例，青霉素的生产过程一般包括种子液和营养液的配制、灭菌、发酵、菌体去除、萃取、沉淀结晶、固液分离、干燥及成品储存等多个步骤，其简要工艺流程如图 4-1 所示。其中，液体配制、发酵、产物沉淀结晶等过程要涉及机械搅拌、流体混合过程及多相流分散等专业知识。

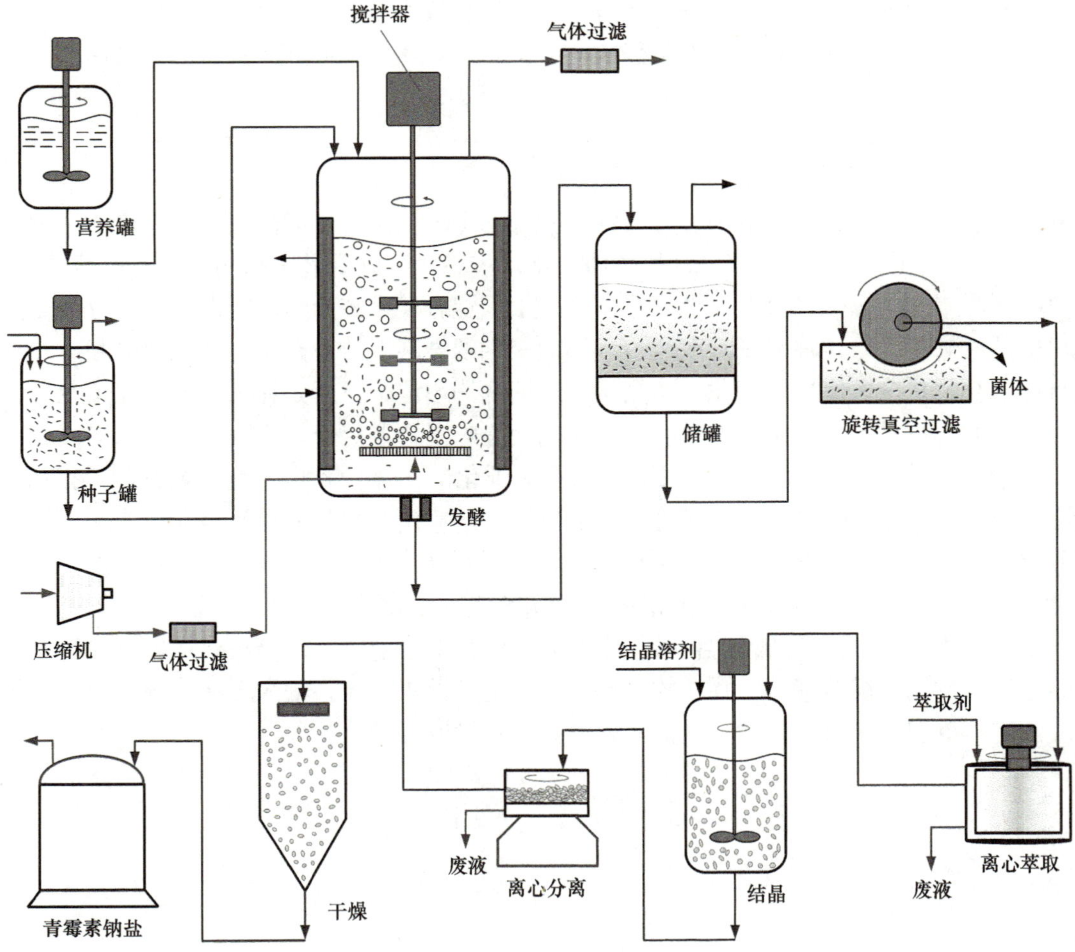

图 4-1　青霉素生产过程流程简图

图 4-2 青霉素工业生产搅拌种子罐(左)和发酵罐(右)

图 4-2 是某青霉素生产厂的典型工业装置。其中种子罐和发酵罐内都装有搅拌装置，是设备的核心部件。要实现青霉素高效生产，化工技术人员不仅要了解微生物发酵和过程工程的相关知识，还要深入掌握流体混合和机械搅拌的相关原理，以便进行合理的过程设计、生产操作和优化控制，维持产品的质量稳定。本章将对机械搅拌的相关知识点进行详细介绍。

4.1 概 述

流体混合是使流体物料混匀、分散或相互掺和，形成某种程度的均匀体系或混合物的过程，在大多数过程工业中都十分重要。根据不同的应用目的，流体混合可分为互溶液体混合、固-液悬浮、气-液或液-液分散及乳化等多种。根据混合尺度差异，流体混合还可分为大范围大尺度的宏观混合、流体分子尺度或最小涡团级别的微观混合及介于二者之间的细观混合。当流体混合物从分子级别均匀化，达到微观尺度的均匀混合，就是完全混合。在工业上，流体混合可通过机械搅拌、水力搅拌、气体搅动及静态混合器混合等不同方式得以实现。

机械搅拌是实现流体混合的重要途径，在石油化工、精细化工、聚合物合成、制药工程、食品工业、生物化工、环境工程等许多工业领域广泛应用。它是通过机械搅动方式，使互溶或非混相液体、气-液、固-液、气-液-固多相流体或设备中液体的不同部分，在浓度、温度或相分布(如体系中的气泡、液滴、固相颗粒)等方面达到一定均匀程度的过程。

工业应用中机械搅拌的目的各异，主要有：使设备中液体各部分混合均匀；促进非互溶液体中液滴分散；维持液体中颗粒的悬浮；使气泡分散于液体，增大气液接触面积；强化反应、溶解、沉淀、吸收、萃取或其他分离过程的热量或质量传递等。

4.2 机械搅拌设备

4.2.1 搅拌设备的基本构成

机械搅拌设备常由搅拌槽、搅拌叶轮、转轴、挡板、电机及其他辅助部件组成。搅拌系统工作时，电机带动转轴以一定速度旋转，搅拌叶轮通过桨叶对流体做功，推动流体沿搅拌槽径向和轴向运动，使流体混合。化工过程典型的机械搅拌装置如图 4-3 所示。

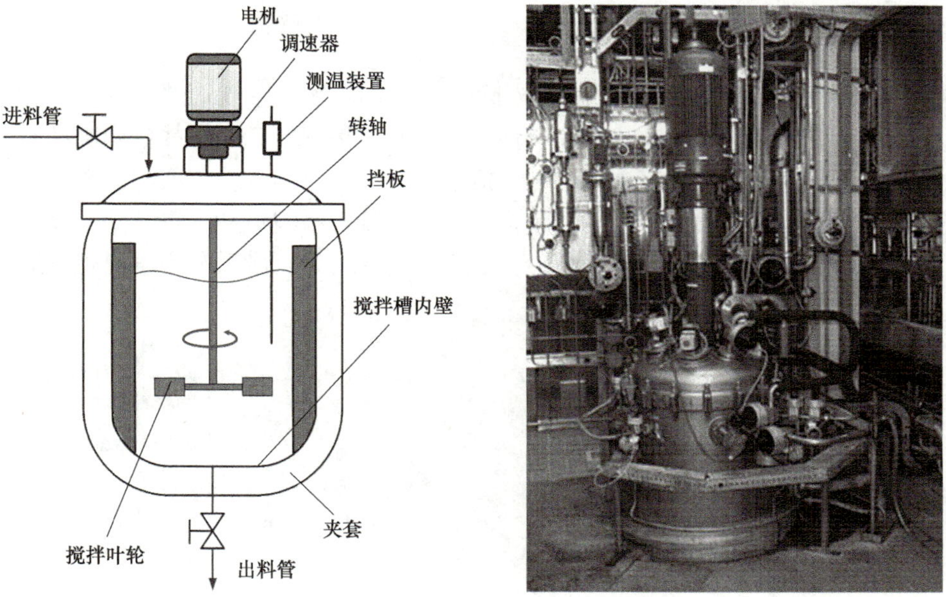

图 4-3 典型的搅拌装置示意图及实例

1. 搅拌槽

搅拌槽是用于盛装待搅拌流体的容器和进行搅拌的场所。为避免死角，槽底与侧壁间常有一定弧度。常见的搅拌槽为圆筒形槽或罐，有底座或支脚，便于固定。化工过程中的直立罐、水平罐、反应器、发酵罐、结晶罐、分离及其他储槽，也常作为搅拌混合场所。

2. 搅拌叶轮

搅拌叶轮也称搅拌器、搅拌桨或搅拌推进器，是搅拌设备的核心部件，外形和式样很多。叶轮旋转时，其叶片将机械能施加于流体，推动流体沿槽径向和轴向运动，实现混合。

3. 挡板

挡板是安装在搅拌槽内壁或近壁面的竖直板。若搅拌转速很高而流体黏度较小，叶轮附近的流体主要发生周向运动，很少发生轴向或垂直运动，则形成流体随叶轮旋转而团团转、沿槽壁周向滑动的打漩现象，使搅拌效果下降，甚至几乎没有混合。因此，工业上常在槽壁面附近安装挡板，破坏流体周向运动轨迹，消除打漩现象。通常，挡板对称安装 4 块，其底部直达搅拌槽底部，顶部高出液面。并非所有的搅拌槽中都装有挡板，高黏流体或叶轮形成强烈轴向流的情况下，可用宽度减半的窄挡板或不用挡板。对含固体微粒的混合流体，挡板安装在搅拌槽壁面较近，以避免颗粒在壁面和挡板角落的积聚。对层流流体，使用挡板往往对提高混合效果作用有限；若确有必要，则可将挡板安装在距离壁面稍远的位置为宜，以便流体绕过挡板在槽内形成较强的绕流，提高混合效果。

4. 其他辅助部件

其他辅助部件有转轴、调速装置、支架、密封部件、导流筒、气液进出管件、螺旋盘管以及测温、测压、测浓度等的相关仪表。

4.2.2 搅拌叶轮

搅拌叶轮的型式多样，可以按机械结构和形状进行分类，主要有桨叶式、涡轮式及螺旋桨式三类，还可按其搅拌的流动状况和特性进行分类。搅拌叶轮在搅拌槽内旋转时，可使流体形成沿转轴垂直方向的径向流动，也可形成沿转轴平行方向的轴向流动。大多数情况下，叶轮旋转引起的流动是比较复杂的，在槽内一定区域既有径向流动，也有轴向流动。根据搅拌时产生的宏观流动状况差异，叶轮可分为径向流叶轮、轴向流叶轮及其他叶轮，如图 4-4 所示。

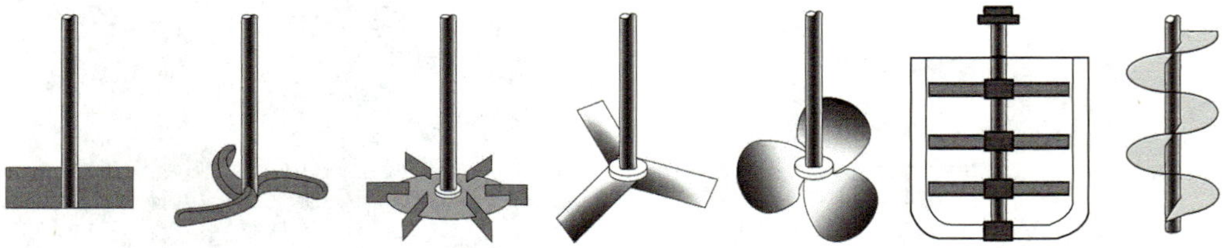

图 4-4　常见的搅拌叶轮

1. 径向流搅拌叶轮

通常有两片或多片桨叶，宽度方向与转轴平行。叶轮旋转时，桨叶推动流体做周向和切向运动，形成由中心向壁面方向的径向流动，到达壁面后沿壁面向上或向下流动，实现混合。其常见的桨式和圆盘涡轮式叶轮的形状如图 4-4(a)～(c)所示。

多叶桨式叶轮有平桨式和曲桨式，桨叶长度为槽内径的 0.5～0.8 倍。平桨式叶轮常有两片或四片平直桨叶，对称安装在转轴上。曲桨式叶轮与平桨式类似，只是叶轮弯曲成一定弧度，搅拌时局部速度方向变化较平桨式的大，提高了混合效果。桨式叶轮结构简单，应用方便，但转速一般在 20～200rpm，剪切力小，主要用于低中速搅拌，不适于颗粒的悬浮搅拌。

圆盘涡轮式叶轮在化工过程和大型发酵中应用很广泛，其桨叶安装在一个圆盘的周围，桨叶较短，形状有平直的，也有半圆形、流线形的。某些情况下，如气体分散，搅拌时需获得高剪切力，则桨叶可设计为齿片。这类叶轮的直径常是槽内径的 0.3～0.6 倍，其转速高，可产生强烈的径向流，还可引起一定范围的轴向流，适于搅拌的流体黏度范围广。

2. 轴向流搅拌叶轮

通常具有斜桨叶片，桨叶宽度方向与旋转平面成一定角度，非垂直。常见的有多叶斜桨式、螺旋桨式叶轮，形状如图 4-4(d)和(e)所示。叶轮旋转时，桨叶推动流体向下运动，到达一定深度或槽底部后转向，再在叶轮顶部一定距离或液面顶部沿转轴中心回流，在槽内形成宏观循环流动，实现混合。

多叶斜桨式轴向流叶轮通常有三、四、六片斜桨叶，桨叶面平直。还有的叶片在尖端部分有折弯，与桨叶其他部分有不同倾角，其单位功率产生更强烈的轴向流。这类叶轮适用于需高剪切力和高流速的搅拌情况，对低黏液体混合、低密度颗粒的悬浮搅拌等，都十分有效。

螺旋桨式轴向流叶轮与船用螺旋桨推进器类似，常有三片桨叶，叶片螺距与螺旋桨直径接近。这种叶轮能够高速旋转，可产生强烈的剪切，形成轴向湍流，使得混合深入液流深处，适用于大量流体的搅拌，对高黏度流体通常不适合。

3. 其他搅拌叶轮

除上述叶轮，还有一些特殊叶轮，在旋转时形成围绕旋转面的径向和轴向流动或螺旋状的流场，主要用于需要在壁面附近集中混合能量的场合，如假塑性流体、高黏流体或有沉淀物的复杂体系。常见的有多栅锚桨式叶轮和螺旋式叶轮，如图 4-4(f)和(g)所示。

多栅锚桨式叶轮是一种紧凑式且具有刮除清理功能的叶轮，叶轮锚定在槽内，沿转轴长度方向有多栅状桨叶，槽壁与桨叶外缘间缝隙很小。叶轮旋转时，可对壁面沉积物进行刮除，可避免流体中的沉积物的沉积，防止高黏假塑性流体等形成静止膜，或者强化传热。

螺旋式叶轮常有单螺旋和双螺旋两种，叶片沿转轴长度方向盘旋，附着在转轴上形成螺旋状。叶轮工作时，流体沿螺旋面曲折流动，主要用于高黏度流体或混合物的低速搅拌混合。

4.3 搅拌容器内的流体力学特性

4.3.1 总体流动状况

叶轮搅拌时，在搅拌容器内形成宏观尺度的循环流动，即总体流动。其流动状况不仅受叶轮型式的影响，还受叶轮布置方式、流体物性、挡板及导流筒等的影响。典型的宏观总体流动状况有两种，如图 4-5 所示。

1. 径向流循环

使用径向流叶轮时，搅拌容器内的宏观总体流动是典型的径向流循环，如图 4-5(a)所示。叶轮旋转时，桨叶推动流体快速运动，将流体从径向高速射出，进入周围流体主体；由于其与周围流体间的速度梯度很大，会形成强烈剪切，对低黏液体还会形成漩涡。漩涡往往是低压区，其聚并、分散、碰撞等都会使流体微团尺度变小，分子扩散距离和时间变短，促进宏观和微观混合。径向流推动流体主体向容器壁流动，受器壁所限后转向，在顶底边界回流，完成总体流动循环，实现混合。常见的径向流叶轮搅拌时往往形成两个总体流动循环，一个位于叶轮上部，另一个位于叶轮下部。两个循环间也有混合，但较各自内部的混合为弱。

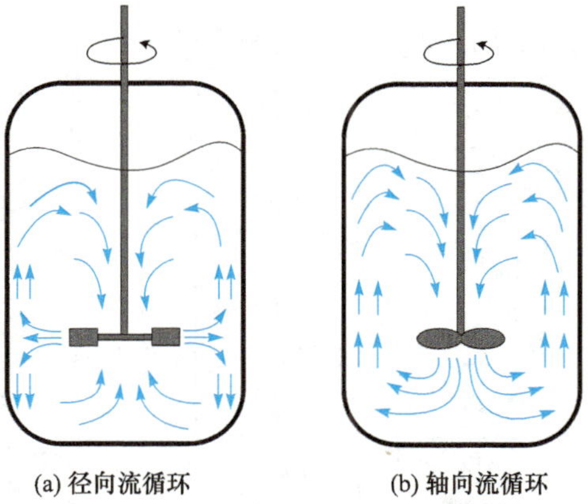

图 4-5 搅拌槽内典型的宏观总体流动状态

2. 轴向流循环

使用轴向流叶轮的搅拌容器内，则出现典型的轴向流循环，如图 4-5(b)所示。叶轮将流体从轴向高速射入流体主体，带动流体向容器底部俯冲吹扫，因其与周围流体间的速度梯度很大，也会形成强烈的剪切和漩涡，并引起更深范围内的剪切分布和能量耗散分布，不仅可将互溶液体微团分散为更小尺度，还可将流体中的固体颗粒、液滴等迅速卷起；到达容器壁面和在顶底边界后回流转向，形成总体流动循环。

4.3.2 流动状况的变化

1. 漩涡下陷

对于低黏流体，尤其在无挡板的情况下，当叶轮旋转时，由于靠近转轴中心线附近的流体运动速度较低，而距离叶轮较远的流体运动速度很高，在离心力作用下，周围液面升高，液面中心形成一个抛物线形的下陷漩涡。当漩涡到达叶轮，常会卷入空气，影响搅拌效果。通过调整叶轮的位置，可消除漩涡下陷。叶轮的布置方式有顶部竖直安装、以一定角度倾斜安装、偏心安装、底部倒置安装及侧面安装等不同布置方式，如图 4-6 所示。

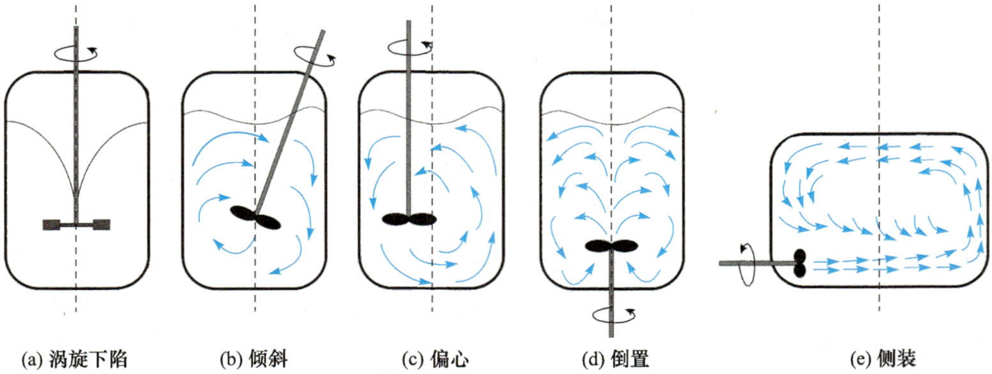

图 4-6 涡旋下陷及不同安装方式下的流动状态

2. 多循环流动

对于深度较大的大型搅拌反应器、发酵罐等，单叶轮的搅拌深度有限，往往会导致容器内不同位置的物质分布不均匀，影响发酵或反应效率。工业上，常将多叶轮安装于同一根转轴，即多叶轮搅拌方式，形成多个宏观循环，其总体流动状况将变得更加复杂，如图 4-7(a)所示。

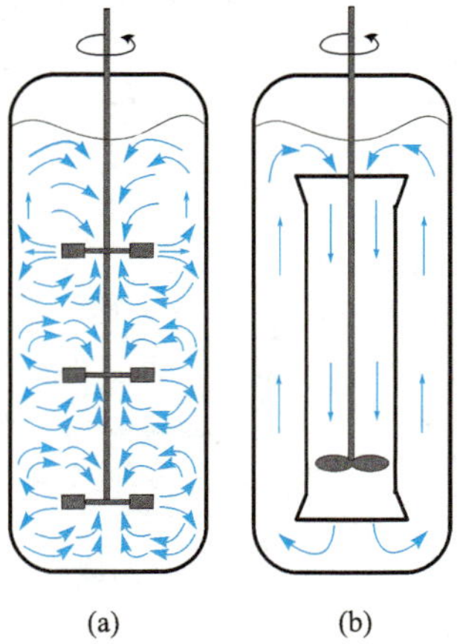

图 4-7 多叶轮及带导流筒搅拌的流动状况

3. 导流

对浓度和相分布都有一定要求的混合过程，例如结晶罐内的混合，则需要控制搅拌流动的方向。随机搅拌会使流体微团沿各个方向随机运动，运动轨迹不一，还可出现死区或短路，引起产品形态的变化。因此，在容器中可设置导流筒，以改变总体流动状况，如图 4-7(b)所示。

4.3.3 搅拌雷诺数

对于用径向流或轴向流叶轮搅拌的低黏流体，搅拌过程的流态通常是湍流。但对高黏流体，尤其是非牛顿流体，湍流一般难以实现，搅拌过程的流态常常是层流。

根据搅拌雷诺数 Re_n 的大小，可对单相流搅拌过程的流态进行判断。Re_n 的物理意义与管内单相流情况类似，表示叶轮推动流体运动的惯性力与流体黏性力之比，其定义为

$$Re_n = \rho n D^2 / \mu \tag{4-1}$$

式中，ρ 为流体密度，kg/m^3；μ 为流体黏度，Pa·s；n 为搅拌叶轮转速，r/s；D 为叶轮直径，m。当 $Re_n<10$，搅拌容器内黏性力对流动起主导作用，为层流混合。当 $Re_n>10000$，惯性力占主导作用，为湍流混合，湍流常充分发展。当 $10<Re_n<10000$，惯性力与黏性力对流动的影响都显著，为一种过渡状态。

4.3.4 互溶液体搅拌过程的流体力学特性

对于互溶液体的搅拌，由于搅拌叶轮的推动及总体流动循环，从宏观上液体被迅速分割为很小的单元，随液流到达流体内部的各个部分，单元尺度不断减小，液体间的接触越来越充分，分布也越来越均匀，即宏观混合；另一方面，这些微小单元与周围流体间的分子扩散也在进行，浓度场越来越均匀，互溶液体分子相互混合，即伴随着微观混合过程。

1. 混合时间

用混合时间可对互溶液体的混合进行量化描述。其指液体在容器内从相互接触至搅拌达一定均匀程度所用的时间，是一个经验参数，有宏观混合时间和微观混合时间之分。实际上，搅拌过程液体涉及宏观大体积、涡团及分子三个层次的运动。从宏观角度，混合时间是液体混入后在整个容器内均匀分布所经历的时间，常通过实验测得；而微观混合则要涉及从微团局部区域和分子扩散的时间，受湍动强度的影响，一般不易直接测定。通常混合时间指的是宏观混合时间，以液体的均匀程度(如浓度)达 95%或 99%所用时间为准，表示为 t_{95} 或 t_{99}。

2. 混合时间的计算

混合时间不仅取决于搅拌容器的尺寸、液面高度、叶轮尺寸，还取决于流动状况和流态。通过整理大量实验数据得到的基于准数关系的经验关联式，可用于混合时间的估算。

对牛顿流体，当液面高度 H 与容器内径 T 接近，流态为湍流，可用下式计算：

$$nt_{95} = \frac{5.2}{Po^{1/3}}\left(\frac{T}{D}\right)^2 \tag{4-2}$$

式中，t_{95} 为混合时间；T 为容器内径，m；Po 为搅拌叶轮功率特征数，其定义如下：

$$Po = P/\rho n^3 D^5 \tag{4-3}$$

式中，P 为叶轮的功率，W。

当流态为湍流与层流的过渡状态时，混合时间可用下式计算：

$$nt_{95} = \frac{183^2}{Po^{2/3} Re_n}\left(\frac{T}{D}\right)^2 \tag{4-4}$$

需要注意的是，式(4-2)和(4-4)中没有考虑液面高度的影响。当液面高度与容器内径差异明显时需校正，以式(4-3)为例，无量纲混合时间为：

$$nt_{95} = \frac{5.2}{Po^{1/3}}\left(\frac{T}{D}\right)^2\left(\frac{H}{T}\right)^a \tag{4-5}$$

式中，a 是与所用的容器形状、尺寸及叶轮类型等有关的常数，常见叶轮一般可大致取为 0.5。但是，对于高径比较大的容器，液面高度大于容器内径，搅拌时常会出现多个循环回流，即分区循环流，相互间的混合与交换不同，会使整体混合时间变化，此时 a 的变化范围较大，可以从 1.2 到 2.7。另外，对于多叶轮的搅拌系统，混合时间的关联式较多。对高黏和非牛顿流体，搅拌过程为层流的情况下，其搅拌混合时间的计算可查阅相关手册。

例 4-1 搅拌槽内径 3m，叶轮直径 1m，搅拌功率特征数 0.33，转速 125r/min(转/分)。现用其对密度 980kg/m^3、黏度 500mPa·s 的互溶液体进行搅拌混合。若液面深度为 2.5m，求混合时间。

解 $Re_n=\dfrac{\rho n D^2}{\mu}=980\times\left(\dfrac{125}{60}\right)\times 1^2\Big/\dfrac{500}{1000}=4083$，$10<Re_n<10000$，由式(4-4)及考虑液面高度与槽内径差异，无量纲混合时间为

$$nt_{95}=\frac{183^2}{Po^{2/3}Re_n}\left(\frac{T}{D}\right)^2\left(\frac{H}{T}\right)^{0.5}=\frac{183^2}{0.33^{2/3}\times 4083}\left(\frac{3}{1}\right)^2\left(\frac{2.5}{3}\right)^{0.5}=141$$

则混合时间为

$$t_{95}=\frac{141}{n}=\frac{141}{125/60}=67.7\ (\text{s})$$

4.3.5 固-液悬浮搅拌过程的流体力学特性

固-液悬浮搅拌是通过叶轮向固-液流体混合物系统中输入机械能，形成高度湍流，从而使固相颗粒在液体中均匀悬浮。搅拌时，叶轮旋转产生强烈剪切，使颗粒受到涡团的强烈作用；同时，桨叶与颗粒间的碰撞和相互作用也使颗粒获得了动能。因此，不仅使沉降在容器底部的颗粒悬浮起来，还可使漂浮在液面的颗粒进入液体，也可使团聚的颗粒均匀悬浮在液体中。在聚合、催化、溶液结晶、吸附、浸提、溶解、沉淀等许多化工过程中广泛应用。

1. 搅拌悬浮的三个阶段

部分悬浮：对于固-液混合物，当叶轮开始低速旋转，只有部分颗粒会沿容器底部运动；随着转速提高，所有的颗粒都开始发生运动，但仍有部分颗粒并没有脱离容器底部。这种有颗粒虽然聚集在容器底部或形成一定高度的堆积团簇或床层，但全部颗粒都开始移动的阶段，就是悬浮过程的第一阶段，即部分悬浮阶段。该阶段颗粒与液体主体之间的传递交换仍然有一定的阻力，在一些易溶颗粒的溶解过程中多见。

完全离底悬浮：继续提高转速，则颗粒受流体强烈的切向和轴向剪切作用，开始全部离开容器底部，全部悬浮在液体之中。此时，固相颗粒与液体的接触面积达到最大，有利于固相颗粒与流体之间的物质传递。此即悬浮过程的第二阶段，称为完全离底悬浮。该阶段虽然颗粒全部悬浮于流体，但颗粒在液体中的分布不一定均匀。

均匀悬浮：若再提高搅拌速度，在液体中形成高度强烈的湍流，使固体颗粒全部均匀地分散在液体中，即悬浮搅拌的第三阶段，称为均匀悬浮。实际上，要达到彻底的均匀悬浮是不现实的，因为近壁面和液面附近的流体速度一般比较小，对颗粒的升举力不够，颗粒局部浓度往往较低。因此，通常以达到 95%以上程度的均匀就认为是均匀悬浮。

2. 临界离底悬浮搅拌速度

由部分悬浮转为完全离底悬浮时的搅拌速度，称为临界离底悬浮搅拌速度，是工业过程

中进行悬浮搅拌设计和计算的关键参数。早在 20 世纪 50 年代，Zwietering 就已提出了临界离底悬浮搅拌速度 n_{js} 的估算关联式，即 Zwietering 关联式：

$$n_{js}=S\left[g\left(\frac{\rho_s-\rho_L}{\rho_L}\right)\right]^{0.45}\frac{X^{0.13}d_p^{0.2}v^{0.1}}{D^{0.85}} \tag{4-6}$$

式中，ρ_s 为固体颗粒的密度，kg/m^3；ρ_L 为液体的密度，kg/m^3；X 为固体颗粒与液体质量比的百分数，%；d_p 为颗粒质量平均直径，m；v 为液体的运动黏度，$v=\mu_L/\rho_L$，m^2/s；g 为重力加速度；S 是与叶轮类型、几何尺寸、容器几何形状等有关的常数，常见的斜桨涡轮 S 值为 3.4～7.1。该关联式一般适于液体黏度较小(μ_L<100mPa·s)和颗粒浓度不高的固-液悬浮搅拌。但当颗粒浓度很低，例如液体中只有单个颗粒，其计算的 n_{js} 将趋于零，这明显与实际物理过程不符合。近几年关于 n_{js} 有一些新的计算式，可查阅相关文献。

例 4-2　搅拌槽内径 2.17m，斜桨叶轮直径 D 为 0.724m，桨叶宽 D/4，叶轮与槽底距离 D/6。现用其将直径 3mm、密度 2440kg/m^3 的颗粒悬浮在黏度 1mPa·s、密度 1326kg/m^3 的液体中。已知颗粒与液体质量比的百分数为 0.4，S 为 4.1，求临界离底悬浮搅拌速度。

解　由式(4-6)

$$n_{js}=S\left[g\left(\frac{\rho_s-\rho_L}{\rho_L}\right)\right]^{0.45}\frac{X^{0.13}d_p^{0.2}v^{0.1}}{D^{0.85}}$$

$$=4.1\times\left[9.81\times\left(\frac{2440-1326}{1326}\right)\right]^{0.45}\times0.4^{0.13}\times\left(3\times10^{-6}\right)^{0.2}\times\left(\frac{1\times10^{-3}}{1326}\right)^{0.1}\Big/0.724^{0.85}=0.95(\text{r/s})$$

即最小搅拌速度为 0.95r/s 或 57r/min。

3. 颗粒群高度

当搅拌速度高于临界离底悬浮搅拌速度，颗粒群全部悬浮在液体中。但靠近液面附近区域液体中几乎没有颗粒。此时，从容器底部到颗粒群顶部的高度，就是颗粒群高度 h_c，已有一些关联式可以估算颗粒群的高度，例如

$$h_c=\left[0.84-1.05\left(\frac{C}{T}\right)+\frac{0.7\left(D/T\right)^2}{1-\left(D/T\right)^2}\right]\frac{n}{n_{js}} \tag{4-7}$$

式中，C 为叶轮与槽底之间的距离，m；T 为搅拌槽内径，m。该关联式适用于叶轮直径与搅拌槽内径之比为 0.154～0.52、颗粒终极沉降速度小于 0.143m/s 的情况。

4.3.6　液-液及气-液分散搅拌过程的流体力学特性

液-液或气-液体系的搅拌，是将液体或气体在非混相液体中进行分散，形成具有一定尺寸分布的液滴或气泡；或是将液滴或气泡进行富集，使其聚并。这类搅拌在常规有机化工、原油炼制、高分子聚合物合成、药物分离、生物化工等许多过程中广泛应用。

液-液或气-液体系搅拌后形成的混合物包括两部分：一部分是分散相，即液滴或气泡；另一部分是连续相，即液体。搅拌过程中，叶轮高速旋转使桨叶附近区域的液体形成高度湍

流，湍流强度比液体主体高出数十倍，其强烈的剪切力将非混相液体或气体分散为液滴或气泡，或使其拉长变形，分裂为更小的液滴或气泡；而距离叶轮较远的区域或容器近壁面区域的液体运动速度往往较小，流动常处于低强度湍流、层流或过渡态，搅拌作用可使这些区域内的液滴或气泡相互靠近，相互接触时间延长，从而聚并形成较大尺寸的液滴或气泡。因此，聚并和分散在搅拌过程中常常是同时存在的。搅拌引起的高强度湍流常促进分散，低强度湍流和层流常引起聚并。但层流剪切力也可能引起分散，例如非球形大液滴或大气泡，沿其较长方向分裂为更小液滴或气泡。

1. 液-液非混相体系的搅拌

液-液非混相体系是两种或多种互不相溶的液体以分相形式共存的体系，其搅拌是一个包括液滴分散、聚并和液滴悬浮的复杂过程。搅拌雷诺数、分散相体积含率、液滴直径、液滴悬浮所需的最小悬搅拌速度等是描述该过程的关键参数。

1) 分散相体积含率 φ_{im}

即体系混合物中分散相所占的体积分数，是描述分散相浓度的重要参数。$\varphi_{\mathrm{im}}<0.01$ 时为低浓度体系，此时液滴浓度很低，液滴间相互影响小，其运动行为与单个液滴时基本相同，不易聚并；$0.01<\varphi_{\mathrm{im}}<0.2$ 时为中等浓度体系，液滴聚并现象对流场的影响作用不能忽略；$\varphi_{\mathrm{im}}>0.2$ 为高浓度体系，很多工业应用情况都处于该范围，此时液滴分散、聚并和悬浮都很复杂。外来的颗粒或气体等第三相对液-液体系搅拌会产生显著影响。

2) 液滴直径 d_{32}

即基于液滴群总表面积的体积平均液滴直径。液滴分散后的尺寸与流态有密切关系。一定搅拌条件下，分散在液体中的液滴具有某最大稳定直径，大于此直径的液滴不稳定而最终将分裂，小于此直径的液滴则可以对抗流场剪切而能够稳定分散在液体中。

用高速剪切、乳化、超声和使用表面活性剂等，可得到直径小于 0.5μm 的液滴，其依靠布朗运动可维持稳定分散；用静态混合器可得到直径 0.5～3μm 的液滴，可维持临界稳定；常规搅拌槽内的液滴尺寸通常大于 3μm，一般不稳定，若停止搅拌会发生聚并或相分离。

化工过程中，多数液-液搅拌操作是在湍流条件下进行的。液滴分散取决于周围液体对液滴的惯性力、液滴内液体的黏性力和液滴表面的界面张力。惯性力倾向于使液滴变形和分裂，而界面张力和黏性力倾向于使液滴维持原形。因此，用描述惯性力与表面力效应的相对强弱的搅拌韦伯准数 We，可进行分散液滴直径的估算。对于低黏分散相

$$d_{32}/D=a_1 We^{-3/5} \tag{4-8}$$

式中，a_1 为无量纲常数。对低浓度体系，六叶直桨圆盘涡轮式叶轮搅拌的 a_1 可取为 0.053。有研究表明，a_1 受分散相体积含率、搅拌叶轮功率特征数和相黏度比等的影响，可表示为这些因素的复杂关联式。例如，仅考虑分散相体积含率的影响时，无液滴聚并的低浓度情况下，$a_1=0.14(1+0.48\varphi_{\mathrm{im}})$；有液滴聚并情况下，$a_1=0.28(1+0.92\varphi_{\mathrm{im}})$。韦伯准数 We 定义如下

$$We=\rho_c n^2 D^3/\sigma \tag{4-9}$$

式中，ρ_c 为连续相液体密度，kg/m^3；σ 为液体界面张力，N/m。对于黏度较高的分散相

$$d_{32}/D=0.053We^{-3/5}\left(1+0.92\beta^{0.84}\right)^{3/5} \tag{4-10}$$

式中，β为液滴内分散相黏性力与维持液滴稳定的界面力相对强弱的无量纲数，定义为

$$\beta=\left(\rho_c/\rho_d\right)^{1/2}\mu_d nD/\sigma \tag{4-11}$$

式中，ρ_d为分散相液体密度，kg/m³；μ_d为分散相液体黏度，Pa·s。

液滴聚并是液-液搅拌中常遇到的问题。根据聚并时间，主要分为超快速聚并(聚并时间<10s)、快速聚并(<1min)、中速聚并(2～3min)及缓慢聚并(>5min)。显然，快速和超快速聚并体系不稳定，在工业放大中会遇到困难。通常，可用多叶轮方式、形成较强的总体流动、消除死角等途径来减少液滴的聚并。

3) 液滴悬浮所需的最小速度n_{min}

当分散相与连续相密度不同时，若停止搅拌，液滴会从连续相中沉降或上浮，进而聚并。因此，为了维持液-液分散，搅拌速度需要保持在一定范围。维持液滴在连续相液体中悬浮的最小搅拌速度，是其关键参数。

液-液悬浮n_{min}与固-液悬浮n_{js}有类似之处，即都与两相密度、液体黏度及叶轮和容器有关系；但不同的是，固-液体系中颗粒直径是不变的，而液-液体系中液滴直径受多种因素影响，如表面力、黏性力的作用。常见的n_{min}的计算关联式如下：

$$n_{min}=a_2\left(\frac{T}{D}\right)^{a_3}\left(\frac{g}{D}\right)^{0.5}\left(\frac{\mu_c}{\mu_d}\right)^{1/9}\left(\frac{\left|\rho_c-\rho_d\right|}{\rho_c}\right)^{0.25}\left(\frac{\sigma}{\rho_c g D^2}\right)^{0.3} \tag{4-12}$$

式中，μ_c为连续相液体黏度，Pa·s；a_2、a_3是与槽及叶轮安装位置有关的无量纲系数。

2. 气-液分散搅拌

气-液分散搅拌是将气体以气泡形式分散在液体中的过程，其搅拌过程中的流场特性、相分布、热质传递等都比固-液悬浮和液-液非混相分散要复杂。工程应用中，大多数气-液分散搅拌都是在高度湍流的条件下进行的。

1) 气-液流型

搅拌槽内气-液分散的流型比较丰富，常见流型可大致划分为两类：均相流和非均相流。均相流常出现在气体表观速度很小(<0.02～0.03m/s)的条件下，气泡尺寸较小(0.5～4mm)，比较均匀地分散在搅拌槽流体中，流动状态和气泡尺寸等主要受叶轮搅拌控制。非均相流则出现在气体流速较高条件下，此时气泡大小不一，较大的气泡直径可达10mm以上。如果进一步提高气速，则气泡聚并为更大的帽状气泡，还可能出现翻腾流。气体控制着气-液流动状态和气泡分布，叶轮对搅拌的影响变小。不同搅拌槽、搅拌条件和流体物系条件下的流型还可进一步细分。流型间的递换与搅拌弗劳德数、搅拌气流准数及叶轮与容器直径比等有关系。

2) 气含率φ_G

即混合物中气相所占的体积分数。从微观角度看，搅拌叶轮引起的湍流脉动控制着气泡所受的剪切力，因此，影响着气泡在液体中的分散、聚并、分裂及尺寸分布。由于气液密度差，自然状态下液体中的气泡会向上运动。湍动强度提高会降低气泡上升速度。上升速度小的气泡更易于在搅拌过程中分散在液体中。宏观上，搅拌槽内的气含率不仅受容器和叶轮几何尺寸、形状、搅拌条件、流体物性等的影响，还与气液流型密切相关。槽内不同区域的局部气含率是变化的，工程中常以平均气含率作为宏观参数。

3) 完全分散的最小搅拌速度

以圆盘涡轮搅拌叶轮为例，一定气体流量下，随着搅拌速度的提高，搅拌槽内典型的气液分散过程如图 4-8 所示。当搅拌速度很低时，气泡主要为上升运动，在液体中几乎没有分散；随着搅拌速度的提高，气泡向叶轮上部液体区运动，分布范围扩展，但总体运动方向向上而逐渐离开液面；继续提高搅拌速度，上升的部分气泡开始向下部区域运动；进一步提高搅拌速度，则形成总体循环流动，此时，气泡处于完全分散的状态；若再提高搅拌速度，在靠近液面附近的区域出现二次环流。

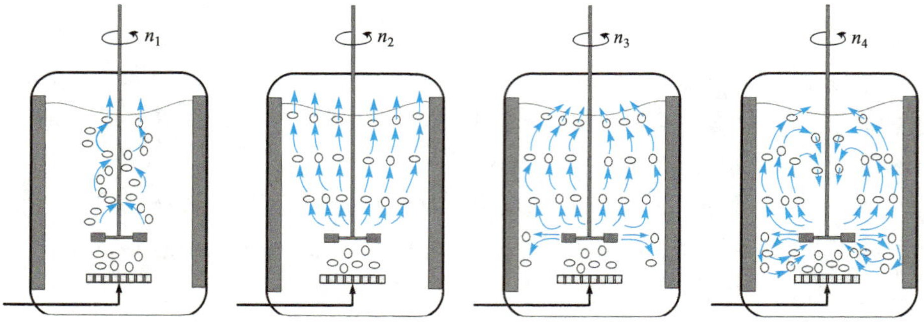

图 4-8　搅拌槽内的气液分散过程(转速 $n_1<n_2<n_3<n_4$)

由气泡部分回流转变为完全分散状态时的搅拌速度，称为完全分散的最小搅拌速度 n_{CD}，其值可用搅拌槽和叶轮几何条件、搅拌气流准数、搅拌叶轮功率特征数等进行关联计算。多数情况下，搅拌槽内气体并未达到完全分散。当前搅拌速度与完全分散时的最小搅拌速度之比称为相对分散搅拌速度，可以间接描述搅拌槽内达到完全分散的程度。

4.4　搅拌功率的计算

4.4.1　搅拌功率的分配

搅拌过程中叶轮通过旋转向流体做功，使流体获得能量。叶轮单位时间内对流体做的功，就是搅拌功率。与离心泵类似，若搅拌叶轮对单位重量的流体做的功(压头)为 H_0，叶轮输出的流量为 Q，则搅拌功率为 $P=\rho g H_0 Q$；Q 与速度和面积成正比，压头 H 与速度的平方成正比，即 $Q \propto nD^3$，$H_0 \propto (nD)^2$。在工业应用中，不同叶轮和容器，在转速和叶轮直径相同条件下，输出流量 Q 和压头 H_0 常常是不同，功率分配就不同。若总功率不变，提高 Q，则相应压头会下降；反之，减小流量则压头升高。前者可通过增大叶轮直径降低转速实现，此时流体获得的总体运动速度较大，宏观尺度的混合程度就均匀；而后者可通过减小叶轮直径提高转速实现，此时叶轮对流体的剪切力高，流体湍动强烈，产生的涡团更小，桨叶附近混合迅速，有利于微观混合。

在互溶液体快速混合、需保持浓度和温度均匀的搅拌反应过程、传热强化及沉降速度较小的颗粒悬浮等场合，采用的叶轮直径较大，转速较低；而在需要更小尺寸和更大接触界面的液滴或气泡的分散搅拌、流体中颗粒团聚的消除、相间传质强化等场合，常用的叶轮直径较小，转速很高。工程应用时，可根据不同搅拌任务，选用合适的叶轮，达到节约能耗目的。

4.4.2 功率曲线

搅拌功率的计算对于搅拌设备的放大和工业应用是很重要的。然而，搅拌过程的流动十分复杂，影响功率消耗的因素多，从理论上尚不能得到功率的精确计算式。因此，一般用基于实验数据和量纲分析建立的经验关联式，进行功率的估算。

搅拌功率通常是雷诺数、弗劳德数、叶轮和搅拌容器几何尺寸及位置等的函数。典型的搅拌功率曲线如图 4-9 所示。层流时，随搅拌雷诺数的增大，搅拌功率特征数迅速下降；完全湍流时，搅拌功率特征数趋于常数。常见搅拌叶轮的功率曲线可查阅相关文献和手册。

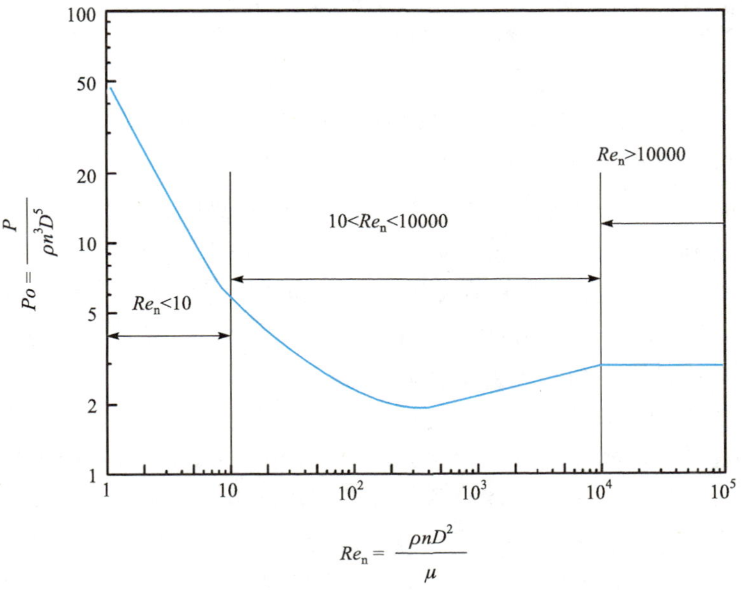

图 4-9 典型搅拌功率曲线

实际上，搅拌功率曲线是在一定条件下测定的，如单相液体、给定的叶轮与搅拌槽直径比及叶轮位置等，因此，只适于给定条件下相似的搅拌槽。对于不同流体，则曲线中涉及的流体物性数据都要进行相应校正，但误差尚不易控制。采用多叶轮时，由于各叶轮引起的循环流间的相互干扰会消耗额外的功率，功率计算需考虑叶轮间的相互干扰。一般要求叶轮间超过一定距离，如超过其直径的 2 倍，方可消除相互间的干扰。

例 4-3 搅拌槽内径 0.6m，六叶直桨圆盘涡轮直径 0.2m，转速 12r/s，安装在距离槽底 0.075m 处；桨叶宽 0.04m，挡板宽 0.05m，共 4 块，液面高度 0.6m，液体密度 1050kg/m^3，黏度 0.04Pa·s，已知叶轮功率特征数为 4.87，问：(1)槽内流动状态为层流还是湍流？(2)搅拌器功率为多少？

解 由题意，T=0.6m，D=0.2m，Z=0.6m，W=0.04m，C=0.075m，n=12r/s，B=0.05m；则 D/T=1/3、C/T=1/8，Z/T=1，W/D=1/5，$B=T/12$。

(1) 由式(4-1)，$Re_n=\rho n D^2/\mu=1050\times12\times0.2^2/0.04=1.26\times10^4$，为湍流。

(2) 由式(4-3)得到功率：$P=\rho n^3 D^5 Po=1050\times12^3\times0.2^5\times4.87=2828\ (\mathrm{W})$。

例 4-4 某青霉素发酵罐直径 4.2m，容积 100m^3，同轴安装有 3 个搅拌叶轮，搅拌叶轮直径 1.7m，转速 50r/min，布置有 4 块挡板，发酵 100h 时测得发酵液的密度 ρ 为 1140kg/m^3；3 个叶轮同时工作时的功率是其单叶轮总功率的 50%，若湍流时单个叶轮功率特征数为 5，忽略气体搅动对功率的影响，发酵罐内为湍流，估计此时搅拌器的总功率。

解 由式(4-3)，单个叶轮的功率

$$P_1 = \rho n^3 D^5 Po = 1140 \times \left(\frac{50}{60}\right)^3 \times 1.7^5 \times 5 = 46836(\mathrm{W})$$

叶轮消耗的总功率约为

$$P = 3 \times P_1 \times 50\% = 3 \times 46836 \times 50\% = 70254(\mathrm{W}) = 70.3(\mathrm{kW})$$

4.5 搅拌设计与放大

对搅拌设备进行合理的设计与放大，是工业应用的重要步骤。搅拌设计要根据具体工业过程要求达到的目标以及混合效果来进行。搅拌设计的主要内容包括：

(1) 物料基础数据的确定：包括搅拌过程中涉及的气体、液体、固体颗粒等的物性参数、处理量、搅拌过程中物料的相态等。

(2) 搅拌容器及附件的设计：包括确定其机械结构、形状、几何尺寸、挡板几何尺寸、布置位置、导流筒、密封及其他相关附件。

(3) 搅拌叶轮选择：包括叶轮类型、几何尺寸、叶轮数目、布置、搅拌功率和转速等。

确定叶轮类型和搅拌容器结构后，需要进行放大。放大策略一般有四种：

(1) 理论模型法：采用描述搅拌容器内动量传递、质量传递等的理论模型，通过解析方法、数值方法或计算流体动力学方法，对各种操作条件、搅拌容器叶轮和容器等影响下的关键搅拌特性进行精确计算，得到放大系统的特性。

理论模型法的优势是，在模型研究比较充分时可对不同规模的搅拌系统的特性进行预测分析和计算，而无需一一实验。然而，该方法需要严格、确切和成熟的数学模型，求解过程复杂，计算量很大；另外，由于搅拌过程尤其是多相体系的搅拌本身十分复杂，相关理论模型研究也不充分，因此，理论模型法也有一些局限性，不少情况下需进行简化方可用于放大。

(2) 半理论模型法：采用包含有尺度参数的半理论近似模型，对不同规模搅拌系统的关键特性进行预测计算，考察放大尺度的影响，得到放大系统的特性。其优点是计算较理论模型法简单，计算量也较小。但是，由于采用近似模型，放大计算的结果常常会有不可控性。

(3) 无量纲准数法：选择描述搅拌过程特性或机理的无量纲数群或准数(如搅拌雷诺数、弗劳德数、搅拌功率特征数等)，使这些数群或准数在小型和大型搅拌系统内保持不变，以保证放大系统内的搅拌特性或机理不变，从而实现系统放大。该方法使用方便，但要保持各个无量纲数群或准数在放大系统中都不变是很困难的。

(4) 特定准则法：选择特定的准则进行放大。例如，保持小型和大型搅拌容器内单位体积液体消耗的搅拌功率 P/V_L 不变；保持叶轮边缘的周向速度不变；保持叶轮输出的流量与压头之比不变；保持体积传质系数不变；保持大小搅拌系统的几何相似、混合时间不变等。该方法具有一定的经验性，其放大过程简单，但不足是采用的准则往往具有片面性。

搅拌过程的放大一般通过逐级放大，并结合实验测试的策略。利用实际物料在不同规模的搅拌容器内进行实验测试，结合已有理论模型、半理论模型、经验关联式等，并结合建立的相应准则，对不同规模的搅拌特性进行测算，获得可靠的放大准则，再用于工业设计。进一步了解这方面的知识，可以参考其他文献。

案 例 搅拌与化学品的生物制造

本章主要符号说明

符 号	意 义	单 位
B	挡板宽度	m
C	叶轮与槽底之间的距离	m
D	叶轮直径	m
d_{32}	基于液滴群总表面积的体积平均液滴直径	m
d_p	固体颗粒质量平均直径	m
H	搅拌容器内液面高度	m
h_c	颗粒群高度	m
n	叶轮转速	r/s
n_{js}	临界离底悬浮搅拌速度	r/s
n_{min}	液滴悬浮所需的最小速度	r/s
P	叶轮功率	W
Po	叶轮功率特征数	—
Re_n	搅拌雷诺数	—
T	搅拌容器内径	m
We	韦伯准数	—
X	固体颗粒与液体质量比的百分数	%
μ	流体黏度	Pa·s
μ_c	连续相液体黏度	Pa·s
μ_d	分散相液体黏度	Pa·s
μ_L	液体黏度	Pa·s
v	液体的运动黏度	m^2/s
ρ	流体密度	kg/m^3
ρ_c	连续相液体密度	kg/m^3
ρ_d	分散相液体密度	kg/m^3
ρ_L	液体的密度	kg/m^3
ρ_s	固体颗粒的密度	kg/m^3
φ_{im}	分散相体积含率	无量纲
σ	液体界面张力	N/m

参 考 文 献

埃尔马·海因茨勒，阿尔诺·比韦尔，查尔斯·库尼. 2011. 可持续发展的生物过程: 过程模拟和评价. 林东强，姚善泾，梅乐和，译. 北京: 化学工业出版社

陈敏恒, 丛德滋, 方图南, 等. 2005. 化工原理(上册). 3 版. 北京: 化学工业出版社
麦克尔 L. 舒勒, 费克莱特 · 卡基. 2008. 生物过程工程: 基本概念. 陈涛, 赵学明, 等译. 北京: 化学工业出版社
谭天恩, 窦梅, 等. 2013. 化工原理(上册). 4 版. 北京: 化学工业出版社
Bates R L, et al. 1963. Ind. Eng. Chem. Proc. Design Devel., 2: 310-314
Garcia-Ochoa F, Gomez E. 2009. Biotechnol. Adv., 27: 153-176
Geankoplis C J. 2007. 传递过程与分离过程原理(上册). 李伟, 刘霞, 译. 上海: 华东理工大学出版社
Goldrick S, et al. 2015. J. Biotechnol., 193: 70-82
Green D W, Perry R H. 2008. Perry's Chemical Engineers' Handbook. 8th ed. New York: McGraw-Hill
Grenville R K, et al. 2015. Chem. Eng. Res. Des., 100: 282-291
Mueller S G, Dudukovic M P. 2010. Ind. & Eng. Chem. Res., 49: 10744-10750
Paul E L, Atiemo-Obeng V A, Kresta S M. 2004. Handbook of Industrial Mixing Science and Practice. Hoboken: John Wiley & Sons
Razzaghi K, Shahraki F. 2010. Chem. Eng. Res. Des., 88: 803-808
Rodgers T L, et al. 2011. Chem. Eng. Sci., 66: 2935-2944
Yawalkar A A, et al. 2002. Can. J. Chem. Eng., 80: 158-166
Zwietering T N. 1958. Chem. Eng. Sci., 8: 244-253

习　题

习题答案

1. 以青霉素生产为例，说明搅拌在工业过程中的作用。

2. 流体混合的分类和主要方式包括哪些？

3. 搅拌系统的主要构成有哪些？常见的搅拌叶轮有几类？各自有什么特点？

4. 搅拌槽内的总体流动状况包括哪些方面？不同搅拌情况下会如何变化？

5. 互溶液体搅拌的混合时间如何计算？受什么因素的影响？

6. 固-液悬浮搅拌过程可分为几个阶段？各阶段的流动特征和影响因素有哪些？

7. 液-液非混相和气-液分散搅拌有何相似和不同之处？分散相的分布特征和主要参数有哪些？

8. 液滴分散受哪些因素的影响？如何计算液滴直径？气-液分散搅拌过程中，气泡的分散运动特征通常随搅拌速度如何变化？

9. 常见叶轮搅拌的功率曲线有什么特征？如何计算搅拌功率？

10. 搅拌系统设计和放大的基本准则和策略有哪些？

11. 在一搅拌装置内，将直径 5mm、密度 2440kg/m^3 的固体颗粒悬浮在黏度 1mPa·s、密度 1326kg/m^3 的液体中。已知斜桨叶轮直径 D 为 0.724m，桨叶宽度 $D/4$，搅拌槽内径 $3D$，叶轮与槽底距离 $D/6$。已知颗粒与液体质量比的百分数为 0.4，S 为 4.4。(1)根据 Zwietering 关联式，计算临界离底悬浮搅拌速度；(2)若叶轮搅拌功率特征数为 1.73，计算搅拌功率。

12. 采用六叶 45°斜桨涡轮对搅拌槽内的水溶液进行搅拌。已知叶轮直径 0.254m，D/T=1/3、C/T=1/8，Z/T=1，W/D=1/8，B=T/12，挡板 4 块，搅拌转速 10r/s，溶液密度 1020kg/m^3，黏度 0.03Pa·s，叶轮功率特征数为 1.29，求搅拌功率。

13. 采用六叶直桨圆盘涡轮对搅拌槽内的液体进行搅拌。已知其搅拌槽内径 0.9m，叶轮直径 0.3m，转速 5r/s，安装在距离槽底 0.11m 处；桨叶宽 0.06m，挡板宽度 0.075m，共 4 块，液面高度 0.9m，液体密度 1050kg/m^3，黏度 0.04Pa·s，叶轮功率特征数为 4.86。(1)搅拌槽内的流动状态为层流还是湍流？(2)搅拌器的功率为多少？

第 5 章 热量传递基础

引 例

石油炼制是国民经济的基础工业之一，是将原油加工为汽油、煤油、柴油、润滑油、石油蜡、石油沥青、石油焦和各种石油化工原料的工业。石油炼厂中的主要生产装置通常有常压蒸馏、减压蒸馏、催化裂化、加氢裂化、催化重整以及炼厂气加工、石油产品精制等。在常压蒸馏和减压蒸馏装置中，存在大量的传热过程。常减压蒸馏装置的工业现场和工艺流程简图如图 5-1 所示。

(a) 石油炼制工艺中的常减压蒸馏装置

常压塔工艺

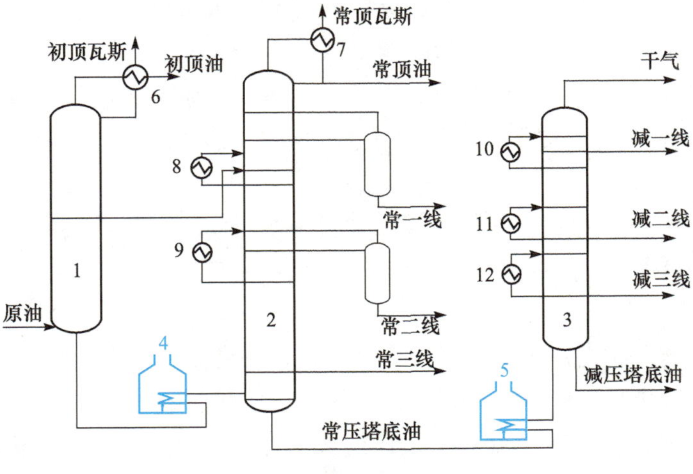

(b) 常减压蒸馏装置工艺流程简图

图 5-1 常减压蒸馏装置工艺流程

1.初馏塔；2.常压塔；3.减压塔；4,5.加热炉；6,7.冷凝器；8,9,10,11,12.换热器常减压蒸馏装置主要由加热炉、蒸馏塔和大量的换热器等设备构成，其中加热炉的作用是将炉内炉管中通过的油料加热到所需温度，然后进行蒸馏操作，它是利用燃料在炉膛内燃烧时产生的高温火焰和烟气作为热源，其一般型式为管式加热炉。在炼油装置中，加热炉的投资约占设备投资的10%。

管式加热炉一般由辐射室、对流室、余热回收系统、燃烧及通风系统等部分组成，如图5-2所示。

(a) 加热炉

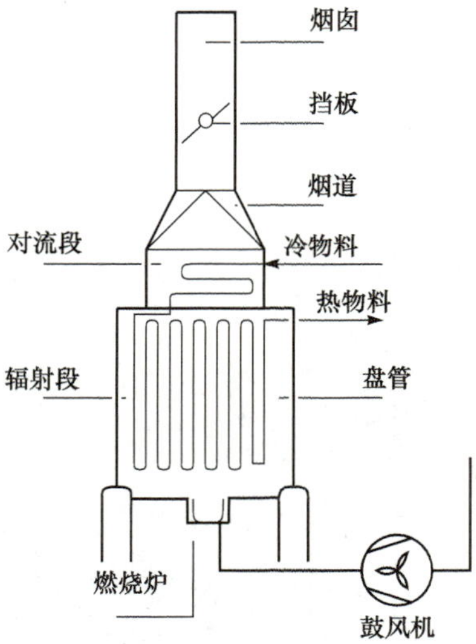

(b) 加热炉的结构示意图

图5-2 常减压蒸馏装置中的加热炉及其结构示意图

辐射室是管式加热炉进行热量交换的场所。燃料燃烧产生的火焰或高温烟气通过辐射室内的炉管进行传热。炉管直接受火焰的高温辐射，以辐射传热方式进行热量传递，热量再由炉管外壁以固体热传导的方式传入内壁，并经由内壁以对流传热的方式传给被加热的原油。辐射室的热负荷占加热炉总热负荷的70%～80%。

对流室是辐射室排出的高温烟气通过对流传热方式加热物料。烟气以较高速度冲刷炉管管壁，热量将由炉管外壁传入内壁，再由内壁传给被加热的原油。其热负荷占加热炉热负荷的20%～30%。

在加热炉系统中，还需对加热炉的排烟进行余热回收。一般采用余热来预热空气，使空气的温度提高后，再返回到加热炉中，有时也用余热通过废热锅炉加热水来产生炼油厂内的公用工程蒸汽。

燃烧和通风系统是将燃烧用的空气导入燃烧器，将废烟气引出加热炉。可采用自然通风，通过安装在炉顶烟囱排出，也可使用风机强制排出加热炉。

在加热炉系统中，燃料燃烧的热量通过辐射和对流的方式传递到炉管的外壁，再经由炉管外壁通过固体热传导传递到炉管内壁，炉管内的原油与炉管内壁进行对流传热，取走燃料燃烧的热量。

在燃料加热原油的过程中，热量传递主要有热传导、对流传热和辐射传热三种基本方式。

这三种热量传递的基本方式是本章阐述的主要内容。

5.1 概　　述

热是能量的一种形式，热量是对热能在传递过程中的度量，它是一个过程量而非状态量。根据热力学第二定律，凡是存在温度差的地方就会导致热量自发地从高温处向低温处传递，这一过程称为热量传递过程，简称传热。

在化工生产过程中，存在着大量与传热相关的过程。因为绝大多数的化学或物理过程均要在一定的温度条件下进行，这就要求系统向参与化学或物理过程的物料输入或输出热量，以建立适合操作的温度条件。

为了使物料达到所要求的操作温度，并提高加热或冷却设备的利用率，减小能量损失或满足特定的工艺要求，需强化传热过程；根据生产工艺要求，有时为了减少物料或设备的热量散失，需对管道或设备进行保温或保冷，这则是削弱传热的过程。在化工生产中，传热是最常见的单元操作之一。

5.1.1 热量传递的方式与机理

热量传递有三种基本方式：热传导、对流传热和辐射传热。

1. 热传导

物体各部分之间不发生相对位移时，依靠分子、原子及自由电子等微观粒子的热运动而产生的热量传递称为热传导，又称导热。

在微观上，气体、液体、导电固体或非导电固体的热传导机理是不同的。气体中，热传导是气体分子不规则热运动时相互碰撞的结果。温度较高的气体分子具有较大的运动动能，不同能量水平的分子相互碰撞使热量从高温处迁移到低温处。导电固体具有大量的自由电子，它们在固体晶格中的运动类似于气体分子，在导电固体中，自由电子的运动对热量传导起着重要作用。在非导电固体中，热传导则是通过晶格的振动实现的。对于液体的热传导机理，目前还存在不同的观点：一种观点认为液体的热传导类似于气体，只是情况更复杂，因为液体的分子间距较小，分子间作用力对分子碰撞的影响比气体的大；另一种观点则认为液体的热传导类似于非导电固体，主要靠弹性波的作用。

2. 对流传热

对流仅发生于流体中，它是指流体的宏观运动使流体各部分之间发生相对位移而引起的热量传递过程。由于流体间各部分是相互接触的，除了流体的整体运动所带来的热对流之外，还伴生有流体的微观粒子运动导致的热传导。在工程上，常见的是流体流经固体表面时的热量传递过程，称为对流传热。

3. 辐射传热

辐射是一种通过电磁波传递能量的过程。物体因各种原因发出辐射能，其中因热的原因发出辐射能的现象称为热辐射。

自然界中各个物体都不停地向其周围空间发出热辐射，同时又不断地吸收其他物体发出的辐射能。辐射与吸收过程的综合结果就造成了以辐射方式进行物体间的热量传递，即辐射传热。当物体与周围环境处于热平衡时，物体的净辐射传热量为零。但这只是动态平衡，辐射与吸收过程仍在不停地进行。

与热传导和对流传热不同，辐射传热无需借助中间介质传递热量，可以在真空中传递，此外辐射传热不仅产生能量的迁移，而且伴随着能量形式的转换，即发射时由热能转换为辐射能，吸收时又从辐射能转换为热能。

在实际问题中，热传导、对流传热和辐射传热三种热量传递方式往往是相互伴随同时发生，针对实际问题，应根据传热方式及其机理具体分析。

5.1.2 热量传递过程的概念及定义

1. 传热速率与热通量

传热速率 Q 是指单位时间内通过传热面的热量，又称热流量，其单位是 W。它是传热过程的基本参数，表征了传热过程进行的快慢程度。热通量 q 是指单位传热面积上的传热速率，又称热流密度，单位是 W/m^2。

传热速率与传热推动力(温度差)成正比，与传热阻力成反比，即

$$传热速率=\frac{传热推动力（温差）}{传热热阻（阻力）}$$

工程上，研究传热的目的在于控制传热速率。若要提高传热过程的传热速率，即强化传热过程，可以通过增大传热温差或减小传热阻力来实现；在需要削弱传热的场合，可以通过增大传热热阻来降低传热速率，以减少热量的散失。

2. 稳态传热与非稳态传热

热量传递过程分为稳态传热过程与非稳态传热过程两大类。凡是物体中各点温度不随时间而改变的传热过程称为稳态传热过程。连续稳定的生产过程中传热多为稳态传热。若物体各点温度随时间变化，则称为非稳态传热过程。在工业生产中间歇操作的换热设备和连续生产设备的启动、停机过程和变工况操作过程的热量传递都是非稳态传热过程。

3. 温度场与温度梯度

传热速率取决于物体内部的温度分布，物体内各点温度的集合称为温度场。一般地，物体内任意点的温度 t 是时间 τ 和空间位置 r 的函数，即 $t=f(r,\tau)$ 。

温度场可分为两类：一类是物体内各点温度随时间变化，此类温度场称为非稳态温度场；另一类是物体内温度分布与时间无关，此类温度场称为稳态温度场。

在某一时刻，温度场中温度相同的点连成的面称为等温面。由于空间中任何一点不可能同时具有两个不同的温度，因此温度不同的等温面不可能相交。对于二维传热问题，物体中等温面表现为等温线，它在物体中形成一个封闭曲线或终止于物体表面上，等温线也不可能相交。沿等温面(或等温线)的切线方向上没有温度变化，也就没有热量传递；而穿过等温面的任何方向上均有温度变化和热量传递。

温度随空间位置的变化率以等温面(线)的法线方向上为最大值，在等温面(线)法线方向上的温度变化率称为温度梯度，即 $\mathrm{grad}(t)=\lim\limits_{\Delta n\to 0}\dfrac{\Delta t}{\Delta n}=\dfrac{\partial t}{\partial n}$，式中 Δn 为法线 n 方向上的距离；$\mathrm{grad}(t)$ 表示温度梯度，是矢量，其方向垂直于等温面(线)，与等温面(线)的法线方向一致，并以温度升高的方向为正方向。

5.2 热 传 导

5.2.1 热传导的基本定律

热传导过程可以用傅里叶(Fourier)定律来描述，即单位时间内通过单位面积所传递的热量与当地温度梯度成正比，可表示为

$$\boldsymbol{q}=-\lambda\frac{\partial t}{\partial n}\boldsymbol{n} \tag{5-1}$$

式中，$\boldsymbol{q}$ 为热通量矢量，W/m^2；λ 为比例系数，称为导热系数，W/(m · ℃)或 W/(m · K)；$\dfrac{\partial t}{\partial n}$ 为空间某点的温度梯度，℃/m 或 K/m；$\boldsymbol{n}$ 是通过该点的等温面上的法向单位矢量，指向温度升高的方向；负号表示热量传递的方向指向温度降低的方向。对于直角坐标系中的一维稳态热传导过程，可表示为

$$q=-\lambda\frac{\mathrm{d}t}{\mathrm{d}x} \tag{5-2}$$

式中，$\dfrac{\mathrm{d}t}{\mathrm{d}x}$ 为 x 方向上的温度梯度。

5.2.2 导热系数

导热系数是物体材料所固有的热物理性质，与物体材料的组成、结构、密度、压力和温度等因素有关。导热系数的定义可以由傅里叶定律给出，即

$$\lambda=|\boldsymbol{q}|\Big/\left|\frac{\partial t}{\partial n}\boldsymbol{n}\right| \tag{5-3}$$

导热系数越大，物体的导热性能越好，即在相同的温度梯度下传热速率越大。工程上采用的各种物质的导热系数通常是通过实验方法测定。各种物质的导热系数差别很大，图 5-3 给出了一些典型材料的导热系数范围。

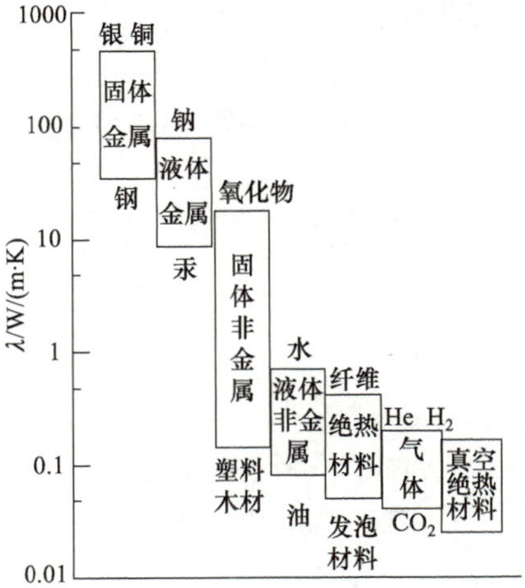

图 5-3 典型材料的导热系数范围

对于固体材料而言，金属是良导电体，也是良好的导热体。纯金属的导热系数一般随温度升高而减小，金属的纯度对导热系数影响很大，合金的导热系数一般比纯金属的导热系数小，杂质的存在使导热系数下降。例如 20℃下，纯铜的导热系数为 386W/(m · K)，掺杂微量的砷后，其导热系数急剧减小到 140W/(m · K)。

非金属绝热材料的导热系数与物质的组成、结构、温度和材料的湿度等因素有关。通常

这些材料都是蜂窝状多孔材料，其传热机理包括固体骨架的热传导和穿过微小气孔的热传导等方式；在很高的温度下，穿过微小气孔不仅有热传导，而且还存在辐射传热方式。材料中的空隙对导热系数影响很大，空隙率大的材料导热系数小。

有一些固体材料，如木材、石墨和云母等，其各向结构不同，因此不同方向上的导热系数差别很大，这类材料称为各向异性材料，其导热系数必须指明方向才有意义。

对于大多数均质固体，在一定温度范围内，其导热系数与温度近似呈线性关系，可表示为

$$\lambda = \lambda_0(1 + kt) \tag{5-4}$$

式中，λ_0 为固体在 0℃时的导热系数；k 为温度系数，1/℃，对大多数金属材料为负值，对大多数非金属固体材料为正值。

对于液体，在常沸点以下，大多数有机液体的导热系数介于 0.1～0.17W/(m · K)。除了水和甘油等少数化合物以外，绝大多数液体的导热系数随温度升高而略有减小，压力对导热系数的影响很小。一般地，纯液体的导热系数比其溶液的导热系数大。

有机均相混合液体的导热系数可用式(5-5)估算

$$\lambda_{\text{mix}} = \sum_{i=1}^{n} w_i \lambda_i \tag{5-5}$$

特别地，有机水溶液的导热系数可用式(5-6)估算

$$\lambda_{\text{mix}} = 0.9\sum_{i=1}^{n} w_i \lambda_i \tag{5-6}$$

式中，w_i 为组分 i 的质量分数；λ_i 为纯组分 i 的导热系数。

气体的导热系数很小，其数值随温度升高而增大。在相当大的压力范围内，气体的导热系数随压力的变化较小，可以忽略不计。只有在压力极高(>200MPa)或极低(<2700Pa)的情况下，才需考虑压力的影响，此时气体的导热系数随压力增加而增大。

气体的导热系数与其黏度之间有以下简单关系

$$\lambda = \frac{15}{4}\frac{R}{M}\mu = \frac{5}{2}c_p\mu \quad (\text{单原子气体}) \tag{5-7}$$

$$\lambda = \left(c_p + \frac{15}{4}\frac{R}{M}\right)\mu \quad (\text{多原子气体}) \tag{5-8}$$

式中，R 为摩尔气体常量，J/(kmol · K)；M 为相对分子质量，kg/kmol；c_p 为定压比热容，J/(kg · K)；黏度 μ 的单位为 Pa · s。

工程中常见物质和材料的导热系数可从有关手册中查取，查取时须注意材料的种类、组成和温度等条件。

5.2.3 热传导微分方程

由傅里叶定律可知，计算物体的热传导速率首先必须已知物体内的温度分布。物体内的温度分布可通过热传导微分方程得到，而热传导微分方程是通过物体内的微元体热量衡算建立的。在物体内微元体的热量衡算为

$$\begin{pmatrix}\text{由传导所}\\\text{净加入微}\\\text{元体的热}\\\text{流量}\end{pmatrix}+\begin{pmatrix}\text{微元体内}\\\text{热源所产}\\\text{生的能量}\\\text{速率}\end{pmatrix}=\begin{pmatrix}\text{微元体内}\\\text{内能的增}\\\text{加速率}\end{pmatrix} \tag{5-9}$$

现在物体内取出一个任意的平行六面体来建立热传导的微分方程，假定物体是各向同性的，如图 5-4 所示。

根据傅里叶定律，通过 $x=x$、$y=y$ 和 $z=z$ 三个表面传入微元体的热流量可表示为

$$Q_x=-\lambda\frac{\partial t}{\partial x}\mathrm{d}y\mathrm{d}z \tag{5-10}$$

$$Q_y=-\lambda\frac{\partial t}{\partial y}\mathrm{d}x\mathrm{d}z \tag{5-11}$$

$$Q_z=-\lambda\frac{\partial t}{\partial z}\mathrm{d}x\mathrm{d}y \tag{5-12}$$

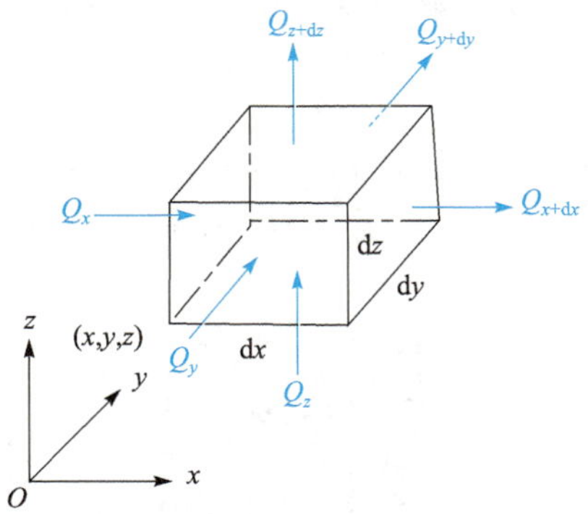

图 5-4　用于建立热传导微分方程的微元体

通过 $x=x+\mathrm{d}x$、$y=y+\mathrm{d}y$ 和 $z=z+\mathrm{d}z$ 三个表面导出微元体的热流量可表示为

$$Q_{x+\mathrm{d}x}=Q_x+\frac{\partial Q_x}{\partial x}\mathrm{d}x=-\lambda\frac{\partial t}{\partial x}\mathrm{d}y\mathrm{d}z+\frac{\partial}{\partial x}\left(-\lambda\frac{\partial t}{\partial x}\mathrm{d}y\mathrm{d}z\right)\mathrm{d}x \tag{5-13}$$

$$Q_{y+\mathrm{d}y}=Q_y+\frac{\partial Q_y}{\partial y}\mathrm{d}y=-\lambda\frac{\partial t}{\partial y}\mathrm{d}x\mathrm{d}z+\frac{\partial}{\partial y}\left(-\lambda\frac{\partial t}{\partial y}\mathrm{d}x\mathrm{d}z\right)\mathrm{d}y \tag{5-14}$$

$$Q_{z+\mathrm{d}z}=Q_z+\frac{\partial Q_z}{\partial z}\mathrm{d}z=-\lambda\frac{\partial t}{\partial z}\mathrm{d}x\mathrm{d}y+\frac{\partial}{\partial z}\left(-\lambda\frac{\partial t}{\partial z}\mathrm{d}x\mathrm{d}y\right)\mathrm{d}z \tag{5-15}$$

由微元体表面净传入微元体的热流量为 $(Q_x-Q_{x+\mathrm{d}x})+(Q_y-Q_{y+\mathrm{d}y})+(Q_z-Q_{z+\mathrm{d}z})$，即

$$\frac{\partial}{\partial x}\left(\lambda\frac{\partial t}{\partial x}\mathrm{d}y\mathrm{d}z\right)\mathrm{d}x+\frac{\partial}{\partial y}\left(\lambda\frac{\partial t}{\partial y}\mathrm{d}x\mathrm{d}z\right)\mathrm{d}y+\frac{\partial}{\partial z}\left(\lambda\frac{\partial t}{\partial z}\mathrm{d}x\mathrm{d}y\right)\mathrm{d}z \tag{5-16}$$

设微元体内热源为 $\dot{\Phi}_\mathrm{s}$ (W/m³)，其所产生热量的速率为

$$\dot{\Phi}_\mathrm{s}\mathrm{d}x\mathrm{d}y\mathrm{d}z \tag{5-17}$$

微元体的内能增加速率可以表示为

$$\rho c_p\frac{\partial t}{\partial \tau}\mathrm{d}x\mathrm{d}y\mathrm{d}z \tag{5-18}$$

将式(5-16)、式(5-17)和式(5-18)代入微元体热量衡算关系式，整理后可得

$$\rho c_p\frac{\partial t}{\partial \tau}=\frac{\partial}{\partial x}\left(\lambda\frac{\partial t}{\partial x}\right)+\frac{\partial}{\partial y}\left(\lambda\frac{\partial t}{\partial y}\right)+\frac{\partial}{\partial z}\left(\lambda\frac{\partial t}{\partial z}\right)+\dot{\Phi}_\mathrm{s} \tag{5-19}$$

式(5-19)是直角坐标系中三维物体热传导微分方程的一般形式。根据实际情况可加以简化。

(1) 导热系数为常数

$$\frac{\partial t}{\partial \tau}=a\left(\frac{\partial^2 t}{\partial x^2}+\frac{\partial^2 t}{\partial y^2}+\frac{\partial^2 t}{\partial z^2}\right)+\frac{\dot{\Phi}_\mathrm{s}}{\rho c_p} \tag{5-20}$$

式中，$a=\dfrac{\lambda}{\rho c_p}$，称为热扩散系数或导温系数，单位为 m²/s。

(2) 导热系数为常数且物体内无内热源

$$\frac{\partial t}{\partial \tau}=a\left(\frac{\partial^2 t}{\partial x^2}+\frac{\partial^2 t}{\partial y^2}+\frac{\partial^2 t}{\partial z^2}\right) \tag{5-21}$$

(3) 常物性，稳态热传导

$$\frac{\partial^2 t}{\partial x^2}+\frac{\partial^2 t}{\partial y^2}+\frac{\partial^2 t}{\partial z^2}+\frac{\dot{\Phi}_s}{\lambda}=0 \tag{5-22}$$

式(5-22)又称为泊桑(Poisson)方程。

(4) 常物性，无内热源，稳态热传导

$$\frac{\partial^2 t}{\partial x^2}+\frac{\partial^2 t}{\partial y^2}+\frac{\partial^2 t}{\partial z^2}=0 \tag{5-23}$$

式(5-23)又称为拉普拉斯(Laplace)方程。

对于柱坐标系和球坐标系，其微元体如图 5-5 所示，采用类似的方法可推导出相应的热传导微分方程。

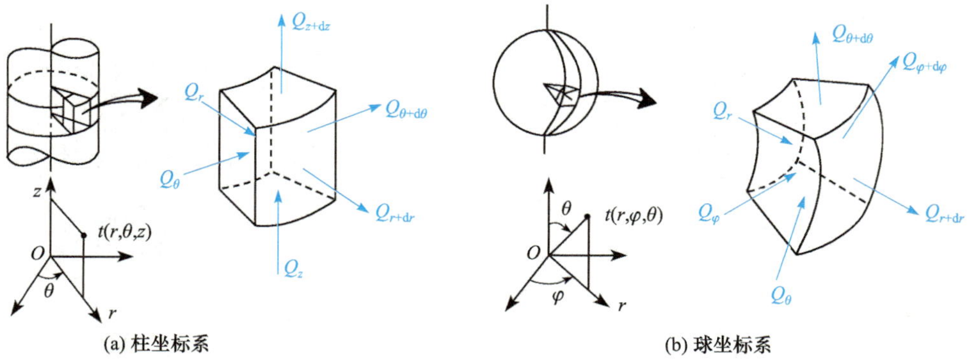

图 5-5 柱坐标系和球坐标系中的微元体

柱坐标

$$\rho c_p\frac{\partial t}{\partial \tau}=\frac{1}{r}\frac{\partial}{\partial r}\left(\lambda r\frac{\partial t}{\partial r}\right)+\frac{1}{r^2}\frac{\partial}{\partial \theta}\left(\lambda\frac{\partial t}{\partial \theta}\right)+\frac{\partial}{\partial z}\left(\lambda\frac{\partial t}{\partial z}\right)+\dot{\Phi}_s \tag{5-24}$$

球坐标

$$\rho c_p\frac{\partial t}{\partial \tau}=\frac{1}{r^2}\frac{\partial}{\partial r}\left(\lambda r^2\frac{\partial t}{\partial r}\right)+\frac{1}{r^2\sin^2\theta}\frac{\partial}{\partial \varphi}\left(\lambda\frac{\partial t}{\partial \varphi}\right)+\frac{1}{r^2\sin\theta}\frac{\partial}{\partial \theta}\left(\lambda\sin\theta\frac{\partial t}{\partial \theta}\right)+\dot{\Phi}_s \tag{5-25}$$

为了求解某一具体问题中所涉及的温度分布和传热速率，还必须给出表征该具体问题的一些附加条件。这些使热传导微分方程获得适合具体问题特定解的附加条件称为定解条件。热传导微分方程及其定解条件构成了一个具体的热传导问题的数学描述。对于非稳态热传导问题，定解条件包括初始条件和边界条件。初始条件是指初始时刻物体内的温度分布，边界条件则指物体边界上的传热状况。对于稳态问题，定解条件仅包含边界条件。

在物体边界上，传热边界条件可分为以下三类：

(1) 已知物体边界壁面的温度，称为第一类边界条件。这类边界条件给定了物体壁面上的温度值，一般可表示为

$$t_w=f(x,y,z,\tau)\quad(\tau>0) \tag{5-26}$$

特殊地，物体壁面温度保持常数，不随时间和位置变化，即

$$t_w=\text{常数}\quad(\tau>0) \tag{5-27}$$

如恒定压力和组分条件下，物体的边界壁面处发生蒸气冷凝或液体沸腾，此时壁面温度保持恒定。

(2) 已知物体边界壁面的热通量，称为第二类边界条件。这类边界条件一般可表示为

$$-\lambda\left.\frac{\partial t}{\partial n}\right|_w=f(\tau)\quad(\tau>0) \tag{5-28}$$

式中，n 为物体壁面的法线方向。

特殊地，在物体边界处给定的热通量为常数，即

$$q_{\mathrm{w}} = 常数 \quad (\tau > 0) \tag{5-29}$$

如恒定地用电加热物体壁面，恒定加热的电能转化为热能从物体壁面传入物体内部，物体壁面处的热通量保持不变。

当物体边界处绝热时，满足下式

$$\left.\frac{\partial t}{\partial n}\right|_{\mathrm{w}} = 0 \quad (\tau > 0) \tag{5-30}$$

(3) 已知物体壁面处的对流传热条件，称为第三类边界条件。这类边界条件是流体加热或冷却物体壁面的情形，可表示为

物体被加热：
$$-\lambda\left.\frac{\partial t}{\partial n}\right|_{\mathrm{w}} = \alpha(t_{\mathrm{f}} - t_{\mathrm{w}}) \quad (\tau > 0) \tag{5-31}$$

物体被冷却：
$$-\lambda\left.\frac{\partial t}{\partial n}\right|_{\mathrm{w}} = \alpha(t_{\mathrm{w}} - t_{\mathrm{f}}) \quad (\tau > 0) \tag{5-32}$$

式中，α 为对流传热系数；t_{f} 为流体的温度；t_{w} 为物体壁面的温度。

5.2.4　稳态热传导

本节针对典型物体内的稳态热传导问题进行分析，目的在于计算物体内的温度分布和热通量。

1. 平壁内的热传导

如图 5-6 所示，设有一在长和宽方向上无限延展、厚度为 b 的平壁，平壁内温度仅沿厚度方向变化。两个表面分别维持温度 t_1 和 t_2，平壁无内热源，材料的导热系数为常数。

由热传导微分方程[式(5-23)]简化可得

$$\frac{\mathrm{d}^2 t}{\mathrm{d}x^2} = 0 \tag{5-33}$$

其边界条件为

$$x=0\ 时 \quad t = t_1 \tag{5-34}$$

$$x=b\ 时 \quad t = t_2 \tag{5-35}$$

对式(5-33)积分两次，可得其通解为

$$t = c_1 x + c_2 \tag{5-36}$$

式中的两个积分常数由边界条件式(5-34)和式(5-35)确定，则平壁内的温度分布为

$$t = \frac{t_2 - t_1}{b} x + t_1 \tag{5-37}$$

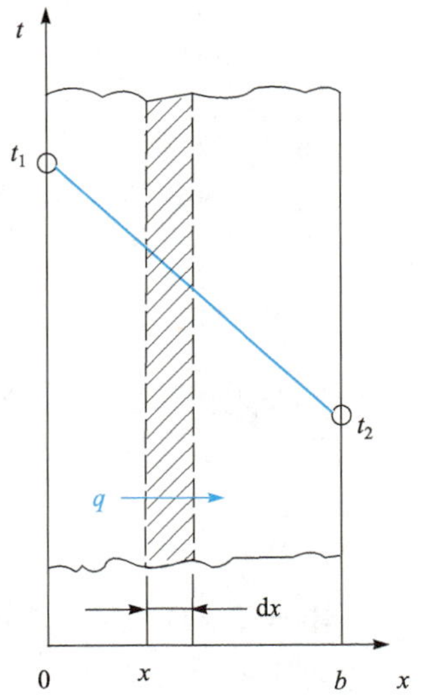

图 5-6　单层平壁

由于 t_1、t_2 和 b 都是常数，因而平壁内的温度分布为线性函数。

将式(5-37)代入傅里叶定律[式(5-1)]，可得热通量的表达式，即

$$q = -\lambda\frac{\mathrm{d}t}{\mathrm{d}x} = \frac{\lambda}{b}(t_1 - t_2) = \frac{\lambda}{b}\Delta t \tag{5-38}$$

对于热传导面积为 A 的平壁，热量传递速率为

$$Q = qA = \frac{\lambda}{b}A(t_1 - t_2) = \frac{\lambda}{b}A\Delta t \tag{5-39}$$

式(5-39)还可改写为

$$Q = \frac{\Delta t}{\dfrac{b}{\lambda A}} = \frac{\Delta t}{R} \tag{5-40}$$

式中，$R = \dfrac{b}{\lambda A}$ 称为热阻，与电学中电阻的概念类似。引入热阻有助于理解式(5-40)的物理意义，即 Q 是热传导过程中传递的热流量，与传热过程的推动力Δt 成正比，而与传递过程的阻力 R 成反比。热阻越大，热流量越小，传热速率越低。

对于复杂的传热问题，通过热阻与电阻的类比，可以借助于串并联电路的电阻计算来类比传热过程中热阻的计算。例如，对于多层平壁的热传导问题，可采用热阻的概念进行计算和分析。

如图 5-7 所示，平壁由多层不同厚度、不同导热系数的材料组成，假定层与层之间接触良好，未引入附加热阻(称为接触热阻)。设多层平壁各层的厚度和导热系数分别为 b_1、b_2、b_3 和 λ_1、λ_2、λ_3，且均为常数，平壁的面积为 A。

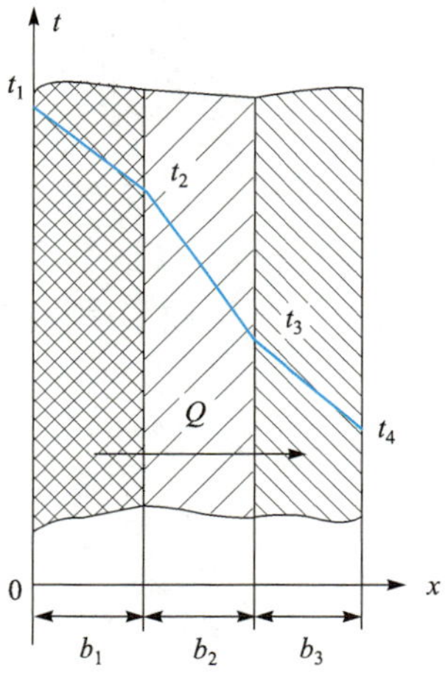

图 5-7 多层平壁

假定平壁内没有内热源，因而同一热流依次通过各层平壁，按式(5-40)的热阻串联，可得

$$Q = \frac{t_1 - t_2}{\dfrac{b_1}{\lambda_1 A}} = \frac{t_2 - t_3}{\dfrac{b_2}{\lambda_2 A}} = \frac{t_3 - t_4}{\dfrac{b_3}{\lambda_3 A}} \tag{5-41}$$

或

$$Q = \frac{t_1 - t_2}{R_1} = \frac{t_2 - t_3}{R_2} = \frac{t_3 - t_4}{R_3} \tag{5-42}$$

式(5-41)和式(5-42)说明，在多层壁的热传导中，热阻大的壁层，传热温差一定大。式(5-41)和式(5-42)还可改写为

$$Q = \frac{(t_1 - t_2) + (t_2 - t_3) + (t_3 - t_4)}{R_1 + R_2 + R_3} = \frac{t_1 - t_4}{R_1 + R_2 + R_3} = \frac{t_1 - t_4}{\dfrac{b_1}{\lambda_1 A} + \dfrac{b_2}{\lambda_2 A} + \dfrac{b_3}{\lambda_3 A}} \tag{5-43}$$

由式(5-43)可知，通过多层平壁热传导的传热温差(推动力)和热阻是可以叠加的；总传热温差等于各层温差之和，总传热热阻等于各层热阻的总和，类似于串联电路的计算。

各层分界接触面上的温度可以利用式(5-42)依次计算出。例如

$$t_2 = t_1 - Q\frac{b_1}{\lambda_1 A} \tag{5-44}$$

将式(5-43)推广至 n 层平壁，有

$$Q=\frac{t_1-t_{n+1}}{\sum_{i=1}^{n}R_i} \tag{5-45}$$

需要指出的是，上述多层平壁的计算，均假定层与层之间接触完全密合，两个接触表面具有相同的温度。但实际材料由于表面粗糙，即使是两光滑表面的接触也只在有限点上接触，层间未接触的空隙会形成附加的接触热阻。由于接触热阻的存在，两种材料的分界面上温度不再相等，接触面上可能出现温度的阶跃。若以 r_{02} 和 r_{03} 分别表示第一层与第二层、第二层与第三层平壁中接触面上的接触热阻，则通过上述三层平壁的热通量变为

$$Q=\frac{t_1-t_4}{R_1+r_{02}+R_2+r_{03}+R_3} \tag{5-46}$$

影响接触热阻的主要因素有接触面材料的种类及硬度、接触面的粗糙程度、接触面的压紧力和接触面空隙内流体的性质等。接触表面光滑、材料的硬度较小和层间的压紧力较大均有助于减小接触热阻。

2. 圆筒壁内的热传导

如图 5-8 所示，内外径分别为 r_1 和 r_2 的圆筒壁，其内外表面分别维持恒定均匀的温度 t_1 和 t_2，若圆筒壁沿长度方向无限延伸，则在圆筒壁内仅存在沿圆筒壁径向的一维热传导。

由于圆筒的内外径不等，热流传入圆筒壁所经过的传热面积 A 是随半径变化的，即 $A=2\pi rL$。为分析方便，取圆柱坐标系，且假定材料的导热系数为常数，无内热源。因此，在圆筒壁上的热传导满足圆柱坐标系下的热传导微分方程式(5-24)。经简化可得

$$\frac{\mathrm{d}}{\mathrm{d}r}\left(r\frac{\mathrm{d}t}{\mathrm{d}r}\right)=0 \tag{5-47}$$

边界条件为

$$r=r_1\text{时}\quad t=t_1 \tag{5-48}$$

$$r=r_2\text{时}\quad t=t_2 \tag{5-49}$$

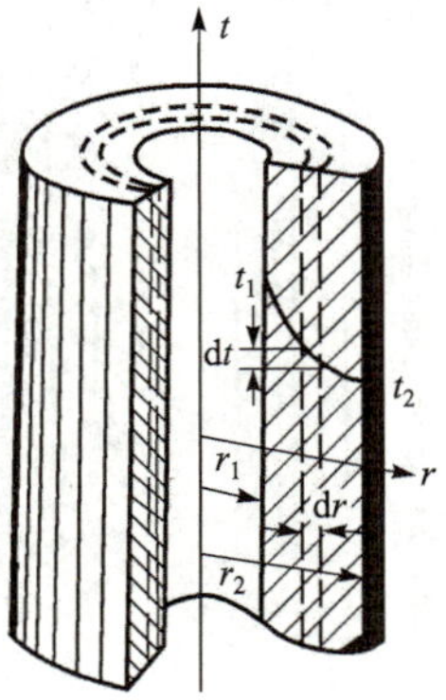

图 5-8　单层圆筒壁

对式(5-47)连续积分两次，得其通解为

$$t=c_1\ln r+c_2 \tag{5-50}$$

式中的积分常数由边界条件确定。可得圆筒壁内的温度分布为

$$t=t_1+\frac{t_2-t_1}{\ln\left(\frac{r_2}{r_1}\right)}\ln\left(\frac{r}{r_1}\right) \tag{5-51}$$

由式(5-51)可以看出，与平壁内的线性温度分布不同，圆筒壁内的温度分布为对数函数。

将式(5-51)代入傅里叶定律[式(5-1)]，可得通过圆筒壁的热通量为

$$q=-\lambda\frac{\mathrm{d}t}{\mathrm{d}r}=\frac{\lambda}{r}\frac{t_1-t_2}{\ln\left(\frac{r_2}{r_1}\right)} \tag{5-52}$$

在式(5-52)两边同乘传热面积 $A=2\pi rL$，可得通过圆筒壁的热流量

$$Q = qA = 2\pi L\lambda \frac{t_1 - t_2}{\ln(r_2/r_1)} = \frac{t_1 - t_2}{\ln(r_2/r_1)/(2\pi L\lambda)} = \frac{t_1 - t_2}{R} \tag{5-53}$$

式中，$R=\dfrac{\ln(r_2/r_1)}{2\pi L\lambda}$为热阻。可见，通过圆筒壁热传导时，不同半径处的热通量与半径成反比，然而，通过整个圆筒壁面上的热流量是恒定值，不随半径变化。

式(5-53)还可改写为

$$Q = \frac{2\pi L\lambda(r_2 - r_1)(t_1 - t_2)}{(r_2 - r_1)\ln(r_2/r_1)} = \lambda A_m \frac{t_1 - t_2}{b} = \frac{t_1 - t_2}{\dfrac{b}{\lambda A_m}} = \frac{t_1 - t_2}{R} \tag{5-54}$$

式中，$b = r_2 - r_1$，为圆筒壁的厚度；$A_m = 2\pi L r_m$，为平均传热面积，其中$r_m = \dfrac{r_2 - r_1}{\ln(r_2/r_1)}$，称为对数平均半径。在工程上，当$r_2/r_1 < 2$时，可用算术平均半径$r_m = \dfrac{r_1 + r_2}{2}$代替对数平均半径，两者相差小于4%。

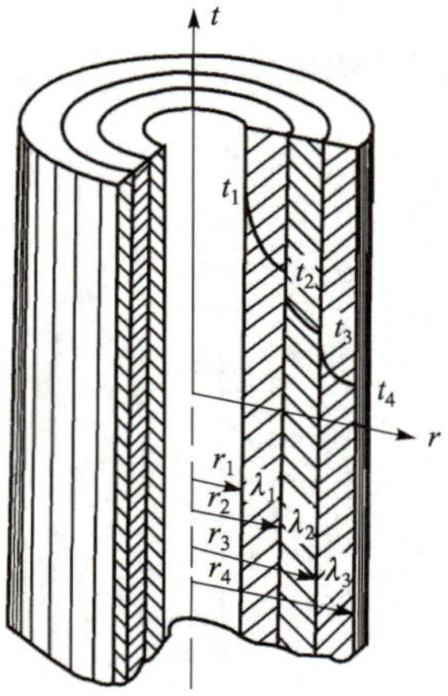

图 5-9 多层圆筒壁

引入对数平均半径后，热阻可按$R=\dfrac{b}{\lambda A_m}$计算，从而与平壁热传导的形式统一。

与多层平壁热传导过程类似，采用串联热阻叠加的概念同样可以分析通过多层圆筒壁的热传导。例如，对于三层圆筒壁，如图5-9所示。假定层与层之间接触良好，各层的导热系数分别为λ_1、λ_2、λ_3，均为常数，根据串联热阻和推动力的叠加原理，通过三层圆筒壁热传导的热流量为

$$Q = \frac{(t_1 - t_2) + (t_2 - t_3) + (t_3 - t_4)}{R_1 + R_2 + R_3} = \frac{t_1 - t_4}{\dfrac{b_1}{\lambda_1 A_{m1}} + \dfrac{b_2}{\lambda_2 A_{m2}} + \dfrac{b_3}{\lambda_3 A_{m3}}} \tag{5-55}$$

对于n层圆筒壁，通过圆筒壁热传导的热流量可表示为

$$Q = \frac{t_1 - t_{n+1}}{\sum\limits_{i=1}^{n} \dfrac{b_i}{\lambda_i A_{mi}}} = \frac{t_1 - t_{n+1}}{\sum\limits_{i=1}^{n} \dfrac{\ln(r_{i+1}/r_i)}{2\pi L\lambda_i}} \tag{5-56}$$

化工设备或管道保温层厚度的确定是圆筒壁热传导问题的典型工程应用。

例 5-1 为了减小加热蒸汽管道的热损失，在外径为159mm的蒸汽管道上包覆保温层。蒸汽管道外壁的温度为300℃。保温材料为水泥珍珠岩制品，水泥珍珠岩制品的导热系数与温度关系为$\lambda = 0.0651 + 0.000105t$，其中$\lambda$和$t$的单位分别为W/m·℃和℃。要求包覆保温层后外壁的温度不超过50℃，并要求将每米长度上加热蒸汽管道的热损失控制在300W/m，试确定保温层的厚度。

解 由于保温材料的导热系数与温度呈线性关系，因此，在计算通过保温层的热量损失时，保温层的导热系数可按其算术平均温度计算，即$t=\dfrac{300+50}{2}=175$(℃)，则保温层的导热系数λ为

$$\lambda = 0.0651 + 0.000105 \times 175 = 0.0835\ [\text{W/(m·℃)}]$$

由式(5-53)可得

$$\ln\left(\frac{r_2}{r_1}\right)=2\pi\lambda\frac{t_1-t_2}{Q/L}$$

代入数据可得

$$\ln\left(\frac{d_2}{0.159}\right)=2\pi\times0.0835\times\frac{300-50}{300}$$

求解得外径 d_2=0.246m，则保温层的厚度为

$$\frac{d_2-d_1}{2}=\frac{0.246-0.159}{2}=0.0435(\text{m})=43.5\ (\text{mm})$$

在工程上，常常遇到圆筒壁与流体进行对流传热的情形。设一长为 L 的圆管，外径为 r_1，在覆以导热系数为λ的保温材料后，外径变为 r_2，保温层外壁直接与温度为 t_f 的流体接触，进行对流传热(有关对流传热过程，可参考节 5.3 中的内容)。已知圆管外壁温度为 t_{w1}，且流体与保温层外壁间的对流传热系数为α。通过保温层的热损失可表示为

$$Q=\frac{t_{w1}-t_{w2}}{\dfrac{\ln(r_2/r_1)}{2\pi L\lambda}} \tag{5-57}$$

式中，t_{w2} 为保温层外壁的温度，是未知量。在保温层外壁，流体以对流传热的方式将热量带走，满足

$$Q=2\pi r_2 L\alpha(t_{w2}-t_f) \tag{5-58}$$

稳态传热时，通过保温层外壁散失的热流量与保温层内传导的热流量相等，联立式(5-57)和式(5-58)，消去 t_{w2}，可得到通过保温层的热损失为

$$Q=\frac{t_{w1}-t_f}{\dfrac{\ln(r_2/r_1)}{2\pi L\lambda}+\dfrac{1}{2\pi r_2 L\alpha}}=\frac{t_{w1}-t_f}{R_{cond}+R_{conv}} \tag{5-59}$$

式中，$R_{cond}=\dfrac{\ln(r_2/r_1)}{2\pi L\lambda}$，为热传导热阻；$R_{conv}=\dfrac{1}{2\pi r_2 L\alpha}$，称为对流传热热阻。

由式(5-59)可以看出，当保温层厚度增加时(r_2 增大)，热传导热阻增加，但是对流传热热阻减小。这就有可能在某一个保温层厚度下，使总热阻最小，而使热损失达到最大，这个厚度称为保温层的临界厚度。为了计算临界厚度，将式(5-59)中的 Q 对 r_2 求导，并使其等于零，可得保温层的临界半径为$r_c=\lambda/\alpha$。当保温层半径小于 r_c 时，随着保温层厚度的增加，通过保温层的热损失增加，直到保温层半径等于临界厚度时热损失达到最大。当保温层半径超过临界半径时，再增加厚度时，热损失将逐渐减小。

3. 球壳壁内的热传导

对于内、外表面维持恒定温度的空心球壳壁热传导问题，可采用与上述两种情形类似的方法进行推导计算。

设半径为 r_1、r_2 处的球壁温度分别为 t_1、t_2，则在球壳壁内的温度分布和热流量分别表示为式(5-60)和式(5-61)，即

$$t=t_2+(t_1-t_2)\frac{1/r-1/r_2}{1/r_1-1/r_2} \tag{5-60}$$

$$Q=\frac{(t_1-t_2)}{\dfrac{1}{4\pi\lambda}\left(\dfrac{1}{r_1}-\dfrac{1}{r_2}\right)} \tag{5-61}$$

对于多层球壳壁热传导问题，可参照多层圆筒壁的计算方法进行计算。

5.2.5 非稳态热传导

化工生产中设备的启动、停机和变工况运行等场合均涉及非稳态热传导，其特征是设备上各点的温度随时间发生变化。由于设备的温度场随时间和空间变化，其热流量也随时间和空间发生变化。因此，非稳态热传导问题比稳态问题的计算复杂。本节将讨论一些简单情况下非稳态热传导问题的分析解。

1. 集总参数法的简化分析

当物体内部的热传导热阻远小于其表面的对流传热热阻时，固体内部的温度趋于一致，即可认为在某一瞬时物体内温度均匀。此时物体温度的变化仅与时间有关，好像该物体的质量和热容汇集于一点，物体仅有一个温度。这种忽略物体内部热传导热阻的简化分析方法称为集总参数法。对于物体的导热系数非常大，或物体的几何尺寸很小，或者物体表面的对流传热系数极低的情形，其非稳态热传导过程可采用集总参数法进行分析。

设有一体积为 V、表面积为 A 的任意形状物体，其密度为ρ，导热系数为λ，比热容为 c。物体具有均匀的初始温度 t_0。在初始时刻突然将其置入温度恒为 t_∞的流体中，设 $t_0>t_\infty$，物体表面与流体间的对流传热系数为α。对物体进行热量衡算，即物体内能增加的速率应等于物体边界上流体的对流传热速率，即

$$-\rho cV\frac{\mathrm{d}t}{\mathrm{d}\tau}=\alpha A(t-t_\infty) \tag{5-62}$$

式中的负号表示物体内能的减少。由于本问题仅与时间有关，因此定解条件仅包括初始条件，而无须边界条件。初始条件为

$$\tau=0\text{ 时}\qquad t=t_0 \tag{5-63}$$

方程式(5-62)和式(5-63)的无量纲解为

$$\frac{t-t_\infty}{t_0-t_\infty}=\mathrm{e}^{-\frac{\alpha A}{\rho cV}\tau} \tag{5-64}$$

式(5-64)表明，当采用集总参数法分析时，物体的温度与时间呈指数函数关系。在传热过程开始阶段，物体温度的变化很快，随后温度变化逐渐减慢。物体的热容量越大，即(ρcV)越大，物体温度变化得越慢；流体与物体表面间的对流传热条件越好，即(αA)越大，单位时间内传入物体的热量越多，物体被冷却到接近于流体的温度所需要的时间越短。

式(5-64)中的指数项还可改写为

$$\frac{\alpha A}{\rho cV}\tau=\frac{\alpha V}{\lambda A}\frac{\lambda A^2}{\rho cV^2}\tau=\frac{\alpha\left(\dfrac{V}{A}\right)}{\lambda}\frac{a\tau}{\left(\dfrac{V}{A}\right)^2}=\frac{\alpha L}{\lambda}\frac{a\tau}{L^2}=Bi_V Fo_V \tag{5-65}$$

式中，$L=V/A$，具有长度的量纲，称为特征长度；$Bi_V=\alpha L/\lambda$，是一个无量纲量，称为毕渥数(Biot number)；$Fo_V=a\tau/L^2$，也是一个无量纲量，称为傅里叶数(Fourier number)；下标 V 表示以 $L=V/A$ 为特征长度的傅里叶数和毕渥数。因此，式(5-64)还可以表示为

$$\frac{t-t_\infty}{t_0-t_\infty}=e^{-Bi_V Fo_V} \tag{5-66}$$

毕渥数 Bi_V 表示为

$$Bi_V=\frac{\alpha L}{\lambda}=\frac{L/\lambda}{1/\alpha}=\frac{\text{物体内热传导热阻}}{\text{物体表面对流传热热阻}} \tag{5-67}$$

Bi_V 越小，意味着物体内的热传导热阻越小或物体表面的对流传热热阻越大，这时采用集总参数的分析结果就越接近于实际情况。因而毕渥数可作为判断能否采用集总参数法来分析非稳态热传导问题的一个准则。对于工程计算，通常认为，当 $Bi_V<0.1$ 时，可以采用集总参数法。

傅里叶数 Fo_V 表示为

$$Fo_V=\frac{a\tau}{L^2}=\frac{\tau}{L^2/a}=\frac{\text{物体边界上热扰动的时刻到所计算时刻的时间间隔}}{\text{物体边界上热扰动扩散至}L^2\text{的面积上所需要的时间}} \tag{5-68}$$

Fo_V 表示了一个无量纲时间。显然，在非稳态热传导过程中，Fo_V 越大，物体边界上的热扰动就越深入地传播到物体内部，物体内的各点温度也就越接近于物体边界的温度。

在温度测量中，测温仪表响应时间问题是利用集总参数法分析非稳态热传导问题的典型应用。

例 5-2　一水银温度计的水银泡为圆柱形，长 15mm，内径 3mm，初始温度为 25℃。现将其插入一管道中测量气体温度。气体的真实温度为 200℃。试求在温度计插入 5min 后温度计的读数。设水银泡外玻璃的作用可以忽略不计。水银泡与气流之间的对流传热系数为 15W/(m²·℃)。水银的物性：密度 13110kg/m³，比热容 138J/(kg·℃)，导热系数 10.4W/(m·℃)。

解　首先校验是否可用集总参数法。考虑到水银泡柱体的上端面不直接受热，故

$$\frac{V}{A}=\frac{\pi r^2 L}{2\pi rL+\pi r^2}=\frac{rL}{2L+r}=\frac{0.0015\times0.015}{2\times0.015+0.0015}=7.1\times10^{-4}\ \text{(m)}$$

$$Bi_V=\frac{\alpha(V/A)}{\lambda}=\frac{15\times7.1\times10^{-4}}{10.4}=0.001<0.1$$

因此，可以采用集总参数法计算。经过 5min 后的傅里叶数为

$$Fo_V=\frac{a\tau}{(V/A)^2}=\frac{\left(\dfrac{\lambda}{\rho c}\right)\tau}{(V/A)^2}=\frac{\left(\dfrac{10.4}{13110\times138}\right)\times5\times60}{(7.1\times10^{-4})^2}=3.42\times10^3$$

经过 5min 后的温度为

$$t=(t_0-t_\infty)e^{-Bi_V Fo_V}+t_\infty=(25-200)\times e^{-1.0\times10^{-3}\times3.42\times10^3}+200=194.3\ (℃)$$

讨论　由计算结果可见，经过 5min 的测量后，温度计所指示的温度与实际气流温度仍有 5.7℃的差距。只有测量时间较长时，温度计所测量的温度才接近气流的真实温度。

2. 半无限大物体的非稳态热传导

如图 5-10 所示，从 $x=0$ 的端面开始，物体向 x 的正方向及其他坐标方向无限延伸，这类物体称为半无限大物体。尽管工程实际中并不存在严格意义上的半无限大物体，但是半无限大物体的概念却有着重要的工程应用。例如，一个具有均匀温度的有限厚度平板，在某一初始时刻，其一端面突然被加热或被冷却，当物体端面上的热扰动影响还局限于表面附近而尚未波及平板的另一端面时，就可以将该平板的热传导问题看作半无限大平板的非稳态热传导问题。

如图 5-10 所示，对于具有均匀初始温度 t_0 的半无限大物体，在初始时刻后，物体的一个端面突然与温度为 t_w 的物体紧密接触，且 $t_w>t_0$，并维持端面温度不变，可以通过半无限大物体的非稳态热传导方程计算物体内温度随时间的变化和通过物体端面加热的热流量。

该问题属于一维无内热源的非稳态热传导问题，其控制方程可根据式(5-21)简化而得，即

$$\frac{\partial t}{\partial \tau}=a\frac{\partial^2 t}{\partial x^2} \tag{5-69}$$

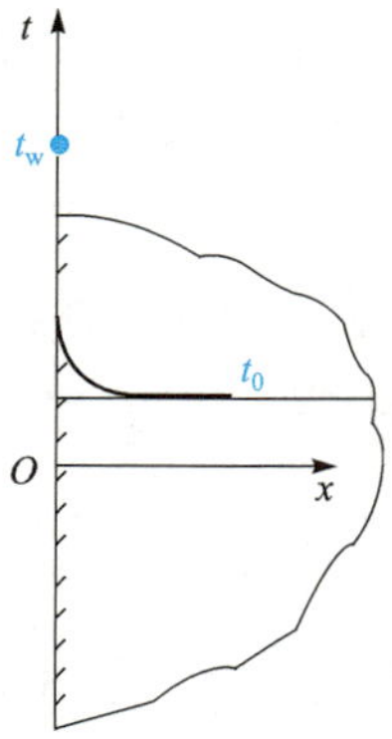

图 5-10 半无限大物体

初始和边界条件分别为

$$\tau=0\text{ 时}\qquad t=t_0 \tag{5-70}$$

$$x=0\text{ 时}\qquad t=t_w \tag{5-71}$$

$$x\to\infty\text{时}\qquad t=t_0 \tag{5-72}$$

引入组合变量$\eta=\dfrac{x}{2\sqrt{a\tau}}$，则可将上述与变量$x$和$\tau$有关的偏微分方程式转化为仅与组合变量$\eta$有关的常微分方程，该方程的分析解为

$$\frac{t-t_w}{t_0-t_w}=\frac{2}{\sqrt{\pi}}\int_0^{\frac{x}{2\sqrt{a\tau}}}e^{-\eta^2}d\eta=\mathrm{erf}(\eta)=\mathrm{erf}\left(\frac{x}{2\sqrt{a\tau}}\right) \tag{5-73}$$

式中，$\mathrm{erf}(\eta)$称为误差函数，其值可查阅数学手册。当$\eta\to\infty$时，$\mathrm{erf}(\eta)=1$。

由傅里叶定律，可求出τ时刻距热扰动表面x处的热通量为

$$q_\tau=-\lambda\frac{\partial t}{\partial x}=-\lambda\frac{\partial t}{\partial \eta}\frac{\partial \eta}{\partial x}=\lambda\frac{t_w-t_0}{\sqrt{\pi a\tau}}e^{-\frac{x^2}{4a\tau}} \tag{5-74}$$

物体端面处的热通量为

$$q_w=-\lambda\left.\frac{\partial t}{\partial x}\right|_{x=0}=\lambda\frac{t_w-t_0}{\sqrt{\pi a\tau}} \tag{5-75}$$

在0～τ的时间间隔内，通过单位面积端面的热流量表示为

$$Q_w=\int_0^\tau q_\tau d\tau=2\lambda(t_w-t_0)\sqrt{\frac{\tau}{\pi a}} \tag{5-76}$$

式(5-75)和式(5-76)表明，半无限大物体受第一类边界条件影响而加热或冷却时，物体表面上的瞬时热通量与时间的平方根成反比，而在 0～τ的时间间隔内交换的热通量则与时间的平方根成正比。

3. 有限厚度平板的非稳态热传导

如图 5-11 所示，一厚度为 2b 的无限大平板，初始温度均匀且为t_0，自某一初始时刻开始，将平板置于温度为t_∞的流体中，平板的两个端面与流体进行对流传热，设对流传热系数均为α。由于平板的两个端面所处的边界条件相同，因而平板中的温度场对平板中心面呈对称温度分布，在对称面上 q=0，可视为绝热壁，即满足$\left.\dfrac{\partial t}{\partial x}\right|_{x=0}=0$。因此，在求解平板温度分布时只需求得半厚度内平板的温度分布即可得到整个平板的温度分布。

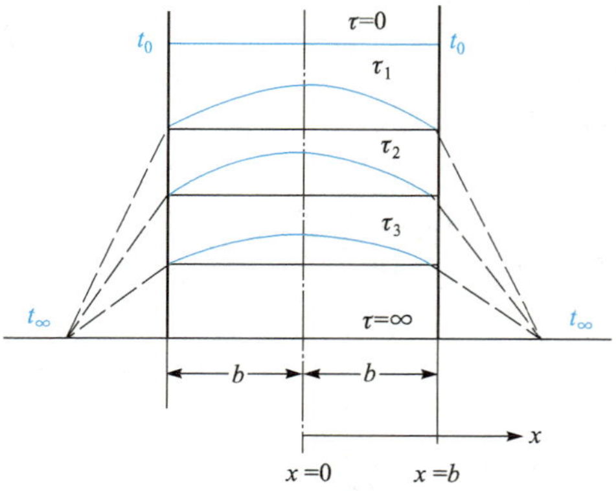

图 5-11 有限厚度平板

有限厚度平板的非稳态热传导同样满足热传导微分方程及相应的初始和边界条件，即

$$\frac{\partial t}{\partial \tau}=a\frac{\partial^2 t}{\partial x^2} \tag{5-77}$$

初始和边界条件分别为

$$\tau=0 \text{ 时} \qquad t=t_0 \tag{5-78}$$

$$x=0 \text{ 时} \qquad \frac{\partial t}{\partial x}=0 \tag{5-79}$$

$$x=b \text{ 时} \qquad \alpha(t-t_\infty)=-\lambda\left.\frac{\partial t}{\partial x}\right|_{x=b} \tag{5-80}$$

该偏微分方程可采用分离变量法求解，无量纲形式的分析解为

$$\frac{t-t_\infty}{t_0-t_\infty}=2\sum_{n=1}^{\infty}\mathrm{e}^{-(\beta_n b)^2\frac{a\tau}{b^2}}\frac{\sin(\beta_n b)\cos\left[(\beta_n b)\frac{x}{b}\right]}{\beta_n b+\sin(\beta_n b)\cos(\beta_n b)} \tag{5-81}$$

式中，β_n 称为特征值，是下列超越方程的根

$$\tan(\beta_n b)=\frac{Bi}{\beta_n b} \qquad (n=1,2,\cdots) \tag{5-82}$$

式中，Bi 是以平板半厚度 b 为特征长度的毕渥数，即 $Bi=\alpha b/\lambda$。

当 $Fo=\dfrac{a\tau}{b^2}\geqslant 0.2$ 时，仅取式(5-81)中的第一项即可满足一般工程计算的需要。

5.3 对流传热

5.3.1 对流传热过程

对流传热通常用牛顿冷却定律来描述，即当主体温度为 t_f 的流体被温度为 t_w 的壁面加热或冷却时，传热面上的热通量表示为

$$q=\alpha(t_w-t_f) \quad \text{或} \quad q=\alpha(t_f-t_w) \tag{5-83}$$

式中，q 为对流传热的热通量，W/m^2；α 为比例系数，称为对流传热系数，W/(m^2 · ℃)。牛顿冷却定律表明，单位面积上的对流传热速率与壁面和流体的温差成正比关系。

对流传热过程的影响因素很多，牛顿冷却定律只能看作对流传热系数 α 的一个定义式，它并未揭示对流传热系数 α 的影响因素与相关物理量之间的内在联系。研究对流传热的主要目的是要揭示对流传热的影响因素及其内在联系，确定对流传热系数 α 的具体表达式，为对流传热速率的工程计算提供基础。

对流传热过程的分类如图 5-12 所示。

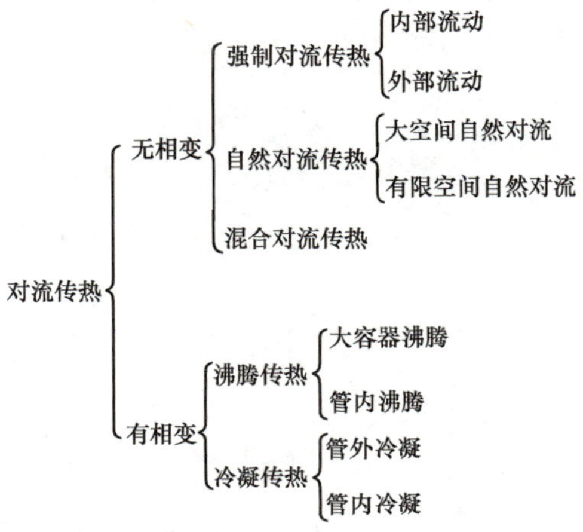

图 5-12　对流传热过程的分类

影响对流传热的因素很多，但总体而言，这些影响因素可以分为五个方面：

1) 流体的相态变化

在对流传热过程中，流体作单相流动的对流传热是依靠流体的显热变化实现的，而在有相变的对流传热过程中，例如沸腾和冷凝，流体的相变潜热起到了主要作用，这两种情况的传热机理是完全不同的。

2) 引起流动的原因

由于引起流动的原因不同，对流传热可分为强制对流传热和自然对流传热两大类。流体因用泵、风机输送或受搅拌等外力作用产生流动时的对流传热，称为强制对流传热；由于系统内部存在温度差，流体各部分的密度存在差异而引起的流体流动，称为自然对流，其所导致的传热称为自然对流传热。这两类对流传热的流动成因不同，其传热所遵从的规律也不同。有时既要考虑强制对流也要考虑自然对流，则称为混合对流传热。

3) 流体的流动型态

黏性流体的流动有层流和湍流两种流动型态。流体作层流流动且自然对流的影响可以忽略时，流体内部的流体微团沿主流方向作有规则的分层流动，层流膜的厚度是影响对流传热速率的主要因素。而当流体进入湍流状态后，除了主流方向上的流动以外，流体微团还存在与其他方向上流体微团的掺杂和混合，靠近固体壁面附近的层流底层构成了主要的传热热阻。由流体力学的知识可知，随着雷诺数增大，层流底层的厚度减小，流体微团掺混加剧，使得对流传热强度增加，因而湍流时的对流传热系数要比层流时大得多。

4) 流体的热物理性质

流体的热物理性质对于对流传热的影响很大。不同种类的流体，如牛顿流体和非牛顿流体，做对流传热时其传热规律不同。影响对流传热的流体热物理性质主要包括密度、黏度、比热容和导热系数等。对于每一种流体，这些热物理性质是压力或温度的函数，因此流体的热物理性质对于对流传热的影响很复杂。

5) 传热面的几何因素

传热表面的形状、大小、流体与传热面作相对运动的位置和方向以及传热面的表面状况也是影响对流传热的重要因素。例如，对于强制对流，可根据流体流动与传热面位置关系，将流体的流动分为内部流动(如圆管内、套管环隙的强制对流)和外部流动(如外掠圆管或管束间的强制对流)两类，其对流传热速率就与传热面的几何因素有关。

表 5-1 给出了几种典型情况下对流传热系数的范围。

表 5-1　对流传热系数的范围

传热过程	对流传热系数/[W/(m^2·K)]	传热过程	对流传热系数/[W/(m^2·K)]
空气自然对流	5～25	油类的强制对流	50～1500
气体强制对流	20～100	水蒸气的冷凝	5000～15000
水的自然对流	200～1000	有机蒸气的冷凝	500～2000
水的强制对流	1000～15000	水的沸腾	2500～25000

研究对流传热的主要目的是要揭示对流传热的各种影响因素及其内在联系，以及确定对

流传热系数的具体计算式。获得对流传热系数的方法有以下四种：

1) 分析法

分析法是对描写某一对流传热问题的偏微分方程及其定解条件进行求解，获得特定问题的速度场和温度场，从而获得对流传热系数和传热速率分析解的方法。这种方法能够深刻揭示各个物理量对对流传热速率的影响程度，是研究对流传热问题的基础理论方法。然而，由于数学上的困难，对于大多数工程问题目前还无法获得完全的理论分析解。

2) 实验法

通过实验获得对流传热系数仍然是目前工程设计和操作的主要依据。为了减少实验次数，增强实验结果的通用性，采用实验法获得对流传热系数的计算式常在量纲分析法的指导下进行。该方法是目前获得对流传热系数关联式的主要途径之一。

3) 类比法

类比法是通过研究动量传递与热量传递的类似性，建立对流传热系数与流动的阻力系数之间相互关系的方法。这种方法通常是通过比较容易用实验方法测定的阻力系数来获得相应的对流传热系数的计算式。这一方法的依据是动量传递与热量传递在机理上的类似性，曾广泛用于湍流传热与湍流流动的类比，以获得湍流的对流传热系数表达式。然而，随着实验测试技术和计算技术的迅速发展，这一方法已较少应用，但对于深入理解和分析对流传热过程仍有借鉴意义。

4) 数值法

对流传热问题的数值解法是将对流传热的偏微分控制方程用离散方程替代，进而用代数方法进行求解，从而获得对流传热系数和传热速率的方法。目前，很多工程问题的求解往往借助于数值解法，如加热炉内的燃烧和流动等复杂的对流传热问题。

采用分析法和数值解法求解对流传热问题时，计算得到的结果通常是流体的温度分布。如何将流体中的温度分布与对流传热系数进行关联是解决对流传热问题的关键。

当黏性流体在固体壁面上流动时，由于流体黏性，在靠近壁面处的流体将被滞止，处于无滑移状态，即在贴近壁面处流体没有相对于固体壁面的运动。图 5-13 给出近壁处流体流速的变化。

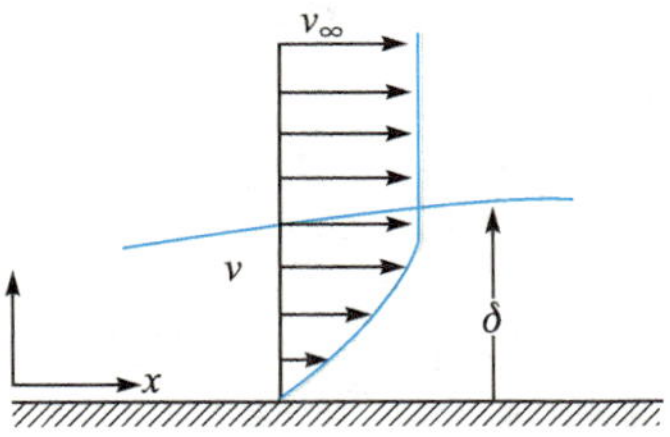

图 5-13 壁面附近的速度分布示意图

由于在贴近壁面处的一层极薄的流体层处于静止状态，流体与壁面之间进行热量传递时，其传热方式只有通过这层流体的热传导。因此，对流传热的热通量应等于这层流体的热传导通量，根据傅里叶定律，有

$$q = -\lambda \left.\frac{\partial t}{\partial y}\right|_{y=0} \tag{5-84}$$

式中，$\left.\frac{\partial t}{\partial y}\right|_{y=0}$ 为贴近壁面处壁面法线方向上的流体温度变化率。结合牛顿冷却定律，可得对流传热系数的表达式

$$\alpha = -\frac{\lambda}{\Delta t}\left.\frac{\partial t}{\partial y}\right|_{y=0} \tag{5-85}$$

式中，Δt 为壁面温度与流体平均温度之间的温差。式(5-85)称为对流传热微分方程式，它给出了流体中的温度分布与对流传热系数之间的关系，是计算和分析对流传热系数的基础。

5.3.2 量纲分析法在对流传热中的应用

除了少数特殊情况可以应用数学分析理论求解对流传热系数外，在大多数情况下，对流传热系数的求取均依赖于实验研究。采用量纲分析方法可将对流传热系数与相关变量关联起来，便于通过实验得到对流传热系数的关联式。

下面以单相流体的对流传热为例来进行量纲分析。

对于单相流体对流传热，对流传热系数α主要与下列因素有关：流体的流速 u、传热设备的特征长度 L、流体的黏度μ、导热系数λ、密度ρ、比热容 c_p 和浮升力 $g\beta\Delta t$ 等。其中浮升力 $g\beta\Delta t$ 反映了流体因温度差引起密度变化而产生浮力的影响(β为体积膨胀系数，1/K)。对流传热系数可以表示为

$$\alpha = f(u, L, \mu, \lambda, \rho, c_p, g\beta\Delta t) \tag{5-86}$$

与第 1 章的量纲分析方法类似，可以得到 4 个无量纲准数，分别为 Nu、Re、Pr 和 Gr，各个准数的定义式和物理意义如表 5-2 所示。

表 5-2 准数的定义式及物理意义

准数名称	定义式	物理意义
努塞尔数(Nusselt)，Nu	$Nu = \dfrac{\alpha L}{\lambda}$	对流传热与厚度为 L 的流体层内热传导之比。努塞尔数越大，对流传热强度越大。它反映了固体壁面处的无量纲温度梯度的大小
雷诺数(Reynold)，Re	$Re = \dfrac{\rho uL}{\mu} = \dfrac{uL}{v}$	惯性力与黏性力之比。雷诺数小，表示流体的黏性力起控制作用；反之，则流体的惯性力起控制作用
普朗特数(Prandtl)，Pr	$Pr = \dfrac{c_p\mu}{\lambda} = \dfrac{v}{a}$	动量扩散与热量扩散之比。它表征了流体的动量传递能力与热量传递能力的相对强弱。普朗特数越小，流体的传热能力越强；反之，则流体的传热能力越差
格拉晓夫数(Grashof)，Gr	$Gr = \dfrac{g\beta\Delta t L^3\rho^2}{\mu^2} = \dfrac{gL^3\beta\Delta t}{v^2}$	浮升力与黏性力之比 。它反映了由于流体中温度差引起密度差所导致的浮升力对对流传热的影响。它在自然对流中的作用与强制对流中雷诺数的作用相当

式(5-86)可以表示为

$$Nu = f(Re, Pr, Gr) \tag{5-87}$$

对于不同的传热情况，准数方程还可以简化。

对于湍流强制对流传热，自然对流的影响可以忽略，准数关联式简化为

$$Nu = f(Re, Pr) \tag{5-88}$$

对于层流和过渡流区的强制对流传热，浮升力的影响不能忽略，准数关联式仍表示为式(5-87)。

对于自然对流传热，可以忽略惯性力的影响，因而可将准数方程写为

$$Nu = f(Gr, Pr) \tag{5-89}$$

准数方程的具体形式需要根据实验来确定，对于不同的实验条件和数据整理过程，所得到的准数方程也不同。用实验方法来确定准数方程的具体形式一般需要解决以下三个问题：

①物理现象中所涉及的物理量；②所要整理准数方程的形式；③准数方程的适用范围与条件。在建立准数方程时，还应该注意准数方程中所用定性温度、特征长度和特征速度的选取问题。

在准数中所包含的流体物性参数一般均与流体的温度有关。在流体的对流传热过程中，流体温度沿流动方向逐渐变化，因此在处理实验数据时就要选取一个有代表性的温度作为确定物性参数的基础温度，这个用于确定物性参数数值的温度称为定性温度。定性温度的选取依据，原则上是取有一定物理意义的温度平均值。

在准数中包括有表征传热面几何特征的长度量 L，称为特征长度。在传热设备中，通常取对流动与传热有主要影响的某一几何尺寸作为特征长度。在管内流动的对流传热一般取管内径，在管外或管束间流动的对流传热通常取管外径作为特征长度。

类似地，在准数中所包含的速度称为特征速度，一般也是根据具体情况选用有意义的流速作为特征速度，如管内流动时，一般取管内流体的主体速度作为特征速度。

应强调指出的是，对同样的实验数据，在采用不同的定性温度、特征长度和特征速度时，准数就有不同的数值，所整理的准数方程也就不同。因此，在使用准数方程时，必须严格按照该方程所限定的范围来选取定性温度、特征长度和特征速度，而且准数方程原则上也不能任意外推到该方程实验范围以外的参数。

5.3.3　管内强制对流传热

当流体在圆形直管内作强制对流传热时，研究表明，Nu 与 Pr 和 Re 之间存在如图 5-14 所示的关系。

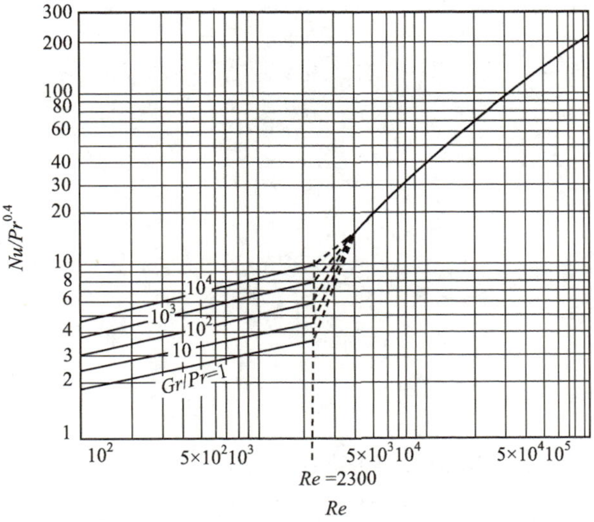

图 5-14　流动状况与对流传热系数的关系

由图 5-14 可见，管内强制对流存在三个不同的区域：当 $Re<2300$ 时，流体的流动为层流状态；当 $Re>10000$ 时，流体的流动为完全湍流状态；一般认为 $2300<Re<10000$ 区域的流动为过渡状态，在三个区域内流体的对流传热规律不同。

对于湍流状态的对流传热规律是较容易关联的，过渡状态的对流传热则很难关联成一个准确的计算式，而层流状态的强制对流传热还与自然对流有关，即与 Gr 有关。这是由于强制对流的流体流动中存在温度差异，必将同时引起附加的自然对流。当雷诺数较大时，自然对流的影响很小，可以忽略不计。一般认为 $Gr/Re^2 \leqslant 0.1$ 时，就可忽略自然对流的影响；当 $Gr/Re^2 \geqslant 10$ 时，则按单纯自然对流处理，介于其间的情况称为混合对流传热。

需要指出的是，图 5-14 的对流传热规律是在流动充分发展情况下得到的结论。当流体由大空间流入一圆管时，流动边界层有一个从零开始增长直到汇合于圆管中心线的过程。类似地，当流体与管壁之间有热交换时，管内壁上的热边界层也有一个从零开始增长直到汇合于圆管中心线的过程。通常将流动边界层或热边界层汇合于圆管中心线后的流体流动或对流传热称为已经充分发展的流动或对流传热，从进口到充分发展段之间的区域则称为入口段。入口段的热边界层较薄，局部对流传热系数比充分发展段的高，随着入口的深入，对流传热系数逐渐降低。如果边界层中出现湍流，则湍流的扰动和混合作用会使局部对流传热系数有所提高，再逐渐趋向一定值，上述规律如图 5-15 所示。图中 α_∞ 为远离入口段的局部对流传热系数渐进值。

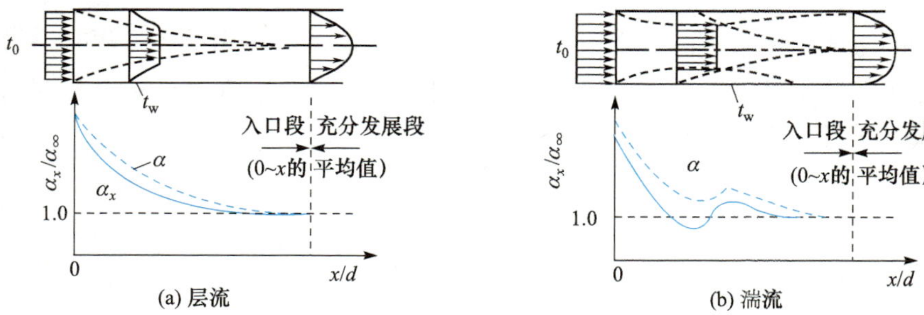

图 5-15 管内流动入口段和充分发展段的局部对流传热系数变化

对于管内强制对流传热，热入口段的长度 l_t 与管内径 d 之间存在以下关系：

层流时

管壁上温度恒定
$$\frac{l_t}{d} = 0.055RePr \tag{5-90}$$

管壁上热通量恒定
$$\frac{l_t}{d} = 0.07RePr \tag{5-91}$$

湍流时

$$\frac{l_t}{d} = 50\,(\text{或 } 40\sim60) \tag{5-92}$$

通常，工程上的对流传热主要讨论全管长上的平均对流传热系数。当热入口段的长度远小于管长时，入口段的传热对全管长的传热影响可以忽略，总的平均对流传热系数与充分发展条件下的局部对流传热系数非常吻合。当入口段的影响不能忽略时，则应引入管径与管长的比值加以修正。

下面将针对不同情况下流体在管内做强制对流传热时的实验关联式分别进行讨论。

1. 流体在圆形直管内作湍流时的对流传热系数

由于流体呈湍流时有利于传热，故工业上一般使对流传热过程在湍流条件下进行。使用最广的关联式是迪图斯-贝尔特公式，即

$$Nu = 0.023 Re^{0.8} Pr^{n} \quad 或 \quad \alpha = 0.023\frac{\lambda}{d}\left(\frac{du\rho}{\mu}\right)^{0.8}\left(\frac{c_p\mu}{\lambda}\right)^{n} \tag{5-93}$$

式中，当流体被加热时，n=0.4；当流体被冷却时，n=0.3。式(5-93)适用于流体与管壁温差不大的场合，对于气体，其温差不超过 50℃；对于水，其温差不大于 20～30℃；对于黏度随温度变化较大的油类其值不超过 10℃。式(5-93)适用的条件为：Re=1.0×10^4～1.2×10^5，Pr =0.7～120，管长与管内径之比 $l/d \geqslant 60$。所采用的特征长度为管内径 d，定性温度则为流体的平均温度(管道进、出口截面平均温度的算术平均值)。

例 5-3　某废盐水在换热器管程中被冷却，圆形直管的内径为 25mm、长为 2.5m，盐水温度由 25℃升温至 35℃。盐水流速为 0.571m/s。已知该盐水 30℃时的密度为 1021kg/m^3，比热容为 3.740kJ/(kg · ℃)，导热系数为 0.3W/(m · ℃)，黏度为 5.9218×10^{-4}Pa · s。试求该盐水与管内壁之间的对流传热系数。

解　以管内盐水的平均温度为定性温度，计算管内盐水流动的雷诺数为

$$Re = \frac{\rho ud}{\mu} = \frac{0.025\times 0.571\times 1021}{5.9218\times 10^{-4}} = 2.461\times 10^{4}$$

管长与管径之比为

$$\frac{l}{d} = \frac{2.5}{0.025} = 100$$

管内盐水的普朗特数为

$$Pr = \frac{c_p\mu}{\lambda} = \frac{3.740\times 10^{3}\times 5.9218\times 10^{-4}}{0.3} = 7.383$$

由式(5-93)可得

$$\alpha = 0.023\frac{\lambda}{d}Re^{0.8}Pr^{0.3} = 0.023\times\frac{0.3}{0.025}\times\left(2.461\times 10^{4}\right)^{0.8}\times 7.383^{0.4} = 2000.283\left[\mathrm{W}/\left(\mathrm{m}^{2}\cdot ℃\right)\right]$$

显然，当流体在管内作对流传热时，管截面上各点的流体温度不同，这就会引起流体黏度的变化，从而导致速度分布的变化。这种变化在流体被加热或被冷却时情况不同，图 5-16 示出速度分布的这种差别。

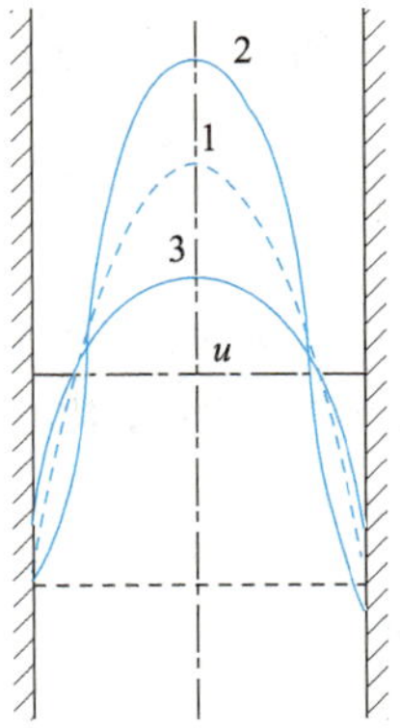

图 5-16　加热或冷却流体时管内流体的速度分布

1.等温流动；2.冷却液体或加热气体；3.加热液体或冷却气体

当液体被冷却时，由于液体的黏度随温度降低而增大，因而近壁处液体的黏度较管中心处的大，与等温流动相比，近壁处流体温度低，黏度大，流速小，而在管中心处流体的温度高，黏度小，流速大；当液体被加热时，情况恰好相反。至于气体，由于气体的黏度随温度升高而增大，气体的速度分布变化正好与液体的情况相反。总之，流体被加热或被冷却时的速度分布不同于等温流动，这种变化将引起近壁处流体的温度梯度的变化和湍流时层流底层厚度的变化，从而导致对流传热系数的变化。因此，当液体被加热或气体被冷却时的对流传热系数比液体被冷却或气体被加热时大。对于黏度较大的流体，这种影响更为明显。为了

补偿管内温度分布不均匀对对流传热的影响，在实用计算中，通常是在所采用的关联式中引入$\left(\dfrac{\mu}{\mu_{\mathrm{w}}}\right)^n$或$\left(\dfrac{Pr}{Pr_{\mathrm{w}}}\right)^n$来修正非均匀温度对对流传热系数的影响。

当温差超过推荐的温差范围或对于黏度较高的液体，由于管壁温度与流体的主体温度不同而引起壁面附近与流体主体处黏度相差较大，如果采用迪图斯-贝尔特公式，则计算的误差较大，此时可以采用齐德-泰特公式进行计算

$$Nu = 0.027Re^{0.8}Pr^{1/3}\left(\frac{\mu}{\mu_{\mathrm{w}}}\right)^{0.14} \tag{5-94}$$

式中，特征长度为管内径 d；定性温度为流体的平均温度；μ_{w} 表示以管壁温度选取的流体黏度。式(5-94)的实验验证范围为：$Re \geqslant 10^4$，Pr =0.7～16700，管长与管内径之比$l/d \geqslant 60$。

由于管壁温度的引入，计算过程变得繁琐，因而在工程计算中常近似为

当液体被加热时，取$\left(\dfrac{\mu}{\mu_{\mathrm{w}}}\right)^{0.14}=1.05$；当液体被冷却时，取$\left(\dfrac{\mu}{\mu_{\mathrm{w}}}\right)^{0.14}=0.95$

对于短管(管长与管径之比$\dfrac{l}{d}<50$)内的强制对流传热，由于其全部或绝大部分的管段处于热边界层尚未充分发展的入口段，因此，在计算对流传热系数时应进行入口效应的修正，即

$$\alpha' = \left[1+\left(\frac{d}{l}\right)^{0.7}\right]\alpha \tag{5-95}$$

式中，α 为采用式(5-93)或式(5-94)计算的对流传热系数；α' 为流体流经短管的平均对流传热系数。

2. 流体在圆形直管内呈过渡流时的对流传热系数

管内流动处于过渡流状态时，即在 $2300<Re<10^4$ 的范围内，其传热情况比较复杂。在此情况下的对流传热系数可先用湍流时的经验关联式计算，然后将计算所得到的对流传热系数再乘以小于 1 的修正系数，即

$$\alpha' = \left(1-\frac{6\times10^5}{Re^{1.8}}\right)\alpha \tag{5-96}$$

式中，α 为采用湍流时的经验关联式计算的对流传热系数；α' 为过渡流状态下的对流传热系数。

对于过渡流状态，还可采用格尼林斯基公式计算对流传热系数

$$Nu = \frac{\left(\dfrac{f}{8}\right)(Re-1000)Pr}{1+12.7\sqrt{\dfrac{f}{8}}(Pr^{2/3}-1)}\left[1+\left(\frac{d}{l}\right)^{2/3}\right]\phi \tag{5-97}$$

式中，$f=(1.82\lg Re-1.64)^{-2}$。

对于液体 $\phi=\left(\dfrac{Pr}{Pr_{\mathrm{w}}}\right)^{0.11}$ $\left(\dfrac{Pr}{Pr_{\mathrm{w}}}=0.05\sim20\right)$

对于气体　　$\phi = \left(\dfrac{T}{T_w}\right)^{0.45}$　　$\left(\dfrac{T}{T_w} = 0.5 \sim 1.5\right)$

该计算式以流体平均温度作为定性温度，下标 w 表示以壁面温度为定性温度，T 的单位为 K。该式既适用于过渡流状态，也适用于湍流状态，应用范围为：Re=2300～10^6，Pr=0.6～10^5。注意，格尼林斯基公式中已包含了入口效应的修正系数，在应用于短管的计算时不需要再乘入口修正系数。

3. 流体在圆形直管内作层流时的对流传热系数

流体在圆形直管中作层流强制对流传热的情况比较复杂，因为附加的自然对流往往会影响层流对流传热。只有在小管径，且流体与管壁的温度差别不大的情况下，即 $Gr < 25000$ 时，自然对流的影响才能忽略。在工程实际中，可采用下述经验关联式计算

$$Nu = 1.86 Re^{1/3} Pr^{1/3} \left(\frac{d}{l}\right)^{1/3} \left(\frac{\mu}{\mu_w}\right)^{0.14} \tag{5-98}$$

式中，除了 μ_w 以外，定性温度均取流体的平均温度，特征长度为管内径 d。适用范围为：Re<2300，Pr=0.48～16700，$\dfrac{\mu}{\mu_w} = 0.0044 \sim 9.75$，$\left(\dfrac{RePr}{l/d}\right)^{1/3}\left(\dfrac{\mu}{\mu_w}\right)^{0.14} \geqslant 2$，且管壁处于均匀壁温。

当 $Gr > 25000$ 时，可按式(5-98)计算出对流传热系数，然后再乘以修正系数得到

$$\alpha' = 0.8(1 + 0.015 Gr^{1/3})\alpha \tag{5-99}$$

例 5-4　原油在管式加热炉对流段中加热。圆形炉管的长为 6m，管径规格为 $\phi\, 89 \times 6$。管壁温度为 150℃，原油流率为 2.0kg/s，原油的平均温度为 40℃。此时原油的密度 850kg/m³，比热容为 $c_p = 2.0\text{kJ/(kg}\cdot\text{K)}$，导热系数为 $\lambda = 0.13\text{W/(m}\cdot\text{K)}$，黏度为 $\mu = 26 \times 10^{-3}\text{Pa}\cdot\text{s}$，体积膨胀系数 $\beta = 1.1 \times 10^{-3}$ 1/℃。另已知原油在 150℃时的黏度为 $\mu = 3.0 \times 10^{-3}\text{Pa}\cdot\text{s}$。试计算原油与管内壁之间的对流传热系数。

解　原油在管内的流速为

$$u = \frac{\dot{m}}{\rho A} = \frac{2.0}{850 \times \frac{1}{4} \times \pi \times (77 \times 10^{-3})^2} = 0.51\ \text{(m/s)}$$

以管内原油的平均温度为定性温度，计算管内原油流动的雷诺数为

$$Re = \frac{\rho u d}{\mu} = \frac{850 \times 0.51 \times 77 \times 10^{-3}}{26 \times 10^{-3}} = 1283.8$$

根据雷诺数可判断该流动为层流。

原油的普朗特数为

$$Pr = \frac{c_p \mu}{\lambda} = \frac{2.0 \times 10^3 \times 26 \times 10^{-3}}{0.13} = 400$$

由原油平均温度和管内壁温度，可得

$$\left(\frac{\mu}{\mu_w}\right)^{0.14} = \left(\frac{26 \times 10^{-3}}{3 \times 10^{-3}}\right)^{0.14} = 1.353$$

管径与管长之比为

$$\left(\frac{d}{l}\right)^{1/3} = \left(\frac{77 \times 10^{-3}}{6}\right)^{1/3} = 0.234$$

由式(5-98)可得

$$\alpha = 1.86\frac{\lambda}{d}Re^{1/3}Pr^{1/3}\left(\frac{d}{l}\right)^{1/3}\left(\frac{\mu}{\mu_w}\right)^{0.14}$$

$$= 1.86\times\frac{0.13}{77\times10^{-3}}\times1283.8^{1/3}\times400^{1/3}\times0.234\times1.353$$

$$= 79.6\ \left[\mathrm{W/(m^2\cdot℃)}\right]$$

计算格拉晓夫数

$$Gr = \frac{g\beta\Delta tL^3\rho^2}{\mu^2} = \frac{9.81\times0.001\times(150-40)\times(77\times10^{-3})^3\times850^2}{(26\times10^{-3})^2} = 5.265\times10^5 > 25000$$

因此，需采用式(5-99)进行修正，即对流传热系数为

$$\alpha' = 0.8(1+0.015Gr^{1/3})\alpha$$

$$= 0.8\times\left[1+0.015\times(5.265\times10^5)^{1/3}\right]\times79.6$$

$$= 140.86\ \left[\mathrm{W/(m^2\cdot℃)}\right]$$

4. 流体在圆形弯管内的流动

由于弯管内的流体在流动中连续地改变方向，因此在管内的截面上会因离心力引起二次环流，从而加剧了扰动，强化了对流传热，如图5-17所示。

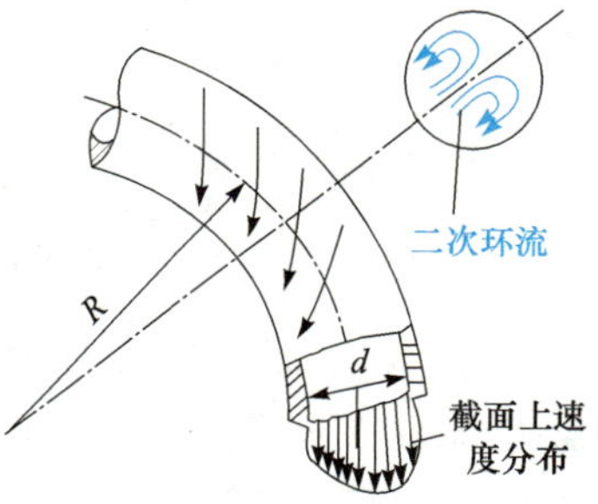

图 5-17 弯管内的二次环流

对于流体在弯管内的对流传热计算，可先按圆形直管的经验关联式计算对流传热系数α，然后再乘以大于1的修正系数，就可得在弯管中的对流传热系数α'，即

$$\alpha' = (1+1.77\frac{d}{R})\alpha \tag{5-100}$$

式中，R为弯管轴的曲率半径。

5. 流体在非圆形管内的流动

对于流体在非圆形管内的对流传热系数计算，上述有关的经验关联式均可以应用，只是需将经验关联式中的特征长度由圆管内径 d 改为流通截面的当量直径 d_e。但这种计算方法只是一种近似的方法，计算精度较差。因此，对于一些常用的非圆形管道，宜采用专用的实验数据关联式。例如，套管环隙内的对流传热关联式为

$$Nu = \frac{\alpha d_e}{\lambda} = 0.02\left(\frac{d_2}{d_1}\right)^{0.53}Re^{0.8}Pr^{1/3} \tag{5-101}$$

式中的定性温度为流体的平均温度，适用范围为：Re=12000～220000，$\frac{d_2}{d_1}=1.65\sim17$。式中，$d_1$和$d_2$分别为内管外径和外管内径；$d_e = d_2 - d_1$为套管环隙中流通截面的当量直径。

5.3.4 管外强制对流传热

流体在管外的强制对流传热是常见的传热形式。流体在管外流动时存在以下几种情况：流体流动方向与管轴线平行，流体流动方向与管轴线垂直和流体流动方向与管轴线垂直、平行交替进行等。对于流体流动方向与管轴线平行的强制对流，其对流传热关联式与管内强制对流时相同，只是特征长度应以流通截面的当量直径代替。本节将讨论流体横向流过单管和

管束时的对流传热实验关联式，以及管壳间流体的对流传热。

1. 流体横向流过单管

如图 5-18 所示，当流体沿着垂直于管轴线的方向流过管子表面时，由于沿圆柱周边各点的流动情况不同，因而在圆柱周边上各点处的局部对流传热系数或局部努塞尔数也随之变化。如果流体的初始状态不同，则流体流经圆管表面上各点的对流传热情况也不同，沿圆管表面的局部对流传热系数 α_φ 或局部努塞尔数 Nu_φ 分布的变化如图 5-19 所示。

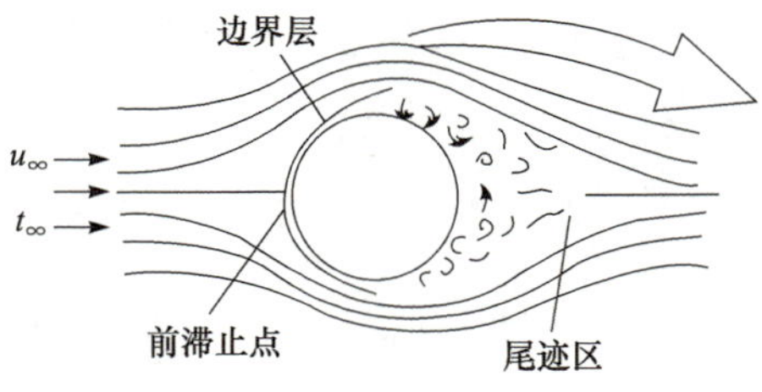

图 5-18 流体横向流过单管

由图 5-19 可见，在低雷诺数(Re=70800～101300)时，从驻点处(φ=0°)开始，随着φ的增大，由于层流边界层不断增厚，引起 Nu_φ 逐渐降低。当增大到 80°左右时，因产生边界层分离，扰动加剧，使 Nu_φ 在达到最小值后又逐渐回升，而在高雷诺数时($Re=1.4\times10^5$～2.19×10^5)，则在局部对流传热系数随φ值的变化曲线上出现两个最低点：第一个最低点对应于流体流动由层流边界层转变为湍流边界层。接着在湍流边界层发展中，由于逆向压力梯度和流体黏性的影响，层流底层会随φ值的增大而迅速增厚，使 Nu_φ 值在达到某一最大值后又急剧降低。当φ值增大到 140°时，因发生边界层的分离而形成流体微团的回流、混合，扰动加剧，使 Nu_φ 再度增大，从而出现第二个最低点。显然，局部努塞尔数 Nu_φ 沿圆管周向的分布，对于确定处于高温流体中的管壁温度分布和管壁的最高局部温度的计算具有重要意义。

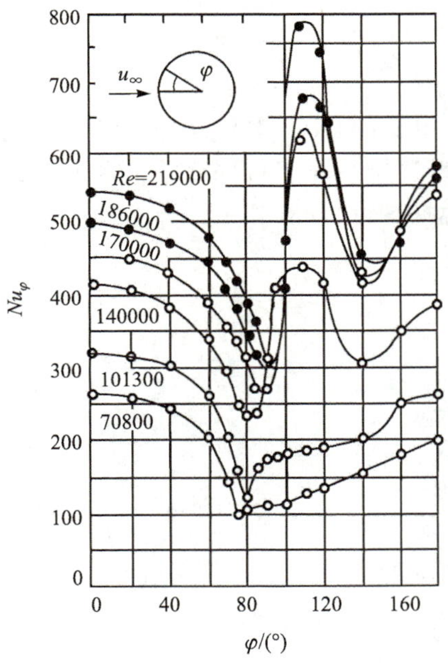

图 5-19 流体横向流过单管时的局部对流传热系数的变化

2. 流体横向流过管束

流体横向流过管束常见于管壳式换热器中。由于管间相互影响，其流动特性及对流传热过程均较单管复杂。当流体连续地从一根管子流向另一根管子时，流体不断地经历着边界层的重新发展和分离过程，同时又由于流通截面的不断变化而引起扰动。因此，管径、管间距、管子的排列方式和排数等因素对传热系数影响很大。

管束的排列方式分为直列和错列两种，如图 5-20 所示。

流体在横向流过管束时，每一排管上的平均对流传热系数可用以下关联式计算

$$Nu = C\varepsilon_n Re^n Pr^{0.4} \tag{5-102}$$

式中的常数值 C、ε_n 和 n 如表 5-3 所示。该式的适用条件为：Re=5000～70000，$x_1/d=1.2$～5，$x_2/d=1.2$～5。定性温度为流体进出口的算术平均温度，特征长度为管外径，通过各排管子的流速取该排最小流通截面上的流速。

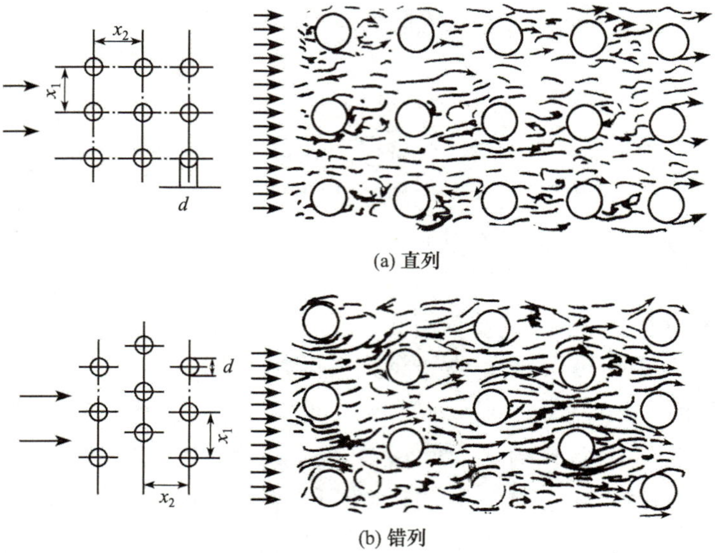

图 5-20 管子的排列

由表 5-3 可见，对于第一排管子，无论直列或错列，C 和ε_n值相同，其流动与单管的情况类似。但从第二排管子开始，直列和错列的流动情况就有所区别。对于直列管排，管子前后都是涡流区，未直接受到流体的冲击；而对于错列管排，流体直接冲刷管子。因而，在通常情况下，错列管排的平均对流传热系数比直列管排的大。

表 5-3 流体横向流过管束时的 C、ε_n 和 n

排数	直列		错列		C
	n	ε_n	n	ε_n	
1	0.6	0.171	0.6	0.171	$x_1/d=1.2\sim3$ 时
2	0.65	0.151	0.6	0.228	$C=1+0.1(x_1/d)$
3	0.65	0.151	0.6	0.290	$x_1/d>3$ 时
4	0.65	0.151	0.6	0.290	$C=1.3$

在整个管束上的平均对流传热系数可由下式计算

$$\alpha=\sum_{i=1}^{n}\alpha_i A_i\bigg/\sum_{i=1}^{n}A_i \quad (i=1, 2, \cdots, n) \tag{5-103}$$

式中，α_i 为第 i 排管子的平均对流传热系数；A_i 为第 i 排管子的总传热面积。

3. 流体在管壳间的对流传热

在管壳式换热器中，管束是装在一圆筒形的壳体内，各排具有不同的管数，通常在圆筒形的壳体内还装有不同形式的折流挡板。流体在管壳式换热器壳侧的流动有时垂直于管束，但绕流折流挡板时又是平行于管束的流动，如图 5-21 所示。由于流动方向及流速不断地变化，当雷诺数仅为 100 时就有可能使流动达到湍流。这时，其对流传热系数的计算需根据换热器的具体结构选取相应的计算公式。

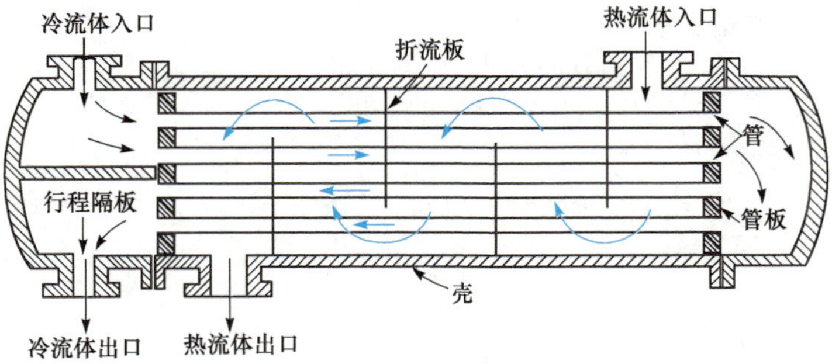

图 5-21　流体在管壳间的流动

对于装有弓形折流挡板的管壳式换热器，可以采用以下关联式计算管壳间流体的对流传热系数

$$Nu = \frac{\alpha d_e}{\lambda} = 0.36 Re^{0.55} Pr^{1/3} \left(\frac{\mu}{\mu_w} \right)^{0.14} \tag{5-104}$$

式(5-104)的适用范围为 $Re=2\times10^3 \sim 10^6$，定性温度取流体进出口的算术平均值，μ_w 为以管壁温为定性温度的流体黏度。特征长度为当量直径 d_e，它与管束的排列方式有关，一般有正方形和正三角形排列，如图 5-22 所示。

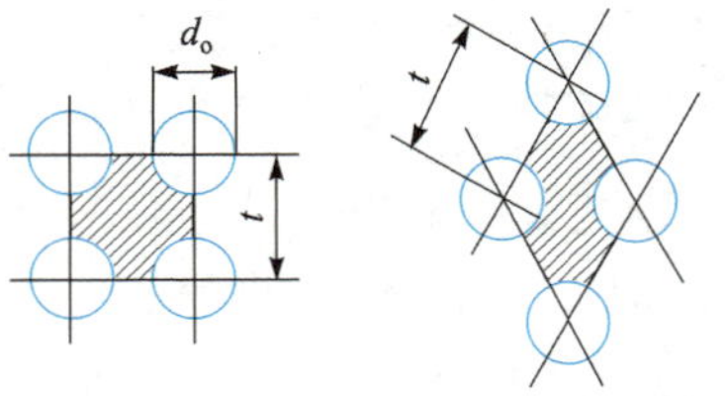

(a) 正方形排列　(b) 正三角形排列

图 5-22　列管式换热器中管子的排列方式

在管壳式换热器中，当管子按正方形排列时，当量直径 d_e 可表示为

$$d_e = \frac{4\left(t^2 - \frac{\pi}{4} d_o^2\right)}{\pi d_o} \tag{5-105}$$

当管子按正三角形排列时，当量直径 d_e 可表示为

$$d_e = \frac{4\left(\frac{\sqrt{3}}{2} t^2 - \frac{\pi}{4} d_o^2\right)}{\pi d_o} \tag{5-106}$$

式(5-105)和式(5-106)中 t 为相邻两管的中心距，d_o 为管外径。特征速度按流体通过管束间的最大流通截面积 A 计算，即 $A = sD(1-\frac{d_o}{t})$，s 为两相邻折流挡板之间的距离，D 为换热器壳体的内径。

当管壳式换热器内无折流挡板时，管外的流体可按平行于管束的流动考虑，此时可应用管内强制对流的经验关联式进行计算，只需将特征长度由管内径改为管间的当量直径。

例 5-5　某一装有弓形折流挡板的管壳式换热器中，管束以正方形排列，管壳间走冷凝水，其进出口温度分别为 100℃和 80℃。管外壁温度为 30℃。圆管外径为 30mm，相邻两管的中心距离为 0.15m。冷凝水在壳程中的流速为 0.051m/s。已知温度为 90℃时，纯水的物性为：$\rho = 965.3\text{kg/m}^3$，$\mu = 3.149\times10^{-4}\text{Pa}\cdot\text{s}$，$\lambda = 0.680\text{W/(m}\cdot\text{K)}$，$c_p = 4.208\text{kJ/(kg}\cdot\text{K)}$，温度为 30℃时，纯水的黏度为 $8.015\times10^{-4}\text{Pa}\cdot\text{s}$。试求管壳间冷凝水的对流传热系数。

解　当管子按正方形排列时，当量直径为

$$d_e = \frac{4\left(t^2 - \frac{\pi}{4} d_0^2\right)}{\pi d_0} = \frac{4\times\left(0.15^2 - \frac{\pi}{4}\times 0.03^2\right)}{\pi \times 0.03} = 0.9254(\text{m})$$

计算管壳间冷凝水的雷诺数为

$$Re=\frac{d_e u\rho}{\mu}=\frac{0.9254\times0.051\times965.3}{3.149\times10^{-4}}=1.4468\times10^5$$

管壳间冷凝水的普朗特数为

$$Pr=\frac{c_p\mu}{\lambda}=\frac{4.208\times10^3\times3.149\times10^{-4}}{0.680}=1.9487$$

由式(5-104)可得

$$\begin{aligned}\alpha&=0.36\frac{\lambda}{d_e}Re^{0.55}Pr^{1/3}\left(\frac{\mu}{\mu_w}\right)^{0.14}\\&=0.36\times\frac{0.680}{0.9254}\times\left(1.4468\times10^5\right)^{0.55}\times1.9487^{1/3}\times\left(\frac{3.149\times10^{-4}}{8.015\times10^{-4}}\right)^{0.14}\\&=199.75\left[\mathrm{W/(m^2\cdot K)}\right]\end{aligned}$$

案例 摆脱传统束缚，高效低阻强化传热理论的建立与应用

中国是世界上最大的能源消费国和碳排放国，面临着非常严峻的节能和碳减排压力。在工业节能技术中，强化传热一直是学术界和工业界的热门研究课题，但是一直缺乏统一的传热理论为种类繁多的强化传热技术提供机理解释，而“场协同”原理的提出摆脱人们的传统认知，揭示了单相流体强化传热原理，为工业中单相流体强化传热技术提供了理论支撑。

5.3.5 冷凝传热

蒸气在饱和温度下由气态变为液态的过程称为冷凝；液体在饱和温度下由液态变为气态的过程称为沸腾。蒸气的冷凝和液体的沸腾都是在流体与壁面之间发生传热的同时又有相态的变化，故这两种传热情况比单相流体对流传热过程更复杂。

蒸气与低于饱和温度的壁面接触时有膜状冷凝和珠状冷凝两种形式，如图 5-23 所示。如果冷凝液体能够润湿壁面，冷凝液体将在壁面上铺展成膜，这种冷凝形式称为膜状冷凝；当冷凝的液体不能很好地润湿壁面时，则由于表面张力的作用，蒸气将在壁面上冷凝成许多小液滴，这种冷凝形式称为珠状冷凝。珠状冷凝时，由于大部分壁面裸露在蒸气中，蒸气可以直接在冷壁面上凝结，没有液膜引起的附加热阻，因此珠状冷凝的传热系数比膜状冷凝高几倍到几十倍。就强化传热而言，珠状冷凝比膜状冷凝具有明显优势。有时在工业冷凝器中采用冷凝表面处理或加入促进剂的方法以产生珠状冷凝，但是暴露在蒸气中的壁面经过一段时间后，大部分又变成了可润湿的表面，故很难持久地保持珠状冷凝的工作条件。因此，工业冷凝器的设计都是按膜状冷凝考虑。

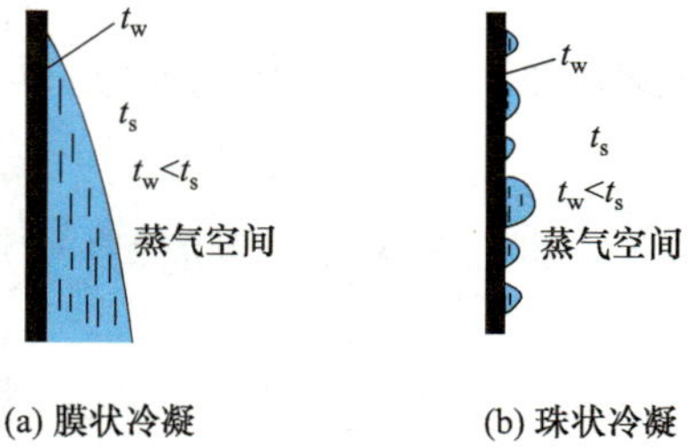

图 5-23 两种冷凝形式

1. 纯蒸气在竖壁上进行层流膜状冷凝时的对流传热系数

努塞尔在 1916 年分析了竖壁上膜状冷凝的机理。在努塞尔的分析中，作了如下简化和假

设：纯蒸气冷凝所形成的液膜很薄，在重力的作用下呈层流稳定流动；通过液膜的热量传递以热传导方式进行，液膜内的温度呈线性分布；蒸气静止，气液界面上无剪切运动；液膜和蒸气的物性为常数，壁面温度恒定，液膜表面温度是饱和蒸气温度；忽略液膜的过冷度，冷凝液体的焓等于饱和液体的焓值。

如图 5-24 所示，沿冷凝液流动方向任意位置 x 处，竖壁宽度为 b，液膜厚度为δ，液膜导热系数为λ，根据傅里叶定律，满足

$$q_x = \lambda \frac{t_s - t_w}{\delta} = \alpha_x \Delta t \tag{5-107}$$

即

$$\alpha_x = \frac{\lambda}{\delta} \tag{5-108}$$

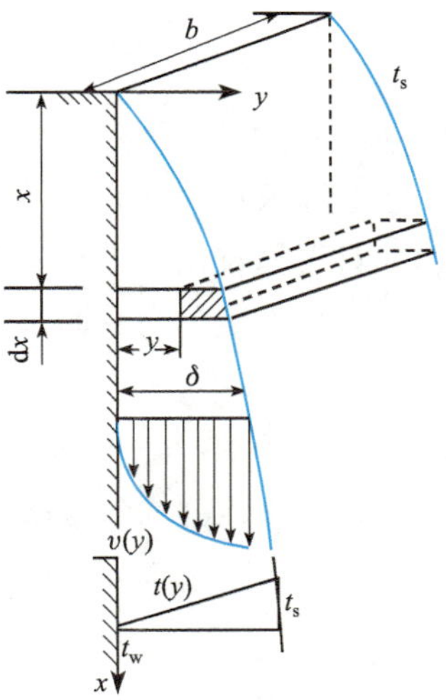

图 5-24　竖壁上的膜状冷凝模型

根据流体力学知识，可得液膜流动的平均速度为

$$u = \frac{\rho g \delta^2}{3\mu} \tag{5-109}$$

式中，μ、ρ 分别为液膜的密度和黏度。

在 x 处，冷凝液膜的厚度为δ，则通过流通截面 $S = \delta b$ 的质量流率为

$$m = \rho u S = \frac{\rho^2 g \delta^3 b}{3\mu} \tag{5-110}$$

当冷凝液体由 x 处流至 x+dx 处时，由于液膜增厚而引起的质量流率增量为 $\mathrm{d}m = \dfrac{\rho^2 g \delta^2 b}{\mu}\mathrm{d}\delta$，由此部分蒸气冷凝所放出的潜热必然要通过厚度为$\delta$的液膜传给冷壁面，则

$$r\mathrm{d}m = \frac{\lambda}{\delta}(b\mathrm{d}x)(t_s - t_w) \tag{5-111}$$

式中，r 为蒸气的冷凝潜热。

对上式积分，即得到冷凝液膜厚度

$$\delta = \left[\frac{4\mu\lambda x(t_s - t_w)}{rg\rho^2}\right]^{1/4} \tag{5-112}$$

由式(5-108)，可得局部对流传热系数

$$\alpha_x = \frac{\lambda}{\delta} = \left[\frac{rg\rho^2\lambda^3}{4\mu x(t_s - t_w)}\right]^{1/4} \tag{5-113}$$

若竖壁总高度为 L，则在竖壁上的平均对流传热系数为

$$\alpha = \frac{1}{L}\int_0^L \alpha_x \mathrm{d}x = 0.943\left[\frac{rg\rho^2\lambda^3}{\mu L(t_s - t_w)}\right]^{1/4} \tag{5-114}$$

式(5-114)即是纯饱和蒸气在竖壁上冷凝传热系数的理论表达式。实验结果表明，在竖壁上，层流膜状冷凝的传热系数要比式(5-114)的计算结果大 20%，这是简化和假设的缘故。因此，在竖壁上层流冷凝传热系数修正为

$$\alpha = 1.13\left[\frac{rg\rho^2\lambda^3}{\mu L(t_s - t_w)}\right]^{1/4} \tag{5-115}$$

式中，蒸气的冷凝潜热 r 取饱和温度 t_s 下的数值，其余物性的定性温度取壁面温度和蒸气饱和温度的算术平均值。

对于具有水平夹角 φ 的斜壁，当忽略浮力的影响时，按照类似方法，可导出蒸气在斜壁上作膜状冷凝时的平均对流传热系数

$$\alpha = 1.13\left[\frac{rg(\sin\varphi)\rho^2\lambda^3}{\mu L(t_s - t_w)}\right]^{1/4} \tag{5-116}$$

定义液膜流动的雷诺数为

$$Re = \frac{\rho u d_e}{\mu} = \frac{\left(\frac{4S}{P}\right)\left(\frac{m}{S}\right)}{\mu} = \frac{4\Gamma}{\mu} \tag{5-117}$$

式中，$\Gamma=m/P$，Γ 为单位润湿周边长度上的质量流量。当量直径 $d_e=4S/P$，S 为冷凝液膜的流通截面积；P 为液膜的润湿周边。对于平板，P 取板宽 b；竖管，$P=\pi d$；水平管，P 取管长 L。

根据液膜雷诺数，可将液膜的流动状态区分为层流或湍流。记竖壁底部冷凝液的质量流量为 m_L，则竖壁底部的液膜雷诺数为 $Re_L=4m_L/(b\mu)$，式(5-114)和式(5-115)分别变为

$$\alpha^* = \alpha\left(\frac{\mu^2}{\lambda^3\rho^2 g}\right)^{1/3} = 1.47Re_L^{-1/3} \tag{5-118}$$

$$\alpha^* = \alpha\left(\frac{\mu^2}{\lambda^3\rho^2 g}\right)^{1/3} = 1.76Re_L^{-1/3} \tag{5-119}$$

式中，α^*称为无量纲冷凝传热系数。上述两式的适用范围为：对于高度为 L 的竖壁，$Re_L<1800$。

2. 纯蒸气在竖壁上湍流膜状冷凝时的对流传热系数

当 $Re_L>1800$ 时，液膜的流态由层流转变为湍流，其实验关联式为

$$\alpha^* = \alpha\left(\frac{\mu^2}{\lambda^3\rho^2 g}\right)^{1/3} = 0.0077Re_L^{0.4} \tag{5-120}$$

式中的定性温度同样也是壁面温度和蒸气饱和温度的算术平均值。

如图 5-25 所示，若将式(5-118)～式(5-120)绘于同一图中。图中曲线 A、B、C 分别表示式(5-118)、式(5-119)和式(5-120)中α^*与 Re_L 的关系。由图中可见，层流时，随着液膜雷诺数的增大，无量纲冷凝传热系数减小；湍流时，随着液膜雷诺数增大，无量纲冷凝传热系数增大。

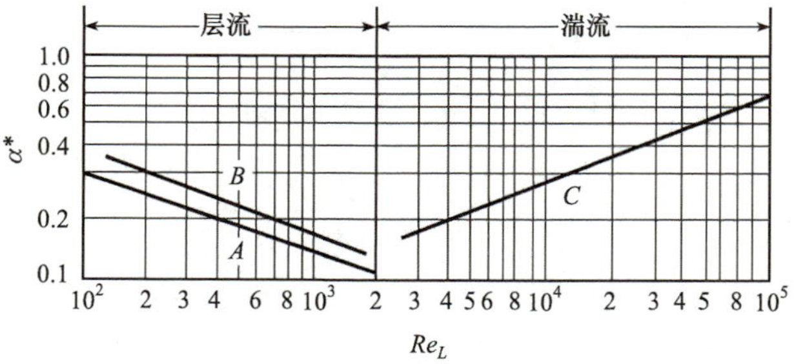

图 5-25 雷诺数对冷凝传热系数的影响

3. 水平单管和管束外的冷凝传热

当蒸气在管外径较小的水平管外冷凝时，冷凝液膜流动处于层流状态。可将水平圆管看作不同角度的斜壁所组成的连续过程，从而得到水平圆管外的平均冷凝传热系数

$$\alpha = 0.725\left[\frac{rg\rho^2\lambda^3}{\mu d(t_s - t_w)}\right]^{1/4} \tag{5-121}$$

式中，d 为圆管外径。当计算 Re_L 中润湿周边取为管长 L 时，还可将其写为无量纲形式，即

$$\alpha^* = \alpha\left(\frac{\mu^2}{\lambda^3\rho^2 g}\right)^{1/3} = 1.51Re_L^{-1/3} \tag{5-122}$$

式中的定性温度取法与竖壁的准数方程相同。

工业冷凝器是由管束组成的。当蒸气在水平管束外冷凝时，冷凝液下流时不可避免地产生撞击、飞溅，使下排液膜扰动增强，故需对式(5-121)进行修正。研究表明式(5-121)中的 d 代之以 $n^{2/3}d$ 更符合实际结果，即

$$\alpha = 0.725\left[\frac{rg\rho^2\lambda^3}{\mu n^{2/3}d(t_s - t_w)}\right]^{1/4} \tag{5-123}$$

式中，n 为管束在垂直方向上的管排数。对于不同管束排列方式，n 值的计算方法不同，具体计算方法可查阅有关的换热器设计手册。

例 5-6 1.013×10^5 Pa 的水蒸气在单根圆管外冷凝。管长为 1.5m，外径为 108mm。管外壁温为 98℃。试计算(1)管竖直放置；(2)管水平放置时，水蒸气冷凝的对流传热系数。

解 1.013×10^5 Pa 水蒸气的饱和温度为 100℃。冷凝液膜的定性温度为(98+100)/2=99℃，根据定性温度查取水蒸气的物性为 $\rho = 959.1\text{kg/m}^3$，$\mu = 2.856\times10^{-4}\text{Pa}\cdot\text{s}$，$\lambda = 0.6819\text{W/(m}\cdot\text{K)}$，$r = 2258\text{kJ/kg}$。

(1) 管垂直放置。假设凝液作层流流动，则由式(5-115)得

$$\alpha_v = 1.13\left[\frac{rg\rho^2\lambda^3}{\mu L(t_s - t_w)}\right]^{1/4} = 1.13\left[\frac{2258\times10^3\times9.81\times959.1^2\times0.6819^3}{2.856\times10^{-4}\times1.5\times(100-98)}\right]^{1/4} = 10530\ \left[\text{W/(m}^2\cdot\text{K)}\right]$$

检验 Re 数

由式(5-119)得：

$$\begin{aligned} Re_L &= 1.76^3\alpha_v^{-3}\left(\frac{\mu^2}{\lambda^3\rho^2 g}\right)^{-1} \\ &= 1.76^3\times10530^{-3}\times\left(\frac{2.856^2\times10^{-8}}{0.6819^3\times959.1^2\times9.81}\right)^{-1} \\ &= 163.8 < 1800 \end{aligned}$$

层流的假设正确，上述计算有效。

(2) 管水平放置。由式(5-115)和式(5-121)可得

$$\frac{\alpha_h}{\alpha_v} = \frac{0.725}{1.13}\left[\frac{L}{d}\right]^{1/4} = 0.642\left[\frac{L}{d}\right]^{1/4} = 0.642\times\left[\frac{1.5}{0.108}\right]^{1/4} = 1.24$$

因而水平单管的冷凝传热系数为

$$\alpha_h = 1.24\alpha_v = 1.24\times10530 = 13057\ \left[\text{W/(m}^2\cdot\text{K)}\right]$$

讨论 由本例可见，水平管外的冷凝传热系数比竖管大，因此工业上冷凝器通常采用水平管的布置方案。

4. 冷凝传热的影响因素及强化

膜状冷凝的主要热阻集中在冷凝液膜内，对于给定的蒸气，冷凝所形成的液膜厚度及其流动状况是影响冷凝传热的重要因素。下面结合膜状冷凝的影响因素进行分析并指出冷凝传热过程的强化措施。

1) 不凝性气体的影响

在实际工业冷凝器中，因蒸气中常含有不凝性气体(如空气)，蒸气冷凝时，不凝性气体会富集在液膜表面，形成不凝性气体膜。可凝蒸气在抵达液膜表面进行冷凝之前，必须以扩散方式通过气膜。扩散阻力引起蒸气分压及相应的饱和温度下降，使液膜表面温度低于蒸气主流温度，相当于在传热过程中附加了额外热阻，导致蒸气冷凝传热系数大为降低。例如，当水蒸气中含有 1%空气时，水蒸气的冷凝传热系数将降低 60%左右。因此，在冷凝器操作过程中必须设法不断地排出不凝性气体。提高蒸气流速，也可减弱不凝性气体影响。

2) 流体的物性及液膜两侧的温差

冷凝液体密度越大，黏度越小，则液膜厚度越薄，冷凝传热系数越大。液体导热系数增大也有利于冷凝传热的增强。如果流体的冷凝潜热较大，则在相同的冷凝热负荷下，冷凝液量减少，液膜变薄，冷凝传热系数增大。当液膜呈层流流动时，增大液膜两侧温差，将使蒸气冷凝速率增大，冷凝液膜增厚，冷凝传热系数减小。

3) 蒸气流速与流向

蒸气流速对冷凝传热的影响较大。努塞尔的理论分析忽略了蒸气流速的影响，仅适用于蒸气静止或流速不大的场合。当蒸气流速较大时，蒸气流动对冷凝液膜表面会产生明显的黏滞应力。它对冷凝的影响又随蒸气流向与液膜流向是同向或异向、流速的大小以及是否撕破液膜等因素有关。若蒸气与液膜流动方向相同，界面上的黏滞应力将使液膜减薄，并促使液膜产生波动，冷凝传热系数增大；当蒸气与液膜流动方向相反，界面上的黏滞应力将阻碍液膜流动，使液膜增厚，冷凝传热恶化。然而，当界面上的黏滞应力的作用超过液膜的重力作用时，液膜会被蒸气撕破而脱离表面，反而使冷凝传热系数急剧增大。

4) 蒸气过热的影响

过热蒸气冷凝过程的传热量由蒸气的显热和潜热两部分组成。过热蒸气先被冷却至饱和温度，然后再在液膜表面冷凝，液膜表面仍为饱和蒸气温度。因此，过热蒸气的膜状冷凝传热通常仍按饱和蒸气的冷凝处理，前述的各算式也适用，只需将显热和冷凝潜热一并考虑，即以 $r' = r + c_p'(t_\text{v} - t_\text{s})$ 代替公式中的 r 即可。其中，c_p' 为过热蒸气比热容，t_v 为过热蒸气温度。

在其他条件相同时，由于 $r'>r$，过热蒸气的冷凝传热系数要比饱和蒸气冷凝时的大，但是实验结果表明，两者相差不明显，如常压下水蒸气过热 100℃时的冷凝传热系数只比饱和蒸气冷凝时的冷凝传热系数增大了 3%。因此，在实际工程计算中通常可忽略蒸气过热的影响。

5) 液膜过冷及非线性温度分布的影响

努塞尔的分析忽略了液膜过冷度的影响，并假定液膜中温度呈线性分布。研究表明，只要在冷凝传热系数计算公式中用 $r'' = r + 0.68c_p(t_\text{s} - t_\text{w})$ 代替 r 即可考虑到这两个因素的影响。

6) 冷凝传热过程的强化

对于膜状冷凝，强化传热的主要途径是减小冷凝液膜的厚度。实现的方法包括改变冷凝器中的管束排列方式、设置冷凝液排泄挡板和改善冷凝表面状况等。例如，对于水平管外冷凝，采用低肋管或锯齿管这类高效冷凝表面，以减薄凝液液膜厚度，增强冷凝传热。此外还可以通过设法获得珠状冷凝来强化冷凝传热。

5.3.6　沸腾传热

液体与高温壁面接触被加热气化并产生气泡的过程称为沸腾传热。工业上，沸腾传热应用非常广泛，如引例中的再沸器和蒸汽锅炉等，都是通过液体沸腾产生蒸气。

沸腾传热过程可分为大容器沸腾(又称池内沸腾)和强制对流沸腾(又称为管内沸腾)两类。大容器沸腾是指加热面沉浸在无宏观流速的液体表面下所产生的沸腾。当液体以一定流速在加热管管内(或其他形状截面通道内)流动时的沸腾称为强制对流沸腾。

1. 大容器沸腾传热机理

液体内部不断地产生气泡是沸腾过程最主要的特征。在液体沸腾过程中，气泡在加热面的个别点上产生，然后不断地长大，到一定尺寸后气泡脱离加热面，向上浮升，最后冲破液面与气相汇合。与此同时，在加热面上的气泡脱离处，又有新的气泡产生，周而复始形成了沸腾传热过程。

假定气泡为球形，球的半径为 R，气泡内压力为 p_v，气泡周围液体压力为 p_l，液体表面张力为 σ，如图 5-26 所示。

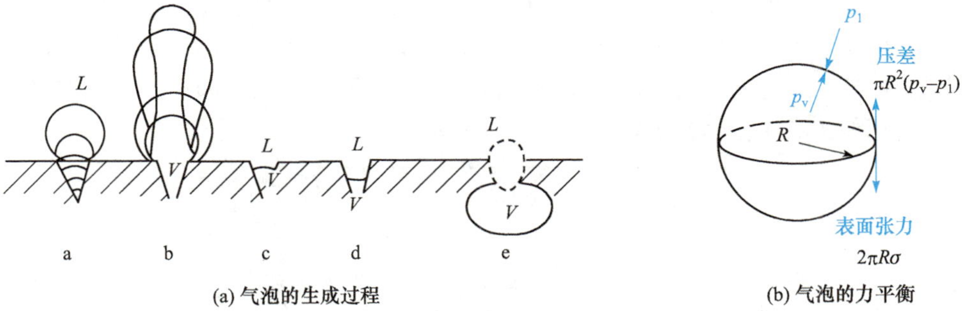

图 5-26　气泡的生成与气泡上力的平衡

气泡的存在必须满足受力平衡和热平衡。

对气泡作受力分析，气泡内外的压力差应与作用在气液界面上的表面张力相等，满足

$$\pi R^2(p_v - p_l) = 2\pi R\sigma$$

即

$$p_v - p_l = \frac{2\sigma}{R} \tag{5-124}$$

或

$$R = \frac{2\sigma}{p_v - p_l} \tag{5-125}$$

由式可见，由于表面张力的作用，气泡内的蒸气压力一定大于液体的压力，即 $p_v > p_l$。如果忽略液柱静压的影响，则 p_l 近似等于沸腾液体环境压力 p_s。气泡的热平衡则要求气泡内蒸气的温度为 p_v 压力下的饱和温度 t_v，而且气泡内蒸气的温度与周围液体的温度相等，即 $t_v = t_l$，因此气泡外的液体一定是过热液体，过热度为 $\Delta t = t_v - t_s$。在贴近加热面处的液体具有最大的过热度。由式(5-125)可看出，当气泡半径小于式(5-125)所要求的半径时，由于表面张力大于气泡内外压差，则气泡内蒸气冷凝，气泡瓦解。只有半径大于式(5-125)所要求的半径时，气液界面上的液体不断蒸发，气泡才能成长。

在气泡开始形成时，即 $R \to 0$，要求气泡内外的压差 $(p_v - p_l) \to \infty$，显然这种情况不存在，也说明纯净液体在绝对光滑加热面上是不可能产生气泡的。实验研究表明，液体沸腾时气泡只能在粗糙的加热面的某些点上产生，这些点称为气化核心，壁面上的凹缝、裂穴最可能成为气化核心。这些凹穴中往往吸附着微量的气体(包括蒸气)，当液体被加热时，凹穴内的蒸气增多，形成气泡，随着气泡的长大和脱离加热面，在凹穴内残余的气体又成为下一个气泡的核心。

随着壁面过热度的提高，压差 $(p_v - p_l)$ 越来越大，气泡半径将逐渐减小。随着加热壁面温度提高，壁面上越来越小的存气凹穴将成为形成气泡的气化核心，气化核心增多，沸腾加剧。随着壁面温度提高，气泡成长速度也加快，脱离壁面的频率增大，更使沸腾加剧。

关于加热表面上气化核心的形成、气泡的生长机理以及气泡的运动规律研究，对于掌握沸腾传热的基本机理以及强化沸腾传热过程都具有非常重要的意义。现有的沸腾传热理论分析都是基于成核理论和气泡动力学理论而形成的。

实验表明，大容器饱和沸腾随壁面过热度的变化会出现不同类型的沸腾状态。图 5-27 给出水的沸腾曲线。图 5-27 中的横坐标为加热壁面上的过热度 Δt，纵坐标为加热面的热通量 q。曲线分为四个典型的传热区域，即自然对流区、核态沸腾区、过渡沸腾区和膜态沸腾区。

当壁面过热度较小时(Δt<4℃)，沸腾尚未开始，加热表面上的水轻微过热，使水的内部产生自然对流，没有气泡逸出水面。水与加热壁面的传热属于自然对流传热。

从起始沸腾点开始，在加热面的气化核心处开始产生气泡。气化核心处产生的气泡彼此互不干扰。随着壁面过热度增大，气化核心数增多，气泡成长速率加快，气泡对水的扰动加剧，对流传热系数和热通量迅速增大。这一区域称为核态沸腾。

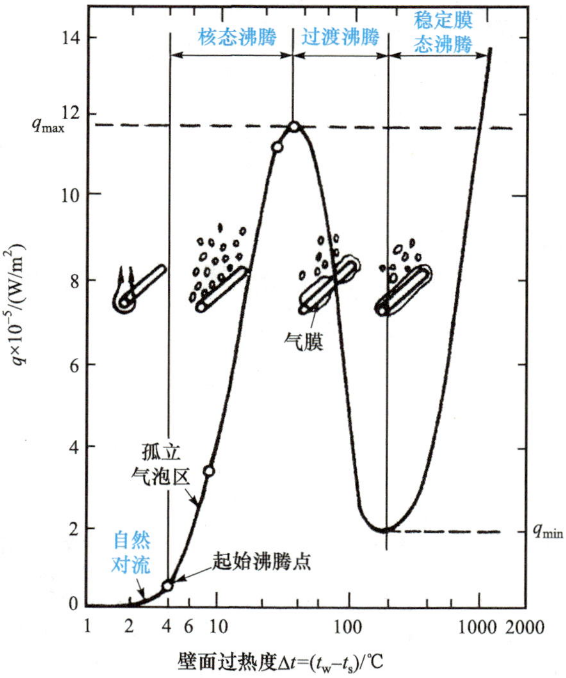

图 5-27 在压力 1.013×10^5 Pa 下饱和水在水平加热面上的沸腾曲线

从核态沸腾区的峰值处再提高壁面过热度，传热通量不仅不随壁面过热度增大而升高，反而迅速降低。这是因为气泡聚集和覆盖在加热面上，气泡的脱离速度低于气泡生成速率，形成蒸气膜。由于蒸气的热传导性能很差，对流传热系数迅速下降，传热速率下降，传热状况趋于恶化。气膜在最初形成时是不稳定的，随时可能被撕破而形成较大的气泡脱离壁面，因而这段沸腾曲线称为过渡沸腾。

随着壁面过热度的进一步增大，加热壁面的气化核心数也进一步增多，而且气泡产生得如此迅速，以至于气泡产生速率远大于气泡脱离加热面的速率，使得气泡在脱离加热面之前就连接起来，形成一层稳定的蒸气膜层。这层气膜使水不再与加热面接触。随着壁面过热度继续增大，由于加热面具有较高温度，热辐射的影响越来越显著，因而对流传热系数将增大，传热速率也随之增大。这段沸腾曲线称为稳定膜态沸腾区。稳定膜态沸腾在物理上与膜状冷凝存在类似性，然而因为热量的传递必须穿过热阻较大的气膜，而不是液膜，因而其传热系数比膜状冷凝小得多。

由核态沸腾向过渡沸腾转变的峰值点称为临界点，临界点上的壁面过热度、热通量和对流传热系数分别称为临界温差Δt_c、临界热通量 q_c 和临界对流传热系数α_c。临界点上各参数值对于蒸发设备的设计和操作具有重要意义。通常都要设法使蒸发器在核态沸腾区工作。否则，当壁面过热度大于临界温差时，由于沸腾型态发生转变，对流传热系数和热通量将急剧下降，造成传热恶化。对于依靠控制热通量来改变工况的加热蒸发设备，如电加热方式，一旦加热的热通量超过临界热通量，壁温将迅速上升，甚至造成设备烧毁的严重后果。因此，上述临界点又称为烧毁点。

2. 大容器沸腾的传热关系式

影响沸腾传热的因素主要是沸腾压力、温度、物性和加热壁面的性质等。虽然已有许多经验关系式可用于沸腾传热的计算，但至今仍无普遍适用的计算公式。

1) 大容器饱和核态沸腾

对于不同液体在不同清洁表面上的核态沸腾，罗森诺提出以下实验关联式用于计算沸腾热流通量 q 或壁面上沸腾温差Δt，即

$$\frac{c_{pl}\Delta t}{rPr_l^n}=C_{wl}\left(\frac{q}{\mu_l r}\sqrt{\frac{\sigma}{g(\rho_l-\rho_v)}}\right)^{1/3} \tag{5-126}$$

式中，$\Delta t=t_w-t_s$ 为沸腾温差，℃；q 为热流通量，W/m^2；c_{pl} 为饱和液体的定压比热容，J/(kg · K)；Pr_l 为饱和液体的普朗特数；ρ_l、ρ_v 分别为饱和液体和饱和气体的密度，kg/m^3；r 为饱和温度下的气化潜热，J/kg；σ为液体-蒸气界面上的表面张力，N/m；n 为液相普朗特数的指数；C_{wl} 为取决于加热表面与液体组合情况的经验常数，如表 5-4 所示。

表 5-4　几种液体-加热表面组合情况下的 C_{wl}

液体-加热表面的组合情况	C_{wl}	n	液体-加热表面的组合情况	C_{wl}	n
水-铜(铂)	0.013	1	正戊烷-铬	0.015	1.7
水-镍(黄铜)	0.006	1	苯-铬	0.010	1.7
水-腐蚀或磨光的不锈钢	0.0132～0.0133	1	四氯化碳-铜	0.013	1.7

续表

液体-加热表面的组合情况	C_{wl}	n	液体-加热表面的组合情况	C_{wl}	n
正丁醇-铜	0.00305	1.7	四氯化碳-用金刚砂抛光的铜	0.007	1.7
异丙醇-铜	0.00225	1.7	35%K_2CO_3-铜	0.0054	1.7
乙醇-铬	0.0027	1.7	50%K_2CO_3-铜	0.0027	1.7

式(5-126)仅适用于单组分饱和液体在清洁表面上的核态沸腾。在求取沸腾对流传热系数时,可根据沸腾的液体及加热表面材料由表5-4中确定C_{wl}和n,然后以沸腾温差Δt代入式(5-126)中得到热流通量q，再按$\alpha = q/\Delta t$计算出沸腾传热系数α。

2) 大容器沸腾的临界热通量

经过实验研究，沸腾传热临界热通量的经验方程可以表示为

$$q_c = \frac{\pi}{24} r \rho_v^{1/2} \left[g\sigma(\rho_l - \rho_v) \right]^{1/4} \tag{5-127}$$

沸腾传热是包含相变过程的对流传热过程，除了影响单相对流传热的各种因素外，沸腾传热过程还与气泡形成、成长和脱离等因素有关，它是对流传热过程中影响因素最多、最复杂的传热过程。下面将讨论沸腾传热过程的主要影响因素。

3. 沸腾传热的主要影响因素

1) 液体性质和操作压力的影响

液体的物性参数对沸腾传热过程有着重要的影响。一般地，随着液体导热系数、密度增大，沸腾对流传热系数增大；随着气液表面张力、液体黏度增大，沸腾对流传热系数减小。在相同条件下，有机物及盐的水溶液的沸腾对流传热系数比水的低。

提高沸腾压力即相当于提高了液体的饱和温度，导致液体的表面张力和黏度下降，有利于气泡的形成和脱离，使沸腾传热增强，在相同过热度下可得到更大的沸腾对流传热系数和传热速率。

2) 加热表面性质的影响

加热面的材料、粗糙程度和清洁程度都对沸腾传热有显著的影响。通常，清洁加热面的沸腾对流传热系数较高，加热表面被污染后沸腾对流传热系数下降。粗糙表面有可能提供更多的气化核心，使沸腾对流传热系数增大。但也并非表面越粗糙越有利于沸腾传热，这是因为大的凹穴容易被液体注满，从而失去了作为气化核心的能力。因而，加热表面的粗糙程度存在一定的极限，超过限制后，再增大表面粗糙度并不能强化沸腾传热。

3) 加热面的布置

实际蒸发器中的加热面常由水平管束组成。这种情况与单管的沸腾有很大的差别。在管束中，由于下排管表面产生气泡在向上浮升时会引起附加的扰动，导致液体在管束间的沸腾传热系数大于单管外的液体沸腾。气泡的扰动程度与沸腾压力、热通量、液体性质和管束排布等因素有关。

4) 沸腾过程的强化

沸腾传热与气泡的产生、成长和脱离存在密切关系，而气泡的特性是受加热面性质和液体性质两方面的影响。因此，强化沸腾传热也需从这两方面出发。

近年来，人们在增加加热表面气化核心的思路上进行了许多探索，开发出了两类增加表面凹穴的方法，一是采用烧结、钎焊、火焰喷涂、电离沉积等物理与化学方法在换热面上造成一层多孔结构；二是采用机械加工方法在换热表面上形成多孔结构，这种强化表面的传热强度一般比光滑管高一个数量级。

另外，在沸腾液体中加入少量添加剂以降低表面张力，也可提高沸腾对流传热系数。

5.3.7　自然对流传热

不依靠泵或风机等外力推动，由于流体内部存在温度差导致流体中质量力分布不均匀所引起的流动，称为自然对流。不均匀的温度场造成不均匀的密度场，由此产生的浮升力成为流体运动的动力。一般情况下，不均匀的温度场仅存在于靠近换热壁面的薄层内。在贴近壁面处，流体的温度等于壁面的温度，若壁面温度高于流体的主体温度，则在离开壁面的方向上流体温度逐渐降低，直到与周围环境流体的温度相同。而流体的速度分布会存在极大值，由于流体黏性的作用，贴近壁面处流体的速度为零，另一方面在薄层外缘，流体温度已等于周围环境流体的温度，自然对流的推动力消失，因而速度也为零。

自然对流传热可分为大空间自然对流传热和有限空间自然对流传热两类。

所谓大空间并不意指几何尺寸很大或无限大，只要自然对流形成的边界层发展不受其他壁面的限制，均可称为大空间的自然对流。

自然对流的对流传热系数仅与 Gr 和 Pr 有关，在工程应用上，常写为如下形式

$$Nu = C(GrPr)^n \tag{5-128}$$

或

$$\alpha = C\frac{\lambda}{L}\left(\frac{\rho^2 g\beta\Delta t L^3}{\mu^2}\frac{c_p\mu}{\lambda}\right)^n \tag{5-129}$$

式(5-128)或式(5-129)中的常数 C 和指数 n 的值如表 5-5 所示。特征长度 L 对于竖板或竖管取其垂直高度，水平管取其外径 d；Δt 为壁面温度与流体主体温度之差；定性温度取壁面与流体平均温度的算术平均值。

表 5-5　常见大空间自然对流时的 C 和 n 值

传热表面的形状和位置	$GrPr$	C	n	L
竖直平板和圆柱	$10^4\sim10^9$ $10^9\sim10^{13}$	0.59 0.10	1/4 1/3	高度 L
水平圆柱	$10^4\sim10^9$ $10^9\sim10^{11}$	0.53 0.13	1/4 1/3	外径 d
水平板热面朝上或水平板冷面朝下	$2\times10^4\sim8\times10^6$ $8\times10^6\sim10^{11}$	0.54 0.15	1/4 1/3	矩形取两边的平均值；圆盘取 $0.9d$；狭长条取短边
水平板热面朝下或水平板冷面朝上	$10^5\sim10^{11}$	0.58	1/5	

例 5-7　一水平蒸气管道，长为 20m，外径为 159mm。管外壁温为 110℃，周围空气的温度为 10℃。试计算蒸气管道通过自然对流的散热量。

解　定性温度为(110+10)/2=60℃，根据定性温度查取空气的物性为

$$\rho = 1.06\text{kg/m}^3\text{，}\quad \mu = 0.201\times10^{-4}\text{Pa}\cdot\text{s}\text{，}\quad \lambda = 0.029\text{W/(m}\cdot\text{K)}\text{，}\quad c_p = 1.005\text{kJ/(kg}\cdot\text{K)}$$

对于符合理想气体性质的气体，体积膨胀系数 $\beta=\dfrac{1}{T}$，在本题中有

$$\beta=\frac{1}{T}=\frac{1}{(273+60)}=3.003\times10^{-3}\ (\mathrm{K}^{-1})$$

$$Gr=\frac{\rho^2 g\beta\Delta t d^3}{\mu^2}=\frac{1.06^2\times9.81\times3.003\times10^{-3}\times(110-10)\times0.159^3}{(0.201\times10^{-4})^2}=3.293\times10^7$$

$$Pr=\frac{c_p\mu}{\lambda}=\frac{1.005\times10^3\times2.01\times10^{-5}}{0.029}=0.6966$$

$$GrPr=3.293\times10^7\times0.6966=2.294\times10^7$$

由表 5-5 可得，C=0.53，n=1/4

$$Nu=0.53\times(2.294\times10^7)^{1/4}=36.68$$

$$\alpha=\lambda Nu/d=0.029\times36.68/0.159=6.69\left[\mathrm{W/(m^2\cdot K)}\right]$$

蒸气管的自然对流散热量为

$$Q=\pi dl\alpha(t_\mathrm{w}-t_\infty)=\pi\times0.159\times20\times6.69\times(110-10)=6683.5(\mathrm{W})$$

讨论 与例 5-3 的计算结果比较可见，自然对流的对流传热系数远小于流体作强制对流时的对流传热系数。

5.4 辐射传热

5.4.1 基本概念

在传热的机理上，辐射传热与热传导和对流传热存在本质差别。物体温度较高时，辐射传热往往成为主要传热方式。例如，在引例中所述的加热炉，其传热过程以辐射传热为主。

辐射是通过电磁波传递能量的现象。物体由于热的原因以电磁波的形式向外发射能量的过程称为热辐射。凡是温度在绝对零度以上的物体都会以热辐射的形式向外发射能量，同时，物体也不断地吸收周围物体投射到它上面的热辐射，并把所吸收的辐射能重新转变为热能。辐射传热就是指物体之间相互辐射和吸收能量的总效果。当辐射传热是在温度不同的物体之间进行时，辐射传热的结果是高温物体向低温物体传递热量；当物体与周围环境处于热平衡时，物体表面的热辐射仍在进行，但是辐射传热的传热量等于零。

电磁波的波长范围极广，但是在工业中所遇到的温度范围内，能够被物体吸收而转变为热能的辐射主要是红外线和可见光两部分，即波长在 0.38～100μm 区域内的电磁波，其大部分能量处于红外线区段，即 0.76～20μm，而在可见光区段，即波长为 0.38～0.76μm 的范围内，通常热辐射能量的份额很小，只有在高温下才能察觉其热效应。太阳的温度约为 5800K，太阳辐射的主要能量集中在 0.2～2μm 的波长区段中，其中可见光的能量份额很大。红外线和可见光统称为热射线。热射线与可见光一样，也同样具有反射、折射和吸收的特性，服从光的反射和折射定律。在均一介质中作直线传播，在真空和大多数气体中可以完全穿透，但不能穿透大多数固体或液体。

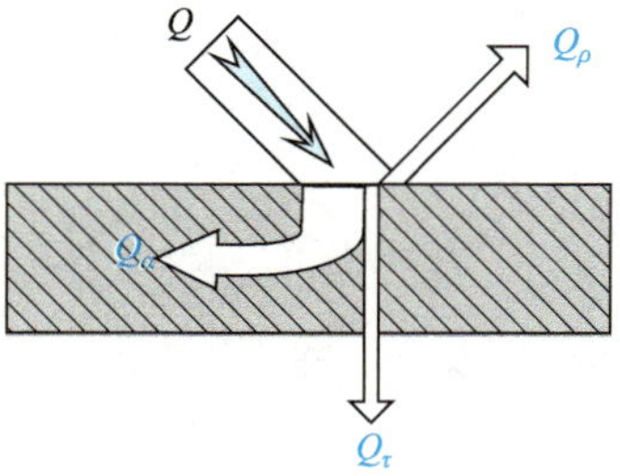

图 5-28 辐射能的吸收、反射和穿透

热辐射的能量投射到物体表面时，在入射的总辐射能量 Q 中，有 Q_α 的能量被吸收，Q_ρ 的能量被反射，其余 Q_τ 的能量穿透了物体，如图 5-28 所示。

根据能量守恒，满足

$$Q_\alpha + Q_\rho + Q_\tau = Q \tag{5-130}$$

或

$$\frac{Q_\alpha}{Q} + \frac{Q_\rho}{Q} + \frac{Q_\tau}{Q} = 1 \tag{5-131}$$

各部分能量与投射到物体表面上总能量的比值分别称为该物体对投射辐射的吸收率α、反射率ρ和穿透率τ，定义式分别为

$$\alpha = \frac{Q_\alpha}{Q} \tag{5-132}$$

$$\rho = \frac{Q_\rho}{Q} \tag{5-133}$$

$$\tau = \frac{Q_\tau}{Q} \tag{5-134}$$

且满足

$$\alpha + \rho + \tau = 1 \tag{5-135}$$

物体的吸收率、反射率和穿透率与物体的性质、温度、表面状况和辐射能的波长等因素有关。

若α=1，则表示投射到物体表面上的辐射能可以全部被物体所吸收。这种物体称为绝对黑体，或简称黑体。均匀温度封闭空腔上小孔的辐射特性接近于黑体。

若ρ=1，则表示投射到物体表面上的辐射能可以全部被物体所反射出去。这种物体称为绝对白体或镜体。如果投射辐射能的入射角等于反射辐射能的反射角，该物体称为镜体；如果反射的情况为漫反射，即入射的辐射能被物体反射后沿空间的各个方向分布的情况，该物体则被称为绝对白体，或简称白体。表面磨光的金属接近于镜体。

若τ=1，则表示投射到物体表面上的辐射能可以全部穿透物体。这种物体称为绝对透明体，或透热体。

由于辐射线不能穿透固体或液体(玻璃除外)，即τ=0，因此对于固体或液体而言，式(5-135)简化为

$$\alpha + \rho = 1 \tag{5-136}$$

式(5-136)表明，吸收能力强的物体，其反射能力一定差；反之亦然。固体和液体对外界的辐射，以及它们对投射辐射的吸收和反射，都在物体的表面进行，不涉及物体的内部，因此物体的表面状况对辐射传热有关特性的影响是至关重要的。

辐射能投射到气体上时，与固体或液体不同，气体对辐射能则几乎没有反射能力，可以认为ρ=0。因此，式(5-135)简化为

$$\alpha + \tau = 1 \tag{5-137}$$

对于单原子气体和对称双原子气体(如 H_2、O_2、N_2、He 等)，一般可看作透热体，而对于多原子气体和不对称的双原子气体则能选择性地吸收和发射某一波段的辐射能。

在自然界中，并不存在绝对黑体、绝对白体和绝对透明体，这些都是假想的理想物体。实际物体只能或多或少地接近这些理想物体。需要注意的是，绝对黑体、绝对白体和绝对透明体不仅仅针对可见光，而是对整个范围的热射线而言的。玻璃对可见光是透明的，但对其

他热射线却几乎是不透明的，温室就是利用了玻璃的这种特性。虽然白色表面反射可见光的能力比其他颜色物体强，但是对于其他波长区段的热射线而言，它同样具有很强的吸收能力。例如，雪对可见光外的热射线则几乎接近于黑体。

如果物体对不同波长的辐射能的吸收程度完全相同，则物体对投入辐射的吸收率便与外界无关。这种能以相同的吸收率吸收所有波长范围的辐射能的物体，称为灰体。灰体也是一种理想物体。当热射线的波长范围为0.38～20μm时，大多数的工程材料均可视为灰体。引入灰体的概念可以使辐射传热的计算大为简化。

5.4.2 辐射的基本定律

1. 辐射能力与斯蒂芬-玻尔兹曼定律

在一定温度下，单位表面积、单位时间内物体所发出全部波长的总能量，称为该物体在该温度下的辐射能力，以 E 表示，单位为 W/m^2。它表征了物体发射辐射能的能力。

斯蒂芬-玻尔兹曼定律关联了黑体辐射能力与温度的关系，即

$$E_b = \sigma_0 T^4 \tag{5-138}$$

式中，σ_0 为黑体辐射常数，数值为 $5.67\times10^{-8} W/(m^2 \cdot K^4)$。斯蒂芬-玻尔兹曼定律阐明了黑体辐射能力 E_b 与其表面温度 T(单位为K)的四次方成正比，因此又称为四次方定律。

为了方便计算，通常将式(5-138)写为

$$E_b = C_0 (T/100)^4 \tag{5-139}$$

式中，C_0 称为黑体辐射系数，数值为 $5.67 W/(m^2 \cdot K^4)$。

实验证明，斯蒂芬-玻尔兹曼定律也同样适用于灰体。灰体辐射能力可表示为

$$E = C(T/100)^4 \tag{5-140}$$

式中，C 称为灰体辐射系数。

在一定温度下，将灰体的辐射能力与同温度下黑体的辐射能力之比定义为物体的黑度，或物体的发射率 ε，即

$$\varepsilon = \frac{E}{E_b} = \frac{C}{C_0} \tag{5-141}$$

由式(5-140)和式(5-141)，灰体的辐射能力可以表示为

$$E = \varepsilon C_0 (T/100)^4 \tag{5-142}$$

物体表面的黑度与物体的性质、表面状况和温度等因素有关，是物体本身的固有特性，与外界环境情况无关。通常物体的黑度需实验测定。常用工程材料的表面黑度如表5-6所示。

表 5-6 常用工程材料的表面黑度

材料	温度/℃	黑度	材料	温度/℃	黑度
木材	20	0.80～0.92	磨光的钢板	940～1100	0.55～0.61
石棉纸	40～400	0.93～0.94	磨光的铝	225～575	0.039～0.057
红砖	20	0.93	磨光的铜	20	0.03

续表

材料	温度/℃	黑度	材料	温度/℃	黑度
耐火砖	500～1000	0.8～0.9	磨光的铸铁	330～910	0.6～0.7
氧化的钢板	200～600	0.8	磨光的金	200～600	0.02～0.03
氧化的铝	200～600	0.11～0.19	磨光的银	200～600	0.02～0.03
氧化的铜	200～600	0.57～0.87	各种颜色的油漆	100	0.92～0.96
氧化的铸铁	200～600	0.64～0.78	抛光的不锈钢	25	0.60

2. 克希霍夫定律

克希霍夫定律揭示了物体的辐射能力 E 与吸收率 α 之间的关系。

假设有两个无限大的平行平壁，一个壁面的辐射能可以全部落入另一个平壁的表面上，如图5-29所示。其中壁面1为灰体，壁面2为黑体。壁面1和壁面2的温度分别为 T_1、T_2，辐射能力为 E_1、E_b，吸收率为 α_1、$\alpha_b(\alpha_b=1)$。两壁面之间为透热体，系统与外界绝热。

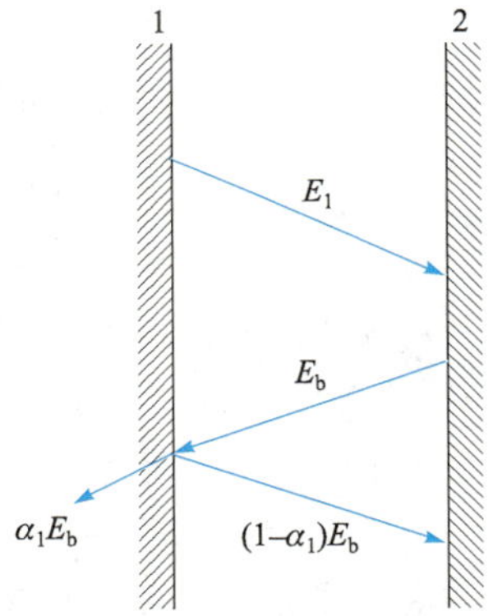

图5-29 平行平壁间的辐射传热

壁面1发射出的辐射能为 E_1，这部分辐射能投射到壁面2上时，被黑体壁面2所全部吸收。黑体表面2所发射出的辐射能为 E_b，这些能量落在灰体表面1上时，只有部分辐射能被吸收，即 α_1E_b，其余部分则被灰体壁面1反射回去，即 $(1-\alpha_1)E_b$，并被表面2全部吸收。

当两个壁面温度相等时，即 $T_1=T_2$，则两个壁面之间的辐射传热达到平衡，壁面1所发射的能量与吸收的能量必然相等，即

$$E_1=\alpha_1E_b \tag{5-143}$$

或

$$\frac{E_1}{\alpha_1}=E_b \tag{5-144}$$

上述关系可以推广到任意灰体，都可以建立灰体的吸收率与辐射能力之间的关系，即

$$\frac{E}{\alpha}=\frac{E_1}{\alpha_1}=E_b=f(T) \tag{5-145}$$

式(5-145)即是克希霍夫定律的数学表达式。该式表明：在热平衡条件下，任何物体的辐射能力与吸收率的比值恒等于同温度下黑体的辐射能力，其值仅与物体的温度有关。

克希霍夫定律还表明，物体的吸收率越大，其发射能力也越强。也就是说，善于吸收的物体必然善于发射。因而，在所有物体中，黑体的辐射能力最强。反之，对于吸收率很小的物体，其辐射能力也很小。

由式(5-145)可以得到 $\alpha=\dfrac{E}{E_b}$，对比式(5-141)中对物体黑度的定义，则有

$$\alpha = \varepsilon = \frac{E}{E_b} \tag{5-146}$$

式(5-146)是克希霍夫定律的另一种表达形式，可表述为：在热平衡时，灰体的吸收率在数值上等于同温度下该物体的黑度。

例 5-8 采用热电偶测量常压加热炉出口气体的温度。已知热电偶的表面黑度为 0.3，出口气体与热电偶之间的对流传热系数为 30W/(m²·℃)。常压加热炉炉壁的温度为 410℃，热电偶测量的出口气体温度读数为 369℃。试求出口气体的真实温度 T_g 。

解 采用热电偶测量气体温度，在稳态时，热电偶与出口气体之间的对流传热与炉壁与热电偶之间的辐射传热达到热平衡，满足

$$\alpha(T_t - T_g) = \varepsilon_t C_0\left[\left(\frac{T_w}{100}\right)^4 - \left(\frac{T_t}{100}\right)^4\right]$$

则加热炉出口气体的真实温度可表示如下，并代入已知条件，可得

$$\begin{aligned} T_g &= T_t - \frac{\varepsilon_t C_0}{\alpha}\left[\left(\frac{T_w}{100}\right)^4 - \left(\frac{T_t}{100}\right)^4\right] \\ &= (369+273.15) - \frac{0.3\times 5.67}{30}\left[\left(\frac{410+273.15}{100}\right)^4 - \left(\frac{369+273.15}{100}\right)^4\right] \\ &= 615.07\ (\text{K}) \end{aligned}$$

$$T_g = 615.07 - 273.15 = 341.92\ (℃)$$

热电偶测温的相对误差为

$$\frac{T_t - T_g}{T_g}\times 100\% = \frac{369-341.92}{341.92}\times 100\% = 7.92\%$$

讨论 由此可见，采用热电偶测量高温气体的温度时，由于热电偶与炉壁之间的温差，热电偶测量的温度偏高，相对误差可达 7.92%。由上面的计算过程可知，若要减小由于辐射传热引起的温度测量误差，可通过降低热电偶的表面黑度或提高气体与热电偶之间的对流传热系数达到目的。

5.4.3 固体间的辐射传热

1. 角系数

大多数工程材料可近似按灰体处理。灰体表面之间的辐射传热比较复杂，其原因在于：①灰体的吸收率都小于 1，当灰体之间辐射传热时，存在辐射能的多次被吸收和多次被反射的过程，它比灰体与黑体之间的辐射传热过程复杂；②由于实际物体的形状、大小和相互位置等因素的影响，一个物体表面发射的辐射能可能只有部分落到了其他物体的表面上。为此，引入角系数 φ 的概念。

角系数 φ_{ij} 定义为物体 i 的表面辐射总能量落到另一物体 j 上的份额，即

$$\varphi_{ij} = \frac{落到表面A_j上的由表面A_i发出的辐射能}{由表面A_i发出的总辐射能} \tag{5-147}$$

φ_{ij} 与物体的形状、大小、相互位置以及两物体之间的距离等几何因素有关，因而又称为几何因子。

如图 5-30 所示，图 5-30(a)表示两平行壁面之间的辐射传热。壁面 1 所发出的辐射能部分地落在壁面 2 上，因此 $\varphi_{12} < 1$。在图 5-30(b)所示的情况下，壁面 1 所发出的辐射能全部地落

入壁面 2 上，因而 $\varphi_{12}=1$；此外，由于壁面 1 上的任何部分均不能直接辐射到自身表面上，因此 $\varphi_{11}=0$；而壁面 2 的辐射能只是部分地投射到了壁面 1 上，另一部分辐射能则投射到了其自身上，因此 $\varphi_{21}<1$，$\varphi_{22}\neq 0$。

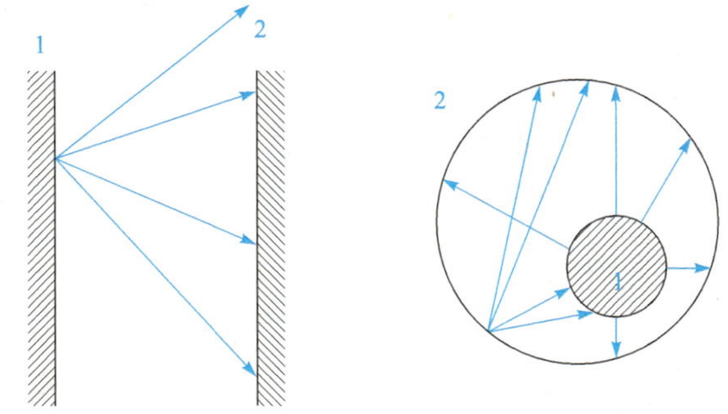

(a) 平行壁面间的辐射传热　(b) 封闭腔的辐射传热

图 5-30　两个物体表面间的辐射传热

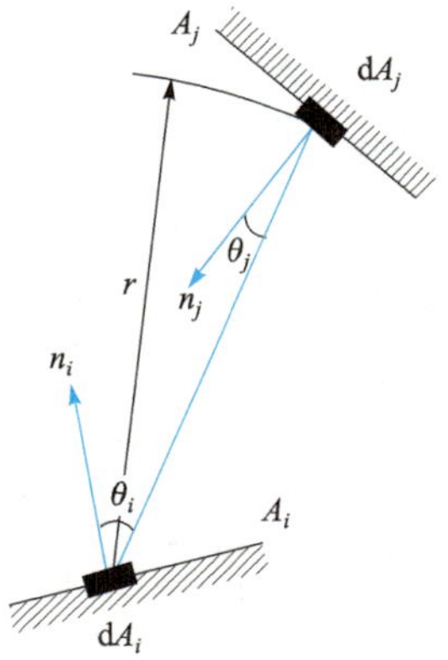

图 5-31　任意两个表面间辐射的几何关系

理论上可以证明，对于任意两物体壁面之间的辐射，如图 5-31 所示，其角系数可以表示为

$$\varphi_{ij}=\frac{1}{A_i}\int_{A_i}\int_{A_j}\frac{\cos\theta_i\cos\theta_j}{\pi r^2}\mathrm{d}A_j\mathrm{d}A_i \tag{5-148}$$

$$\varphi_{ji}=\frac{1}{A_j}\int_{A_j}\int_{A_i}\frac{\cos\theta_i\cos\theta_j}{\pi r^2}\mathrm{d}A_i\mathrm{d}A_j \tag{5-149}$$

式中，θ_i 和 θ_j 为辐射射线与壁面微元法线之间的夹角；A_i 和 A_j 为两任意物体壁面的面积；r 为两壁面微元面积之间的距离。

角系数具有如下性质：

1) 相对性

根据式(5-148)和(5-149)，两任意物体壁面 i、j 之间进行辐射传热时，满足

$$\varphi_{ij}A_i=\varphi_{ji}A_j \tag{5-150}$$

这个性质称为角系数的相对性。它表明角系数 φ_{ij} 与 φ_{ji} 不是独立的，而受式(5-150)的制约。

2) 完整性

对于由 n 个物体壁面组成的封闭系统，根据能量守恒，从任何一个壁面发出的辐射能必然全部落入到封闭系统中的各个壁面上。因此，任一壁面 i 对封闭系统的各表面的角系数满足

$$\sum_{j=1}^{n}\varphi_{ij}=1 \tag{5-151}$$

对于图 5-32 所示的由 7 个壁面组成的封闭系统，角系数的完整性说明，表面 1 对自身和其他壁面的角系数应满足

$$\varphi_{11}+\varphi_{12}+\varphi_{13}+\varphi_{14}+\varphi_{15}+\varphi_{16}+\varphi_{17}=1$$

如果壁面 1 为凸面或平面，则由壁面 1 所发出的辐射射线不会落到其自身上，即 $\varphi_{11}=0$，如果壁面 1 为凹面，如图中虚线所示，则 $\varphi_{11}\neq 0$。

3) 可加性

对于如图 5-33 所示壁面 i 对壁面 j 的角系数，由于从壁面 i (不妨设为黑体)上发出而落在壁面 j 上的总辐射能量等于落到壁面 j 上各部分的辐射能量之和，于是

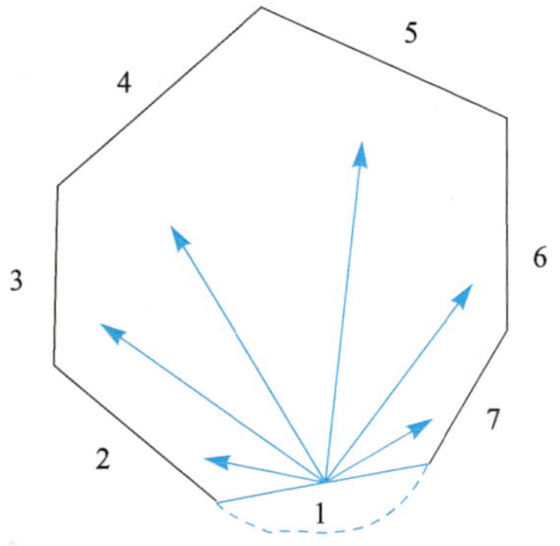

图 5-32 角系数的完整性

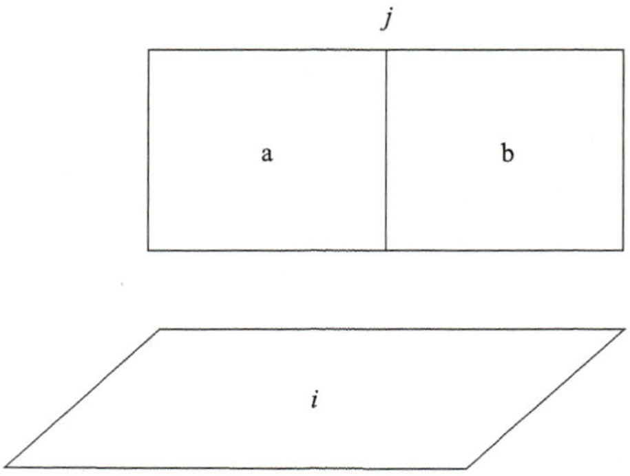

图 5-33 角系数的可加性

$$\varphi_{ij} A_i E_{bi} = \varphi_{ia} A_i E_{bi} + \varphi_{ib} A_i E_{bi} \tag{5-152}$$

即

$$\varphi_{ij} = \varphi_{ia} + \varphi_{ib} \tag{5-153}$$

如果将壁面 j 划分为 n 块，则有

$$\varphi_{ij} = \sum_{k=1}^{n} \varphi_{ik} \tag{5-154}$$

式(5-154)即为角系数可加性的数学表达式。注意，在利用角系数的可加性时，只是对角系数的第二下标是可加的，对第一下标则不可加。由于从壁面 j 发出的落在壁面 i 上的总辐射能，等于从壁面 j 的各个组成部分发出而落在壁面 i 上的辐射能之和。对于图 5-33 所示的情况，设壁面 j 为黑体，可以写出

$$\varphi_{ji} A_j E_{bj} = \varphi_{ai} A_a E_{bj} + \varphi_{bi} A_b E_{bj} \tag{5-155}$$

则有

$$\varphi_{ji} = \varphi_{ai} \frac{A_a}{A_j} + \varphi_{bi} \frac{A_b}{A_j} \tag{5-156}$$

角系数所具有的上述性质给实际计算带来了许多方便，可以根据一些简单情况下已知的角系数数值推算出另外一些较复杂系统的角系数。

图 5-34 给出了平行平壁间的角系数。其他情况下的角系数可以查阅有关手册。

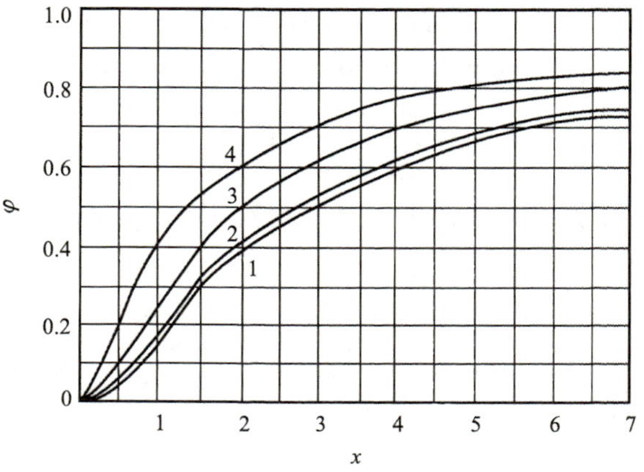

图 5-34 平行平壁间辐射传热的角系数

1.圆盘形；2.正方形；3.长方形(边长之比为 2 : 1)；4.长方形(狭长)；$x=l/b$(或 d/b)=直径或边长(长方形用短边)/辐射面间的距离

2. 灰体间的辐射传热

前已述及，在灰体之间的辐射传热过程中，存在辐射能的多次被吸收和多次被反射的过程，这给辐射传热的分析和计算带来了很大的困难。为此可将所有离开灰体表面的辐射能量视为一个整体而引入有效辐射的概念，以简化传热过程的分析和计算。

设壁面的吸收率为α，反射率为ρ，黑度为ε。定义单位时间内投射到壁面的单位面积上的总辐射能为投入辐射，记为G；再定义单位时间内离开壁面单位面积的总辐射能为该壁面的有效辐射，以J表示。有效辐射J中不仅包括壁面的自身辐射E，即$E=\varepsilon E_b$，而且还包括投入辐射G中的被壁面所反射的部分ρG或$(1-\alpha)G$，即$(1-\varepsilon)G$。

现考察一壁面温度均匀、壁面辐射特性恒定的壁面，如图 5-35 所示。

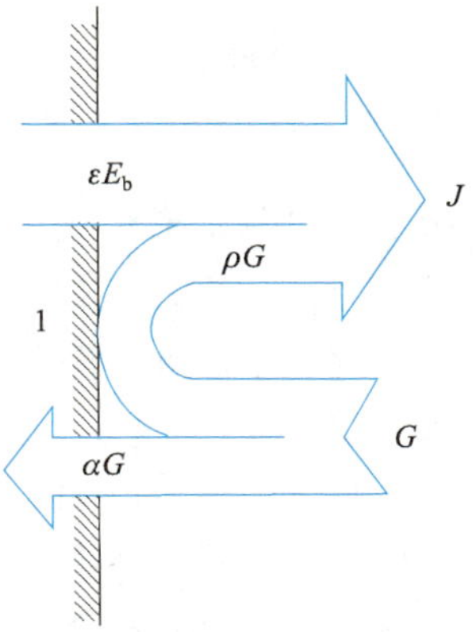

图 5-35　有效辐射示意图

根据有效辐射的定义，壁面上的有效辐射可以表示为

$$J=E+\rho G=\varepsilon E_b+(1-\alpha)G=\varepsilon E_b+(1-\varepsilon)G \tag{5-157}$$

由壁面的外部看，壁面能量的收支差额应等于壁面 1 与外界的辐射传热量

$$Q=(J-G)A \tag{5-158}$$

由壁面的内部看，壁面与外界进行的辐射传热量为

$$Q=(E-\alpha G)A \tag{5-159}$$

由式(5-158)和式(5-159)中消去投入辐射项G，即可得到有效辐射与壁面的净辐射传热量之间的关系

$$J=\frac{E}{\alpha}-\frac{1-\alpha}{\alpha}\frac{Q}{A}=E_b-\left(\frac{1}{\varepsilon}-1\right)\frac{Q}{A} \tag{5-160}$$

由式(5-157)和式(5-158)中消去投入辐射项G，还可将壁面的净辐射传热量与有效辐射之间的关系写为

$$Q=\frac{E_b-J}{\dfrac{1-\varepsilon}{A\varepsilon}}=\frac{E_b-J}{R} \tag{5-161}$$

式中，E_b-J称为辐射势差；$R=\dfrac{1-\varepsilon}{A\varepsilon}$定义为表面辐射热阻，或简称为表面热阻，它仅与壁面的黑度和表面积有关。若壁面为黑体，ε=1，则由式(5-160)得到壁面的有效辐射为$J=E_b$。

当任意两个壁面A_1和A_2作相互辐射传热时，壁面A_1与壁面A_2的净辐射传热量Q_{12}可以表示为

$$Q_{12}=\varphi_{12}A_1J_1-\varphi_{21}A_2J_2 \tag{5-162}$$

式中，J_1、J_2分别表示壁面A_1与壁面A_2的有效辐射。

由角系数的相对性，可将式(5-162)改写为

$$Q_{12}=\varphi_{12}A_1(J_1-J_2)=\frac{J_1-J_2}{\dfrac{1}{\varphi_{12}A_1}}=\frac{J_1-J_2}{R_{12}} \tag{5-163}$$

式中，$R_{12}=\dfrac{1}{\varphi_{12}A_1}$定义为壁面辐射的空间热阻。空间热阻仅与角系数和壁面的表面积有关。当角系数$\varphi_{12}=0$，空间热阻$R_{12}\to\infty$，即表示没有辐射能由壁面A_1传向壁面A_2。

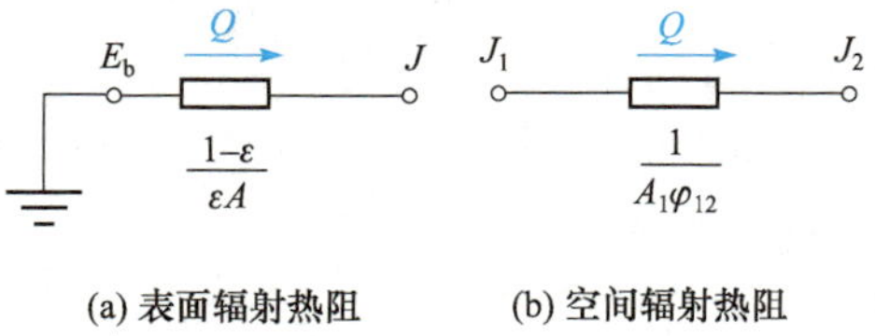

图 5-36 辐射传热的热阻

将式(5-161)和式(5-163)与电学中的欧姆定律进行类比可知，辐射传热量Q_{12}相应于电流强度；(E_b-J)或(J_1-J_2)相当于电势差，其中E_b相当于电源电势，J相当于节点电压；而表面热阻R或空间热阻R_{12}则相当于电阻，如图 5-36 所示。因此，对于辐射传热计算，可以采用与电路中电流计算相类似的方法来计算辐射传热量。这种将辐射热阻类比为等效电阻从而通过等效网络图来求解辐射传热的方法，称为辐射传热的网络法。

建立了表面热阻和空间热阻的概念后，就可应用有效辐射及网络法来计算灰体之间的辐射传热。

1) 两个灰体表面间的辐射传热

设由两个灰体表面组成的封闭系统，表面 1 和表面 2 的温度分别为T_1、T_2，表面积分别为A_1、A_2，黑度分别为ε_1和ε_2，如图 5-37(a)所示。

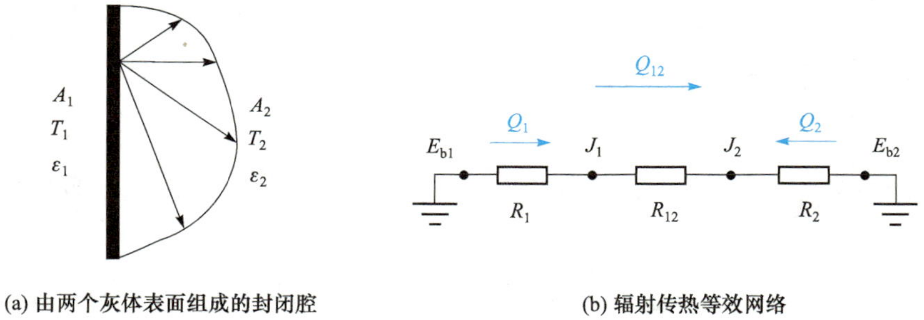

图 5-37 两个灰体表面之间的辐射传热

由式(5-161)可以写出表面 1 和表面 2 上的净辐射传热量

$$Q_1=\frac{E_{b1}-J_1}{\dfrac{1-\varepsilon_1}{A_1\varepsilon_1}}=\frac{E_{b1}-J_1}{R_1} \tag{5-164}$$

$$Q_2=\frac{E_{b2}-J_2}{\dfrac{1-\varepsilon_2}{A_2\varepsilon_2}}=\frac{E_{b2}-J_2}{R_2} \tag{5-165}$$

按空间热阻的概念，从表面 1 到表面 2 的净辐射传热量可以表示为

$$Q_{12}=\varphi_{12}A_1(J_1-J_2)=\frac{J_1-J_2}{\dfrac{1}{\varphi_{12}A_1}}=\frac{J_1-J_2}{R_{12}} \tag{5-166}$$

由辐射传热的各个环节可以画出等效辐射传热的网络图，如图 5-37(b)所示。联立式(5-164)、式(5-165)和式(5-166)，消去J_1和J_2，而且$Q_1=Q_{12}=-Q_2$，可得

$$Q_{12}=\frac{E_{b1}-E_{b2}}{R_1+R_{12}+R_2}=\frac{E_{b1}-E_{b2}}{\dfrac{1-\varepsilon_1}{A_1\varepsilon_1}+\dfrac{1}{\varphi_{12}A_1}+\dfrac{1-\varepsilon_2}{A_2\varepsilon_2}} \tag{5-167}$$

式(5-167)还可表示为

$$Q_{12}=\frac{C_0\left[\left(\frac{T_1}{100}\right)^4-\left(\frac{T_2}{100}\right)^4\right]}{\frac{1-\varepsilon_1}{A_1\varepsilon_1}+\frac{1}{\varphi_{12}A_1}+\frac{1-\varepsilon_2}{A_2\varepsilon_2}} \tag{5-168}$$

式(5-168)即是计算两个灰体表面之间辐射传热量的一般式。

2) 三个灰体表面间的辐射传热

设由三个灰体表面组成的封闭系统，表面 1、表面 2 和表面 3 的温度分别为 T_1、T_2、T_3，表面积分别为 A_1、A_2、A_3，黑度分别为ε_1、ε_2和ε_3，如图 5-38(a)所示。

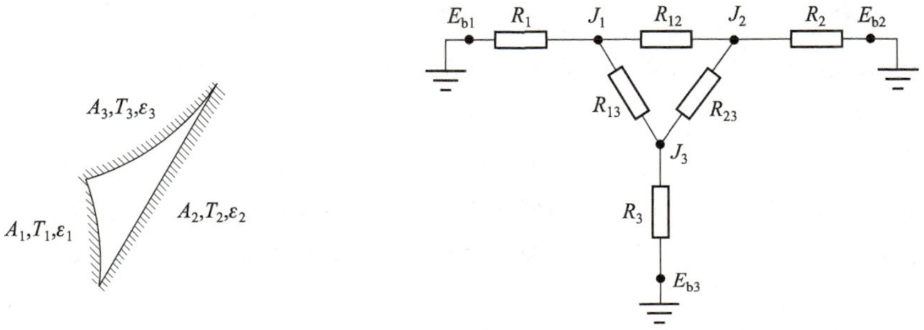

(a) 由三个灰体表面组成的封闭腔　　(b) 辐射传热等效网络

图 5-38　三个灰体表面之间的辐射传热

将两个灰体表面组成的封闭腔的辐射传热网络加以拓展，即可得到由三个灰体表面组成的封闭腔的辐射传热的等效网络图，如图 5-38(b)所示。在作辐射传热计算时，可以先对节点 J_1、J_2 和 J_3 列出热量平衡方程式，并利用角系数的相对性，得

$$J_1:\quad \frac{E_{b1}-J_1}{\frac{1-\varepsilon_1}{A_1\varepsilon_1}}+\frac{J_2-J_1}{\frac{1}{\varphi_{12}A_1}}+\frac{J_3-J_1}{\frac{1}{\varphi_{13}A_1}}=0 \tag{5-169}$$

$$J_2:\quad \frac{E_{b2}-J_2}{\frac{1-\varepsilon_2}{A_2\varepsilon_2}}+\frac{J_1-J_2}{\frac{1}{\varphi_{12}A_1}}+\frac{J_3-J_2}{\frac{1}{\varphi_{23}A_2}}=0 \tag{5-170}$$

$$J_3:\quad \frac{E_{b3}-J_3}{\frac{1-\varepsilon_3}{A_3\varepsilon_3}}+\frac{J_1-J_3}{\frac{1}{\varphi_{13}A_1}}+\frac{J_2-J_3}{\frac{1}{\varphi_{23}A_2}}=0 \tag{5-171}$$

求解上述方程可得到三个表面上的有效辐射 J_1、J_2 和 J_3。再利用式(5-172)

$$Q_i=\frac{E_{bi}-J_i}{\frac{1-\varepsilon_i}{A_i\varepsilon_i}}\quad (i=1,\ 2,\ 3) \tag{5-172}$$

计算每个表面上的净辐射传热量。

在由三个灰体表面组成的封闭系统中，有两种特殊情况可以使计算大为简化，这就是三个表面中的一个表面为黑体或有一个表面绝热的情形。

(1) 有一个表面为黑体。设表面 3 为黑体，此时表面 3 上的表面热阻为零，从而使 $J_3=E_{b3}$，辐射传热的等效网络简化为图 5-39(a)。这时节点上的热量平衡方程简化为一个二阶代数方程组。

(2) 有一个表面为绝热表面。此时在表面 3 上的净辐射传热量为零，满足

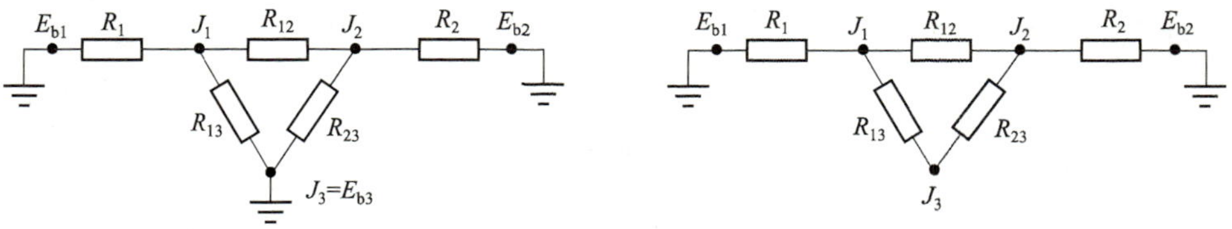

(a) 有一个表面为黑体　　(b) 有一个表面为绝热表面

图 5-39　三个灰体表面之间辐射传热的特例

$$Q_3=\frac{E_{b3}-J_3}{\dfrac{1-\varepsilon_3}{A_3\varepsilon_3}}=0 \tag{5-173}$$

即

$$J_3=E_{b3} \tag{5-174}$$

式(5-174)表明，在该表面上的有效辐射等于同温度下的黑体辐射。然而，与前一种特例不同的是：在这种情况下，绝热表面的温度是未知的，其温度是由其他两个表面的传热情况所决定，其等效的辐射传热网络如图 5-39(b)所示。

在辐射传热中，这种表面温度未知而净辐射传热量为零的表面称为重辐射面。在工程中经常会遇到重辐射面的情形。例如，加热炉内部保温很好的耐火墙就是这种绝热表面。这时可以认为绝热表面把落在其表面上的辐射能又重新全部辐射出去。虽然重辐射面与传热表面间无净辐射热量交换，但是它的重辐射作用影响着其他传热表面之间的辐射传热。

对于具有重辐射面的三表面封闭腔内的辐射传热，按图 5-39(b)所示的情况，辐射传热的传热量可以表示为

$$Q_1=-Q_2=\frac{E_{b1}-E_{b2}}{R} \tag{5-175}$$

式中，R 为表面 1 与表面 2 之间的等效热阻。由于 J_3 为悬浮节点，因而可根据热阻的串并联关系将 R 表示为

$$\begin{aligned}R&=R_1+\frac{1}{\dfrac{1}{R_{12}}+\dfrac{1}{R_{13}+R_{23}}}+R_2\\&=\frac{1-\varepsilon_1}{A_1\varepsilon_1}+\frac{1}{\varphi_{12}A_1+\dfrac{1}{\dfrac{1}{\varphi_{13}A_1}+\dfrac{1}{\varphi_{23}A_2}}}+\frac{1-\varepsilon_2}{A_2\varepsilon_2}\end{aligned} \tag{5-176}$$

例 5-9　某车间内有一高度为 0.5m、宽度为 1m 的铸铁炉门(已氧化)，其表面温度为 500℃，室温为 25℃。为了减少炉门的辐射散热，在距离炉门 30mm 处放置一块与炉门同样大小的铝质遮热板(已氧化)。试计算放置遮热板前后炉门因辐射而散失的热量。

解　铸铁炉门与车间四壁或遮热板之间的辐射传热可按灰体表面间的辐射传热计算。由表 5-6 查得铸铁和铝板的黑度分别为 $\varepsilon_1=0.78$，$\varepsilon_2=0.19$。

(1) 在放置遮热板前，炉门壁面 1 为车间的四壁(统称为表面 3)所包围，故炉门对车间四壁的角系数 $\varphi_{13}=1$，又因为炉门的面积相对于车间四壁的面积很小，即 $A_1 \ll A_3$，所以由式(5-168)可得炉门与车间四壁的辐射传热量为

$$\begin{aligned}Q_{13}&=\frac{C_0\left[\left(\dfrac{T_1}{100}\right)^4-\left(\dfrac{T_3}{100}\right)^4\right]}{\dfrac{1-\varepsilon_1}{A_1\varepsilon_1}+\dfrac{1}{\varphi_{13}A_1}+\dfrac{1-\varepsilon_3}{A_3\varepsilon_3}}=\frac{A_1\varepsilon_1C_0\left[\left(\dfrac{T_1}{100}\right)^4-\left(\dfrac{T_3}{100}\right)^4\right]}{1+\dfrac{A_1}{A_3}\dfrac{\varepsilon_1(1-\varepsilon_3)}{\varepsilon_3}}\approx A_1\varepsilon_1C_0\left[\left(\frac{T_1}{100}\right)^4-\left(\frac{T_3}{100}\right)^4\right]\\&=0.5\times1\times0.78\times5.67\times\left[\left(\frac{500+273.15}{100}\right)^4-\left(\frac{25+273.15}{100}\right)^4\right]\\&=7726.6\ \text{(W)}\end{aligned}$$

(2) 在放置遮热板后，由于炉门壁面 1 与遮热板壁面 2 的距离很近，可以近似视为两个无限大灰体平壁之间的辐射传热，即 $\varphi_{12}=1$，$A_1=A_2$，因此由式(5-168)可得炉门与遮热板壁的辐射传热量为

$$Q_{12}=\frac{C_0\left[\left(\frac{T_1}{100}\right)^4-\left(\frac{T_2}{100}\right)^4\right]}{\frac{1-\varepsilon_1}{A_1\varepsilon_1}+\frac{1}{\varphi_{12}A_1}+\frac{1-\varepsilon_2}{A_2\varepsilon_2}}=\frac{A_1C_0\left[\left(\frac{T_1}{100}\right)^4-\left(\frac{T_2}{100}\right)^4\right]}{\frac{1}{\varepsilon_1}+\frac{1}{\varepsilon_2}-1}$$

同时遮热板与车间四壁之间也存在辐射传热，其传热量可表示为

$$Q_{23}=A_2\varepsilon_2C_0\left[\left(\frac{T_2}{100}\right)^4-\left(\frac{T_3}{100}\right)^4\right]$$

在稳态时，$Q_{12}=Q_{23}$，即

$$\frac{\left(\frac{T_1}{100}\right)^4-\left(\frac{T_2}{100}\right)^4}{\frac{1}{\varepsilon_1}+\frac{1}{\varepsilon_2}-1}=\varepsilon_2\left[\left(\frac{T_2}{100}\right)^4-\left(\frac{T_3}{100}\right)^4\right]$$

代入有关数据得

$$\frac{\left(\frac{500+273.15}{100}\right)^4-\left(\frac{T_2}{100}\right)^4}{\frac{1}{0.78}+\frac{1}{0.19}-1}=0.19\times\left[\left(\frac{T_2}{100}\right)^4-\left(\frac{25+273.15}{100}\right)^4\right]$$

经整理后，可得遮热板的温度 $T_2=649.4\text{ K}$，$t_2=376.4℃$，从而可计算出炉门的辐射散热量

$$Q_{12}=\frac{A_1C_0\left[\left(\frac{T_1}{100}\right)^4-\left(\frac{T_2}{100}\right)^4\right]}{\frac{1}{\varepsilon_1}+\frac{1}{\varepsilon_2}-1}=\frac{0.5\times1\times5.67\times\left[\left(\frac{500+273.15}{100}\right)^4-\left(\frac{649.4}{100}\right)^4\right]}{\frac{1}{0.78}+\frac{1}{0.19}-1}=917.5\text{ (W)}$$

在炉门外设置遮热板后，炉门的辐射传热损失减少为原来的

$$\frac{Q_{12}}{Q_{13}}=\frac{917.5}{7727.6}\times100\%=11.9\%$$

讨论　由此可见，设置遮热板是减少辐射散热损失的有效方法，遮热板材料的黑度越小，遮热板的数目越多，则热损失越小。

5.4.4　气体的热辐射

对于多原子气体和不对称的双原子气体，如水蒸气、CO_2、CO、SO_2、CH_4、烃类和醇类等，一般具有相当大的辐射能力和吸收能力。当这类气体出现在高温传热的场合时，就涉及气体与固体之间的辐射传热问题。例如，在加热炉中，高温气体与管壁或设备壁面间的传热过程，不仅包含了气体的对流传热过程，而且必须考虑气体热辐射对传热过程的影响。

与固体间辐射传热相比，气体的热辐射具有以下两个主要特点：

1) 气体的辐射和吸收对波长具有强烈的选择性

气体只能辐射或吸收某些波长范围内的辐射能，通常把这种有辐射或吸收能力的波长范围称为光带。在光带以外，气体既不辐射也不吸收，对热射线呈现出透明体的性质。对于 CO_2 和水蒸气，其光带主要分为三段，如表 5-7 所示。

表 5-7 二氧化碳和水蒸气的辐射和吸收光带

序号	二氧化碳波长区段/ μm	水蒸气波长区段/ μm
1	2.65～2.80	2.55～2.84
2	4.15～4.45	5.60～7.60
3	13.0～17.0	12.0～30.0

这些光带均位于红外线的波长范围，而且二氧化碳的光带与水蒸气的光带存在部分重叠。由于气体辐射对波长具有选择性，因此气体的热辐射不能按照灰体来处理。

2) 气体的辐射和吸收是在整个容积内进行的

固体或液体的辐射都是在物体表面上进行，而气体的辐射和吸收是在整个容积内进行的。当热射线穿过气体层时：一方面，热射线的能量由于沿途被气体部分吸收而逐渐减弱；另一方面，在气体界面上所接受到的气体辐射应为到达界面上的整个容积气体辐射的总和。因此，气体的辐射和吸收与气体层的形状和容积大小有关。

虽然气体辐射是一个容积过程，但是气体辐射能力同样可定义为：在所有光带范围内，单位气体表面在单位时间内所辐射的总能量，以 E_g 表示，单位为 W/m^2。与固体辐射类似，按照黑度的定义，气体黑度可定义为气体的辐射能力与同温度下黑体辐射能力之比，即 $\varepsilon_g = E_g / E_b$。气体的黑度取决于气体的种类。在一定温度下，气体的辐射能力不仅取决于气体的容积和形状，还与表面所处的位置有关，这是由射线的行程长度不等而引起的。

在工程计算中，为了避免射线行程长度不等所引起的计算复杂性，可通过实验对各种不同形状气体的不同表面位置测定其平均射线行程 L。平均射线行程取决于气体容积的几何形状、尺寸以及被辐射表面在气体容积壁面上的位置。对于常见几何形状气体的平均射线行程如表 5-8 中所示，还可采用式估算平均射线行程 L，即

$$L = 3.6\frac{V}{A} \tag{5-177}$$

式中，V 表示气体所占据的容积，m^3；A 表示气体占据容积所具有的表面积，m^2。

表 5-8 几种不同形状下气体的平均射线行程

气体的形状	平均射线行程 L
直径为 d 的球体	$0.60d$
每边边长为 a 的立方体	$0.60a$
直径为 d 的无限长圆柱体	$0.90d$
高度等于直径的圆柱体对圆柱侧表面的辐射	$0.60d$
高度等于直径的圆柱体对圆柱底面中心的辐射	$0.77d$
直径为 d 的无限长半圆柱体对平侧面的辐射	$1.26d$
距离为 d 的两个无限大平行平面之间的辐射	$1.8d$
正三角形排列的管束间气体对管束表面的辐射：$t=2d_o$	$2.8(t-d_o)$
正三角形排列的管束间气体对管束表面的辐射：$t=3d_o$	$3.8(t-d_o)$
正方形排列的管束间气体对管束表面的辐射：$t=2d_o$	$3.5(t-d_o)$

注：d_o 为管束中的管子外径；t 为管束的中心距。

根据平均射线行程概念，气体辐射能力或黑度只与气体的温度和平均射线行程上具有辐

射能力的气体分子数有关，而后者显然与气体的分压 p_g 和平均射线行程 L 的乘积成正比。因此，气体黑度可表示为

$$\varepsilon_g = f(T_g, p_g L) \tag{5-178}$$

式(5-178)的具体函数形式可由实验测定。

图 5-40 给出水蒸气的黑度随温度和 $p_g L$ 的变化关系曲线。

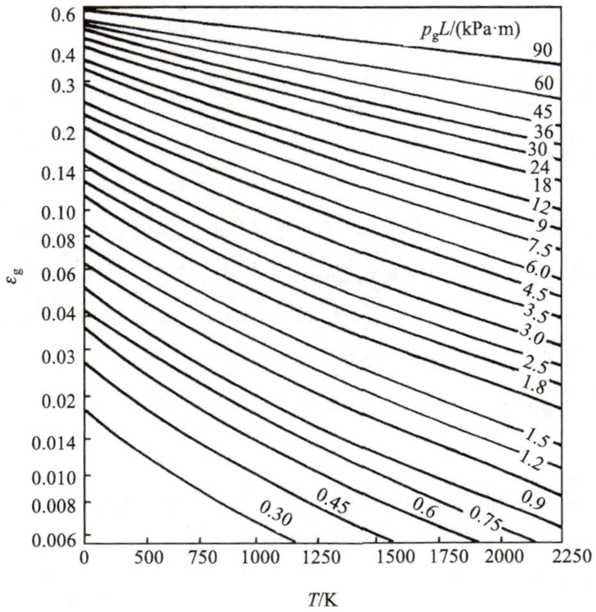

图 5-40　水蒸气的黑度

气体只能选择性地吸收处于光带内的辐射能，因此气体的吸收率不仅与自身状况有关，还与外来辐射有关，气体的吸收率不等于气体的黑度。对于特定的外来辐射，气体的吸收率可以表示为

$$\alpha_g = f(T_g, p_g L) \tag{5-179}$$

类似地，式(5-179)的具体函数形式也须由实验测定。

虽然气体的辐射能力不遵从四次方定律，但为了计算方便，气体的辐射能力仍写成四次方定律的形式，即

$$E_g = \varepsilon_g C_0 \left(\frac{T_g}{100} \right)^4 \tag{5-180}$$

此时，只不过将计算误差归结到气体的黑度中进行修正。

气体与容器壁面之间的净辐射传热，与器壁是黑体或灰体而有所不同。当容器器壁为黑体时，设气体温度为 T_g，器壁温度为 T_w，气体以热辐射方式传递给器壁的净辐射传热通量等于气体本身辐射的辐射能减去气体吸收器壁所发出的辐射能，即

$$q = \varepsilon_g E_g - \alpha_g E_{bw} = C_0 \left[\varepsilon_g \left(\frac{T_g}{100} \right)^4 - \alpha_g \left(\frac{T_w}{100} \right)^4 \right] \tag{5-181}$$

式中，ε_g 为气体在温度 T_g 下的黑度；α_g 为气体对温度为 T_w 的容器器壁所发出的辐射能量的吸

收率。

在工程上，包围气体的容器器壁多为灰体，气体与灰体器壁之间的辐射传热较器壁为黑体时的情况复杂。在计算中，既要考虑灰体壁面的多次反射，又要考虑气体对辐射能吸收的选择性。当器壁黑度大于 0.8 时，气体对灰体器壁的净辐射传热通量可按下式估算

$$q = \varepsilon_{w}' C_0 \left[\varepsilon_g \left(\frac{T_g}{100} \right)^4 - \alpha_g \left(\frac{T_w}{100} \right)^4 \right] \quad (5\text{-}182)$$

式中，修正系数 ε_w' 称为器壁的有效黑度，一般可按 $\varepsilon_w' = 0.5(1+\varepsilon_w)$ 估算。

5.4.5 对流与辐射的复合传热

在化工生产中，许多暴露在大气环境中设备的外壁温度高于环境大气温度。因此，热量将由设备壁面散失到周围环境中。由于周围气体对设备壁面的对流传热强度较小，无论设备壁面温度的高低，设备壁面的热辐射作用所占的份额一般不能忽略。在设备壁面上的热损失应等于壁面上的对流传热与辐射传热的热流量之和。

由对流传热而散失的热量为

$$Q_c = \alpha_c A_w (t_w - t_0) \quad (5\text{-}183)$$

式中，α_c 为气体对设备壁面的对流传热系数；A_w 为设备壁面的表面积；t_w 为设备壁面的温度；t_0 为周围大气的温度。

由辐射而散失的热量可表示为

$$Q_r = \varepsilon_w C_0 A_w \left[\left(\frac{T_w}{100} \right)^4 - \left(\frac{T_0}{100} \right)^4 \right] \quad (5\text{-}184)$$

式中，ε_w 为设备壁面的黑度。

尽管辐射传热和对流传热的机理完全不同，但在对流传热与辐射传热同时存在的场合，为了计算方便，常将辐射传热的传热速率也表达为牛顿冷却定律的形式，即

$$Q_r = \alpha_r A_w (t_w - t_0) \quad (5\text{-}185)$$

式中，α_r 称为辐射传热系数。

对比式(5-184)和式(5-185)可得辐射传热系数 α_r 的表达式

$$\alpha_r = \frac{\varepsilon_w C_0 \left[\left(\frac{T_w}{100} \right)^4 - \left(\frac{T_0}{100} \right)^4 \right]}{t_w - t_0} \quad (5\text{-}186)$$

因此，设备壁面上由对流传热和辐射传热引起的总热损失 Q 为

$$Q = Q_c + Q_r \quad (5\text{-}187)$$

由式(5-183)和式(5-185)，可将式(5-187)改写为

$$Q = Q_c + Q_r = (\alpha_c + \alpha_r) A_w (t_w - t_0) = \alpha_T A_w (t_w - t_0) \quad (5\text{-}188)$$

式中，$\alpha_T = \alpha_c + \alpha_r$，称为对流与辐射复合传热系数，单位为 $W/(m^2 \cdot K)$。

对于有保温层的设备、管道等，外壁对周围环境气体的复合传热系数 α_T 可以用以下近似计算式进行估算。

(1) 空气作自然对流

平壁保温层外：$\alpha_T = 9.8 + 0.07(t_w - t_0)$　[W/(m^2 · K)]　(5-189)

管道或圆筒保温层外：$\alpha_T = 9.4 + 0.052(t_w - t_0)$　[W/(m^2 · K)]　(5-190)

以上两式适用于 t_w<150℃的情形。

(2) 空气沿粗糙壁面的强制对流

空气流速 $u \leqslant 5$m/s 时：$\alpha_T = 6.2 + 4.2u$　[W/(m^2 · K)]　(5-191)

空气流速 $u > 5$m/s 时：$\alpha_T = 7.8u^{0.78}$　[W/(m^2 · K)]　(5-192)

5.5　微化工与微通道中的对流传热

5.5.1　概述

随着微纳制造技术的发展，微型反应器、微型换热器、微型生物芯片等在微化工系统、微传感与测量、生物技术、航天技术、微电子机械系统(MEMS)中得到广泛应用。通过器件的微型化构建微化工集成系统，促进了微换热、微反应、微分离、微分析等化工微型化技术的发展。微反应器是在微尺度通道中进行化学反应的新型反应设备，它与微换热、微分离等构成微化工系统。

与传统化工系统相比，微化工系统中微器件的主要特征是流体通道的特征尺寸通常是微米级(10^{-6}～10^{-3}m)的，规则排布微型反应器单元、微分离单元或微换热单元具有很大的比表面积。例如，微反应器的比表面积可达 10^4m^2/m^3，而典型工业反应器的比表面是 10^3m^2/m^3，比表面积高出 2～3 个数量级。随着特征尺寸的减小和系统的比表面积的增加，单位体积物料的传热面积大幅度提高，可以有效强化传热和传质。微换热器的传热系数比传统换热器的传热系数至少高一个数量级。而且微通道换热器热容量小，对温度变化响应灵敏，易于实现温度精准控制。在微通道反应器中进行热效应大的吸/放热反应和反应速率快的化学反应时，不易发生热累积，反应热可以快速移除，可有效避免常规反应器中易发生的热点和飞温现象。

一般，常规换热器通过增大换热器尺寸来提高换热器的热负荷，换热器特征尺寸的增大因温度分布而产生放大效应，提高了换热器设计和操作的难度。在实际使用中，定制化的换热器设计也导致投资成本增大和生产周期延长。而微通道换热器则是通过增加微通道数量提高换热负荷，通过数增放大可有效缩短换热器的开发周期，显著降低了换热器的开发费用，而且换热器具有很好的操作弹性，特别适合快速移除强放热反应的反应热，利于快速调节和控制换热器的操作温度。例如，对于一些快速反应，如氯化、硝化、溴化、磺化、氟化等反应，在传统反应器中反应温度难于控制，而在微通道反应器中则可以通过高效热量传递，精准调节，以及控制反应器中物料的温度和浓度分布，可在最佳操作条件下进行化学反应。当然，在实际应用中，微通道换热也需关注通道结垢和固体颗粒堵塞的问题。

5.5.2　微尺度与微通道中对流传热

微通道强化传热是提高微化工系统传热速率的重要途径。微通换热器具有大量微尺度流体通道，极高的单位体积传热面积导致传热的表面效应不可忽略，表面张力、库仑力、范德华力和空间位形力等与表面有关的各种力将对流体流动和通道壁面温度等流动和传热特性产生重要影响。

微通道中流体的流动和传热现象一般不能用传统的连续介质传递现象理论解释。例如，微通道中流体的对流传热系数可能比传统理论预测值高出数倍。由于微通道的微小尺寸、固液界面附近的电动效应界面和各种表面条件，一般也不能忽略流体的稀薄性和压缩性，这些因素显著影响流体的流动和对流换热性能。通常，在大尺度通道中，流体的速度和温度等于相应的壁面值。然而，在微通道中，这些条件不再适用。对于微通道中的流体流动，流体不仅会沿着通道壁产生切向速度，而且通道壁面处流体温度与壁面温度存在跳跃，流体速度和温度并非连续变化。

在微通道中，流体的流动特性通常用克努森数、马赫数和布林克曼数等无量纲数表征其流动和传热特性。

克努森数(Knudsen 数)表示气体分子的平均自由程与流动通道特征长度之比，用于表征流体的稀薄性。努森数可表示为

$$Kn = \frac{\Lambda}{L} \tag{5-193}$$

式中，L 为微通道的特征尺寸，一般取微通道水力直径 D_h；Λ为气体分子平均自由程。

马赫(Mach)数表示流体的速度与声速之比，是流体的惯性力与弹性力之比，用于表征流体的可压缩性，定义为

$$Ma = \frac{u}{u_a} \tag{5-194}$$

式中，u 为流体速度；u_a为流体声速，$u_a = \sqrt{\gamma RT}$；γ为定压比热与定容比热之比。

克努森数也可以表示为马赫数和雷诺数的函数，即

$$Kn = \sqrt{\frac{\pi\gamma}{2}}\frac{Ma}{Re} \tag{5-195}$$

式中，$Re = \frac{u_0 L}{\nu}$。

在微通道中，流体流动的特性主要取决于克努森数的大小，局部克努森数决定了流体的稀薄程度和偏离流体连续性假设的程度。按照流体通道与流体特性的特征尺度，在微通道中流体流动特性可划分为连续流区、滑流区、过渡流区和自由分子流区等四类流型，如图 5-41 所示。

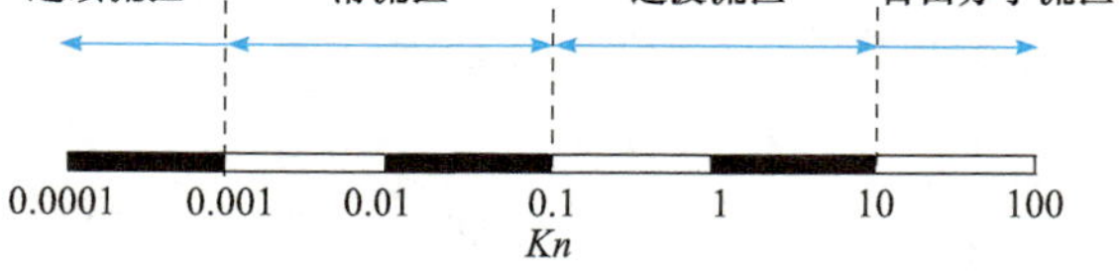

图 5-41　克努森数与流体流动的流型

当 Kn<0.001 时，流体处于连续流区。在此区域内，奈维-斯托克斯方程是适用的，在通道壁面边界处，流体速度与壁面速度相同，并且壁面附近流体的温度也与通道壁面温度相同。在考察可压缩流体时，当 Ma<0.3 时，流体可以认为是不可压缩的。然而，微通道换热器的通道纵横比一般远大于 100，必须考虑流体密度变化对传热的影响。另外，在一些流体压力急剧变化的微通道中，流体密度也变化显著，此时也必须考虑流体的可压缩性。

当 0.001<Kn<0.1 时，流体处于滑流区，必须考虑壁面边界处流体滑移的非连续性。速度滑移是指壁面处流体速度与壁面速度不一致的情况。在流体对流传热中，邻近壁面流体的温度与壁面温度不一样情况称为温度跳跃。在速度滑移和温度跳跃区域，奈维-斯托克斯方程仍然可以应用，但是需要按速度滑移和温度跳跃修正边界条件，这在微通道中的流动和传热问题计算中非常重要。

当 0.1<Kn<10 时，流体处于滑移流和自由分子流之间的过渡流区域，通常采用滑移 Burnett 方程描述流体的流动。

当 Kn>10 时，流体流动处于自由分子流区域，流体分子与壁面之间的弹性散射占据主导地位，此时奈维-斯托克斯方程就不再适用了，需要采用玻尔兹曼方程描述流体的流动。

布林克曼(Brinkman)数是衡量黏性加热与流体在微通道中局部导热的相对大小，黏性加热即抵抗流体黏性剪切所做的功。布林克曼数定义为

$$Br = \frac{\mu u_b^2}{k\Delta T} \tag{5-196}$$

式中，ΔT 是特定轴向位置处的壁面与流体的温差。虽然在低速和低黏度流体流过长度较短的常规尺寸通道时，布林克曼数对传热的影响通常可以忽略，但是在流体通过长管道或通道纵横比很大的通道时，布林克曼数的影响就非常重要了。

在微通道中，流体流动和传热均与宏观尺度显著不同。在微通道中的对流传热显著增强，不仅取决于克努森数、马赫数、布林克曼数和普朗特数的大小，还与微通道的几何形状、通道纵横比、通道壁面状况以及流体特性密切相关，通道内的流型也分为层流、过渡流和湍流流型。当流体符合连续介质假定时，传统的奈维-斯托克斯方程是适用的。在流体流动的滑移区，速度滑移和温度跳跃以相反的方式影响传热，即壁面上大的滑移速度增强了壁面上的对流，而壁面上的温度跳跃则通过降低温度减小壁面上的温度梯度。在计算传热系数时，忽略温度跳跃可能导致高估了对流传热系数。当流体的流动偏离连续介质假定时，或当克努森数较大时，努塞尔数将减小。

当微通道中流体处于连续流区域时，其对流传热系数可采用式(5-197)和式(5-198)进行估算

$$Nu = 0.038Re^{0.62}Pr^{0.33}\ (\text{层流}) \tag{5-197}$$

$$Nu = 0.00726Re^{0.8}Pr^{0.33}\ (\text{湍流}) \tag{5-198}$$

式中，当 $Re > 700$ 时，流体的流动为湍流，特征长度取微通道的水力直径。

例 5-10 设计一个纵向微通道阵列结构作为冷却基底的微通道换热器。冷却基底的面积为 20mm × 20mm。微通道截面为正方形，截面边长为 300μm；采用纯水作为冷却介质，冷却水在微通道的入口处温度为 30℃，微通道中冷却水允许流速的上限为 1.5m/s。在设计中，假设传热过程为稳态，临界雷诺数取为 700。当散热速率为 25W/cm²时，计算基底与冷却水的平均温差，并计算冷却水的出口温度。假设水温呈线性变化，计算冷却基底的平均温度。

解 首先计算微通道的水力直径

$$D_h = 4\times\text{截面面积/润湿周长} = 300\mu\text{m}$$

30℃水的物性参数

密度 $\rho = 997.5\text{kg/m}^3$

运动黏度 $\nu = 0.8315\times10^{-6}\text{m}^2/\text{s}$

导热系数 $\lambda = 612.9\times10^{-3}\text{W/(m}\cdot\text{K)}$

比热 $c_p = 4.178\text{kJ/(kg}\cdot\text{K)}$

普朗特数 $Pr = 5.68$

计算微通道中冷却水流动的雷诺数，即

$$\begin{aligned} Re &= uD_h / \nu \\ &= 1.5\times 300\times 10^{-6} / 0.8315\times 10^{-6} \\ &= 541 \end{aligned}$$

由于流体流动的雷诺数小于临界雷诺数，流动处于层流状态。平均努塞尔数可用式(5-198)计算，代入数据可得

$$\begin{aligned} Nu &= 0.0384 Re^{0.62} Pr^{0.33} \\ &= 0.0384\times(541)^{0.62}\times(5.68)^{0.33} = 3.37 \end{aligned}$$

平均传热系数为

$$\begin{aligned} h &= Nu\lambda / D_h \\ &= 3.37\times 612.9\times 10^{-3} / 300\times 10^{-6} = 6885[\text{W/(m}^2\cdot\text{K)}] \end{aligned}$$

微通道的传热量为

$$Q = hA_s\Delta T$$

其中 A_s 为表面积。

基底和冷却水之间的平均温差为

$$\Delta T = (Q / A_s) / h = 25\times 10^4 / 6885 = 36.3(℃)$$

由冷却水带走的热量为

$$Q = mc_p(T_o - T_{in})$$

即

$$hA_s\Delta T = \rho A_c V(T_o - T_{in})$$

$$6885\times(20\times 10^{-3}\times 300\times 10^{-6}\times 4)\times 36.3 = 997.5\times(300\times 10^{-6})^2\times 1.5\times 4178\times(T_o - 30)$$

可得

$$T_o = 40.6℃$$

假设水温呈线性变化，则冷却水的平均温度为

$$\begin{aligned} T_m &= (T_{in} - T_{ex}) / 2 \\ &= (30 + 40.6) / 2 = 35.3(℃) \end{aligned}$$

冷却基底的平均温度为

$$\begin{aligned} T_{sub} &= T_{bulk} + \Delta T \\ &= 35.3 + 36.3 = 71.6(℃) \end{aligned}$$

本章主要符号说明

符号	意义	单位
A	传热面积	m^2
a	导温系数	m^2/s
b	厚度	m
C_0	黑体辐射系数	$W/(m^2\cdot K^4)$
c_p	定压比热容	$J/(kg\cdot K)$
d	直径	m

d_e	当量直径	m
d_o	管外径	m
E_b	黑体的发射能力	W/m^2
G	投射辐射	W/m^2
g	重力加速度	m/s^2
J	有效辐射	W/m^2
L	特征长度	m
l	长度	m
M	相对分子质量	kg/kmol
m	质量流率	kg/s
p	压力	Pa
Q	传热速率	W
q	热通量或热流密度	W/m^2
R	热阻	$(m^2 \cdot K)/W$
r	半径	m
r	潜热	kJ/kg
T	温度	K
t	温度	℃
u	流速(平均速度)	m/s
v	点速度	m/s
V	体积	m^3
w	质量分数	—
x，y，z	空间坐标	m
希腊字母		
α	对流传热系数	$W/(m^2 \cdot K)$
α	吸收率	—
β	体积膨胀系数	1/K
δ	速度边界层厚度	m
δ_t	热边界层厚度	m
ε	发射率或黑度	—
ε_n	管排修正系数	—
φ	角系数	—

Λ	气体分子平均自由程	m
λ	导热系数	W/(m · K)
μ	黏度	Pa · s
v	运动黏度	m^2/s
θ	过余温度	℃
ρ	密度	kg/m^3
ρ	反射率	—
σ	表面张力	N/m
σ_0	黑体辐射常数	$W/(m^2 \cdot K^4)$
τ	时间坐标	s
τ	穿透率	—

参考文献

陈敏恒，丛德滋，方图南，等．2015. 化工原理(上册). 4 版. 北京：化学工业出版社
陈涛，张国亮．2011. 化工传递过程基础. 3 版. 北京：化学工业出版社
陈维杻．1993. 传递过程与单元操作(上册). 杭州：浙江大学出版社
何潮洪，冯霄. 2007. 化工原理(上册). 2 版. 北京：科学出版社
蒋维钧，戴猷元，顾惠君．1992. 化工原理(上册). 北京：清华大学出版社
谭天恩，麦本熙，丁惠华．1990. 化工原理(上册). 2 版. 北京：化学工业出版社
杨世铭，陶文铨. 2006. 传热学. 4 版. 北京：高等教育出版社
Chopey N P. 2004. Handbook of Chemical Engineering Calculations. 3rd ed. New York: McGraw-Hill
Ehrfeld W, Hessel V, Löwe H. 2000. Microreactors: New Technology for Modern Chemistry. Weinheim: Wiley-VCH Verlag GmbH & Co. KGaA
McCabe W L, Smith J C, Harriott P. 2004. Unit Operations of Chemical Engineering. 7th ed. New York: McGraw-Hill
Sobhan C B, Peterson G P. 2008. Microscale and Nanoscale Heat Transfer: Fundamentals and Engineering Applications. Calabas: CRC Press
Zhang Z. 2008. Nano/Microscale Heat Transfer. 2nd ed. New York: McGraw-Hill Education

习　　题

习题答案

1. 外径为 50mm 的蒸气管道外，包覆有厚度为 40mm、平均导热系数为 0.11W/(m · ℃)的矿渣棉及厚 45mm、平均导热系数为 0.12W/(m · ℃)的煤灰泡沫砖。泡沫砖的外表面温度为 50℃。试计算矿渣棉与煤灰泡沫砖交界面处的温度。若增加煤灰泡沫砖的厚度，则对热损失和交界面处的温度有什么影响？已知蒸气管道的表面温度为 400℃。

2. 一根直径为 3mm 的铜导线，每米长度上的电阻为 $2.22\times10^{-3}\Omega$。导线外包有厚为 1mm、导热系数为 0.15W/(m · ℃)的绝缘层。若限定绝缘层的最高温度为 65℃，最低温度为 0℃，试计算确定在这种条件下导线中允许通过的最大电流。

3. 用稳态加热平板法测定材料的导热系数。方法是：在由某材料制成的平板一侧用电加热器加热，另一侧以冷水通过夹层将热量移走，并用热电偶测试平板两侧的表面壁温，加热器的加热功率可由电流表和电压表读数得到。设某材料的加热面积为 $0.02m^2$，平板的厚度为 0.01m。测定的数据如表所示，试确定该材料的

平均导热系数。如果该材料的导热系数与温度的依赖关系遵从线性函数关系，即 $\lambda = \lambda_0(1+kt)$，试确定关系式中的常数$\lambda_0$和 k。

习题 3 附表

电加热器		材料的表面温度/℃	
电流/A	电压/V	高温壁面	低温壁面
2.80	140	300	100
2.28	114	200	50

4. 一外径为 60mm、壁厚为 3mm 的不锈钢管道，管外先包覆一层厚为 30mm 的石棉，再包覆一层 30mm 厚的软木。石棉和软木的导热系数分别为 0.16W/(m · ℃)和 0.04W/(m · ℃)。

(1) 已知管内壁的温度为–110℃，软木外壁的温度为 10℃，求单位管长上的冷量损失。

(2) 若将两保温材料互换，假设互换后石棉的外壁温度仍为 10℃，则单位管长上的冷量损失又为多少？

(3) 在保温材料互换后，试分析石棉外壁的温度是否能维持在 10℃不变。若不能，则此时石棉外壁的温度为多少？单位管长上的冷量损失是多少？设大气温度为 20℃，互换前后空气对于外壁的对流传热系数不变。

(4) 试定性分析将导热系数值大的保温材料放在内层和外层对冷量损失的影响。

5. 一热电偶的接点可近似看作直径为 0.2mm 的球。初始温度为 25℃，然后置于温度为 200℃的气流中。试求在 1s、10s 和 1min 后热电偶的读数。已知热接点与气流之间的对流传热系数为 350W/(m^2 · ℃)，热接点的物性为：密度 8500kg/m^3，比热容 400J/(kg · K)，导热系数 20W/(m · ℃)。热电偶电流引线的影响可忽略不计。

6. 有一初始温度为 250℃、直径为 0.1m 的铜球，将其突然浸没在温度为 50℃的液体中，假设液体搅拌良好，球体与液体的对流传热系数为 150W/(m^2 · ℃)。已知铜的密度为 8900kg/m^3，比热容为 380J/(kg · K)，导热系数为 360W/(m · ℃)。试求：

(1) 在这种情况下，是否可以采用集总参数法计算球体温度随时间的变化？

(2) 如果可以采用集总参数法计算，试计算 5min、10min 和 30min 后球体的温度。

7. 在地下埋设冷却水输送管道时，必须考虑每年冬季结冰的可能性。假设泥土的初始均匀温度为 20℃，在冬季的 60 天里土层表面的温度常保持在–15℃，为了避免管内的水结冰，试计算埋管的最小深度。已知土层的物性为：密度 2050kg/m^3，比热容 1840J/(kg · K)，导热系数 0.52W/(m · ℃)。

8. 试采用量纲分析方法推导流体与壁面之间作自然对流传热时的准数方程。已知自然对流传热系数为下列变量的函数 $\alpha = f(\lambda, c_p, \rho, \mu, \beta, \Delta t, L)$，式中$\lambda$、$c_p$、$\rho$、$\mu$、$\beta$分别为流体的导热系数、定压比热容、密度、动力黏度和体积膨胀系数，Δt 为流体与壁面之间的温差，L 为壁面的特征长度。

9. 某流体流过内径为 50mm 的圆管时，其对流传热系数为 90W/(m^2 · ℃)。现改用矩形管，矩形管截面的高与宽之比为 1/3。当矩形管与圆管的周长相等，而且流体的流速不变时，其对流传热系数为多少？假设流动为湍流。

10. 水以 1.2m/s 的平均流速流过内径为 20mm 的长直管。如果(1)管壁温度为 75℃，水从 20℃加热到 70℃；(2)管壁温度为 15℃，水从 70℃冷却到 20℃。试计算这两种情况下的对流传热系数，并讨论产生差别的原因。

11. 苯蒸气于常压下在ϕ25mm×2.5mm 的单根竖直管外冷凝，管长为 3m，设壁温为 60℃，试计算苯蒸气冷凝时的对流传热系数。已知苯蒸气的冷凝温度为 80℃，冷凝潜热为 393.9kJ/kg，定性温度下冷凝液的物性为：$\mu = 0.34\times10^{-3}\,\text{Pa}\cdot\text{s}$，$\lambda = 0.131\,\text{W/(m}\cdot\text{K)}$，$\rho = 830\,\text{kg/m}^3$。若此管改为水平放置时，其冷凝传热系数又为多少？

12. 一水平放置的蒸汽管道，其保温层外径为 583mm，其外表面温度为 48℃，周围的空气温度为 23℃。试计算单位长度蒸汽管道上由于自然对流引起的散热量。

13. 压力为 1.013×10^5Pa 的饱和水蒸气，用水平放置的壁温为 90℃的铜管冷凝。有两种情形：(1)用一根直径为 10cm 的铜管；(2)用 10 根直径为 1cm 的铜管。试计算这两种情形下所产生的冷凝液量是否相同。如不相同，相差多少？

14. 水在一直径为 0.34m 的铜质加热板上作大容器沸腾。在常压下，其产汽量为 101kg/h，试求加热板上的沸腾传热系数。

15. 在常压下，水在磨光的不锈钢表面作大容器沸腾，不锈钢壁面的温度为 113.9℃，求不锈钢表面的沸腾传热系数。

16. 两块相互平行的长方形平板，长为 2m，宽为 1m，间距为 1m。平板可视为黑体。试计算两平板温度分别为 727℃和 227℃时的辐射传热量。

17. 两平行平板 1 和 2 的温度分别为 300℃和 100℃，板 1 的黑度为 0.5，板 2 的黑度为 0.8。今在两板之间插入第 3 块平行平板。该板的厚度极小，两侧面的温度相同但黑度不同。当其中的一个面(设为 A)面朝板 1 时，板 3 的平衡温度为 176.4℃；当其中的另一个面(设为 B)面朝板 1 时，板 3 的平衡温度为 255.5℃。各板之间的距离很小，求板 3 的 A、B 面的黑度。

18. 一加热炉紧靠密集的低温丙烷管道系统。为了保护管道系统免受热辐射，拟在管道系统冷箱与加热炉炉壁之间设置辐射防护板。炉壁的温度是 204℃，与管道系统的距离是 0.61m，冷箱的平均温度是 2℃。加热炉和管道系统冷箱的外表面均为 7.6m × 12.2m。为了保持最后一层辐射防护板的温度低于 32℃，在两者之间必须设置多少层面积为 7.6m × 12.2m 的辐射防护板？假设加热炉炉壁和管道系统冷箱表面的黑度分别为 0.9 和 0.65，铝质的辐射防护板的黑度为 0.1。

19. 试证明在稳态辐射传热过程中，两个高、低温($T_A>T_B$)的固体平板间装有 n 片很薄的平行遮热板时，传热量减少到原来不安装遮热板时的 $1/(n+1)$倍。设所有平板的间距很小，表面积、黑度均相等。

自测练习题

第 6 章　传热过程计算与换热器

引　例

化工过程产生的废水水质成分复杂、含盐量高，直接排放会导致严重的环境污染问题。开发高盐废水处理工艺，回收废水中的水与盐分，实现废水零排放对于节约水资源、降低污染物排放具有重要意义。多效蒸发是一种广泛使用的高盐废水处理工艺，其以蒸汽为热源在蒸发器内使废水蒸发，产生浓缩废水与水蒸气。多效蒸发系统包括大量的换热器，如废水预热器、蒸汽冷凝器与蒸发器，这些换热器构成了一套复杂的换热网络。

目前工业上广泛采用列管式换热器对两股物料进行换热。典型的列管式换热器壳体及内部管束、折流板结构如图 6-1 所示。

图 6-1　列管式换热器壳体及内部管束、折流板结构

6.1　概　　述

化工系统中常需对物料进行加热或冷却，以满足流体输送、反应、分离、排放的需求，换热器就是实现物料升(降)温的设备。换热器是利用多股物料的温差实现物料热量传递的设备。多股物料可在换热器内直接接触或通过壁面导热实现间接接触换热。化工系统中的换热器可充分利用原料与产物的热量，是实现节能减排的关键设备。

换热器在化工系统中被广泛使用，如酿酒行业中利用换热器将即将排放的高温塔底釜液的热量转移至输入原料中，既满足排放的要求，降低环境污染，又可节省输入原料升温所需的能量。近代石油炼制中更是存在大量的换热器，其应用极大程度节省了能源。

要实现高效的换热过程，需要化工技术人员进行选型、计算与设计工作。主要包括：换热器类型选择、两种物料流速的选择、物料在换热器内压降的选择。实现合理的选择需要掌握热过程的计算方法、换热过程的强化原理。本章将结合生产实例，详细论述上述各知识点的具体内容。

6.2　传热过程分析

如图 6-2 所示，热流体通过固体壁面(间壁)与冷流体进行热量交换的传热过程分为三步进行：

(1) 热流体以对流传热方式将热量传给固体壁面。

(2) 热量以热传导方式由固体壁面的热侧面传到冷侧面。

(3) 冷流体以对流传热方式将固体壁面传来的热量带走。

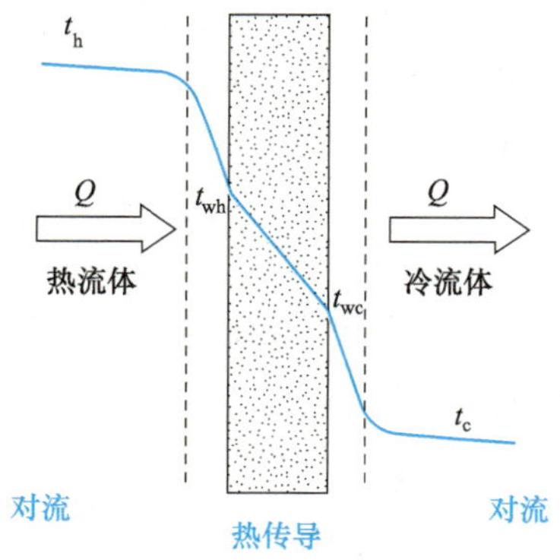

图 6-2　流体通过间壁的热量交换

在上述三个步骤中，第(2)步通过间壁的传热纯属热传导，第(1)与(3)步为流体与间壁固体之间的传热，主要依靠对流传热，但是对于高温的多原子气体或含固体颗粒的气体，流体与壁面之间的辐射传热也不容忽视。由于在化工生产中经常遇到的是温度不太高的流体之间的传热过程，因而在传热过程计算中通常忽略流体与间壁之间的辐射传热。

图 6-2 中示出了沿热量传递方向从热流体到冷流体的温度分布情况。热流体以对流方式将热量传给间壁的一侧，如果热流体不发生相变，则热流体的温度逐渐降低；在间壁中沿热流方向温度降低；当热量传给冷流体后，如果冷流体也不发生相变，则其温度将逐渐升高。

6.3　传热过程的基本方程

6.3.1　热量衡算方程

热量衡算方程反映了冷、热流体在传热过程中温度变化的相互关系。根据能量守恒原理，在传热过程中，若忽略热损失，单位时间内热流体放出的热量等于冷流体所吸收的热量。

图 6-3 为一典型换热设备(套管式换热器，由不同直径的两根管子套成同心套管作元件)内的传热过程，热流体走管内，冷流体走环隙。由于冷、热流体沿壁面平行流动，而流动方向彼此相反，因此称为逆流(若方向相同，则称为并流)。

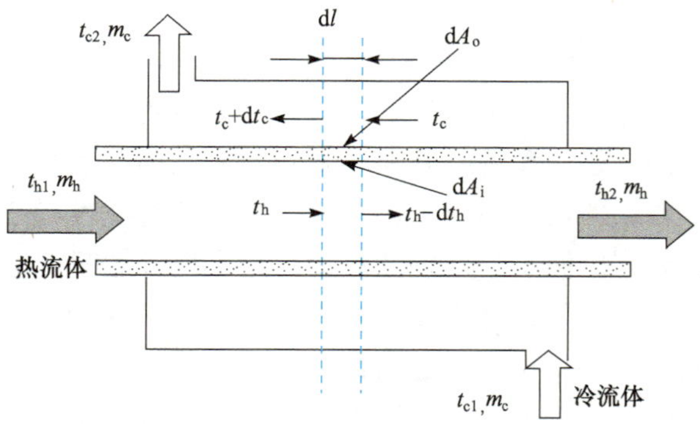

图 6-3　套管换热器中的传热过程

对于换热器的一个微元段，传热面积为 dA，冷热流体之间的热量传递满足

$$dQ = m_h dH_h = m_c dH_c \tag{6-1}$$

式中，m 为流体质量流率，kg/s；dH 表示单位质量流体焓值增量，kJ/kg；dQ 为微元传热面积 dA 上的传热速率，W；下标 h 和 c 分别表示热流体和冷流体。

对于整个换热器，其热量的衡算式为

$$Q = m_h(H_{h1} - H_{h2}) = m_c(H_{c2} - H_{c1}) \tag{6-2}$$

式中，Q 为整个换热器的传热速率，或称为换热器的热负荷，W；H 表示单位质量流体焓值，kJ/kg；下标 1 和 2 分别表示流体的进口和出口。

如果换热器中的流体均无相变，且流体的比热容不随流体温度变化而为常数时，式(6-1)和式(6-2)可分别表示为

$$dQ = m_h c_{ph} dt_h = m_c c_{pc} dt_c \tag{6-3}$$

$$Q = m_h c_{ph}(t_{h1} - t_{h2}) = m_c c_{pc}(t_{c2} - t_{c1}) \tag{6-4}$$

式中，c_p 为流体的定压比热容，kJ/(kg · ℃)；t_h 和 t_c 分别为热流体和冷流体的温度，℃。

若换热器中的流体有相变，如冷流体被加热沸腾，冷流体的进口为饱和液体，出口为饱和蒸汽的情况下，式(6-2)可变为

$$Q = m_h c_{ph}(t_{h1} - t_{h2}) = m_c r \tag{6-5}$$

式中，r 为冷流体的汽化潜热，kJ/kg。如果冷流体在换热器的进出口处存在液体过冷和蒸气过热，则应加入显热部分，即

$$Q = m_h c_{ph}(t_{h1} - t_{h2}) = m_c\left[c_{pl}(t_s - t_{c1}) + r + c_{pv}(t_{c2} - t_s)\right] \tag{6-6}$$

式中，t_s 为冷流体的饱和温度，℃。

如果在换热器中存在热损失，则在换热器中的传热速率为

$$Q = m_h(H_{h1} - H_{h2}) - Q_h' = m_c(H_{c2} - H_{c1}) + Q_c' \tag{6-7}$$

式中，Q_h' 为热流体对环境的散热量，W；Q_c' 为冷流体从环境中吸收的热量，W。

6.3.2　传热速率方程

对于间壁式传热，第 5 章已经分别介绍了通过固体的热传导方程和对流传热速率方程，然而在应用这些方程进行传热计算时，都需涉及壁面的温度，而壁面温度通常是未知的。为了避免在传热速率方程中出现未知的壁面温度，在实际的传热过程计算中，通常采用以间壁两侧流体的温度差为推动力的总传热速率方程，简称传热速率方程。

如图 6-3 所示，在换热器中，任取一微元段 dl，对应于间壁的微元传热面积 dA，热流体对冷流体传递热量的传热速率可表示为

$$dQ = K'(t_h - t_c)dA = \frac{t_h - t_c}{\dfrac{1}{K'dA}} \tag{6-8}$$

式(6-8)称为微分传热速率方程。式中，K'表示局部传热系数，W/(m² · ℃)；t_h、t_c 分别为热流体和冷流体的局部平均温度，℃。$1/K'dA$ 称为热阻，表示热量传递过程的阻力。因为式(6-8)仅针对换热器的 dl 段列出，故式中各量均具有局部的性质。

由于换热器内的冷、热流体的温度和物性是变化的，因而在传热过程中的局部传热温差和局部传热系数都是变化的，但在工程计算中，在沿程温度和物性变化不是很大的情况下，

通常传热系数 K 和传热温差Δt 均可采用整个换热器上的积分平均值，因此，对于整个换热器，传热速率方程可写为

$$Q = K\Delta t_m A \tag{6-9}$$

式中，K 表示基于换热器总传热面积 A 的总平均传热系数，简称总传热系数或传热系数，$W/(m^2 \cdot ℃)$；Δt_m 表示冷热流体的平均传热温差，℃。

由传热热阻的概念，传热速率方程还可以写为

$$Q = \frac{\Delta t_m}{R} = \frac{\Delta t_m}{\dfrac{1}{KA}} \tag{6-10}$$

式中，R=1/(KA)为换热器的总传热热阻，℃/W。

6.4 传热过程计算

6.4.1 总传热系数与壁温计算

总传热系数 K 是反映换热器传热性能的重要参数，也是对换热器进行传热过程计算的基本依据。它可以通过查阅相关手册、实验测定和分析计算获得。总传热系数 K 的数值取决于流体的物性、传热过程的操作条件和换热器的类型等多方面因素。

1. 总传热系数的计算

如图 6-3 所示，设两流体通过间壁进行换热。在换热器中任取一微元段 dl，间壁内、外侧的传热面积分别为 dA_i 和 dA_o。壁面的导热系数为λ，壁厚为 b。内、外侧流体的温度分别为 t_h 和 t_c，相应的对流传热系数分别为α_i 和α_o。间壁内侧、外侧的温度分别为 t_{wh} 和 t_{wc}。

根据牛顿冷却定律和傅里叶定律，有

内侧 $$\mathrm{d}Q_i = \frac{t_h - t_{wh}}{\dfrac{1}{\alpha_i \mathrm{d}A_i}} \tag{6-11}$$

间壁 $$\mathrm{d}Q_m = \frac{t_{wh} - t_{wc}}{\dfrac{b}{\lambda \mathrm{d}A_m}} \tag{6-12}$$

外侧 $$\mathrm{d}Q_o = \frac{t_{wc} - t_c}{\dfrac{1}{\alpha_o \mathrm{d}A_o}} \tag{6-13}$$

式中，dA_m 为间壁的平均导热面积，m^2。

在稳态条件下，由热流体到冷流体的传热过程中，各个环节的传热速率处处相等，即

$$\mathrm{d}Q_i = \mathrm{d}Q_m = \mathrm{d}Q_o = \mathrm{d}Q \tag{6-14}$$

利用式(6-11)～式(6-14)，可得

$$\mathrm{d}Q = \frac{t_h - t_{wh}}{\dfrac{1}{\alpha_i \mathrm{d}A_i}} = \frac{t_{wh} - t_{wc}}{\dfrac{b}{\lambda \mathrm{d}A_m}} = \frac{t_{wc} - t_c}{\dfrac{1}{\alpha_o \mathrm{d}A_o}} = \frac{t_h - t_c}{\dfrac{1}{\alpha_i \mathrm{d}A_i} + \dfrac{b}{\lambda \mathrm{d}A_m} + \dfrac{1}{\alpha_o \mathrm{d}A_o}} \tag{6-15}$$

式中，Q 为换热器总传热面积上的传热速率，W；$(t_h - t_c)$ 为传热的总推动力，℃。

对比式(6-8)和式(6-15)，若以间壁外侧面为传热面积计算基准，则其局部传热系数 K_o' 为

$$\frac{1}{K_o'\mathrm{d}A_o}=\frac{1}{\alpha_i\mathrm{d}A_i}+\frac{b}{\lambda\mathrm{d}A_m}+\frac{1}{\alpha_o\mathrm{d}A_o} \tag{6-16}$$

或者为

$$\frac{1}{K_o'}=\frac{1}{\alpha_i}\cdot\frac{\mathrm{d}A_o}{\mathrm{d}A_i}+\frac{b}{\lambda}\cdot\frac{\mathrm{d}A_o}{\mathrm{d}A_m}+\frac{1}{\alpha_o} \tag{6-17}$$

式(6-16)和式(6-17)等号左边代表总热阻，右边三项分别代表管内侧热阻、管壁热阻与管外侧热阻，统一称为分热阻。总热阻由分热阻相互叠加组成。

由于流体温度沿传热面随流动距离而不断变化(除发生相变外)，因而流体物性随之改变，对流传热系数也改变。然而，在工程计算中，通常是按某一定性温度确定物性参数(如第 5 章所述)来计算对流传热系数 α，而将 α 看作常数，因而求得的局部传热系数 K' 亦为常数，不随管长变化，而作为全管长上的总传热系数 K，又微元面积的比值也可用全管长上总面积的比值代替，故式(6-17)可改写为

$$\frac{1}{K_o}=\frac{1}{\alpha_i}\cdot\frac{A_o}{A_i}+\frac{b}{\lambda}\cdot\frac{A_o}{A_m}+\frac{1}{\alpha_o} \tag{6-18}$$

由式(6-18)可知，对于一个确定的传热过程，总传热系数 K 的数值与换热器传热面积的计算基准有关。对于平壁，由于间壁两侧的传热面积相等，因而总传热系数的数值对任一侧都相等；而对于沿热流方向传热面积变化的间壁而言，如圆管壁或带有扩展表面的壁面，在选取不同的传热面积作为传热过程计算基准时，其总传热系数的数值不同。因此，在指出总传热系数的同时，还必须注明传热面的计算基准。

同理，还可写出对应于 A_i 的总传热系数 K_i

$$\frac{1}{K_i}=\frac{1}{\alpha_i}+\frac{b}{\lambda}\cdot\frac{A_i}{A_m}+\frac{1}{\alpha_o}\cdot\frac{A_i}{A_o} \tag{6-19}$$

对于内、外径分别为 d_i 和 d_o，长为 L 的圆管，由于 $A=\pi dL$，总传热系数 K_o 还可以表示为

$$\frac{1}{K_o}=\frac{1}{\alpha_i}\cdot\frac{d_o}{d_i}+\frac{b}{\lambda}\cdot\frac{d_o}{d_m}+\frac{1}{\alpha_o} \tag{6-20}$$

式中，d_m 表示管壁的平均直径，m。在工程上，一般以圆管外表面作为传热过程中传热面积的计算基准，相应的传热系数 K_o 也简记作 K。本章中如不作说明，K 即是以管外表面为基准。

对于厚度为 b 的平壁，由于内、外侧的传热面积相等，其总传热系数 K 可表示为

$$\frac{1}{K}=\frac{1}{\alpha_i}+\frac{b}{\lambda}+\frac{1}{\alpha_o} \tag{6-21}$$

2. 污垢热阻

换热器在经过一段时间的运行后，传热表面往往积存有污垢，在计算传热系数时污垢层的传热热阻不容忽视。污垢热阻的大小与流体性质、流速、温度、换热器结构和运行时间等因素有关。污垢热阻对换热器的操作影响很大，在操作中需采取必要的措施以防止污垢的积累。对一定的流体和换热器结构，增大流体的流速，可以降低污垢在传热面上沉积的可能性，而减小污垢热阻。由于污垢层厚度及导热系数难以测定，通常只能根据经验选取污垢热阻，作为计算的依据。

如果间壁内、外两侧的污垢热阻分别用 R_{si} 和 R_{so} 表示，则根据串联热阻的叠加原理，总传热热阻可以表示为

$$\frac{1}{K}=\frac{1}{\alpha_i}\cdot\frac{A_o}{A_i}+R_{si}\frac{A_o}{A_i}+\frac{b}{\lambda}\cdot\frac{A_o}{A_m}+R_{so}+\frac{1}{\alpha_o} \tag{6-22}$$

工业上常见流体污垢热阻的一般范围为 0.9×10^{-4}～$17.6\times10^{-4}\text{m}^2\cdot\text{K/W}$，详见附录十二。

3. 换热器中总传热系数的范围

在进行换热器的传热计算时，通常需要先估计传热系数。表 6-1 列出了常见的列管式换热器中总传热系数经验值的大致范围。由表 6-1 的数据可见，总传热系数的变化范围很大。

表 6-1 列管式换热器中总传热系数的大致范围

热流体	冷流体	总传热系数 K/[W/(m^2·℃)]
水	水	850～1700
轻油	水	340～910
重油	水	60～280
气体	水	17～280
水蒸气冷凝	水	1420～4250
水蒸气冷凝	气体	30～300
低沸点烃类蒸气冷凝(常压)	水	455～1140
高沸点烃类蒸气冷凝(减压)	水	60～170
水蒸气冷凝	水沸腾	2000～4250
水蒸气冷凝	轻油沸腾	455～1020
水蒸气冷凝	重油沸腾	140～425

4. 壁温的计算

在选用换热器的类型和材料时都需要知道间壁的壁温，根据式(6-11)可以写出热流体侧的壁温计算式

$$t_{wh}=t_h-\frac{Q}{\alpha_i A_i} \tag{6-23}$$

由式(6-12)和式(6-13)同样可写出冷流体侧的壁温计算式

$$t_{wc}=t_{wh}-\frac{bQ}{\lambda A_m} \tag{6-24}$$

$$t_{wc}=t_c+\frac{Q}{\alpha_o A_o} \tag{6-25}$$

以上关系式表明，当间壁的导热系数很大时，间壁两侧的壁面温度可近似认为相等，而且间壁的温度接近于对流传热系数较大一侧的流体温度。

例 6-1 在某高盐废水的四效蒸发处理系统中，来自蒸发器的冷凝水与废水在预热器内换热。预热器为弓形折流板换热器，管程流体为废水，对流传热系数为 α_i = 1000W/(m^2·℃)。壳程流体为冷凝水，对流传热系数为 α_o = 200W/(m^2·℃)。换热管为 ϕ25mm × 2.5mm 的钢管，其导热系数为 λ = 45W/(m·℃)。壳程污垢热阻可以忽略，管程污垢热阻为 0.0016m^2·℃/W。试求(1)该传热过程的总传热系数；(2)若采用新型折流板(如

螺旋折流板)换热器，壳程传热系数增大 1.5 倍，其他条件不变，总传热系数有何变化？(3)若在换热管内部放入扰流元件，使得管内对流换热系数增大 1.5 倍，其他条件不变，总传热系数有何变化？(4)若改进管程除垢方案，使得管程污垢热阻降低为 0.0005m²·℃/W，则总传热系数有何变化？

解　(1) 由式(6-22)可得，以管外壁为基准的总传热系数为

$$K=\frac{1}{\frac{1}{\alpha_i}\cdot\frac{d_o}{d_i}+R_{si}\cdot\frac{d_o}{d_i}+\frac{b}{\lambda}\cdot\frac{d_o}{d_m}+R_{so}+\frac{1}{\alpha_o}}$$

$$=\frac{1}{\frac{1}{1000}\times\frac{25}{20}+0.0016\times\frac{25}{20}+\frac{0.0025}{45}\times\frac{25}{22.5}+0.0+\frac{1}{200}}=120.3\left[W/\left(m^2\cdot ℃\right)\right]$$

由以上计算可以看出管壁的热阻很小，可忽略不计。

(2) 若采用新型折流板换热器，则总传热系数为

$$K=\frac{1}{\frac{1}{\alpha_i}\cdot\frac{d_o}{d_i}+R_{si}\cdot\frac{d_o}{d_i}+\frac{b}{\lambda}\cdot\frac{d_o}{d_m}+R_{so}+\frac{1}{\alpha_o}}$$

$$=\frac{1}{\frac{1}{1000}\times\frac{25}{20}+0.0016\times\frac{25}{20}+\frac{0.0025}{45}\times\frac{25}{22.5}+0.0+\frac{1}{200\times1.5}}=150.5\left[W/\left(m^2\cdot ℃\right)\right]$$

总传热系数增加了(150.5–120.3)/120.3 = 25.1%。

(3) 若在管内放入扰流元件，则总传热系数为

$$K=\frac{1}{\frac{1}{\alpha_i}\cdot\frac{d_o}{d_i}+R_{si}\cdot\frac{d_o}{d_i}+\frac{b}{\lambda}\cdot\frac{d_o}{d_m}+R_{so}+\frac{1}{\alpha_o}}$$

$$=\frac{1}{\frac{1}{1000\times1.5}\times\frac{25}{20}+0.0016\times\frac{25}{20}+\frac{0.0025}{45}\times\frac{25}{22.5}+0.0+\frac{1}{200}}=126.7\left[W/\left(m^2\cdot ℃\right)\right]$$

总传热系数只增加了(126.7–120.3)/120.3=5.3%。

(4) 若污垢热阻降低，则总传热系数为

$$K=\frac{1}{\frac{1}{\alpha_i}\cdot\frac{d_o}{d_i}+R_{si}\cdot\frac{d_o}{d_i}+\frac{b}{\lambda}\cdot\frac{d_o}{d_m}+R_{so}+\frac{1}{\alpha_o}}$$

$$=\frac{1}{\frac{1}{1000}\times\frac{25}{20}+0.0005\times\frac{25}{20}+\frac{0.0025}{45}\times\frac{25}{22.5}+0.0+\frac{1}{200}}=144.2\left[W/\left(m^2\cdot ℃\right)\right]$$

总传热系数增加了(144.2–120.3)/120.3 = 19.9%。

讨论　由上述计算可以看出，强化壳侧的对流传热所提高的总传热系数远较强化管侧的对流传热的效果显著。此外，当污垢热阻比较大时，改进除垢技术也能显著提升总传热效果。因此，要提高一个具体传热过程的总传热系数，必须首先比较传热过程各个环节上的分热阻，对分热阻最大的环节进行强化，这样才能使总传热系数提高显著。

6.4.2　传热过程的平均温差计算

间壁两侧流体传热平均温差(又称为平均推动力)Δt_m 的大小和计算方法与换热器中参与换热流体的温度变化情况以及流体的相对流动方向有关。

1. 恒温差传热

在换热器中，间壁两侧的流体均存在相变时，两流体温度分别保持不变，这种传热称为恒温差传热。例如在蒸发器中，饱和蒸气冷凝与另一侧液体沸腾之间的传热，其传热温差保

持恒定不变。在恒温差传热中，由于两流体的温差处处相等，传热过程的平均温差即是发生相变两流体的饱和温度之差。

2. 变温差传热

若间壁传热过程中有一侧流体没有相变，则流体的温度沿流动方向是变化的，传热温差也随流体流动的位置发生变化，这种情况下的传热称为变温差传热。

在变温差传热时，传热过程平均温差的计算方法与流体的流动排布型式有关。下面分别讨论常见流动排布型式传热过程的平均传热温差计算方法。

1) 并流和逆流时的传热温差

图 6-4 定性地表示出两流体作变温差传热时传热温差的变化情况，其中图 6-4(a)为冷、热流体间呈逆流流动，图 6-4(b)为并流流动的情形。

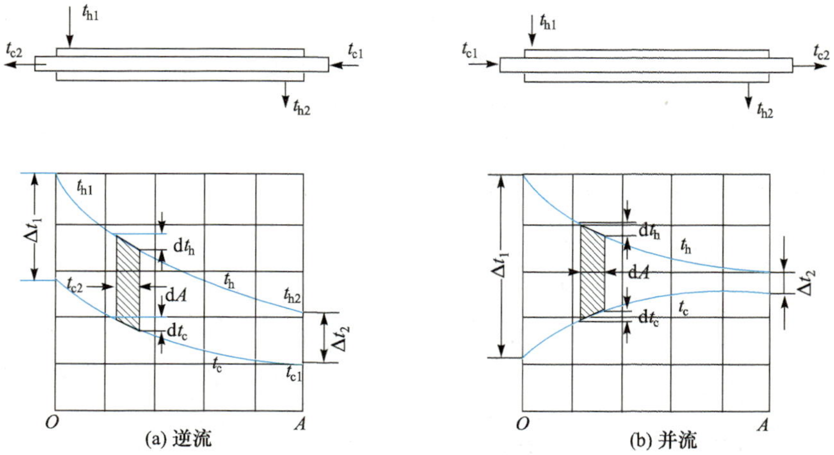

图 6-4　两侧流体呈逆流和并流时的传热温差变化

下面以逆流传热过程为例，推导平均温差计算公式。

设热流体的进、出口温度分别为 t_{h1} 和 t_{h2}，冷流体的进、出口温度分别为 t_{c1} 和 t_{c2}。假定：①冷、热流体的比热容 c_{pc}、c_{ph} 在整个传热面上都是常量；②总传热系数 K 在整个传热面上不变；③换热器无散热损失。

如图 6-4 所示，先研究微元传热面积 dA 上的传热情况。在 dA 两侧，冷、热流体的温度分别为 t_h 和 t_c，传热温差为Δt，即

$$\Delta t = t_h - t_c$$

通过微元面积 dA 的传热量为

$$dQ = K(t_h - t_c)dA = K\Delta t dA \tag{6-26}$$

热流体放出热量 dQ 后温度下降了 dt_h；冷流体在吸收了热量 dQ 后温度上升了 dt_c。沿热流体的流动方向，冷、热流体的温度均下降，由热量衡算方程可得

$$dt_h = -\frac{dQ}{m_h c_{ph}}$$

$$dt_c = -\frac{dQ}{m_c c_{pc}}$$

从而

$$\mathrm{d}(\Delta t)=\mathrm{d}t_{\mathrm{h}}-\mathrm{d}t_{\mathrm{c}}=\left(\frac{1}{m_{\mathrm{c}}c_{p\mathrm{c}}}-\frac{1}{m_{\mathrm{h}}c_{p\mathrm{h}}}\right)\mathrm{d}Q \tag{6-27}$$

将式(6-26)代入式(6-27)可以得到微元传热面积 $\mathrm{d}A$ 与微分传热温差 $\mathrm{d}(\Delta t)$的关系，即

$$\frac{\mathrm{d}(\Delta t)}{\Delta t}=K\left(\frac{1}{m_{\mathrm{c}}c_{p\mathrm{c}}}-\frac{1}{m_{\mathrm{h}}c_{p\mathrm{h}}}\right)\mathrm{d}A$$

以$\Delta t_1=t_{\mathrm{h1}}-t_{\mathrm{c2}}$、$\Delta t_2=t_{\mathrm{h2}}-t_{\mathrm{c1}}$表示换热器两端的温差，对上式在整个传热面积 A 上积分

$$\int_{\Delta t_1}^{\Delta t_2}\frac{1}{\Delta t}\mathrm{d}(\Delta t)=K\left(\frac{1}{m_{\mathrm{c}}c_{p\mathrm{c}}}-\frac{1}{m_{\mathrm{h}}c_{p\mathrm{h}}}\right)\int_0^A\mathrm{d}A$$

即

$$\ln\frac{\Delta t_2}{\Delta t_1}=KA\left(\frac{1}{m_{\mathrm{c}}c_{p\mathrm{c}}}-\frac{1}{m_{\mathrm{h}}c_{p\mathrm{h}}}\right) \tag{6-28}$$

由式(6-4)，即 $Q=m_{\mathrm{h}}c_{p\mathrm{h}}(t_{\mathrm{h1}}-t_{\mathrm{h2}})=m_{\mathrm{c}}c_{p\mathrm{c}}(t_{\mathrm{c2}}-t_{\mathrm{c1}})$，得

$$\frac{1}{m_{\mathrm{c}}c_{p\mathrm{c}}}-\frac{1}{m_{\mathrm{h}}c_{p\mathrm{h}}}=\frac{t_{\mathrm{c2}}-t_{\mathrm{c1}}}{Q}-\frac{t_{\mathrm{h1}}-t_{\mathrm{h2}}}{Q}=\frac{(t_{\mathrm{h2}}-t_{\mathrm{c1}})-(t_{\mathrm{h1}}-t_{\mathrm{c2}})}{Q}=\frac{\Delta t_2-\Delta t_1}{Q}$$

将上式代入式(6-28)，得

$$\ln\left(\frac{\Delta t_2}{\Delta t_1}\right)=KA\frac{\Delta t_2-\Delta t_1}{Q}$$

即

$$Q=KA\frac{\Delta t_2-\Delta t_1}{\ln\left(\dfrac{\Delta t_2}{\Delta t_1}\right)}$$

对比式(6-9)与上式，可得平均传热温差的表达式

$$\Delta t_{\mathrm{m}}=\frac{\Delta t_2-\Delta t_1}{\ln\left(\dfrac{\Delta t_2}{\Delta t_1}\right)} \tag{6-29}$$

上述所推导的平均传热温差表达式称为对数平均温差。对于冷、热流体作并流流动的传热过程，同样可以导出与式(6-29)相同的结果。因此，式(6-29)是计算逆流和并流情况下平均传热温差的通用计算公式。

在应用式(6-29)计算平均温差时，为了计算方便，当换热器的端部温差满足 $2>\Delta t_2/\Delta t_1>0.5$ 时，上述对数平均温差可以用算术平均温差$(\Delta t_1+\Delta t_2)/2$ 代替，其误差不超过 4%。

例 6-2　在一换热器中，用来自蒸发器的冷凝水对废水进行预热。冷凝水的进、出口温度分别为 100℃和 80℃；废水的进出、口温度分别为 25℃和 35℃。试求在这种温度条件下，冷凝水与废水作逆流和并流流动时的平均传热温差。

解　由题设条件，可根据式(6-29)计算冷凝水与废水传热过程的平均温差。计算的条件和计算结果如下所示。

逆流	冷凝水	80←100	Δt_1=80−25=55(℃)	$\Delta t_{\mathrm{m}}=\dfrac{65-55}{\ln(65/55)}=59.9$ (℃)
	废水	25→35	Δt_2=100−35=65(℃)	
并流	冷凝水	100→80	Δt_1=100−25=75(℃)	$\Delta t_{\mathrm{m}}=\dfrac{75-45}{\ln(75/45)}=58.7$ (℃)
	废水	25→35	Δt_2=80−35=45(℃)	

讨论 由计算结果可见：在同样的进、出口温度条件下，逆流的传热温差比并流的大。因此，当换热器中传热速率和传热系数都相同时，采用逆流流动所需的传热面积比并流的小。

2) 错流和折流时的传热温差

在实际的换热器设计中，流体的流动通常不是纯粹的逆流或并流，因为在设计中除了考虑传热的温差外，还要考虑到影响传热系数的多种因素以及换热器结构方面的问题，所以，在换热器中流体的流向一般都比较复杂。

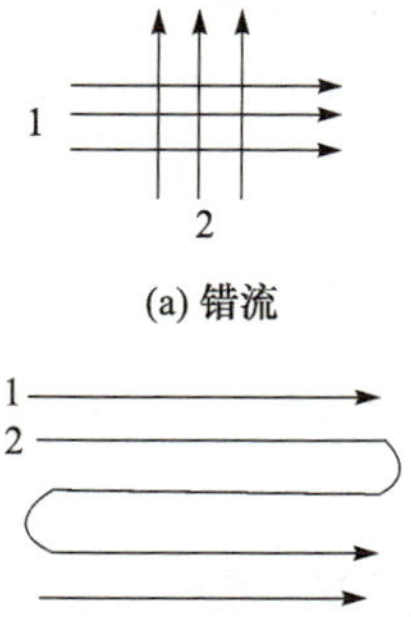

(a) 错流　(b) 折流

图 6-5 两流体间的错流与折流

如图 6-5 所示，按照冷、热流体之间的相对流动方向，流体之间作垂直交叉的流动，称为错流；如一流体只沿一个方向流动，而另一流体反复地折流，使两侧流体间并流和逆流交替出现，这种情况称为简单折流。在列管式换热器中可以有多种流动排布型式。为了强化传热，列管式换热器的管程或壳程通常是多流程，即流体经过两次或多次折流后才流出换热器，这样就使平均温差的计算变得复杂。

图 6-6 示出简单折流中热流体作单程流动、冷流体作双程流动的组合(简称 1-2 折流)。在这种情况下，传热过程的平均温差计算远比单纯并流或逆流时的计算复杂。经过推导，对于 1-2 折流的平均温差可表示为

$$\Delta t_{\mathrm{m}}=\frac{\sqrt{(t_{\mathrm{h1}}-t_{\mathrm{h2}})^2+(t_{\mathrm{c2}}-t_{\mathrm{c1}})^2}}{\ln\left[\dfrac{(t_{\mathrm{h1}}-t_{\mathrm{c2}})+(t_{\mathrm{h2}}-t_{\mathrm{c1}})+\sqrt{(t_{\mathrm{h1}}-t_{\mathrm{h2}})^2+(t_{\mathrm{c2}}-t_{\mathrm{c1}})^2}}{(t_{\mathrm{h1}}-t_{\mathrm{c2}})+(t_{\mathrm{h2}}-t_{\mathrm{c1}})-\sqrt{(t_{\mathrm{h1}}-t_{\mathrm{h2}})^2+(t_{\mathrm{c2}}-t_{\mathrm{c1}})^2}}\right]} \tag{6-30}$$

式(6-30)适用于图 6-6 中的两种情况。

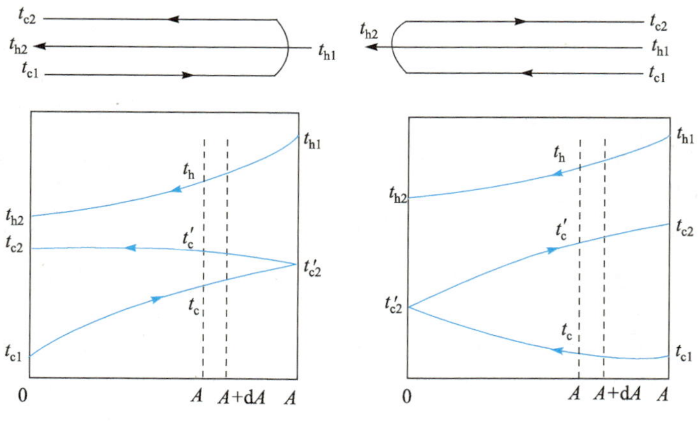

(a) 先逆流后并流　(b) 先并流后逆流

图 6-6 1-2 折流时的温度变化

对于常用换热器中的各种流动组合，尽管可以通过理论分析得到平均温差的计算公式，但是形式上将更加复杂。在工程上，对于错流或复杂流动的平均温差，常采用安德伍德和鲍曼提出的一种简单方法，即先按逆流计算对数平均温差 $\Delta t'_{\mathrm{m}}$，再乘以考虑流动排布型式的温差修正系数 φ，从而得到复杂流动排布型式的平均温差 Δt_{m}，即

$$\Delta t_{m} = \varphi \Delta t'_{m} \tag{6-31}$$

温差修正系数 φ 与换热器内流体的温度变化有关。对于给定的流动排布型式，温差修正系数 φ 可以表示为无量纲参数 P 和 R 的函数，参数 P 和 R 的定义如下

$$P = \frac{t_{c2} - t_{c1}}{t_{h1} - t_{c1}} = \frac{\text{冷流体的温升}}{\text{两流体的最初温差}} \tag{6-32}$$

$$R = \frac{t_{h1} - t_{h2}}{t_{c2} - t_{c1}} = \frac{\text{热流体的温降}}{\text{冷流体的温升}} \tag{6-33}$$

温差修正系数 φ 与参数 P 和 R 的关系可以通过理论导出。例如，对于 1-2 折流，联立式(6-29)、式(6-30)、式(6-32)和式(6-33)可得 φ 与参数 P 和 R 的函数关系

$$\varphi = \frac{\dfrac{\sqrt{R^2+1}}{R-1}\ln\left(\dfrac{1-P}{1-PR}\right)}{\ln\left[\dfrac{2-P(1+R-\sqrt{R^2+1})}{2-P(1+R+\sqrt{R^2+1})}\right]} \tag{6-34}$$

对于 1-2n 型(如 1-4、1-6、1-8 等)折流，也可以近似采用上述公式计算温差修正系数。

图 6-7 给出了一些常见流动排布型式下温差修正系数 φ 与 P 和 R 的函数曲线图，可供计算平均温差时查用。对于其他型式的流动排布型式，其平均传热温差的修正系数可查阅相关手册。

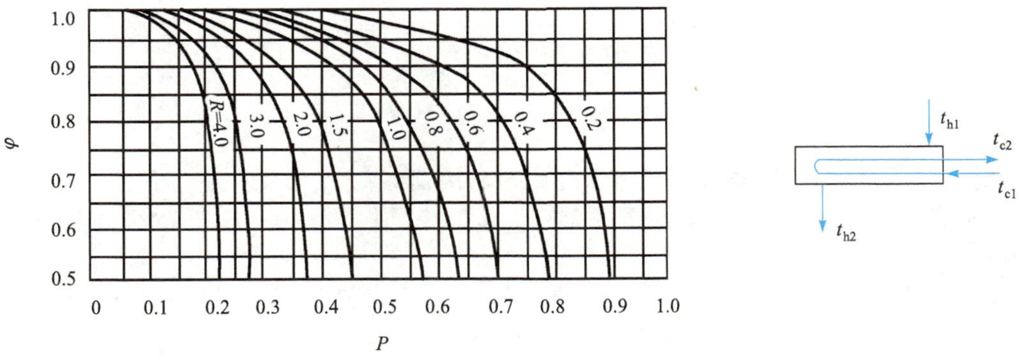

(a) 1壳程，2，4，6，8…管程

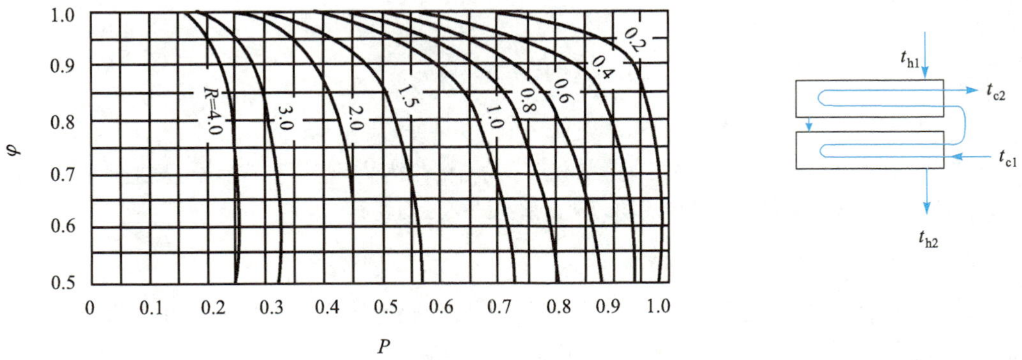

(b) 2壳程，4，8，12，16…管程

图 6-7　对数平均温差的修正系数 φ 值

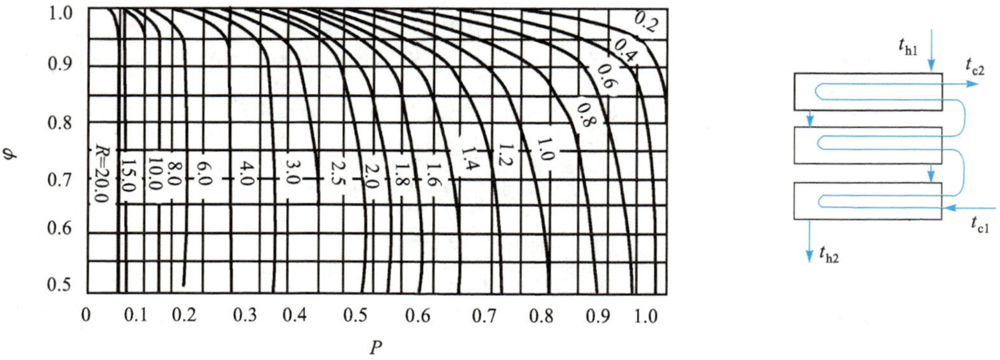

(c) 3壳程，6，12，18，24…管程

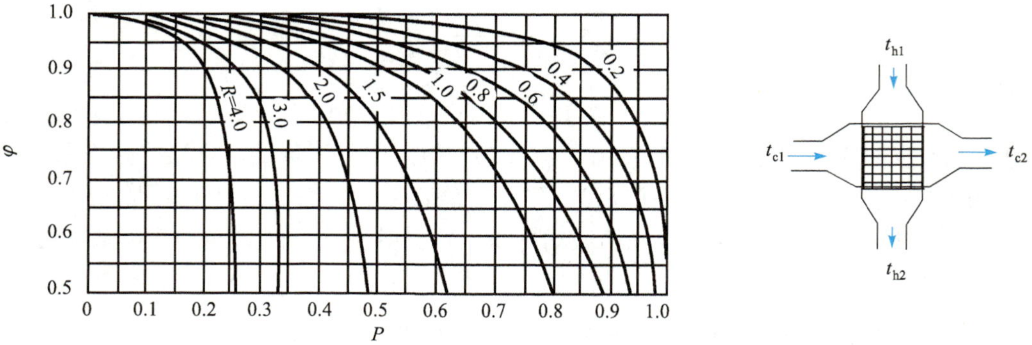

(d) 错流(两流体之间不混合)

图 6-7(续)

例 6-3 在一台 1-2 型换热器中，用来自蒸发器的冷凝水来预热废水。冷凝水的进、出口温度分别为 100℃和 80℃；废水的进出、口温度分别为 25℃和 50℃。试求在这种温度条件下，冷凝水与废水的平均传热温差。

解 采用例 6-2 的方法可计算得到冷凝水与废水作逆流时的平均温差 $\Delta t'_m$ =52.5℃

$$P=\frac{t_{c2}-t_{c1}}{t_{h1}-t_{c1}}=\frac{50-25}{100-25}=0.33$$

$$R=\frac{t_{h1}-t_{h2}}{t_{c2}-t_{c1}}=\frac{100-80}{50-25}=0.8$$

由图 6-7，查得温差修正系数φ=0.98，故平均传热温差为

$$\Delta t_m=\varphi\Delta t'_m=0.98\times52.5=51.5(^\circ\mathrm{C})$$

讨论 由计算结果可见：在同样的温度条件下，折流的传热平均温差小于逆流。温差修正系数φ可以用来表征在给定传热工况下换热器内流体流动与逆流型式的接近程度。

3) 不同流动排布型式的比较

在前述各种流动排布型式中，并流和逆流是两种极端情况。由例题 6-2 和 6-3 可看出，两流体作变温传热时，在进出口温度条件相同时，逆流的平均温差最大，并流的平均温差最小，对于其他的流动排布型式，其平均温差介于两者之间。因此，就提高传热温差推动力而言，逆流优于其他型式的流动。

逆流的另一优点是可以节省加热或冷却介质的用量。因为并流时，冷流体的出口温度 t_{c2}

总是低于热流体的出口温度 t_{h2}，而在逆流时，冷流体的出口温度 t_{c2} 可以高于热流体的出口温度 t_{h2}。因此，在逆流冷却时，冷流体的温升可比并流时的大，由热量衡算方程可知，相应的冷流体的流量可以少些。与此类似，在逆流加热时，热流体的温降可比并流时的大，所需的热流体流量较少。

因此，在实际的换热器中应尽量采用逆流流动，而避免并流流动。但是在一些特殊场合下仍采用并流流动，以满足特定的生产工艺需要。例如，要求冷流体被加热时不能超过某一规定温度，或者热流体被冷却时不能低于某一规定温度，则采用并流流动较容易控制。此外，在高温换热器中，如果采用逆流流动，则热流体和冷流体的最高温度均集中在换热器的同一端，使得该处的壁温特别高，将导致管壁处产生较大的热应力和热变形，这种情况也不宜采用逆流流动。

当换热器中有一侧流体发生相变，由于发生相变流体的温度保持不变，无论何种流动排布型式，只要另一侧流体的进、出口温度保持恒定，则传热过程的平均温差均相同。这时也就没有并流和逆流之分了。

采用折流和其他复杂流动的目的是提高传热系数，然而其代价是减小了平均传热温差，因为折流的平均温差总是小于逆流流动。因此，在换热器的设计中，一方面要采用流体折流提高传热系数，另一方面要使流动尽量接近于逆流流动，以接近于逆流的传热温差，即要求温差修正系数 φ 尽量接近于 1。一般在换热器设计时，应注意使 φ 值不小于 0.9，至少也不应低于 0.8，否则经济上不合理，同时换热器操作温度变化时，会引起参数 P 的变化，可能使 φ 值急剧下降(图 6-7)，将导致实际换热器操作稳定性变差。增大 φ 值的一个方法是改用多壳程的换热器[对比图 6-7(a)～(c)]。

6.4.3 传热效率和传热单元数计算

在传热过程的计算中，热量衡算方程和传热速率方程将换热器和换热流体的各参数关联起来。当已知冷、热流体的流量和进出口温度时，可以根据传热系数、平均传热温差和传热量，计算传热过程所需的传热面积。然而，当给定冷、热流体的流量、进口温度、传热面积以及传热系数，则往往需要采用试差法来确定两流体的出口温度。为了避免应用试差法而方便地求解流体的出口温度，凯斯和伦敦提出了传热效率和传热单元数的概念。

1. 传热效率

换热器传热效率 ε 的定义为实际传热速率 Q 与理论上可能的最大传热速率 Q_{max} 之比

$$\varepsilon = \frac{Q}{Q_{max}} \tag{6-35}$$

当忽略换热器的热损失时，实际的传热速率等于冷流体吸收热量的速率，或者是热流体放出热量的速率。在间壁两侧的流体均无相变时，由式(6-4)，实际传热速率为

$$Q = m_h c_{ph}(t_{h1} - t_{h2}) = m_c c_{pc}(t_{c2} - t_{c1})$$

无论何种型式的换热器，其最大可能的传热速率应遵循由热力学所规定的极限。根据热力学第二定律，换热后热流体温度下降的极限为冷流体的进口温度 t_{c1}；冷流体温度上升的极限也只能是热流体的进口温度 t_{h1}。由式(6-4)可知，只有热容量(mc_p)较小的流体，其温度才可能发生最大的变化，因此最大可能的传热速率应为冷、热流体之间的最大极限传热温差(t_{h1}−t_{c1})

乘以热容量较小的流体的热容量$(mc_p)_{min}$，即

$$Q_{max}=(mc_p)_{min}(t_{h1}-t_{c1}) \tag{6-36}$$

式中，$(mc_p)_{min}$为冷、热流体中较小的一个数值。显然，Q_{max}仅是一个理想值，在实际操作中是不可能实现的。

如果热流体的热容量较小，则传热效率ε为

$$\varepsilon=\frac{m_h c_{ph}(t_{h1}-t_{h2})}{m_h c_{ph}(t_{h1}-t_{c1})}=\frac{t_{h1}-t_{h2}}{t_{h1}-t_{c1}}=\varepsilon_h \tag{6-37}$$

如果冷流体的热容量较小，则传热效率ε为

$$\varepsilon=\frac{m_c c_{pc}(t_{c2}-t_{c1})}{m_c c_{pc}(t_{h1}-t_{c1})}=\frac{t_{c2}-t_{c1}}{t_{h1}-t_{c1}}=\varepsilon_c \tag{6-38}$$

由式(6-37)和式(6-38)可知，传热效率即为小热容量流体的进出口温差与冷、热流体的进口温差之比。传热效率ε大，表明流体的可用热量已被利用的程度高，即换热效果好；反之，则换热效果差。需要指出，传热效率仅表征了流体可用热量被利用的程度，并不说明换热器经济性的优劣。

如果已知换热器的传热效率ε，就可以根据冷热流体的进口温度确定换热器的传热速率Q，即

$$Q=\varepsilon Q_{max}=\varepsilon(mc_p)_{min}(t_{h1}-t_{c1}) \tag{6-39}$$

求得Q后便容易由热量衡算获得冷、热流体的出口温度。这样问题就集中在如何求取换热器的传热效率上了。为此先引入传热单元数的概念。

2. 传热单元数

在换热器中的微元传热面积dA上，由热量衡算方程式(6-3)和传热速率方程式(6-8)可得

$$dQ=m_h c_{ph}dt_h=m_c c_{pc}dt_c=K(t_h-t_c)dA=K\Delta t dA$$

对于冷流体，满足

$$\frac{dt_c}{\Delta t}=\frac{KdA}{m_c c_{pc}}$$

当传热系数K和比热容c_{pc}为常数时，积分上式可得

$$NTU_c=\int_{t_{c1}}^{t_{c2}}\frac{dt_c}{\Delta t}=\frac{t_{c2}-t_{c1}}{\Delta t_m}=\frac{KA}{m_c c_{pc}} \tag{6-40}$$

式中，NTU_c(number of transfer unit)称为对冷流体而言的传热单元数；Δt_m为换热器的对数平均温差。

同理，以热流体为基准的传热单元数可表示

$$NTU_h=\frac{t_{h1}-t_{h2}}{\Delta t_m}=\frac{KA}{m_h c_{ph}} \tag{6-41}$$

在换热器中，传热单元数定义为

$$NTU=\frac{KA}{(mc_p)_{min}} \tag{6-42}$$

它是小热容量流体的温度变化与平均温差的比值，NTU中包括的A和K两个量分别反映换热

器的初始投资和运行费用。因此，它可作为衡量换热器综合技术经济性能的指标。

3. 传热效率和传热单元数的关系

对一定型式的换热器，其传热效率与传热单元数之间的关系可根据热量衡算方程和传热速率方程导出。下面以逆流式换热器为例，推导传热效率 ε 与传热单元数 NTU 的关系。

利用关系 $\Delta t_1 = t_{h1} - t_{c2}$、$\Delta t_2 = t_{h2} - t_{c1}$，将前面推导对数平均温差所得到的式(6-28)改写为

$$\ln\frac{t_{h1}-t_{c2}}{t_{h2}-t_{c1}} = KA\left(\frac{1}{m_h c_{ph}} - \frac{1}{m_c c_{pc}}\right)$$

设热流体的热容量较小，即 $(mc_p)_{min}=(m_h c_{ph})$，上式可以写为

$$\ln\frac{t_{h1}-t_{c2}}{t_{h2}-t_{c1}} = \frac{KA}{m_h c_{ph}}\left(1 - \frac{m_h c_{ph}}{m_c c_{pc}}\right)$$

设 $C_{Rh} = \dfrac{m_h c_{ph}}{m_c c_{pc}}$，并将式(6-41)代入上式，得

$$\ln\frac{t_{h1}-t_{c2}}{t_{h2}-t_{c1}} = (1 - C_{Rh})\cdot NTU_h \tag{6-43}$$

结合传热效率 ε 的定义[式(6-37)和式(6-38)]，可将式(6-43)左侧的温差 $(t_{h1}-t_{c2})$、$(t_{h2}-t_{c1})$ 写为

$$t_{h2} - t_{c1} = t_{h1} - \frac{t_{h1}-t_{h2}}{t_{h1}-t_{c1}}(t_{h1}-t_{c1}) - t_{c1} = (1-\varepsilon_h)(t_{h1}-t_{c1})$$

$$t_{h1} - t_{c2} = t_{h1} - \frac{t_{c2}-t_{c1}}{t_{h1}-t_{h2}}\cdot\frac{t_{h1}-t_{h2}}{t_{h1}-t_{c1}}(t_{h1}-t_{c1}) - t_{c1} = t_{h1} - \frac{m_h c_{ph}}{m_c c_{pc}}\cdot\frac{t_{h1}-t_{h2}}{t_{h1}-t_{c1}}(t_{h1}-t_{c1}) - t_{c1}$$

$$= (1 - C_{Rh}\varepsilon_h)(t_{h1}-t_{c1})$$

将上两式代入式(6-43)中，并整理得

$$\varepsilon_h = \frac{1-\exp\left[(1-C_{Rh})\cdot NTU_h\right]}{C_{Rh}-\exp\left[(1-C_{Rh})\cdot NTU_h\right]} \tag{6-44}$$

若冷流体的热容量较小，即 $(mc_p)_{min}=(m_c c_{pc})$，则设 $C_{Rc} = \dfrac{m_c c_{pc}}{m_h c_{ph}}$，同样可得

$$\varepsilon_c = \frac{1-\exp\left[(1-C_{Rc})\cdot NTU_c\right]}{C_{Rc}-\exp\left[(1-C_{Rc})\cdot NTU_c\right]} \tag{6-45}$$

令

$$C_R = \frac{(mc_p)_{min}}{(mc_p)_{max}} \tag{6-46}$$

式中，$(mc_p)_{max}$ 为流体热容量之较大者。式(6-44)和式(6-45)可以写成相同的形式

$$\varepsilon = \frac{1-\exp\left[(1-C_R)\cdot NTU\right]}{C_R-\exp\left[(1-C_R)\cdot NTU\right]} \tag{6-47}$$

式中，C_R 称为热容量比。

同理，对于并流换热器，经过类似的推导，也可得到传热效率 ε 与传热单元数 NTU 之间

的关系

$$\varepsilon=\frac{1-\exp\left[-\left(1+C_{\mathrm{R}}\right)\cdot NTU\right]}{1+C_{\mathrm{R}}} \tag{6-48}$$

由此可见，传热效率 ε 一般是传热单元数 NTU、热容量比 C_R 和流动排布型式的函数。不同情况下传热效率 ε 与传热单元数 NTU、热容量比 C_R 的关系已导出了计算公式，并绘制成图，供设计时利用。图 6-8 分别表示并流、逆流、1-2 折流以及 2-4 折流时传热效率 ε 与传热单元数 NTU、热容量比 C_R 的关系。各图对冷、热流体均适用。在使用时应注意各图所对应的换热器类型，同时图中参数均需对应同一流体。对于其他类型的换热器，传热效率与传热单元数之间的关系可查阅有关手册或专著。

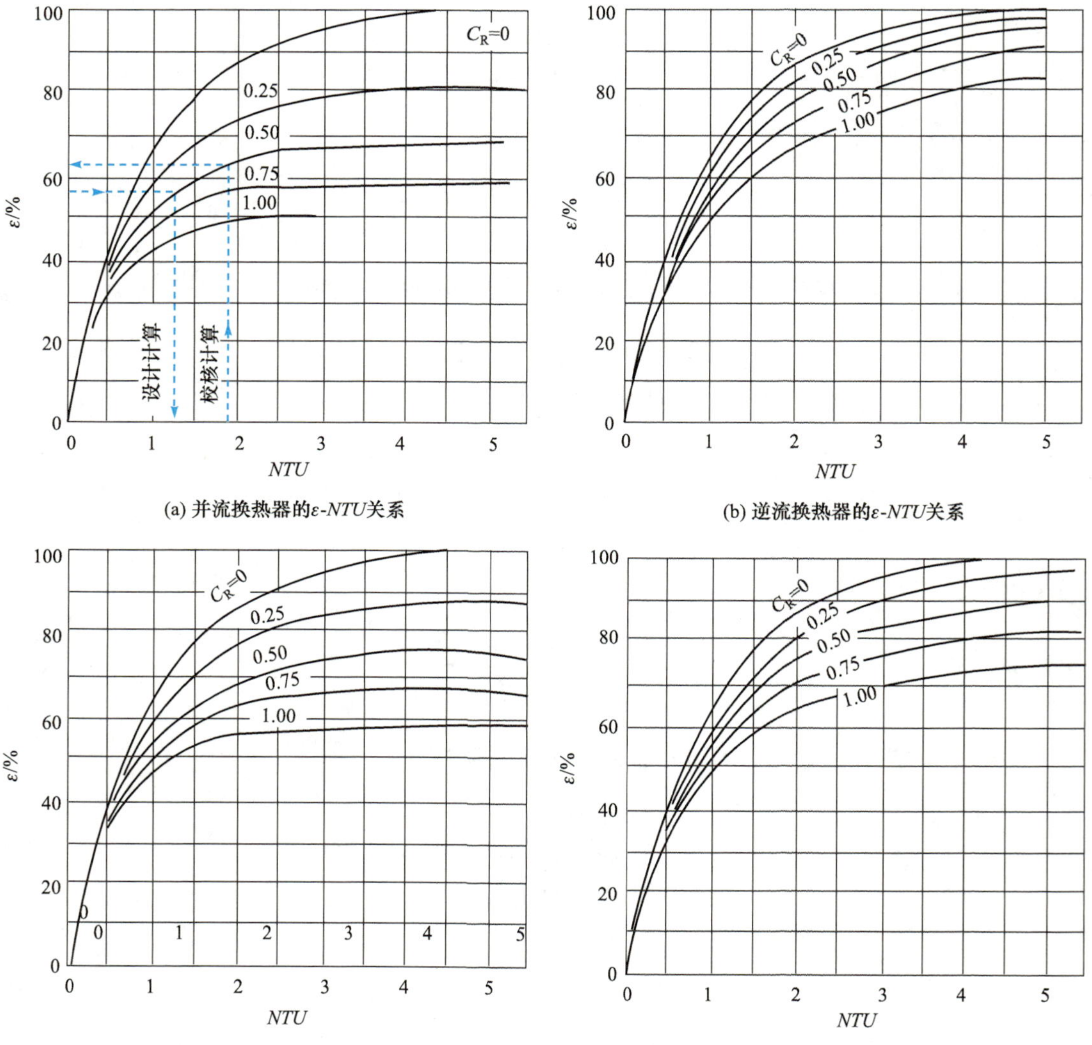

(a) 并流换热器的ε-NTU关系

(b) 逆流换热器的ε-NTU关系

(c) 1壳程2管程(1-2折流)换热器的ε-NTU关系

(d) 2壳程4管程(2-4折流)换热器的ε-NTU关系

图 6-8 换热器的ε-NTU 关系

由图 6-8 可见，对于给定的热容量比 C_R，传热效率 ε 总是随传热单元数 NTU 的增加而增大，并渐近趋向某一定值。因此，在传热效率较高时，若要进一步提高传热效率 ε，则必须增加较大的传热单元数 NTU，这将导致传热面积的大幅度增加。以逆流为例，对于 C_R=1 的情况，当 NTU=9 时，ε=0.9；当 NTU=11.5 时，ε=0.92，这表明欲使传热效率提高 2%，则传热单元数需增加 28%，使传热面积大大增加。因而，在传热效率较高时，要求尽量减少换热器的散热损失就显得更为重要。

对于给定的传热单元数 NTU，传热效率 ε 随热容量比 C_R 的减小而增加；当 ε<0.4 时，C_R 对传热效率的影响很小。

下面再对热容量比 C_R 的两种极限情况进行讨论。

(1) 当冷、热流体之一发生相变，此时 $C_R \to 0$，因为发生相变一侧的流体温度始终处于操作压力下的饱和温度，进出口温度不变，相当于该侧流体热容量无限大，即 $C_R \to 0$。由此，式(6-47)和式(6-48)均可简化为

$$\varepsilon = 1 - \exp(-NTU) \tag{6-49}$$

式(6-49)表明，无论是逆流或并流换热器，当一侧有相变时，则只要传热单元数相同，两者的传热效率相等。这个结果证实了在蒸发器(实现流体由液相转化为蒸气相的设备)或冷凝器(实现流体由蒸气相转化为液相的设备)中传热效率与流体流动方向无关的结论。

(2) 当两侧流体的热容量相等，即 $C_R \to 1$ 时，对式(6-47)和式(6-48)取极限，则可分别简化为

逆流
$$\varepsilon = \frac{NTU}{1+NTU} \tag{6-50}$$

并流
$$\varepsilon = \frac{1-\exp(-2NTU)}{2} \tag{6-51}$$

最后要指出，对于一组串联的换热器，其传热单元数为各个换热器的传热单元数之和，即

$$NTU_h = \frac{K_1A_1 + K_2A_2 + K_3A_3 + \cdots + K_nA_n}{m_h c_{ph}} = \sum_{i=1}^{n}(NTU_h)_i \tag{6-52}$$

式中，K_i 为第 i 个换热器的传热系数；A_i 为第 i 个换热器的传热面积。式(6-52)是针对热流体写出的，同样也可按冷流体的传热单元进行叠加。因此对串联换热器组，ε-NTU 法仍很方便。

6.5　换热器计算

在工程应用上，对换热器的计算可分为两种类型：一类是设计型计算(或称为设计计算)，即根据生产要求的传热速率和工艺条件，确定其所需换热器的传热面积及其他有关尺寸，进而设计或选用换热器；另一类是操作型计算(或称为校核计算)，即根据给定换热器的结构参数及冷、热流体进入换热器的初始条件，通过计算判断一个换热器是否能满足生产要求或预测生产过程中某些参数(如流体的流量、初温等)的变化对换热器传热能力的影响。两类计算所依据的基本方程都是热量衡算方程和传热速率方程，计算方法有对数平均温差(LMTD)法和传热效率-传热单元数(ε-NTU)法两种。

6.5.1　设计型计算

设计型计算一般是指根据给定的换热任务，通常为已知冷、热流体的流量以及冷、热流体进出口端四个温度中的任意三个。当选定换热表面几何情况及流体的流动排布型式后计算传热面积，并进一步作结构设计，或者合理地选择换热器的型号。

对于设计型计算，既可以采用对数平均温差法，也可以采用传热效率-传热单元数法，其计算一般步骤如表 6-2 所示。

表 6-2 设计型计算的计算步骤

LMTD 法	ε-NTU 法
(1) 根据已知的三个端部温度，由热量衡算方程计算另一个端部温度	(1) 根据已知的三个端部温度，由热量衡算方程计算另一个端部温度
(2) 由选定的换热器型式计算传热系数 K	(2) 由选定的换热器型式计算传热系数 K
(3) 由规定的冷、热流体进出口温度计算参数 P、R	(3) 由规定的冷、热流体进出口温度计算参数 ε、C_R
(4) 由计算的 P、R 值以及流动排布型式，由 φ-P、R 曲线确定温度修正系数 φ	(4) 由计算的 ε、C_R 值及选定的流动排布型式查取 ε-NTU 算图，以确定 NTU。可能需由 ε-NTU 关系反复计算 NTU
(5) 由热量衡算方程计算传热速率 Q，由端部温度计算逆流时的对数平均温差 Δt_m	(5) 计算所需的传热面积 $A=\dfrac{(mc_p)_{\min}}{K}NTU$
(6) 由传热速率方程计算传热面积 $A=\dfrac{Q}{K\varphi\Delta t_m}$	

例 6-4 高盐废水与蒸发器冷凝水在列管式换热器中换热。已知换热量为 1MW。冷凝水在壳侧流动，其进口温度为 90℃，出口温度为 60℃。高盐废水在管内与冷凝水呈逆流流动，其进口温度为 20℃，出口温度为 40℃。总传热系数为 250W/(m^2 · ℃)。若忽略换热器的散热损失，计算实现上述换热过程所需要的传热面积。

解 高盐废水与冷凝水之间的平均传热温差为

$$\Delta t_m=\frac{\Delta t_2-\Delta t_1}{\ln\left(\dfrac{\Delta t_2}{\Delta t_1}\right)}=\frac{(90-40)-(60-20)}{\ln\left(\dfrac{90-40}{60-20}\right)}=44.8\ (℃)$$

由传热速率方程，换热器的传热面积为

$$A=\frac{Q}{K\Delta t_m}=\frac{1\times10^6}{250\times44.8}=89.3\ (\mathrm{m}^2)$$

讨论 在同等换热量与物料温差条件下，换热面积与换热器的总传热系数成反比。若通过技术革新对换热器结构进行改进，提升换热器的总传热系数，将减少换热面积，进而节省材料成本。近年来，具有较高传热性能的连续螺旋折流板换热器的研究与制备工艺日趋成熟。若在工艺设计中采用连续螺旋折流板换热器替代弓形折流板换热器，假设换热器的总传热系数提升 50%，则同等换热量与物料温差条件下，换热面积将减小 33%，会显著节省换热器材料与占地面积。

6.5.2 操作型计算

对于换热器的操作型计算，其特点是换热器给定，计算类型主要有以下两种：

(1) 对指定的换热任务，校核给定的换热器是否适用。一般给定换热器的传热面积和结构尺寸、冷热流体的流动排布型式、冷热流体的流量和进出口温度，需校核计算传热速率或流体出口温度是否能满足生产工艺要求。

(2) 对一个给定的换热器，当某一操作条件改变时，考察传热速率及冷、热流体出口温度的变化情况；或者为了达到指定的工艺条件所需采取的调节措施。例如，对于一个给定的换热器，当冷、热流体的流量和冷流体进口温度不变时，热流体的进口温度升高，分析传热速率和流体出口温度的变化；或者当热流体的流量和冷流体进口温度不变时，提高热流体的进口温度，则为了维持热流体的出口温度不变，需计算冷流体的流量调节策略。

在前述设计型计算中，由于已知冷、热流体的进出口温度，因而采用对数平均温差法计算传热平均温差比较方便。而在操作型计算中则不然，由于流体的出口温度是未知的，为了计算对数平均温差就必须先假设流体出口温度，然后根据该温度需同时满足热量衡算方程和传热速率方程进行逐步试算。因此，采用对数平均温差法进行操作型计算比较繁杂，而应用传热效率-传热单元数法则比较方便。

对于操作型计算，采用传热效率-传热单元数法和对数平均温差法计算的一般步骤如表 6-3 所示。

表 6-3　操作型计算的计算步骤

ε-NTU 法	LMTD 法
(1) 由已知换热器型式计算传热系数 K	(1) 假设出口温度，根据热量衡算方程计算另一个出口温度
(2) 由已知条件计算 NTU、C_R	(2) 由已知换热器型式计算传热系数 K
(3) 通过计算式或算图，由计算的 NTU、C_R 值和流动排布型式确定 ε	(3) 计算逆流平均温差 Δt_m
(4) 由 $Q=\varepsilon(mc_p)_{\min}(t_{h1}-t_{c1})$ 计算传热速率，并由热量衡算式或 ε 的定义式计算出口温度	(4) 由 P、R 值，并根据流动排布型式由 φ-P、R 曲线确定 φ (5) 由 $Q=KA\varphi\Delta t_m$ 计算传热速率 (6) 由已知的传热速率 Q 和 $(m_c c_{pc})$、$(m_h c_{ph})$ 通过热量衡算方程计算出口温度
	(7) 对比第一步所假定的出口温度，如果不一致，则重新假定反复计算，直到出口温度计算值与假定值的偏差符合精度要求

例 6-5　在列管式换热器中用来自蒸发器的冷凝水预热废水。已知换热器的传热面积为 200m²，废水的流量为 150t/h，温度要求由 20℃升到 45℃；冷凝水的流量为 100t/h，其进口温度为 100℃；废水与冷凝水之间呈逆流流动。若已知换热器的传热系数为 250W/(m²·℃)，废水的平均比热容为 3200J/(kg·℃)，冷凝水的平均比热容为 4200J/(kg·℃)。若忽略换热器的散热损失，该换热器是否合用？若在实际操作中采用该换热器，则废水的出口温度将为多少？

解　(1) 对数平均温差法。

所要求的传热速率 Q_r 可由热量衡算方程得到

$$Q_r=m_c c_{pc}(t_{c2}-t_{c1})=150/3.6\times3200\times(45-20)=3.3\ (\text{MW})$$

校核换热器是否合用，取决于冷、热流体间由传热速率方程决定的 $Q=KA\Delta t_m$ 是否大于所要求的传热速率 Q_r。若 $Q>Q_r$，则表明该换热器合用。或者由 $Q_r=KA_r\Delta t_m$，求出完成传热任务所必需的传热面积 A_r，若 A_r 小于给定的实际传热面积 A，则也表示该换热器合用。

由热量衡算方程可计算出冷凝水的出口温度

$$t_{h2}=t_{h1}-\frac{Q_r}{m_h c_{ph}}=100-\frac{3.3\times10^6}{100/3.6\times4200}=71.7\ (℃)$$

按逆流计算平均传热温差

$$\Delta t_m=\frac{\Delta t_2-\Delta t_1}{\ln\left(\dfrac{\Delta t_2}{\Delta t_1}\right)}=\frac{(100-45)-(71.7-20)}{\ln\left(\dfrac{100-45}{71.7-20}\right)}=53.3\ (℃)\qquad\begin{matrix}100\rightarrow71.7\\45\leftarrow20\end{matrix}$$

由传热速率方程，在此条件下换热器实际传热速率为

$$Q=KA\Delta t_m=250\times200\times53.3=2.7\ (\text{MW})<Q_r=3.3\ \text{MW}$$

由于实际传热速率小于所要求的传热速率，因而，该换热器不合用。

或者计算

$$A_r = \frac{Q_r}{K\Delta t_m} = \frac{3.3\times10^6}{250\times53.3} = 247.7(m^2) > 200(m^2)$$

也可说明该换热器不合用。

下面计算采用该换热器进行实际操作时，废水的出口温度。

设冷凝水与废水的实际出口温度为 t'_{h2}、t'_{c2}，换热器的实际传热速率为 Q'，并假定传热系数不变。根据热量衡算方程和传热速率方程，有

$$Q' = m_h c_{ph}(t_{h1} - t'_{h2}) = 100/3.6\times4200\times(100 - t'_{h2}) \qquad 100\to t'_{h2}$$

$$Q' = m_c c_{pc}(t'_{c2} - t_{c1}) = 150/3.6\times3200\times(t'_{c2} - 20) \qquad t'_{c2}\leftarrow 20$$

$$Q' = KA\Delta t_m = 250\times200\times\frac{(100 - t'_{c2}) - (t'_{h2} - 20)}{\ln\left(\dfrac{100 - t'_{c2}}{t'_{h2} - 20}\right)}$$

联立上述三式，计算结果为

$$Q' = 2.85\text{MW},\quad t'_{h2} = 75.6\ ℃,\quad t'_{c2} = 41.4\ ℃$$

可见，由于实际传热速率小于所要求的数值，则废水的实际出口温度小于 45℃，说明该换热器不能满足工艺条件的需要。

(2) 传热效率-传热单元数法。

由已知条件可计算出

$$m_h c_{ph} = 100/3.6\times4200 = 1.17\times10^5\ (W/℃);\quad m_c c_{pc} = 150/3.6\times3200 = 1.33\times10^5\ (W/℃)$$

因而，取

$$(mc_p)_{min} = m_h c_{ph}$$

据此可计算换热器的热容流量比 C_R 和传热单元数 NTU

$$C_R = \frac{(m_h c_{ph})}{(m_c c_{pc})} = \frac{1.17\times10^5}{1.33\times10^5} = 0.88$$

$$NTU = \frac{KA}{(m_h c_{ph})} = \frac{250\times200}{1.17\times10^5} = 0.43$$

根据式(6-47)可得传热效率 ε

$$\varepsilon = \frac{1 - \exp\left[(1 - C_R)\cdot NTU\right]}{C_R - \exp\left[(1 - C_R)\cdot NTU\right]} = \frac{1 - \exp\left[(1 - 0.88)\times0.43\right]}{0.88 - \exp\left[(1 - 0.88)\times0.43\right]} = 0.31$$

计算该换热器的实际传热速率

$$Q' = \varepsilon(mc_p)_{min}(t_{h1} - t_{c1}) = 0.31\times1.17\times10^5\times(100 - 20) = 2.9\ (MW) < 3.3\ (MW)$$

上式说明该换热器的实际传热速率小于所需要的传热速率，故不合用。

根据传热效率 ε 的定义式，可得减压渣油的实际出口温度

$$t'_{h2} = t_{h1} - \varepsilon(t_{h1} - t_{c1}) = 100 - 0.31(100 - 20) = 75.2\ (℃)$$

由热容流量比 C_R 的定义式和热量衡算方程，可得初底油的实际出口温度

$$t'_{c2} = t_{c1} + C_R(t_{h1} - t'_{h2}) = 20 + 0.88(100 - 75.2) = 41.82\ (℃)$$

由此可见，废水的出口温度未能升至规定的要求。

讨论 在换热器运行过程中，换热器的性能及物料的状态参数均可能发生变化，因此为满足生产需要，常需根据实际运行状况对物料流量进行调整。对本例所述的情况，废水的出口温度达不到标准。若将冷凝水的流量增大 1 倍，则换热器壳侧的对流传热系数会增大，导致总换热系数提升(假设提升 30%)。根据本例所述对数平均温差法可计算得到该换热器的总换热量为 3.75MW，冷凝水出口温度为 83.9℃，废水出口温度为 48.1℃。因此，增大冷凝水的流量，可提升废水的出口温度。

由以上例题及表 6-2、6-3 的计算步骤可见，对于设计型计算，应用对数平均温差法可以方便地将所选换热器中流体流动排布型式与最理想的逆流型式作出优劣对比，有利于流动排布型式的选择；对于操作型计算，采用传热效率-传热单元数法较简便，特别是在传热系数 K 为常数时，无须试差即可直接得到计算结果。因此，两种计算方法各有特点，分别适用于不同的计算类型。

6.5.3　传热系数变化的换热器计算

在换热器中，随着传热过程的进行，流体温度沿传热面不断变化(流体发生相变时除外)。在稳态传热过程的计算中，一般均假设流体的物性及传热系数 K 为一平均值而在整个换热器的传热过程中维持恒定。但当加热或冷却黏度较高的流体，或流体进出口温度变化较大时，流体物性的变化较显著，此时将物性和传热系数 K 作为常数处理时将导致传热过程计算的较大误差。

减小这一误差的最简单处理方法是假定传热系数 K 与传热温差呈线性关系。对于并流和逆流流动，忽略换热器散热损失，则传热速率可表示为

$$Q = A \cdot \frac{K_1 \Delta t_2 - K_2 \Delta t_1}{\ln \dfrac{K_1 \Delta t_2}{K_2 \Delta t_1}} \tag{6-53}$$

式中，传热温差Δt 和传热系数 K 的下标 1、2 分别表示换热器两端。对于其他流动排布型式，作为一种近似计算方法，可在上式右侧乘以温差修正系数φ 加以校正，而温差Δt_1、Δt_2 为按逆流情况计算的端部温差。

对于传热系数变化的传热过程，更严格准确的方法是采用积分方法计算传热速率。由式(6-8)积分可得传热速率 Q 为

$$Q = \int_0^A K'(t_h - t_c) \mathrm{d}A \tag{6-54}$$

联立式(6-3)和式(6-8)，并积分可得换热器的传热面积 A

$$A = \int_{t_{c1}}^{t_{c2}} \frac{m_c c_{pc}}{K'(t_h - t_c)} \mathrm{d}t_c = \int_{t_{h1}}^{t_{h2}} \frac{m_h c_{ph}}{K'(t_h - t_c)} \mathrm{d}t_h \tag{6-55}$$

如果已知 c_p、K'、t_h 与 t_c 的函数关系，即可求出传热面积 A，其中 t_h 与 t_c 的关系由热量衡算方程确定。当 c_p、K'、t_h 与 t_c 的函数关系复杂，不能用解析法求解上述积分时，可采用微元分段的计算方法，将每一个微元段 j 中的物性、传热系数 K'_j 视为常数，分段计算微元段上的平均传热温差Δt_{mj} 和传热速率ΔQ_j。对于任一微元段 $\mathrm{d}A_j$ 的传热速率方程可以写为

$$\Delta Q_j = K'_j \Delta t_{mj} \Delta A_j \tag{6-56}$$

对整个换热器而言的总传热速率为

$$Q = \sum_{j=1}^{n} \Delta Q_j = \sum_{j=1}^{n} (K'_j \Delta t_{mj} \Delta A_j) \tag{6-57}$$

式中，n 为换热器所分微元的总段数。

对于换热器的总传热面积可以表示为

$$A = \sum_{j=1}^{n} \frac{\Delta Q_j}{K'_j \Delta t_{mj}} \tag{6-58}$$

分段方法计算传热过程的计算工作量较大，适合于采用计算机进行计算。

6.6 换热器简介

6.6.1 换热器的分类

换热器种类很多，按热量交换的原理和方式，可分为混合式、蓄热式和间壁式三类。

1. 混合式换热器(或直接接触式)

混合式换热器是依靠冷、热流体直接接触进行传热，这种传热方式避免了传热间壁及其两侧污垢的热阻，只要流体间的接触情况良好，就具有较大的传热速率，它具有设备结构简单、传热效率高和易于防腐等特点。因此，在生产工艺上允许两种流体相互混合的情况下，都可以采用混合式换热器，例如气体的洗涤和冷却、循环水的冷却、蒸气-水之间的混合加热等。

2. 蓄热式换热器(或回热式)

蓄热式换热器又称蓄热器，它主要是由热容量较大的蓄热室构成，蓄热室的填料一般是耐火材料或金属材料。当冷、热两种流体交替通过蓄热室时，即可通过蓄热室将热流体传给蓄热室的热量间接地传给冷流体，以达到换热的目的。蓄热式换热器的结构较简单，可耐受高温，但其缺点是设备体积庞大，冷、热流体之间存在一定程度的混合。它常用于气体的余热或冷量的回收利用。

3. 间壁式换热器

这类换热器的特点是冷、热两种流体之间有一固体壁面，两流体分别在固体壁面的两侧流动，两种流体不直接接触，热量通过壁面进行传递。工业上应用最广泛的换热器即是间壁式，因而本节将重点介绍间壁式换热器。

换热器还可按其用途分为加热器、冷却器、蒸发器、冷凝器和再沸器等；按换热器制造材料分为金属、陶瓷、塑料、石墨和玻璃等，这里不再详述。

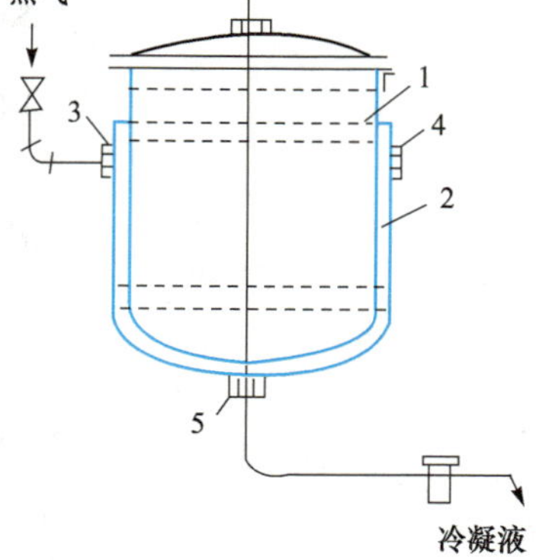

图 6-9 夹套式换热器

1.容器；2.夹套；3、4.蒸气或冷却水接管；5.冷凝水或冷却水接管

6.6.2 间壁式换热器

按照传热面的型式，间壁式换热器可分为夹套式、管式、板式和各种异型传热面组成的特殊型式换热器。

1. 夹套式换热器

夹套式换热器主要用于容器的加热或冷却，如图 6-9 所示，夹套安装在容器外部，通常用钢或铸铁制成。在用蒸气进行加热时，蒸气由上部连接管进入夹套，冷凝水由下部连接管流出；在用冷却水进行冷却时，则冷却水由夹套下部进入，而由上部流出。

夹套式换热器由于传热面积的限制，常常难以满足及时移走容器内大量热量的换热需求，这时就需要在容器内部加装冷却盘管，以保证容器内一定的温度条件。有时为了提高夹套内冷却水一侧的对流传热系数，还在夹套内加设挡板，这样可使冷却水按一定的方向流动，并提高流速，从而增大传热系数。

2. 管式换热器

U 形管式换热器　整体浏览　外观展示　结构展示　原理展示

1) 沉浸式换热器

沉浸式换热器是将金属管弯制成各种与容器相适应的形状(如蛇管或螺旋状盘管)，并沉浸在容器内的液体中，如图 6-10 所示。

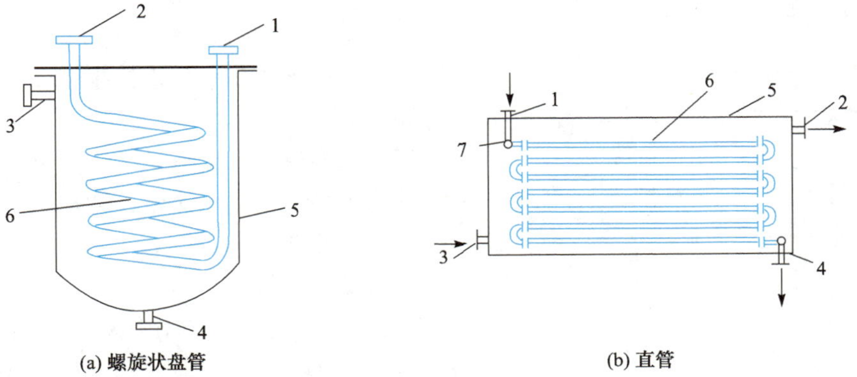

图 6-10　沉浸式换热器
1～4.流体的进、出口；5.容器；6.管子；7.分配管

这种换热器可用于液体的预热或蒸发，也可用作气体和液体的冷却。由于容器内管外液体的体积大，流速低，因而传热系数低，而且对工况的变化不够敏感。然而它具有构造简单，制作、维护方便和容易清洗等优点。由于更换管子方便，它还适用于有腐蚀性的流体。为了增强容器内液体的湍动程度，提高传热系数，可在容器内装搅拌器。

2) 喷淋式换热器

喷淋式换热器是将冷却水直接喷洒在管外，使管内的热流体冷却或冷凝，如图 6-11 所示。在上下排列的管子之间用 U 形弯管连接。为了分散喷淋水，在管组的上部装有带锯齿形边缘的斜槽，也可用喷头直接向排管喷淋。在换热器的下部设有水池，以收集流下来的水。

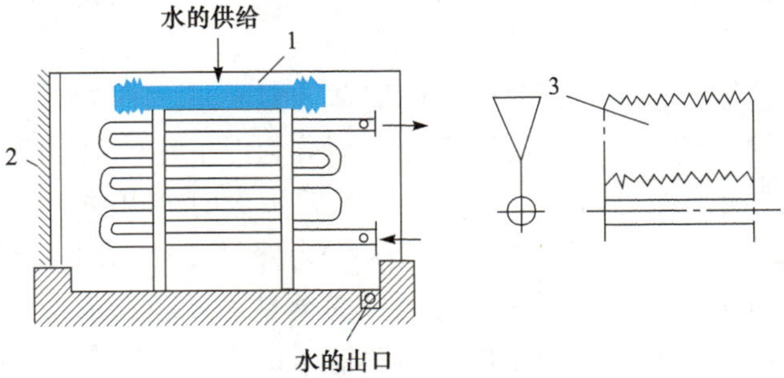

图 6-11　喷淋式换热器
1.布水槽；2.百叶窗；3.布水槽的结构

喷淋式换热器的优点是：结构简单，易于制造和检修，便于清除污垢；其传热系数通常比沉浸式换热器大，加上管外水的蒸发汽化以及空气冷却的共同作用，所以传热效果好。它适用于高压流体的冷却或冷凝。由于它可用耐腐蚀的铸铁管作冷却排管，因而可用于冷却具有腐蚀性的流体。

它的主要缺点是：当冷却水过分少时，下部的管子不能被润湿，几乎不参与换热。因此对于容易发生意外事故的石油产品或有机液体的冷却不宜采用这种型式的换热器。

3) 套管式换热器

套管式换热器是将不同直径的两根管子套成同心套管作元件，然后将多个元件用 U 形弯管连接而成的换热器，其结构如图 6-12 所示。在套管式换热器中，可以实现两种流体以纯并流或纯逆流方式流动。其内管直径通常为 38～57mm，外管直径通常为 76～108mm，每根套管的有效长度一般不超过 4～6m。

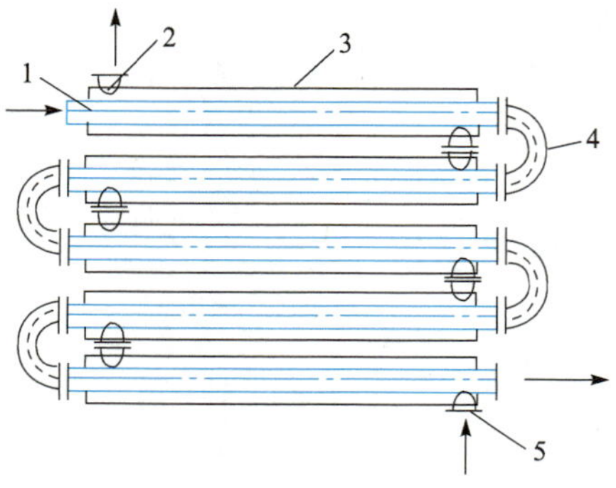

图 6-12　套管式换热器
1.内管；2、5.接口；3.外管；4.U 形弯管

套管式换热器的优点是结构简单，易于维修和清洗，适用于高温、高压流体，特别是小容积流量流体的传热。如果工艺条件变动，只要改变套管的根数，即可以增减传热负荷。

它的主要缺点是流动阻力大，金属耗量多，而且体积较大，因而多用于所需传热面积较小的传热过程。

4) 列管式换热器

列管式换热器(又称管壳式换热器)是工业上应用最广泛的换热设备。与前述几种换热器相比，它的主要优点是单位体积所具有的传热面积大、结构紧凑、传热效果好。由于结构坚固，而且可以选用的结构材料范围广，适应性强、操作弹性较大，因此，在高温、高压和大型装置上多采用列管式换热器。

列管式换热器主要由壳体、管束、折流板、管板和封头等部件组成。管束安装在壳体内，两端固定在管板上。封头用螺栓与壳体两端的法兰相连。这种结构易于检修和清洗。在进行热交换时，一种流体由封头的进口接管进入，通过平行管束的管内，从另一端封头出口接管流出，称为管程；另一流体则由壳体的接管进入，在壳体内从管束的空隙处流过，通过折流板的引导，由壳体的另一个接管流出，称为壳程。

在列管式换热器中，由于管内外流体的温度不同，管束和壳体的温度和材料不同，因此它们的热膨胀程度也有差别。若两流体的温差较大，就可能由热应力引起设备的变形，管束弯曲甚至破裂或从管板上松脱。因此，当两流体的温差超过 50℃时，就必须采用一定的热补偿措施。按热补偿的方法不同，列管式换热器可分为以下几种主要型式：

(1) 固定管板式换热器。当冷、热流体的温差不大时，可采用固定管板的结构型式，如图 6-13 所示，即两端管板与壳体是连成一体的。这种换热器的特点是结构简单，制造成本低。但是由于壳程不易清洗或检修，要求壳程流体必须是洁净而且不易结垢的流体。当两流体的温差较大时，应考虑热补偿。图中示出具有膨胀节的壳体。当壳体和管束的热膨胀不同时，膨胀节即发生弹性变形(拉伸或压缩)，以适应壳体和管束不同的热膨胀程度。这种热补偿方法简单，但是不宜用于两流体温差过大(大于 70℃)和壳程流体压力过高的场合。

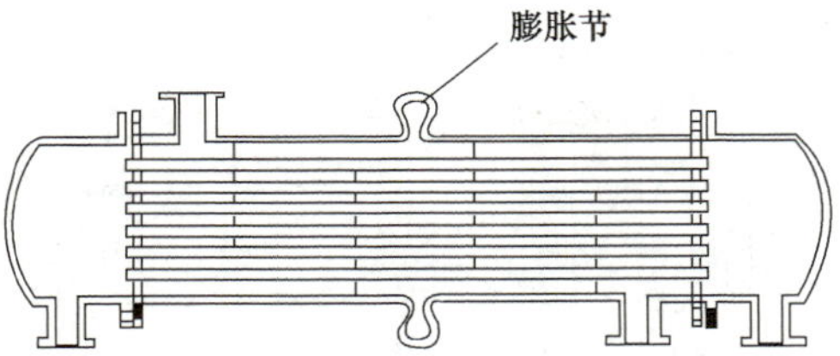

图 6-13 固定管板式换热器

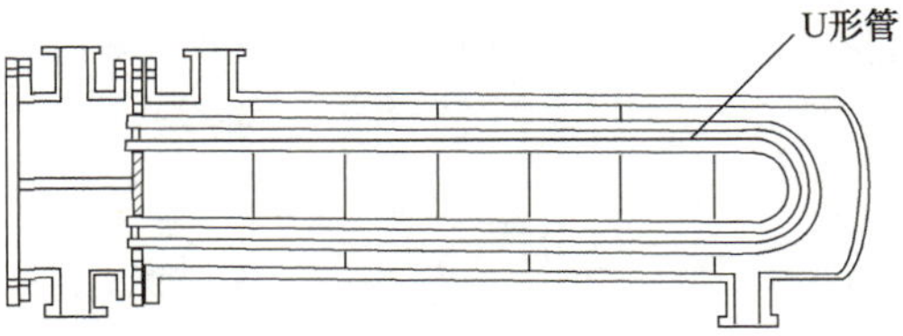

图 6-14 U 形管式换热器

(2) U 形管式换热器。U 形管式换热器的管束是由 U 字形弯管组成，如图 6-14 所示。管子的两端固定在同一块管板上，弯曲端不加固定，使每根管子具有自由伸缩的余地而不受其他管子或壳体的影响。这种换热器壳程易于清洗，而清除管子内壁的污垢则比较困难，且制造时需要不同曲率的模子弯管，管板的有效利用率较低。此外，损坏的管子也难于调换，U 形管管束的中心部分空间对换热器的工作存在不利的影响。由于上述缺点，这种型式的换热器的应用受到很大的限制。

(3) 浮头式换热器。浮头式换热器的结构如图 6-15 所示，它的两端管板只有一端与壳体以法兰实行固定连接，这一端称为固定端；另一端的管板不与壳体连接而可相对于壳体滑动，这一端称为浮头端。因此，这种型式换热器的管束热膨胀不受壳体的约束，壳体与管束之间不会因热膨胀程度的差异而产生热应力。在换热器的检修和清洗时，只要将整个管束从固定端抽出即可进行。其缺点是：结构较复杂，金属耗量较多，造价较高。浮头式换热器适用于冷、热流体温差较大，壳程介质腐蚀性强、易结垢的情况。

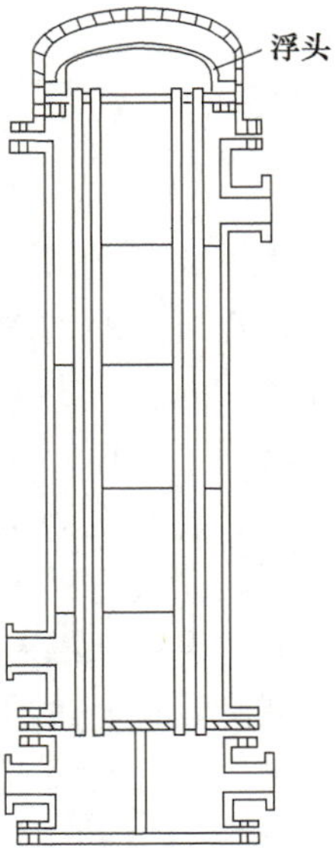

图 6-15 浮头式换热器

3. 板式换热器

1) 螺旋板式换热器

螺旋板式换热器是由螺旋形传热板片构成的换热器。它比列管式换热器的传热性能好，结构紧凑，制造简单，安装方便。

螺旋板式换热器的结构包括螺旋形传热板、隔板、盖板、定距柱和连接管等部件，其结构因型式不同而异。各种型式的螺旋板式换热器均包含由两张厚 2～6mm 的钢板卷制而成、构成一对相互隔开的同心螺旋流道。冷、热流体以螺旋板为传热面相间流动。

按流体在流道内的流动方式和使用条件不同，螺旋板式换热器可分为Ⅰ、Ⅱ、Ⅲ三种结构型式，如图 6-16 所示。

Ⅰ型：两流体在螺旋流道的两侧均作螺旋流动。通常是冷流体由外周边流向中心排出，热流体由中心流向外周排出，可实现严格的逆流传热，常用于液-液换热。由于通道两侧完全焊接密封，因此Ⅰ型结构为不可拆卸结构。

Ⅱ型：在这种型式中，一种流体在螺旋形流道内进行螺旋流动，而另一种流体则在另一侧螺旋流道中作轴向流动。因此，轴向流道的两端是敞开的，螺旋流道的两端是密封的。这种型式适用于两侧流体的流率差别很大的情况，常用作冷凝器、气体冷却器等。

Ⅲ型：在这种型式中，一种流体在螺旋形流道内进行螺旋流动，另一种流体则在另一侧螺旋流道中作轴向流动和螺旋流动的组合。这种型式适用于蒸气的冷凝冷却，蒸气先进入轴流部分冷凝，体积减少后再转入螺旋形流道进一步冷却。

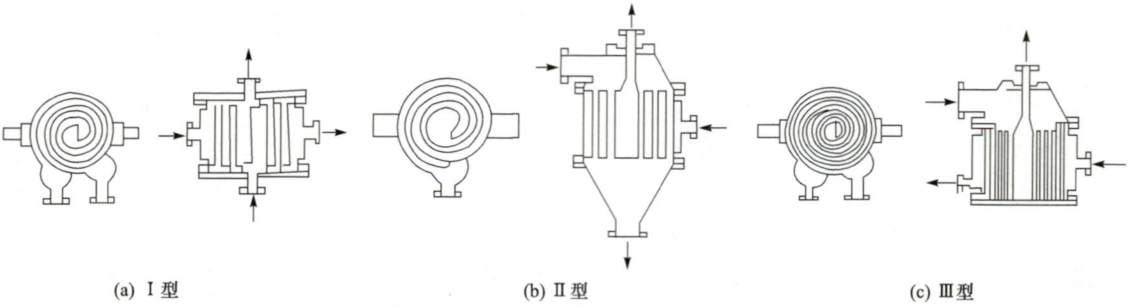

图 6-16 螺旋板式换热器

由上述结构可见，由于流体在螺旋板间流动时离心力形成二次环流和定距柱扰流作用，使流体在较低的雷诺数下(Re=1400～1800)就形成湍流，换热器中的允许流速较高(液体 2m/s，气体 20m/s)，传热系数比较高。由于流体的流速较高，又是在螺旋形通道内流动，一旦流道某处沉积了污垢，该处的流通截面减小，流体在该处的局部流速相应提高，使污垢较易被冲刷掉，具有一定的自洁作用，适于处理悬浮液和黏度较大的流体。由于流道较长而且可实现逆流传热，故有助于精密控制流体的出口温度和有利于回收低温热能，在纯逆流的情况下，两流体的出口端温差最小仅为 3℃。

螺旋板式换热器的主要缺点是操作压力和温度不能太高，一般只能在 2.0MPa 以下、300～400℃以下运行，而且流动阻力较大。此外还存在检修和维护困难的问题。

2) 板片式换热器

板片式换热器主要由一组长方形的薄金属传热板片构成，用框架将板片夹紧组装于支架上。两相邻板片的边缘衬以橡胶或石棉垫片。板片四角有圆孔，形成流体通道。冷、热流体相间地在板片两侧流过，通过板片传热。板片一般压制成各种槽形或波纹形，既提高了板片的刚度，增强流体的扰流，也增加了传热面积和使流体在传热面上分布均匀。图 6-17(a)所示为人字形波纹板片，图 6-17(b)表示板片式换热器中冷、热流体的流动。

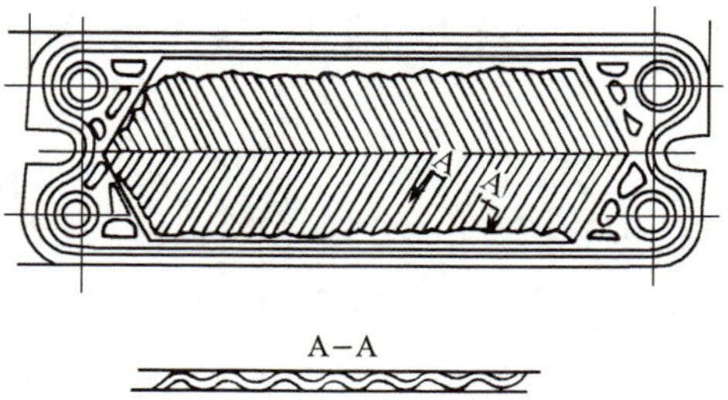

(a) 板片

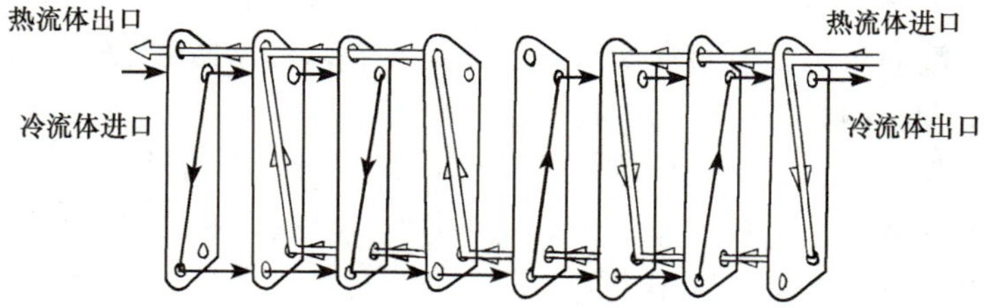

(b) 板片换热器中流体的流向示意图

图 6-17 板片式换热器

板片式换热器的主要优点是传热系数高。由于板片上有波纹或沟槽，可使流体在很低的雷诺数(Re=200)下达到湍流，而流动阻力却不大。板片式换热器的结构紧凑，一般板片的间距为 4～6mm，单位体积的传热面积可达 250～1000m^2/m^3，比列管式换热器(40～150m^2/m^3)高出许多。它还具有可拆卸结构，可根据传热过程需要，用增减板片数目的方法方便地调节传热面积，提高了换热器的操作灵活性。此外，板片式换热器的检修和清洗都比较方便。

板片式换热器的主要缺点是允许的操作压力和温度都比较低。通常操作压力低于 1.5MPa，最高不超过 2.0MPa，操作压力过高容易引起泄漏。它的操作温度受到板片密封垫片的耐热性限制，一般不超过 250℃。由于板片的间距较小，故操作的处理量也较小。

与螺旋板式换热器类似，板片式换热器适用于操作压力和温度较低，流体的腐蚀性强而需要采用贵重材料的场合。

3) 板翅式换热器

板翅式换热器是一种更为高效、紧凑、轻巧的新型换热器。

隔板、翅片和封条三部分构成了板翅式换热器的结构基本单元。冷、热流体在相邻的基本单元体的通道中流动，通过翅片及与翅片连成一体的隔板进行热交换。将这样的基本结构单元根据流体流动方式的布置叠置起来，钎焊成一体组成板翅式换热器的板束或芯体。图 6-18(a)所示为常用的逆流、错流和错逆流板束，图 6-18(b)表示常用的翅片型式，主要有光直翅片、锯齿翅片和多孔翅片三种。一般情况下，从换热器的强度、绝热和制造工艺等要求出发，板束的顶部和底部还有若干层假翅片层，又称强度层。在板束两端配置适当的流体进出口集流箱即可组成板翅式换热器。

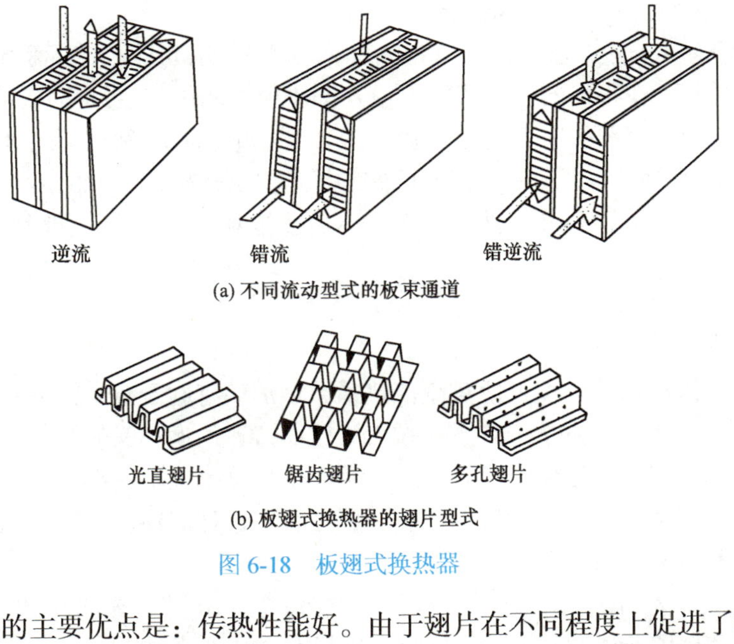

图 6-18　板翅式换热器

板翅式换热器的主要优点是：传热性能好。由于翅片在不同程度上促进了湍流并破坏了传热边界层的发展，故传热系数很大。冷、热流体间的传热不仅仅以隔板为传热面，大部分热量是通过翅片传递的，结构高度紧凑，单位体积的传热面积可达 2500m^2/m^3，最高可达 4300m^2/m^3。通常板翅式换热器采用铝合金制造，因此换热器的质量轻。由于铝合金在低温条件下的延展性和抗拉强度均很高，因此板翅式换热器适用于低温和超低温操作场合。同时由于翅片对隔板的支撑作用，其允许的操作压力也较高，可达 5MPa。此外，板翅式换热器还可用于多种不同介质在同一换热器内进行多股流换热。

板翅式换热器的主要缺点是流道尺寸小，容易堵塞，而且检修和清洗困难，因此所处理的物料应较洁净或预先净制。另外，由于隔板和翅片均由薄铝板制成，故要求换热介质不腐蚀铝材。

6.6.3 列管式换热器的选用与设计原则

换热器的设计是通过传热过程计算确定经济合理的传热面积以及换热器的结构尺寸，以完成生产工艺中所要求的传热任务。换热器的选用也是根据生产任务，计算所需的传热面积，选择合适的换热器。由于参与换热流体特性的不同，换热设备结构特点的差异，因此为了适应生产工艺的实际需要，设计或选用换热器时需要考虑多方面的因素，进行一系列的选择，并通过比较才能设计或选用出经济上合理和技术上可行的换热器。

本节将以列管式换热器为例，说明换热器选用或设计时需要考虑的问题。

1. 流体通道的选择

流体通道的选择可参考以下原则进行：

(1) 不洁净和易结垢的流体宜走管程，以便于清洗管子。

(2) 腐蚀性流体宜走管程，以免管束和壳体同时受腐蚀，而且管内也便于检修和清洗。

(3) 高压流体宜走管程，以免壳体受压，并且可节省壳体金属的消耗量。

(4) 饱和蒸气宜走壳程，以便于及时排出冷凝液，且蒸气较洁净，不易污染壳程。

(5) 被冷却的流体宜走壳程，可利用壳体散热，增强冷却效果。

(6) 有毒流体宜走管程，以减少流体泄漏。

(7) 黏度较大或流量较小的流体宜走壳程，因流体在有折流板的壳程流动时，由于流体流向和流速不断改变，在很低的雷诺数($Re<100$)下即可达到湍流，可提高对流传热系数。但是有时在动力设备允许的条件下，将上述流体通入多管程中也可得到较高的对流传热系数。

在选择流体通道时，以上各点常常不能兼顾，在实际选择时应抓住主要矛盾。例如，首先要考虑流体的压力、腐蚀性和清洗等要求，然后校核对流传热系数和阻力系数等，以便作出合理的选择。

2. 流体流速的选择

换热器中流体流速的增加可使对流传热系数增加，有利于减少污垢在管子表面沉积的可能性，即降低污垢热阻，使总传热系数增大。然而流速的增加又使流体流动阻力增大，动力消耗增大。因此，适宜的流体流速需通过技术经济核算来确定。充分利用系统动力设备的允许压降来提高流速是换热器设计的一个重要原则。在选择流体流速时，除了经济核算以外，还应考虑换热器结构上的要求。

表 6-4 给出工业上的常用流速范围。除此之外，还可按照液体的黏度选择流速，按材料选择容许流速以及按照液体的易燃、易爆程度选择安全允许流速。

表 6-4 列管式换热器中常用的流速范围

流体种类		一般液体	易结垢液体	气体
流速/(m/s)	管程	0.5～3	>1	5～30
	壳程	0.2～1.5	>0.5	3～15

3. 流体两端温度的确定

若换热器中冷、热流体的温度都由工艺条件所规定，则不存在确定流体两端温度的问题。若其中一流体仅已知进口温度，则出口温度应由设计者来确定。例如，用冷水冷却一热流体，冷水的进口温度常根据当地的气温条件作出估计，而其出口温度则可根据经济核算来确定：为了节省冷水量，可使出口温度提高一些，但是传热面积就需要增加；为了减小传热面积，则需要增加冷水量。两者是相互矛盾的。一般来说，水源丰富的地区选用较小的温差，缺水地区选用较大的温差。不过，工业冷却用水的出口温度一般不宜高于 45℃，因为工业用水中所含的部分盐类(如 $CaCO_3$、$CaSO_4$、$MgCO_3$ 和 $MgSO_4$ 等)的溶解度随温度升高而减小，如果出口温度过高，盐类析出，将形成传热性能很差的污垢，而使传热过程恶化。如果是用加热介质加热冷流体，可按同样的原则选择加热介质的出口温度。

4. 管径、管子排列方式和壳体直径的确定

小直径管子能使单位体积的传热面积大，因而在同样体积内可布置更多的传热面。或者说，当传热面积一定时，采用小管径可使管子长度缩短，增强传热，易于清洗。但是减小管径将使流动阻力增加，容易积垢。对于不清洁、易结垢或黏度较大的流体，宜采用较大的管径。因此，管径的选择要视所用材料和操作条件而定，总的趋向是采用小直径管子。

管长的选择是以合理使用管材和清洗方便为原则。国产管材的长度一般为 6m，因此管壳式换热器系列标准中换热管的长度分为 1.5、2、3 或 6m 几种，常用 3m 或 6m 的规格。长管不易清洗，且易弯曲。此外，管长 L 与壳体 D 的比例应适当，一般 L/D=4～6。

管子的排列方式有等边三角形、正方形直列和正方形错列三种。等边三角形排列比较紧凑，管外流体湍动程度高，对流传热系数大；正方形直列比较松散，对流传热系数较三角形排列时低，但管外壁清洗方便，适用于壳程流体易结垢的场合；正方形错列则介于上述两者之间，对流传热系数较直列高。

管子在管板上的间距 t 跟管子与管板的连接方式有关：胀管法一般取 t=(1.3～1.5)d_o，且相邻两管外壁的间距不小于 6mm；焊接法取 t=1.25d_o。

换热器壳体内径应等于或稍大于管板的直径。通常是根据管径、管数、管间距及管子的排列方式用作图法确定。

5. 管程和壳程数的确定

当流体的流量较小而所需的传热面积较大时，需要管数很多，这可能会使流速降低，对流传热系数减小。为了提高流速，可采用多管程。但是管程数过多将导致流动阻力增大，平均温差下降，同时由于隔板占据一定面积，管板上可利用的面积减少。因此，设计时应综合考虑。采用多管程时，一般应使各程管数大致相同。

当列管式换热器的温差修正系数 φ < 0.8 时，可采用多壳程，如壳体内安装与管束平行的隔板。但由于在壳体内纵向隔板的制造、安装和检修都比较困难，故一般将壳体分为两个或多个，将所需总管数分装在直径相等而较小的壳体中，然后将这些换热器串联使用，如图 6-19 所示。

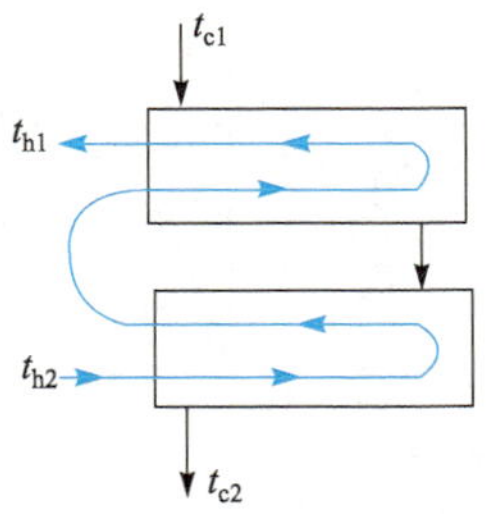

图 6-19　换热器的串联

6. 折流板

折流板又称折流挡板，安装折流板的目的是提高壳程流体的对流传热系数。其常用型式有弓形折流板、圆盘形折流板(图 6-20)以及螺旋折流板等。常用型式为弓形折流板。折流板的形状和间距对壳程流体的流动和传热具有重要影响。

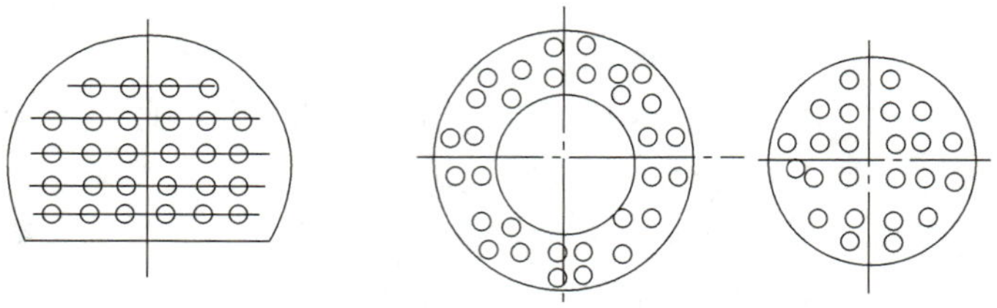

(a) 弓形折流板　　(b) 圆盘形折流板

图 6-20　折流板的型式

通常弓形缺口的高度为壳体直径的 10%～40%，一般取 20%～25%。两相邻折流板的间距也需选择适当：间距过大，则不能保证流体垂直流过管束，流速减小，对流传热系数降低；间距过小，则流动阻力增大，也不利于制造和检修。一般折流板的间距取为壳体内径的 20%～100%。

7. 换热器中传热与流体流动阻力计算

有关列管式换热器的传热计算可按已选定的结构型式，按第 5 章相关内容，根据传热过程各个环节分别计算出两侧流体的对流传热热阻及导热热阻，得到总传热系数，再按本章前述内容进行换热器传热计算。

列管式换热器中流动阻力计算应按壳程和管程两个方面分别进行。它与换热器的结构型式和流体特性有关。一般对特定型式换热器可按经验方程计算，计算式比较繁杂，具体内容可参阅有关的换热器设计教科书或手册。

8. 列管式换热器的选用和设计的一般步骤

列管式换热器的选用和设计计算步骤基本上是一致的，其基本步骤如下。

1) 估算传热面积，初选换热器型号

(1) 根据传热任务，计算传热速率。

(2) 确定流体在换热器中两端的温度，并按定性温度计算流体物性。

(3) 计算传热温差，并根据温差修正系数不小于 0.8 的原则，确定壳程数或调整加热介质或冷却介质的终温。

(4) 根据两流体的温差，确定换热器的型式。

(5) 选择流体在换热器中的通道。

(6) 依据总传热系数的经验值范围，估取总传热系数值。

(7) 依据传热基本方程，估算传热面积，并确定换热器的基本尺寸或按系列标准选择换热器的规格。

(8) 选择流体的流速，确定换热器的管程数和折流板间距。

2) 计算管程和壳程流体的流动阻力

根据初选的设备规格，计算管程和壳程流体的流动阻力，具体的计算方法可参考文献(何潮洪 等，2007；陈敏恒 等，2015；史美中 等，1996)的有关内容。检查计算结果是否合理和满足工艺要求。若不符合要求，再调整管程数或折流板间距，或选择其他型号的换热器，重新计算流动阻力，直到满足要求为止。

3) 计算传热系数，校核传热面积

计算管程、壳程的对流传热系数，确定污垢热阻，计算传热系数和所需的传热面积。一般选用换热器的实际传热面积比计算所需传热面积大 10%～25%，否则另设总传热系数，另选换热器，返回第一步，重新进行校核计算。

上述步骤为一般原则，可视具体情况作适当调整，对设计结果应进行分析，发现不合理处要反复计算。在计算时应尝试改变设计参数或结构尺寸甚至改变结构型式，对不同的方案进行比较，以获得技术经济性较好的换热器。

6.7　换热器的传热强化与换热网络优化

6.7.1　换热器的传热强化概述

换热器的传热强化是指通过分析和计算，采取一定的技术措施以提高换热器中冷、热流体之间的传热速率。由传热速率方程可以看出，增大传热系数 K，扩展传热面积 A 和增大传热平均温差 Δt_m 均可提高传热速率。

1. 扩展传热面积 A

扩展传热面积的方法应以合理地提高设备单位体积的传热面积，如采用翅片管、波纹管、螺纹管来代替光管等，从改进传热面结构和布置的角度出发加大传热面积，以达到换热设备高效、紧凑的目的，而不应单纯理解为通过扩大设备的体积来增加传热面积，或增加换热器的台数来增加传热量。

2. 增大传热平均温差 Δt_m

传热平均温差与生产工艺所确定的冷热流体温度条件有关，且其中的加热或冷却介质的温度因所选介质不同而存在很大差异。例如，在化工生产中常用的加热介质是饱和水蒸气，提高蒸汽压力就可提高蒸汽加热温度，从而增大传热温差。又如，采用深井水来代替循环水，也可以增大传热温差。但在增加传热温差时应综合考虑技术可行性和经济合理性。当换热器中冷、热流体均无相变时，应尽可能在结构上采用逆流或接近于逆流的流动排布型式以增大平均传热温差。然而，传热温差的增大将使整个系统的热力学不可逆性增加。因此，不能一味追求传热温差的增加，而需兼顾整个系统能量的合理利用。

3. 提高传热系数 K

提高传热系数是强化传热过程的积极措施。欲提高传热系数，就必须减小传热过程各个环节的热阻。由于各项热阻所占份额不同，故应设法减小传热过程中的主要热阻。

在换热设备中，金属间壁比较薄且导热系数较高，一般不会成为主要热阻。

污垢热阻是一个可变因素。在换热器投入使用的初期，污垢热阻很小。随着使用时间的增长，污垢将逐渐集聚在传热面上，成为阻碍传热的重要因素。因此，应通过增大流体流速等措施减弱污垢的形成和发展，并注意及时清除传热面上的污垢。

通常，流体的对流传热热阻是传热过程的主要热阻。当间壁两侧流体的对流传热系数相差较大时，应设法强化对流传热系数较小一侧的对流传热。

目前增强对流传热的方法主要有：

1) 改变流体的流动状况

(1) 提高流速。提高流速可增加流体流动的湍动程度，减薄层流底层，从而强化传热。例如，在列管式换热器中通过增加管程数和壳程中的折流板数来提高流速。

(2) 增加人工扰流装置。在管内安放或管外套装如麻花铁、螺旋圈、盘状构件、金属丝、翼形物等以破坏流动边界层而增强传热。实验表明加入人工扰流装置后，对流传热可显著增强，但也使流动阻力增加，易产生通道堵塞和结垢等运行上的问题。

2) 改变流体物性

流体物性对传热有很大影响，一般导热系数与比热容较大的流体，其对流传热系数也较大。例如，空气冷却器改用水冷却后，传热效果大大提高。另一种改变流体性能的方法是在流体中加入添加剂。例如，在气体中加入少量固体颗粒以形成气-固悬浮体系，固体颗粒可增强气流的湍流程度；在液体中添加固体颗粒(如在油中加入聚苯乙烯悬浮物)，其强化传热的机理类似于搅拌完善的液体传热；以及在蒸汽中加入硬脂酸等促进珠状冷凝而增强传热等。

3) 改变传热表面状况

通过改变传热表面的性质、形状、大小以增强传热的方法主要有：

(1) 增加传热面的粗糙程度。增加传热面的粗糙程度不仅有利于强化单相流体对流传热，也有利于沸腾传热。在不同的流动和换热条件下粗糙度对传热的影响程度是不同的。不过增加粗糙度将引起流动阻力的增加。

(2) 改进表面结构。对金属管表面进行烧结、电火花加工、涂层等方法可制成多孔表面管或涂层管，这可以有效地改善沸腾或冷凝传热。

(3) 改变传热面的形状和大小。为了增大对流传热系数，可采用各种异形管，如椭圆管、波纹管、螺旋管和变截面管等。由于传热表面形状的变化，流体在流动中将不断改变流动方向和流动速度，促进湍流形成，减薄边界层厚度，从而加强传热。

综上所述，强化传热应权衡利弊，在采用强化传热措施时，对设备结构、制造费用、动力消耗、检修操作等方面作综合考虑，以获得经济而合理的强化传热方案。

6.7.2 列管式换热器的传热强化

常用的常减压蒸馏工艺中，有超过 20 台列管式换热器。早期的列管式换热器主要形式为弓形折流板换热器，但是在运行中发现这种换热器存在许多不足之处，如流动阻力大、易结垢、易导致流体诱导振动。因此，开发新型换热器以强化换热、节约能源、实现长周期安全运行具有重要的意义。

列管式换热器的传热强化可分为管侧强化与壳侧强化。管侧强化主要是通过改变管内壁结构或插入扰流元件等手段，比如内螺纹管与插入交叉锯齿波带。交叉锯齿波带由数条梯形波带交叉组成，可强化管内流体扰流，破坏管壁边界层，具有边界层分离和切割的功能，特别适用于高黏度和超高黏度的流体强化传热。

壳侧强化主要是通过改变管束的支撑结构从而改变壳侧流体的流动形态，以减小流动阻力、防结垢、消除流体诱导振动。传统弓形折流板换热器内流体主要以横掠管束的形态流动，在折流板附近流动方向急剧改变，导致压降大；折流板附近区域存在流动死区，导致传热性能差，易结垢。为此，研究者通过改进管束支撑结构克服弓形折流板的不足之处。主要包括三类管束支撑结构：折流杆支撑、换热管自支撑与螺旋折流板支撑。

(1) 折流杆支撑。折流杆换热器采用折流杆代替折流板，使得壳侧流体的主流方向平行于换热管，因此消除了弓形折流板换热器内部的流动死区，减弱了流体的诱导振动。折流杆后的卡门涡街脱落强化了壳侧流体的扰动，强化了换热。某公司用折流杆换热器代替浮头式换热器，相同工况下，在满足工艺要求的前提下，折流杆换热器的换热面积比浮头式换热器减少了 12%～26%，设备重量减少了 17%～19%，节省了换热器的投资成本；在满足系统工艺的要求下，冷却水的阀门开度下降了 30%～40%，不但改善了冷却效果，而且减少了冷却水的用量，节约了工程费用。

(2) 换热管自支撑。对于某些特殊的换热管，管外表面相互支撑形成壳侧流体的流动通道，不需额外设置折流板支撑结构，这种结构称为自支撑结构。目前常用的自支撑管包括变截面管、螺旋扁管与刺孔膜片管。换热管自支撑形成的壳侧流体流动形式基本为轴向流，平行于换热管轴线，但是在换热管壁面附近，流动为不规则的三维流动，形成有益于传热的扰流。此类自支撑换热管的排布比较紧凑，使得单位体积的换热面积较大，有利于减小换热器的尺寸和重量。

(3) 螺旋折流板支撑。螺旋折流板换热器采用连续或非连续螺旋状折流板替代传统的弓形折流板，消除流动死区，减弱流体诱导振动。壳侧流体流动通道为螺旋状，流动形式介于横向流与轴向流之间。适用于各种介质，尤其是高黏度流体介质，原油、渣油等。某炼油厂常减压蒸馏装置试运一台新型螺旋折流板换热器(改造前是垂直弓形折流板换热器)，其管程介质为水，壳程介质为渣油。设备投入使用后，运行稳定。改造前垂直弓形折流板换热器的年换热量为 2580.63MW，改造后试用的螺旋折流板换热器的年换热量为 5160.87MW。由于螺旋流动状态，螺旋折流板换热器壳程介质不易沉积、不易结垢，一般可延长 50%的使用周期，减少检修、清洗费用。

案 例　突破技术瓶颈，高效换热器的开发与应用

管壳式换热器由于结构简单、造价低廉、清洗方便等优点广泛应用于石油、化工、炼油、核能利用等领域。然而，壳侧流体流动方向改变频繁，存在压损较大、容易积垢和管束振动的“三大”瓶颈难题。传统管壳式换热器普遍应用弓形折流板，虽然采用非连续螺旋结构折流板可以实现强化传热，但仍未解决瓶颈问题。而新型高效、减振、防垢的组合式连续螺旋推流强化传热技术则有效地破解了这些难题。

6.7.3　换热网络优化

由引例可见，在常减压蒸馏工艺过程中存在大量换热器以实现产品与原料的换热，其中包括各塔的侧线产品与原油的换热，以及中段循环回流与原油的换热。为了最大程度节省能源，可通过传热强化改进换热器设计，如采用折流杆换热器、螺旋折流板换热器等。

此外，为了充分利用热物流去加热冷物流，合理地将这些冷热换热物流进行匹配，提高整个换热系统的热回收，尽可能减少公用工程消耗(如燃料气、蒸汽、冷却水等)，提高整个过程系统的能源利用率，对于生产工艺系统中由大量换热器、加热器和冷却器组成的换热网络，可采用能量系统综合的方法对整个换热网络进行集成和优化，其主要目标是：①在满足工艺要求的前提下，充分利用生产工艺过程内部产生的热量，减少公用工程的消耗，降低整个换热系统的操作费用；②通过合理匹配冷热物流间的换热，减少换热网络的换热器数量和传热面积，以降低投资费用。

常用的换热网络优化方法主要有夹点分析法、数学规划法和基于进化类算法(如遗传算法)的优化算法等，其中夹点分析法和数学规划法广泛应用。

(1) 夹点分析法。换热网络的夹点分析是一种热力学分析方法。通过夹点分析可确定换热网络系统的“瓶颈”。换热网络内部冷、热物流间的换热量与加热(冷却)公用工程量可用温-焓(T-H)图表示，如图 6-21 所示。冷、热物流的状态变化用两条温焓线在图中表示。夹点是指在换热网络中冷、热物流组合温焓线上限制换热系统热回收量的传热温差最小点的位置。夹点分析方法指出，为了获得换热网络的最小公用工程消耗，冷热物流的匹配应满足三个基本规则，即夹点之上不应设置任何公用工程冷却器；夹点之下不应设置任何公用工程加热器；换热网络不应有跨越夹点的传热。夹点之上和夹点之下的冷热物流应分别进行匹配。按照夹点设计法可获得在给定最小传热温差下达到最小公用工程用量和最少换热器数目的换热网络。

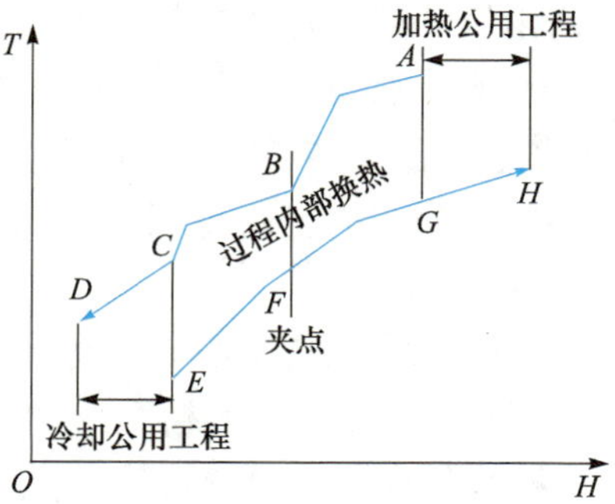

图 6-21 温-焓(T-H)图的夹点分析

夹点分析方法物理意义明确，易于操作，工程技术人员可充分利用工程实践经验设计或改进换热网络，目前在国内外过程工业企业广泛应用。

(2) 数学规划法。数学规划法是将换热网络的优化问题转化为由目标函数和约束条件组成的数学模型，然后根据数学模型的类型选择适宜的优化方法进行求解。目标函数可设定为换热网络中的公用工程负荷、设备投资等。约束条件可设定为冷热物流的初始温度及目标温度范围。求解得到的结果即可描述为满足冷热物流约束条件的最优的换热网络使得该网络的公用工程负荷最少或设备投资最少。

用数学规划法求解换热网络的最优结构和最优操作条件，理论上可以得到给定工艺条件下的严格最优解。然而，现有的计算方法和计算机能力仍难于求解大型复杂换热网络系统的优化问题，难于得到全局最优解。数学规划法的另一个缺点是计算过程为黑箱，计算过程的物理意义不明确，一般难于被设计人员所掌握而直接使用。

本章主要符号说明

符号	意义	单位
A	传热面积	m^2
b	厚度	m
c_p	定压比热容	J/(kg · K)
C_R	热容量比	—
d	直径	m
d_o	管外径	m
H	焓	kJ/kg
K	(总)传热系数	W/(m^2 · K)
l	长度	m

m	质量流率	kg/s
NTU	传热单元数	—
Q	传热速率	W
q	热通量或热流密度	W/m^2
R	热阻	$m^2 \cdot K/W$
r	半径	m
r	汽化潜热	kJ/kg
R_s	污垢热阻	$m^2 \cdot K/W$
t	温度	℃
Δt	传热温差	℃或 K
Δt_m	传热平均温差(推动力)	℃或 K
α	对流传热系数	$W/(m^2 \cdot ℃)$
ε	传热效率	—
φ	温差修正系数	—
λ	导热系数	$W/(m \cdot K)$
下标		
c	冷流体	
h	热流体	
i	管内	
o	管外	
1	进口	
2	出口	

参考文献

陈敏恒，丛德滋，方图南，等. 2015. 化工原理(上册). 4 版. 北京：化学工业出版社
何潮洪，冯霄. 2007. 化工原理(上册). 2 版. 北京：科学出版社
蒋维钧，戴猷元，顾惠君. 1992. 化工原理(上册). 北京：清华大学出版社
史美中，王中铮. 1996. 热交换器原理与设计. 2 版. 南京：东南大学出版社
谭天恩，麦本熙，丁惠华. 1990. 化工原理(上册). 2 版. 北京：化学工业出版社
吴金星，韩东方，曹海亮，等. 2009. 高效换热器及其节能应用. 北京：化学工业出版社
杨世铭，陶文铨. 2006. 传热学. 4 版. 北京：高等教育出版社
McCabe W L, Smith J C, Harriott P. 2008. Unit Operations of Chemical Engineering. 7th ed. New York：McGraw-Hill

习　　题

习题答案

1. 一列管式换热器，管子为 ϕ 25mm × 2.5mm 的钢管，用水蒸气加热管内的原油。已知管外蒸气冷凝的对流传热系数为 $10000W/(m^2 \cdot ℃)$；管内原油的对流传热系数为 $1000W/(m^2 \cdot ℃)$；钢的导热系数为

45W/(m · ℃)；管内的污垢热阻为 $1.5\times10^{-3}m^2\cdot℃/W$；管外的污垢热阻不计。试求其总传热系数及各部分热阻的分配比例。

2. 用不同的水流速度对某列管式冷凝器作了两次实验，第一次冷凝器是新的，第二次冷凝器已使用过一段时间。实验结果如附表所示。表中的传热系数均以管外表面为基准。管子尺寸为 ϕ 28mm × 2.5mm，导热系数为 45W/(m · ℃)。水在管内作湍流，饱和蒸气在管外冷凝。两次实验条件相同。试求：(1)在第一次实验中，管外的对流传热系数，以及当水速为 2.0m/s 时管内的对流传热系数；(2)试分析在相同的水速条件下，两次实验的传热系数不同的原因，并得出定量的计算结果。

习题 2 附表

实验次数	第一次		第二次
水流速/(m/s)	1.0	2.0	1.0
传热系数/[W/(m² · ℃)]	1200	1860	1100

3. 某列管式冷凝器，管内通冷却水，管外为有机蒸气冷凝。在新使用时，冷却水的进、出口温度分别为 20℃和 30℃。使用一段时间后，在冷却水进口温度与流量相同的条件下，冷却水的出口温度降为 26℃。求此时换热器的污垢热阻。已知换热器的传热面积为 $16.5m^2$，有机蒸气的冷凝温度为 80℃，冷却水的流量为 2.5kg/s。

4. 一换热器用热柴油加热原油。柴油和原油的进口温度分别为 243℃和 128℃。已知逆流操作时，柴油的出口温度为 155℃，原油的出口温度为 162℃，试求其传热的平均温差。若采用并流，则传热平均温差又是多少？设柴油和原油的进口温度不变，它们的流量和换热器的传热系数也与逆流时相同。

5. 在一单壳程、单管程列管式换热器中进行水-水换热，热水流量为 2000kg/h，冷水流量为 3000kg/h，热水和冷水的进口温度分别为 80℃和 10℃。如果要求将冷水加热到 30℃，试计算采用并流和逆流时的平均传热温差。若改用单壳程、双管程换热器，冷水走壳程，热水走管程，则传热温差变为多少？

6. 用175℃的油将 300kg/h 的水由 25℃加热至 90℃。已知油的比热容为 2.1kJ/(kg · ℃)，其流量为 360kg/h。今有两台换热器，传热面积均为 $0.8m^2$。

换热器 1：传热系数为 625W/(m² · ℃)，单壳程，双管程；

换热器 2：传热系数为 500W/(m² · ℃)，单壳程，单管程；

为了保证满足所需的传热量，应选择哪一台换热器？

7. 在一套管式换热器中，用冷却水将 1.25kg/s 的苯由 350K 冷却至 300K，冷却水在 ϕ 25mm × 2.5mm 的内管流动，其进出口温度分别为 290K 和 320K。已知水和苯的对流传热系数分别为 850W/(m² · K)和 1700W/(m² · K)，忽略污垢热阻，试求所需管长和冷却水的消耗量。

8. 单相冷、热流体在套管式换热器中作逆流传热。管内、环隙内的流体对流传热系数数量级相同。试分析以下三种情况冷、热流体的出口温度及传热速率如何变化。若改为并流传热，下述三种情况又如何？

(1) 当冷流体的进口温度和冷、热流体的质量流量不变，热流体的进口温度升高时。

(2) 当冷、热流体的进口温度和冷流体的质量流量不变，热流体的质量流量增加时。

(3) 当冷、热流体的进口温度和质量流量均不变，换热器的污垢热阻增加时。

9. 用一单程列管式换热器冷凝 1.5kg/s 的有机蒸气。蒸气在管外的冷凝热阻可以忽略，冷凝温度为 60℃，冷凝潜热为 395kJ/kg。管束由 n 根 ϕ 25mm × 2.5mm 的钢管组成，管内通入 25℃的冷却水，不计污垢和管壁的热阻，试计算：(1)冷却水的用量(选择冷却水的出口温度为 45℃)；(2)管数 n 及管长(水在管内的流速为 1.0m/s)；(3)若保持上述计算所得的总管数不变，将上述换热器制成双管程换热器投入使用，冷却水流量及进口温度仍维持原设计值，求操作时有机蒸气的冷凝量。

10. 某冷凝器的传热面积为 $20m^2$，用来冷凝 100℃的饱和水蒸气。冷流体的进口温度为 40℃，流量为 0.917kg/s，比热容为 4kJ/(kg · ℃)。换热器的传热系数为 125W/(m² · ℃)。求水蒸气的冷凝量。

11. 一列管式换热器用 110℃的饱和蒸汽加热甲苯，可使甲苯由 30℃加热到 100℃。令甲苯的流量增加 50%，试求：(1)甲苯的出口温度；(2)在原来的设备条件下，可采用何种措施以使甲苯出口温度仍然维持在

100℃，作定量计算。忽略管壁导热热阻与污垢热阻。

12．一套管式换热器，冷、热流体的进口温度分别为 40℃和 100℃。已知并流操作时冷流体的出口温度为 60℃，热流体为 80℃。试问逆流操作时，冷热流体的出口温度各为多少？设传热系数为定值。

13．一台列管式换热器，管子为 ϕ 25mm × 2.5mm，冷、热流体在换热器中作逆流流动。冷流体走管内，进出口温度分别为 20℃和 80℃；热流体走管外，进出口温度为 200℃和 120℃。已知冷、热流体的对流传热系数均为 900W/(m^2 · ℃)。运行一年后，发现热流体的出口温度变为 130℃，而冷、热流体的流量和进口温度均未变化。为了使热流体的出口温度维持在 120℃以下，拟将冷流体的流量增大 60%，此时热流体的出口温度为多少？忽略管壁热阻以及冷流体的对流传热系数受流量的影响。

14．有一列管式换热器，传热面积为 40m^2，管子为 ϕ 25mm × 2.5mm 的钢管。用 0.2MPa(绝压)的饱和水蒸气将油从 40℃加热到 80℃，油走管内，处理量为 25t/h，流动为湍流状态。已知冷凝传热系数为 1.2 × 10^{4}W/(m^2 · ℃)，油的平均比热容为 2.1kJ/(kg · ℃)。试计算：

(1) 如果用该换热器加热一种黏度更大的油，黏度提高一倍，油的处理量仍为 25t/h，假设其他物性不变，流动仍为湍流，油的出口温度为多少？

(2) 如果换热器的运行时间较长，油侧集聚了一层厚度为 2mm、导热系数为 0.2 W/(m · ℃)的污垢，油的出口温度为多少？

(3) 对于(1)、(2)两种情况，为了保持油的出口温度为 80℃，可采取什么措施？

15．一传热面积为 0.4m^2 的套管式换热器，油在内管从 75℃被冷却至 65℃。冷却水在环隙内作逆流流动，由 30℃加热到 40℃。冷却水的对流传热系数为 4000W/(m^2 · ℃)。内管直径为 ϕ 25mm，管壁较薄，热阻可忽略不计。试求该换热器能冷却的最大油量。已知油在平均温度下的导热系数为 0.56W/(m · ℃)，动力黏度为 1.8 × 10^{-3}Pa·s，比热容为 2.1kJ/(kg · ℃)。

自测练习题

第7章 蒸 发

引 例

煤化工高盐废水处理的主工艺是水盐分离。溶解于水中的盐分为难溶易结垢的高价阳离子的碳酸盐、氢氧化物和易溶性的钠、钾盐，结垢性离子以 Ca^{2+}、Mg^{2+}为主，包含 Fe^{2+}、Fe^{3+}、Ba^{2+}、Sr^{2+}等微量离子，以及可与上述阳离子形成结垢物的 $OH^-/HCO_3^-/CO_3^{2-}$阴离子；易溶性离子以 Na^+、K^+为主，包括相关的 Cl^-、SO_4^{2-}等阴离子。结垢性离子主要采用“混凝沉淀+压滤分离”形成固体废料的方法脱除，或采用离子交换浓缩后，再采用“混凝沉淀+压滤分离”脱除；溶解性离子采用多级反渗透浓缩、多效蒸发结晶，进而压滤或离心分离脱除。

由于反渗透膜耐压能力为 10MPa 左右，工作压力应该在 5～7MPa 之间，进水盐的浓度不能高于 3%(30000mg/L)。当废水中含盐量高于 6%时，必须采用电渗析(EDR)、多效蒸发、机械压缩蒸发、膜蒸馏等技术浓缩。目前，电渗析工艺耗电量太大、处理成本太高，多效蒸发技术成熟，已广泛应用于煤化工废水处理、化工制药、再生水等行业。机械压缩蒸发技术利用机械式涡轮压缩机的增压原理，采用机械压缩的方法将二次蒸气再利用，可减少蒸气消耗，但用电量大，与多效蒸发技术得到的清水回收率基本相同。膜蒸馏是采用疏水膜、利用工业废热等廉价能源在膜两侧形成蒸气压力差，从而对无机盐、大分子等不挥发组分进行膜分离的过程，目前还处于研究阶段。因此，考虑运行稳定高效，一般采用多效蒸发浓缩高盐废水。

工业上采用多效蒸发处理煤化工高盐废水的工艺流程如图 7-1 所示。

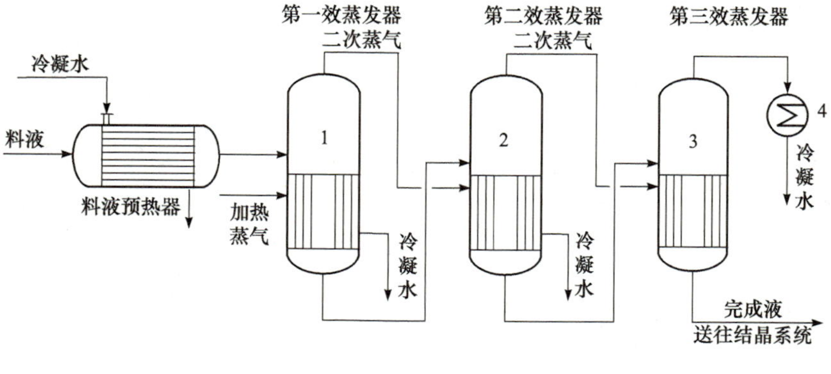

图 7-1 煤化工企业高盐废水多效蒸发工艺流程

1. Ⅰ效蒸发器; 2. Ⅱ效蒸发器; 3. Ⅲ效蒸发器; 4. 冷凝器

在图 7-1 中，蒸发器上部为蒸发室，下部为加热室。料液(高盐废水)依次流经Ⅰ效、Ⅱ效和Ⅲ效蒸发器。在各效蒸发器内，料液流经加热室(管壳式换热器)的管层被加热后进入蒸发室闪蒸。来自系统外的加热蒸气(称为生蒸气)在Ⅰ效蒸发器加热室的壳程冷凝放热，料液蒸发产生的蒸气(称为二次蒸气)进入Ⅱ效蒸发器加热室。Ⅱ效蒸发器蒸发室产生的二次蒸气进入Ⅲ效蒸发器加热室的壳程冷凝，而Ⅲ效蒸发器蒸发室产生的蒸气进入冷凝器冷凝。表 7-1 为某煤化工企业蒸发系统处理的高盐废水的流量及组成。与图 7-1 所示工艺流程对应的实际生产装置如图 7-2 所示。

表 7-1 煤化工装置蒸发系统高盐废水的流量和组成

项目	浓度/(mg/L)	项目	浓度/(mg/L)	项目	浓度/(mg/L)
高盐废水流量	80 t/h	Sr^{2+}	0.20	总铁	<0.50
pH	10.83	总硅	359.28	CODcr	100
Ca^{2+}	0.60	F^-	9.83	NH_3-N	<64.11
Mg^{2+}	0.60	Cl^-	24168.18	盐度 TDS	69622.66
Ba^{2+}	0.99	SO_4^{2-}	19431.51	浊度(NTU)	<1
Na^+	24928.77	CO_3^{2-}	289.23	SDI	<3
K^+	368.61	HCO_3^-	5.56		

图 7-2 煤化工生产装置实景图

蒸发设备在工业生产中被普遍采用，从事化工生产的工程师或工艺技术人员需了解其基本原理和常规操作方法，因此有必要对这一单元设备进行学习和研究。

7.1 概 述

蒸发是利用加热的方法，使含有不挥发性溶质稀溶液中的挥发性溶剂在沸腾状态下部分汽化并将其移除的一种单元操作。该操作广泛应用于化工、轻工、食品、医药、海水淡化等领域，其主要目的是：

(1) 浓缩稀溶液直接制取产品或半成品，以利于储运或加工利用。例如，氢氧化钠电解液的浓缩、糖水溶液的浓缩及各种果汁的浓缩等。

(2) 同时浓缩溶液和回收溶剂。例如，有机磷农药苯溶液的浓缩脱苯、中药生产中酒精浸出液的蒸发等。

(3) 脱除溶剂中的杂质，制取较纯的溶剂组分。例如制取蒸馏水、海水淡化等。

蒸发实质是壳侧为蒸气冷凝，管侧为液体沸腾的传热过程，其溶剂的汽化速率完全取决于传热。所以，蒸发属于传热过程，蒸发器也是一种换热器。但蒸发过程与通常的换热过程相比，又有自身的特点：

(1) 由于不挥发性溶质的存在，在相同的温度下溶液的饱和蒸气压较纯溶剂低；或在相同的压力下，溶液的沸点较纯溶剂沸点高。加之其他因素也会造成溶液的沸点升高，因此在一定的加热蒸气温度下，蒸发溶液时的传热温差比加热纯溶剂时要小，且溶液越浓，这种影响越大。

(2) 溶液可能析出结晶，在传热表面形成污垢，从而使传热过程恶化；某些物料由于沸点升高更易分解或变质，或由于浓缩而溶液黏度和腐蚀性增大。因此，蒸发器的结构应适应这些特殊性且易于清理。

(3) 蒸发过程消耗大量的热量以使溶剂汽化。如何利用有限的热量使单位蒸气量移去较多的溶剂，是蒸发中要考虑的经济性问题。

为适应这些特点，可采取不同的蒸发操作方式。蒸发可连续或间歇地操作，可以在加压、常压或减压下进行，减压下的蒸发又称作真空蒸发。另外，由于蒸发是高温位的蒸气向低温位转化，根据较低温位的二次蒸气是否再利用又形成了单效蒸发和多效蒸发。前者不再利用二次蒸气，而多效蒸发则多次利用二次蒸气，能量效率高。

就确定蒸发器的蒸发量、热负荷、主要尺寸和操作控制方案而言，需要了解其基本操作原理和设计计算方法。本章将从蒸发的基本原理、蒸发器的物料和热量衡算、加热室传热面积的计算以及操作因素变化对过程的影响规律等方面来阐述蒸发过程，通过对具体生产实例进行分析和简化，使读者能够掌握这类单元操作的规律和基本计算方法。

7.2 单效蒸发及其计算

7.2.1 单效蒸发过程

蒸发过程溶剂的汽化速率完全取决于传热，即其传质完全取决于传热。溶液在加热室被加热，溶剂的蒸发主要在蒸发室进行。在对蒸发系统进行分析时，通常将传热和传质过程(或蒸发室和加热室)看作一个整体，如图 7-3 所示。

在蒸发计算中，经常要确定一定压力下溶液某个状态相对于另一特定状态的热焓变化。为方便计，多以 0℃为热焓计算基础。对于纯物质，当所考虑的两个状态不存在相变时，常以比热容及温度表示两状态的焓差，即

$$\Delta H = c_p t_2 - c_p t_1 \tag{7-1}$$

对于稀溶液，这种关系近似成立。但对于某些溶液，这种近似将给计算带来显著误差。例如，当 $CaCl_2$、NaOH 等水溶液被浓缩时，除需供给蒸发水分所必需的汽化潜热外，还需供给与稀释这些盐时所放出的稀释热相当的浓缩热，而且浓度越大，这种影响越显著。这时，溶液的焓值需通过焓浓图查取。图 7-4 是以 0℃为基准的 NaOH 水溶液的焓浓图。若已知溶液的浓度和温度，即可由图中相应的等温线查得该溶液的焓值。

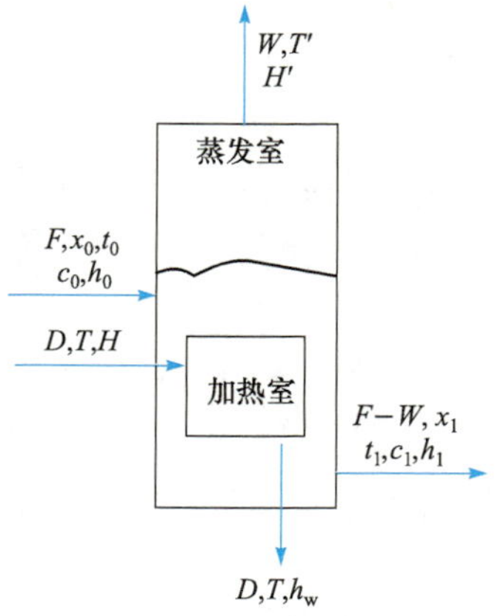

图 7-3 单效蒸发

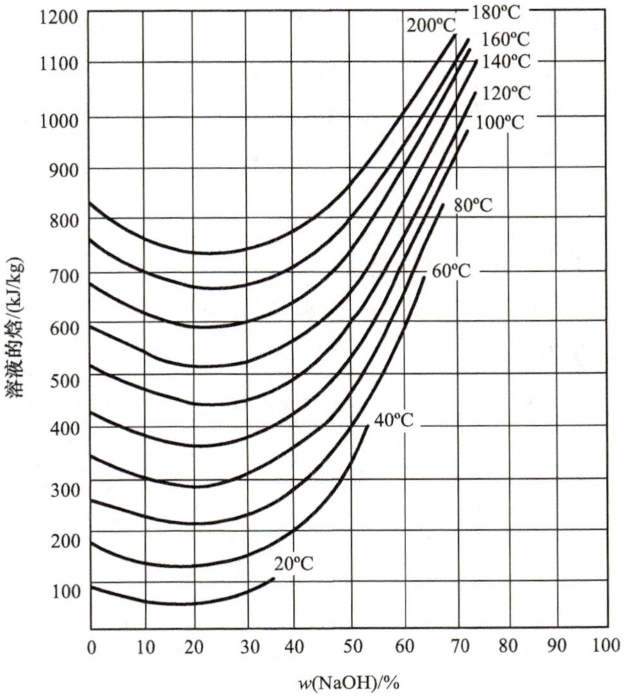

图 7-4 NaOH 水溶液的焓浓图

7.2.2 蒸发水量的计算

对于图 7-3 所示的单效蒸发，在稳态操作下，单位时间内随原料进入蒸发器的溶质质量与随完成液离开蒸发器的溶质质量相等，即

$$Fx_0 = Lx_1 \tag{7-2}$$

$$F=L+W \tag{7-3}$$

式(7-2)是溶质的物料衡算，式(7-3)是总物料衡算。由此可得

水的蒸发量 $$W = F\left(1-\frac{x_0}{x_1}\right) \tag{7-4}$$

完成液的浓度 $$x_1 = \frac{Fx_0}{F-W} \tag{7-5}$$

完成液量 $$L = F - W = F\frac{x_0}{x_1} \tag{7-6}$$

7.2.3 蒸发器热负荷的确定

设加热蒸气的冷凝液在饱和温度下排出，则蒸发器的热量衡算为

$$DH + Fh_0 = WH' + \left(F-W\right)h_1 + Dh_w + Q_L \tag{7-7}$$

式中，H、h 代表蒸气及料液的焓；Q_L 为热损失。当溶液的浓缩热可以忽略时，溶液的焓可用比热及温度来表示。若以 0℃为计算基准，则冷凝水的焓 $h_w = c_w T$，原料液的焓 $h_0 = c_0 t_0$，完成液的焓 $h_1 = c_1 t_1$。将以上关系代入式(7-7)，整理得

$$D\left(H - c_w T\right) = WH' + \left(F-W\right)c_1 t_1 - Fc_0 t_0 + Q_L \tag{7-8}$$

溶液的比热可按下式求得

$$c = c_{\mathrm{w}}(1-x) + c_{\mathrm{B}}x \tag{7-9}$$

式中，c_{B} 表示溶质的定压比热容，kJ/(kg · K)。于是有

$$c_0 = c_{\mathrm{w}}(1-x_0) + c_{\mathrm{B}}x_0 = c_{\mathrm{w}} - (c_{\mathrm{w}} - c_{\mathrm{B}})x_0 \tag{7-10}$$

$$c_1 = c_{\mathrm{w}}(1-x_1) + c_{\mathrm{B}}x_1 = c_{\mathrm{w}} - (c_{\mathrm{w}} - c_{\mathrm{B}})x_1 \tag{7-11}$$

联解式(7-10)、式(7-11)及(7-5)，整理得

$$(F-W)c_1 = Fc_0 - Wc_{\mathrm{w}} \tag{7-12}$$

将式(7-12)代入式(7-8)中得

$$D(H - c_{\mathrm{w}}T) = WH' + (Fc_0 - Wc_{\mathrm{w}})t_1 - Fc_0t_0 + Q_{\mathrm{L}} \tag{7-13}$$

由于 $H - c_{\mathrm{w}}T = r$ 及 $H' - c_{\mathrm{w}}t_1 = r'$，其中 r、r' 分别为加热蒸气和二次蒸气的汽化潜热。故上式整理可得

$$D = \frac{Fc_0(t_1 - t_0) + Wr' + Q_{\mathrm{L}}}{r} \tag{7-14}$$

若原料在沸点下进入蒸发器，即 $t_0 = t_1$，且蒸发器的热损失可以忽略，由式(7-14)知

$$\frac{D}{W} = \frac{r'}{r} \tag{7-15}$$

式中，D/W 称作单位蒸气消耗量，表示加热蒸气的利用程度，也称蒸气的经济性。由于蒸气的潜热随压力变化不大，故有 $D/W \approx 1$，即单效蒸发时，每蒸出 1kg 水约需 1kg 的加热蒸气。但因为热损失及浓缩热等因素，D/W 约为 1.1 或更多。

蒸发器的传热量或热负荷 Q 可直接从式(7-7)或式(7-14)求得

$$Q = D(H - h_{\mathrm{w}}) - Q_{\mathrm{L}} = WH' + (F - W)h_1 - Fh_0 \tag{7-16}$$

或

$$Q = Dr - Q_{\mathrm{L}} = Fc_0(t_1 - t_0) + Wr' \tag{7-17}$$

7.2.4 传热面积的计算

蒸发器的传热面积可通过传热速率方程求得，即

$$Q = KA\Delta t_{\mathrm{m}} \tag{7-18}$$

或

$$A = \frac{Q}{K\Delta t_{\mathrm{m}}} \tag{7-19}$$

式中，A 为蒸发器的传热面积，m^2；K 为蒸发器的总传热系数，W/(m^2 · K)；Δt_{m} 为传热平均温度差，℃；Q 为蒸发器的热负荷，W 或 kJ/kg。

式(7-18)中，Q 可通过式(7-16)或式(7-17)求得。若忽略热损失，Q 为加热蒸气冷凝放出的热量，即

$$Q = D(H - h_{\mathrm{w}}) = Dr \tag{7-20}$$

但在确定 Δt_{m} 和 K 时，却有别于一般换热器的计算方法。

1. 传热平均温度差 Δt_{m} 的确定

蒸发器加热室一侧是蒸气冷凝，另一侧为液体沸腾，其传热平均温度差为

$$\Delta t_m = T - t_1 \tag{7-21}$$

式中，T为加热蒸气的温度，℃；t_1为操作条件下溶液的沸点，℃。

溶液的沸点不仅受蒸发器内液面压力影响，而且受溶液浓度、液位深度等因素影响，在计算Δt_m时需考虑这些因素。下面分别予以介绍。

1) 管道阻力的影响

二次蒸气通往下一设备(如冷凝器)流经管道时的阻力损失将使其压力降低，造成蒸发室中二次蒸气的饱和温度高于冷凝器二次蒸气的饱和温度，这部分沸点升高值称为二次蒸气的阻力损失，记为$\varDelta'''$($\varDelta' = t' - T'$，t'为蒸发室压力下水的沸点，T'为冷凝器中二次蒸气温度)。$\varDelta'''$与二次蒸气和管道状态有关，二次蒸气流速越大，管道越长，管件越多，$\varDelta'''$的值越大。通常根据经验取为1～1.5℃。当二次蒸气温度直接根据蒸发室压力来确定时，则无需考虑$\varDelta'''$影响。

2) 液柱静压头的影响

通常，蒸发器操作需维持一定液位，下部溶液所受的压力比液面溶液所受的压力高，其沸点也高于液面的沸点，二者之差称为液柱静压头引起的沸点升高值，以$\varDelta''$表示。为简便计，溶液内部的压力可按液面和底部间的平均压力进行计算，由静力学基本方程可得

$$p_m = p + \frac{\rho g l}{2} \tag{7-22}$$

式中，p_m为液面与底部间的平均压力，Pa；p为蒸发室的压力，即液面处的压力，Pa；ρ代表溶液平均密度，kg/m^3；l代表液柱高度，m；g为重力加速度，m/s^2。

根据加热室平均压力可查得该压力下水的沸点t_m，继而可得由静压力引起的沸点升高值$\varDelta''$：

$$\varDelta'' = t_m - t' \tag{7-23}$$

式中，t'为根据蒸发室压力p求得的水的沸点。

3) 溶液浓度及压力的影响

溶液中由于有溶质存在，水溶液的沸点比纯水高；它们的差值称为溶液的沸点升高值，以$\varDelta'$表示($\varDelta' = t_1 - t_m$)。影响$\varDelta'$的主要因素为溶液的种类、浓度及压力。通常，有机物溶液的$\varDelta'$较小，无机物溶液的$\varDelta'$较大，稀溶液的$\varDelta'$不大，但随浓度增高，$\varDelta'$值增高较大。例如，7.4%的NaOH溶液在101.33kPa下其沸点为102℃，$\varDelta'$仅为2℃；而60%NaOH溶液常压下沸点为160℃，$\varDelta'$值达60℃以上。

溶液的种类、浓度及蒸气压力会影响$\varDelta'$值的大小，通常可由实验法测定。计算$\varDelta'$的关键是确定溶液的沸点t。常压下的溶液沸点可由有关书籍或手册查得。加压或减压下的蒸发操作，可根据杜林(Duhring)法则估算不同压力下溶液的沸点。

杜林发现在相当宽的压力范围内，溶液的沸点t与同压力下另一标准液体的沸点t_w呈线性关系，如式(7-24)所示

$$\frac{t - t^{\circ}}{t_w - t_w^{\circ}} = k \tag{7-24}$$

式中，$t - t^{\circ}$为溶液在给定两种压力下的沸点差；$t_w - t_w^{\circ}$为相应的两种压力下某标准液体的沸点差；k为比例系数。由于不同压力下水的沸点可从水蒸气表中查得，故一般选水为标准液体。在直角坐标图上用溶液的沸点与相同压力下标准液体(水)的沸点绘图，得到的直线称为杜林线。图7-5给出了不同浓度NaOH溶液的杜林直线，据此可获得不同浓度不同压力下NaOH溶液的沸点，从而求出相应条件下的$\varDelta'$。

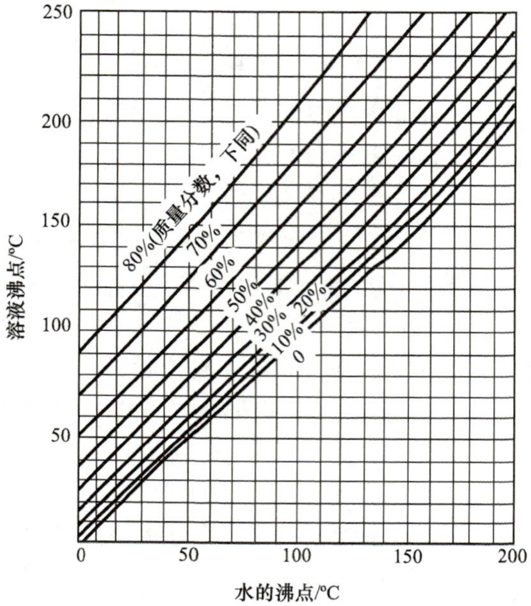

图 7-5　NaOH 水溶液的沸点

当蒸发操作在加压或减压条件下进行时，若缺乏实验数据，则可按下式估算 $\varDelta'$

$$\varDelta' = f\varDelta'_{常} \tag{7-25}$$

式中，$\varDelta'$ 为操作条件下的溶液沸点升高，℃；$\varDelta'_{常}$ 为常压下的溶液沸点升高，℃；f 为校正系数，无量纲，可由下式计算

$$f = 0.0162\frac{(T'+273)^2}{r'} \tag{7-26}$$

式中，T' 为操作压力下二次蒸气的饱和温度，℃；r' 为操作压力下二次蒸气的汽化潜热，kJ/kg。

考虑上述因素，溶液与纯溶剂相比的沸点升高值(记为$\varDelta$)为这三部分沸点升高值之和，即

$$\varDelta = t_1 - T' = \varDelta' + \varDelta'' + \varDelta''' \tag{7-27}$$

由于溶液沸点较纯溶剂沸点升高了一个值 $\varDelta$，故与蒸发纯溶剂时相比传热温差将减小 $\varDelta$，因此溶液的沸点升高值又称为传热温差损失。温差损失的存在将使传热推动力降低。扣除溶液沸点升高值后的传热温差，称为有效传热温度差。

由式(7-27)可知，操作条件下溶液的沸点 t_1 可用下式求取

$$t_1 = T' + \varDelta \tag{7-28}$$

式中，T' 为冷凝器中二次蒸气的温度，℃。

将上式代入式(7-21)中得

$$\Delta t_{\mathrm{m}} = T - T' - \varDelta \tag{7-29}$$

蒸发计算中，通常把式(7-21)所示的平均温度差称为有效温度差，而把 $T-T'$ 称为理论温差，即蒸发器蒸发纯水时的温差。

2. 总传热系数 K 的确定

蒸发器的总传热系数可按下式计算

$$K = \frac{1}{\frac{1}{\alpha_i} + R_i + \frac{b}{\lambda} + R_o + \frac{1}{\alpha_o}} \tag{7-30}$$

式中，α_i 为管内溶液沸腾的对流传热系数，W/(m²·℃)；α_o 为管外蒸气冷凝的对流传热系数，W/(m²·℃)；R_i 为管内污垢热阻，m²·℃/W；R_o 为管外污垢热阻，m²·℃/W；$\frac{b}{\lambda}$ 为管壁热阻，m²·℃/W。

式(7-30)中 α_o、R_o、R_i、α_i 及 $\frac{b}{\lambda}$ 在第 6 章中均已阐述，本章不再赘述。蒸发过程中，R_i 往往是蒸发器总热阻的主要部分，这是由于加热面处溶质析出并包裹固体杂质附着于表面形成污垢。为降低污垢热阻，工程中常采用的措施有：加快溶液循环速度，在溶液中加入晶种和微量的阻垢剂等。设计时，污垢热阻 R_i 目前仍需根据经验数据确定。管内溶液沸腾对流传热系数 α_i 也是影响总传热系数的主要因素。影响 α_i 的因素很多，如溶液的性质、沸腾传热的状况、操作条件和蒸发器的结构等。目前蒸发器的总传热系数仍主要靠现场实测，以作为设计计算的依据。

例 7-1 用单效蒸发浓缩 NaCl 水溶液。设计进料量为 80t/h，用压力为 300kPa(绝)的饱和水蒸气将溶液由 4%(质量分数，下同)浓缩至 25%。若蒸发室压力为 100kPa(绝)。溶液的沸点为 107.5℃，蒸发器的总传热系数为 1.45kW/(m²·℃)，沸点进料，试求不计热损失时加热蒸气消耗量及蒸发器的传热面积。

解 水分蒸发量

$$W = F\left(1 - \frac{x_0}{x_1}\right) = 80 \times \left(1 - \frac{4\%}{25\%}\right) = 67.2(\text{t/h})$$

由水蒸气表查得加热蒸气在绝压为 300kPa 时的饱和温度和汽化潜热为

$$T=133.3℃，r=2168.1\text{kJ/kg}$$

蒸发室的压力为 100kPa(绝)时，二次蒸气的汽化潜热为

$$r' = 2259.5\text{kJ/kg}$$

故在沸点进料及忽略热损失时，加热蒸气消耗量为

$$D = W\frac{r'}{r} = 69.2 \times \frac{2259.5}{2168.1} = 70.03(\text{t/h})$$

蒸发器的传热面积为

$$A = \frac{Q}{K\Delta t_m} = \frac{Dr}{K(T - t_1)} = \frac{70.03 \times 1000 \div 3600 \times 2168.1}{1.45 \times (133.3 - 105)} = 1027.79(\text{m}^2)$$

7.3 多效蒸发及其计算

7.3.1 多效蒸发的流程

蒸发过程是一个能耗较大的单元操作，通常把加热蒸气的经济性(*D/W*)作为评价其优劣的一个重要评价指标。

将第Ⅰ效蒸发器汽化的二次蒸气作为热源通入第Ⅱ效蒸发器的加热室作加热用称为双效蒸发。如果再将第Ⅱ效的二次蒸气通入第Ⅲ效加热室作为热源，并依次进行多个串接，则称

为多效蒸发。在多效蒸发中，生产给定的总蒸发水量 W 分配于各个蒸发器中，而只有第Ⅰ效才使用加热蒸气，故加热蒸气的经济性大大提高。

根据溶液与二次蒸气的流向，可有不同的加料方法与相应的流程。下面以三效为例来说明。

1. 并流加料流程

图 7-1 为高盐废水的并流加料蒸发流程。生蒸气通入第Ⅰ效加热室，蒸发所得二次蒸气送第Ⅱ效作为加热蒸气，第Ⅱ效的二次蒸气送第Ⅲ效作为加热蒸气，第Ⅲ效(末效)的二次蒸气则送至冷凝器全部冷凝。高盐废水进入第Ⅰ效蒸浓后由底部排出，再依次送入第Ⅱ效和第Ⅲ效继续蒸浓得到完成液。在这种流程中，溶液的流向和蒸气的流向相同。这种流程的优点为：①后一效的压力总是比前一效的低，料液可借相邻二效的压力差自动流入后一效，无需用泵输送；②前一效溶液的沸点比后一效的高，当物料进入后一效时，由于过热会产生自蒸发，后一效可产生较多的二次蒸气；③操作较简便，易于稳定。其主要缺点是传热系数会下降，这是因为后序各效的溶液较前一效的浓度会逐渐增高，但沸点逐渐降低，导致溶液黏度逐渐增大。因此，并流加料时，第Ⅰ效的传热系数有可能比末效的大得多。

2. 逆流加料流程

逆流加料三效蒸发流程中，料液和蒸气的流向相反，如图 7-6 所示。料液进入第Ⅲ效蒸浓后由底部排出，再依次送入第Ⅱ效和第Ⅰ效继续蒸浓得到完成液。当完成液由第Ⅰ效排出时，其温度也较其余各效的高。其优点为：在逆流加料时虽然前一效蒸发器的浓度比后一效大，但其温度也较后一效高，所以各效浓度和温度对溶液的黏度的影响大致相抵消，各效的传热条件大致相同，从而各效的传热系数不会像并流加料时那样相差较大。缺点是：①各效之间溶液需用泵输送；②当溶液由后一效逆流进入前一效时，不仅没有自蒸发，还需多消耗部分热量将溶液加热至沸点。

这种流程只适用于溶液黏度随浓度和温度变化较大的场合，不适于热敏性物料的蒸发。

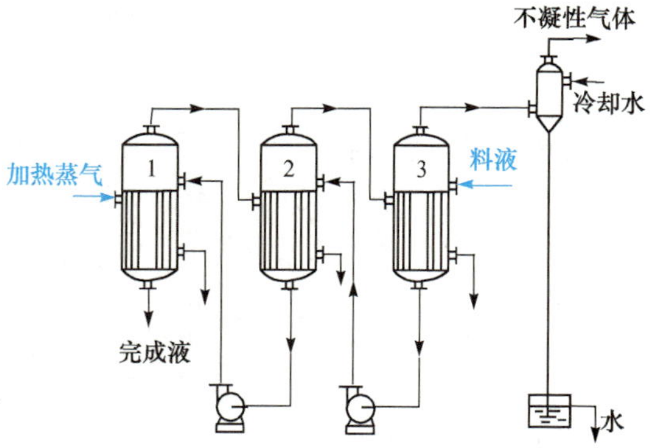

图 7-6 逆流加料三效蒸发流程图

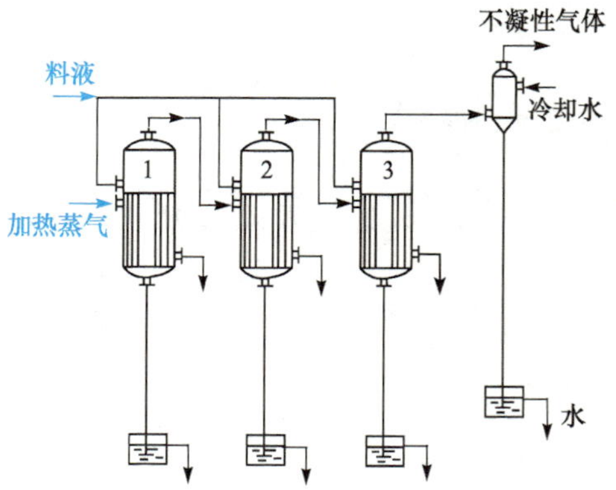

图 7-7 平流加料三效蒸发流程

3. 平流加料流程

图 7-7 为平流加料三效蒸发流程，其特点是蒸气的走向与并流相同，但原料液和完成液则分别从各效加入和排出。采用平流加料可避免夹带大量结晶的溶液在各效之间输送，同时

可实现二次蒸气的利用。这种流程适用于处理易结晶物料，例如食盐水溶液的蒸发。

以上介绍的是几种基本的加料方法及其相应流程。在实际生产中，还常根据具体情况采用上述流程的变型。例如，NaOH 水溶液的蒸发，亦有采用并流、逆流加料相结合或交替操作的方法；有些蒸发操作，即使是并流加料，又有双效三体(有两个蒸发器作为第Ⅱ效)或三效四体的流程等。

7.3.2 多效蒸发的优缺点及效数的限制

1. 多效蒸发的经济性

蒸发过程是能耗较大的单元操作，通常把加热蒸气的经济性定义为 1kg 蒸气可蒸发的水分量，即

$$E=\frac{W}{D} \tag{7-31}$$

多效蒸发时，由于生产给定的总蒸发水量 W 分配于各个蒸发器中，而只有第一效才使用加热蒸气，因而和单效相比，加热蒸气的经济性大大提高。水的汽化潜热随压力和温度变化不大，若忽略散热损失和显热，单效蒸发时的 W/D 约为 1。同理，双效时约为 2，三效时约为 3，等等。考虑实际情况，不同效数时生蒸气的经济性大致如表 7-2 所示。

表 7-2　生蒸气的经济性的经验值

效数	单效	双效	三效	四效	五效
W/D	0.91	1.75	2.5	3.33	3.70

由于多效蒸发时生蒸气的经济性较高，因此在蒸发大量水分时广泛采用多效蒸发。但效数增加时，蒸气的经济性并不和效数成正比。

2. 多效蒸发的代价

首先，多效蒸发时需要多个蒸发器，为便于制造和维修，各蒸发器的传热面积常相同。此时，多效蒸发的设备费近似和效数成正比。因此，多效蒸发时加热蒸气的经济性的提高是以设备费为代价的。

其次，当生蒸气和冷凝器的压力(或温度)给定时，不论单效或多效蒸发，其理论传热温度差均为 $\Delta t_{\mathrm{r}}=T-T'$，与效数无关，多效蒸发只是将上述传热温度差按某种规律分配至各效。这里，T 和 T' 分别为加热蒸气和冷凝器处二次蒸气的温度。而且，多效蒸发的每一效都存在沸点上升或传热温度差损失，因而各效有效传热温度差之和——总有效传热温度差必然小于单效时的有效传热温度差，导致多效时的生产能力小于单效。下面作进一步的说明。

由于蒸发是由传热控制的单元操作，蒸发的生产能力可近似以传热速率 Q 来衡量。根据传热速率方程可知，对于单效蒸发

$$Q_{\mathrm{s}}=K_{\mathrm{s}}A_{\mathrm{s}}\Delta t_{\mathrm{s}} \tag{7-32}$$

对于 m 效的多效蒸发

$$Q_m=\sum Q_i=\sum K_iA_i\Delta t_i \tag{7-33}$$

式中，下标 s 表示单效；m 表示效数；i 表示多效蒸发中的第 i 效。设各效传热系数可取其平均值，各效的传热面积相等且和单效时相同，则有

$$Q_m = K_s A_s \sum \Delta t_i \tag{7-34}$$

有效传热温度差Δt 为理论传热温度差 Δt_r 与传热温度差损失 $\varDelta$ 之差

对于单效
$$\Delta t_s = \Delta t_r - \varDelta_s \tag{7-35}$$

对于多效
$$\sum \Delta t_i = \Delta t_r - \sum \varDelta_i \tag{7-36}$$

一般情况下，多效蒸发中末效的温度差损失和单效时的温度差损失相等，故必有 $\sum \varDelta_i > \varDelta_s$，因而 $\sum \Delta t_i < \Delta t_s$。比较式(7-34)和(7-32)可知，$Q_m < Q_s$，即多效时的生产能力总是小于单效，且效数越多，其生产能力更趋减小。

衡量蒸发过程的另一个重要生产指标为蒸发器的生产强度，其定义为蒸发器的单位传热面积蒸发水分的能力，即

$$U=W/A \tag{7-37}$$

式中，U 为蒸发器的生产强度，kg/(m^2·h)。

由于多效蒸发时的生产能力小于单效时的生产能力，而传热面积又等于单效时的 m 倍，因此，多效时的生产强度远较单效蒸发时小。

3. 多效蒸发中效数的限制和选择

由前述分析可知，随着效数增加，蒸气的消耗量减少，即操作费用降低，但各效传热温度差损失之和 $\sum \varDelta_i$ 增加、各效总有效传热温度差 $\sum \Delta t_i$ 减小，使设备投资费用增大。极限情况下，效数的增加使 $\sum \Delta t_i \to 0$，蒸发操作无法进行。因此，多效蒸发的效数必存在一定的限制。

实际上，由于效数增加时，加热蒸气的经济性提高的幅度越来越小。例如，根据表 7-2 中的数据可知，由单效变为双效，生蒸气的经济性约提高了 $\dfrac{1.75-0.91}{0.91}=92.3\%$，而自四效增加为五效，则仅提高 $\dfrac{3.7-3.33}{3.33}=11.1\%$；而设备的投资费用却始终随效数的增加成比例地增加，所以，即使在相同生产能力条件下，也不可无限制地增加效数；必须合理选取蒸发效数，使操作费和设备费之和为最少。

基于上述理由，实际的多效蒸发过程，效数不是很多的。除特殊情况(如海水淡化等)外，一般对于电解质溶液来说，如 NaOH 水溶液的蒸发，由于其沸点升高较大，故通常为 2～3 效；对于非电解质溶液，如糖的水溶液或其他有机溶液的蒸发，其沸点上升较小，可为 4～6 效蒸发。而从传热角度考虑，为使溶液的沸腾传热维持在核状沸腾阶段，在确定效数时，应注意使各效分配到的有效温度差不小于 5～7℃。近年来，为更充分地利用热能，已出现了适当增加效数的趋势，但适宜效数的选择还需要通过经济核算来确定，原则上应使单位生产能力下的设备与操作费之和为最小。另外，若蒸发可与其他换热系统进行热集成，则需综合考虑热集成来确定蒸发的效数。

7.3.3 多效蒸发计算

多效蒸发计算与单效蒸发相似，需要计算的内容有：各效蒸发水量及完成液浓度、加热蒸气消耗量及传热面积。由于多效蒸发的效数多、计算中未知量多，计算远较单效蒸发复杂，但计算所依据的仍然是物料衡算、热量衡算和传热速率方程。由于计算中出现未知参数，因此常采用试差法。为加快收敛，先作一些假设条件开始计算，最后再作验算。现将计算步骤归纳如下：

(1) 根据物料衡算求总水分蒸发量 W。

(2) 根据经验设定各效蒸发量，估算各效溶液浓度。

通常各效蒸发量可按各效蒸发量相等的原则设定：

$$W_1 = W_2 = \cdots = W_m \tag{7-38}$$

并流加料的蒸发过程，考虑到自蒸发现象可按如下比例设定

若为两效 $$W_1 : W_2 = 1:1.1 \tag{7-39}$$

若为三效 $$W_1 : W_2 : W_3 = 1:1.1:1.2 \tag{7-40}$$

根据设定得到各效蒸发量后，即可通过物料衡算求出各完成液的浓度。

(3) 设定各效操作压力，求各效溶液的沸点。

通常按各效等压降原则估算各效沸点和有效传热温差，即相邻两效间的压差为

$$\Delta p_i = \frac{\Delta p}{m} = \frac{p - p^{\circ}}{m} \tag{7-41}$$

式中，p 为第一效加热蒸气压力，即为 $p_1=p$；p° 为第 m 效的加热蒸气压力。第二效加热蒸气压力为 $p_2 = p - \Delta p_i$，第三效加热蒸气压力为 $p_3 = p - 2\Delta p_i \cdots$，则有效传热温差为

$$\Delta t_i = T_i(p_i) - t_i$$

(4) 由热量衡算计算各效水分蒸发量 W_i，根据操作温度、压力等条件，查有关物性数据，计算各效传热量 Q_i。

(5) 按各效传热面积相等原则分配各效传热温差，并根据传热效率方程求出各效传热面积，校验各效传热面积是否相等。若不等，还需重新分配各效的有效温度差，重新计算，直到相等或相近时为止。

现以图 7-8 所示 m 效并流加料流程为例进行讨论，计算中所用符号的意义和单位与单效蒸发相同。

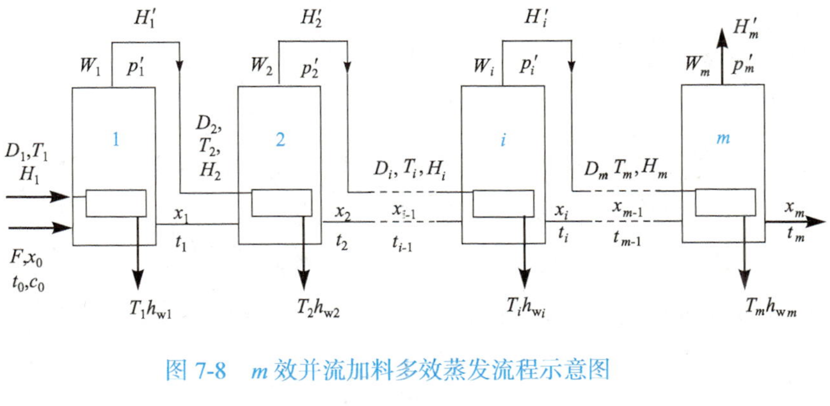

图 7-8 m 效并流加料多效蒸发流程示意图

1. 物料衡算

总水分蒸发室 W 应为各效水分蒸发量之和

$$W = W_1 + W_2 + \cdots + W_m \tag{7-42}$$

对全系统的溶质作物料衡算，有

$$Fx_0 = (F - W)x_m \tag{7-43}$$

可得

$$W=\frac{F(x_m-x_0)}{x_m}=F(1-\frac{x_0}{x_m}) \tag{7-44}$$

把第一效至第 i 效作为一个整体作溶质物料衡算，有

$$Fx_0=(F-W_1-W_2-\cdots-W_i)x_i$$

或

$$x_1=\frac{Fx_0}{F-W_1-W_2-\cdots-W_i} \tag{7-45}$$

通常原料液浓度 x_0、完成液浓度 x_m 为已知值，而中间各效浓度未知，因此从上述关系只能求出总蒸发水量和各效的平均水分蒸发量(W/m)，而各效蒸发量和浓度需根据物料衡算和热量衡算来确定。

2. 热量衡算

对各效作热量衡算

$$\left.\begin{array}{ll}\text{第一效} & Fh_0+D(H_1-h_{w1})=L_1h_1+W_1H_1'+Q_{L1}\\ \text{第二效} & L_1h_1+W_1(H_1'-h_{w2})=L_2h_2+W_2H_2'+Q_{L2}\\ \text{第三效} & L_2h_2+W_2(H_2'-h_{w3})=L_3h_3+W_3H_3'+Q_{L3}\\ \cdots & \cdots\\ \text{第 } i \text{ 效} & L_{i-1}h_{i-1}+W_{i-1}(H_{i-1}'-h_{wi})=L_ih_i+W_iH_i'+Q_{Li}(i\geqslant 2)\end{array}\right\} \tag{7-46}$$

式中，$L_1=F-W_1$，$L_2=L_1-W_2,\cdots,L_i=L_{i-1}-W_i$。

若溶液的浓缩热和热损失可以忽略，加热蒸气冷凝液在饱和温度下排出，则利用单效蒸发中热量衡算式(7-17)得

$$Q_1=D_1r_1=W_1r_1'+Fc_0(t_1-t_0) \tag{7-47}$$

同理，对第二效写出热量衡算式，并进行化简，得

第二效
$$Q_2=D_2r_2=(Fc_0-W_1c_w)(t_2-t_1)+W_2r_2' \tag{7-48}$$

式中，$D_2=W_1$，$r_2=r_1'$。

第 i 效
$$Q_i=D_ir_i=(Fc_0-W_1c_w-W_2c_w-\cdots-W_{i-1}c_w)(t_i-t_{i-1})+W_ir_i' \tag{7-49}$$

式中，$D_i=W_{i-1}$，$r_i=r_{i-1}'$。

由式(7-49)可得第 i 效的水分蒸发量 W_i，即

$$W_i=D_i\frac{r_i}{r_i'}+(Fc_0-W_1c_w-\cdots-W_{i-1}c_w)\frac{t_{i-1}-t_i}{r_i'} \tag{7-50}$$

若蒸发器各效的热损失及溶液的浓缩热不能忽略，且又无溶液的焓浓图可查用时，常对式(7-50)加以校正后使用，即

$$W_i=\left[D_i\frac{r_i}{r_i'}+(Fc_0-W_1c_w-\cdots-W_{i-1}c_w)\frac{t_{i-1}-t_i}{r_i'}\right]\eta_i \tag{7-51}$$

校正系数 η_i 称为热利用系数，通常可取为 0.96～0.98。对于浓缩热较大的溶液，η_i 值还与溶液的浓度变化有关。如对于 NaOH 水溶液，η_i 值可由下式确定

$$\eta_i=0.98-0.007\Delta x_i \tag{7-52}$$

式中，Δx_i 代表 i 效溶质浓度(质量分数)的变化值。

3. 传热面积计算和有效温度差在各效的分配

求得各效蒸发量后，即可利用传热速率方程计算各效的传热面积，即

$$A_i=\frac{Q_i}{K_i\Delta t_i} \tag{7-53}$$

式中，A_i、K_i、Δt_i和Q_i分别为第i效的传热面积、传热系数、有效温度差和传热量。

同时，也可写出各效的有效温度差的关系式

$$\Delta t_1:\Delta t_2:\Delta t_3=\frac{Q_1}{K_1A_1}:\frac{Q_2}{K_2A_2}:\frac{Q_3}{K_3A_3} \tag{7-54}$$

推广至m效蒸发时，任一效的有效温度差为

$$\Delta t_i=\frac{\dfrac{Q_i}{K_i}\sum_{i=1}^{n}\Delta t_i}{\sum_{i=1}^{n}\dfrac{Q_i}{K_i}} \tag{7-55}$$

式中，$\sum_{i=1}^{n}\Delta t_i$为各效的有效温度差之和。第一效加热蒸气压力p和冷凝器压力p_c确定后(其对应的温度为T和T'_c)，理论上的传热总温差为$\Delta T_{理}=T-T'_c$。实际上，多效蒸发与单效蒸发一样，均存在传热的温度差损失，其传热的有效温度差为

$$\sum_{i=1}^{n}\Delta t_i=\Delta T_{理}-\sum_{i=1}^{n}\Delta_i \tag{7-56}$$

式中，$\sum_{i=1}^{n}\Delta_i$为各效总温度差损失，等于各效温度差损失之和

$$\sum_{i=1}^{n}\Delta_i=\sum_{i=1}^{n}\Delta'_i+\sum_{i=1}^{n}\Delta''_i+\sum_{i=1}^{n}\Delta'''_i \tag{7-57}$$

式中，Δ'、Δ''、Δ'''的含义和计算方法与单效蒸发相同。

若各效的传热系数K_i已知或可求，则可求出各效的传热面积。若计算出的各效传热面积不相等，则应重新调整有效温度差的分配，直至相等或相近为止。

4. 有效传热温差的重新分配

以三效蒸发为例，设$\Delta t'_i$为各效传热面积均等于A时的有效传热温差，则

$$Q_1=K_1A\Delta t'_1,\quad Q_2=K_2A\Delta t'_2,\quad Q_3=K_3A\Delta t'_3 \tag{7-58}$$

又因为

$$Q_1=K_1A_1\Delta t_1,\quad Q_2=K_2A_2\Delta t_2,\quad Q_3=K_3A_3\Delta t_3 \tag{7-59}$$

从而

$$\Delta t'_1=\frac{A_1}{A}\Delta t_1,\quad \Delta t'_2=\frac{A_2}{A}\Delta t_2,\quad \Delta t'_3=\frac{A_3}{A}\Delta t_3 \tag{7-60}$$

式(7-60)中三个公式相加得

$$A=\frac{A_1\Delta t_1+A_2\Delta t_2+A_3\Delta t_3}{\Delta t'_1+\Delta t'_2+\Delta t'_3}=\frac{A_1\Delta t_1+A_2\Delta t_2+A_3\Delta t_3}{\sum\Delta t'_1} \tag{7-61}$$

同理有

$$\Delta t'_i=\frac{A_i}{A}\Delta t_i,\quad \sum\Delta t'_1=\frac{\sum A_i\Delta t_i}{A},\quad A=\frac{\sum A_i\Delta t_i}{\sum\Delta t'_1} \tag{7-62}$$

若按式(7-61)或式(7-62)求得传热面积A后，再按式(7-60)重新分配有效传热温差，可得$\Delta t'_1$、$\Delta t'_2$、$\Delta t'_3$，反复下去，直至所求的各效传热面积接近或相等为止。

蒸发过程中有效传热温差的分配是按各效传热面积总和为最小的原则进行的，但计算结果是各效传热面积不等。这样做虽然节约了传热面积，但在加工成本上有所增加。因此，在具体工作中要根据实际情况灵活掌握。多效蒸发的计算繁复，宜编程后采用计算机计算。

例 7-2　对例 7-1 所述的溶液，若用三效并流蒸发浓缩 NaCl 水溶液，加热蒸气为 300kPa(绝压)的饱和水蒸气，冷凝器的操作压力为 15kPa(绝压)。一、二、三效的传热系数分别为 1.45kW/(m²·℃)、1.17kW/(m²·℃)和 0.9kW/(m²·℃)。原料液的比热约为 4kJ/(kg·℃)。加热室管内液层高度为 2m。试求，(1)总蒸发量和各效蒸发量；(2)加热蒸气量；(3)各效蒸发器所需传热面积(要求各效传热面积相等)。不同浓度下 NaCl 水溶液的沸

点温度见图 7-9。

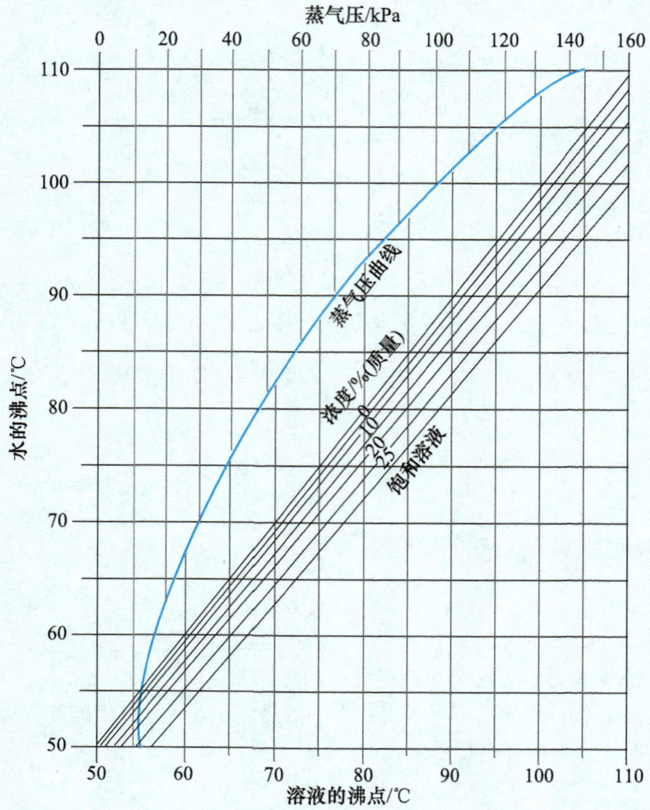

图 7-9 NaCl 水溶液的沸点温度图

解 (1) 各效蒸发量和完成液浓度

$$W = F\left(1-\frac{x_0}{x_1}\right) = 80\times1000\div3600\times\left(1-\frac{4\%}{25\%}\right) = 18.67(\text{kg/s})$$

根据经验设定各效蒸发量，估算各溶液浓度。由于并流加料的自蒸发现象，可设 $W_1:W_2:W_3 = 1:1.1:1.2$，各效蒸发量为

$$W_1 = \frac{W}{3.3} = 5.66(\text{kg/s})\text{，}\quad W_2 = 1.1W_1 = 6.22(\text{kg/s})\text{，}\quad W_3 = 1.2W_1 = 6.79(\text{kg/s})$$

通过物料衡算求得各完成液浓度为

$$x_1 = \frac{F\cdot x_0}{F-W_1} = \frac{22.22\times4\%}{22.22-5.66} = 5.37\%$$

$$x_2 = \frac{F\cdot x_0}{F-W_1-W_2} = \frac{22.22\times4\%}{22.22-5.66-6.22} = 8.58\%$$

$$x_3 = 25\%(\text{已知})$$

(2) 溶液沸点和有效温度差的确定

(i) 按各效等压降原则，相邻两效的压差为

$$\Delta p = \frac{p_1-p_3}{3} = \frac{300-15}{3} = 95(\text{kPa})$$

$$p_1' = p_1 - \Delta p = 300-95 = 205(\text{kPa})$$

$$p_2' = 110(\text{kPa})$$

$$p_3' = 15(\text{kPa})$$

根据各效的二次蒸气压力查相应的二次蒸气的温度和汽化热，结果见表 7-3。

表 7-3 二次蒸气的温度和汽化热

参数	第一效	第二效	第三效
二次蒸气压力 p_i' /kPa	205	110	15
二次蒸气温度 T_i' /°C	120.9	102.05	53.5
二次蒸气的汽化热 r_i' /(kJ/kg)	2202.68	2253.15	2370.0

(ii) 温差损失

1) 管道阻力的影响

对于二次蒸气的阻力损失 Δ'''，根据经验取 $\Delta_1'''=\Delta_2'''=\Delta_3'''=1$ ℃

2) 液体静压头的影响

各效浓度下溶液密度见表 7-4。

表 7-4 各效浓度下溶液密度

参数	第一效	第二效	第三效
浓度/%	5.37	8.58	25
密度/(kg/m³)	1036.56	1060.35	1188.5

由静力学方程可得，液体与底部间的平均压力 p_m 为

$$p_{m1}=205+\frac{1036.56\times9.81\times2}{2\times10^3}=215.17(\text{kPa})$$

$$p_{m2}=110+\frac{1060.35\times9.81\times2}{2\times10^3}=120.40(\text{kPa})$$

$$p_{m3}=15+\frac{1188.5\times9.81\times2}{2\times10^3}=26.66(\text{kPa})$$

根据平均压力可查得该压力下水的沸点 t_m 及 p' 对应的水的沸点，继而可得由静压力引起的沸点升高值 Δ''，结果见表 7-5。

表 7-5 p_m 对应的水的沸点及 p' 对应的水的沸点

参数	第一效	第二效	第三效
p_m 对应的水的沸点/℃	122.32	104.59	64.36
p' 对应的水的沸点/℃	120.9	102.05	53.5
Δ_i'' /℃	1.42	2.54	10.86

3) 溶液浓度及压力的影响

第一效：$x_1=5.37\%$，$T_1'=120.9$ (℃)，查杜林图可得 $t_{A1}=123$ (℃)

第二效：$x_2=8.58\%$，$T_2'=102.05$ (℃)，查杜林图可得 $t_{A2}=104$ (℃)

第三效：$x_3=25\%$，$T_3'=53.5$ (℃)，查杜林图可得 $t_{A3}=58$ (℃)

据此，可计算各效由于溶液沸点升高引起的温度差损失 Δ'。

$$\Delta_1'=t_{A1}-T_1'=123-120.9=2.1\ (℃)$$

$$\Delta_2'=t_{A2}-T_2'=104-102.05=1.95\ (℃)$$

$$\Delta_3'=t_{A3}-T_3'=58-53.5=4.5\ (℃)$$

则：

$$\Delta_1=\Delta_1'+\Delta_1''+\Delta_1'''=2.1+1.42+1=4.52\ (℃)$$

$$\Delta_2 = \Delta_2' + \Delta_2'' + \Delta_2''' = 1.95 + 2.54 + 1 = 5.49\ (℃)$$

$$\Delta_3 = \Delta_3' + \Delta_3'' + \Delta_3''' = 4.5 + 10.86 + 1 = 16.36\ (℃)$$

所以各效沸点为

$$t_1 = T_1' + \Delta_1 = 120.9 + 4.52 = 125.42\ (℃) \qquad \Delta t_1 = T_1 - t_1 = 133.3 - 125.42 = 7.88\ (℃)$$

$$t_2 = T_2' + \Delta_2 = 102.05 + 5.49 = 107.54\ (℃) \qquad \Delta t_2 = T_2 - t_2 = 120.9 - 107.54 = 13.36\ (℃)$$

$$t_3 = T_3' + \Delta_3 = 53.5 + 16.36 = 69.86\ (℃) \qquad \Delta t_3 = T_3 - t_3 = 102.05 - 69.86 = 32.19\ (℃)$$

(3) 加热蒸气消耗量和各效蒸发水量

第一效：$\eta_1 = 0.98 - 0.7 \times (5.37\% - 4\%) = 0.9704$

$$W_1 = \eta_1 D_1 \frac{r_1}{r_1'} = 0.9704 D_1 \frac{2168.1}{2202.68} = 0.9551 D_1 \tag{1}$$

第二效：$\eta_2 = 0.98 - 0.7 \times (8.58\% - 5.37\%) = 0.9575$

$$r_2 = r_1' = 2202.68\ (\text{kJ/kg})$$

$$W_2 = \eta_2 \left[W_1 \frac{r_2}{r_2'} + \left(FC_0 - W_1 C_w \right) \frac{t_1 - t_2}{r_2'} \right]$$

$$= 0.9575 \times \left[\frac{2202.68}{2253.15} W_1 + \left(22.22 \times 4 - 4.18 W_1 \right) \frac{125.42 - 107.54}{2253.15} \right]$$

$$= 0.9043 W_1 + 0.6753$$

$$W_2 = 0.9043 W_1 + 0.6753 \tag{2}$$

第三效：$\eta_3 = 0.98 - 0.7 \times (25\% - 8.58\%) = 0.8651$

$$r_3 = r_2' = 2253.15\ (\text{kJ/kg})$$

$$W_3 = \eta_3 \left[W_2 \frac{r_3}{r_3'} + \left(FC_0 - W_1 C_w - W_2 C_w \right) \frac{t_2 - t_3}{r_3'} \right]$$

$$= 0.8651 \left[W_2 \frac{2253.15}{2370.0} + \left(22.22 \times 4 - 4.18 \times W_1 - 4.18 \times W_2 \right) \frac{107.54 - 69.86}{2370.0} \right]$$

$$= 0.7650 W_2 + 1.2225 - 0.0575 W_1$$

$$W_3 = 0.7650 W_2 + 1.2225 - 0.0575 W_1 \tag{3}$$

$$W = W_1 + W_2 + W_3 = 18.67 (\text{kg/s}) \tag{4}$$

联立式(1) (2) (3) (4)，解得：

$$D_1 = 6.7044 (\text{kg/s}),\quad W_1 = 6.4034 (\text{kg/s}),\quad W_2 = 6.4659 (\text{kg/s}),\quad W_3 = 5.8007 (\text{kg/s})$$

(4) 蒸发器传热面积

第一效

$$Q_1 = D_1 r$$

$$A_1 = \frac{Q_1}{K_1 \Delta t_1} = \frac{6.7044 \times 2168.1}{1.45 \times 7.88} = 1272.17\ (\text{m}^2)$$

第二效

$$Q_2 = W_1 r_1'$$

$$A_2 = \frac{Q_2}{K_2 \Delta t_2} = \frac{6.4034 \times 2202.68}{1.17 \times 13.36} = 902.34\ (\text{m}^2)$$

第三效

$$Q_3 = W_2 r_2'$$

$$A_3 = \frac{Q_3}{K_3 \Delta t_3} = \frac{6.4659 \times 2253.15}{0.9 \times 32.19} = 502.87\ (\text{m}^2)$$

上述计算出的三效的传热面积相差较大，需调整各效有效温度差。取平均传热面积为

$$A = \frac{A_1 \Delta t_1 + A_2 \Delta t_2 + A_3 \Delta t_3}{\Delta t_1 + \Delta t_2 + \Delta t_3} = \frac{1272.17 \times 7.88 + 902.34 \times 13.36 + 502.87 \times 32.19}{7.88 + 13.36 + 32.19} = 716.21 (\text{m}^2)$$

重新分配的有效温度差为：

$$\Delta t_1' = \frac{A_1}{A}\Delta t_1 = \frac{1272.17}{716.21}\times 7.88 = 14.00\ (℃)$$

$$\Delta t_2' = \frac{A_2}{A}\Delta t_2 = \frac{902.34}{716.21}\times 13.36 = 16.83\ (℃)$$

$$\Delta t_3' = \frac{A_3}{A}\Delta t_3 = \frac{502.87}{716.21}\times 32.19 = 22.60\ (℃)$$

据此，重新计算各效完成液浓度、各效溶液沸点、加热蒸气消耗量、各效蒸发水量和蒸发器传热面积，计算结果汇总见表 7-6。

表 7-6 计算结果汇总

参数	第一效	第二效	第三效	冷凝器
加热蒸气温度 T_i /℃	133.3	120.9	102.05	53.5
操作压力 p_i' /kPa	205	110	15	15
溶液温度(沸点) t_i /℃	124.87	107.86	84.74	
完成液浓度 x_i /%	5.52	9.08	25	
蒸发量 W_i /(kg/s)	6.1258	6.3023	6.2386	
蒸气消耗量 D/(kg/s)	6.3512	6.5799	6.7036	
传热面积 A_i /m^2	695.1	695.1	695.1	

案例 蒸发过程节能减碳，系统优化势在必行

蒸发系统消耗大量能量，其优化对化学工业的节能降碳至关重要。在生产问题的分析和节能优化方案的设计中，不仅要考虑传热强化，还需根据系统整体的能级匹配，按质用能，实现余热的高效利用，确保方案的先进性、可行性和可操作性。

7.4 蒸发器及辅助设备

蒸发设备和一般传热设备并无本质上的区别，但蒸发时需不断除去产生的二次蒸气，所以蒸发设备除包括加热室及蒸发室外，还有使液沫得到进一步分离的除沫器，以及使二次蒸气全部冷凝的冷凝器，减压操作时还需真空装置。

7.4.1 蒸发器的结构及特点

工业生产中的蒸发器有多种结构形式，根据溶液在加热室内的流动情况，蒸发器可分为循环型和单程型两大类。

1. 循环型蒸发器

这一类型的蒸发器，溶液都在蒸发器中作循环流动。由于引起循环的原因不同，又可分为自然循环和强制循环两类。

1) 中央循环管式蒸发器

中央循环管式蒸发器为最常见的蒸发器，主要由加热室、蒸发室、中央循环管和除沫器组成，其结构如图 7-10 所示。蒸发器的加热室由垂直管束构成，管束中央有一根直径较大的管子，称为中央循环管，其截面积一般为管束总截面积的 40%～100%，其余管径较小的加热管称为沸腾管。由于中央循环管较大，其单位体积溶液占有的传热面比沸腾管内单位溶液所占有的要小，即中央循环管和其他加热管内溶液受热程度不同，从而沸腾管内的气液混合物的密度要比中央循环管中溶液的密度小，加之上升蒸气向上的抽吸作用，会使蒸发器中的溶液形成由中央循环管下降、由沸腾管上升的循环流动。这种循环主要是由溶液密度差引起的自然循环，利于提高蒸发器内的传热效果。

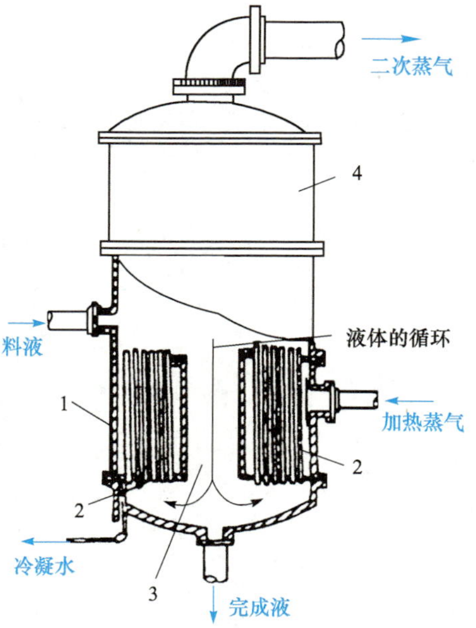

图 7-10 中央循环管式蒸发器
1.外壳；2.加热室；3.中央循环管；4.蒸发室

在中央循环管蒸发器中，混合液的循环速度与密度差和管长有关。密度差越大，加热管越长，循环速度越大。但这类蒸发器受总高限制，加热管高度一般为 1～2m；加热管直径在 25～75mm，长径比为 20～40。

中央循环管式蒸发器在工业上的应用较为广泛。其主要优点是：结构简单、紧凑，制造方便，传热较好，操作可靠，投资费用少。缺点是：清理和检修麻烦；由于结构上的限制，溶液循环速度较低，一般在 0.5m/s 以下，传热系数小；溶液在加热室中的浓度始终接近完成液的浓度，因而溶液沸点高，有效温度差小。该类蒸发器适用于黏度适中、结垢不严重、有少量的结晶析出及腐蚀性不大的场合。

2) 外加热式蒸发器

外加热式蒸发器如图 7-11 所示。其主要特点是把加热器与分离室分开安装，不仅易于清洗、更换，还有利于降低蒸发器的总高度。这种蒸发器的加热管较长(管长与管径之比为 50～100)，溶液的循环速度可达 1.5m/s，利于提高传热系数、减轻结垢。

3) 悬筐式蒸发器

为克服循环式蒸发器中蒸发液易结晶、易结垢且不易清洗等缺点，悬筐式蒸发器对中央循环管蒸发器的结构进行了改进，其结构如图 7-12 所示。加热室悬挂在蒸发器壳体下部，以加热室外壁与蒸发器内壁之间的环形孔道代替中央循环管。溶液沿加热管中央上升，而后循着悬筐式加热室外壁与蒸发器内壁间的环隙向下流动而构成循环。由于环隙面积为加热管总截面积的 100%～150%，溶液循环速度比中央循环管蒸发器大，可达 1.5m/s。此外，这种蒸发器的加热室可由顶部取出进行检修或更换，热损失也较小。它的主要缺点是结构复杂，单位传热面积的金属消耗较多。

4) 列文式蒸发器

为使蒸发器更适用于黏度较大、易结晶或结垢严重的溶液，同时提高溶液循环速度以延长操作周期、减少清洗次数，可采用图 7-13 所示的列文式蒸发器。其结构特点是在加热室上

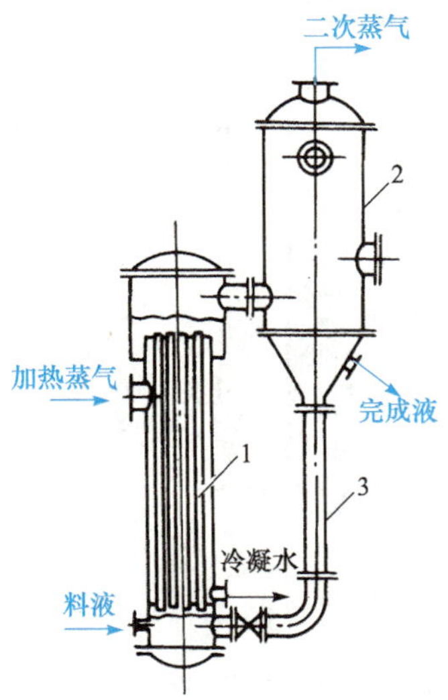

图 7-11 外加热式蒸发器

1.加热室；2.蒸发室；3.循环管

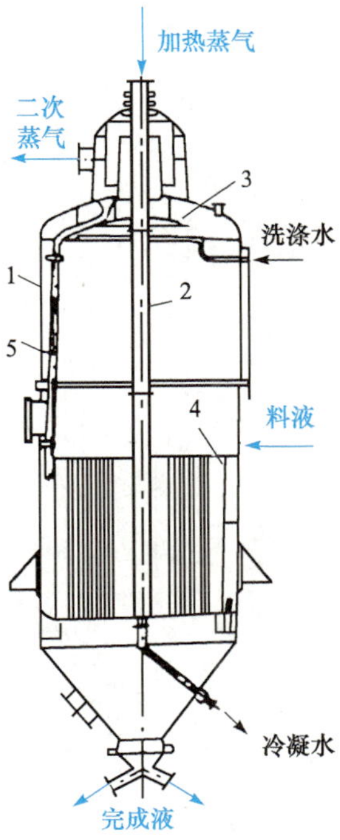

图 7-12 悬筐式蒸发器

1.外壳；2.加热蒸气管；3.除沫器；4.加热室；5.液沫回流管

增设沸腾室。加热室中的溶液因受到沸腾室液柱静压力的作用，不在加热管内沸腾，直到上升至沸腾室内且所受压力降低后才开始沸腾，因而溶液的沸腾汽化由加热室移到了没有传热面的沸腾室，可避免加热管内的结晶或污垢。另外，这种蒸发器循环管的截面积为加热管总截面积的 2～3 倍，溶液循环速度可达 2.5～3m/s 以上，总传热系数较大。其主要缺点是液柱静压头效应引起的温度差损失较大。此外，设备庞大，消耗的材料多，需要高大的厂房等。

5) 强制循环发生器

上述几种蒸发器均为自然循环型蒸发器，即靠加热管与循环管内溶液的密度差作为推动力使溶液循环流动，循环速度一般较低。在蒸发黏度大、易结晶和结垢的物料时，可用循环泵强制循环，提高循环速度，即为强制循环蒸发器。这种蒸发器的循环速度可通过泵的流量调节来控制，可达 1.5～5m/s，一般在 2.5m/s 以上。其优点是传热系数大，利于处理黏度较大、易结垢、易结晶的物料。但该蒸发器的动力消耗较大，每平方米传热面积消耗的功率为 0.4～0.8kW。

2. 单程型蒸发器

这一类蒸发器的主要特点是：溶液在蒸发器中只通过加热室一次，不作循环流动即成为浓缩液排出，其停留时间仅数秒或十几秒。溶液通过加热室时，在管壁上呈膜状流动，故习惯上又称为液膜式蒸发器。另外，离开加热器的物料又得到及时冷却，因此适用于热敏性物料的蒸发。但由于溶液一次通过加热器就要达到浓缩要求，因此对设计和操作的要求较高。

根据物料在蒸发器中流向和成膜原因的不同，单程型蒸发器又分以下几种。

1) 升膜式蒸发器

升膜式蒸发器如图 7-14 所示，它的加热室由一根或数根垂直长管组成。通常加热管径为 25～50mm，管长与管径之比为 100～150。料液预热后由蒸发器底部引入加热器管内，在加

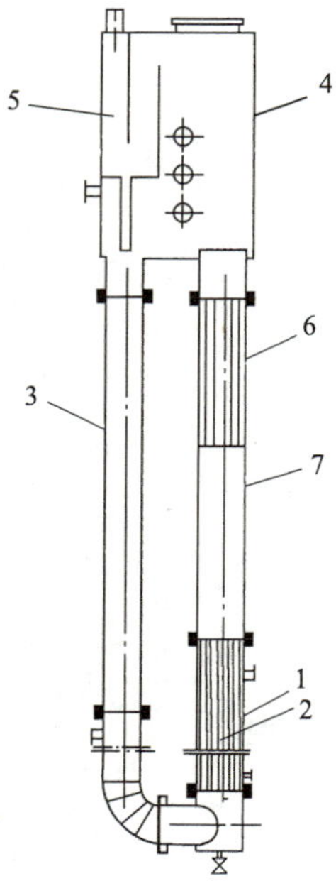

图 7-13 列文式蒸发器

1.加热室；2.加热管；3.循环管；4.蒸发室；5.除沫器；6.挡板；7.沸腾室

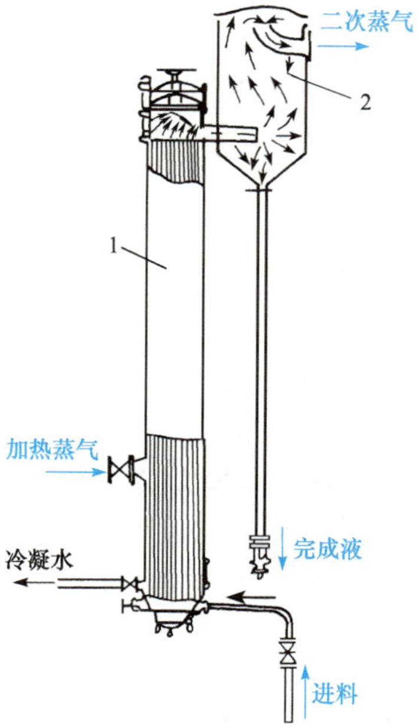

图 7-14 升膜式蒸发器

1.加热室；2.分离器

热管内受热沸腾并迅速汽化，生成的蒸气在加热管内高速上升，一般常压操作时适宜的出口气速为 20～50m/s，减压操作时气速可达 100～160m/s。溶液被上升的蒸气带动，沿管壁成膜状上升并继续蒸发，气、液混合物在分离器内分离，完成液由分离器底部排出，二次蒸气则在顶部导出。升膜蒸发器适宜处理蒸发量较大、热敏性、黏度不大及易起沫的溶液，但不适用于较浓溶液以及黏度很大、易结晶或易结垢的物料。这种蒸发器需精心设计与操作，使料液一次通过加热管即达到预定的浓缩要求。

2) 降膜式蒸发器

降膜式蒸发器如图 7-15 所示，其与升膜式蒸发器的区别在于，料液是从蒸发器的顶部加入，在重力作用下沿管壁成膜状下降，并在此过程中蒸发增浓，在其底部得到浓缩液。由于成膜机理不同于升膜式蒸发器,故降膜式蒸发器可以蒸发浓度较高、黏度较大(如黏度在 0.05～0.45N · s/m^2 范围内)、热敏性的物料。但因液膜在管内分布不易均匀，传热系数比升膜式蒸发器小，也不适用易结晶或易结垢的物料。

3) 刮板式蒸发器

刮板式薄膜蒸发器如图 7-16 所示，是一种利用外加动力成膜的单程型蒸发器。该设备主要由加热夹套和刮板组成，夹套内通加热蒸气，刮板装在可旋转的轴上，有固定式和转子式两种，前者与壳体内壁的间隙为 0.5～1.5mm，后者与器壁的间隙随转子的转数而变。料液经预热后由蒸发器上部沿切线方向加入，在重力和旋转刮板的作用下，分布在内壁形成下旋薄膜，并在下降过程中不断被蒸发浓缩，完成液由底部排出，二次蒸气由顶部逸出。在特定条件下，这种蒸发器可将溶液蒸干，在底部直接得到固体产品。

这种蒸发器优点是对物料的适应性很强，且停留时间短，故可适应于高黏度(如栲胶、蜂蜜等)和易结晶、结垢、热敏性的物料。但其结构复杂、动力消耗大，每平方米传热面需 1.5～3kW。此外，其处理量很小且制造安装要求高。

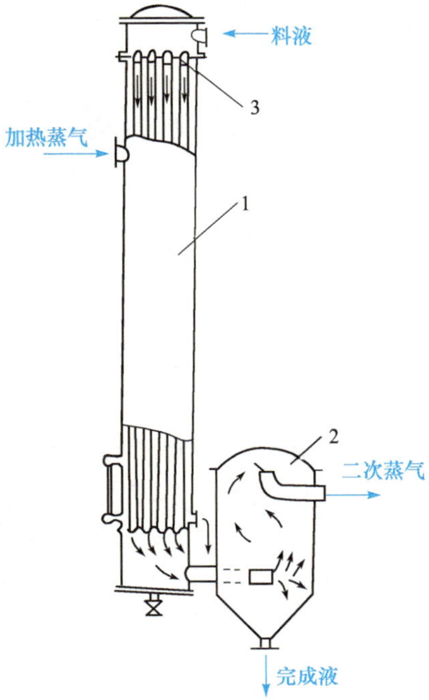

图 7-15 降膜式蒸发器
1.蒸发器；2.分离器；3.液体分布器

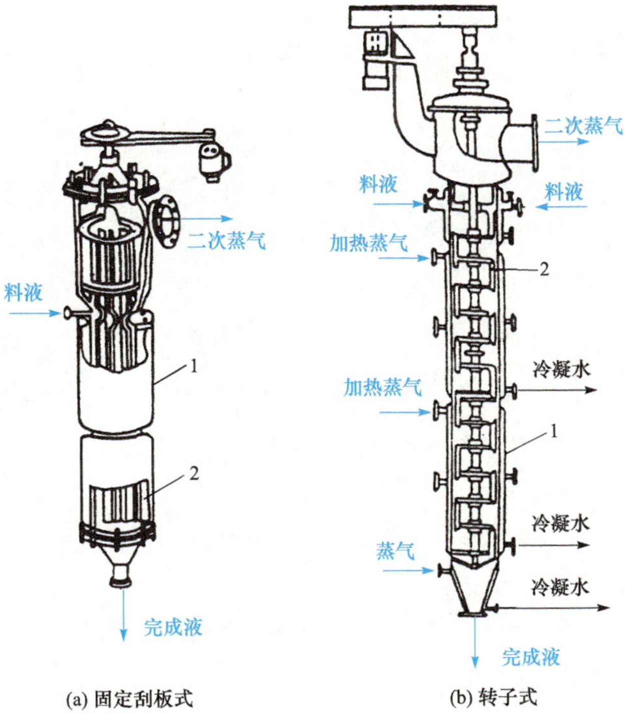

图 7-16 刮板式蒸发器
1.夹套；2.刮板

在单程型蒸发器中，由于溶液呈膜状流动，传热系数高，使得溶液能在加热室中一次就达到要求的浓度。溶液不循环带来好处有：①溶液在蒸发器中的停留时间很短，适用于热敏性物料的蒸发；②整个溶液的浓度不像循环型那样总是接近于完成液的浓度，使蒸发器的有效温差较大。其主要缺点是对进料负荷的波动相当敏感，设计或操作不当时不易成膜、对流传热系数明显下降。

3. 直接接触传热的蒸发器

直接接触传热的蒸发器构造如图 7-17 所示。燃料(通常为煤气和油)与空气混合后，在浸于溶液中的燃烧室内燃烧，产生的高温火焰和烟气经燃烧室下部的喷嘴直接喷入被蒸发的溶液中。高温气体和溶液直接接触，同时进行传热使水分蒸发汽化，产生的水气和废烟气一起由蒸发器顶部排出。其燃烧室在溶液中的浸没深度一般为0.2～0.6m，出燃烧室的气体温度可达1000℃以上。因是直接接触传热，其传热效果好，热利用率高。另外，这种蒸发器不需要固定的传热壁面，结构简单，适用于易结晶、结垢和具有腐蚀性物料的蒸发。目前，在废酸处理和硫酸铵溶液的蒸发中得到广泛应用。该类蒸发器不适用于不允许被烟气污染的料液。另外，大量烟气的存在限制了二次蒸气的利用；喷嘴由于浸没在高温液体

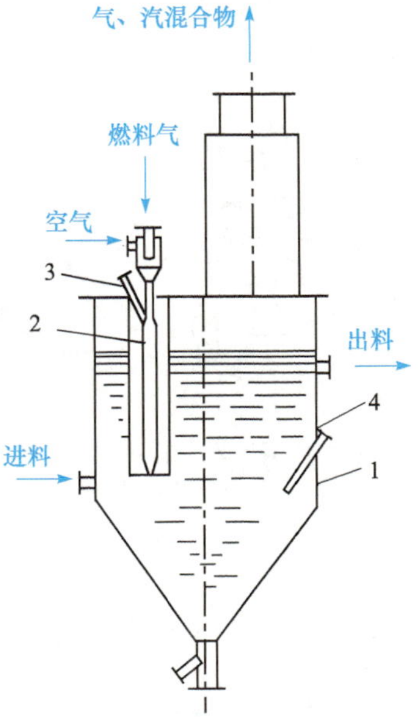

图 7-17 直接接触传热(浸没燃烧)蒸发器
1.外壳；2.燃烧室；3.点火管；4.测温管

中，较易损坏。

表 7-7 中列出了常用蒸发器总传热系数的大致范围，供设计计算参考。

表 7-7 常用蒸发器总传热系数 K 的经验值

蒸发器型式	总传热系数/[W/(m² · K)]	蒸发器型式	总传热系数/[W/(m² · K)]
中央循环管式	580～3000	升膜式	580～5800
带搅拌的中央循环管式	1200～5800	降膜式	1200～3500
悬筐式	580～3500	刮膜式，黏度 1mPa · s	2000
自然循环	1000～3000	刮膜式，黏度 100～10000 mPa · s	200～1200
强制循环	1200～3000		

7.4.2 除沫器、冷凝器和真空装置

蒸发装置的附属设备和机械设备主要有除沫器、冷凝器和真空装置。

1. 除沫器

蒸发操作时产生的二次蒸气中往往挟带有大量液体，尤其是处理易产生泡沫的液体，夹带更为严重。虽然气、液的分离主要是在蒸发室中进行，但为了较彻底地除去液沫还需在蒸气出口附近安装除沫器(或称分离器)。除沫器主要是利用液沫的惯性达到气液的分离，其型式很多，常见型式见图 7-18。

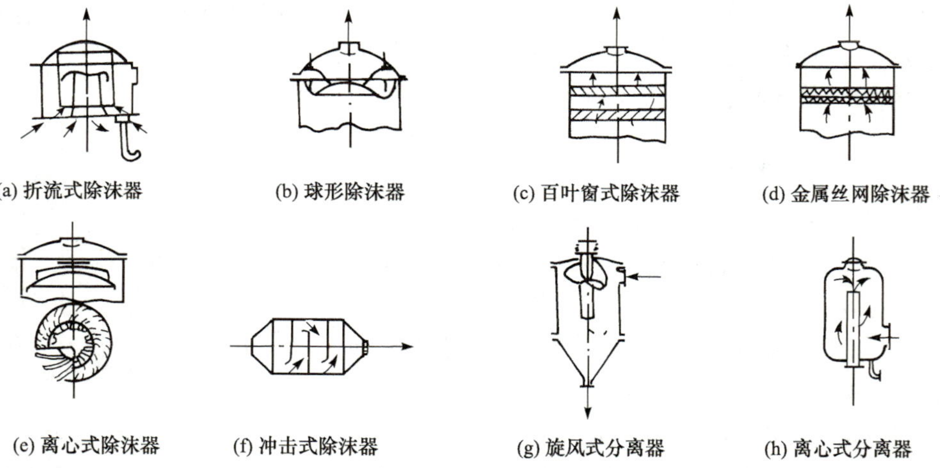

(a) 折流式除沫器　(b) 球形除沫器　(c) 百叶窗式除沫器　(d) 金属丝网除沫器
(e) 离心式除沫器　(f) 冲击式除沫器　(g) 旋风式分离器　(h) 离心式分离器

图 7-18 除沫器的主要型式

2. 冷凝器和真空装置

冷凝器的作用是冷凝二次蒸气。冷凝器有间壁式和直接接触式两种，倘若二次蒸气为需回收的有价值物料或会严重污染水源，则应采用间壁式冷凝器，否则采用直接接触式冷凝器。后者一般在负压下操作，为排出冷凝水，其位置应足够高，底部的长管称为大气腿。常见的

干式逆流高位冷凝器的构造如图 7-19 所示。冷却水由顶部加入，经淋水板的小孔或溢流堰流下，与逆流上升的二次蒸气直接接触，使二次蒸气不断冷凝。水和冷凝液沿气压管流至地沟后排走。空气和其他不凝性气体则由顶部抽出，在分离器中与挟带的液沫分离后进入真空装置。由于气、液两相各自分别排出，故称干式；又因其气压管需有足够的高度(大于 10m)才能使冷凝液自动流至地沟，所以称为高位式。工程中除干式高位冷凝器外，还有湿式、低位式冷凝器等。

当冷凝器在负压下操作时，无论采用哪一种冷凝器，均需在冷凝器后安装真空装置，并维持所要求的真空度。常用的真空装置有水环式真空泵、喷射泵及往复式真空泵。

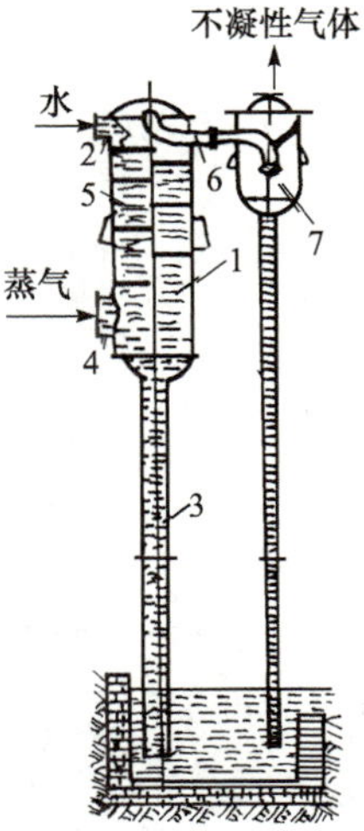

图 7-19　干式逆流高位冷凝器

1.外壳；2.进水口；3.气压管；4.蒸气进口；5.淋水板；6.不凝性气体管；7.分离管

7.4.3　蒸发器的选型

蒸发器的结构型式很多，各有优缺点和适用的场合。在选型时，首先要看它能否适应所蒸发物料的工艺特性，再考虑其结构、制造和维修难易程度、传热效果及经济性等因素。

表 7-8 列出了常见蒸发器的一些重要性能，供选型参考。

表 7-8　常用蒸发器的性能

蒸发器型式	造价	总传热系数		溶液在管内流速/(m/s)	停留时间	完成液浓度能否恒定	浓缩比	处理量	对溶液性质的适应性					
		稀溶液	高黏度						稀溶液	高黏度	易生泡沫	易结垢	热敏性	有结晶析出
水平管型	最廉	良好	低	—	长	能	良好	一般	适	适	适	不适	不适	不适
标准型	最廉	良好	低	0.1~1.5	长	能	良好	一般	适	适	适	尚适	尚适	稍适
外热式(自然循环)	廉	高	良好	0.4~1.5	较长	能	良好	较大	适	尚适	较好	尚适	尚适	稍适
列文式	高	高	良好	1.5~2.5	较长	能	良好	较大	适	尚适	较好	尚适	尚适	稍适
强制循环	高	高	高	2.0~3.5	—	能	较高	大	适	好	好	适	尚适	适
升膜式	廉	高	良好	0.4~1.0	短	较难	高	大	适	尚适	好	尚适	良好	不适
降膜式	廉	良好	高	0.4~1.0	短	尚能	高	大	较适	好	适	不适	良好	不适
刮板式	最高	高	良好	—	短	尚能	高	较小	较适	好	较好	不适	良好	不适
甩盘式	较高	高	低	—	较段	尚能	较高	较小	适	尚适	适	不适	较好	不适
旋风式	最廉	高	良好	1.5~2.0	短	较难	较高	较小	适	适	适	尚适	尚适	适
板式	高	高	良好	—	较短	尚能	良好	较小	适	尚适	适	不适	尚适	不适
浸没燃烧	廉	高	高	—	短	较难	良好	较大	适	适	适	适	不适	适

7.5　提高蒸发经济性的改进措施

1. 额外蒸气的引出

多效蒸发中有时还引出额外蒸气作为其他加热设备的热源，见图 7-20。

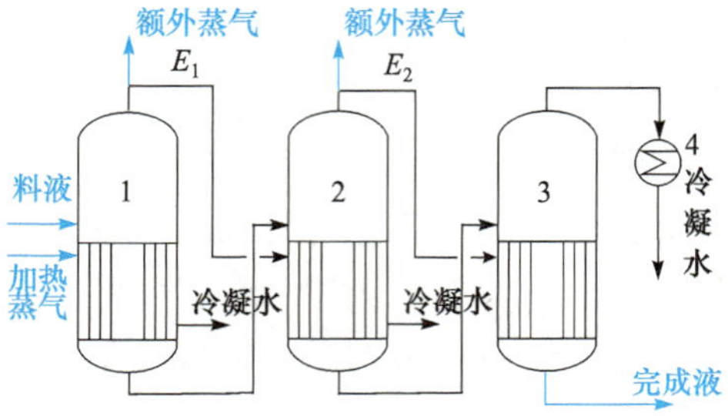

图 7-20 引出额外蒸气的三效蒸发流程

为方便起见，这里不考虑不同压力下蒸发潜热的差别、热损失等次要因素，并假定进料是在沸点下进入，根据式(7-20)，每 1kg 加热蒸气能蒸发 1kg 水。以三效蒸发器为例，可推出下列近似关系

$$W_1=D$$

$$W_2=W_1-E_1=D-E_1$$

$$W_3=W_2-E_2=D-E_1-E_2$$

水的总蒸发量

$$W=W_1+W_2+W_3=3D-2E_1-E_2$$

或

$$D=\frac{W}{3}+\frac{2}{3}E_1+\frac{1}{3}E_2 \tag{7-63}$$

推广至 m 效则有

$$D=\frac{W}{m}+\frac{m-1}{m}E_1+\frac{m-2}{m}E_2+\cdots+\frac{1}{m}E_{m-1} \tag{7-64}$$

式(7-64)表明：从多效蒸发设备中，每抽出 1kg 二次蒸气作为额外蒸气时，所需增加的加热蒸气消耗量不是 1kg 而是低于 1kg。越从后几效取出额外蒸气，需增加的加热蒸气消耗量越少，即生蒸气的经济性也越高。但要注意这并不意味着用最后一效的二次蒸气作为额外蒸气最经济，因为此时该二次蒸气压力很低，其冷凝时的饱和温度也很低，将它作为额外蒸气用途有限。

2. 热泵蒸发器

热泵蒸发器是利用压缩机的绝热压缩作用，将二次蒸气的饱和温度提高，再送回原来的蒸发器中作为加热蒸气。除开工时外，蒸发操作时不需另行供给加热蒸气。

利用动力压缩二次蒸气，以作加热蒸气，看来似乎不甚经济，其实不然。问题的核心在于二次蒸气的热焓并不比加热蒸气的低，只是压力较低从而温度也低，不能直接作为热源。若冷凝后排出则是舍弃了蒸气的潜热，不经济。若使此二次蒸气通过压缩提高至合适的压力和温度，则可用作加热蒸气，其潜热得到利用。因此，理论上采用热泵蒸发器，蒸气经济程度较高。但其实际经济程度按二次蒸气在压缩机内需要提高的压力与温度而定，需要提高得越多，其经济程度就越小。对于沸点升高大的溶液蒸发，热泵蒸发器的经济程度较低；沸点升高小的溶液蒸发时，采用热泵蒸发器较为有利。

本章主要符号说明

符 号	意 义	单 位
c	溶液的定压比热容	kJ/(kg · K)
D	生蒸气流量	kg/h
F	料液流量	kg/h
H	蒸气焓	kJ/kg
h	料液焓	kJ/kg
L	蒸发后料液流量	kg/h
p_m	蒸发器液面与底部间的平均压力	Pa
Q_L	热损失	kJ
R_0	管外污垢热阻	m² · ℃/W
R_i	管内污垢热阻	m² · ℃/W
T	蒸气温度	℃
T'	冷凝器中二次蒸气温度	℃
t'	蒸发室压力下水的沸点	℃
t_0	料液温度	℃
W	二次蒸气流量	kg/h
x_0	料液浓度(wt%)	
x_1	蒸发后料液浓度(wt%)	
α_0	管外蒸气冷凝的对流传热系数	W/(m² · ℃)
α_i	管内溶液沸腾的对流传热系数	W/(m² · ℃)
t 、t°	溶液在给定两种压力下的沸点	℃
t_w 、t_w°	两种压力下标准液体的沸点	℃
A	蒸发器的传热面积	m²
E	由于抽出二次蒸气所需增加的加热蒸气消耗量	kg
g	重力加速度	m/s²
K	蒸发器的总传热系数	W/(m² · K)
l	液柱高度	m
p	二次蒸气的压力/液面处的压力	Pa
Q	蒸发器的传热量或热负荷	W 或 kJ/kg
r	蒸气的汽化潜热	kJ/kg

U	蒸发器的生产强度	$kg/(m^2 \cdot h)$
Δ	溶液的沸点升高值	℃
Δt_m	传热平均温度差	℃
ρ	溶液平均密度	kg/m^3

参 考 文 献

陈敏恒，丛德滋，齐鸣斋，等. 2020. 化工原理(上册). 5 版. 北京：化学工业出版社

成都科技大学. 1999. 化工原理(上册). 3 版. 成都：成都科技大学出版社

大连理工大学. 2009. 化工原理(上册). 2 版. 北京：高等教育出版社

何潮洪，冯霄. 2007. 化工原理(上册). 2 版. 北京：科学出版社

何潮洪，刘永忠，窦梅，等. 2017. 化工原理(上册). 3 版. 北京：科学出版社

时钧，汪家鼎，余国琮，等. 1996. 化学工程手册. 2 版. 北京：化学工业出版社

谭天恩，麦本熙，丁惠华. 1998. 化工原理(上册). 2 版. 北京：化学工业出版社

习 题

习题答案

1. 浓度 30%(质量分数)的 NaOH 水溶液，在压力为 60kPa(绝压)的蒸发室进行单效蒸发操作。器内溶液的深度为 2m，溶液密度为 $1280kg/m^3$，加热室用 1MPa(表压)的饱和蒸气加热，求传热的有效温差。

2. 在传热面积为 $85m^2$ 的单效蒸发器中，每小时蒸发 1600kg 浓度为 10%的某种水溶液。原料液温度为 30℃，蒸发操作的平均压力为 100kPa，加热蒸气总压为 200kPa，已估计出有效温度差为 12℃。试求完成液浓度。已知蒸发器的总传热系数为 $900W/(m^2 \cdot K)$，热损失取为蒸发器传热量的 5%，设溶液比热容 $c_0=3.7kJ/(kg \cdot K)$。

3. 在单效蒸发器中，每小时将 5000kg 的 NaOH 水溶液从 10%(质量分数)浓缩到 30%，原料液温度为 50℃，蒸发室的真空度为 67kPa。加热蒸气的表压为 50kPa。蒸发器的传热系数为 $2000W/(m^2 \cdot K)$。热损失为加热蒸气放热量的 5%。试求蒸发器的传热面积和加热蒸气的经济性。当地大气压为 101.3kPa，由于溶液静压力引起的温度差损失可不考虑。

4. 浓度为 2.0%(质量分数)的盐溶液，在 28℃下连续进入一单效蒸发器中被浓缩至 3.0%。蒸发器的传热面积为 $69.7m^2$，加热蒸气为 110℃饱和水蒸气。加料量为 4500kg/h，料液的比热容为 $c_p=4100J/(kg \cdot ℃)$。因是稀溶液，沸点升高可以忽略，操作在 1atm 下进行。

(1) 计算蒸发的水量及蒸发器的传热系数；

(2) 在上述蒸发器中，将加料量提高至 6800kg/h，其他操作条件(加热蒸气及进料温度，进料浓度、操作压力)不变时，可将溶液浓缩至多少浓度?

5. 一并流操作的三效蒸发器用以浓缩水溶液，加热蒸气为 121℃饱和水蒸气，末效蒸发室的操作压力为 26.1kPa(绝压)。原料预热至沸点加入第一效内，料液的浓度很低，沸点升高可以忽略不计。各效蒸发器的传热系数为 $K_1=2840W/(m^2 \cdot K)$；$K_2=1990W/(m^2 \cdot K)$；$K_3=1420W/(m^2 \cdot K)$。各效传热面相等，试估计各效溶液的沸点。

6. 有一双效并流蒸发装置，已知某水溶液的加料量为 2000kg/h，料液浓度为 5%(质量分数，下同)。设各效溶液的比热容均近似取为 $4.18J/(kg \cdot ℃)$，且不随温度和浓度而变。进料温度为 93℃，完成液浓度为 45%，加热蒸气温度为 120℃，汽化潜热为 2205kJ/kg。第二效二次蒸气的温度为 53℃，各效传热面积相等。已知各效传热系数分别为 $K_1=2000W/(m^2 \cdot K)$，$K_2=1500W/(m^2 \cdot K)$。设各种温度差损失、热量损失均不考虑。冷凝液在冷凝温度下排出，且无额外蒸气引出。试求每效的传热面积。

7. 在一套三效蒸发器内将 2000kg/h 的 NaOH 溶液由浓度 10%(质量分数，下同)浓缩至 40%。第二效蒸出的水量比第一效多 15%，第三效蒸出的水量比第一效多 30%，求总蒸发量及各效溶液的浓度。

8. 在双效逆流蒸发器装置中，将含 2%的有机固体水溶液连续浓缩到 25%的溶液，两蒸发器的加热面积

各为 $200m^2$。原料液从第二效进入，料液温度为 30℃，而该效的沸点为 38.9℃，比热容为 4.187kJ/(kg · K)。生蒸气的加热温度为 164.9℃，两效的总传热系数分别为 K_1=2800W/(m^2 · K)、K_2=4000W/(m^2 · K)。若忽略溶液的沸点升高值和热损失，试求该装置的生产能力(以完成液计)。(上机题)

自测练习题

附　录

一、单位换算表

说明：下列表格中，各单位名称上标注的数字标志代表不同的单位制：①SI 制，②cgs 制，③工程制。没有标注数字的是制外单位，标有 * 号的是英制单位。

1. 长度

①③ m 米	② cm 厘米	* ft 英尺	* in 英寸
1	100	3.281	39.37
10^{-2}	1	0.03281	0.3937
0.3048	30.48	1	12
0.0254	2.54	0.08333	1

2. 面积

①③ m^2 米^2	② cm^2 厘米^2	* ft^2 英尺^2	* in^2 英寸^2
1	10^4	10.76	1550
10^{-4}	1	0.001076	0.1550
0.0929	929.0	1	144.0
0.0006452	6.452	0.006944	1

3. 体积

①③ m^3 米^3	② cm^3 厘米^3	L 升	* ft^3 英尺^3	* gal 加仑（英）	* gal 加仑（美）
1	10^6	10^3	35.3147	219.975	264.171
10^{-6}	1	10^{-3}	3.531×10^{-5}	0.0002200	0.0002642
10^{-3}	10^3	1	0.03531	0.21998	0.26417
0.02832	28320	28.32	1	6.2288	7.48048
0.004546	4545.9	4.5459	0.16054	1	1.20095
0.003785	3785.3	3.7853	0.13368	0.8327	1

4. 质量

① kg 千克	② g 克	③ $kgf\cdot s^2/m$ 千克(力)·秒^2/米	t 吨	* lb 磅
1	1000	0.1020	10^{-3}	2.20462
10^{-3}	1	1.020×10^{-4}	10^{-6}	0.002205
9.807	9807	1		
0.4536	453.6		4.536×10^{-4}	1

5. 力

① N 牛顿	② dyn 达因	③ kgf 千克(力)	* lbf 磅(力)
1	10^5	0.1020	0.2248
10^{-5}	1	1.020×10^{-6}	2.248×10^{-6}
9.807	9.807×10^5	1	2.2046
4.448	4.448×10^5	0.4536	1

6. 密度

① kg/m^3 千克/米^3	② g/cm^3 克/厘米^3	* lb/ft^3 磅/英尺^3
1	10^{-3}	0.06243
1000	1	62.43
16.02	0.01602	1

7. 压力

① $Pa=N/m^2$ 帕斯卡=牛顿/米^2	② bar 巴	③ $kgf/m^2=mmH_2O$ 毫米水柱	atm 物理大气压	kgf/cm^2 工程大气压	mmHg 毫米汞柱	* lbf/in^2 磅(力)/英寸^2
1	10^{-5}	0.1020	9.869×10^{-6}	1.02×10^{-5}	0.00750	1.45×10^{-4}
10^5	1	10200	0.9869	1.02	750.0	14.5
9.807	9.807×10^{-5}	1	9.678×10^{-5}	10^{-4}	0.07355	0.001422
1.013×10^5	1.013	10330	1	1.033	760.0	14.70
9.807×10^4	0.9807	10^4	0.9678	1	735.5	14.22
133.32	0.001333	0.001360	0.001316	0.001360	1	0.0193
6895	0.06895	703.1	0.06804	0.07031	51.72	1

8. 黏度

① $Pa\cdot s=kg/(m\cdot s)$ 帕斯卡·秒	② $P=g/(cm\cdot s)$ 泊	③ $kgf\cdot s/m^2$ 千克(力)·秒/米^2	cP 厘泊	* $lb/(ft\cdot s)$ 磅/(英尺·秒)
1	10	0.1020	1000	0.6719
10^{-1}	1	0.01020	100	0.06719
9.807	98.07	1	9807	6.589
10^{-3}	10^{-2}	1.020×10^{-4}	1	6.719×10^{-4}
1.488	14.88	0.1517	1488	1

9. 运动黏度，扩散系数

①③ m^2/s 米^2/秒	② cm^2/s 厘米^2/秒	* ft^2/h 英尺^2/时
1	10^4	38750
10^{-4}	1	3.875
2.581×10^{-5}	0.2581	1

10. 表面张力

① N/m 牛顿/米	② dyn/cm 达因/厘米	③ kgf/m 千克(力)/米	* lbf/ft 磅(力)/英尺
1	1000	0.1020	0.06852
0.001	1	1.020×10^{-4}	6.854×10^{-5}
9.807	9807	1	0.672
14.59	14590	1.488	1

11. 能量，功，热

① J=N · m 焦耳	② erg=dyn · cm 尔格	③ kgf · m 千克(力) · 米	③ kcal=1000cal 千卡	kW · h 千瓦时	* lbf · ft 磅(力) · 英尺	* B.t.u. 英热单位
10^{-7}	1					
1	10^{7}	0.1020	2.39×10^{-4}	2.778×10^{-7}	0.7377	9.486×10^{-4}
9.807		1	2.342×10^{-3}	2.724×10^{-6}	7.233	9.296×10^{-3}
4186.8		426.9	1	1.162×10^{-3}	3087	3.968
3.6×10^{6}		3.671×10^{5}	860.0	1	2.655×10^{6}	3413
1.3558		0.1383	3.239×10^{-4}	3.766×10^{-7}	1	1.285×10^{-3}
1055		107.58	0.2520	2.928×10^{-4}	778.1	1

12. 功率，传热速率

① kW=1000J/s 千瓦	② erg/s 尔格/秒	③ kgf · m/s 千克(力) · 米/秒	③ kcal/s=1000cal/s 千卡/秒	* lbf · ft/s 磅(力) · 英尺/秒	* B.t.u./s 英热单位/秒
1	10^{10}	101.97	0.2389	735.56	0.9486
10^{-10}	1				
0.009807		1	0.002342	7.233	0.009293
4.1868		426.85	1	3087.44	3.9683
0.001356		0.13825	3.2389×10^{-4}	1	0.001285
1.055		107.58	0.251996	778.168	1

13. 导热系数

① W/（m · K） 瓦/（米 · 开）	② cal/（cm · s · ℃） 卡/（厘米 · 秒 · 摄氏度）	③ kcal/（m · s · ℃） 千卡/（米 · 秒 · 摄氏度）	kcal/（m · h · ℃） 千卡/（米 · 时 · 摄氏度）	* B.t.u./(ft · h · ℉) 英热单位/（英尺 · 时 · 华氏度）
1	2.389×10^{-3}	2.389×10^{-4}	0.8598	0.578
418.68	1	10^{-1}	360	241.9
4186.8	10	1	3600	2419
1.163	2.778×10^{-3}	2.778×10^{-4}	1	0.6720
1.731	4.134×10^{-3}	4.134×10^{-4}	1.488	1

14. 焓，潜热

① J/kg 焦耳/千克	③ kcal/kg 千卡/千克	* B.t.u./lb 英热单位/磅
1	2.389×10^{-4}	4.299×10^{-4}
4187	1	1.8
2326	0.5556	1

15. 比热容，熵

① J/(kg · K) 焦耳/(千克 · 开)	③ kcal/(kg · ℃) 千卡/(千克 · 摄氏度)	* B.t.u./(lb · ℉) 英热单位/(磅 · 华氏度)
1	2.389×10^{-4}	2.389×10^{-4}
4187	1	1

16. 传热系数

① W/（m²·K） 瓦/（米²·开）	② cal/（cm²·s·℃） 卡/（厘米²·秒·摄氏度）	③ kcal/（m²·s·℃） 千卡/（米²·秒·摄氏度）	* B.t.u./(ft²·h·℉) 英热单位/（英尺²·时·华氏度）
1	2.389×10^{-5}	2.389×10^{-4}	0.1761
4.187×10^{4}	1	10	7374
4187	0.1	1	737.4
5.678	1.356×10^{-4}	1.356×10^{-3}	1

17. 标准重力加速度

$$g=980.7\text{cm/s}^2$$
$$=9.807\text{m/s}^2$$
$$=32.17\text{ft/s}^2$$

18. 摩尔气体常量

$$R=1.987\text{cal/(mol}\cdot\text{K)}=8.314\text{kJ/(kmol}\cdot\text{K)}$$
$$=82.06\text{atm}\cdot\text{cm}^3\text{/(mol}\cdot\text{K)}$$
$$=0.08206\text{ atm}\cdot\text{m}^3\text{/(kmol}\cdot\text{K)}$$
$$=1.987\text{B.t.u./(lbmol}\cdot{}^\circ\text{R)}$$

二、空气的重要物性

温度/℃	密度/(kg/m³)	比热容		导热系数		黏度/(10^{-5}Pa·s)	运动黏度/(10^{-6}m²/s)	普朗特数 Pr
		/[kJ/(kg·K)]	/[kcal/(kg·℃)]	/[W/(m·K)]	/[kcal/(m·h·℃)]			
−50	1.584	1.013	0.242	0.0204	0.0175	1.46	9.23	0.728
−40	1.515	1.013	0.242	0.0212	0.0182	1.52	10.04	0.728
−30	1.453	1.013	0.242	0.0220	0.0189	1.57	10.80	0.723
−20	1.395	1.009	0.241	0.0228	0.0196	1.62	11.60	0.716
−10	1.342	1.009	0.241	0.0236	0.0203	1.67	12.43	0.712
0	1.293	1.005	0.240	0.0244	0.0210	1.72	13.28	0.707
10	1.247	1.005	0.240	0.0251	0.0216	1.77	14.16	0.705
20	1.205	1.005	0.240	0.0259	0.0223	1.81	15.06	0.703
30	1.165	1.005	0.240	0.0267	0.0230	1.86	16.00	0.701
40	1.128	1.005	0.240	0.0276	0.0237	1.91	16.96	0.699
50	1.093	1.005	0.240	0.0283	0.0243	1.96	17.95	0.698
60	1.060	1.005	0.240	0.0290	0.0249	2.01	18.97	0.696
70	1.029	1.009	0.241	0.0297	0.0255	2.06	20.02	0.694
80	1.000	1.009	0.241	0.0305	0.0262	2.11	21.09	0.692
90	0.972	1.009	0.241	0.0313	0.0269	2.15	22.10	0.690
100	0.946	1.009	0.241	0.0321	0.0276	2.19	23.13	0.688
120	0.898	1.009	0.241	0.0334	0.0287	2.29	25.45	0.686
140	0.854	1.013	0.242	0.0349	0.0300	2.37	27.80	0.684
160	0.815	1.017	0.243	0.0364	0.0313	2.45	30.09	0.682
180	0.779	1.022	0.244	0.0378	0.0325	2.53	32.49	0.681
200	0.746	1.026	0.245	0.0393	0.0338	2.60	34.85	0.680
250	0.674	1.038	0.248	0.0429	0.0367	2.74	40.61	0.677

续表

温度/℃	密度/(kg/m³)	比热容/[kJ/(kg·K)]	比热容/[kcal/(kg·℃)]	导热系数/[W/(m·K)]	导热系数/[kcal/(m·h·℃)]	黏度/(10^{-5}Pa·s)	运动黏度/(10^{-6}m²/s)	普朗特数 *Pr*
300	0.615	1.048	0.250	0.0461	0.0396	2.97	48.33	0.674
350	0.566	1.059	0.253	0.0491	0.0422	3.14	55.46	0.676
400	0.524	1.068	0.255	0.0521	0.0448	3.31	63.09	0.678
500	0.456	1.093	0.261	0.0575	0.0494	3.62	79.38	0.687
600	0.404	1.114	0.266	0.0622	0.0535	3.91	96.89	0.699
700	0.362	1.135	0.271	0.0671	0.0577	4.18	115.4	0.706
800	0.329	1.156	0.276	0.0718	0.0617	4.43	134.8	0.713
900	0.301	1.172	0.280	0.0763	0.0656	4.67	155.1	0.717
1000	0.277	1.185	0.283	0.0804	0.0694	4.90	177.1	0.719
1100	0.257	1.197	0.286	0.0850	0.0731	5.12	199.3	0.722
1200	0.239	1.206	0.288	0.0915	0.0787	5.35	233.7	0.724

三、水的重要物性

1. 水的重要物性表

温度/℃	压力/10^5Pa	密度/(kg/m³)	焓/(kJ/kg)	比热容/[kJ/(kg·K)]	导热系数/[W/(m·K)]	导温系数/(10^{-7}m²/s)	黏度/(10^{-3}Pa·s)或 cP	运动黏度/(10^{-6}m²/s)	体积膨胀系数/(10^{-3}/℃)	表面张力/(10^{-3}N/m)	普朗特数 *Pr*
0	1.013	999.9	0	4.212	0.551	1.31	1.789	1.789	-0.063	75.61	13.67
10	1.013	999.7	42.04	4.191	0.575	1.37	1.305	1.306	+0.070	74.14	9.52
20	1.013	998.2	83.90	4.183	0.599	1.43	1.005	1.006	0.182	72.67	7.02
30	1.013	995.7	125.69	4.174	0.618	1.49	0.801	0.805	0.321	71.20	5.42
40	1.013	992.2	167.51	4.174	0.634	1.53	0.653	0.659	0.387	69.63	4.31
50	1.013	988.1	209.30	4.174	0.648	1.57	0.549	0.556	0.449	67.67	3.54
60	1.013	983.2	251.12	4.178	0.659	1.61	0.470	0.478	0.511	66.20	2.98
70	1.013	977.8	292.99	4.187	0.668	1.63	0.406	0.415	0.570	64.33	2.55
80	1.013	971.8	334.94	4.195	0.675	1.66	0.335	0.365	0.632	62.57	2.21
90	1.013	965.3	376.98	4.208	0.680	1.68	0.315	0.326	0.695	60.71	1.95
100	1.013	958.4	419.19	4.220	0.683	1.69	0.283	0.295	0.752	58.84	1.75
110	1.433	951.0	461.34	4.233	0.685	1.70	0.259	0.272	0.808	56.88	1.60
120	1.986	943.1	503.67	4.250	0.686	1.71	0.237	0.252	0.864	54.82	1.47
130	2.702	934.8	546.38	4.266	0.686	1.72	0.218	0.233	0.919	52.86	1.36
140	3.624	926.1	589.08	4.287	0.685	1.73	0.201	0.217	0.972	50.70	1.26
150	4.761	917.0	632.20	4.312	0.684	1.73	0.186	0.203	1.03	48.64	1.17
160	6.181	907.4	675.33	4.346	0.683	1.73	0.173	0.191	1.07	46.58	1.10
170	7.924	897.3	719.29	4.379	0.679	1.73	0.163	0.181	1.13	44.33	1.05
180	10.03	886.9	763.25	4.417	0.675	1.72	0.153	0.173	1.19	42.27	1.00
190	12.55	876.0	807.63	4.460	0.671	1.71	0.144	0.165	1.26	40.01	0.96
200	15.55	863.0	852.43	4.505	0.663	1.70	0.136	0.158	1.33	37.66	0.93
210	19.08	852.8	897.65	4.555	0.655	1.69	0.130	0.153	1.41	35.40	0.91

续表

温度/℃	压力/10^5Pa	密度/(kg/m^3)	焓/(kJ/kg)	比热容/[kJ/(kg · K)]	导热系数/[W/(m · K)]	导温系数/(10^{-7}m^2/s)	黏度/(10^{-3}Pa · s)或 cP	运动黏度/(10^{-6}m^2/s)	体积膨胀系数/(10^{-3}/℃)	表面张力/(10^{-3}N/m)	普朗特数 Pr
220	23.20	840.3	943.71	4.614	0.645	1.66	0.125	0.148	1.48	33.15	0.89
230	27.98	827.3	990.18	4.681	0.637	1.64	0.120	0.145	1.59	30.99	0.88
240	33.48	813.6	1037.49	4.756	0.628	1.62	0.115	0.141	1.68	28.55	0.87
250	39.78	799.0	1085.64	4.844	0.618	1.59	0.110	0.137	1.81	26.19	0.86
260	46.95	784.0	1135.04	4.949	0.604	1.56	0.106	0.135	1.97	23.73	0.87
270	55.06	767.9	1185.28	5.070	0.590	1.51	0.102	0.133	2.16	21.48	0.88
280	64.20	750.7	1236.28	5.229	0.575	1.46	0.0981	0.131	2.37	19.12	0.90
290	74.46	732.3	1289.95	5.485	0.558	1.39	0.0942	0.129	2.62	16.87	0.93
300	85.92	712.5	1344.80	5.736	0.540	1.32	0.0912	0.128	2.92	14.42	0.97
310	98.70	691.1	1402.16	6.071	0.523	1.25	0.0883	0.128	3.29	12.06	1.03
320	112.90	667.1	1462.03	6.573	0.506	1.15	0.0853	0.128	3.82	9.81	1.11
330	128.65	640.2	1526.19	7.243	0.484	1.04	0.0814	0.127	4.33	7.67	1.22
340	146.09	610.1	1594.75	8.164	0.457	0.92	0.0775	0.127	5.34	5.67	1.39
350	165.38	574.4	1671.37	9.504	0.430	0.79	0.0726	0.126	6.68	3.82	1.60
360	186,75	528.0	1761.39	13.984	0.395	0.54	0.0667	0.126	10.9	2.02	2.35
370	210.54	450.5	1892.43	40.319	0.337	0.19	0.0569	0.126	26.4	0.47	6.79

注：在 0～100℃，回归公式为$\rho=-3.6\times10^{-3}t^2-6.97\times10^{-2}t+1000$，kg/m^3

2. 水的黏度（0～100℃）

温度/℃	黏度/cP 或 mPa · s	温度/℃	黏度/cP 或 mPa · s	温度/℃	黏度/cP 或 mPa · s
0	1.7921	20	1.0050	39	0.6685
1	1.7313	20.2	1.0000	40	0.6560
2	1.6728	21	0.9810	41	0.6439
3	1.6191	22	0.9579	42	0.6321
4	1.5674	23	0.9359	43	0.6207
5	1.5188	24	0.9142	44	0.6097
6	1.4728	25	0.8973	45	0.5988
7	1.4284	26	0.8737	46	0.5883
8	1.3860	27	0.8545	47	0.5782
9	1.3462	28	0.8360	48	0.5683
10	1.3077	29	0.8180	49	0.5588
11	1.2713	30	0.8007	50	0.5494
12	1.2363	31	0.7840	51	0.5404
13	1.2028	32	0.7679	52	0.5315
14	1.1709	33	0.7523	53	0.5229
15	1.1403	34	0.7371	54	0.5146
16	1.1111	35	0.7225	55	0.5064
17	1.0828	36	0.7085	56	0.4985
18	1.0559	37	0.6947	57	0.4907
19	1.0299	38	0.6814	58	0.4832

续表

温度/℃	黏度/cP 或 mPa · s	温度/℃	黏度/cP 或 mPa · s	温度/℃	黏度/cP 或 mPa · s
59	0.4759	74	0.3849	89	0.3202
60	0.4688	75	0.3799	90	0.3165
61	0.4618	76	0.3750	91	0.3130
62	0.4550	77	0.3702	92	0.3095
63	0.4483	78	0.3655	93	0.3060
64	0.4418	79	0.3610	94	0.3027
65	0.4355	80	0.3565	95	0.2994
66	0.4293	81	0.3521	96	0.2962
67	0.4233	82	0.3478	97	0.2930
68	0.4174	83	0.3436	98	0.2899
69	0.4117	84	0.3395	99	0.2868
70	0.4061	85	0.3355	100	0.2838
71	0.4006	86	0.3315		
72	0.3952	87	0.3276		
73	0.3900	88	0.3239		

注：表中数据与教材公式（1-13）$\mu=\dfrac{1.79}{1+0.0357T+0.00018T^2}$ 的相对误差不超过±1%。

式中，T 为温度，℃；μ为 T 温度下水的黏度，mPa·s。

3. 水的饱和蒸气压（–20~100℃）

温度/℃	压力/Pa	压力/mmHg	温度/℃	压力/Pa	压力/mmHg	温度/℃	压力/Pa	压力/mmHg
–20	102.92	0.772	2	516.75	3.876	15	17.5016	12.79
–19	113.2	0.850	–1	562.08	4.216	16	1817.15	13.63
–18	124.65	0.935				17	1937.14	14.53
–17	136.92	1.027	0	610.47	4.579	18	2063.79	15.48
–16	150.39	1.128	+1	657.27	4.93	19	2197.11	16.48
			2	705.26	5.29			
–15	165.05	1.238	3	758.59	5.69	20	2338.43	17.54
–14	180.92	1.357	4	813.25	6.10	21	2486.42	18.65
–13	198.11	1.486				22	2646.40	19.85
–12	216.91	1.627	5	871.91	6.54	23	2809.05	21.07
–11	237.31	1.780	6	934.57	7.01	24	2983.70	22.38
			7	1001.23	7.51			
–10	259.44	1.946	8	1073.23	8.05	25	3167.68	23.76
–9	283.31	2.125	9	1147.89	8.61	26	3361.00	25.21
–8	309.44	2.321				27	3564.98	26.74
–7	337.57	2.532	10	1227.88	9.21	28	3779.62	28.35
–6	368.10	2.761	11	1311.87	9.84	29	4004.93	30.04
			12	1402.53	10.52			
–5	401.03	3.008	13	1497.18	11.23	30	4242.24	31.82
–4	436.76	3.276	14	1598.51	11.99	31	4492.88	33.70
–3	475.42	3.566				32	4754.19	35.66

续表

温度/℃	压力/Pa	压力/mmHg	温度/℃	压力/Pa	压力/mmHg	温度/℃	压力/Pa	压力/mmHg
33	5030.16	37.73	55	15731.76	118.0	78	43635.64	327.3
34	5319.47	39.90	56	16505.02	123.8	79	45462.12	341.0
			57	17304.94	129.8			
35	5623.44	42.18	58	18144.85	136.1	80	47341.93	355.1
36	5940.74	44.56	59	19011.43	142.6	81	49288.40	369.7
37	6275.37	47.07				82	51314.87	384.9
38	6619.34	49.65	60	19910.00	149.4	83	53407.99	400.6
39	6691.30	52.44	61	20851.25	156.4	84	55567.78	416.8
			62	21837.82	163.8			
40	7375.26	55.32	63	22851.05	171.4	85	57807.55	433.6
41	7777.89	58.34	64	23904.28	179.3	86	60113.99	450.9
42	8199.18	61.50				87	62220.44	466.7
43	8639.14	64.80	65	24997.50	187.5	88	64940.17	487.1
44	9100.42	68.26	66	26144.05	196.1	89	67473.25	506.1
			67	27330.60	205.0			
45	9583.04	71.88	68	28557.14	214.2	90	70099.66	525.8
46	10085.66	75.65	69	29823.68	223.7	91	72806.05	546.1
47	10612.27	79.60				92	75592.44	567.0
48	11160.22	83.71	70	31156.88	233.7	93	78472.15	588.6
49	11734.83	88.02	71	32516.75	243.9	94	81445.19	610.9
			72	33943.27	254.6			
50	12333.43	92.51	73	35423.12	265.7	95	84511.55	633.9
51	12958.70	97.20	74	36956.30	277.2	96	87671.23	657.6
52	13611.97	102.1				97	90937.57	682.1
53	14291.90	107.2	75	38542.81	289.1	98	94297.24	707.3
54	14998.50	112.5	76	40182.65	301.4	99	97750.22	733.2
			77	41875.81	314.1	100	101325.00	760.0

四、饱和水蒸气的物性

1. 以温度为准

温度/℃	绝对压力/kPa	蒸汽密度/(kg/m³)	焓				汽化热	
			液体		蒸汽			
			/(kcal/kg)	/(kJ/kg)	/(kcal/kg)	/(kJ/kg)	/(kcal/kg)	/(kJ/kg)
0	0.6082	0.00484	0	0	595	2491.1	595	2491.1
5	0.8730	0.00680	5.0	20.94	597.3	2500.8	592.3	2479.80
10	1.2262	0.00940	10.0	41.87	599.6	2510.4	589.6	2468.53
15	1.7068	0.01283	15.0	62.80	602.0	2520.5	587.0	2457.7
20	2.3346	0.01719	20.0	83.74	604.3	2530.1	584.3	2446.3
25	3.1684	0.02304	25.0	104.67	606.0	2539.7	581.6	2435.0
30	4.2474	0.03036	30.0	125.60	608.9	2549.3	578.9	2423.7
35	5.6207	0.03960	35.0	146.54	611.2	2559.0	576.2	2412.4
40	7.3766	0.05114	40.0	167.47	613.5	2568.6	573.5	2401.1
45	9.5837	0.06543	45.0	188.41	615.7	2577.8	570.7	2389.4

续表

温度/℃	绝对压力/kPa	蒸汽密度/(kg/m³)	焓				汽化热	
			液体		蒸汽			
			/(kcal/kg)	/(kJ/kg)	/(kcal/kg)	/(kJ/kg)	/(kcal/kg)	/(kJ/kg)
50	12.340	0.0830	50.0	209.34	618.0	2587.4	568.0	2378.1
55	15.743	0.1043	55.0	230.27	620.2	2596.7	565.2	2366.4
60	19.923	0.1301	60.0	251.21	622.5	2606.3	562.0	2355.1
65	25.014	0.1611	65.0	272.14	624.7	2615.5	559.7	2343.4
70	31.164	0.1979	70.0	293.08	626.8	2624.3	556.8	2331.2
75	38.551	0.2416	75.0	314.01	629.0	2633.5	554.0	2319.5
80	47.379	0.2929	80.0	334.94	631.1	2642.3	551.2	2307.8
85	57.875	0.3531	85.0	355.88	633.2	2651.1	548.2	2295.2
90	70.136	0.4229	90.0	376.81	635.3	2659.9	545.3	2283.1
95	84.556	0.5039	95.0	397.75	637.4	2668.7	524.4	2270.9
100	101.33	0.5970	100.0	418.68	639.4	2677.0	539.4	2258.4
105	120.85	0.7036	105.1	440.03	641.3	2685.0	536.3	2245.4
110	143.31	0.8254	110.1	460.97	643.3	2693.4	533.1	2232.0
115	169.11	0.9635	115.2	482.32	645.2	2701.3	530.0	2219.0
120	198.64	1.1199	120.3	503.67	647.0	2708.9	526.7	2205.2
125	232.19	1.296	125.4	525.02	648.8	2716.4	523.5	2192.8
130	270.25	1.494	130.5	546.38	650.6	2723.9	520.1	2177.6
135	313.11	1.715	135.6	567.73	652.3	2731.0	516.7	2163.3
140	361.47	1.962	140.7	589.08	653.9	2737.7	513.2	2148.7
145	415.72	2.238	145.9	610.85	655.5	2744.4	509.7	2134.0
150	476.24	2.543	151.0	632.21	657.0	2750.7	506.0	2118.5
160	618.28	3.252	161.4	675.75	659.9	2762.9	498.5	2087.1
170	792.59	4.113	171.8	719.29	662.4	2773.3	490.6	2054.0
180	1003.5	5.145	182.3	763.25	664.6	2782.5	482.3	2019.3
190	1255.6	6.378	192.9	807.64	666.4	2790.1	473.5	1982.4
200	1554.77	7.840	203.5	852.01	667.7	2795.5	464.2	1943.5
210	1917.72	9.567	214.3	897.23	668.6	2799.3	454.4	1902.5
220	2320.88	11.60	225.1	942.45	669.0	2801.0	443.9	1858.5
230	2798.59	13.98	236.1	988.50	668.8	2800.1	432.7	1811.6
240	3347.91	16.76	247.1	1034.56	668.0	2796.8	420.8	1761.8
250	3977.67	20.01	258.3	1081.45	664.0	2790.1	408.1	1708.6
260	4693.75	23.82	269.6	1128.76	664.2	2780.9	394.5	1651.7
270	5503.99	28.27	281.1	1176.91	661.2	2768.3	380.1	1591.4
280	6417.24	33.47	292.7	1225.48	657.3	2752.0	364.6	1526.5
290	7443.29	39.60	304.4	1274.46	652.6	2732.3	348.1	1457.4

续表

温度/℃	绝对压力/kPa	蒸汽密度/(kg/m³)	焓				汽化热	
			液体		蒸汽			
			/(kcal/kg)	/(kJ/kg)	/(kcal/kg)	/(kJ/kg)	/(kcal/kg)	/(kJ/kg)
300	8592.94	46.93	316.6	1325.54	646.8	2708.0	330.2	1382.5
310	9877.96	55.59	329.3	1378.71	640.1	2680.0	310.8	1301.3
320	11300.3	65.95	343.0	1436.07	632.5	2648.2	289.5	1212.1
330	12879.6	78.53	357.5	1446.78	623.5	2610.5	266.6	1116.2
340	14615.8	93.98	373.3	1562.93	613.5	2568.6	240.2	1005.7
350	16538.5	113.2	390.8	1636.20	601.1	2516.7	210.3	880.5
360	18667.1	139.6	413.0	1729.15	583.4	2442.6	170.3	713.0
370	21040.9	171.0	451.0	1888.25	549.8	2301.9	98.2	411.1
374	22070.9	322.6	501.1	2098.0	501.1	2098.0	0	0

2. 以压力为准

绝对压力/kPa	温度/℃	蒸汽密度/(kg/m³)	焓/(kJ/kg)		汽化热/(kJ/kg)
			液体	蒸汽	
1.0	6.3	0.00773	26.48	2503.1	2476.8
1.5	12.5	0.01133	52.26	2515.3	2463.0
2.0	17.0	0.01486	71.21	2524.2	2452.9
2.5	20.9	0.01836	87.45	2531.8	2444.3
3.0	23.5	0.02179	98.38	2536.8	2438.4
3.5	26.1	0.02523	109.30	2541.8	2432.5
4.0	28.7	0.02867	120.23	2546.8	2426.6
4.5	30.8	0.03205	129.00	2550.9	2421.9
5.0	32.4	0.03537	135.69	2554.0	2418.3
6.0	35.6	0.04200	149.06	2560.1	2411.0
7.0	38.8	0.04864	162.44	2566.3	2403.8
8.0	41.3	0.05514	172.73	2571.0	2398.2
9.0	43.3	0.06156	181.16	2574.8	2393.6
10.0	45.3	0.06798	189.59	2578.5	2388.9
15.0	53.5	0.09956	224.03	2594.0	2370.0
20.0	60.1	0.13068	251.51	2606.4	2354.9
30.0	66.5	0.19093	288.77	2622.4	2333.7
40.0	75.0	0.24975	315.93	2634.1	2312.2
50.0	81.2	0.30799	339.80	2644.3	2304.5
60.0	85.6	0.36514	358.21	2652.1	2393.9
70.0	89.9	0.42229	376.61	2659.8	2283.2
80.0	93.2	0.47807	390.08	2665.3	2275.3
90.0	96.4	0.53384	403.49	2670.8	2267.4
100.0	99.6	0.58961	416.90	2676.3	2259.5
120.0	104.5	0.69868	437.51	2684.3	2246.8

续表

绝对压力/kPa	温度/℃	蒸汽密度/(kg/m³)	焓/(kJ/kg)		汽化热/(kJ/kg)
			液体	蒸汽	
140.0	109.2	0.80758	457.67	2692.1	2234.4
160.0	113.0	0.82981	473.88	2698.1	2224.2
180.0	116.6	1.0209	489.32	2703.7	2214.3
200.0	120.2	1.1273	493.71	2709.2	2204.6
250.0	127.2	1.3904	534.39	2719.7	2185.4
300.0	133.3	1.6501	560.38	2728.5	2168.1
350.0	138.8	1.9074	583.76	2736.1	2152.3
400.0	143.4	2.1618	603.61	2742.1	2138.5
450.0	147.7	2.4152	622.42	2747.8	2125.4
500.0	151.7	2.6673	639.59	2752.8	2113.2
600.0	158.7	3.1686	670.22	2761.4	2091.1
700.0	164.7	3.6657	696.27	2767.8	2071.5
800.0	170.4	4.1614	720.96	2773.7	2052.7
900.0	175.1	4.6525	741.82	2778.1	2036.2
1×10^3	179.9	5.1432	762.68	2782.5	2019.7
1.1×10^3	180.2	5.6339	780.34	2785.5	2005.1
1.2×10^3	187.8	6.1241	797.92	2788.5	1990.6
1.3×10^3	191.5	6.6141	814.25	2790.9	1976.7
1.4×10^3	194.8	7.1038	829.06	2792.4	1963.7
1.5×10^3	198.2	7.5935	843.86	2794.5	1950.7
1.6×10^3	201.3	8.0814	857.77	2796.0	1938.2
1.7×10^3	204.1	8.5674	870.58	2792.1	1926.5
1.8×10^3	206.9	9.0533	883.39	2798.1	1914.8
1.9×10^3	209.8	9.5392	896.21	2799.2	1903.0
2×10^3	212.2	10.0338	907.32	2799.7	1892.4
3×10^3	233.7	15.0075	1005.4	2798.9	1793.5
4×10^3	250.3	20.0969	1082.9	2789.8	1706.8
5×10^3	263.8	25.3663	1146.9	2776.2	1629.2
6×10^3	275.4	30.8494	1203.2	2759.5	1556.3
7×10^3	285.7	36.5744	1253.2	2740.8	1487.6
8×10^3	294.8	42.5768	1299.2	2720.5	1403.7
9×10^3	303.2	48.8945	1343.5	2699.1	1356.6
10×10^3	310.9	55.5407	1384.0	2677.1	1293.1
12×10^3	324.5	70.3075	1463.4	2631.2	1167.7
14×10^3	336.5	87.3020	1567.9	2583.2	1043.4
16×10^3	347.2	107.8010	1615.8	2531.1	915.4
18×10^3	356.9	134.4813	1699.8	2466.0	766.1
20×10^3	365.6	176.5961	1817.8	2364.2	544.9

五、某些气体的重要物性

1. 某些气体的物理性质(101.3kPa)

名称	分子式	摩尔质量/(kg/kmol)	密度(0℃)/(kg/m³)	沸点/℃	汽化潜热/(kJ/kg)	定压比热容(20℃)/[kJ/(kg·℃)]	$K=\frac{c_p}{c_V}$	黏度(0℃)/(10^{-5}Pa·s)	导热系数(0℃)/[W/(m·℃)]	临界点	
										温度/℃	绝对压力/kPa
空气		28.95	1.293	−195	197	1.009	1.40	1.73	0.0244	−140.7	3768.4
氧	O_2	32	1.429	−132.98	213	0.653	1.40	2.03	0.0240	−118.82	5036.6
氮	N_2	28.02	1.251	−195.78	199.2	0.745	1.40	1.70	0.0228	−147.13	3392.5
氢	H_2	2.016	0.0899	−252.75	454.2	10.13	1.407	0.842	0.163	−239.9	1296.6
氦	He	4.00	0.1785	−268.95	19.5	3.18	1.66	1.88	0.144	−267.96	228.94
氩	Ar	39.94	1.7820	−185.87	163	0.322	1.66	2.09	0.0173	−122.44	4862.4
氯	Cl_2	70.91	3.217	−33.8	305	0.355	1.36	1.29(16℃)	0.0072	144.0	7708.9
氨	NH_3	17.03	0.771	−33.4	1373	0.67	1.29	0.918	0.0215	132.4	11295
一氧化碳	CO	28.01	1.250	−191.48	211	0.754	1.40	1.66	0.0226	−140.2	3497.9
二氧化碳	CO_2	44.01	1.976	−78.2	574	0.653	1.30	1.37	0.0137	31.1	7384.8
二氧化硫	SO_2	64.07	2.927	−10.8	394	0.502	1.25	1.17	0.0077	157.5	7879.1
二氧化氮	NO_2	46.01	—	21.2	712	0.615	1.31	—	0.0400	158.2	10130
硫化氢	H_2S	34.08	1.539	−60.2	548	0.804	1.30	1.166	0.0131	100.4	19136
甲烷	CH_4	16.04	0.717	−161.58	511	1.70	1.31	1.03	0.0300	−82.15	4619.3
乙烷	C_2H_6	30.07	1.357	−88.50	486	1.44	1.20	0.850	0.0180	32.1	4948.5
丙烷	C_3H_8	44.1	2.020	−42.1	427	1.65	1.13	0.795(18℃)	0.0148	95.6	4355.9
正丁烷	C_4H_{10}	58.12	2.673	−0.5	386	1.73	1.108	0.810	0.0135	152	3798.8
正戊烷	C_5H_{12}	72.15	—	−36.08	151	1.57	1.09	0.874	0.0128	197.1	3342.9
乙烯	C_2H_4	28.05	1.261	103.7	481	1.222	1.25	0.985	0.0164	9.7	5135.9
丙烯	C_3H_6	42.08	1.914	−47.7	440	1.436	1.17	0.835(20℃)	—	91.4	4599.0
乙炔	C_2H_2	26.04	1.171	−83.66(升华)	829	1.352	1.24	0.935	0.0184	35.7	6240.0
氯甲烷	CH_3Cl	50.49	2.308	−24.1	406	0.582	1.28	0.989	0.0085	148	6685.8
苯	C_6H_6	78.11	—	80.2	394	1.139	1.1	0.72	0.0088	288.5	4832.0

2. 某些气体和蒸气的导热系数

名称	温度/℃	导热系数/[W/(m · ℃)]	名称	温度/℃	导热系数/[W/(m · ℃)]	名称	温度/℃	导热系数/[W/(m · ℃)]
丙酮	0	0.0098	四氯化碳	46	0.0071		50	0.0267
	46	0.0128		100	0.0090		100	0.0279
	100	0.0171		184	0.0112	正庚烷	200	0.0194
	184	0.0254	三氯甲烷	0	0.0066		100	0.0178
空气	0	0.0242		46	0.0080	正己烷	0	0.0125
	100	0.0317		100	0.0100		20	0.0138
	200	0.0391		184	0.0133		–100	0.0113
	300	0.0459	硫化氢	0	0.0132		–50	0.0144
氮	–60	0.0164	汞	200	0.0341		0	0.0173
	0	0.0222	甲烷	–100	0.0173		50	0.0199
	50	0.0272		–50	0.0251		100	0.0223
	100	0.0320		0	0.0302		300	0.0308
苯	0	0.0090		50	0.0372	氮	–100	0.0164
	46	0.0126	甲醇	0	0.0144		0	0.0242
	100	0.0178		100	0.0222		50	0.0277
	184	0.0263	氯甲烷	0	0.0067		100	0.0312
	212	0.0305		46	0.0085	氧	–100	0.0164
正丁烷	0	0.0135		100	0.0109		–50	0.0206
	100	0.0234		212	0.0164		0	0.0246
异丁烷	0	0.0138	乙烷	–70	0.0114		50	0.0284
	100	0.0241		–34	0.0149		100	0.0321
二氧化碳	–50	0.0118		0	0.0183	丙烷	0	0.0151
	0	0.0147		100	0.0303		100	0.0261
	100	0.0230	乙醇	20	0.0154	二氧化硫	0	0.0087
	200	0.0313		100	0.0215		100	0.0119
	300	0.0396	乙醚	0	0.0133	水蒸气	46	0.0208
二硫化物	0	0.0069		46	0.0171		100	0.0237
	–73	0.0073		100	0.0227		200	0.0324
一氧化碳	–189	0.0071		184	0.0327		300	0.0429
	–179	0.0080		212	0.0362		400	0.0545
	–60	0.0234	乙烯	–71	0.0111		50	0.0763
氯	0	0.0074		0	0.0175			

3. 气体黏度共线图（常压下用）

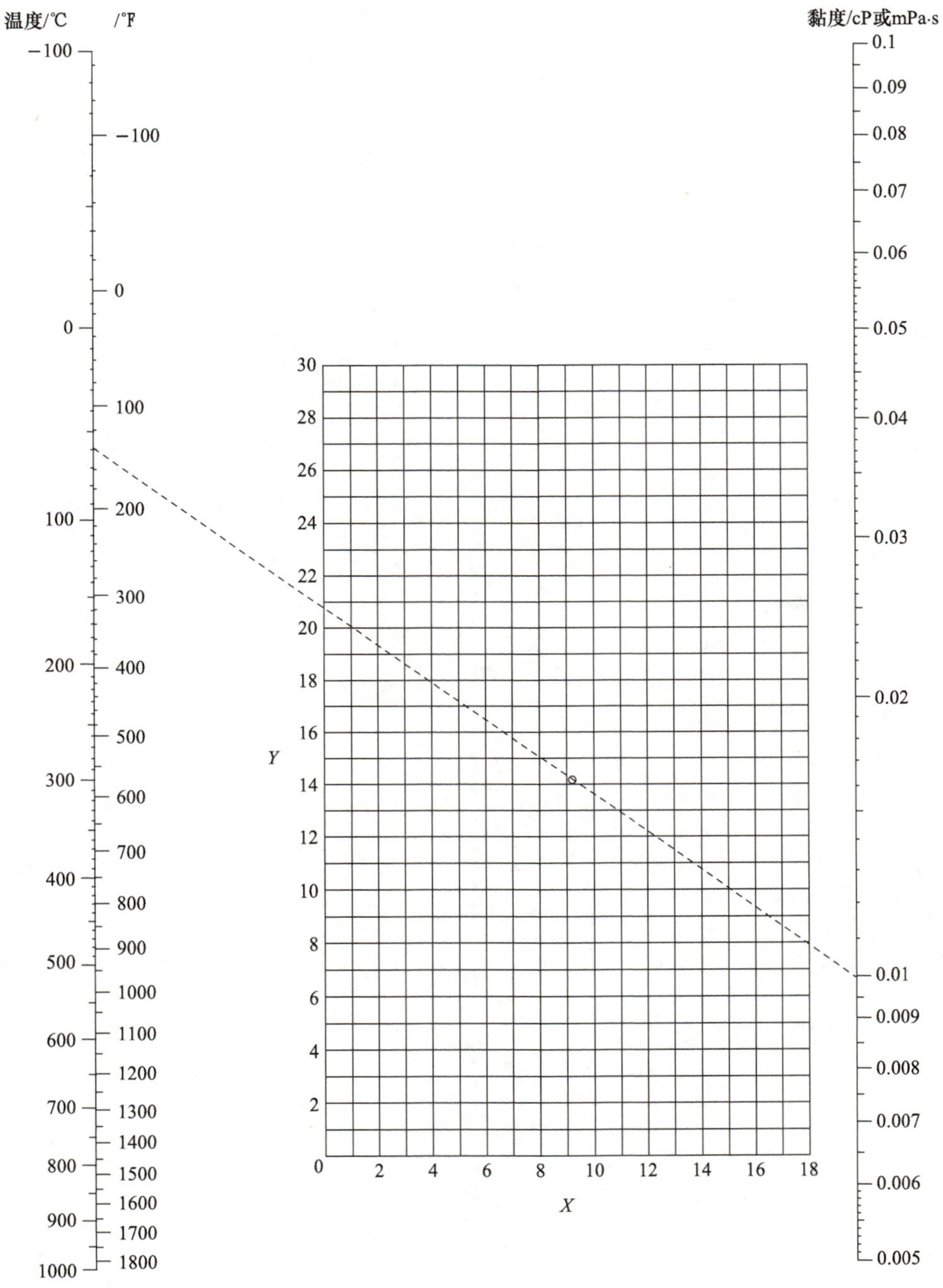

注：用法举例，查气体乙醇 60℃时的黏度。

从下表序号 20 中查得乙醇的坐标为 X=9.2、Y=14.2，根据此坐标在上图中得一点，把这一点与图中左边的温度标尺上的 60℃的点连成一直线，延长并与右边黏度标尺相交，由此交点读出 60℃乙醇的黏度为 0.01cP。

资料来源：McCabe W L, Smith J C, Harriott P. 2001. Unit Operations of Chemical Engineering. 6th ed. New York: McGraw-Hill: 1074-1075.（英文影印版：化学工程单元操作. 北京：化学工业出版社，2003）

气体黏度共线图坐标值

序号	气体	X	Y	序号	气体	X	Y
1	乙酸	7.7	14.3	29	氟利昂-113 $(CCl_2F)CClF_2$	11.3	14.0
2	丙酮	8.9	13.0	30	氦	10.9	20.5
3	乙炔	9.8	14.9	31	己烷	8.6	11.8
4	空气	11.0	20.0	32	氢	11.2	12.4
5	氨	8.4	16.0	33	$3H_2+1N_2$	11.2	17.2
6	氩	10.5	22.4	34	溴化氢	8.8	20.9
7	苯	8.5	13.2	35	氯化氢	8.8	18.7
8	溴	8.9	19.2	36	氰化氢	9.8	14.9
9	丁烷(butane)	9.2	13.7	37	碘化氢	9.0	21.3
10	丁烯(butylene)	8.9	13.0	38	硫化氢	8.6	18.0
11	二氧化碳	9.5	18.7	39	碘	9.0	18.4
12	二硫化碳	8.0	16.0	40	水银	5.3	22.9
13	一氧化碳	11.0	20.0	41	甲烷	9.9	15.5
14	氯	9.0	18.4	42	甲醇	8.5	15.6
15	三氯甲烷	8.9	15.7	43	一氧化氮	10.9	20.5
16	氰	9.2	15.2	44	氮	10.6	20.0
17	环已烷	9.2	12.0	45	亚硝酰氯	8.0	17.6
18	乙烷	9.1	14.5	46	一氧化二氮	8.8	19.0
19	乙酸乙酯	8.5	13.2	47	氧	11.0	21.3
20	乙醇	9.2	14.2	48	戊烷	7.0	12.8
21	氯乙烷	8.5	15.6	49	丙烷	9.7	12.9
22	乙醚	8.9	13.0	50	丙醇	8.4	13.4
23	乙烯	9.5	15.1	51	丙烯	9.0	13.8
24	氟	7.3	23.8	52	二氧化硫	9.6	17.0
25	氟利昂-11(CCl_3F)	10.6	15.1	53	甲苯	8.6	12.4
26	氟利昂-12(CCl_2F_2)	11.1	16.0	54	2,2,3-三甲基丁烷	9.5	10.5
27	氟利昂-21$(CHCl_2F)$	10.8	15.3	55	水	8.0	16.0
28	氟利昂-22$(CHClF_2)$	10.1	17.0	56	氙	9.3	23.0

4. 气体比热容共线图(常压下用)

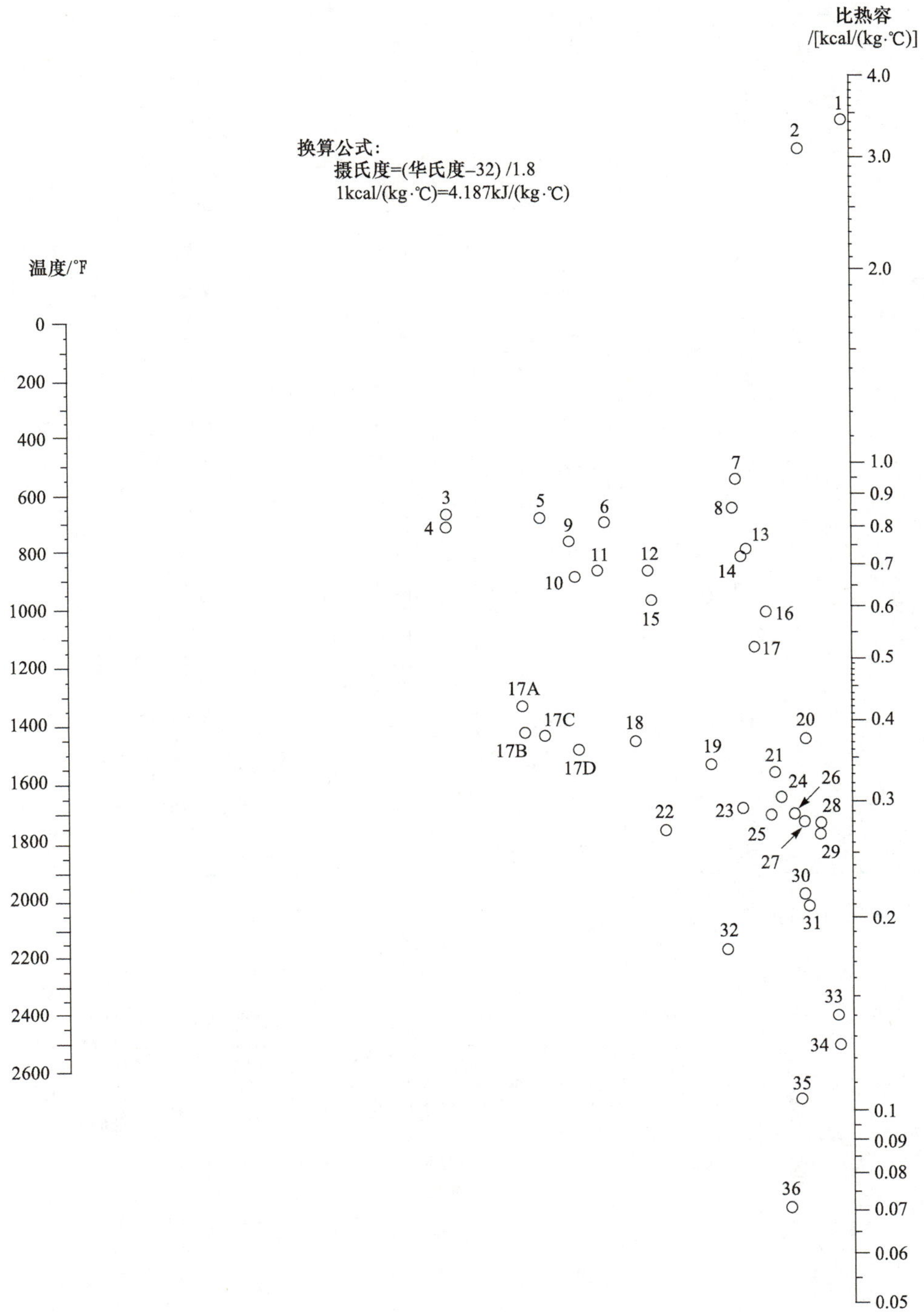

注：图中序号对应的气体详见下页。

资料来源：McCabe W L,Smith J C, Harriott P. 2001. Unit Operations of Chemical Engineering. 6th ed. New York: McGraw-Hill: 1084.（英文影印版：化学工程单元操作. 北京：化学工业出版社，2003）

气体比热容共线图中的编号

编号	气体	温度范围/℃	编号	气体	温度范围/℃
27	空气	0～1400	20	氟化氢	0～1400
23	氧	0～500	30	氯化氢	0～1400
29	氧	500～1400	35	溴化氢	0～1400
26	氮	0～1400	36	碘化氢	0～1400
1	氢	0～600	5	甲烷	0～300
2	氢	600～1400	6	甲烷	300～700
32	氯	0～200	7	甲烷	700～1400
34	氯	200～1400	3	乙烷	0～200
33	硫	300～1400	9	乙烷	200～600
12	氨	0～600	8	乙烷	600～1400
14	氨	600～1400	4	乙烯	0～200
25	一氧化氮	0～700	11	乙烯	200～600
28	一氧化氮	700～1400	13	乙烯	600～1400
18	二氧化碳	0～400	10	乙炔	0～200
24	二氧化碳	400～1400	15	乙炔	200～400
22	二氧化硫	0～400	16	乙炔	400～1400
31	二氧化硫	400～1400	17B	氟利昂-11（CCl_3F）	0～150
17	水蒸气	0～1400	17C	氟利昂-21（$CHCl_2F$）	0～150
19	硫化氢	0～700	17A	氟利昂-22（$CHClF_2$）	0～150
21	硫化氢	700～1400	17D	氟利昂-113（CCl_2F）$CClF_2$	0～150

六、某些液体及溶液的物性

1. 某些液体的重要物性

序号	名称	分子式	摩尔质量/(kg/kmol)	密度(20℃)/(kg/m³)	沸点(101.3kPa)/℃	汽化潜热(101.3kPa)/(kJ/kg)	比热容(20℃)/[kJ/(kg·K)]	黏度(20℃)/(10^{-3}Pa·s)或cP	导热系数(20℃)/[W/(m·K)]	体积膨胀系数(20℃)/(10^{-4}/℃)	表面张力(20℃)/(10^{-3}N/m)
1	水	H_2O	18.02	998	100	2258	4.183	1.005	0.599	1.82	72.8
2	盐水(25%NaCl)	—		1186(25℃)	107		3.39	2.3	0.57(30℃)	(4.4)	
3	盐水(25%$CaCl_2$)	—		1228	107		2.89	2.5	0.57	(3.4)	
4	硫酸	H_2SO_4	98.08	1831	340(分解)		1.47(98%)		0.38	5.7	
5	硝酸	HNO_3	63.02	1513	86	481.1		1.17(10℃)			
6	盐酸(30%)	HCl	36.47	1149			2.55	2(31.5%)	0.42		
7	二硫化碳	CS_2	76.13	1262	46.3	352	1.005	0.38	0.16	12.1	32

续表

序号	名称	分子式	摩尔质量/(kg/kmol)	密度(20℃)/(kg/m^3)	沸点(101.3kPa)/℃	汽化潜热(101.3kPa)/(kJ/kg)	比热容(20℃)/[kJ/(kg·K)]	黏度(20℃)/(10^{-3}Pa·s)或cP	导热系数(20℃)/[W/(m·K)]	体积膨胀系数(20℃)/(10^{-4}/℃)	表面张力(20℃)/(10^{-3}N/m)
8	戊烷	C_5H_{12}	72.15	626	36.07	357.4	2.24(15.6℃)	0.229	0.113	15.9	16.2
9	己烷	C_6H_{14}	86.17	659	68.74	335.1	2.31(15.6℃)	0.313	0.119		18.2
10	庚烷	C_7H_{16}	100.20	684	98.43	316.5	2.21(15.6℃)	0.411	0.123		20.1
11	辛烷	C_8H_{18}	114.22	703	125.67	306.4	2.19(15.6℃)	0.540	0.131		21.8
12	三氯甲烷	$CHCl_3$	119.38	1489	61.2	253.7	0.992	0.58	0.138(30℃)	12.6	28.5(10℃)
13	四氯化碳	CCl_4	153.82	1594	76.8	195	0.850	1.0	0.12		26.8
14	1,2-二氯乙烷	$C_2H_4Cl_2$	98.96	1253	83.6	324	1.260	0.83	0.14(50℃)		30.8
15	苯	C_6H_6	78.11	879	80.10	393.9	1.704	0.737	0.148	12.4	28.6
16	甲苯	C_7H_8	92.13	867	110.63	363	1.70	0.675	0.138	10.9	27.9
17	邻二甲苯	C_8H_{10}	106.16	880	144.42	347	1.74	0.811	0.142		30.2
18	间二甲苯	C_8H_{10}	106.16	864	139.10	343	1.70	0.611	0.167	10.1	29.0
19	对二甲苯	C_8H_{10}	106.16	861	138.35	340	1.704	0.643	0.129		28.0
20	苯乙烯	C_8H_8	104.1	911(15.6℃)	145.2	(352)	1.733	0.72			
21	氯苯	C_6H_5Cl	112.56	1106	131.8	325	1.298	0.85	0.14(30℃)		32
22	硝基苯	$C_6H_5NO_2$	123.17	1203	210.9	396	1.466	2.1	0.15		41
23	苯胺	$C_6H_5NH_2$	93.13	1022	184.4	448	2.07	4.3	0.17	8.5	42.9
24	酚	C_6H_5OH	94.1	1050(50℃)	181.8 40.9(熔点)	511		3.4(50℃)			
25	萘	$C_{10}H_8$	128.17	1145(固体)	217.9 80.2(熔点)	314	1.80(100℃)	0.59(100℃)			
26	甲醇	CH_3OH	32.04	791	64.7	1101	2.48	0.6	0.212	12.2	22.6
27	乙醇	C_2H_5OH	46.07	789	78.3	846	2.39	1.15	0.172	11.6	22.8
28	乙醇(95%)	—		804	78.3			1.4			
29	乙二醇	$C_2H_4(OH)_2$	62.05	1113	197.6	780	2.35	23			
30	甘油	$C_3H_5(OH)_3$	92.09	1261	290(分解)			1499	0.59	5.3	
31	乙醚	$(C_2H_5)_2O$	74.12	714	34.6	360	2.34	0.24	0.14	16.3	
32	乙醛	CH_3CHO	44.05	783(18℃)	20.2	574	1.9	1.3(18℃)			
33	糠醛	$C_5H_4O_2$	96.09	1168	161.7	452	1.6	1.15(50℃)			

续表

序号	名称	分子式	摩尔质量/(kg/kmol)	密度(20℃)/(kg/m³)	沸点(101.3kPa)/℃	汽化潜热(101.3kPa)/(kJ/kg)	比热容(20℃)/[kJ/(kg·K)]	黏度(20℃)/(10⁻³Pa·s)或cP	导热系数(20℃)/[W/(m·K)]	体积膨胀系数(20℃)/(10⁻⁴/℃)	表面张力(20℃)/(10⁻³N/m)
34	丙酮	CH_3COCH_3	58.08	792	56.2	523	2.35	0.32	0.17		
35	甲酸	HCOOH	46.03	1220	100.7	494	2.17	1.9	0.26		
36	乙酸	CH_3COOH	60.03	1049	118.1	406	1.99	1.3	0.17	10.7	
37	乙酸乙酯	$CH_3COOC_2H_5$	88.11	901	77.1	368	1.92	0.48	0.14(10℃)		
38	煤油			780~820				3	0.15	10.0	
39	汽油			680~800				0.7~0.8	0.19(30℃)	12.5	

2. 某些液体的导热系数

名称	导热系数/[W/(m·K)]						
	0	25℃	50℃	75℃	100℃	125℃	150℃
丁醇	0.1556	0.1521	0.1480	0.1440			
异丙醇	0.1533	0.1498	0.1457	0.1417			
甲醇	0.2136	0.2104	0.2067	0.2044			
乙醇	0.1887	0.1829	0.1771	0.1713			
乙酸	0.1765	0.1713	0.1660	0.1614			
甲酸	0.2601	0.2554	0.2514	0.2467			
丙酮	0.1742	0.1684	0.1626	0.1573	0.1509		
硝基苯	0.1538	0.1498	0.1463	0.1428	0.1393	0.1359	
二甲苯	0.1364	0.1312	0.1266	0.1213	0.1173	0.1111	
甲苯	0.1411	0.1359	0.1289	0.1231	0.1184	0.1120	
苯	0.1509	0.1446	0.1382	0.1318	0.1254	0.1202	
苯胺	0.1858	0.1811	0.1765	0.1718	0.1678	0.1631	0.1591
甘油	0.2763	0.2792	0.2827	0.2856	0.2885	0.2914	0.2949
凡士林	0.1284	0.1202	0.1219	0.1208	0.1184	0.1173	0.1155
蓖麻油	0.1835	0.1806	0.1771	0.1742	0.1707	0.1678	0.1649

3. 液体黏度共线图

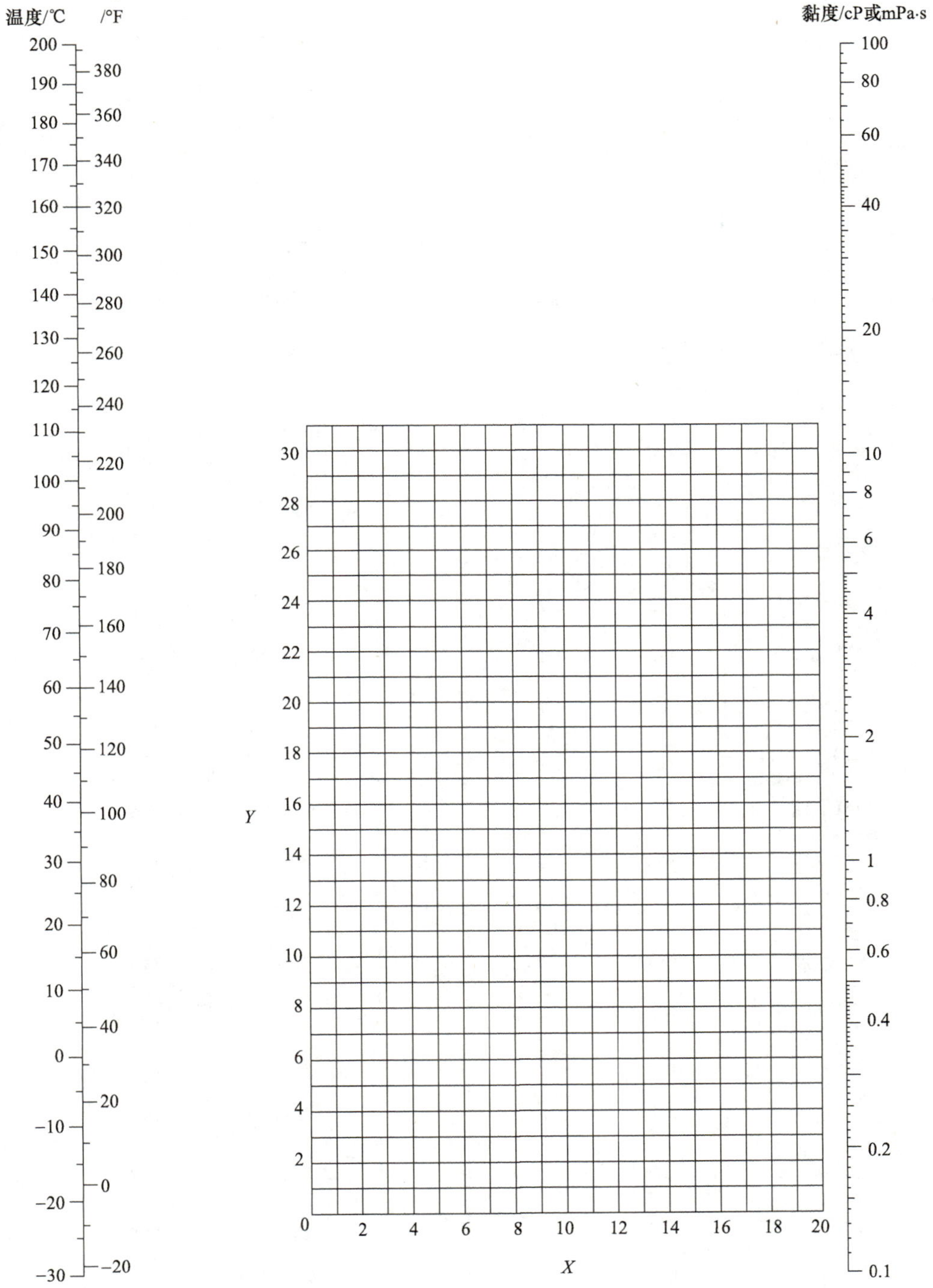

注：用法与前面的气体黏度共线图相同。

资料来源：McCabe W L,Smith J C, Harriott P. 2001. Unit Operations of Chemical Engineering. 6th ed. New York: McGraw-Hill: 1078.（英文影印版：化学工程单元操作. 北京：化学工业出版社，2003）

液体黏度共线图坐标值

序号	名称	*X*	*Y*	序号	名称	*X*	*Y*
1	水	10.2	13.0	27	间二甲苯	13.9	10.6
2	盐水(25%NaCl)	10.2	16.6	28	对二甲苯	13.9	10.9
3	盐水(25%$CaCl_2$)	6.6	15.9	29	乙苯	13.2	11.5
4	氨	12.6	2.0	30	氯苯	12.3	12.4
5	氨水(26%)	10.1	13.9	31	硝基苯	10.6	16.2
6	二氧化碳	11.6	0.3	32	苯胺	8.1	18.7
7	二氧化硫	15.2	7.1	33	酚	6.9	20.8
8	二硫化碳	16.1	7.5	34	联苯	12.0	18.3
9	溴	14.2	13.2	35	萘	7.9	18.1
10	汞	18.4	16.4	36	甲醇(100%)	12.4	10.5
11	硫酸(98%)	7.0	24.8	37	乙醇(100%)	10.5	13.8
12	硫酸(60%)	10.2	21.3	38	乙醇(95%)	9.8	14.3
13	硝酸(95%)	12.8	13.8	39	乙醇(40%)	6.5	16.6
14	硝酸(60%)	10.8	17.0	40	乙二醇	6.0	23.6
15	盐酸(31.5%)	13.0	16.6	41	甘油(100%)	2.0	30.0
16	氢氧化钠(50%)	3.2	25.8	42	甘油(50%)	6.9	19.6
17	戊烷	14.9	5.2	43	乙醚	14.5	5.3
18	乙烷	14.7	7.0	44	乙醛	15.2	4.8
19	庚烷	14.1	8.4	45	丙酮	14.5	7.2
20	辛烷	13.7	10.0	46	甲酸	10.7	15.8
21	三氯甲烷	14.4	10.2	47	乙酸(100%)	12.1	14.2
22	四氯化碳	12.7	13.1	48	乙酸酐	12.7	12.8
23	二氯乙烷	13.2	12.2	49	乙酸乙酯	13.7	9.1
24	苯	12.5	10.9	50	乙酸戊酯	11.8	12.5
25	甲苯	13.7	10.4	51	氟利昂-12	16.8	5.6
26	邻二甲苯	13.5	12.1	52	煤油	10.2	16.9

4. 有机液体密度共线图（与4℃水密度之比）

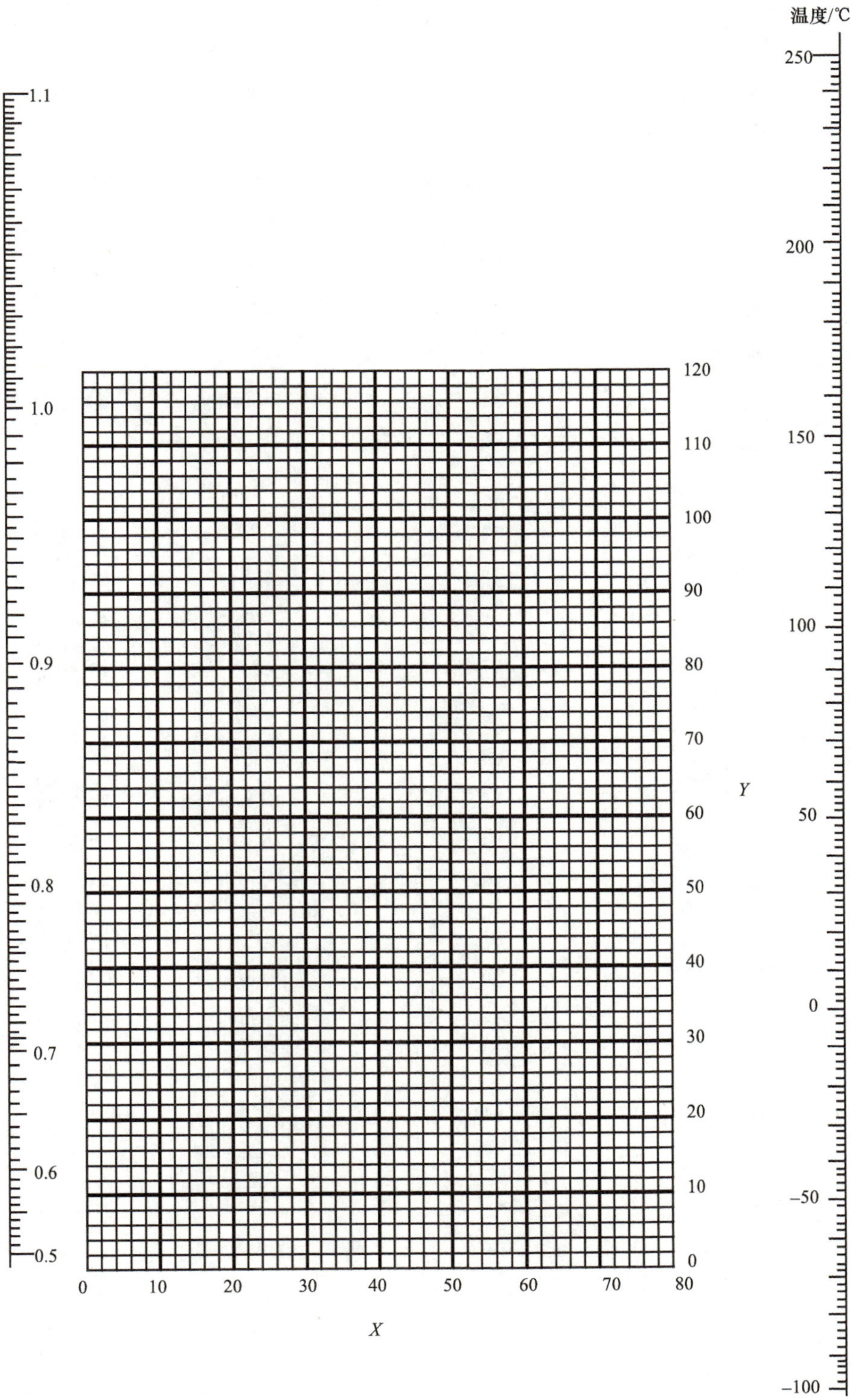

有机液体密度共线图坐标值

序号	名称	X	Y	序号	名称	X	Y
1	乙炔	20.8	10.1	31	甲酸乙酯	37.6	68.4
2	乙烷	10.3	4.4	32	甲酸丙酯	33.8	66.7
3	乙烯	17.0	3.5	33	丙烷	14.2	12.2
4	乙醇	24.2	48.6	34	丙酮	26.1	47.8
5	乙醚	22.6	35.8	35	丙醇	23.8	50.8
6	乙丙醚	20.0	37.0	36	丙酸	35.0	83.5
7	乙硫醇	32.0	55.5	37	丙酸甲酯	36.5	68.3
8	乙硫醚	25.7	55.3	38	丙酸乙酯	32.1	63.9
9	二乙胺	17.8	33.5	39	戊烷	12.6	22.6
10	二硫化碳	18.6	45.4	40	异戊烷	13.5	22.5
11	异丁烷	13.7	16.5	41	辛烷	12.7	32.5
12	丁酸	31.3	78.7	42	庚烷	12.6	29.8
13	丁酸甲酯	31.5	65.5	43	苯	32.7	63.0
14	异丁酸	31.5	75.9	44	苯酚	35.7	103.8
15	丁酸(异)甲酯	33.0	64.1	45	苯胺	33.5	92.5
16	十一烷	14.4	39.2	46	氟苯	41.9	86.7
17	十二烷	14.3	41.4	47	癸烷	16.0	38.2
18	十三烷	15.3	42.4	48	氨	22.4	24.6
19	十四烷	15.8	43.3	49	氯乙烷	42.7	62.4
20	三乙胺	17.9	37.0	50	氯甲烷	52.3	62.9
21	三氢化磷	28.0	22.1	51	氯苯	41.7	105.0
22	己烷	13.5	27.0	52	氰丙烷	20.1	44.6
23	壬烷	16.2	36.5	53	氰甲烷	21.8	44.9
24	六氢吡啶	27.5	60.0	54	环己烷	19.6	44.0
25	甲乙醚	25.0	34.4	55	乙酸	40.6	93.5
26	甲醇	25.8	49.1	56	乙酸甲酯	40.1	70.3
27	甲硫醇	37.3	59.6	57	乙酸乙酯	35.0	65.0
28	甲硫醚	31.9	57.4	58	乙酸丙酯	33.0	65.5
29	甲醚	27.2	30.1	59	甲苯	27.0	61.0
30	甲酸甲酯	46.4	74.6	60	异戊醇	20.5	52.0

5. 液体比热容共线图

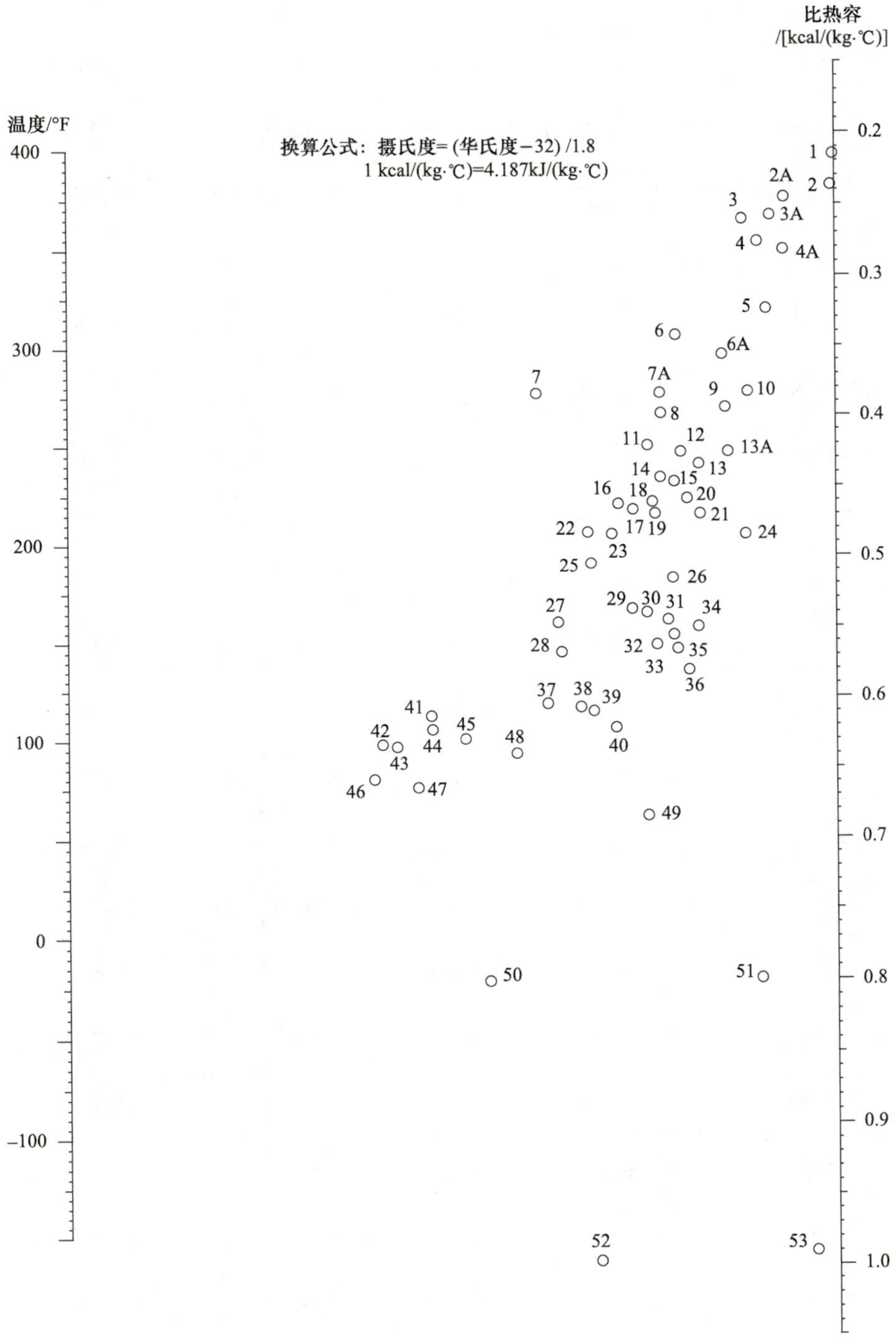

注：图中序号对应的液体详见下页。

资料来源：McCabe W L,Smith J C, Harriott P. 2001. Unit Operations of Chemical Engineering. 6th ed. New York: McGraw-Hill: 1085.（英文影印版：化学工程单元操作. 北京：化学工业出版社，2003）

液体比热容共线图中的编号

编号	名称	温度范围/℃	编号	名称	温度范围/℃	编号	名称	温度范围/℃
53	水	10~200	6A	二氯乙烷	-30~60	47	异丙醇	-20~50
51	盐水(25%NaCl)	-40~20	3	过氯乙烯	-30~140	44	丁醇	0~100
49	盐水(25%$CaCl_2$)	-40~20	23	苯	10~80	43	异丁醇	0~100
52	氨	-70~50	23	甲苯	0~60	37	戊醇	-50~25
11	二氧化硫	-20~100	17	对二甲苯	0~100	41	异戊醇	10~100
2	二硫化碳	-100~25	18	间二甲苯	0~100	39	乙二醇	-40~200
9	硫酸(98%)	10~45	19	邻二甲苯	0~100	38	甘油	-40~20
48	盐酸(30%)	20~100	8	氯苯	0~100	27	苯甲基醇	-20~30
35	己烷	-80~20	12	硝基苯	0~100	36	乙醚	-100~25
28	庚烷	0~60	30	苯胺	0~130	31	异丙醚	-80~20
33	辛烷	-50~25	10	苯甲基氯	-30~30	32	丙酮	20~50
34	壬烷	-50~25	25	乙苯	0~100	29	乙酸	0~80
21	癸烷	-80~25	15	联苯	80~120	24	乙酸乙酯	-50~25
13A	氯甲烷	-80~20	16	联苯醚	0~200	26	乙酸戊酯	0~100
5	二氯甲烷	-40~50	16	联苯-联苯醚	0~200	20	吡啶	-50~25
4	三氯甲烷	0~50	14	萘	90~200	2A	氟利昂-11	-20~70
22	二苯基甲烷	30~100	40	甲醇	-40~20	6	氟利昂-12	-40~15
3	四氯化碳	10~60	42	乙醇(100%)	30~80	4A	氟利昂-21	-20~70
13	氯乙烷	-30~40	46	乙醇(95%)	20~80	7A	氟利昂-22	-20~60
1	溴乙烷	5~25	50	乙醇(50%)	20~80	3A	氟利昂-113	-20~70
7	碘乙烷	0~100	45	丙醇	-20~100			

6. 液体汽化潜热共线图

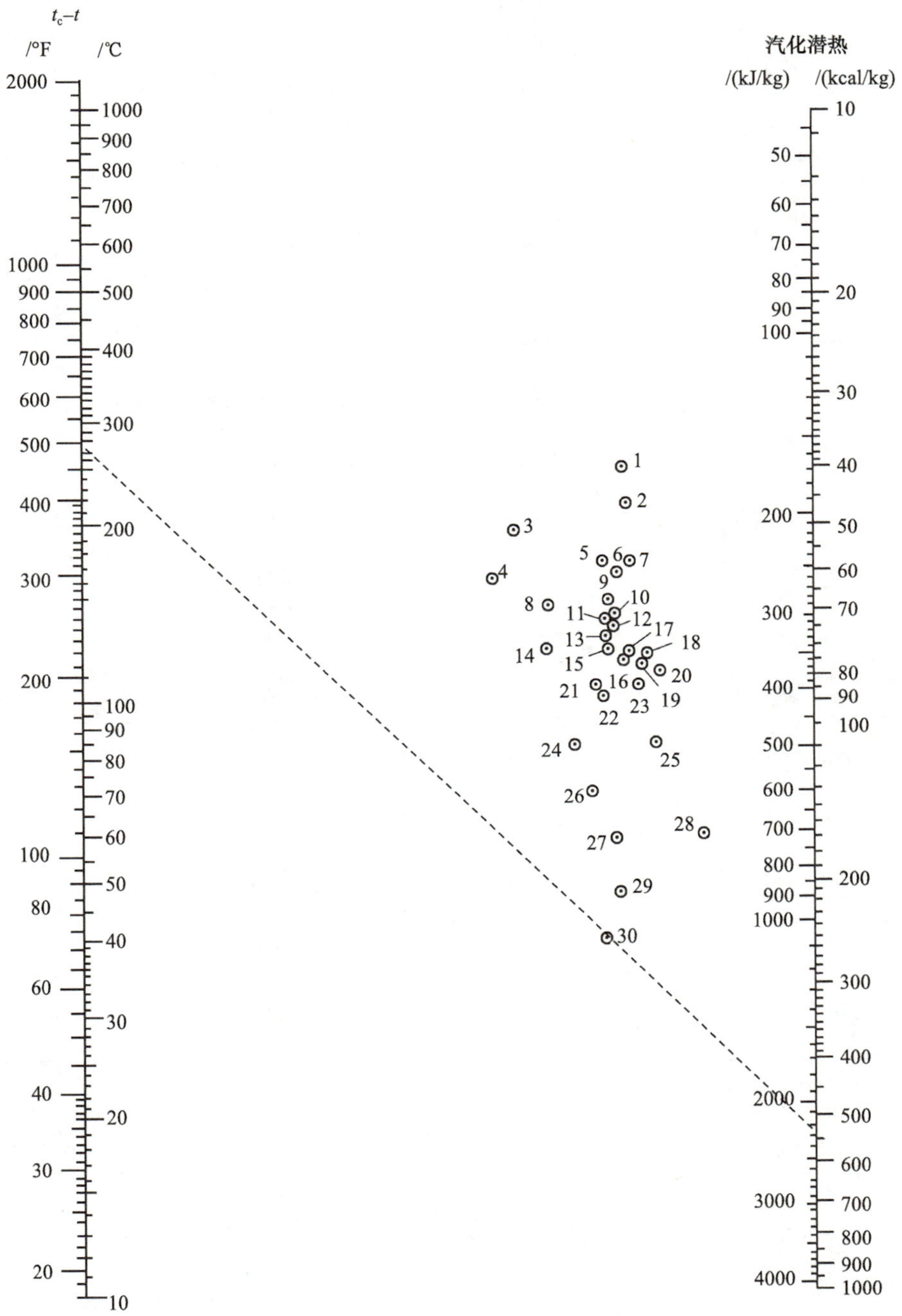

注：图中序号对应的液体详见下页。

用法举例：查水 100℃时的汽化潜热。从下表中查到水的编号为 30、t_c=374℃，于是 t_c–t=374–100=274(℃)，根据此值在上图左边标尺中得一点，把这一点与图中编号为 30 的圆圈中心连成一直线，延长并与右边汽化潜热的标尺相交，读出交点读数为 2260kJ/kg。

液体汽化潜热共线图中的编号

编号	名称	t_c/℃	(t_c-t) /℃	编号	名称	t_c/℃	(t_c-t) /℃
30	水	374	100~500	7	三氯甲烷	263	140~270
29	氨	133	50~200	2	四氯化碳	283	30~250
19	一氧化氮	36	25~150	17	氯乙烷	187	100~250
21	二氧化碳	31	10~100	13	苯	289	10~400
4	二硫化碳	273	140~275	3	联苯	527	175~400
14	二氧化硫	157	90~160	27	甲醇	240	40~250
25	乙烷	32	25~150	26	乙醇	243	20~140
23	丙烷	96	40~200	24	丙醇	264	20~200
16	丁烷	153	90~200	13	乙醚	194	10~400
15	异丁烷	134	80~200	22	丙酮	235	120~210
12	戊烷	197	20~200	18	乙酸	321	100~225
11	己烷	235	50~225	2	氟利昂-11	198	70~225
10	庚烷	267	20~300	2	氟利昂-12	111	40~200
9	辛烷	296	30~300	5	氟利昂-21	178	70~250
20	一氯甲烷	143	70~250	6	氟利昂-22	96	50~170
8	二氯甲烷	216	150~250	1	氟利昂-113	214	90~250

七、常用流速的范围（SH/T 3035—2018）

介质		工作条件或管径范围	流速/(m/s)
气体	饱和蒸气	DN<100 DN=100~200 DN>200	15~30 25~35 30~40
	饱和蒸气	p<1MPa p=1~4MPa p=4~12MPa	15~20 20~40 40~52
	过热蒸气	DN<100 DN=100~200 DN>200	20~40 30~50 40~52
	二次蒸气	二次蒸气要利用时 二次蒸气不利用时	15~30 ≤52

续表

介质		工作条件或管径范围	流速/(m/s)
气体	乏汽	排气管：从受压容器排出 从无压容器排出	≤80 15~30
	压缩气体	真空 p<0.3MPa（表压） p =0.3~0.6MPa（表压） p =0.6~1MPa（表压） p =1~2MPa（表压） p =2~3MPa（表压） p =3~30MPa（表压）	5~10 8~12 20~10 15~10 12~8 8~3 3~0.5
	氧气		见《氧气站设计规范》
	氮氢混合气体		见《氢气站设计规范》
	乙炔气		见《乙炔站设计规范》
	煤气	管道长 50~100m p≤0.027MPa（表压） p≤0.27MPa（表压） p≤0.8MPa（表压）	 3~0.75 12~8 12~3
	半水煤气	p =0.1~0.15MPa	10~15
	天然气		≤30
	烟道气	烟道内 管道内	3~6 3~4
	石灰窑窑气		10~12
	氮气	p =5~10MPa	2~5
	氨气	真空 p<0.3MPa（表压） p <0.6MPa（表压） p <2MPa（表压）	15~25 8~15 10~20 3~8
	乙烯气	p =22~150MPa（表压）	5~6
	气体	鼓风机吸入管 鼓风机排出管	10~15 15~20
		压缩机吸入管 压缩机排出管： p<1MPa（表压） p =1~4MPa（表压） p =4~12MPa（表压）	10~20 10~8 10~20 8~12
		往复式真空泵吸入管 往复式真空泵排出管	13~16 25~30
		油封式真空泵吸入管	13~10

续表

介质		工作条件或管径范围	流速/(m/s)
气体或液体	氨	气体：p =5~10MPa 液体	15~25 ≤1.5
	氯仿	气体 液体	≤10 ≤2
气体或液体	氯化氢	气体（钢衬胶管） 液体（橡胶管）	≤20 ≤1.5
	溴	气体（玻璃管） 液体（玻璃管）	≤10 ≤1.2
	氯化甲烷	气体 液体	≤20 ≤2
液体	氯乙烯、二氯乙烯、三氯乙烯	液体	≤2
	乙二醇	液体	1~2
	苯乙烯	液体	≤2
	二溴乙烯	液体（玻璃管）	≤1
	水及黏度相似液体	往复泵吸入管 往复泵排出管	0.5~1.5 1~2
		离心泵吸入管（常温） 离心泵吸入管（70~100℃） 离心泵排出管 高压离心泵排出管	1.5~2 0.5~1.5 1.5~3 3~3.5
		齿轮泵吸入管 齿轮泵排出管	≤1 1~2
	凝结水	自流凝结水管道 余压凝结水管道 泵送凝结水管道	<0.5 0.5~1 1~2
	油及黏度较大的液体	黏度 0.05Pa·s： *DN* 25 *DN* 50 *DN* 100 黏度 0.1Pa·s： *DN* 25 *DN* 50 *DN* 100 *DN* 200 黏度 1Pa·s： *DN* 25 *DN* 50 *DN* 100 *DN* 200	 0.5~0.9 0.7~1.0 1.0~1.6 0.3~0.6 0.5~0.7 0.7~1.0 1.2~1.6 0.1~0.2 0.16~0.25 0.25~0.35 0.35~0.55

续表

介质		工作条件或管径范围	流速/(m/s)
液体	液氨	真空 $p \leqslant 0.6$MPa（表压） $p \leqslant 2$MPa（表压）	0.05~0.3 0.8~0.3 1.5~0.8
	氢氧化钾	浓度：0~30% 30%~50% 50%~73%	⩽2 ⩽1.5 ⩽1.2
	四氯化碳		⩽2
	硫酸	浓度：88%~93%（铅管） 93%~100%（铸铁管、钢管）	⩽1.2 ⩽1.2
	盐酸	（衬胶管）	⩽1.5
	氯化钠	带有固体 无固体	2~4.5 ⩽1.5
	泥状混合物	浓度：15% 25% 65%	2.5~3 3~4 2.5~3

八、中国石化钢管壁厚系列（SH/T 3405—2017）

公称直径 *DN*	外径 D_o/mm	SH/T 3405 管壁厚度/mm													
		Sch 5S	Sch 10S	Sch 40S	Sch 80S	Sch 10	Sch 20	Sch 30	Sch 40	Sch 60	Sch 80	Sch 100	Sch 120	Sch 140	Sch 160
6	10.3	—	1.24	1.73	2.41	1.24	—	1.45	1.73	—	2.41	—	—	—	—
8	13.7	—	1.65	2.24	3.02	1.65	—	1.85	2.24	—	3.02	—	—	—	—
10	17.1	—	1.65	2.31	3.20	1.65	—	1.85	2.31	—	3.20	—	—	—	—
15	21.3	1.65	2.11	2.77	3.73	2.11	—	2.41	2.77	—	3.73	—	—	—	4.78
20	26.7	1.65	2.11	2.87	3.91	2.11	—	2.41	2.87	—	3.91	—	—	—	5.56
25	33.4	1.65	2.77	3.38	4.55	2.77	—	2.90	3.38	—	4.55	—	—	—	6.35
(32)	42.2	1.65	2.77	3.56	4.85	2.77	—	2.97	3.56	—	4.85	—	—	—	6.35
40	48.3	1.65	2.77	3.68	5.08	2.77	—	3.18	3.68	—	5.08	—	—	—	7.14
50	60.3	1.65	2.77	3.91	5.54	2.77	—	3.18	3.91	—	5.54	—	—	—	8.74
(65)	73	2.11	3.05	5.16	7.01	3.05	—	4.78	5.16	—	7.01	—	—	—	9.53
80	88.9	2.11	3.05	5.49	7.62	3.05	—	4.78	5.49	—	7.62	—	—	—	11.13
(90)	101.6	2.11	3.05	5.74	8.08	3.05	—	4.78	5.74	—	8.08	—	—	—	—
100	114.3	2.11	3.05	6.02	8.56	3.05	—	4.78	6.02	—	8.58	—	11.13	—	13.49
(125)	141.3	2.77	3.40	6.55	9.53	3.40	—	—	6.55	—	9.53	—	12.70	—	15.88
150	168.3	2.77	3.40	7.11	10.97	3.40	—	—	7.11	—	10.97	—	14.27	—	18.26
200	219.1	2.77	3.76	8.18	12.7	3.76	6.35	7.04	8018	10.31	12.70	15.09	18.26	20.62	23.01
250	273	3.40	4.19	9.27	12.7	4.19	6.35	7.80	9.27	12.70	15.09	18.26	21.44	25.40	28.58

续表

公称直径 DN	外径 D_o/mm	SH/T 3405 管壁厚度/mm													
		Sch 5S	Sch 10S	Sch 40S	Sch 80S	Sch 10	Sch 20	Sch 30	Sch 40	Sch 60	Sch 80	Sch 100	Sch 120	Sch 140	Sch 160
300	323.8	3.96	4.57	9.53	12.7	4.57	6.35	8.38	10.31	14.27	17.48	21.44	25.40	28.58	33.32
350	355.6	3.96	4.78	9.53	12.7	6.35	7.92	9.53	11.13	15.09	19.05	23.83	27.79	31.75	35.71
400	406.4	4.19	4.78	9.53	12.7	6.35	7.92	9.53	12.70	16.66	21.44	26.19	36.96	36.53	40.49
450	457	4.19	4.78	9.53	12.7	6.35	7.92	11.13	14.27	19.05	23.83	29.36	34.93	39.67	45.24
500	508	4.78	5.54	9.53	12.7	6.35	9.53	12.70	15.09	20.62	26.19	32.54	38.10	44.45	50.01
550	559	4.78	5.54	—	—	—	9.53	12.70	—	22.23	28.58	34.93	41.28	47.63	53.98
600	610	5.54	6.35	9.53	12.7	6.35	7.53	14.27	17.48	24.61	30.96	38.89	46.02	52.37	59.54
650	660	—	—	—	—	7.92	12.70	—	—	—	—	—	—	—	—
700	711	—	—	—	—	7.92	12.70	15.88	—	—	—	—	—	—	—
750	762	6.35	7.92	—	—	7.92	12.70	15.88	—	—	—	—	—	—	—
800	713	—	—	—	—	7.92	12.70	15.88	17.48	—	—	—	—	—	—
850	864	—	—	—	—	7.92	12.70	15.88	17.48	—	—	—	—	—	—
900	914	—	—	—	—	7.92	12.70	15.88	19.05	—	—	—	—	—	—

注：(1) 目前在我国现行标准中，对于同一公称直径的钢管外径尺寸还不统一。

(2) 在焊接和无缝钢管中常用“Sch”表示不同公称壁厚系列的管子表号，例如 Sch10 中 10 表示管子设计压力、设计温度下材料允许应力的比值乘以 1000 并经圆整后的数值。

(3) 石油化工行业标准 SH/T 3405 中，无缝钢管采用 Sch20、Sch30、Sch40、Sch60、Sch80、Sch100、Sch120、Sch140、Sch160 九个表号；不锈钢管采用 Sch5S、Sch10S、Sch20S、Sch40S、Sch80S 五个表号。无缝钢管是采用热轧等热加工方法制造的不带焊缝的钢管。

(4) 括号内的尺寸不推荐使用。

(5) 表号带 S 的仅适用于奥氏体不锈钢管。

九、IS 型单级单吸离心泵和离心通风机系列

1. IS 型单级单吸离心泵性能表

型号	转速 n /(r/min)	流量		扬程 H/m	效率 η/%	功率/kW		允许气蚀余量 (NPSH) /(r/m)	质量 (泵/底座)/kg
		/(m³/h)	/(L/s)			轴功率	电机功率		
IS 50-32-125	2900	7.5 12.5 15	2.08 3.47 4.17	22 20 18.5	47 60 60	0.96 1.13 1.26	2.2	2.0 2.0 2.5	32/46
	1450	3.75 6.3 7.5	1.04 1.74 2.08	5.4 5 4.6	43 54 55	0.13 0.16 0.17	0.55	2.0 2.0 2.5	32/38
IS 50-32-160	2900	7.5 12.5 15	2.08 3.47 4.17	34.3 32 29.6	44 54 56	1.59 2.02 2.16	3	2.0 2.0 2.5	50/46
	1450	3.75 6.3 7.5	1.04 1.74 2.08	8.5 8 7.5	35 48 49	0.25 0.29 0.31	0.55	2.0 2.0 2.5	50/38

续表

型号	转速 n /(r/min)	流量 /(m^3/h)	流量 /(L/s)	扬程 H/m	效率 η/%	功率/kW 轴功率	功率/kW 电机功率	允许气蚀余量 (NPSH) /(r/m)	质量 (泵/底座)/kg
IS 50-32-200	2900	7.5 12.5 15	2.08 3.47 4.17	52. 5 50 48	38 48 51	2.82 3.54 3.95	5.5	2.0 2.0 2.5	52/66
	1450	3.75 6.3 7.5	1.04 1.74 2.08	13.1 12.5 12	33 42 44	0. 41 0.51 0.56	0.75	2.0 2.0 2.5	52/38
IS 50-32-250	2900	7.5 12.5 15	2.08 3.47 4.17	52.5 80 78.5	38 38 41	2.82 7.16 7.83	11	2.0 2.0 2 5	88/110
	1450	3.75 6.3 7.5	1.04 1.74 2.08	20.5 20 19.5	23 32 35	0.91 1.07 1.14	1.5	2.0 2.0 3.0	88/64
IS 65-50-125	2900	15 25 30	4.17 6.94 8.33	21.8 20 18.5	58 69 68	1.54 1.97 2.22	3	2.0 2.5 3.0	50/41
	1450	7.5 12.5 15	2.08 3.47 4.17	5.35 5 4.7	53 64 65	0.21 0.27 0.30	0.55	2.0 2.0 2. 5	50/38
IS 65-50-160	2900	15 25 30	4.17 6.94 8.33	35 32 30	54 65 66	2.65 3.35 3.71	5.5	2.0 2.0 2.5	51/66
	1450	7.5 12.5 15	2.08 3.47 4.17	8.8 8.0 7.2	50 60 60	0.36 0.45 0.49	0.75	2.0 2.0 2.5	51/38
IS 65-40-200	2900	15 25 30	4.17 6.94 8.33	53 50 47	49 60 61	4.42 5.67 6.29	7.5	2.0 2.0 2.5	62/66
	1450	7.5 12.5 15	2.08 3.47 4.17	13.2 12.5 11.8	43 55 57	0.63 0.77 0.85	1.1	2.0 2.0 2.5	62/46
IS 50-40-250	2900	15 25 30	4.17 6.94 8.33	82 80 78	37 50 53	9.05 10.89 12.02	15	2.0 2.0 2.5	82/110
	1450	7.5 12.5 15	2.08 3.47 4.17	21 20 19.4	35 46 48	1.23 1.48 1.65	2.2	2.0 2.0 2.5	82/67
IS 65-45-315	2900	15 25 30	4.17 6.94 8.33	127 125 123	28 40 44	18.5 21.3 22.8	30	2.5 2.5 3.0	152/110
	1450	7.5 12.5 15	2.08 3.47 4.17	32.2 32.0 31.7	25 37 41	6.63 2.94 3.16	4	2.5 2.5 3.0	152/67
IS 80-65-125	2900	30 50 60	8.33 13.9 16.7	22.5 20 18	64 75 74	2.87 3.63 3.98	5.5	3.0 3.0 3.5	44/46
	1450	15 25 30	4.17 6.94 8.33	5.6 5 4.5	55 71 72	0.42 0.48 0.51	0.75	2.5 2.5 3.0	44/38
IS 80-65-160	2900	30 50 60	8.33 13.9 16.7	36 32 29	61 73 72	4.82 5.97 6.59	7.5	2.5 2.5 3.0	48/66
	1450	15 25 30	4.17 6.94 8.33	9 8 7.2	55 69 68	0.67 0.79 0.86	1.5	2.5 2.5 3.0	48/46

续表

型号	转速 n /(r/min)	流量 /(m³/h)	流量 /(L/s)	扬程 H/m	效率 η/%	功率/kW 轴功率	功率/kW 电机功率	允许气蚀余量(NPSH) /(r/m)	质量(泵/底座)/kg
IS 80-50-200	2900	30 50 60	8.33 13.9 16.7	53 50 47	55 69 71	7.87 9.87 10.8	15	2.5 2.5 3.0	64/124
	1450	15 25 30	4.17 6.94 8.33	13.2 12.5 11.8	51 65 67	1.06 1.31 1.44	2.2	2.5 2.5 3.0	64/46
IS 80-50-250	2900	30 50 60	8.33 13.9 16.7	84 80 75	52 63 64	13.2 17.3 19.2	22	2.5 2.5 3.0	90/110
	1450	15 25 30	4.17 6.94 8.33	21 20 18.8	49 60 61	1.75 2.27 2.52	3	2.5 2.5 3.0	90/64
IS 80-50-315	2900	30 50 60	8.33 13.9 16.7	128 125 123	41 54 57	25.5 31.5 35.3	37	2.5 2.5 3.0	125/160
	1450	15 25 30	4.17 6.94 8.33	32.5 32 31.5	39 52 56	3.4 4.19 4.6	5.5	2.5 2.5 3.0	125/66
IS 100-80-125	2900	60 100 120	16.7 27.8 33.3	24 20 16.5	67 78 74	5.86 7.00 7.28	11	4.0 4.5 5.0	49/64
	1450	30 50 60	8.33 13.9 16.7	6 5 4	64 75 71	0.77 0.91 0.92	1	2.5 2.5 3.0	49/46
IS 100-80-160	2900	60 100 120	16.7 27.8 33.3	36 32 28	70 78 75	8.42 11.2 12.2	15	3.5 4.0 5.0	69/110
	1450	30 50 60	8.33 13.9 16.7	9.2 8.0 6.8	67 75 71	1.12 1.45 1.57	2.2	2.0 2.5 3.5	69/64
IS 100-65-200	2900	60 100 120	16.7 27.8 33.3	54 50 47	65 76 77	13.6 17.9 19.9	22	3.0 3.6 4.8	81/110
	1450	30 50 60	8.33 13.9 16.7	13.5 12.5 11.8	60 73 74	1.84 2.33 2.61	4	2.0 2.0 2.5	81/64
IS 100-65-250	2900	60 100 120	16.7 27.8 33.3	87 80 74.5	61 72 73	23.4 30.0 33.3	37	3.5 3.8 4.8	90/160
	1450	30 50 60	8.33 13.9 16.7	21.3 20 19	55 68 70	3.16 4.00 4.44	5.5	2.0 2.0 2.5	90/66
IS 100-65-315	2900	60 100 120	16.7 27.8 33.3	133 125 118	55 66 67	39.6 51.6 57.5	75	3.0 3.6 4.2	180/295
	1450	30 50 60	8.33 13.9 16.7	34 32 30	51 63 64	5.44 6.92 7.67	11	2.0 2.0 2.5	180/112

注：以 IS50-32-125 为例，IS 表示采用 ISO 国际标准的单级单吸清水离心泵，50 代表泵入口直径，mm；32 代表泵出口直径，mm；125 代表叶轮外径，mm。IS 型单级单吸清水离心泵是我国现在标准化程度高、应用最广的离心泵系列之一。流量范围为 6.3~400m³/h，扬程范围为 5~125m。主要用于输送温度不超过 80℃的清水或物性类似清水的液体。

2. 8-18、9-27离心通风机综合特性曲线

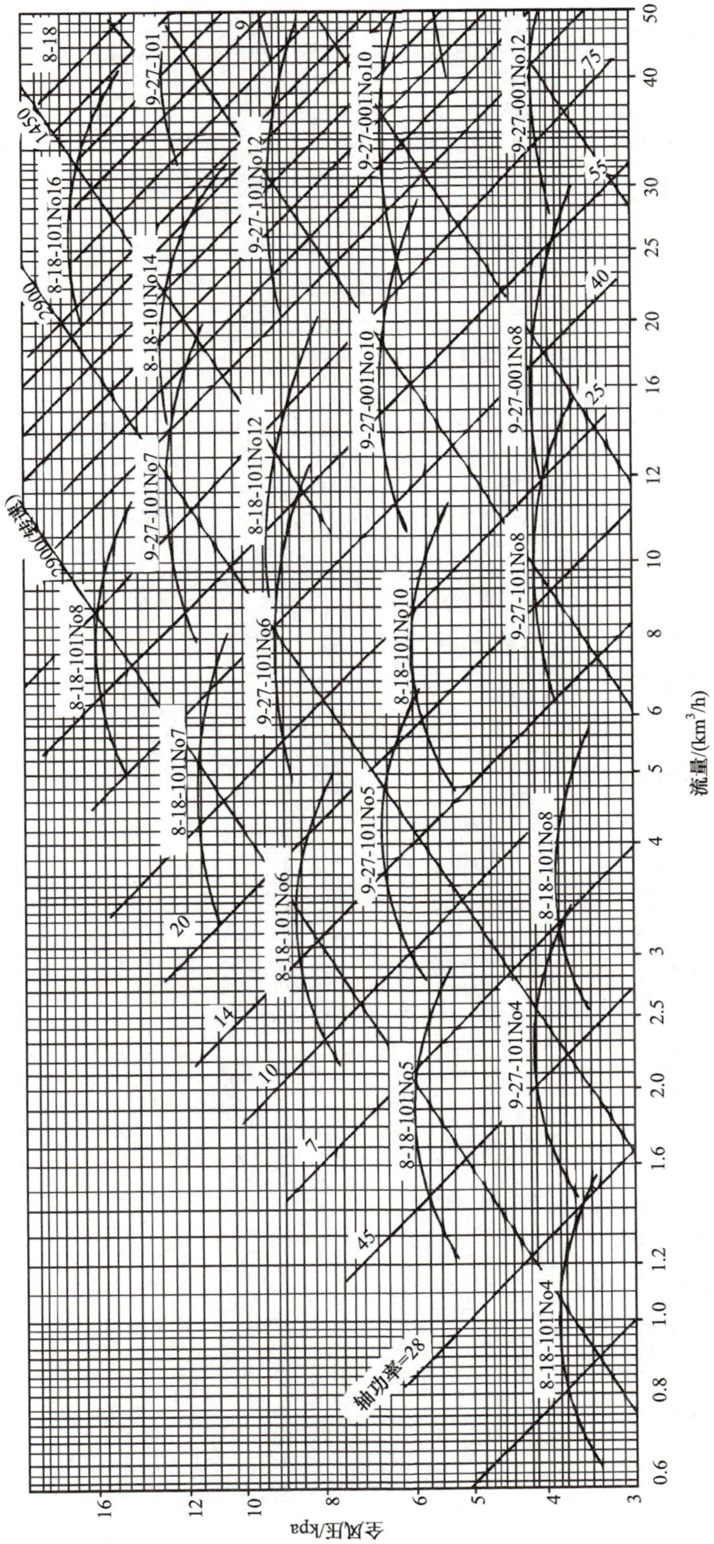

十、某些固体材料的物理性质

名称		密度/(kg/m^3)	导热系数/[W/(m · K)]	比热容/[kJ/(kg · K)]
金属	钢	7850	45.3	0.46
	不锈钢	7900	17	0.50
	铸铁	7220	62.8	0.50
	铜	8800	383.8	0.41
	青铜	8000	64.0	0.38
	黄铜	8600	85.5	0.38
	铝	2670	203.5	0.92
	镍	9000	58.2	0.46
	铅	11400	34.9	0.13
塑料	酚醛	1250~1300	0.13~0.26	1.3~1.7
	脲醛	1400~1500	0.30	1.3~1.7
	聚氯乙烯	1380~1400	0.16	1.8
	聚苯乙烯	1050~1070	0.08	1.3
	低压聚乙烯	940	0.29	2.6
	高压聚乙烯	920	0.26	2.2
	有机玻璃	1180~1190	0.14~0.20	
建筑材料、绝热材料、耐酸材料及其他	干砂	1500~1700	0.45~0.48	0.8
	黏土	1600~1800	0.47~0.53	0.75(−20~20℃)
	锅炉炉渣	700~1100	0.19~0.30	
	黏土砖	1600~1900	0.47~0.67	0.92
	耐火砖	1840	1.05(800~1100℃)	0.88~1.0
	绝热砖（多孔）	600~1400	0.16~0.37	
	混凝土	2000~2400	1.3~1.55	0.84
	松木	500~600	0.07~0.10	2.7(0~100℃)
	软木	100~300	0.041~0.064	0.96
	石棉板	770	0.11	0.816
	石棉水泥板	1600~1900	0.35	
	玻璃	500	0.74	0.67
	耐酸陶瓷制品	2200~2300	0.93~1.0	0.75~0.80
	耐酸砖和板	2100~2400		
	耐酸搪瓷	2300~2700	0.99~1.04	0.84~1.26
	橡胶	1200	0.16	1.38
	冰	900	2.3	2.11

十一、列管式换热器规格(摘自 JB/T 4714/4715—1992)

1. 固定管板式

1) 换热管为ϕ19mm 的换热器基本参数(管心距 25mm)

公称直径 *DN*/mm	公称压力 *PN*/MPa	管程数 *N*	管子根数 *n*	中心排管数	管程流通面积/m²	计算换热面积/m² 换热管长度 *L*/mm					
						1500	2000	3000	4500	6000	9000
159	1.60	1	15	5	0.0027	1.3	1.7	2.6	—	—	—
219	2.50		33	7	0.0058	2.8	3.7	5.7	—	—	—
273		1	65	9	0.0115	5.4	7.4	11.3	17.1	22.9	—
	4.00	2	56	8	0.0049	4.7	6.4	9.7	14.7	19.7	—
325		1	99	11	0.0175	8.3	11.2	17.1	26.0	34.9	—
	6.40	2	88	10	0.0078	7.4	10.0	15.2	23.1	31.0	—
		4	68	10	0.0030	5.7	7.7	11.8	17.9	23.9	—
400		1	174	14	0.0307	14.5	19.7	30.1	45.7	61.3	—
		2	16	15	0.0145	13.7	18.6	28.4	43.1	57.8	—
		4	146	14	0.0065	12.2	16.6	25.3	38.3	51.4	—
450		1	237	17	0.0419	19.8	26.9	41.0	62.2	83.5	—
	0.60	2	220	16	0.0194	18.4	25.0	38.1	57.8	77.5	—
		4	200	16	0.0088	16.7	22.7	34.6	52.5	70.4	—
500	1.00	1	275	19	0.0486	—	31.2	47.6	72.2	96.8	—
		2	256	18	0.0226	—	29.0	44.3	67.2	90.2	—
	1.60	4	222	18	0.0098	—	25.2	38.4	58.3	78.2	
600		1	430	22	0.0760	—	48.8	74.4	112.9	151.4	—
	2.50	2	416	23	0.0368	—	47.2	72.0	109.3	14605	—
		4	370	22	0.0163	—	42.0	64.0	97.2	130.3	—
	4.00	6	360	20	0.0106	—	40.8	62.3	94.5	126.8	—
700		1	607	27	0.1073	—	—	105.1	159.4	213.8	—
		2	574	27	0.0507	—	—	99.4	150.8	202.1	—
		4	542	27	0.0239	—	—	93.8	142.3	190.9	—
		6	518	24	0.0153	—	—	89.7	136.0	182.4	—
800	0.60 1.00 1.60 2.50 4.00	1	797	31	0.1408	—	—	138.0	209.3	280.7	—
		2	776	31	0.0686	—	—	134.3	203.8	273.3	—
		4	722	31	0.0319	—	—	125.0	189.8	254.3	—
		6	710	30	0.0209	—	—	122.9	186.5	250.00	—

续表

公称直径 DN/mm	公称压力 PN/MPa	管程数 N	管子根数 n	中心排管数	管程流通面积/m²	计算换热面积/m² 换热管长度 L/mm 1500	2000	3000	4500	6000	9000
900	0.60 1.00 1.60 2.50 4.00	1	1009	35	0.1783	—	—	174.7	265.0	355.3	536.0
		2	988	35	0.0873	—	—	171.0	259.5	347.9	524.9
		4	938	35	0.0414	—	—	162.4	246.4	330.3	498.3
		6	914	34	0.0269	—	—	219.3	332.8	446.2	673.1
1000		1	1267	39	0.2239	—	—	219.3	332.8	446.2	673.1
		2	1234	39	0.1090	—	—	213.6	324.1	434.6	655.6
		4	1186	39	0.0524	—	—	205.3	311.5	417.7	630.1
		6	1148	38	0.0338	—	—	198.7	301.5	404.3	609.9
(1100)		1	1501	43	0.2652	—	—	—	394.2	528.6	797.4
		2	1470	43	0.1299	—	—	—	386.1	517.7	780.9
		4	1450	43	0.0641	—	—	—	380.8	510.6	770.3
		6	1380	42	0.0406	—	—	—	362.4	486.0	733.1

注：表中的管程流通面积为各程平均值。括号内公称直径不推荐使用。管子为正三角形排列。

2) 换热管为ϕ25mm的换热器基本参数(管心距32mm)

公称直径 DN/mm	公称压力 PN/MPa	管程数 N	管子根数 n	中心排管数	管程流通面积/m² $\phi 25\times 2$	管程流通面积/m² $\phi 25\times 2.5$	计算换热面积/m² 换热管长度 L/mm 1500	2000	3000	4500	6000	9000
159	1.60 2.50 4.00 6.40	1	11	3	0.0038	0.0035	1.2	1.6	2.5	—	—	—
219			25	5	0.0087	0.0079	2.7	3.7	5.7	—	—	—
273		1	38	6	0.0132	0.0119	4.2	5.7	8.7	13.1	17.6	—
		2	32	7	0.0055	0.0050	3.5	4.8	7.3	11.1	14.8	—
325		1	57	9	0.0197	0.0179	6.3	8.5	13.0	19.7	26.4	—
		2	56	9	0.0097	0.0088	6.2	8.4	12.7	19.3	25.9	—
		4	40	9	0.0035	0.0031	4.4	6.0	9.1	13.8	18.5	—
400	0.60 1.00 1.60 2.50 4.00	1	98	12	0.0339	0.0308	10.8	14.6	22.3	33.8	45.4	—
		2	94	11	0.0163	0.0148	10.3	14.0	21.4	32.5	43.5	—
		4	76	11	0.0066	0.0060	8.4	11.3	17.3	26.3	35.2	—
450		1	135	13	0.0468	0.0424	14.8	20.1	30.7	46.6	62.5	—
		2	126	12	0.0218	0.0198	13.9	18.8	28.7	43.5	58.4	—
		4	106	13	0.0092	0.0083	11.7	15.8	24.1	36.6	49.1	—

续表

公称直径 DN/mm	公称压力 PN/MPa	管程数 N	管子根数 n	中心排管数	管程流通面积/m²		计算换热面积/m² 换热管长度 L/mm					
					$\phi25\times2$	$\phi25\times2.5$	1500	2000	3000	4500	6000	9000
500	0.60 1.00 1.60 2.50 4.00	1	174	14	0.0603	0.0546	—	26.0	39.6	60.18	0.6	—
		2	164	15	0.0284	0.0257	—	24.5	37.3	56.6	76.0	—
		4	144	15	0.0125	0.0113	—	21.4	32.8	49.7	66.7	—
600		1	245	17	0.0849	0.0769	—	36.5	55.8	84.6	113.5	—
		2	232	16	0.0402	0.0364	—	34.6	52.8	80.1	107.5	—
		4	222	17	0.0192	0.0174	—	33.1	50.0	76.7	102.8	—
		6	216	16	0.0125	0.0113	—	32.2	49.2	74.6	100.0	—
700		1	355	21	0.1230	0.1115	—	—	80.0	122.6	164.4	—
		2	342	21	0.0592	0.0537	—	—	77.9	118.1	158.4	—
		4	322	21	0.0279	0.0253	—	—	73.3	111.2	149.1	—
		6	304	20	0.0175	0.0159	—	—	69.2	105.0	140.8	—
800	0.60 1.60 2.50 4.00	1	467	23	0.1618	0.1466	—	—	106.3	161.3	216.3	—
		2	450	23	0.0779	0.0707	—	—	102.4	155.4	208.5	—
		4	442	23	0.0383	0.0347	—	—	100.6	152.7	204.7	—
		6	430	24	0.248	0.0225	—	—	97.9	148.5	119.2	—
900		1	605	27	0.2095	0.1900	—	—	137.8	209.0	280.2	422.7
		2	588	27	0.1018	0.0923	—	—	133.9	203.1	272.3	410.8
		4	554	27	0.0480	0.0435	—	—	126.1	191.4	256.6	387.1
		6	538	26	0.0311	0.0282	—	—	122.5	185.8	249.2	375.9
1000		1	749	30	0.2594	0.2352	—	—	170.5	258.7	346.9	523.3
		2	742	29	0.1285	0.1165	—	—	168.9	256.3	343.7	518.4
		4	710	29	0.0615	0.0557	—	—	161.6	245.2	328.8	496.0
		6	698	30	0.0403	0.0365	—	—	158.9	241.1	323.3	487.7
(1100)		1	931	33	0.3225	0.2923	—	—	—	321.6	431.2	650.4
		2	894	33	0.1548	0.1404	—	—	—	308.8	414.1	624.6
		4	848	33	0.0734	0.0666	—	—	—	292.9	392.8	592.5
		6	830	32	0.0479	0.0434	—	—	—	286.7	384.4	579.9

注：表中的管程流通面积为各程平均值。括号内公称直径不推荐使用。管子为正三角形排列。

2. 浮头式(内导流)换热器的主要参数

单位：mm

公称直径 DN /mm	管程数 N	管数 n[1]		中心排管数		管程流通面积/m²			计算换热面积 A[2]/m²							
									换热管长度 L/m							
		管外径 d				外径×壁厚			3		4.5		6		9	
		19	25	19	25	19×2	25×2	25×2.5	19	25	19	25	19	25	19	25
325	2	60	32	7	5	0.0053	0.0055	0.0050	10.5	7.4	15.8	11.1	—	—	—	—
	4	52	28	6	4	0.0023	0.0024	0.0022	9.1	6.4	13.7	9.7		—	—	—
426 400	2	120	74	8	7	0.0106	0.0126	0.0116	20.9	16.9	31.6	25.6	42.3	34.4	—	—
	4	108	68	9	6	0.0048	0.0059	0.0053	18.8	15.6	28.4	23.6	38.1	31.6	—	—
500	2	206	124	11	8	0.0182	0.0215	0.0194	35.5	28.3	54.1	42.8	72.5	57.4	—	—
	4	192	116	10	9	0.0085	0.0100	0.0091	33.2	26.4	50.4	40.1	67.6	53.7	—	—
600	2	324	198	14	11	0.0286	0.0343	0.311	55.8	44.9	84.8	68.2	113.9	91.5	—	—
	4	308	188	14	10	0.0136	0.0163	0.0148	53.1	42.6	80.7	64.8	108.2	86.9	—	—
	6	284	158	14	10	0.0083	0.0091	0.0083	48.9	35.8	74.4	54.4	99.8	73.1	—	—
700	2	468	268	16	13	0.0414	0.0464	0.0421	80.4	60.6	122.2	92.1	164.1	123.7	—	—
	4	448	256	17	12	0.0198	0.0222	0.0201	76.9	57.8	117.0	87.9	157.1	118.1	—	—
	6	382	224	15	10	0.0112	0.0129	0.0116	65.6	50.6	99.8	76.9	133.9	103.4	—	—
800	2	610	366	19	15	0.0539	0.0634	0.0575	—	—	158.9	125.4	213.5	168.5	—	—
	4	588	352	18	14	0.0260	0.0305	0.0276	—	—	153.2	120.6	205.8	162.1	—	—
	6	518	316	16	14	0.0152	0.0182	0.0165	—	—	134.9	108.3	181.3	145.5	—	—
900	2	800	472	22	17	0.0707	0.0817	0.0741	—	—	207.6	161.2	279.2	216.8	—	—
	4	776	456	21	16	0.0343	0.0395	0.0353	—	—	201.4	155.7	270.8	209.4	—	—
	6	720	426	21	16	0.0212	0.0246	0.0223	—	—	186.9	145.5	251.3	195.6	—	—
1000	2	1006	606	24	19	0.0890	0.105	0.0952	—	—	260.6	206.6	350.6	277.9	—	—
	4	980	588	23	18	0.0433	0.0500	0.0462	—	—	253.9	200.4	314.6	269.7	—	—
	6	892	564	21	18	0.0262	0.0326	0.0295	—	—	231.1	192.2	311.0	258.7	—	—
1100	2	1240	736	27	21	0.1100	0.1270	0.1160	—	—	320.3	250.2	431.3	336.8	—	—
	4	1212	716	26	20	0.0536	0.0620	0.0562	—	—	313.1	243.4	421.6	327.7	—	—
	6	1120	692	24	20	0.0329	0.0399	0.0362	—	—	289.3	235.2	389.6	316.7	—	—
1200	2	1452	880	28	22	0.1290	0.1520	0.1380	—	—	374.4	298.6	504.3	402.2	764.2	609.4
	4	1424	860	28	22	0.0629	0.0745	0.0675	—	—	367.2	291.8	494.6	393.1	749.5	595.6
	6	1348	828	27	21	0.0396	0.0478	0.0434	—	—	347.6	280.9	468.2	378.4	709.5	573.4
1300	4	1700	1024	31	24	0.0751	0.0887	0.0804	—	—	—	—	589.3	467.1	—	—
	6	1616	972	29	24	0.0476	0.0560	0.0509	—	—	—	—	560.2	443.3	—	—

1) 排管数按正方形旋转 45° 排列计算。

2) 计算换热面积按光管及公称压力 2.5MPa 的管板厚度确定。

十二、壁面污垢热阻（污垢系数）

名称		热阻 /($10^{-4}m^2·℃/W$)	名称		热阻 /($10^{-4}m^2·℃/W$)
工业用水	自来水、软化锅炉水	1.72	石油分馏物	原油	3.44~12.1
	硬水	5.16		汽油	1.72
	河水	3.44		石脑油	1.72
	海水	0.86		煤油	1.72
	蒸馏水	0.86		柴油	3.44~5.16
				重油	4.60
				沥青油	17.2
工业用气体	有机化合物	0.86	工业用液体	有机化合物	1.72
	水蒸气	0.86		盐水	1.72
	空气	3.44		熔盐	0.86
	溶剂蒸气、天然气、焦炉气	1.72		植物油	5.16

索　　引